Die geheime Raumfahrt

Klaus-Peter Rothkugel

Abb.:

Elektrostatischer, scheibenförmige Doppeldecker Linse.

Die runden Öffnungen der Linse sind keine Bullaugen, sonder Auspufföffnungen, Rauch/Gasgeneratoren, die eine Ladungstrennung und damit eine elektrostatische Aufladung des aus einer bestimmten Metall-Legierung bestehenden Mantels herbeiführen, damit der Flugkörper in der Raumladung der Erdatmosphäre suspendiert werden kann.

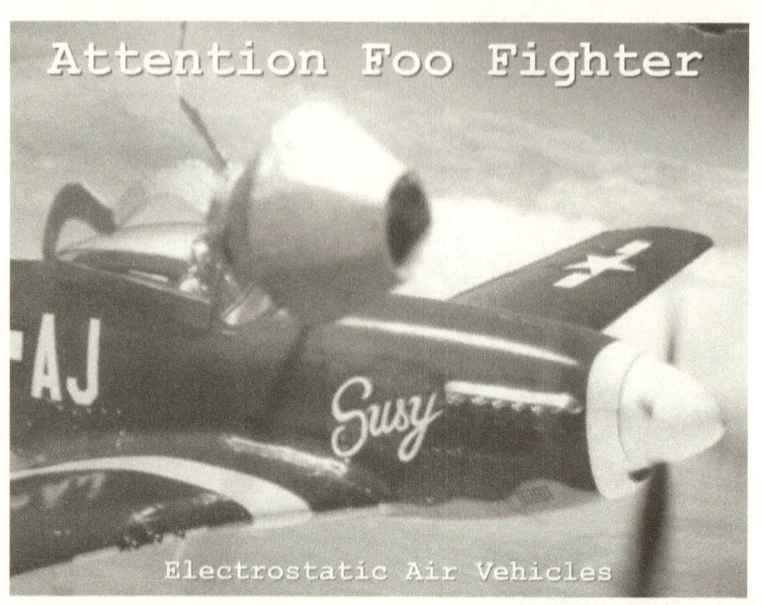

Attention Foo Fighter

Electrostatic Air Vehicles

Elektrostatischer Flugkörper als Dopppeldecker-Linse

Abb.:

Elektrostatischer, zylindrischer Flugkörper,
dessen Generatoren quer zum Mantel angeordnet sind.
Der Flugkörper ist in der Mitte ausfahrbar,
um eine Parabolantenne als Störsender freizulegen.

Electrostatic Cylinder

**Powered by
Rocket Engine and
Friction Nozzles**

Elektrostatische Flugkörper

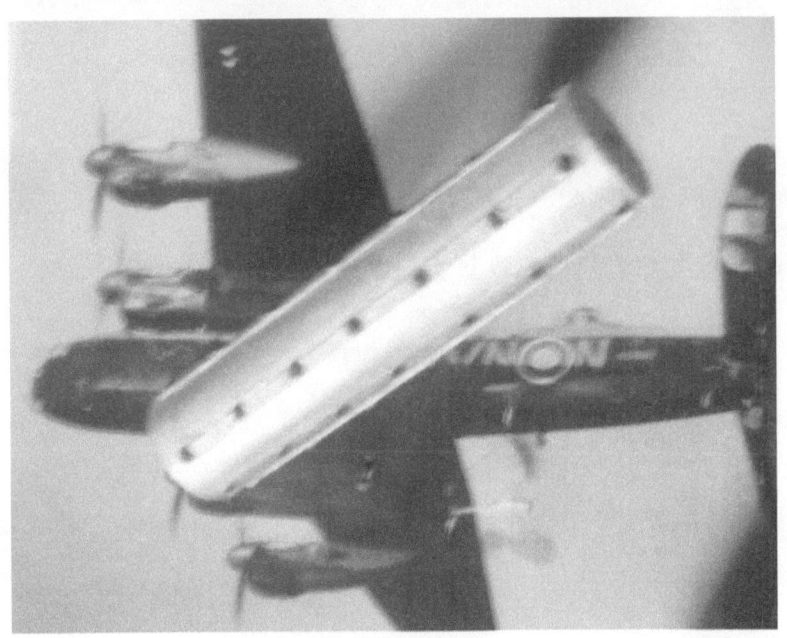

Abb.:
Zylindrischer Flugkörper mit Generatoren längs des Mantels

Die Geheime Raumfahrt

Das Geheimnis der deutschen Flugscheiben

Fortsetzung

Teil III

Das Geheimnis der Wahren Raumfahrt

oder

Elektrostatische und elektromagnetische Antriebe
in der
Luft- und Raumfahrt

von Klaus-Peter Rothkugel

Teil III

© K-P Rothkugel, Herbst 2017

Elektrostatische Flugkörper, Foo Fighters

Sichtungen nicht nur in Deutschland

Waren die „Foo Fighters" ausschließlich eine deutsche Erfindung oder ein „By-Product" der „Wahren Raumfahrt" und kam auch hier der Anstoß zur Entwicklung aus Amerika?

Soft-Fission Atomantrieb für „Interkontinentale Flugscheiben"

Verschiedene elektromagnetische Antriebsweisen für Luft- und Raumfahrzeuge

Besprochen werden die wichtigsten Funktionsweisen von EM-Antrieben, die die zahllosen „UFO-Sichtungen" der letzten 70 Jahre erklären.

Einige interessante Abbildungen des „Space Ship", das 1946 in London als Modell ausgestellt wurde und das als Fernraumschiff in den 1940er Jahren bereits an der Kolonisierung des Weltalls verwendet worden sein könnte

Vorwort

Vor 20 Jahren, im Jahre 1997 begann der Autor aus Eigeninitiative erste Nachforschungen über den so genannten Flugkreisel anzustellen.

Der Artikel „War die Prager Flugscheibe ein Autogiro" in „Flugzeug" Heft 4/1997 war der Start einer langjährigen private Recherche des Autors, um herauszufinden, ob des den so genannten „Flugkreisel" wirklich gab.

Bei der Recherche wurde immer wieder festgestellt, dass entweder die Neugierde betreffend solch eines gewöhnlichen Scheibenfluggerätes sehr gering war, noch dass man überhaupt gute Informationen von offizieller Seite bekam.

Jetzt nach 20 Jahren wird klar, warum!

War der Flugkreisel gar nicht für den „Endsieg" der Nazis bestimmt, sondern für einen weiteren großen Krieg?

Ein Dritter Weltkrieg, der sich hätte nahtlos an den zweiten Weltkrieg anschließen sollen, gab es laut unserer Geschichtsschreibung (in der Neuzeit) nicht.

Wählte man andere Strategien, um eventuell die Welt im Sinne gewisser Kreise umzugestalten?

Unter anderem etwa mit riesige Netzwerken, die seit vielen Jahrzehnten gesponnen wurden, um die öffentliche Meinung im Sinne der Verschwörung zu beeinflussen?

So die Ölindustrie, die bereits 1946 eine Studie in Auftrag gab, um festzustellen, wie die Abgase sich auf den Klimawandel auswirken. Der Klimawandel wird seit Jahrzehnten im Interesse mächtiger Konzerne klein geredet, obwohl man schon vor mehr als 30 Jahren etwas dagegen hätte tun können!

Ist es pure Absicht, dass das Klima vor die Hunde geht?

Im Jahre 1947 wurde in der neutralen Schweiz eine Gesellschaft gegründet, die bis heute den Leuten klarzumachen versucht, dass eine freie Marktwirtschaft gut für eine nachhaltige Zukunftssicherung ist.

Dass das „freie Spiel der Kräfte", die „Eigenverantwortung" zu einem ungezügelten Kapitalismus führt, wo u.a. die Schere zwischen Arm und Reich immer weiter auseinander geht, ist das die heimliche Absicht hinter diesem in der Schweiz gegründeten Netzwerk?

Ein anderes „Schimpfwort" ist „Neoliberales Denken".

Ob irgendwann ein - herbeigeführter - Bürgerkrieg entstehen könnte, zwischen den zu kurz Gekommenen und der „Elite"? Für viel Geld wurde sowohl in Frankreich; als auch auf einem deutschen Übungsgelände, eine europäische Stadt nachgebaut, um einen Häuserkampf zu simulieren und zu üben. Für welches kommende Szenario?

Der erwähnten Schweizer Gesellschaft, genauso wie z.B. bei der Öl-Lobby, gehören auch Journalisten an, die in der „freien Presse" die Vorzüge der freien Marktwirtschaft und des Neoliberalismus preisen oder den Klimawandel leugnen.

Genauso gehören diesen Netzwerken gedungene Wissenschaftler und „Experten" an, alle gekauft, sodass sie im Sinne der „Verschwörung" tätig werden können.

Wer sich mit dem Thema, das der Autor in seinen Büchern beschreibt, befasst, wird erkennen, dass auch hier das gleiche Schema abläuft: Experten, Wissenschaftler und die Presse berichten nur einseitig, nämlich manipulativ über das Thema „UFOs". Auch hier mit voller Absicht und wider besseres Wissen!

Nebenbei bemerkt, alle solche Initiativen der Manipulation und Desinformation der Bürger weltweit, nahm meistens seinen Anfang in den USA.

Warum haben wir auf unserer Welt keine besseren Lebensbedingungen und werden andauernd belogen?

Nur weil man unbegrenzt Profit machen und die absolute Macht erlangen will?

Oder gibt es noch ein anderes Ziel, das unbedingt geheim gehalten werden muss und das wahrscheinlich auch die Weinigsten, die sich absichtlich von der „Verschwörung" haben kaufen lassen, nicht wissen?

Der Leser mag diese Frage für sich selbst beantworten, wenn er die Informationen und Thesen, die der Autor in seinen Büchern behandelt, verstanden hat!

Klaus-Peter Rothkugel

© Herbst 2017

Professor Richter
und geheime deutsche Forschungen

Die österreichische Zeitung „*Wiener Echo*" berichtete am 31. Oktober 1954 über „*Das Protektionskind Evita Perons: Prof. Richter baute Untertassen*".

Hinweis über Ronald Richter:

Prof. Richter wurde 1909 im böhmischen Falkenau geboren und studierte an der Universität Prag Physik bei Professor von Traubenberg. Im zweiten Weltkrieg soll Prof. Richter eine Forschergruppe aus Peenemünde zugeteilt bekommen haben, um die „*Elektrizität und den Magnetismus als Schlüssel zu den physikalischen Geheimnissen dieser Erde*" zu ergründen (Elektrostatische und Elektromagnetische Antriebe für die Luftfahrt?, Anm.d.A).

„Diese Abteilung arbeitete präzise und erfolgreich", heißt es im „*Wiener Echo*".

Nach Kriegsende ging Richter im Jahre 1948 nach Argentinien.

Gemäß des „Wiener Echos" sollte Argentinien „das erste Land sein, das Untertassen produziert, die im Kraftfeld des Kosmos die Energie schöpfen."

Auf der Insel Huemul sollte angeblich eine „gigantische Werkstätte für Untertassen aufgebaut werden".

Ob dies wirklich alles so geschah kann nicht mehr 100% nachgewiesen werden.

Aber der Hinweis, dass Peenemünde auch in Richtung elektromagnetische Antriebe forschte, ist interessant.

Siehe hier die Hinweise in den deutschen Offenlegungsschriften über elektrostatische Flugkörper im nächsten Kapitel, wo auch ein elektromagnetischer Flugkörper beschrieben wird!

Geheime Etwicklung
werden offen gelegt

Auszüge aus:

„A *Sun that never sets: The Strange and Terrible Saga of the Landig Group*", Part II, Internet:

. . .

„Wilhelm Landig trat in die SS ein und wurde gleichzeitig in den Sicherheitsdienst, SD, den Geheimdienst der SS und der NSDAP eingeführt. Er arbeitete am „Arbeitswissenschaftlichen Institut", eine Unterabteilung der „Deutschen Arbeiterfront", DAF, in Berlin.

Nach dem Anschluss Österreichs an das Deutsche Reich im Jahre 1938 ging Landig zurück nach Wien und war für den Reichsstatthalter Baldur von Schirach als SD Mitarbeiter tätig.

Landig behauptete später, dass er für die Koordination und Produktion einer deutschen Geheimwaffe verantwortlich war . . .

Die Deutschen arbeiteten mit Sicherheit an mehreren ungewöhnlichen Versuchsflugzeugen während des Krieges, aber es ist schwer nachzuvollziehen, wo in Landigs Erzählungen die Wirklichkeit endet und die Fantasie beginnt. Landig behauptet, dass er für die <u>Sicherheit eines der Luftwaffen Flugplätze in Prag verantwortlich war</u> (Wachmann?, Kommandant einer Wachmannschaft?, Anm.d.A.) und er in dieser Eigenschaft, Flugscheiben im Einsatz gesehen haben will."

Anmerkung des Autors:

Hier sei an den Augenzeugen Kurt Schnittke erinnert (siehe Taschenbuch: „Das Geheimnis der deutschen Flugscheiben", Jubiläumsausgabe 2017 von Klaus-Peter Rothkugel), der dem Autor mehrere Daten aus seinem Flugbuch mitgeteilt hatte, aus denen hervorgeht, wo und wann der Flugkreisel, entweder in Prag-Rusin oder Prag-Letnany erprobt wurde.

Und weiter:

„Im Jahre 1944 wurde Wilhelm Landig bei der Partisanenbekämpfung im Balkan verwundet und in ein Militärkrankenhaus nach Belgrad gebracht . . . Er kehrte danach nach Wien zurück und wurde zur „Abteilung 1" (Amt 1, Inland?) des SD abkommandiert. Trotz Landigs vieler Dienstjahre, soll sein letzter Dienstgrad nur der eines SS-Oberscharführers, Feldwebel gewesen sein. („Der SS-Oberscharführer - kurz „Oscha" - war im Deutschen Reich der niedrigste Rang der Dienstgradgruppe der Unteroffiziere mit Portepee der SS", aus Wikipedia).

Im September 1945 wurde Landig durch britische Besatzungstruppen in Verwahrung genommen und später, 1947 entlassen. Nach seiner Entlassung soll Landig angeblich in die Spionagewelt eingetaucht sein, um untere und mittlere Ränge sowjetischer Spione für die Alliierten zu jagen."
. . .
Erich Halik, (einer der Patentanmelder für elektrostatische Flugkörper), wurde am 21. November 1926 in Wien, Österreich geboren und verstarb am 27. Mai 1995. Sein ganzes Leben verbrachte er in Wien. Halik war zweimal verheiratet und hat einen Sohn, namens Claudius aus zweiter Ehe. Erich Halik war nie in der SS und diente als einfacher Soldat in der Wehrmacht.

Halik soll angeblich Ingenieur für Flugzeugantriebe gewesen sein und Patente angemeldet haben."

Anmerkung des Autors:

Es sind dies das folgende deutsche Patent, bzw. die Offenlegungsschriften, in denen der Name des Strohmannes Erich Halik als „Erfinder" angegeben ist:

DE 1226227B „Verfahren zur Herstellung eines Trägers für künstliche elektrische Raumentladung in der Atmosphäre."
Anmeldetag: 11. Okt. 1963, Auslegetag: **6. Oktober 1966**
Als <u>Patent</u> genehmigt.

DE 1406416A1 „Flugkörper mit elektrostatischem Antrieb",
Anmeldetag 26. Okt. 1963, Offenlegungstag: **12. Dezember 1968**
Nur <u>Offenlegungsschrift</u>, OL

DE 1406417A1 „Flugkörper mit elektrostatischem Antrieb",
Anmeldetag: 26. Okt. 1963, OL, Offenlegungstag: **2. Januar 1969**

DE 1428685A1 „Stabilisator und/oder Steuerorgan für aerodynamische oder ballistische Flugkörper in elektrischen Feldern",
Anmeldetag: 11. Okt. 1963, OL, Offenlegungstag: **27. Februar 1969**

DE 1581114A1 „Flugkörper mit elektrostatischem Antrieb",
Anmeldetag: 26. Okt 1963, OL, Offenlegungstag: **22. Januar 1970**

Alle Erfindungsschriften wurden im Laufe des Oktober 1963 eingereicht.

Also konnte ein interessierter Forscher nach der Offenlegung bereits entweder Ende Dezember 1968, Anfang 1969 oder bei der letzten Offenlegung im Januar 1970 wissen, was die so genannten „Foo Fighters" wirklich waren.

Spätestens im Jahre 1966 konnte man außerdem wissen, dass das Wetter manipuliert wird und wie dies, zumindest früher und im Krieg, wie auch nachfolgend, z.B. in Korea durchgeführt wurde.

Die gesamten, oben aufgeführte Offenlegungsschriften, bzw. das genehmigte Patent, sind von den Strohleuten Hans-Werner von Engel als Anmelder und Erich Halik als Erfinder im Oktober 1963 angemeldet worden.

Alle Schriften/Erfindungen hängen miteinander zusammen und beschreiben verschiedene elektrostatisch aufgeladene Flugkörper, welche Formen sie besitzen, wie sie funktionieren und wie diese militärisch eingesetzt werden können. Die Betonung liegt auf militärische Einsatzweise und nicht einer friedlichen Nutzung, entweder hier auf der Erde oder im erdnahen Weltraum.

Dies könnte darauf hin deuten, dass man vor und im Krieg ganz gezielt „Wunderwaffen" entwickelt hatte oder entwickeln musste, um einen militärischen Vorteil gegenüber einem Kriegsgegner zu erlangen!

Wurden diese Flugkörper mit voller Absicht für einen weiteren, einen Dritten Weltkrieg entwickelt und werden diese heute weiterhin geheim gehalten, weil man sie immer noch für kriegswichtig hält? Kamen die Vorgaben u.a. aus Wright Field, USA, der späteren Wright Patterson AFB? Saßen dort Leute, die sehr viel Fantasie, verrückte Ideen hatten, wie man elektrostatische, kleine und unbemannte Flugkörper gestalten könnte? So ausgedacht, dass ein Pilot, wenn er ein solches exotisches Fluggerät sieht, nicht nur ins Staunen, sondern es auch mit der Angst bekommt?

Die technischen Beschreibungen in den Unterlagen sind alle mit derselben Schreibmaschine an einem oder mehreren Tagen abgetippt und von mindestens einer wirklich sachkundigen Person verfasst worden. Höchstwahrscheinlich **nicht** von den o.g. Personen! Diese dienten nur der Ablenkung und Vertuschung!

Die Erklärungen der einzelnen Erfindungen deuten darauf hin, dass im oder vor dem Zweiten Weltkrieg mehrere Leute, oder eine ganze Gruppe von Spezialisten und Experten über Monate, wenn nicht gar Jahre hinweg an den Flugkörpern, bzw. deren Funktionsweisen geforscht haben und nicht nur eine einzelne Person im stillen Kämmerlein. Dieser Forschungsaufwand wird einiges an Mühe und auch an Forschungsgeldern gekostet haben, ob hier in Deutschland, oder in anderen Ländern.

Mehrere Institute, Universitäten, Firmen und andere Einrichtungen wurden sicherlich dafür eingespannt (Atmosphärenforschung, Wetterkunde, Experten für Elektromagnetismus, Elektro-Ingenieure, Metallbau für bestimmte Metalllegierungen usw.).

Die Personen, die mit der Entwicklung elektrostatischer und auch elektromagnetischer Flugkörper verwickelt waren, als auch die Forschungseinrichtungen, tauchen namentlich nirgendwo auf und werden geheim gehalten.

Für die Offenlegung der Forschungsergebnisse, zumindest derer, die in und vor dem Krieg in Deutschland gemacht wurden, brauchte man Strohleute, die sich dafür hergaben, namentlich genannt zu werden. Hätte sich schon jemand damals, Ende der 1960er, Anfang der 1970er Jahre um die Aufklärung dieses Themas bemüht, wäre die Befragung dieser Leute wohl eine Sackgasse für weitere Nachforschungen gewesen.

Falls sich doch eine Person, Historiker, Journalisten ect., für diese Thematik in den Jahren nach der Erstveröffentlichung der Schriften interessiert hatte, der oder diejenige mögen sich gerne beim Autor melden!

Weiter heißt es in o.g. Quelle über Erich Halik, dass er hochgradig an esoterische Themen interessiert war und eine führende Rolle in der österreichischen „Ufologie" der 1960er Jahre innehatte. Außerdem spielte er eine herausragende Rolle in der Entwicklung des „Black Sun", des „schwarze Sonne" Mythos und der Theorie, dass die „UFOs" fortschrittliche Fluggeräte seien, die das „Dritte Reich" entwickelt hatte.

(Auszüge entnommen aus: "The Black Sun Unveiled", James Pontolillo, pgs. 352-353)

Also alles der übliche braune, rechtsradikale Propaganda-, Manipulations- und Desinformationsschwachsinn, der zur allgemeinen Verwirrung und Verführung gewisser

Personen diente, um sie für nationalsozialistisches Gedankengut empfänglich zu machen, und um solche Leute für gewisse Geheimdienstaktionen einspannen zu können (dessen Auswirkungen bis heute (Stand 2017), z.B. im „NSU"-Skandal zu beobachten waren).

Im März 1959 wurde die „Gesellschaft für Interplanetarik" gegründet, dessen Vorsitzender der Anwalt Dr. Hermann Weyß und sein Stellvertreter Erich Halik war (für wen war dieser Herr Weyß desinformatorisch tätig, welche Marionette war er, welchen Leuten gehörte er an?). Halik zeichnete für die eingehenden „UFO" Berichte verantwortlich. Herr Halik war als einfacher Mensch bestimmt froh, dass er somit eine gewisse Aufmerksamkeit genoss und er durfte in der Öffentlichkeit den „nützlichen Idioten" spielen.

Anmerkung des Autors: Denn wohl eines der Aufgaben von „UFO"-Gruppen ist das Sammeln von Informationen, das Aushorchen der Bevölkerung, um festzustellen, wer was weiß, und um ggfs. die „Außerirdischen-Propaganda" weiter anzuheizen, damit man die unwissenden Leute weiterhin auf eine falsche Fährte locken kann.

Zudem heißt es, dass Halik im November 1967 die Arbeit über sein „UFO"-Antriebssystem auf einem „UFO-Kongress" in Mainz präsentierte.

In den 1970er Jahren soll Halik berufliche Rückschläge erlitten haben, und er verbrachte die letzten 20 Jahre seines Lebens als Nachtportier in einem Wiener Hotel. Was für ein Schicksal, aber wie gesagt, er war nur ein Helfershelfer, der den „Kasper" in der Öffentlichkeit spielte.

Unklar ist, ob Halik je einen akademischen Grad als Ingenieur besessen hatte, ob er überhaupt Ingenieur war und ob er als „Defence Contractor" beratend für die Hirtenberger Patronenfabrik tätig war. Diese Angaben könnten und sind wahrscheinlich ein Teil einer Legendenbildung und somit reine Erfindung.

Die Rolle des Patentanmelder Hans-Werner von Engel, ein Adliger und Flugkapitän bei der DLH, der deutschen Lufthansa, ist ebenso unklar.

Der DLH Flugkapitän v. Engel flog vor dem Krieg, in den 1930er Jahren, z.B. das Flugboot Do 18 „Aeolus" nach den Bermuda Inseln. Die Transozean - Erfahrung des DLH Flugboot Spezialisten v. Engel nutzte die Firma Dornier Friedrichshafen für eine Weltrekord-Langstreckenflug mit einer umgebauten Do 18.

Später, während des Krieges, im Jahre 1943 war v. Engel als Testpilot eines riesigen französischen Flugbootes von Latecoeur mit an Bord des Flugzeuges.

Die Maschine wurde später von den Deutschen beschlagnahmt und an den Bodensee überführt, wo Testflüge unter Aufsicht der DLH durchgeführt werden sollten.

Anfang der 1930er Jahre war Hans-Werner von Engel im Dienste der kolumbianischen „Scadta" Fluglinie. Weil v. Engel Kampferfahrung aus dem Ersten Weltkrieg besaß, bildete er kurzfristig als Hauptmann der kolumbianischen Luftstreitkräfte ernannt, Piloten auf Scadta Sikorsky S-38 Flugbooten aus.

Unklar ist also, wie ein Mann der Deutschen Lufthansa, der nach dem Krieg u.a. als Arbeitnehmervertreter weiterhin für die Lufthansa tätig war, in die Entwicklung, bzw. Veröffentlichung von elektrostatisch angetriebenen, geheimen Flugkörpern verwickelt war.

War er, wie auch Erich Halik, nur ein Strohmann für gewisse Personen, die so bestimmte, ansonsten geheim gehaltene Informationen lancieren wollten?

Die Lufthansa hatte während des Krieges in Toulouse, Süd Frankreich eine Werft übernommen. Dort stand das ungewöhnliche, französische Staustrahlflugzeug Leduc 021, das als Besonderheit einen Ringbrenner hatte. Ob diese Maschine für spezielle Versuche herangezogen wurde und ob der Lufthansa-Mann von Engel eventuell darin verwickelt war? Siehe Bericht weiter unten.

Wurde Halik gar von dem Geheimdienstmann Wilhelm Landig, der möglicherweise weiterhin für gewisse Dienste (verdeckt, sowie Verbreitung von Propaganda) arbeitete, als Strohmann zur Patentanmeldung ausgesucht, weil man sich aus Wien her kannte und befreundet war?

Konnte Landig seinen Freund Halik soweit manipulieren, dass dieser bereit war, in der Öffentlichkeit „den Kasper zu geben"? Einen Ingenieur und Waffenexperten zu spielen, was er beides nicht war, als einfacher Mensch, der wahrscheinlich begeistert war, gebraucht zu werden (wenn auch für ein böses Geheimdienst und Propaganda Spiel). Solche Leute gibt es bis heute zuhauf, die die Öffentlichkeit bewusst oder unbewusst desinformieren!

Insert

Von der Internet-Seite: „Historische Noten der UFOlogie aus dem CENAP-Archiv" kann man folgendes zu Erich Halik entnehmen:

„1966/1967 hatte die österreichische „Neue Illustrierte Wochenschau" das Thema für sich aufgegriffen . . .

Am 19.November 1967 (Nr.47) gab es hier die frohlockende Schlagzeile „Wird das große Rätsel in Österreich gelöst? Das bemerkenswerte Treffen der internationalen UFO-Experten in Mainz - Was ist Forschung, was ist Spekulation?"

Es ging um den österreichischen Vertreter beim 7. Internationalen Weltkongress der UFO-Forscher, der vom 3. bis 6. November abgehalten wurde, den Ingenieur Erich Halik aus Wien, von Beruf „Konsulent für Wehrtechnik" und im speziellen Fall als Präsident der „Studiengesellschaft zur Erforschung unbekannter Flugphänomene" (Interplanetarik Austria) nach Deutschland delegiert, dies als Nachfolger von Dr. Hermann Weyß, welcher ehemals 1959 die „Gesellschaft für Interplanetarik zur Erforschung unbekannter Himmelserscheinungen auf wissenschaftlicher Grundlage" gründete und woraus die neue Formation gebildet wurde . . . .

Ansonsten bestand die Erkenntnis darin, daß Halik´s Leute erst einmal ein Großlabor mit einem elektrostatischen Generator benötigen, um am Modell den UFO-Effekt besser kennen zu lernen. Ansonsten sei alles bereits „wirklich eine physikalische Realität". Auch wenn der Redner es nicht ganz so ausspracht, schlussendlich ging es aber auch um den Aufruf, die Ressourcen durch die Ufologen herbeizuschaffen, damit endlich das elektrostatische Antriebssystem der Halik-Gruppe praktisch erprobt werden kann."

Anmerkung:

Wer war die „Halik-Gruppe", und bekamen diese Leute tatsächlich Geld für einen elektrostatischen Generator? Heute hat fast jede bessere Schule einen solchen Generator für den Physikunterricht!

Oder ist alles nur „heiße Luft", Legendenbildung, der übliche Unsinn, der sich um das Thema „UFO" rankt, und der gerne absichtlich durch die Propaganda zur Ablenkung verbreitet wird? Hier sieht man im Übrigen sehr schön, wie die einzelnen Propaganda-Spiele im Hintergrund inszeniert werden. Sicherlich ein Thema, über dessen Taktiken, wie man die Öffentlichkeit wissentlich desinformiert und wie man es so geschickt anstellt, dass diesen Lügnern geglaubt wird, man könnte ein ganzes Buch darüber schreiben! Es ist immer wieder interessant, wie viel Mühe und Ressourcen aufgewendet werden, um weltweit Propaganda zu verbreiten. Wahrscheinlich mehr, als in die Bildung des Normalbürgers gesteckt wird!

Hatte Halik überhaupt irgendeine Ahnung, was er als Patent und Offenlegungsschriften veröffentlichen sollte/musste? Zeigen die Erfindungen doch den großen Aufwand, den sich eine oder mehrere, eventuell nicht nur deutsche Forschungsgruppen über einen längeren Zeitraum (vor und während des Krieges) gemacht hatten, um die diversen Flugkörper, ihre Antriebsweisen zu entwickeln und danach praktisch, militärisch im Krieg „live" zu erproben. „UFO"-Sichtungen aus dem Zweiten Weltkrieg zeigen ja zum einen, dass die Flugkörper realisiert wurden, funktionierten und auch militärisch, wenn auch im Krieg begrenzt, zur Anwendung kamen. Denn sie könnten ja für einen weiteren großen Krieg zurückgehalten worden sein.

Nachkriegssichtungen und -beschreibungen zeigen zudem, dass solche Flugkörper zumindest an anderen Orten im Ausland weiterentwickelt und weitergebaut, und als „UFOs" von mehreren Personen gesichtet wurden (siehe auch den „Fall Captain Mantell", der einen kegelförmigen, elektrostatischen Flugkörper verfolgte, der ihm sogar zum Verhängnis wurde. Dieser Antrieb wird auch in einer der Offenlegungsschriften von Erich Halik besprochen!).

Zu der Hirtenberger Patronenfabrik, bzw. den Wiener Neustädter Flugzeugwerken, heißt es bei Heinz J. Nowarra, „Die deutsche Luftrüstung" 1933 – 1945:

„Auf dem Steinfeld bei Wiener-Neustadt wurde 1914 von den österreichischen Daimler-Motoren-Werken die Österreichische Flugzeugfabrik AG gegründet. Auf dem gleichen Gelände entstanden im März 1938 die Wiener Neustädter Flugzeugwerke aus einem Zusammenschluß der Abteilung Flugzeugbau der Hirtenberger Patronenfabrik und der Flughafenbetriebsgesellschaft Wiener-Neustadt. Die Abteilung Flugzeugbau der Hirtenberger Patronenfabrik war 1935 aus dem Flugzeugbau Hopfner hervorgegangen . . ."

In dem Buch „Das Geheimnis der deutschen Flugscheiben" von Klaus-Peter Rothkugel wurde daraufhin gewiesen, dass der Flugkreisel um 1943 bei WNF in Niederösterreich von Augenzeugen gesichtet wurde:

„In dem Brief an Dr. F. heißt es unter anderem:

"Besten Dank für Ihren Brief mit den <u>Flugkreiselablichtungen.</u> Im Krieg hörte ich davon in Fachkreisen. In der Wiener-

Neustädter Flugzeugfabrik, die ein Filialbetrieb der Messerschmitt-Werke war, wurde ein Versuchsmodell von 5 m Durchmesser hergestellt, das vermutlich auch Versuchsflüge bis nach Wien gemacht hat."

Somit ergeben sich folgende Fragen:

War Halik eine weitestgehend unbedeutende Person, die nichts mit Flugzeugbau und wissenschaftlicher Erforschung der „*Elektrizität und den Magnetismus als Schlüssel zu den physikalischen Geheimnissen dieser Erde*", wie es bei Ronald Richter heißt, zu tun gehabt hatte?

Welche Rolle spielte der deutsche Anmelder Hans-Werner von Engel, der Flugkapitän bei der Deutschen Lufthansa war (ein Strohmann, der zumindest aus der Luftfahrt-Branche kam)?

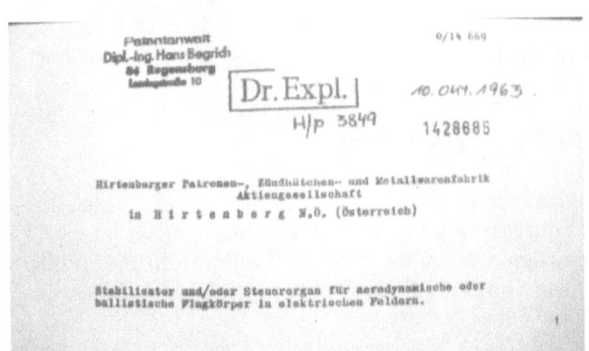

Welche Rolle spielte der deutsche Patentanwalt Dipl.-Ing. Hans Begrich, ansässig zur damaligen Zeit in Regensburg?

Begrich war ein ehemaliger Postrat der Deutschen Reichspost, verwickelt in die Fernseh-Entwicklung im Dritten Reich (Hochfrequenztechnik, Hakeburg, Gottow, Kamerafernsteuerung)?

Wurden u.a., neben Peenemünde, Karlshagen oder Stettin, bei der Hirtenberger Patronenfabrik die, in den Patenten beschriebenen Versuchsaufbauten und die Experimente mit den entsprechenden elektrostatisch aufgeladenen Modellen durchgeführt?

Falls Halik diese Versuche nicht selbst durchgeführt hatte (höchst wahrscheinlich), woher und vom wem hatte er die Angaben für „seine" Patente? Von Wilhelm Landig, der als SD-Mann noch immer Kontakte zu gewissen Personenkreise in Österreich hatte, auch zu speziellen Personen und Ingenieuren der Hirtenberger Patronenfabrik?

Dort vom Autor bei der Firma nachgefragt, hatte man die einmalige Chance verpasst, zur Aufklärung bestimmter luftfahrttechnischer Entwicklungen einen konstruktiven Beitrag zu leisten. Aber ein Unternehmen, das in der Waffenbranche tätig ist, wird wohl aus bestimmten Gründen nie in der Lage sein, die Wahrheit zu verkünden!

Welche Rolle spielte die Hirtenberger Patronenfabrik, bzw. die Wiener Neustädter Flugzeugwerke, WNF bei der Entwicklung, bzw. Veröffentlichung o.g. Patente und der Offenlegungsschriften? Weil es damals, in den 1960er Jahren bei der Firma weiterhin Personen gab, die die Forschungen und den Bau elektrostatischer Antriebe noch selbst miterlebt hatten?

Wurden bei WNF Experimente mit elektrostatischen Flugkörpern und Modellen durchgeführt? Vor und ggfs. noch nach dem Krieg? Sah der Augenzeuge bei WNF im Krieg nicht nur den Flugkreisel, sondern auch elektrostatische Flugkörper, die in Niederösterreich erprobt und eingesetzt wurden (siehe auch die SS, und Major Engel in Reichenau an der Rax)?

Siehe außerdem die Aussage einer ehemaligen RSHA Mitarbeiterin, die extra nach dem Krieg, in den 1950er Jahren in Österreich Urlaub machte, um mit dortigen gewissen Personengruppen und Bekannten über ihre Erfahrung während ihrer Zeit beim Reichssicherheitshauptamt in der Abteilung von SS-Gruppenführer Otto Ohlendorf zu sprechen.

Sie hatte dort an ihrem Arbeitsplatz einen Ingenieur kennen gelernt, der bei ihrer Abteilung, Amt III, Deutsche Lebensgebiete – SD-Inland, Amt III C 1, „Wissenschaft", eine Erfindungsschrift über elektrostatische Flugkörper abgeben wollte, damit die SS sich seiner Sache annimmt.

Wenn bei WNF elektrostatische Entwicklungen vorgenommen wurden, wann? Vor, während oder auch noch nach dem Zweiten Weltkrieg? In welchem Auftrag führte die Firma dies durch? Gab es dort Leute aus dem Flugzeugbau, die an solchen elektrostatischen Flugkörpern arbeiten konnten. Zur Erinnerung, der Augenzeuge und Flak-Soldat im Krieg, Herr Walter Lauermann, der einen ungewöhnlichen deltaförmigen Prototypen in Nord Frankreich im Juli 1944 beobachten konnte, hatte bei WNF Flugzeugbau gelernt.

Wurden bei der Hirtenberger Patronenfabrik spezielle, aus besonderem, ionisiertem Metall bestehende elektrostatische Flugkörper mit internen, kleinen Verbrennungsmotoren entwickelt und gebaut? Im Gegensatz zu den ersten Versuchen mit unterschiedlichen Formen von Holzmodellen, die wahrscheinlich am Strand der Ostsee bei Peenemünde aufs Meers verschossen wurden.

Welche Personen, Ingenieure, Techniker, auch externe Personen von anderen Forschungseinrichtungen, Universitäten, Flugzeugwerken ect., entweder aus Deutschland, Österreich oder anderen Orten, wurden nach Österreich abkommandiert, um bei der WNF an Sonderprojekten spezieller Flugkörper zu arbeiten?

Wurden diese besonders bewacht und abgeschirmt und hatten spezielle SS-Wacheinheiten die Aufgabe, diese Personen zu kontrollieren. War der SS Mann Oberscharführer Landig gar darin verwickelt?

Auch vor der Tür zur „Abteilung L" bei Messerschmitt in Augsburg stand eine Wache, die den Zutritt zu Geheimlaboren bewachte, wie der Augenzeuge Kurt Schnittke bereits in den 1950er Jahren in einem Artikel erwähnte.
Waren bei WNF in Wiener Neustadt, z.B. kurzzeitig Leute aus Peenemünde, von Forschungseinrichtungen wie Volkenrode, DVL Adlershof, DFS Darmstadt oder Ainring, Hakeburg Berlin, Gottow Gut Kummersdorf, bzw. Flugzeugfirmen wie Junkers, JFM, tätig und abkommandiert, die Sonderprojekte in Nieder-Österreich (und auch im nahe gelegenen Böhmen) durchführten?

Gibt es Querverbindungen zu den o.g. Offenlegungsschriften und haben ggfs. dieselben Leute, oder Forschungsinstitute und Flugzeugfirmen, auch bei WNF, an elektrostatisch angetriebenen Flugkörpern geforscht?

Insert

Auszüge aus Wikipedia:

Elektrostatisches Feld der Erde

Das elektrostatische Feld der Erde (auch als elektrostatisches Erdfeld, elektrisches Feld der Erde oder elektrisches Erdfeld bezeichnet) resultiert daraus, dass die Erdoberfläche eine elektrische Überschussladung von $-6 \cdot 105$ C aufweist. Diese Überschussladung entsteht durch ionisierende Strahlung aus dem Weltraum (kosmische Strahlung und Sonnenwind). Dabei werden positiv ionisierte Teilchen in Richtung der Erde beschleunigt. Die negativ geladenen Teilchen werden von der Erde weg beschleunigt.

Verteilung der elektrischen Ladung

In der Nähe der Erdoberfläche kann man etwa 1000 Ionen je Kubikzentimeter feststellen, wobei ein Kubikzentimeter bei Normaldruck $3 \cdot 1019$ Moleküle enthält. Die Atmosphäre ist dort also nur schwach ionisiert, sie enthält sowohl positive als auch negative Ionen. Es überwiegt jedoch die Anzahl positiver Ionen. Die Ionendichte nimmt mit der Höhe zu und hat ihr Maximum in der Ionosphäre. Dort ist ein erheblicher Teil der Gasmoleküle durch die UV-Strahlung der Sonne ionisiert.

Diese positive **Raumladung** der Atmosphäre bewirkt durch Influenz eine Konzentration negativer Ladung an der Erdoberfläche. Zwischen dieser und der positiven Raumladung entsteht das elektrische Feld.

Bei wolkenlosem Himmel im ebenen Gelände lassen sich in der Luft elektrische Feldstärken zwischen 100 V/m und 300 V/m von oben nach unten mit Potentialsonden oder mit um die horizontale Achse drehbaren Plattenkondensator oder so genannten Rotationsvoltmeter, feststellen.

Bei Gewittern entstehen aufgrund der Ladungstrennung in den Wolken jedoch auch wesentlich höhere Feldstärken von 25 bis 35 kV/m, die man am Boden beobachten kann. Ab diesen Feldstärken kommt es auch in Form von Blitzen zu Entladungen (Ladungsausgleich).

Körper im elektrostatischen Feld der Erde

Wenn man einen elektrisch leitfähigen Körper in das elektrostatische Feld der Erde einführt, so bildet die Oberfläche dieses Körpers aufgrund von Influenz eine Äquipotenialfläche.

Daraus resultiert, dass ein leitfähiger Körper (auch ein menschlicher Körper?, Anm.d.A.) das elektrostatische Feld quasi um sich herumführt. Er bleibt auf Grund der Influenz dadurch selbst spannungsfrei. Wird der elektrisch leitfähige Körper mit der Erde verbunden, so weist dieser das gleiche Potential wie die Erde auf, was man etwa im Fall des Blitzableizers nutzt.

Dass sich das elektrische Potential auf der Oberfläche eines leitfähigen Körpers gleichmäßig verteilt, führt auch dazu, dass etwa der leitfähige menschliche Körper keine Spannungsdifferenzen in der Luft fühlen kann, sondern bestenfalls eine geringe Kraft zwischen Körpern mit unterschiedlicher Ladung.

Flugkörper mit elektrostatischem Antrieb

Hier eine wichtige Auszüge aus den o.g. Offenlegungsschriften, die die Strohmänner Halik und v. Engel Anfang der 1960er Jahre in ihrem Namen eingereicht hatten.

Der Autor geht davon aus, dass die Angaben in den Patentschriften, die deutsche Entwicklung elektrostatischer Flugkörper, wie sie seit ungefähr der 1920 bis 1940 Jahren in Deutschland entwickelt und gebaut wurden, aufzeigen.

Es sind somit sehr wichtige und interessante Informationen, die u.a. auch die Sichtungen so genannter „Foo-Fighter" über Deutschland und anderswo während des Krieges erklären.

In den Schriften wird zum Vergleich auch auf <u>elektromagnetisch</u> angetriebene Flugkörper hingewiesen, die zumindest in kleiner und unbemannter Form in Deutschland der 1930er und 1940 Jahre ebenfalls entwickelt und eingesetzt wurden. Wer hierzu mehr Informationen hat, so zum Beispiel Patentunterlagen deutscher EM-Fluggeräte, bitte beim Autor melden!

Auch, ob solche EM-Flugkörper ebenfalls militärisch zum Einsatz kamen, was sie bewirkten und wen oder was sie angegriffen hatten, wie Alliierte Flugzeuge, Panzer, Ansammlung von Soldaten usw.

So könnten solche, unbemannten elektromagnetische Flugkörper in Scheibenform durchaus alliierte Flugzeuge durch die harte EM-Strahlung und das starke Magnetfeld durch Ausfall der Bordelektrik und Störung der Zündung von Kolbenmotoren zum Absturz gebracht haben. Liegen solche Berichte alliierter Piloten vor, eventuell auch Berichte, wo Panzermotoren aussetzten, oder alliierte Soldaten durch die harte EM-Strahlung gesundheitliche Beeinträchtigungen davon trugen? Siehe auch die „Todesstrahlen-Versuche" mit einem Rheotron oder mit Mikrowellenstrahlung im zweiten Teil!

Wollten die U.S. Verschwörer von „Operation Unthinkable solche Waffen nutzen, die gegnerische Zündsysteme und die Elektrik von Fahrzeugen und Flugzeugen störte, damit man in weiten Landstrichen des Gegners ein „Black-out" herbeizuführen konnte, um z.B. die Produktion von Waffen lahm zu legen?

Siehe hier das Experiment mit Plasmawaffen unter dem Kapitel „Die große Verdunkelung von 1965" in diesem Buch!

Wäre ein Dritter Weltkrieg mit all den „Wunderwaffen", die in den Büchern des Autors besprochen werden, wesentlich brutaler und härter verlaufen, als die gesamten Kriege, die bis jetzt auf dieser Welt stattgefunden haben? Denn all die geheimen Waffenentwicklungen, die während des Zweiten Weltkrieges durchgeführt wurden, plus geheime Neuentwicklungen, die alle bis dato vertuscht werden, sind bis heute nicht, oder nur vereinzelt und verdeckt zur Anwendung gekommen. Die Kriege und Konflikte, die aktuell bekannt wurden, sind „harmloser", da keine EM-Waffen und exotische Flugzeuge und Flugkörper in das Kriegsgeschehen eingreifen. Könnte dies daraufhin deuten, dass man 1945 bereit war, einen Krieg vom Zaune zu brechen, der wesentlicher vernichtender für die Menschheit auf Erden gewesen wäre, all alle zuvor stattgefundenen Konflikte? Ein Indiz, dass man nach dem Dritten Weltkrieg etwas Neues auf der Erde gestalten wollte, im Zusammenhang mit denjenigen Menschen, die bereits seit einiger Zeit unser Sonnensystem und das Universum besiedeln?

Offenlegungsschrift 1 406 416
Anmeldung: 26. Oktober 1963
Offenlegungstag: 12. Dezember 1968
Datum: 15. Februar 1963
Land: Österreich
Aktenzeichen: A 1207-63
Bezeichnung: Flugkörper mit elektrostatischem Antrieb
Anmelder: von Engel, Hans-Werner, 2000 Hamburg
Als Erfinder benannt: Halik, Ing. Erich, Wien, von Engel, Hans-Werner, 5320 Bad Godesberg

...

„Es sind Spielzeuge bekannt, bei welchem in unmittelbarer Nähe des Erdbodens sehr kleine und sehr leichte metallische Flugkörper mittels eines nahe dem Flugkörper mit der Hand gehaltenen, durch Reibung elektrisierten Stabes oder **Elektrophors** in Schwebe gehalten und in Bewegung versetzt werden."

Insert

Aus der Spielzeugwerbung, Internet:

FUN FLY STICK – Der Elektrostatische Zauberstab

„Dieser "Zauberstab" funktioniert mit "Physik pur" und hat die Welt im Nu erobert!

Zahlreiche internationale Preise hat er gewonnen: Platinum Award Oppenheim Toy Portfolio / Dr. Toy Winner 10 Best Active Products / Top Toy of the Year 2008 Creative Child Magazine / Dr. Toy Winner 100 Best Children's Products …;

die beiliegenden **sieben (7!) Flugobjekte schweben durch den Raum**, gesteuert nur durch den Zauberstab (in dem sich, im Geheimen gesagt, ein kleiner Van de Graaf – Generator befindet), also mit statischer Elektrizität! Faszinierend! Nur sehr schwer zu beschreiben!

Das muss man selbst sehen und ausprobieren … (benötigt werden zwei Mignon – Batterien 1,5 V, nicht mitgeliefert)"

Patent:

Elektrostatisches Spielzeug, EP 2274061 B1

„Ein elektrostatisches **Levitationsspielzeug** umfassend ein schwebendes Objekt , und einen **elektrostatischen Stab**, der die Levitation des Objektes verursacht, gekennzeichnet dadurch, dass der Stab mit einem elektrisch betriebenen, elektrostatischen Generator zur Aufladung des Stabes sowie des schwebenden Objektes versehen ist, dass das Objekt vom Stab abgestoßen wird, und Mittel zur Einschaltung dieses elektrisch betriebenen elektrostatischen Generators und zur Aufladung und zur Wiederladung des Stabes und des schwebenden Objektes mit einer Hand des Benutzers, wenn der Benutzer der Stab in dieser einen Hand hält, wobei dieser elektrostatische Generator ein **Van-de-Graaff-Generator** ist und enthält einen Elektromotor, eine Batterie, zwei Scheiben aus unterschiedlichen Werkstoffen, miteinander verbunden durch einen Riemen und umfassend eine auf der Welle dieses Elektromotors angebrachte Scheibe und eine weitere Scheibe, zwei Bürsten zum Abnehmen der elektrischen Ladung, senkrecht zur Außenoberfläche des Riemens und umfassend eine in der Nähe einer Scheibe angebrachte und über den Körper des Benutzers geerdete Bürste und eine zweite, nahe der zweiten Scheibe angeordnete und mit dem Akkumulator der elektrischen Ladung verbundene Bürste."

Interessant ist der folgende Hinweis über einen EM-Antrieb in der o.g. Offenlegungsschrift:

„Ferner ist noch ein Flugkörper **bekannt,** der für seine Bewegung innerhalb der Atmosphäre einen **elektromagnetischen** Antrieb aufweist.

Dieser besteht aus einem Starkstrom durchflossenen Leiter, der ein in unmittelbarer Umgebung des Flugkörpers auftretendes **Magnetfeld induziert.**

Durch eine senkrecht zum Stromfluß emittierende an der Ober- und Unterseite des Flugkörpers angeordnete Elektrodenquelle, deren Elektrodenwege gleich, bzw. gegensinnig mit den Kraftlinien des induzierten Magnetfeldes verlaufen, wird ein auf das umgebende Medium übertragener **Impuls** erzeugt, wodurch sich der Flugkörper nach dem Reaktionsprinzip bewegt („Lorenzkraft", Anm.d.A.).

Als Elektrodenquelle ist ein **erhitztes** und auf ein hohes negatives Potential gebrachtes **Metall**, oder eine **ultraviolette** Strahlung (Zyklotronstrahlung, Anm.d.A.), oder die Emission von **radioaktiven Teilchen** vorgesehen.

Die Bewegung des Flugkörpers in einer Richtung wird durch die Veränderung der Stromintensität ober- und unterhalb des Flugkörpers bewirkt. Der sehr starke Strom bewirkt einen starken Stoß, welcher den Leiter in nachteiliger Weise überaus stark mechanisch beansprucht, so daß dieser entweder genug stark mechanisch beansprucht, so daß dieser entweder genug stark mechanisch gebaut, oder mit entsprechenden Abstützungen versehen werden muß. Außerdem muß der Leiter, damit er seine erforderliche hohe Leitfähigkeit beibehält, zur Abführung der auftretenden Wärme dauernd, z.B. durch zirkulierendes, flüssiges Helium, **gekühlt werden**, so daß eine umfangreiche Kühlanlage benötigt wird (siehe später „Rankin-Cycle", supraleitende kryogene Anlagen, Anm.d.A.)."

Leider ist diese Art des elektromagnetischen Antriebes, der auch in Deutschland der 1930er und 40er Jahre entwickelt und erprobt wurde, bis heute nur Insidern bekannt. Der dargestellte Flugkörper wird wohl ebenfalls unbemannt gewesen sein und wurde ferngesteuert, oder flog halb- oder vollautomatisch einen vorbestimmten Kurs. Ob diese EM-Maschine eine interne Stromquelle zum Betrieb des Stromgenerators besaß, der die hohen Voltzahlen zum Aufbau eines Magnetfeldes erzeugte, ist unklar.

Möglicherweise erprobte man auch die Fernübertragung von Strom auf einen solchen Erprobungsträger. Denn kleinere Versionen hatten nicht genügend Stauraum, um alle notwendigen Aggregate zur Erzeugung eines starken Magnetfeldes an Bord zu haben.

Denn es musste ja auch ein leistungsfähiger Stromgenerator angetrieben werden, der den benötigten Starkstrom erzeugt, damit um die gesamte Maschine ein Magnetfeld aufgebaut werden kann.

Erste Versuche wurden mit Sicherheit mit externen Stromquellen, wie einen fahrbaren Generator durchgeführt, und die EM-Scheiben flogen im Fesselflug um die Stromquelle herum.

Ob auch manntragende Maschinen geplant waren, ist unklar. Man beachte hier, bei den ersten elektromagnetischen Fluggeräten, die harte EM-Strahlung und radioaktive Stoffe für den Antrieb, die schädlich für den Menschen und die Umwelt sind.

Ob es Versuche gab, solche kleinen Magnetscheiben mit einem nuklearen „Soft Fission" Antrieb auszustatten, der Wasser erhitzte, und Dampf erzeugte, der wiederum einen Generator antrieb, ist unklar. Dass es bereits kleinste Uran- oder Plutoniumantriebe gab, zeigt ein Bericht weiter unten.

Hier wird ein Erfahrungsbericht in der Erfindungsschrift wiedergegeben. Also wurden nicht nur elektrostatische Flugkörper in Deutschland vor und während des Krieges entwickelt, gebaut und erprobt, sondern auch EM-betriebene Flugkörper.

Falls die umfangreichen Beschreibungen in den Schriften von Halik tatsächlich auf Entwicklungen, die im oder vor dem Zweiten Weltkrieg in Deutschland gemacht wurden, zurückzuführen sind, wer hat sie unternommen und wo wurden diese durchgeführt?

Wurden Versuche in Peenemünde, wo ein Augenzeuge Thoriumblöcke gesehen haben will, die u.a. als Kolloide oder magnetisierbare Schwermetallpartikel zum elektrostatischen Antrieb dienten, in der Gegend um Breslau, in Niederösterreich oder in z.B. in Frankreich unternommen? Als kleine Bruchstücke hätte das spaltbare Thorium Material auch evtl. für einen „Soft Fission" Antrieb genutzt werden können.

Das elektrostatische und elektromagnetische Flugkörper nicht nur als „Foo Fighters" über Nazi-Deutschland gesichtet wurden, zeigt dieser Report, entnommen von der Web-Site „Project 1947:

A rarity, a dated report, was filed by renowned aviation writer, Gerry Casey.

On April 5, 1943 at 9:50 AM, Casey was a primary instrument flight instructor supervising a student in a BT-13A trainer (Schulmaschine ähnlich der NAA-64, Anm.d.A.). Cruising near Long Beach, California with the student flying, Casey had glanced eastward and had noticed a peculiar flash in the sky. As he looked more carefully, he saw an aircraft in a moderate dive toward the trainer. Preparation for evasive action was made ready in case it was needed as the craft continued to approach, and then pass on the trainer's left side.

This "plane" was quite odd. It was radiant **orange in color**, with no openings or glass visible. There was no propeller or propulsion of any kind visible. It was **elliptical**, with a **rounded hump on top and a smaller hump underneath**. Size was difficult to determine without knowing the distance. It was unlike anything ever seen before.

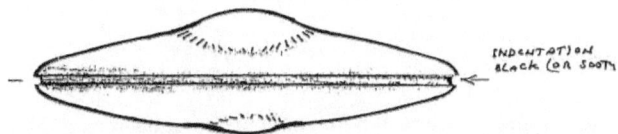

The object **maintained a precise formation** with the trainer, showing something of a wobble or oscillation while in place. Casey thought of photographing it with a camera available in the plane but, thinking that the object was **a secret aircraft from Lockheed** (about which he had heard rumors), he decided against it, fearing wartime penalties for photographing secret test aircraft.

Suddenly, with the rear portion of the object moving slightly, it shot away, disappearing in a climbing turn toward the ocean in two seconds. It turned from orange to white as it accelerated. Total duration of the sighting was 90 seconds.

Anmerkung des Autors:

Was für ein scheibenförmiges und evtl. unbemanntes Fluggerät hatte der Flugschüler in Long Beach, Kalifornien im April 1943 gesichtet?

Ein elektrostatischer oder ein EM-Flugkörper? Hatte Lockheed, oder eines seiner „Shadow Works" dieses Flugzeug gebaut?

Auch hier könnte eine automatische Verfolgung des Vultee BT-13 "Valiant" Trainers mit entsprechender Bordausrüstung, wie sie auch von der österreichischen Firma Kepka entwickelt wurde (U.S.-Parallelentwicklung zur gleichen Zeit: „Magnetic Sensing", „Optical Proximity Fuse") erfolgt sein, wie bei den deutschen Versionen elektrostatischer Flugkörper!

Baute u.a. auch die amerikanische Firma Lockheed solche Fluggeräte, wie in den erwähnten Offenlegungsschriften von Halik und Engel beschrieben sind? Oder basieren die Flugkörper in dem deutschen Patent gar auf amerikanische Entwicklungen und sollten in Nazi Deutschland nachgebaut und „live" im Krieg getestet werden?

Wie groß und eng war die -geheime - Zusammenarbeit deutscher und amerikanischer Stellen bezüglich spezieller „Wunderwaffen" vor und während des Zweiten Weltkrieges? Auftragsarbeiten für einen weiteren großen, alles vernichtenden Krieg?

Hier ein weiteres Beispiel:

"Activity continued in **California in 1943**.

"In Escondido one day in November around 10.30PM, on a dark, moonless night, the Sledge family, husband, wife and son, were listening to the radio when Mrs. Sledge stepped outside for some air. <u>She noticed an object hovering 15 feet above the roof of her house</u>, shaped **like a disc with a dome**, some 12 feet in diameter. The dome had **square windows all around**, about 30 inches square each. Behind two of them she could see silhouetted shapes like men. <u>The dome inside appeared to be</u> **like shiny chrome**. Mrs. Sledge ran into the house for her husband, thinking that an aircraft was in trouble. Both husband and son had the object in view but could not identify it. <u>A quiet humming, like a spinning top could be heard as it hovered</u>.

Was hatte Mrs. Sledge wirklich gesehen:

Eine EM-Flugscheibe mit Kuppel von circa 4 m im Durchmesser, unbemannt, mit regelmäßig angeordneten quadratischen Abstrahlflächen von ca. 70 cm Länge für eine Zyklotronstrahlung, UV-Licht, das in das umgebende Magnetfeld der Flugscheibe geschossen wird, um eine Richtungsänderung und Vorwärtsflug in alle Richtungen (45, 90, 135, 180, 225, 270, 315 und 360 Grad) vorzunehmen.

„Die „shaped like men" werden die einzelnen UV-Strahler gewesen sein, die vor verspiegelten „shiny chrome", konkaven Ausbuchtungen, acht Abstrahlflächen hinter Spezial (Quarz-) Glas der quadratischen Öffnungen montiert waren, um, je nach Flugrichtung in das Magnetfeld einen UV-Strahl zu schießen (Gegenkurs der jeweiligen Gradzahl, bei 45 Grad ist der „Schub" der UV-Strahlung Richtung 225 Grad, also Richtung Süd-Westen). Das ist das Aufblitzen, was man bei „UFOs" immer wieder beobachten konnte. Diese frühe Version hat noch sehr große Abstrahlflächen von ca. 70 cm, was auf eine noch wenig effektive Zykotronstrahlung hindeutet.

Also flogen nicht nur in Deutschland erste, unbemannte elektromagnetische Flugkörper Anfang der 1940er Jahre, sondern auch in Kalifornien, USA, wo U.S. Flugzeugfirmen angesiedelt waren und immer noch sind.

Weiter heißt es in der Offenlegungsschrift von dem Strohmann Erich Halik aus dem Jahre 1963:

„Die Erfindung zielt darauf ab, in elektrischen Feldern innerhalb der Atmosphäre bewegbare, für **militärische Zwecke** besonders geeignete Flugkörper <u>verschiedener Größe</u> zu schaffen, die <u>selbst- oder ferngesteuert</u> während des Fluges Richtung, Höhe und Geschwindigkeit verändern können, daß ein **Beobachter außerstande ist,** Schlüsse über ihre Flugbahnen zu ziehen."

Das Patent zielt also nur auf <u>militärisch</u> anwendbare, unbemannte Flugkörper unterschiedlicher Form und Größe ab und nicht etwa auf Flugzeuge für zivile Nutzung, die auch Personen befördern könnten.

Aufgrund eines erratischen Flugverhaltens in der elektrisch aufgeladenen Atmosphäre kann man bei nicht stabilisierten, elektrischen Flugkörpern, aber auch bei gesteuerten, programmierten Fluggeräten, die unterschiedliche Flugbahnen durchfliegen, nicht ausmachen, woher sie kommen, wohin sie fliegen und wer sie steuert.

Dazu kommt noch das exotische Aussehen der Flugkörper, die nicht erkennen lassen, warum sie sich überhaupt in der Luft halten können.

All diese Faktoren müssen sehr verwirrend für einen alliierten Kampfpiloten gewesen sein, der zum ersten Mal in seinem Leben ein elektrostatisches Fluggerät in der Luft beobachten konnte. Dieses Problem könnten Piloten auch heute noch haben.

Und weiter:

„Die künstlichen Raumladungen kommen in einem ionisierbaren Gasvolumen leicht zustande, wenn dieses unter Einwirkung elektrischer Felder steht.

Dabei sind <u>Leitfähigkeits-unterschiede</u> des Gases und die sogenannten <u>Elektrodenwirkungen</u> maßgebend. <u>Natürliche Erscheinungen</u> dieser Art sind an <u>jeder atmosphärischen Grenzfläche</u> anzutreffen, die mit einer Leitfähigkeitsänderung verknüpft ist (Wolkengrenzen, Inversionen, Sperrschichten u.a.).

Bildet sich z.B. in einer <u>elektrisch ausgeglichenen</u> Atmosphäre eine Nebel-, Wolken- oder Dunstschicht, so erfährt diese zwangsläufig an ihrer <u>Oberseite</u> eine **positive** und an ihrer <u>Unterseite</u> eine **negative** Auflading (Ionenstau); außerdem bilden sich <u>beiderseitig</u> in ihrer Nachbarschaft **natürliche Raumladungen** aus."

...

„Die mittlere Raumladungsverteilung in der Atmosphäre erreicht den Betrag zwischen 0,1 bis 10 e/cm³.

Natürliche Raumladungen kommen deshalb als elektrostatisch wirksame Kräfte nur zur Suspension und/oder Bewegung von **sehr leichten,** z.B. **gasgefüllten Flugkörpern** in Betracht.

Die Massenträgheit dieser Flugkörper ist geringer als die Träger der natürlichen Raumladung . . . "

Bei den leichten, Gas gefüllten Flugkörpern sei hier auch an die „Luftschiff-Welle" in den USA, Ende des 19., Anfang des 20. Jahrhunderts erinnert.

Diese Luftschiffe hatten eine mit Metallfarbe bestriche Ballonhülle, die mit Hilfe von elektrostatischen Generatoren, wie einer Influenzmaschine, elektrisch aufgeladen wurden.

Somit konnten die Luftschiffe sich von der elektrisch geladenen Atmosphäre abstoßen oder anziehen lassen, was aber keine großen Fluggeschwindigkeiten zuließ.

Insert

Die geheimen Luftschiffe von 1896

Die Sichtungswelle begann am 1. November 1986 im westlichen Amerika, als ein Jäger im Morgendunst schemenhaft ein Luftschiff sah.

Im November 1896 setzten sich die Sichtungen von mysteriösen Luftschiffen in Sacramento, California weiter fort. Hunderte Leute sahen ein helles Licht während einer regnerischen Nacht am Himmel. Oberhalb des hellen Lichtscheines wurde ein ovaler Schatten wahrgenommen. Ein Augenzeuge will gesehen haben, dass das Fluggerät sich gegen den Wind in 100 – 150m Höhe fortbewegte.

Andere Zeugen sagten aus, dass das Objekt am Himmel sich wie ein schlingerndes Schiff in rauer See verhielt, in dem es nach oben und unten schaukelte (so wie man es auch heute noch bei windigem Wetter beobachten kann, wenn ein „Blimb" durch die Luft stampft, Anm.d.A.)

Die vielen Personen, die meistens während der Nacht etwas am Himmel beobachteten, beschrieben die Luftschiffe als groß und länglich mit flachen Enden. Dazu sah man immer ein sehr helles Licht, das zu einer starken Bogenlampe zu gehören schien.

Die Beschreibung der Passagierkabine fiel ab und zu unterschiedlich aus, manche meinten eine kleine Kabine befände sich oberhalb der ovalen Hülle, andere sahen eine längliche Gondel unterhalb eines Ballons hängen. Zwischen drei und acht Personen sollten sich laut mehreren Augenzeugenberichten in dem Luftschiff befinden, manchmal hörte man sogar Stimmen aus der Kanzel.

Am Abend des 20. November 1896 beobachteten tausende Einwohner von Oakland, Cali. ein großes Luftschiff. Ein Zeuge erkannte außerdem eine große Lampe und Flügel, oder flügelähnliche Propeller (oder ein Schwungrad, Anm.d.A?).

Interessant ist, dass es außer den absichtlichen Falschmeldungen und erfundenen Sensationsmeldungen in verschiedenen amerikanischen Zeitungen, auch schon gezielt Desinformation und Propaganda verbreitet wurde.

Denn es meldete sich ein Anwalt, der behauptete, dass ein Luftschiff mit zwei oder drei Mann Besatzung innerhalb von 48 Stunden die Stadt Havanna auf Kuba zerstören könnte. Die USA waren zu dieser Zeit noch nicht im Krieg mit Kuba.

Am 2. Dezember kam es zu einem ersten „Kontakt" mit einer Luftschiff-Mannschaft. Nördlich von San Francisco am Strand von *Pacific Grove* sah ein Zeuge, wie drei Besatzungsmitglieder ein Luftschiff starteten, um es vor neugierigen Blicken zu verstecken. Der Zeuge beschrieb das Fluggerät als ca. 20m lang, zigarrenförmig mit Flügeln, die gegen den Rumpf gefaltet werden konnten.

Aber nicht nur in Kalifornien, sondern Anfang 1897 sah man in Kansas City, Missouri, Luftschiffe im Himmel. Über Omaha in Nebraska sah ein Zeuge ein „Airship", dessen Hülle aus Metall (oder metallisch beschichtet, Anm.d.A.) zu sein schien und ca. 10m lang war. Am 7. April will über Sioux City ein Zeuge einen zigarrenförmigen Ballon, der ca. 15m lang und ca. 6m dick war, gesehen haben, mit einem „Waggon", der eine Reihe von Fenstern entlang der Seiten hatte, aus denen Licht schien, oder elektrische Flammen schlugen (wurde auch später bei den „Foo Fighters" gesichtet, wenn aus den „Bullaugen", den Generatoren/Auspuffrohren ein Leuchten wahrgenommen wurde. Dies könnte der Flammenstrahl eines Raketentriebwerkes gewesen sein, Anm.d.A.)

Aufgrund der vielen landesweiten Sichtungen fragte man sich, ob es mehr als ein Luftschiff gäbe. Alle glaubhaften Beschreibungen zeigten, dass die „Airships" eine Art von Ballon waren, ca. 10-15m lang, mit faltbaren Flügeln, einer Passagiergondel, einem schwenkbaren Suchscheinwerfer und mit kleinen grünen, roten und weißen Lichtern (die wie bei Schiffen und Flugzeugen die Positionslampen für Steuerbord, Backbord und Heck darstellen könnten, Anm.d.A.).

Woher kamen nun die geheimnisvollen Luftschiffe? Am Abend des 19. April 1897 sahen zwei Augenzeugen in Texas Lichter auf einer Weide. Als die beiden nachschauten, sahen sie vier Männer, die neben einem dunklen großen Objekt standen. Einer der Männer fragte, ob er einen Eimer voll Wasser bekommen könnte. Er stellte sich mit dem Namen „Mr. Wilson" vor. Er berichtete dann, dass er und seine Freunde mit einer Flugmaschine reisen und wieder in eine kleine stille Stadt nach Iowa zurückkehren wollen, wo das Luftschiff gebaut worden ist. Als er gefragt wurde, wie das Gerät funktioniere, erklärte er, das <u>Elektrizität</u> die Propeller und Flügel antreibe. Danach sahen die Augenzeugen, wie das Gefährt aufstieg und entschwand.

Am nächsten Tag, den 20. April sah ebenfalls in Texas ein Augenzeuge ein merkwürdiges Licht hinter seinem Haus. Er traf dort auf drei Männer und ein Luftschiff. Einer der Männer stellte sich als Wilson aus Goshen, New York vor. Auch hier verlangte man nach Wasser und bat, das Zusammentreffen geheim zu halten. Danach stieg Wilson und die anderen Männer wieder in das Luftschiff, und die „großen Flügel und Fans fingen an, sich zu bewegen", und das Fluggerät flog in nördlicher Richtung davon.

Zwei Tage später, in einer anderen Stadt in Texas sah jemand ein helles Licht und ein komisches Gefährt über einem Kornfeld schweben. Als er dies untersuchen wollte, kamen ihm zwei Männer entgegen und baten um Wasser. Als der Wunsch erfüllt wurde, konnte er das Luftschiff besichtigen. Dabei stellte der Augenzeuge fest, dass wohl bis zu sieben Männern zur Luftschiff-Besatzung gehörten.

Einer der Crew-Mitglieder erklärte, dass <u>hochkondensierte Elektrizität</u> zum Antrieb des Fluggerätes diene und dies in einer kleinen Stadt in Iowa gebaut wurde und von einer großen Aktiengesellschaft in New York finanziert wurde (G.E.?). Zwei der Insassen nannten dem Zeugen ihre Namen, Jackson und ..., Wilson.

Mr. Wilson soll Mitte Zwanzig gewesen sein, aus New York kommend und er habe Interesse an Mechanik und Flugnavigation gehabt. Er soll gesagt haben, dass er an etwas arbeite, was <u>die Welt in Erstaunen versetzen würde</u>. (dies wurde viele Jahrzehnte später ebenfalls auf der Wright-Patterson AFB bei der Bergung des „Kecksburg-UFOs" zum Ausdruck gebracht, s. Abschnitt weiter unten!) Quelle: Internet

Frank Edwards berichtet zu diesem Thema in seinem Buch „*Fliegende Untertassen – eine Realität*", Ventla-Verlag, 1967:

„Es (das Luftschiff) hatte die Form einer großen Zigarre und war etwa 100m (10m?) lang; an der Unterseite befand sich ein Passagierraum. Dieser war teilweise aus Glas. ...Sofort, als sie uns bemerkten, schalteten sie eine unbekannt Energie ein, und ein großes Turbinenrad von etwa zehn Metern Durchmesser, das sich langsam unter der Maschine drehte, begann zu summen, und das Schiff stieg hoch, leicht wie ein Vogel.

...Damals berichteten viele Personen aus vielen Ländern, vor allem aber aus Orten jener Gegend, aus LeRoy in Kansas, über ähnliche Erlebnisse. So kam im November 1885 ein Bericht aus Adrianopel in der Türkei, über ein rotglühendes, zigarrenförmiges Fahrzeug mit pulsierendem, intensiv leuchtendem Licht, das rötlich verglomm (die Türkei ist nicht weit von Nicola Teslas (* 1857) Geburtsort Kroation entfernt, Anm.d.A.).

Das Luftschiff war groß und schien abwechselnd in der Luft zu schweben und sich gleitend fortzubewegen. Die französische Zeitschrift „*l`Astronomie*" berichtete einen ähnlichen Fall im November 1887 vom Kap Race, New-Scottland, wo ein großes rotglühendes Objekt vom Meer bis zu einer Höhe von 20-30 Meter aufstieg, sich zwei Minuten lang gegen den Wind bewegte und dann neben einem Schiff stehen blieb, von wo es beobachtet und registriert wurde. In Sistersville, Ohio näherte sich am 19. April 1897 wenige Minuten nach 9 Uhr abends ein leuchtendes rotes Objekt in Form einer großen Zigarre Sistersville von Nordwest.

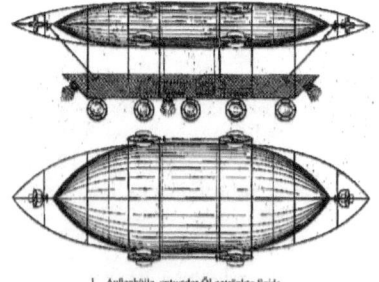

Luftschiff
von 1894

U.S.-Patent-Nr. 526.394, v. 25. September 1894
Duane Hurlbut aus Paterson, New Jersey, USA

1. Außenhülle, entweder Öl-getränkte Seide, oder Aluminium Außenhaut, in der Mitte die Gashülle für Auftrieb
2. Steuerpropeller Bug und Achtern
3. Seitliche Propeller
4. Suchscheinwerfer
5. Landekissen, dienen zusätzlich als Auftriebshülfe
6. Gondel mit elektrischem Motor und Batterien

Ein solches oder ähnliche Luftschiffe mit elektrischem bzw. elektrostatischem Antrieb flogen gegen Ende des 19. Jahrhunderts über den USA aber auch in anderen Gegenden der Welt.

Es gab wohl unterschiedliche elektr. Antriebsformen. Entweder hat ein „Windhurst-Generator" oder andere elektrostatische Generatoren die elektrischen Anlagen und Batterien gespeist oder aber die Aluminiumhülle des Ballons wurde evtl. elektrostatisch aufgeladen un elektrische Partikel bzw. Ionen sorgten für den Vortrieb.

...Die Augenzeugen sagten, dass sie im **reflektierenden Scheinwerferlicht** auf beiden Seiten große Leitflächen sehen konnten. Als das Objekt wenige Minuten später mit beschleunigter Geschwindigkeit (50 km/h) verschwand, sagten alle Beobachter, dass sie die abwechselnden aufblitzenden roten, weißen und grünen Lichter an den Seiten und Enden des Objektes unterscheiden konnten, wobei die Beobachter aus der Höhe es auf etwa 60 m Länge und etwa 17m Durchmesser schätzten."

(Sollte das stark strahlende und blendende Scheinwerferlicht die Sicht behindern, damit nicht zu erkennen ist, um was für eine Maschine es sich handelte? Solche starken Scheinwerferlichter sah man auch in den 1950er Jahren und später bei den „UFOs". Das Licht soll wohlmöglich die wahre Identität hinter einem gleißenden Lichtvorhang verschleiern helfen, Anm.d.A.).

Weitere, wahrscheinlich elektrostatische angetriebene Luftschiffe wurden auch 1908 und gegen Ende Dezember 1909 beobachtet.

Welche Gruppe, Organisation usw. war für die Entwicklung, den Bau und Einsatz dieser elektrischen Luftschiffe zuständig? Warum werden sie bis heute geheim gehalten? Warum sollte das elektrostatische Antriebssystem nicht publik (bis heute, Stand 2017!) werden? Wusste man bereits, dass außer den Luftschiffen, weitere Luft und auch Raumschiffe auf Grundlage dieser Antriebsart gebaut und später auch im Einsatz stehen werden?

Wie schnell war die Weiterentwicklung der elektrostatisch angetriebenen Luftschiffe vorangeschritten und wann konnte man die ersten, klassischen „UFOs", scheiben-, sphären- und zylinderförmige Fluggeräte und Raumschiffe bauen? In den 1920er Jahren aufwärts?

In der Reihe der Berichte über gesteuerte zigarrenförmige Flugobjekte am Himmel über den Vereinigten Staaten um die Jahrhundertwende des 19. und 20. Jahrhunderts finden sich zahlreiche Sichtungen gegen Ende Dezember 1909 und Anfang Januar 1910.

„Am Abend des 24. Dezember 1909 sah ein Augenzeuge in Irland ein hell erleuchtetes Objekt. Am 12. Januar 1910 wurde eine „fliegende Zigarre" über Chattanooga in Tennessee, USA gesichtet. Sie bewegte sich mit einer geschätzten Geschwindigkeit von nicht mehr als 50 Stundenkilometern über die Stadt hinweg. Die meisten Zeugen waren sich sicher, einen schwachen, surrenden Ton vernommen zu haben, den sie als Zeichen irgendeines Motors vermuteten. Ebenso tauchte in der Beschreibung eine Reihe blauer Flammen auf, die auf der Unterseite des Flugobjektes fast dessen ganze Länge entlang flackerte.

Die sorgfältige Prüfung der Beschreibung dieser lenkbaren Luftschiffe führte zu dem Schluß, dass sie ziemlich schwerfällig waren und, nach Ansicht der Augenzeugen, keine auffälligen Geschwindigkeiten entwickelten." (**Quelle: Frank Edwards**)

Mr. Wilson, mit Sicherheit ein Synonym, erwähnte eine Aktiengesellschaft aus New York, die den Bau der Luftschiffe mitfinanzierte. Hinter dieser AG könnte u.a. ein reicher Mäzen gestanden haben, der fortschrittliche Erfindungen erkannte und die Erfinder und Erbauer mit ausreichenden finanziellen Mitteln förderte und zu einer Gruppe gehört haben könnte, die wusste, was wirklich auf dieser Welt im Hintergrund geplant und durchgeführt wurde.

Wenn diese Luftschiffe z.B. einen neuartigen elektrostatischen Antrieb hatten, der evtl. auch auf den Erfinder des Wechselstromes Nicola Tesla zurückzuführen wäre, könnten andere Elektro-Ingenieure und Wissenschaftler diesen Antrieb bei den weltweit aufkommenden Leichter-als-Luft-Fahrzeuge eingesetzt haben. Große Firmen im Bereich elektrischer Anwendungen, wie z.B. „General Electric" in den USA, wären in der Lage gewesen, diese neuartigen Antriebe finanziell und entwicklungsmäßig zu fördern. Die U.S.-Firma „G.E." gehört übrigens genauso zu ganz bestimmten U.S.-amerikanischen „Geheim-Kreisen", wie viele andere amerikanische Firmen auch. So wurde zum Beispiel ebenfalls der bereits erwähnte Raketenpionier Robert Goddard durch den Weitblick eines „Gönners" aus diesen Kreisen gefördert.

So schreibt Werner Buedeler in seinem Buch „*Geschichte der Raumfahrt*":

> „Im Herbst 1929 bahnte sich für Goddard eine entscheidende Wende an, als Charles Lindbergh, der Ozeanflieger, sich für seine Arbeiten, die er aus Zeitungsberichten kannte, zu interessieren begann. Goddard besuchte anschließend den Unternehmer und Philantropen Daniel Guggenheim, der ihn daraufhin unterstützte. So erhielt Goddard 1930 von Guggenheim 50.000 Dollar, um sich zwei Jahre voll der Raketenentwicklung widmen zu können, mit der Aussicht, daß Goddards Arbeiten nach Ablauf dieser Zeitspanne für weitere zwei

Jahre finanziert würden, sofern Guggenheims Aufsichtsrat zustimmenden würde."

Auch Narzisso Genove sagte ja, dass es eine eingeweihte Gruppe gäbe, die sich nur der wissenschaftlichen Forschung widmet und einen unbegrenzten finanziellen Rückhalt hat.

Läuft auch die „Wahre Raumfahrt" über diese mächtigen und finanzstarken Gruppen und wurde der Zweite Weltkrieg dazu genutzt - und evtl. bereits andere Kriege und Ereignisse zuvor - um Situationen zu inszenieren, damit gewisse Forschungen und Entwicklungen im Geheimen gefördert werden konnten? Spielt auch Deutschland, sowie gewisse Persönlichkeiten, eine Rolle bei dieser Umsetzung zukünftiger Ziele?

Übrigens: So berichtete Edgar Sievers, Autor des Buches "Flying Saucer über Südafrika", 1955, von einem Fluggerät, das in der Nähe der Stadt Greytown, Natal, Süd-Afrika im Jahre 1914 gesichtet wurde. Das Flugobjekt landete im Grasland und ein Augenzeuge sah zwei Insassen, die aus einem nahe gelegenen Fluss, mit einem Eimer Wasser schöpften.

Insassen, die immer wieder Wasser verlangten, wurden auch bei den elektrostatisch betriebenen Luftschiffen, die hauptsächlich über den USA zur Jahrhundertwende (19. zu, 20. Jahrhundert) gesichtet wurden, beobachtet. Landete in Süd-Afrika auch ein elektrostatisch betriebenes Luftschiff in der Nähe von Wasser, damit ggfs. ein elektrostatischer Wimshurst-Generator gekühlt werden konnte, der sonst heiß lief? Oder der mit einer Dampfmaschine angetrieben wurde?

Kam es auch in dem zum Britischen Empire (Commonwealth) gehörenden Süd-Afrika zu heimlichen Erprobungen mit EM-Fluggeräten, damals mit Luftschiffen, später mit scheibenförmigen EM-Flugzeugen?

In der Offenlegungsschrift wird darauf hingewiesen, dass extrem asymmetrische Flugkörper mit einer Spitze, also z.B. die Kegelform, künstliche elektrostatische Eigenfelder vorteilhaft unterstützt, insbesondere auch zur Einordnung in die Zug- und Druckrichtung der elektrostatischen Kräfte. Dadurch wird die Stabilität erhöht und diese ist zudem gewährleistet, wenn der Flugkörper mit seiner unteren Spitze in Wasser eintauchen sollte.

„Die Erfahrung zeigt (praktische Feldversuche mit Flugkörpern?, Wo?, wann? Anm.d.A.), daß der Körper, wenn er durch äußere Kräfte, die nicht Feldkräfte sind, wie z.B. Böen, aus seiner gewünschten Lage ausgelenkt wird, er bei Verschwinden dieser Kräfte in seine ursprüngliche Lage zurückkehrt."

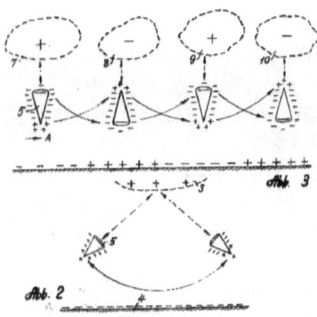

Bild:

Kegel in erratischer, überschlagender Flugbewegung, immer von Plus nach Minus.

...

„Der erfindungsgemäße Flugkörper ist insbesondere zur Erfüllung **militärischer Aufgaben** bestimmt. Er eignet sich vorzüglich für **langfristige Operationen** über Ort, z.B. für die **Aufklärung** oder für die **Störung elektromagnetischer Einrichtungen**, wenn er um seine Achse rotiert und dadurch elektrische Drehfelder darstellt. Der Flugkörper kann periodische Lageänderungen ausführen und ist dadurch in taktischer Hinsicht vorteilhaft. Er ist ebenso für **Verfolgungsaufgaben**, die hohe Machzahlen und extrem hohe Beschleunigungen erfordern, verwendbar. Dabei bringt die spitze Ausbildung des . . . Flugkörpers die aerodynamischen Vorteile."

Heute erfüllen in der Luft (neben Satelliten im All) kreisende Drohnen die Aufgabe der Aufklärung vor Ort in einem Kampfgebiet, oder das Ausspionieren und Überwachen von bestimmten Städten und Gebieten.

Eine Störung elektromagnetische Einrichtungen, wie Autos, Funk ect. wurde immer wieder auch bei „UFOs" beobachtet und würde heute manche militärische Operation durcheinander bringen.

Wurden mit solchen elektrostatischen Flugkörpern „Motorstop-Versuche" während des Krieges an Fahrzeugen oder Flugzeugen am Boden oder in der Luft durchgeführt? Wurde auch der Funkverkehr, z.B. von Bomberbesatzungen mit der Bodenkontrolle, GCI, gestört?

Wurden evtl. solche, kleinen und unbemannten, elektrostatischen Flugkörper in Kegel-, Sphären- oder Zigarrenform von U.S. Bomberbesatzungen als „Foo-Fighters" während des Krieges gesichtet? Gab es erfolgreiche Störungen des Funks oder Motoraussetzer bei alliierten Flugzeugen? Wenn ja, werden diese vertuscht.

Übrigens: Alle Konflikte, Kriege, terroristische Aktionen werden „konventionell" geführt. Großflächige Störangriffe elektrostatischer oder elektromagnetischer Art mit konventionellen Fluggeräten werden bis heute ausgeblendet und spielen keine Rolle bei der offiziellen Kriegsplanung!

Weiter heißt es:

„Die mechanische Beanspruchung des Flugkörpers, der solche Bewegungsänderungen unterliegt, ist im Gegensatz zu den bekannten, mit einem elektromagnetischen Antrieb versehenen Flugkörper **gering**, weil die elektrostatischen Anziehungs- und Abstoßungskräfte auf der gesamten Oberfläche des Körpers angreifen, so daß auch subtile Gebilde diese Bewegungsänderungen **ohne Verformung** durchstehen."

(Anm.d.A.: Auch hier wieder der Hinweis auf bekannte EM-Fluggeräte, die aber leider bis heute der vehementen Geheimhaltungen unterliegen. Wohlmöglich waren den Personen, die die elektrostatischen Flugkörper in Deutschland erforschten, die ebenfalls in Deutschland entwickelten EM-Fluggeräte durchaus bekannt, falls nicht beide Gruppen an den gleichen Versuchsorten zusammen arbeiteten.)

„Die asymmetrische Ausbildung des Flugkörpers muß nicht von vornherein gegeben sein.

So kann seine **Oberfläche**, z.B. durch **Ausfahren** und/oder **Einziehen** oder **Verschwenken** von Teilen des Flugkörpers, oder durch **Volumenänderungen**, also Vergrößerung oder Verkleinerung seiner Gestalt, **verändert werden** und dadurch die Ladungstrennung an verschiedenen Stellen des Flugkörpers erzielt werden."

Das Volumen oder die Größe eines unbemannten elektrostatischen Flugkörpers kann verändert werden, um an unterschiedlichen Stellen eine Ladungstrennung hervorzurufen (Betonung des Autors). Siehe dazu UFO-Sichtungen, die auf eine Formveränderung hinweisen!

Weiter heißt es im Text:

„Als elektrostatische Generatoren kommen in erster Linie **Gas-Rauch-Generatoren** in Betracht. So können **Auspuffe** von **Kolben-Verbrennungsmaschinen**, ferner **Luftstrahltriebwerken** und **Raketentriebwerken** bei unvollkommener Verbrennung ihres Treibstoffes, verbunden mit Rauchentwicklung, für die elektrostatische Aufladung des Flugkörpers verwendet werden.

Die ausgestoßenen Kolloidteilchen führen durch ihre intensive Wandungsberührung die Ladungstrennung herbei. Zu diesem Zweck können insbesondere den Raketentreibstoffen Zusätze von Schwermetallkolloiden beigegeben werden, deren hohes spezifisches Gewicht beim Ausströmen einen innigen Kontakt mit den Wandungen der Düsen sicherstellt.

Die Düsen laden sich durch die dadurch auftretende Reibung elektrisch auf und teilen diese Ladung dem ganzen Flugkörper mit. Ihr Material ist so gewählt, daß ihre Wandungen gegenüber dem austretenden Heißgas-Kolliod-Gemisch ein **elektrisch entgegengesetztes** Ladungsvorzeichen erhalten.

Besonders eignen sich als Generatoren **Raketentriebwerke**, die mit Flüssigkeitsbrennstoffen betrieben werden, da diese ein wiederholtes Anlassen und Abstellen im Flug ermöglichen.
...
... kann der Flugkörper auch mit Generatoren versehen werden, die die künstlichen elektrischen Felder und Raumladungen durch Elektronenstrahlung, z.B. durch **Erhitzen** von einer hohen Elektronendichte ausweisenden Metallen, wie **Thorium, Wolfram, Barium, Rhenium** oder deren Legierungen, oder durch den Zerfall von radioaktiven Stoffen, wie Strontium 90, oder durch den **Molekularzerfall** komplexer Moleküle, z.B. durch Versprühen von ätherischen Ölen in Luftatmosphäre, oder auch durch **Kombination zweier oder mehrerer** dieser Prozesse aufbauen."

Als Kolbentriebwerke können außer kleinen Motorradtriebwerken, Zweitakter, sicherlich auch kleine Sternmotoren (z.B. Siemens-Halske Triebwerke) in Betracht kommen. Siehe hier die gute Beschreibung von Augenzeugen in Frankreich aus dem Jahre 1942, die ein elektrostatisches Fluggerät in Scheibenform sichteten und das Geräusch eines Motors wahrnahmen.

Heute bemüht man sich, Verbrennungsmotoren (z.B. für Autos) so zu gestalten, dass sie möglichst schadstoffarm verbrennen. Für elektrostatische Antriebe dagegen braucht man schlecht verbrennende Triebwerke, die fett angereichert sind und viel Rauch, Abgase und damit viele Russpartikel erzeugen. Diese reiben sich an den Innenwänden der Auspuffe und erzeugen eine elektrostatische Ladung.

Eine nicht sehr umweltfreundliche Antriebsweise. Es bleibt die Frage, wie groß die Abnutzung der Auspuffe war, insbesondere wenn noch Schwermetallkolloide dazugegeben wurden.

Das Erhitzen von Schwermetallen und radioaktiven Stoffen ist auch alles andere als umweltfreundlich und rechtfertigt sich sicherlich nur im Krieg.

Das Anlassen und Abstellen der Triebwerke bewirkt das jeweilige Einstellen auf die entsprechenden vorherrschenden Raumladungen in der Atmosphäre, denn dadurch kann die Eigenladung des Fluggerätes auf die jeweilige Situation angepasst werden.

Die elektrostatischen Flugkörper können kegel- oder keilförmig, oder die Gestalt eines Gleichdicks oder kugel-, ellipsoid- oder ovalförmig mit einer Spitze sein.

Die Flugkörper können Hilfseinrichtungen für den Auftrieb, wie Tragflügel, Tragschraube, und Schwirrflügel besitzen oder mit einem Reaktionsantrieb, mit Reibungsdüsen, mit heizbaren Behältern zum Ausstoß von Elektronen abstrahlenden Metallen, oder mit einem **nuklearen Belag** an der Oberfläche versehen sein.

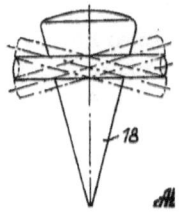

Bild:

Kegel mit Schwirrflügeln

„Die aufgezeigten Körperformen stellen nur Grundformen für die Flugkörper dar; es können auch ellipsoid- oder ovalförmige oder aus Teilen der Grundformen zusammengesetzte Körper in Frage kommen, die mit **Spitzen** versehen sind. Um keine unerwünschte Entladung zu bekommen, ist aber zu beachten, daß bei dem Körper Kanten oder Spitzen - außer der einen für die Entladung bestimmten Spitze - vermieden werden. Es sind daher alle Übergänge von Fläche zu Fläche **abzurunden**."

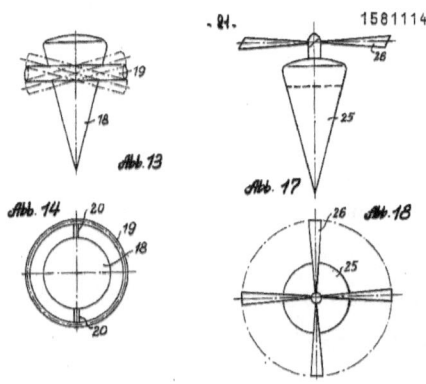

Bild:

Kegelförmige elektrostatisch angetriebene Flugkörper.
Rechts: Abb. 17 zeigt einen Kegel mit Rotor oder Tragschraube als Zusatzantrieb
Links: Abb. 13 Kegel mit Ringtragflügel, zur Steuerung und Schwenkung

Wurden solche Flugkörper ggfs. auch als „Flak-Mine" eingesetzt. Gefüllt mit Sprengstoff oder einem hochexplosiven Gas, das nach Berührung mit einem Feinflugzeug mit dem rotierenden Kegel explodierte?

Eine vergrößerte Version eines solchen Kegel mit zwei Antrieben, einmal einem TL- oder Raketentriebwerk oberhalb in der Basis und zusätzlich an der Spitze mit einem aufheizbaren Metallbehälter, wurde im Januar 1948 über Ohio/Kentucky gesichtet und auch mit F-51 Jagdmaschinen verfolgt.

Abb.:

Kegel mit Hilfsluftschraube oben an der Basis als Köder. In einer elektrostatisch aufgeladenen Atmosphäre kann solch ein Flugkörper für längere Zeit an und über einer bestimmten Stelle suspendiert werden, also auf der Stelle schweben, um entweder als Köder zu dienen oder z.B. eine Störstrahlung zu emittieren. Auch Windböen können den Flugkörper nicht von der Stelle bewegen. Zwar schwankt er im Wind hin und her, bleibt aber auf einem gewissen Punkt suspendiert.

Ein Kegel mit Hilfsrotor könnte auch als Köder über dem Meer gedient haben, um feindliche Schnellboote, Zerstörer usw. anzulocken, um bei einer bestimmten Annäherung zu explodieren.

Weitere Beschreibungen aus o.g. Erfindungsschrift:

Die Flugkörper können einen Hilfsantrieb besitzen, wie in der Basis des Kegels angelenkte Schwirrflügel. Diese werden durch das Ausblasen von Gas- oder Pressluft aus Düsen in Bewegung versetzt.

Als Hilfsantrieb können auch Raketen- und Luftstrahltriebwerke herangezogen werden, wobei die Strahldüsen (Auspuffrohre) in der Kuppe des Flugkörpers angeordnet sind. Wenn eine Tragschraube als Antrieb eingesetzt wird, so wirkt sie wie bei einem Hubschrauber und kann als Zusatzantrieb und Auftriebshilfe in Frage kommen.

Künstliche elektrische Felder, bzw. das Aufladen des Flugkörpers können durch **thermodynamische Prozesse** erzeugt werden.

„So entsteht eine Ladungstrennung am Flugkörper durch die an den Düsenwänden sich **reibende** Gasstrahlen einer Rakete oder die Flammen eines Luftstrahltriebwerkes

(Das Leuchten in den „Bullaugen", die die Propaganda gerne als das Innere eines Raumschiffes verkauft, Anm.d.A.).

Es sind daher die Flugkörper bevorzugt mit **Reibungsdüsen** versehen, durch die Verbrennungsgase abgeblasen werden. Die Reibungsdüsen können axial und radial und /oder tangential an oder im Flugkörper angeordnet sein. . . .

Die radialen Düsen können in tangentialer Richtung
verschwenkbar sein, wie auch starr angeordnete tangentiale
Düsen möglich sind.

Zu den thermodynamischen Prozessen zählen die **aufheizbaren
Behälter aus Metallen** oder **Metallegierungen** mit hoher
Emissionsdichte von Elektronen.

Zu diesem Zweck besitzt der Flugkörper einen **seine Spitze
bildenden Behälter**. Er kann ebenso auch zur **Gänze** aus einem
solchen Metall bestehen.

Weiters können zur Erzeugung von künstlichen Raumladungen die
Flugkörper ganz oder teilweise mit **betastrahlenden Isotopen**
belegt werden.

Auch durch den **Molekularzerfall** komplexer Moleküle können
künstliche elektrische Felder aufgebaut werden. Beim
Versprühen **ätherischer Öle** in ozonreicher Atmosphäre tritt ein
solcher Molekularzerfall ein.

Die Flugkörper haben in diesem Fall **Versprüheinrichtungen**
eingebaut und sind mit Sprühdüsen versehen, die ebenso
angeordnet sein können wie die Reibungsdüsen."

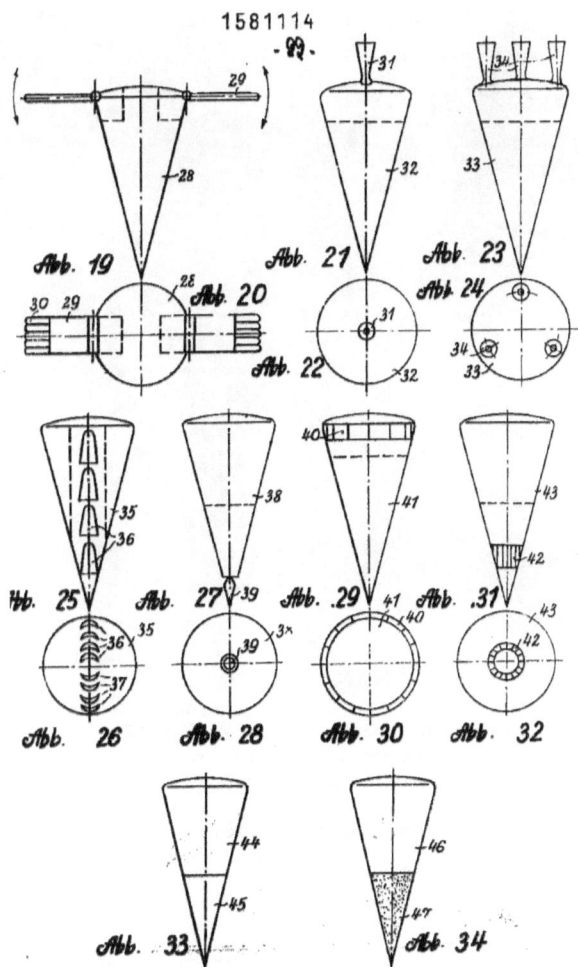

Bild:

Kegelförmige Flugkörper mit Hilfsantrieben, wie Düsen zum Ausblasen von Druckluft, Sprühdüsen zur Ausbringung von ätherischen Ölen, TL oder Raketen-Strahldüsen und Kegel mit atomar beschichteten Segmenten für Molekularzerfall.

Abb. 19: Kegel mit Schwirrflügel, Flügelbewegung wird durch Ausblasen von Gas oder Pressluft aus Düsen (30) betrieben
Abb. 21: Kegel mit Strahldüse
Abb. 23: Kegel mit drei Reibungsdüsen
Abb. 25: Kegel mit axialen Reibungsdüsen
Abb. 27: Reibungsdüse an Spitze des Kegels
Abb. 29: Kegel mit Reibungsdüsen an der Basis
Abb. 31: Kegel Reibungsdüsen nahe der Spitze
Abb. 33: Kegel mit Metallbehälter an der Spitze für thermische Prozesse
Abb. 34: Kegel mit Belag (Betastrahler) an der Spitze des Kegels

Abb.:

Kegelförmiger Flugkörper mit Reibungsdüsen rund um die Basis. Hier ist der Kegel suspendiert und schwebt stundenlang über einer vorgegebenen Stelle. Wenn die künstliche Raumladung nach lässt, wird im Inneren ein Motor angelassen. Hier wohl eher ein kleiner Motorrad-Zweitaktmotor, der rußige, fette Abgase produziert, die sich an den Innenwänden der Auspuffrohre reiben und so den Flugkörper wieder elektrostatisch aufladen.

Kegelförmige Flugkörper mit unterschiedlichen Antriebsweisen und Zusatzeinrichtungen wurden wahrscheinlich in der Hauptsache als stationär schwebende Flugkörper verwendet, zum „Ködern", als Flak-Mine, ob in der Luft oder auf, oder über dem Wasser.

Die oben genannten Einrichtungen, wie Hilfsantriebe, oder die Maßnahmen zur Erzeugung künstlicher elektrischer Felder können auch an allen anderen, geeigneten elektrostatischen Flugkörpern, wie Spindeln, Zigarren, Rechtecke, Sphären, dreieckige Flugkörper ect. angewandt werden.

„Durch **Kombinieren** der beschriebenen Einrichtungen und auch der Flugkörperformen kann man eine **Vielzahl** von Flugkörpern aufbauen, die ganz spezifische Eigenschaften besitzen, so daß für jeden Verwendungszweck ein geeigneter Flugkörper hergestellt werden kann.
. . ..
So ist es z.B. vorteilhaft, bei teilweise in Wasser eintauchendem Flugkörper aerodynamische Auftriebshilfen, wie Hub- oder Tragschraube, Ringflügel, schwingende Flügel oder klappbare Flügel nahe der Basis des Kegels anzuordnen. Auch die Anordnung der elektrostatischen Generatoren kann nach solchen Gesichtspunkten durchgeführt werden.

Bei Anordnung der Generatoren an der Spitze des Flugkörpers erhöht ihr Einbaugewicht die Stabilität in der Weise, daß der Schwerpunkt des Flugkörpers nahe der Spitze (unten) zu liegen kommt.

Befinden sich die Generatoren an der Basis (oben) des kegelförmige Flugkörpers, dann liegt der Schwerpunkt hoch und der Flugkörper zeigt die Tendenz außer seiner schwingenden Bewegung auch **um seinen Schwerpunkt zu pendeln.**

Dies kann für **gewisse taktische Zwecke** (Köderung, Störung) erwünscht sein.

(Anm.d.A.: Siehe hier Beschreibung eines -fiktiven - „Köderungseinsatzes" in dem Taschenbuch „Foo Fighter Attacking" von K-P Rothkugel.)

Die Einrichtungen für den Auftrieb, Antrieb der Generatoren werden durch **Kommando-Impulse** ein- bzw. abgeschaltet, die erfahrungsgemäß mittels optischer Vorrichtungen, z.B. unter Verwendung von modulierten, kohärenten Licht (Infrarotlicht, Anm.d.A.) oder funktechnisch durch Längswellen übertragen werden."

Anmerkung des Autors:

Welch fantastische Kombinationen unterschiedlicher Flugkörper muss es gegeben haben? Wo wurden sie „live", versuchsweise über dem Kriegsgebiet, ob über Europa, oder Fernost und später über Korea eingesetzt? Wie viele Sichtungen erstaunter Soldaten muss e s gegeben haben? Die Propaganda beschreibt immer nur verschwommne Lichtpunkte, die keine eindeutigen Formen erkennen lassen. Es könnten also viel mehr solche exotischer Flugkörper im militärischen Einsatz gesichtet worden sein, als die Desinformation zugibt. Denn nicht jeder Flugkörper, der z.B. Tragflächen, ein Rotor oder Schwirrflügel hatte, kann man gleich als „außerirdisch" wegerklären!

Wurden z.B. stationär suspendierte kegelförmige Flugkörper auch von Flugzeugen, wie einer Heinkel He 111 über Feindesland abgeworfen, um eventuell versuchsweise Radaranlagen in England zu stören?

Wäre eine Vielzahl solcher exotischer Flugkörper im Dritten Weltkrieg mit verschiedenen Missionsaufgaben zur Anwendung gekommen? Wurden solche Fluggeräte bereits in Massen vorproduziert und eingelagert (in Europa, im Fernen Osten, Lateinamerika und an den beiden Polen?), so wie angeblich mehrere Atombomben, die strategisch auf dem Schlachtfeld Deutschland versteckt wurden?

Baute man auch im „rückwärtigen Raum", wie z.B. in Frankreich, geheime Lager auf? Siehe dazu den franz. Augenzeugenbericht einer elektrischen Untertasse weiter unten. Siehe auch die vier Kilometer lange Beton-Rollbahn in Nordfrankreich (Taschenbuch, Teil II), wo eventuell große, scheibenförmige Langstreckenbomber - Miethe-Scheibe - über eine Sprungschanze gen Osten gestartet wären.

Wollte man auch damals, im nächsten Kriegsfall – Operation Unthinkable – bereits die Atmosphäre dauerhaft mit „Chemtrails" besprühen? Für die Operation elektrostatischer Flugkörper, als Radar und zur Wettermanipulation über dem Feindgebiet Sowjetunion?

In abgewandelter Form gibt es alles dies heute noch oder wieder! Heute fliegen Drohnen in Scharen – „Schwarmintelligenz – über einem Feindgebiet und das Dauerthema „Chemtrails" ist auch weiterhin auf der Agenda.

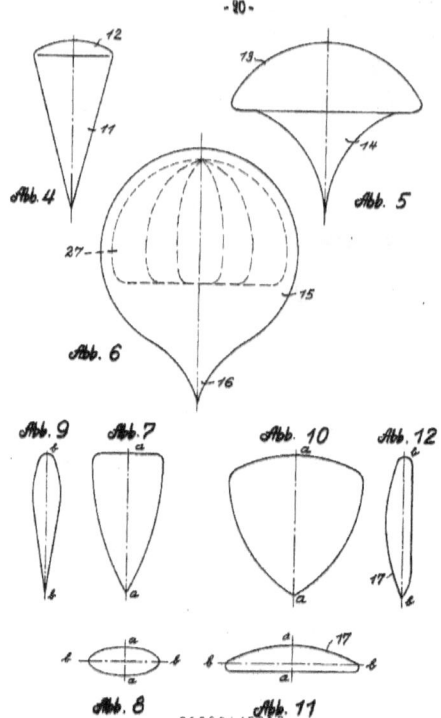

Bild:

Abb. 4: Kegel mit aufgesetzter Kuppe auf Basis
Abb. 5: Kegel mit vergrößerter Kuppe
Abb. 6: Kugel mit aufgesetzter Spitze
Abb. 7-9: Doppelkeil
Abb. 10-12: Gleichdick, gleichseitiges, von Kreisbögen begrenztes Dreieck

Wie groß waren solche elektrostatischen Flugkörper, bzw. welche unterschiedlichen Größen für einen jeweiligen bestimmten Einsatzzweck gab es? Wo wurden sie hergestellt und militärisch eingesetzt?

Wie wurden die Flugkörper, insbesondere kegelförmige, gestartet? Durch ein „Karussell", wie bei den Flugscheiben?

Wie groß war die Reichweite, bzw. die Flugdauer solcher Flugkörper? Wurde die Reichweite durch spezielle Zusatzantriebe, wie ein Atomantrieb verlängert, der damit interkontinental wurde? Wie lange konnte ein Kegel stationär in der Luft verharren? Etwa so lange wie ein alliierter Bomberangriff über einem Ziel andauerte, oder solange, wie eine Radaranlage gestört wurde, bis man sie gewaltsam ausschaltete?

Waren als „Interzeptor" vorgesehene Flugkörper mit einer Sprengladung, Kontaktzünder oder einem Gas versehen und zerstörten sich nach Aufprall (kinetischer Impakt) auf einem feindlichen Flugzeug selbst?

Wo wurden solche Flugkörper überall eingesetzt und wer operierte diese? Deutsche Spezialkommandos, englische, angelsächsische (amerikanische, kanadische und australische) sowie japanische? Alles Mannschaften, die in einem Dritten Weltkrieg bereits kriegserprobt waren und sofort in einem totalen, letzten Krieg zum Einsatz gekommen wären?

Interessant ist die Vorstellung eines z.B. circa 4-5 m großen Kegels, der in der Flughöhe alliierter Bomberströme mit pendelnden Bewegungen stationär in der Luft verharrt und durch die Lichtreflektionen seiner silbernen Außenhaut alliierte Flugzeuge anlockt, eine „Köderung", um sie dann zu bekämpfen. Entweder explodiert der gesamte Flugkörper, oder er stößt z.B. ein Gas wie „Grisou" aus, das durch die Zündanlagen des Kolbenmotors des Feinflugzeuges zur Explosion gebracht wird.

Hätten solche stationär suspendierten Flugkörper auch andere Substanzen in die Atmosphäre ausgebracht?

Der Autor konnte im Jahre 2003 auf dem Weg über die Autobahn an einem Samstag Morgen beobachten, wie der komplette Himmel in einer bestimmten Flughöhe mit „Chemtrails" bedeckt war. Nicht Kondensstreifen, die von Verkehrsmaschinen kamen, die bestimmte Flugrouten benutzten, sondern der ganze, der ganze Himmel war in allen Himmelsrichtungen bedeckt mit „Chemtrails".

Diese Sprühaktion, die bis heute einmalig war, musste von Freitagnacht auf Samstag in der Frühe durchgeführt worden sein. Geräusche von herkömmlichen Flugzeugen, wie umgebaute KC-135 Strato Tankern waren nicht zu vernehmen gewesen.

Es müssen „Special Air Vehicles" gewesen sein, die nicht nur schnell ein großes Gebiet, eventuell ganz Süddeutschland bearbeiten konnten, sondern die von Nord nach Süd und West nach Ost ein Schachbrettmuster flogen. Es müssen auch unbemannte Sprühflugkörper gewesen sein, die in der Lage waren, in Formation von fünf, zehn oder zwanzig Maschinen dieses große Gebiet in wenigen Stunden zu durchfliegen.

Waren es EM-Drohnen, die ggfs auch von einem „Mutterschiff" ihre Ladungen an Barium- oder anderen Schwermetallsalzen, so genannte „Welsbachmaterialien" bekamen?

Flugkörper, die gar ständig - Monate - in der Luft verharren, suspendiert sind, und auf Abruf an allen Ecken der Welt eingesetzt werden können?

Wollte man so etwas Ähnliches bereits in den 1940er Jahren militärisch einsetzen? Flugkörper, die gar nicht mehr auf die Erde zurückkehren und landen, sondern, die ständig in der Luft sind und jederzeit und überall abrufbar waren?

Bekommen heute bestimmte Drohnen ihre Energie auch aus dem All, von speziellen Satelliten (Fernübertragung von Strom)?

Siehe auch die „UFO"-Beschreibungen von Mutterschiffen, die kleinere Flugkörper aussetzen, die dann wieder zur Mutter zurückkehren, auftanken oder mit neu ausgerüstet werden.

Hier weitere, wichtige Auszüge, diesmal aus der Offenlegungsschrift 1 406 416 „Flugkörper mit elektrostatischem Antrieb", vom 12 Dezember 1968 von Erich Halik und Hans-Werner von Engels:

„. . . , daß der Flugkörper als **Rotationskörper** ausgebildet ist und zum Aufbau künstlicher Felder elektrostatische Generatoren vorgesehen sind, die eine Ladungstrennung an der oder den Mantelflächen bewirken.
. . . .
Bei dem Flugkörper kann die <u>elektrisch neutrale Linie</u> bzw. **Null-Äquipotentialfläche** zufolge seiner Gestalt wahlweise an jedem Punkt seiner Mantelfläche (Oberfläche, Anm.d.A.) in Erscheinung treten, wobei die Null-Äquipotentialfläche zugleich die mechanische Bezugsfläche sein kann. Daraus ergibt sich die <u>große Wendigkeit und Manövrierfähigkeit</u> des Flugkörpers; wie auch mit ihm das <u>erratische Fliegen</u> im größten Ausmaß zu erreichen ist. Er ist daher für die Erfüllung von militärischen Aufgaben bestens geeignet, die große Beweglichkeit, z.B. bei **Interzeption, Angriff, Aufklärung** usw. erfordert.

Der Flugkörper . . . kann eine **zylindrische** Gestalt besitzen oder als zu seinen Enden hin verjüngter **Doppelkegelstumpf** ausgebildet sein. Er kann ferner als scheibenförmiger Körper einen **radialen linsenförmigen Querschnitt** aufweisen und auch aus solchen Scheiben <u>zusammengesetzt</u> sein, wobei gegebenenfalls zwischen den Scheiben <u>Verbindungsstücke</u> angeordnet sein können.

Ist der Flugkörper als **Ringscheibe** ausgebildet, so kann sein radialer Querschnitt einem **Tragflügelprofil** nachgebildet sein.

Die Ladungstrennung bewirkenden elektrischen Felder werden mittels **elektrostatischer Generatoren** erzeugt. . . Es ist aber möglich, diese Felder **durch andere Flugkörper, die Träger von solchen Generatoren sind, erzeugen zu lassen** (siehe Sichtung in Kummersdorf 1944, Anm.d.A.)

Die elektrischen Felder können in <u>verschiedener Weise</u> aufgebaut werden, z.B. durch Expandieren **heißer oder kalter Gasmassen** durch Reibungsdüsen (Schubstrahl, anm.d.A.), durch **Versprühen** von ätherischen Ölen mittels Sprühdüsen, durch **Erhitzen** von Metallen, die eine hohe Emissionsdichte besitzen, wie Thorium, Wolfram, Barium, Rhenium oder deren Legierungen oder durch **Zerfall betastrahlender Stoffe**, wie Strontium.

. . . . die Generatoren sind mit dem Flugkörper **schwenkbar**, mittels Kugelgelenk verbunden, so daß die Ladungstrennung **nach allen Richtungen** erfolgen kann (Steuerung, Anm.d.A.). Sofern diese Reaktionseinrichtungen (Raketen, Düsen, Anm.d.A.) sind, können die Generatoren auch zum Antrieb des Flugkörpers dienen.

Ein in elektrischen Feldern suspendierter **leitfähiger Körper** stellt sich zwischen den Begrenzungsflächen eines oberen und unteren Feldes zur Durchführung **erratischer** und /oder **abgewinkelter Bewegungen** ein, wenn er mit Vorrichtungen zur Ladungstrennung ausgestattet ist, die es ihm ermöglichen, auf seiner Oberfläche, bzw. auf dem größten Teil derselben, **eine Ladung nur eines Vorzeichens** (entweder + oder - , Anm.d.A.) aufzubauen."

(Wohlmöglich Beschreibung von ersten Laborversuchen mit aufgehängten Körpern wie Kegel oder Sphären zwischen einer positiven und negativen oberen und unteren Ladung, Anm.d.A.)

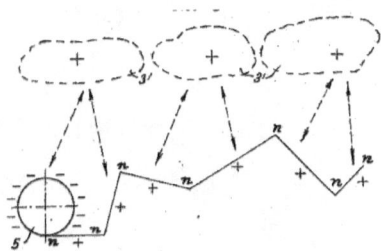

Bild:

Flugkörper (Minus), wie er sich zwischen elektrostatischen Feldern, Wolken (Plus), Raumladung (Plus) in erratischer oder abgewinkelter Art und Weise fortbewegt.

So kann z.B. an einem Zylinder an allen Oberflächen eine gleichwertige Ladungstrennung vorgenommen werden.

„Es können daher **sämtliche Punkte** der Mantelfläche, sowie **zeitlich aufeinander folgende** Ladungstrennungen an sämtlichen Punkten des Mantels (Oberfläche, Anm.d.A.) in Betracht gezogen werden. Hierbei ist die **elektrische Null-Aquipotentialfläche** auch jene Fläche, an der alle auftretenden elektrostatischen Anziehungs- und Abstoßungskräfte **Null sind** und die für den Flugkörper die mechanische Bezugsfläche darstellt, sofern **das Gewicht** des Flugkörper auf **geeignete Weise**, wie durch **aerodynamische Auftrieb- oder Antriebshilfen entgegengewirkt** wird.

Die Ladungstrennung kann aber auch in **verschiedene Richtung** in Bezug auf den Körper erfolgen, wodurch einfache **oder kombinierte Bewegungen** (Steuerung, Anm.d.A.) erreichbar sind.
. . . .

Abb.:

Elektrostatischer Flugkörper, in an den Enden verjüngender Doppelkegelstumpf, fliegt erratisch und/oder in abgewinkelter Form durch die Atmosphäre. Durch die Verjüngung nach seinen beiden Enden ist der Schwenkbereich der Generatoren, Auspuffrohre besonders vergrößert. Der Körper weißt am Mantel, an der metallenen Außenhaut in seiner Mittelquerebene und an seinen beiden Stirnflächen links und rechts Auspuffrohre zum Antrieb und Richtungsänderung auf.

Die Anordnung der Generatoren am Flugkörper richtet sich in zweckmäßiger Weise nach seinen besonderen Ausführungsformen. Bei **zylindrischen** Flugkörpern . . . . sind die Generatoren in **Gruppen zusammengefasst**, die am Mantel **längs** Umfangskreisen oder **quer** angeordnet sind. Desweiteren ist an ihren Stirnflächen je ein Generator vorgesehen (Steuerung um die Längsachse, Anm.d.A.)"

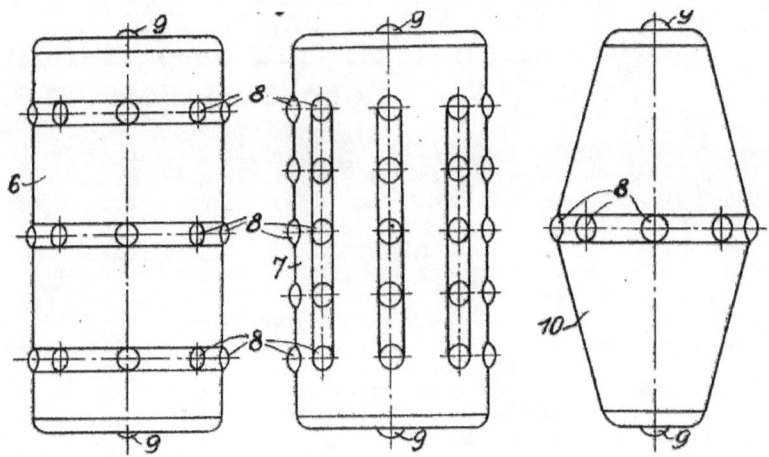

Bild:

Generatoren (8 und 9) für elektrostatische Aufladung und Ladungstrennung, entweder Plus oder Minus, abhängig von Raumladung, laufen entweder **quer** oder **längs** entlang des Flugkörpers, sowie seitlich and den Enden. Siehe auch Beschreibungen und Zeichnungen zylindrischer „UFOs" nach dem Krieg!

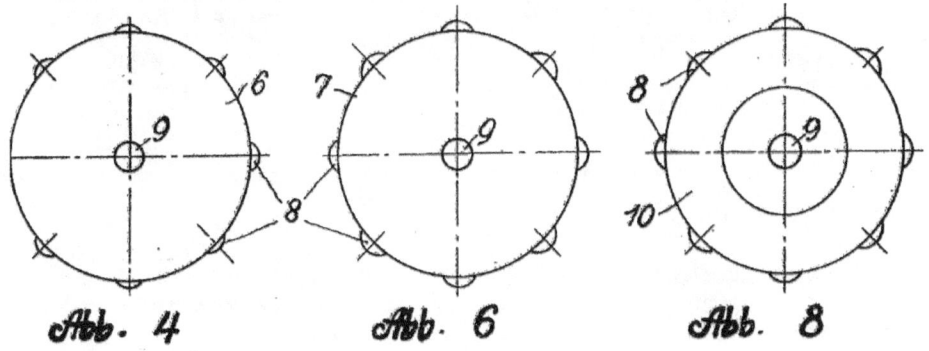

Abb.:

Zylindrische Flugkörper mit unterschiedlicher Anordnung der Generatoren.

Abb. 4: und 8: Generatoren sind in Gruppen zusammengefasst und verlaufen **quer** zum Mantel.

Abb. 6: Generatoren laufen **längs** entlang des Zylinders.

Alle drei Flugkörper haben an den abgerundeten oder platten Stirnseiten je einen Generator zur Richtungsänderung nach vorne oder hinten.

Die Desinformation, die ja diese Fluggeräte als „außerirdisch" verkaufe möchte, muss die Rauch/Gas-Generatoren an den Zylindern als Bullaugen verkaufen. Denn ein Fluggerät, ein „Raumschiff" kann ja nicht mit Abgasen und Auspuffrohre angetrieben durch All fliegen.

Siehe hierzu ein „UFO-Repot", entnommen von der Web-Site „Project 1947":

Cylindrical object over Germany
26th/27th May, 1943

"On the night of the 26th/27th May, 1943 RAF Sgt. Pilot G. N. Cockcroft from Bradford, West Yorkshire, then based at RAF Little Rissington, Gloucestershire, (No. 6 (P) AFU Pilots Advanced Flying Unit), found himself seconded to No. 77 Squadron 4 Group Bomber Commando, stationed at Elvington, near York, taking part in an air marking raid over Essen, Germany, which involved dropping incendiaries on the target by the lead Bombers to illuminate the target.

"The first wave had already bombed the general target area - now well alight. Two or three minutes before our final run in, at approximately 18, 700ft, we saw in front but slightly to port, at about the same height, **a long cylindrical object, silver/gold in colour**, very sharply defined, hanging in the sky at an **angle of approximately 45 degrees**, showing a number of **evenly spaced portholes along its length**.

The first person to sight the object was Sgt. Pilot Ray Smith, of the Royal Canadian Air Force:

"I think the first reaction of most of us was amazement because the object just had no right to be there. After a very short space of time, about 20-30 seconds, it suddenly began to move and, retaining its altitude, climbed rapidly until it vanished from sight. The **speed** it attained seemed to us completely **incredible**, moving at **thousands of miles per hour**. As it accelerated, the outline became more blurred and the shape foreshortened. The size is more difficult to judge but it was **very large, certainly much bigger that our own aircraft**, appearing at least **as long as a king sized cigarette**, or small cigar at arms length, we then completed out bomb run and returned to base. The intelligence officer debriefing us was given a description of the object but we were unable to judge what importance was attached to it and quite frankly it was just another unusual phenomenon, which since apparently harmless was of far less importance that other wartime hazards."

Anmerkung des Autors:

Natürlich versucht die Desinformation die Auspuffrohre, die Generatoren, die bei diesem zylindrischen elektrostatischen Flugkörper „... in **Gruppen zusammengefasst, die am Mantel längs** Umfangskreisen oder **quer** angeordnet sind", als „Porthols" darzustellen.

Vielleicht stimmt die Darstellung der britischen Bomberbesatzung, und das unbekannte Flugobjekt war tatsächlich länger als ihre Halifax Maschine. Wohlmöglich war der elektrostatische Flugkörper mit den mehreren Auspuffrohren, die längs, oder wohlmöglich quer am zylindrischen Rumpf angeordnet waren, recht einfach aufgebaut, entweder aus Metall oder in Teilen aus Holz und konnte trotzdem mehrere tausend Stundenkilometer schnell fliegen, aufgrund der elektrostatischen Besonderheiten.

Abb.:
Elektrostatischer Flugkörper in Form eines Zylinders. Beachte Generatoren längs des Zylinders und je ein Generator an den Stirnseiten zur Seitensteuerung.

Die Frage ist, woher der Flugkörper kam? Von einem deutschen Stützpunkt, aus Europa, wie Frankreich oder England, oder aus den USA? Da solche Fluggeräte sehr schnell sind und eine „unendliche" Reichweite haben, sowie vorprogrammierte Kurse durchfliegen konnten, muss das gesichtete Flugobjekt nicht zwangsläufig aus Deutschland gekommen sein!

Hatte der Zylinder einen Raketenantrieb, z.B. von Walter, wie die Me 163 oder Gas Turbinen von Westinghouse oder General Electric?

Weiter in den Schriften:

....

„Der **scheibenförmige** Flugkörper besitzt eine linsenförmige Gestalt und ist **längs** seines **äquatorialen Umfanges** und an seinen **Polen** mit Generatoren versehen."

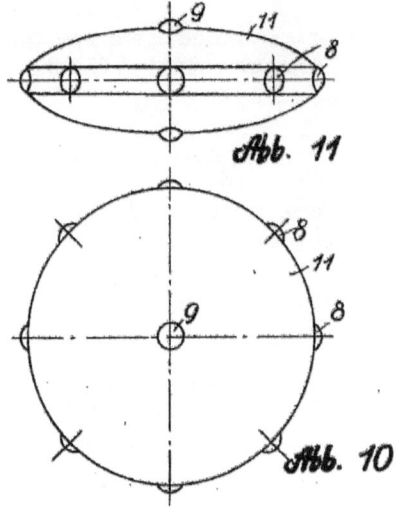

Bild:

Linsenförmiger Flugkörper mit Generatoren (8 und 9) in der Mitte des Scheibenkörpers, sowie oben und unten für Richtungsänderung. Gesamter Körper rotiert um Mittelachse. Als „Foo-Fighter" gesichtet?

...

„Ein Flugkörper ist durch **axiale Kopplung** zweier scheibenförmiger Körper und einem zwischen den Scheiben angeordneten Verbindungsstück verbunden. Die Scheiben weisen an ihrem größten Umfangkreis und an den Polen Generatoren auf. Die Scheiben können **unabhängig voneinander** um die **gemeinsame Hochachse** drehbar sein, wodurch eine Vielzahl kombinierter Landungstrennungsvorgänge in **verschiedene Richtungen** erzielbar ist, sodaß die Beweglichkeit dieses Flugkörpers noch erhöht wird."

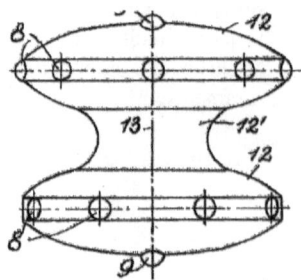

Bild:

Zwei Scheiben verbunden mit drehbarem Mittelstück. In der Mitte und oben und unten befinden sich Auspufföffnungen (8 und 9) für die künstliche elektrostatische Aufladung, die Ladungstrennung des Flugkörpers. Die Scheibenkörper können beide in gleicher Richtung oder entgegengesetzt gegeneinander rotieren. Wohlmöglich interessant als Störkörper für Funk, da das Fluggerät stationär über einem Punkt, in der Nähe einer Radaranlage in der Atmosphäre ohne dauerhaft ausgelenkt, suspendiert werden kann.

„Besondere Vorteile besitzt ein **rohr- oder ringscheibenförmiger Flugkörper**, da bei diesem auch an dessen **inneren Mantelfläche** elektrostatische Generatoren vorgesehen werden können.
. . . .
Die Anordnung von Generatoren am inneren Mantel eines rohr- oder ringscheibenförmigen Körpers ermöglicht die Ladungstrennungsvorgänge **nach innen** und **nach unten und/oder nach oben** zu richten, wodurch zusammen mit den reaktiven Antriebswirkungen in vorteilhafter Weise eine **höhere Stabilität** um die Achse der Bewegungsrichtung erzielt wird, als bei einem einmanteligen Flugkörper.

Die Beweglichkeit eines solchen Ringkörpers ist aber noch durch die Anordnung von Generatoren an der äußeren Mantelfläche zu erhöhen."

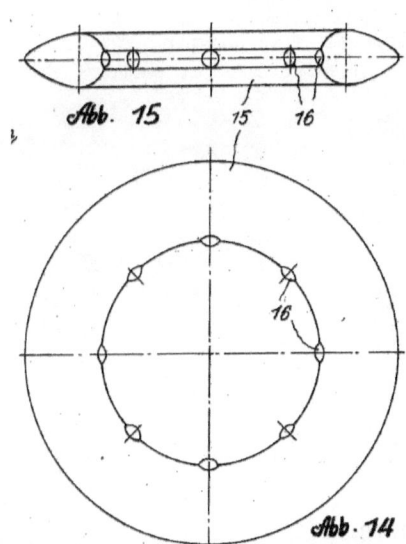

Bild:

Ringförmiger elektrostatischer Flugkörper mit Generatoren an der Innenseite des Ringes.
Der Ring hat ein Tragflügelprofil (Abb. 15)

Wohlmöglich könnte man dieses Ringflugzeug bemannen, in dem man auf einer Seite ein Cockpit mit Plexiglashaube einbaut und genau gegenüberliegend, Schwerpunktausgleich, ein entsprechender Motor oder Ausrüstung als Gegengewicht.

Abb.:

Zylindrischer Flugkörper mit Hilfstragflächen in Ringform

Die räumlichen Ringtragflächen können den Zylinder vor Überschlägen und anderen erratischen Flugmanövern bewahren, sodass der Zylinder eine bestimmte Ausrüstung, Störsender ect, erhalten kann.

„Der Flugkörper kann auch mit Auftriebseinrichtungen, sowohl ebenen, als auch räumlichen Tragflügeln ausgerüstet werden."

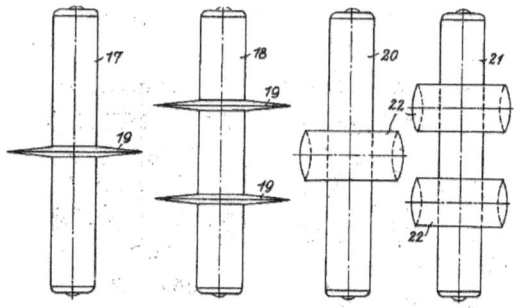

Bild:

Links: zwei zylindrische Flugkörper mit ringscheibenförmigen Tragflächen.
Rechts: zwei zylindrische Flugkörper mit räumlichen Tragflächen (innen hohle Ringtragflügel)

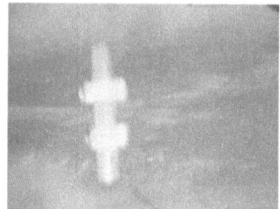

Abb.:

Zylindrischer Flugkörper mit zwei Ringflügeln, räumlichen Tragflächen, die den Zylinder vor erratischen Flugzuständen bewahren.

Ein weiterer Bericht aus „Project 1947" betreffend „Foo Fighters", wie sie auch in Deutschland zum geheimen Versuchs-Einsatz gekommen sein könnten:

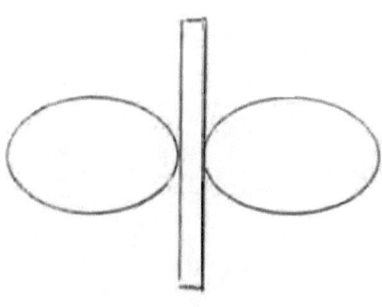

The "Bug"

„A former aircraft observer, who we will call Shirley, recently related her memory of a peculiar object seen **around 1943** or a bit later. She was a volunteer aircraft spotter in **north central Massachusetts,** helping to fill in one of the air defense needs in the days of primitive radar.
. . . One day Shirley received a radio message from a coastal Maine post of a strange vehicle heading south. Soon enough, the object was visible from her location:

A stubby fuselage with huge, oval wings on either side.

"It continued heading south and was thought to have been spotted by an observer <u>at a post near Boston</u> before it vanished. Apparently, after discussions with other observers, it was <u>not the first time</u> that this object was seen. It was assumed that it was some sort of secret or experimental glider for testing the observer's visual acuity.
Upon contacting her area's filter center about the sighting, she was instructed to log any reports under the name that was given to it; the "Bug", because of its resemblance to one. Shirley thought the instruction to be peculiar because the observers customarily logged any aircraft sightings by number. The "Bug" became something of an inside joke to the observers <u>due to its weird appearance</u> and elusiveness, but she never discovered its true identity, if it had any."

Könnte die "True Identity" ein elektrostatischer angetriebener Zylinder mit räumlichen Ringtragflächen gewesen sein, wie er auch in den deutschen Offenlegungsschriften der 1960er Jahre behandelt wird?

Kamen auch hier Vorgaben aus den USA, welche unterschiedlichen, exotischen Formen elektrostatischer Flugkörper in Deutschland vor und während des Krieges experimentell gebaut und militärisch im Zweiten Weltkrieg erprobt werden sollten?

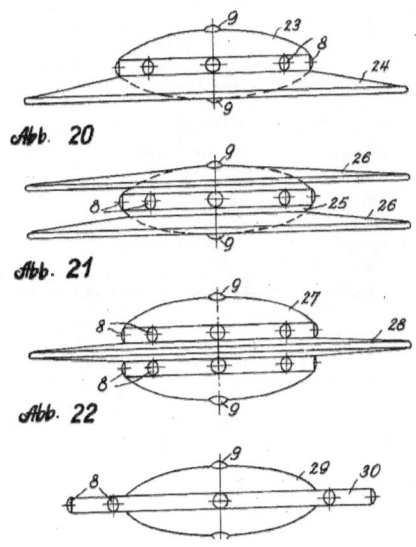

Bild:

Abb. 20: linsenförmiger Flugkörper als Tiefdecker, Generatoren im Rumpf
Abb. 21: linsenförmiger Flugkörper als Doppeldecker, Generatoren im Rumpf
Abb. 22: doppelter Flugkörper mit Tragfläche in der Mitte, Generatoren im Rumpf
Abb. 23 linsenförmiger Flugkörper, Generatoren im Tragflügel

Tragflächen mit aerodynamischem Profil.

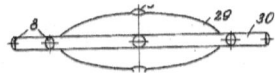 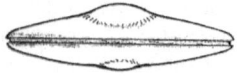

Abb.:

Links ein linsenförmiger „Foo Fighter" mit Tragflügel um den Äquator.

Rechts die Sichtung bei Long Beach, Cali. im Jahre 1943. Hatte auch dieses amerikanische Fluggerät, eventuell von Lockheed gebaut, eine kleine Tragfläche oder eine Einbuchtung in der Mitte zur Stabilisierung vor erratischen Flugmanövern und war ein elektrostatischer Flugkörper mit Rauch/Gasgeneratoren?

„Für einen scheibenförmigen Flugkörper eignen sich besonders ebene, ringscheibenförmige Tragflügel."

Anmerkung:

Diese Scheibentragflächen an den linsenförmigen Flugkörpern können auch eindimensional und als nicht aerodynamisch ausgebildete Hilfstragflächen konstruiert sein und aus einfachem Holz bestehen.

Soweit o.g. Patent, bzw. Offenlegungsschrift.

Zumindest der linsenförmige Flugkörper als Tiefdecker wurde wohlmöglich in Frankreich im Jahre 1942 von Augenzeugen gesichtet.

Auszüge aus der Offenlegungsschrift 1 406 417 vom 2. Januar 1969 von Erich Halik und Hans-Werner von Engel, „Flugkörper mit elektrostatischem Antrieb":

„ . . . einen elektrostatischen Flugkörper mit einer besonders großen Stabilität um seine sämtlichen Achsen zu schaffen, daß der Flugkörper als **Wendel** oder **Raumspirale** ausgebildet ist . . .

Durch diese Gestalt des Flugkörpers werden die kraftübertragenden Feldlinien gezwungen, sich ihren Verlauf der besonderen Oberflächen des Körpers anzupassen. Die auf die Flugkörper einwirkenden, elektrostatischen Zug- und Druckkräfte erfahren analog den bei den Schraubenspindeln auftretenden mechanischen Kräften **eine Drehung um eine Achse**, wodurch die, den Flugkörper umgebende elektrische Felder eine der Gestalt des Flugkörpers angepaßte Struktur erhalten. Dadurch besitzt der Flugkörper eine **besondere große Stabilität** um seine sämtlichen Achsen . . .

Diese große Stabilität in elektrischen Feldern befähigen den Flugkörper **stationäre Flugzustände** einzunehmen, die z.B. aus **militärisch-taktischen Gründen** erforderlich sind. Sie, die Stabilität, ist auch dort besonders vorteilhaft, wo ein **programmierter Kurs** in Bezug auf künstliche und/oder natürliche elektrische Raumladungen geflogen werden sollen.

Die bekannte <u>Neigung</u> der elektrisch suspendierten Flugkörper
<u>zu erratischen Flügen</u> ist durch diese Stabilität weitgehend
eingeschränkt.
. . . .
Als Wendel oder Raumspirale kann der Flugkörper **gekrümmte** oder
ebene **geometrische Flächen** tangieren. Der Flugkörper kann aus
einer oder **mehreren Gängen** (Windungen, Anm.d.A.) bestehen,
oder sich nur über **einen Teil eines Ganges** der Wendel oder
Raumspirale erstrecken.

Bei einem Flugkörper mit **mehreren Gängen** (Windungen eines
elektrisch leitfähigen Materials, Anm.d.A.) können diese
voneinander **gleich große**, aber auch **verschiedene große
Abstände** aufweisen.

. . . . kann der Flugkörper auch an der Oberfläche eines
Tragkörpers aus elektrisch **nicht leitendem Material** angeordnet
oder in einem solchen Körper (z.B. Rumpf, Anm.d.A.) **teilweise
eingebettet** sein. In diese vorzugsweise als **Hohlkörper**
ausgebildeten Trägerkörper (Rümpfe aus Holz in verschiedenen
Formen, Anm.d.A.) können die für die Bewegung bzw. die
Bewegungsänderungen des Flugkörpers notwendigen <u>Einrichtungen</u>
(Fernsteuerung, Autopilot, Anm.d.A.), sowie militärisches
Gerät (Kameras, Störsender mit Antenne Anm.d.A.) oder
Kampfmittel (Maschinengewehre oder Bomben, Anm.d.A.) eingebaut
werden.

. . . kann der Flugkörper einen di-elektrischen (einen nicht
leitenden, Anm.d.A.) Körper in Form einer mehrgängigen Wendel
oder Raumspirale umgeben.

Die Ladungstrennung bewirkenden Felder werden mittels
elektrostatischer Generatoren erzeugt, . . . wobei . . . die
Generatoren mit dem Flugkörper (Wendel, Raumspirale mit einer
oder mehreren Windungen, Anm.d.A.) **elektrisch leitend
verbunden** sein müssen.

Es ist aber möglich, diese Felder durch **andere Flugkörper**, die
Träger solcher Generatoren sind, erzeugen zu lassen.

Ebenso können die Flugkörper und/oder die von ihm
umschlossenen Trägerkörper (Rümpfe mit entsprechender
militärischer Ladung, Anm.d.A.) auch mit
Auftriebseinrichtungen (Rotor, Raketentriebwerk ect.,
Anm.d.A.) versehen sein.

Der erfindungsgemäße Flugkörper (Wendel, Raumspirale,
Anm.d.A.) eignet sich aber auch **zum Aufbau** künstlicher
elektrischer Raumladungen, **die andere** technische, in
elektrischen Feldern suspendierte **Vorrichtungen** (Flugkörper,
wie stationäre Kegel, Anm.d.A.) zur Ausübung ihrer Funktion

benötigen, wobei die durch seine Gestalt (wendelförmig, spiralförmig, Anm.d.A.) bedingte große Flug- und Gleitstabilität in vorteilhafter Weise eine **langandauernde Wirkung der Raumladung bei geringer Ortsveränderung** gewährleistet (die aus leitfähigem Material, z.B. Draht, bestehenden kleinst leitfähigen wendel- oder spiralförmigen Flugkörper, zu tausenden ausgebracht, sorgen dafür, dass in einem Operationsgebiet für bestimmte, andere elektrostatisch aufgeladene und angetriebene Flugkörper, genügend elektrische Raumladung zur Verfügung steht, damit diese vor Ort „suspendiert", in der Luft schweben, bzw. verharren können, Anm.d.A.).

Zur Schaffung einer solchen Ladung ist selbstverständlich eine **Vielzahl von elektrisch geladenen, zweckmäßig gleichgestalteten Flugkörper** (alle solche Flugkörper können kleine, spiralförmig gewickelte Drähte sein, Anm.d.A.) notwendig. Sie können von einem beispielsweise aerodynamischen Flugkörper (oder aus einem normalen Flugzeug, wie von einem Bomber aus dem Bombenschacht abgeworfen, Anm.d.A.) ausgestoßen werden, wodurch in dessen Umgebung eine Ladung entsteht . . ."

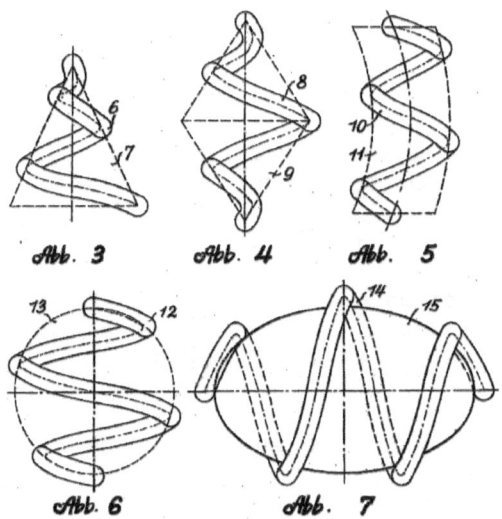

Abb. 7: Rotations-Flugkörper bestehend aus nicht leitendem Material wie z.B. Vollholzkörper.
Alle sind mit Raumspiralen versehen, die von Gang zu Gang verschieden große Gangdurchmesser aufweisen können. In der Luft rotieren die Formen um die eigene Achse und stabilisieren den Flug.

Hier ist der metallene (Flach-, Rund-) Draht der eigentliche „Flugkörper", der elektrostatisch aufgeladen wird und die unterschiedlichen umwickelten (Voll-) Holzformen durch die elektrisch geladene Atmosphäre bewegen.

Wobei solche Formen wie ein „Fußball", oder ein „American Football", siehe Abb. 7 (Hinweis, dass Ideen aus Amerika kamen?), aus Vollholz gewesen sein könnten und mit einer Schleuder oder per Hand in die Luft geschleudert wurden. Es waren Verbrauchskörper zur Demonstration elektrostatischen Fliegens.

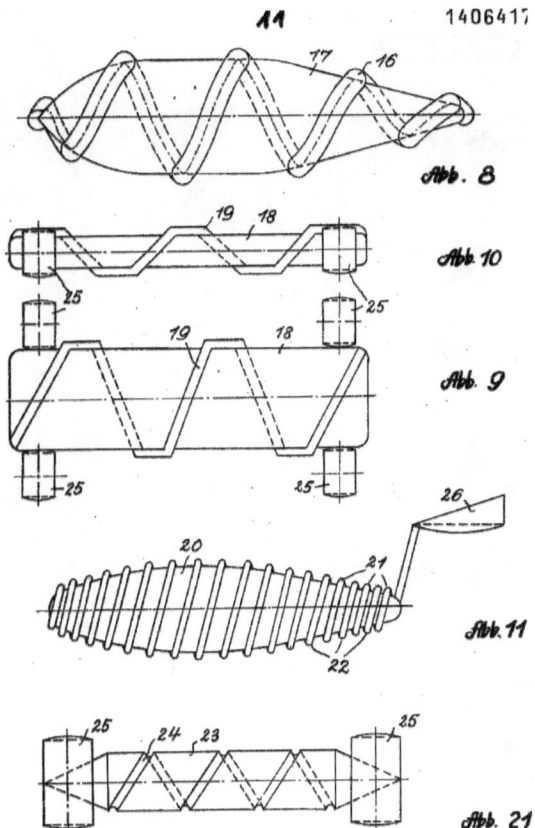

Bild:

Abb. 8: Ballistisch ausgebildeter Rotationsflugkörper, Spindel, besteht aus nicht leitendem Material
Abb. 9 und 10: Flugkörper/Trägerkörper mit rechteckigem Querschnitt, sowie Auftriebseinrichtungen (kleine Ringtragflächen). Keine Rotationskörper!
Abb. 11: aerodynamisch ausgebildeter Trägerkörper für zwei Flugkörper (zwei unterschiedliche Drahtwicklungen unterschiedlichen Durchmessers) mit dreieckigem Tragflügel an Konsole
Abb. 21: Trägerkörper, in welchem ein Flugkörper (Fachdraht) mit U-förmigem Querschnitt eingebettet ist, mit Auftriebseinrichtung – räumlichen Tragflächen - an den Enden

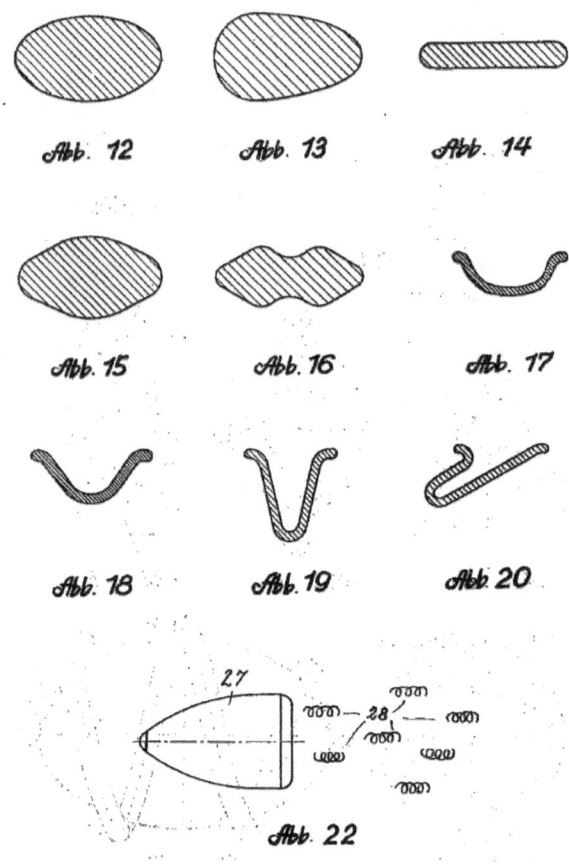

Bild

Abb. 12 bis 20: bevorzugte Querschnitte für Trägerkörper, also die Formen des elektrisch aufladbaren Drahtes.
Abb. 18, 19 und 20 sind U- bzw. V-förmige Drähte die besonders für eine Einbettung in Holzflugkörpter (bündig mit der Holzoberseite abschließend) geeignet sind.

Abb. 22: ballistischer, raketenartiger Flugkörper, der Ladungsträger (wendelförmige Drähte, die sich innerhalb des Flugkörpers befinden) zum Aufbau einer künstlichen Raumladung in ein entsprechend ausgewähltes Operationsgebiet/Atmosphäre ausstößt. Siehe hierzu das Taschenbuch „Foo Fighter Attacking v. K-P Rothkugel.

Eine Richtkraft (Auf- und Vortrieb) entsteht bei elektrostatischen Flugkörpern,

„ . . die z.B. als Raumspirale ausgebildet sind und von Gang zu Gang (von Windung zu Windung, Anm.d.A.) verschieden große, vorzugsweise kontinuierlich sich ändernde Gangdurchmesser aufweisen.
. . .
Der Trägerkörper muß aber **kein** Rotationskörper (Rumpf, der von einer metallenen Wendel = Flugkörper, umwickelt ist, Anm.d.A.) sein, er kann auch einen **rechteckigen** Querschnitt besitzen...

Ferner können auch **mehrere** Flugkörper (Windungen, Anm.d.A.) auf einem Trägerkörper angeordnet sein.

Wie Abb. 11 zeigt, ist der Rotationskörper 20 von zwei Flugkörpern 21, 22 gewissermaßen zweigängig umschlungen, die sich vom Bug bis zum Heck erstrecken.

.... Die Gänge (Windungen) können aber praktisch jeden anderen Querschnitt (rund, rechteckig, dreieckig ect., alle an den **Kanten abgerundet**, Anm.d.A.) aufweisen, sofern scharfe Kanten am Flugkörper vermieden werden, damit an keiner unerwünschten Stelle die Durchbruchfeldstärke erreicht wird.
....
Der Flugkörper (Draht, Anm.d.A.)muß keineswegs an allen Stellen einen gleich großen Querschnitt aufweisen, so kann dieser gegen ein oder beide Enden des Flugkörpers stetig abnehmen. Der Flugkörper (der Draht) kann auch massiv oder hohl ausgebildet sein."

Zuletzt noch einige wichtige Informationen aus Offenlegungsschrift 1 428 685 vom 27. Februar 1969: „Stabilisator und /oder Steuerorgan für aerodynamische oder ballistische Flugkörper in elektrischen Feldern", von Erich Halik und Hans-Werner von Engels:

„Auf solche Flugkörper wirken die elektrischen Anziehungs- und Abstoßungskräfte der natürlichen und künstlichen elektrischen Felder derart, daß sie die dynamische Stabilität der Flugkörper stören und diese unter Umständen zu mehr oder weniger erratischen Flügen zwingen können.

Die Erfindung zielt darauf ab, die **Störung der Stabilität** eines Flugkörpers durch solche elektrostatischen Kräfte **zu verhindern** und zwar mittels eines oder mehrere an dem Flugkörper angeordneten **Stabilisatoren** . . . die Struktur der den Flugkörper umgebenden Felder derart zu beeinflussen, daß diese **eine Drehung** um **eine oder mehrere Achsen** des Flugkörpers erfahren.

. . . , daß der Stabilisator aus **elektrisch leitendem Material** besteht oder eine **elektrisch leitende Oberfläche** aufweist und **eine oder mehrere in Abständen** voneinander angeordnete **Windungen** aufweist, die **konstante** oder von Windung zu Windung **verschieden große Durchmesser** und/oder **Querschnitte** besitzt."

Anm.d.A.: Stabilisatoren sind ein oder mehrere, z.B. platte Flachdrähte, die beweglich aneinander genietet und so an einem Flugkörper angebracht sind, dass der Stabilisator das Flugverhalten beeinflusst. Siehe hier die „Kaulquappe" oder den „Frosch", die „Wurmfortsätze" oder „Beine" aus einen oder mehreren, abgerundeten Flachdrähten am Heck besitzen, damit der Flug nicht erratisch verläuft. Wer hat sich diese Formen ausgedacht (Hollywood)? Siehe auch die „Enterprise", ein Fluggerät mit zwei Auslegern am Heck.

Bei elektrischen Flugkörpern münden die Feldlinien stets senkrecht zur Oberfläche des Körpers ein oder nehmen von dort ihren Ausgang. Somit sind die elektrostatischen Anziehungs- und Abstoßungskräfte **senkrecht** zur Flugkörperoberfläche gerichtet.

„Der erfindungsgemäß ausgebildete **Stabilisator** <u>zwingt</u> die kraftausübenden Feldlinien sich in ihrem Verlauf der Form der **Oberfläche anzupassen.**
. . .
Durch die große Stabilität in elektrischen Feldern ist der Stabilisator befähigt, den mit ihm verbundene Flugkörper **in stationärer Lage** zu halten, was besonders dort vorteilhaft ist, wo ein **programmierter Kurs** in Bezug auf künstliche und/oder natürliche elektrische Raumladungen geflogen werden soll.
. . .
Der **massiv oder hohl** ausgebildete Stabilisator, der sich über **eine oder mehrere** Windungen, oder **nur über einen Teil** einer Windung erstrecken kann, muß nicht wendelförmig gestaltet sein; er kann auch einen gedachten Kegel oder andere gedachte Drehkörper umschließen."

Auch hier kann der Stabilisator verschiedene große Querschnitte haben, sich kontinuierlich verändernde Windungsdurchmesser besitzen, wenn möglich an den Enden stetig abnehmende Querschnittsgrößen aufweisen, praktisch jede Form besitzen, Hauptsache der Stabilisator hat keine scharfe Kanten, die abgerundet werden sollten, damit keine unerwünschten elektrostatische Interferenzen entstehen.

„Bevorzug sind natürlich aerodynamisch günstig ausgebildete Querschnittsformen, z.B. elliptische, ovale, <u>hantelförmige</u> und ähnliche."

Der Stabilisator kann auch hier auf nicht leitende Trägerkörper montiert oder in diese eingebettet sein.

„Zur Einbettung in einen solchen Trägerkörper werden besonders Stabilisatoren mit **U- oder V-förmigen Querschnitt** bevorzugt, wobei diese in den Trägerkörper so eingebettet sind, daß ihre **konkave Seite** nach **außen** gerichtet ist.
. . .
Der mit dem Stabilisator versehene Flugkörper erhält eine **bessere Stabilität**, wenn dieser mit dem Flugkörper **drehbar verbunden** ist.

. . . ist der Flugkörper auch mit dem Stabilisator **steuerbar**, wenn er mit dem Flugkörper **gelenkig verbunden** und zu den Achsen des Flugkörpers **verschwenkbar** ist. Eine andere Möglichkeit zur Steuerung des Flugkörpers besteht darin, die **Ganghöhe der Windungen** des Stabilisators zu **verändern**, d.h. seine **Länge** zu **verkürzen** oder zu **vergrößern**. Der Stabilisator kann aber auch mit Steuerorganen wie Ruder, Klappen oder dergleichen versehen sein.

. . . ist es möglich, den Stabilisator auch als **Hilfsauftriebseinrichtung** (Tragflügel, Anm.d.A.) zu verwenden.

Die Anordnung von Stabilisatoren an Flugkörpern, die **zugleich als Steuerorgan** wirken, ist besonders dann von Vorteil, wenn die übliche aerodynamische Steuerung auf Grund der atmosphärischen Verhältnisse nicht oder **nicht ausreichend** wirksam ist, z.B. in der Luftatmosphäre der Erde **in großen Höhen**, ferner in **der Atmosphäre anderer Himmelskörper, die sich aus stark ionisierten Gasmassen von geringer Dichte zusammensetzen.**"

Wenn ein elektrostatischer Flugkörper in sehr großen Höhen fliegt, wo die Luft dünner ist und Ruder und Steuerklappen wirkungslos werden, können angefügte Stabilisatoren weiterhin den Flugkörper steuern.

„... *in der Atmosphäre anderer Himmelskörper"*, haben wir hier wieder einen Hinweis, warum auch solche, in den Offenlegungsschriften besprochenen elektrostatischen Flugkörper, bis heute (und darüber hinaus) geheim gehalten werden? Weil bestimmte Techniken auch auf anderen Planeten, ob im Sonnensystem, Mars, oder im Weltall, zur Anwendung kommen?

Siehe hierzu auch den Bericht in dem amerikanischen Magazin „Electronics" v. Dezember 1950 von Prof. Hermann Oberth über elektrische Raumschiffe! Flossen in die Erfindungsschriften auch die Raumfahrtideen von Prof. Oberth mit ein? War er gar an den Erfindungen während des Krieges in Deutschland und später auf der Wright Patterson AFB beteiligt, oder gar an der Ausarbeitung der Schriften, die Hans Halik 1962 einreichte?

War der riesige Flugkörper, der über Kentucky in den USA im Januar 1948 gesichtet wurde, eine Vorerprobung für spätere Raumfahrtaktivitäten? Siehe Bericht weiter unten.

Solche Flugkörper werden wohl auch geheim gehalten, weil der Auftrag und die div. Fantasievollen Formen eventuell aus den USA vorgegeben wurden und in Deutschland nachgebaut worden sind, um sie im Kriegsfall zu testen und Verwirrung zu stiften.

Weiter heißt es zu den Stabilisatoren in den Schriften:

„Die Stabilisatoren können an elektrisch nicht leitenden (Holz), aber auch an elektrisch leitenden Flugkörpern angeordnet sein; im letzteren Fall müssen sie über eine **größere Oberfläche** aufweisen, als die Flugkörper, damit sie in den umgebenden elektrischen Feldern gegenüber den Flugkörpern ausreichend reaktionsfähig sind.

Die Stabilisatoren können . . . mit **elektrostatischen Generatoren** ausgerüstet sein. Unbedingt ist dies notwendig, wenn der vom Stabilisator stabilisierte oder gesteuerte Flugkörper aus elektrisch nicht leitendem Material besteht. Es ist aber möglich, diese Felder durch andere Flugkörper, die Träger von solchen Generatoren sind, erzeugen zu lassen.

Als elektrostatische Generatoren können **radioaktive Bleche, thermoionisierende Behälter** aus z.B. Thorium, Wolfram, Barium, Rhenium oder deren Legierungen, **Reibungsdüsen** für **kalte und heiße Gas-Rauchgemische** oder **Sprühdüsen** für **ätherische Öle** oder dergleichen verwendet werden. Die elektrostatischen Generatoren können an einem oder beiden Enden des Stabilisators, oder um ihn wendelförmig angeordnet ein. Es ist aber auch möglich, <u>den Stabilisator zur Gänze mit radioaktiven Blechen zu belegen</u> oder diese als thermoionisierende Behälter auszubilden."

Somit muss nicht jede Atom-Forschungs- und Produktionsstätte in Deutschland oder im besetzten Ausland direkt etwas mit dem Bau der Atombombe zu tun gehabt haben. So wurde Thorium als Teil elektrostatischer Antriebe genutzt, auch als Antrieb für EM-Fluggeräte und Raumschiffe. Zumindest Wernher von Braun und sein Bruder Magnus projektierten ja ein Raumschiff mit Atomantrieb.

So können Bunkeranlagen, Öfen und dergleichen zur Herstellung, bzw. Bedampfung von radioaktiven Blechen genutzt worden sein, um radioaktive Isotope oder Kolloide aus atomarem Material als Bestandteil bestimmter EM-Antriebe herzustellen.

Abb.:

Elektrostatisches Fluggerät als Staustrahlkörper verfolgt P-38 „Lightning".

Beachte die im hinteren Luftstrom liegenden zwei länglichen Stabilisatoren, die drehbar an Gelenken am Ende des ringförmigen Körpers den Flug stabilisieren und das Gerät steuern. Gleichzeitig sind diese zwei Stabilisatoren links und rechts am hinteren Auslass elektrostatisch aufgeladen und tragen zum Flug in der elektrisch natürlich oder künstlich geladenen Atmosphäre bei. Dabei können diese zwei länglichen Stabilisatoren auch gänzlich radioaktiv beschichtet sein.

Der Flugkörper hat einen durchgehenden Lufteinlass und ist als Staustrahlflugzeug ausgelegt. Wenn der Flugkörper einen gewissen Staudruck bei circa 400 km/h erreicht hat, dann wird Treibstoff im Inneren eingespritzt und die elektrische Maschine kann auf mehrere tausend Kilometer Fluggeschwindigkeit beschleunigen.

Wohlmöglich könnten statt Treibstoffröhren auch an den Innenseiten des Lufteinlasses, links und rechts je ein kleines, simples Atomtriebwerk bestehend aus einem Zylinder mit spaltbarem Material montiert sein, die durch einen Wärmetauscher den eingerammten Luftstrom zum Ausdehnen, zum Expandieren bringen und das Fluggerät enorm beschleunigen. Die Brenndauer solcher Miniatur Urantriebwerke können mehr als 10 bis 20 Stunden betragen und schicken den Flugkörper um die halbe Welt.

Hier fliegt die Maschine nur mit der jeweiligen, meteorologisch aktuellen Ladungstrennung und ist in der Lage, mit Hilfe interner Steuergeräte (u.a. Magnetfelderkennungs-Sensoren) sich feindlichen Maschinen zu nähern und diese zu verfolgen.

Für einen nichts ahnenden alliierten Piloten muss der Anblick eines vollkommen fremdartigen, exotischen Flugkörpers merkwürdig bis schockierend gewirkt haben und wäre es heute bestimmt immer noch!

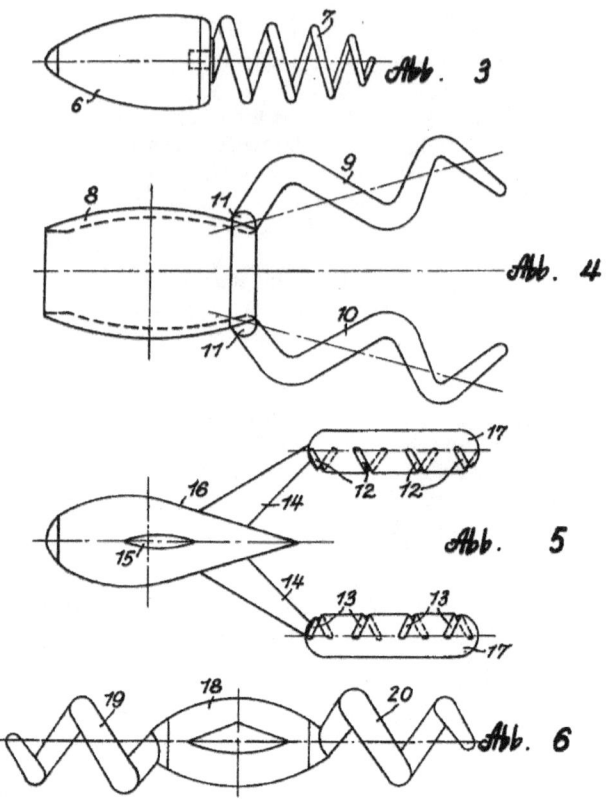

Abb. 3 bis 5: Flugkörper, die an einem ihrer Enden mit einem, bzw. zwei Stabilisatoren ausgerüstet sind. Wobei der Stabilisator in Abb. 3 („Kaulquappe", Granate) sich spiralförmig dreht, bei Abb. 4 („Frosch", Staustrahlkörper) beide Stabilisatoren dreh- und schwenkbar zur Steuerung gelagert sind. Bei dem Holzkörper, Abb. 5 sind die Stabilisatoren als nicht leitende (Holz) Heckausleger ausgelegt, an denen kleine Metallplättchen, die nuklear Beschichtet sein können, die Stabilisierung vornehmen.

Abb. 6: Flugkörper (6), der an seinen beiden Enden mit je einem Stabilisator versehen ist

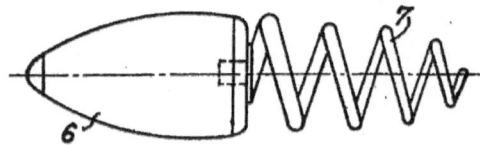

Leitfähige Spirale (7) am Heck rotiert, damit Flugkörper (6) keine erratischen Flugbewegungen durchführen kann

„Das halbballistische, raketenartige Geschoß in Abbildung 3 ist durch einen an seinem Heck und in seiner Längsachse angeordneten, um **seine Achse drehbaren Stabilisator** (7) stabilisiert. Durch den Stabilisator werden die Pendeltendenzen des Geschoßes ausgeglichen, wenn es z.B. in natürliche Felder eintritt, deren elektrostatische Kräfte das Geschoß von seiner Bahn ablenken würden."

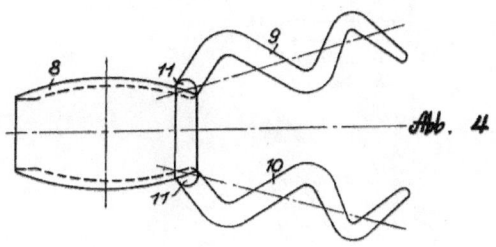

Abb. 4:
„Der aerodynamische Flugkörper (8) mit **Luftdurchsatz** ist als **Ringtragflügel** und/oder **Staustrahlkörper** ausgebildet und für den Flug in elektrischen Feldern mit zwei Stabilisatoren versehen. Diese sind mittels Gelenke (11) seitlich des ausgeblasenen Gasstromes am Flugkörper angelenkt."

Abb.:

Holz-Flugkörper mit zwei Heckauslegern, an denen U-förmige Drahtwicklungen eingebettet sind, hier ohne Hilfsflügel. Für bestimmte Flüge unter bestimmten Bedingungen in der Atmosphäre können auch zwei aerodynamisch ausgebildete Tragflächen am tropfenförmigen Rumpf montiert werden. Der innen hohle Holzflugkörper kann z.B. mit einer Fernsteuerung, oder einer programmierten Steuerung versehen werden und durchfliegt dann einen vorher festgelegten Rundkurs.

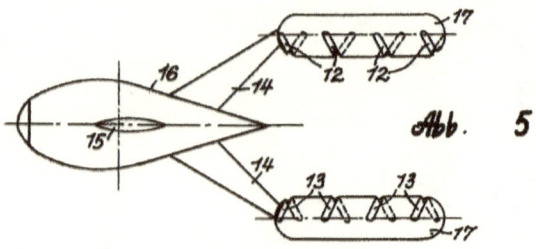

Abb. 5:

„Die Stabilisatoren (12 und 13) sind mittels **Ausleger** (14) an einem üblichen aerodynamischen, mit **Flügeln** (15) versehenen Flugkörper (16) angeordnet. Zwischen Flugkörper, Auslegern und Stabilisatoren sind **lösbare Verbindungen** vorgesehen, so daß der Flugkörper entsprechend den vorliegenden **atmosphärischen Verhältnissen** mit oder ohne Stabilisatoren eingesetzt werden kann. Jeder dieser Stabilisatoren besteht aus Teilen von Windungen einer Wendel, wobei die Teile einen U-förmigen Querschnitt aufweisen und in zylindrischen, elektrisch **nicht leitenden** (z.B. aus Holz, Anm.d.A.), zweckmäßig hohlen Trägerkörpern (17) so eingebettet sind, daß ihre konkaven Seiten außen liegen."

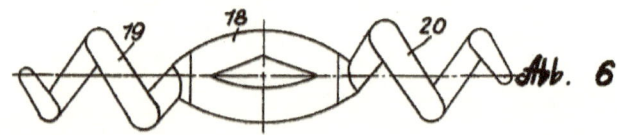

„In Abb. 6 ist ein **geflügelter**, aerodynamischer Flugkörper (18) mit zwei nach **vorne und hinten** (Bug und Heck) gerichteten Stabilisatoren (19 und 20) versehen. Diese Anordnung der Stabilisatoren ist von besonderem Vorteil, wenn sich der Flugkörper **längs** den Feldlinien eines elektrischen Feldes bewegt. Die Feldlinien sind von links nach rechts oder umgekehrt, gedacht. Durch die Stabilisatoren wird der Verlauf der Feldlinien gestört und diese zur Stabilisierung herangezogen."

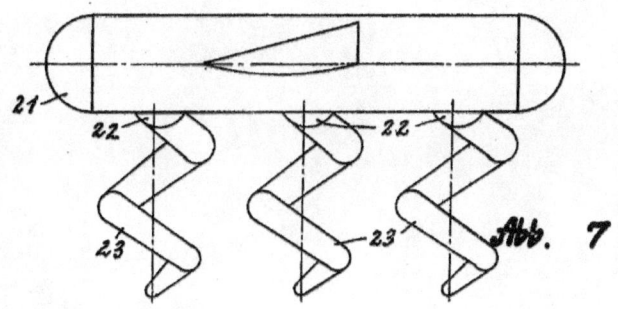

Abb. 7

Aerodynamische Flugkörper, die sich **quer** zu den Feldlinien eines elektrischen Feldes bewegen und/oder **horizontale Flugbahnen** einhalten sollen, werden wie der Flugkörper (21) gemäß Abb. 7 mit nach **unten gerichteten** bei schwenkbaren (22) gelagerten Stabilisatoren (23) ausgerüstet, mit welchen er auf den unter ihm befindlichen und durch ihn influenzierten Raumladung **aufsitzt**. Ein solcher Flugkörper eignet sich besonders für einen **steilen oder senkrechten Start**, sowie einer solchen Landung.

Anmerkung des Autors:

Solch ein Flugkörper aus Metall kann als Interceptor herangezogen werden und zerstört alleine durch seine kinetische Energie ein Feinflugzeug. Siehe hierzu die Beschreibung eines fiktiven Abfangeinsatzes in dem Taschenbuch „Foo Fighter Attacking" v. K-P Rothkugel!

Diese Fähigkeit besitzt auch der **drachenförmige**, aerodynamische **Überschall-Flugkörper** (24) nach Abb. 8 und 9, der **nach oben und unten** je einen Stabilisator (25) bzw. (26) aufweist, so daß die Ladungstrennung ober- und unterhalb des Flugkörpers möglich sind.

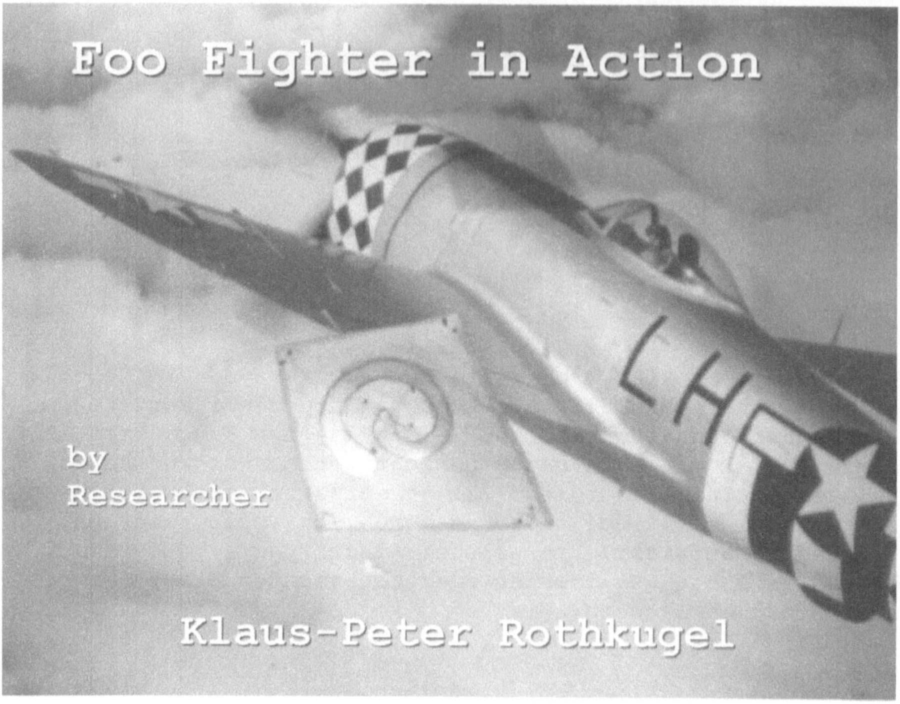

Foo Fighter in Action
by
Researcher
Klaus-Peter Rothkugel

25
24
26
Abb. 9
25
24
Abb. 8

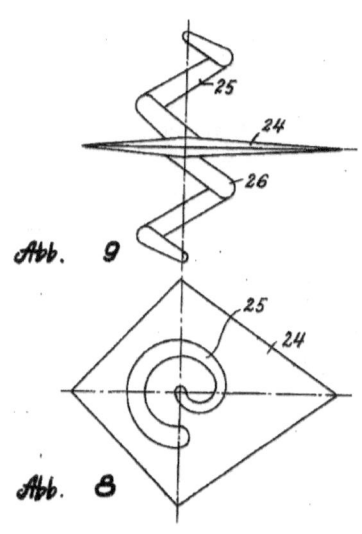

Abb. 8 und 9: Elektrostatischer Überschallflugkörper (bis zu mehreren 10.000 km/h) der in großen Höhen Langstrecken durchmessen kann und eventuell einmal die Erde umrundet. Dabei kann der Dreieckskörper aus Holz bestehen (da ein „reibungsloser Luftstrom" um ihn gebildet und die Kräfte gleichmäßig auf den gesamten Körper verteilt wird) und in der Mitte ein Abteil besitzen, wo die Gerätschaften für einen vorprogrammierten Rundkurs untergebracht sind.

Beachte metallenen Stabilisator oben und unten, der der eigentliche „Flugkörper" darstellt, weil er elektrisch aufgeladen sich entweder an der Raumladung abstößt oder anzieht.

Abb.:

Schleuder zum Start eines elektrostatisch aufgeladenen Versuchskörpers in Dreiecksform. Die metallene Spirale aus aus einem besonders legierten Material hoher Ionendichte wurde zuvor mit Hilfe eines Bandgenerators elektrostatisch aufgeladen und eine Ladungstrennung wurde herbeigeführt.

In der Mitte des z.B. aus Holz besehenden „Delta-Drachen" befand sich ein spiralförmiger Flachdraht, der elektrostatisch aufgeladen eine bestimmte, z.B. positive Ladungstrennung auswies, der nun von der ebenfalls entweder natürlichen oder künstlich leitfähig gemachten Atmosphäre angezogen wurde und sich in den elektrischen Feldern der Luft fortbewegen konnte.

„An dem Rotationskörper (27) nach Abb. 10, der kugelförmig oder zylindrisch ausgebildet sein kann, sind mehrere um ihre Achsen drehbare Stabilisatoren (28) radial angeordnet."

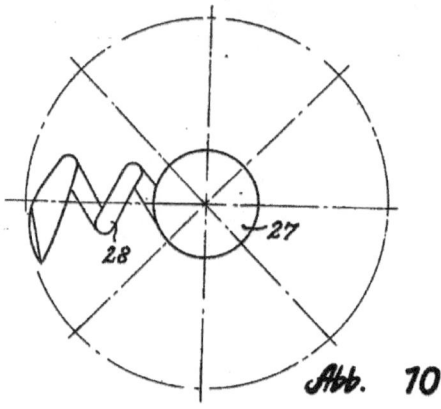

Abb. 10

„Abb. 10 Sphärenförmiger elektrostatischer Flugkörper (27) mit hier sieben drehbaren Stabilisatoren (28) (nur einer eingezeichnet)

Diese Flugkörper, insbesondere aber der kugelförmig gestaltete, besitzen die **größte mögliche Stabilität** und stellen den idealsten Fall dar, wenn nur eine Stabilisierung beabsichtigt ist.

Analog zu einem Hubschrauber ist es solchen Flugkörpern möglich, sich in einem **dauernden Schwebezustand** zu halten. Die Enden (29) der Stabilisatoren sind, wie Abb. 11 zeigt, **tragflügelartig** ausgebildet. Im stationären Zustand erfüllen sie nur die Aufgabe von Stabilisatoren mit Bezug auf umgebende Raumladungen; im **rotierenden Zustand** können sie daher außerdem als **Trag- bzw. Hubschraube** dienen. Sie sind noch mit **Steuer/Trim-Einrichtungen** (30) zum Einsteuern auf einen **programmierten Kurs** versehen.

Wenn die Ladungstrennung von einem oder mehreren Stabilisatoren ausgeht, kann der Austritt der **Ionen** durch die **Kanten der Steuereinrichtung** gerichtet werden."

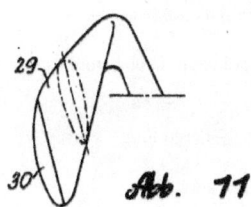

Abb. 11: Trag-/Hubflügelartige Stabilisatoren, die einen elektrostatischen Flugkörper in einem dauernden Schwebeflug in der Luft halten können. An den Kanten können Ionen austreten. Die Stabilisatoren können auch schwenkbar gelagert sein.

Hier stellt sich die Frage, ob die Ionen, die an den einzelnen Kanten der tragflügelartigen Stabilisatoren austreten, eine Leuchterscheinung in der Atmosphäre erzeugen, so wie dies auch bei „Foo-Fightern" während des Krieges beobachtet wurde.

Ein sphärenförmiger Flugkörper mit z.B. acht Stabilisatoren, der sich schnell um die eigene Achse dreht sieht aus der Ferne wie eine schnell drehende Scheibe aus.

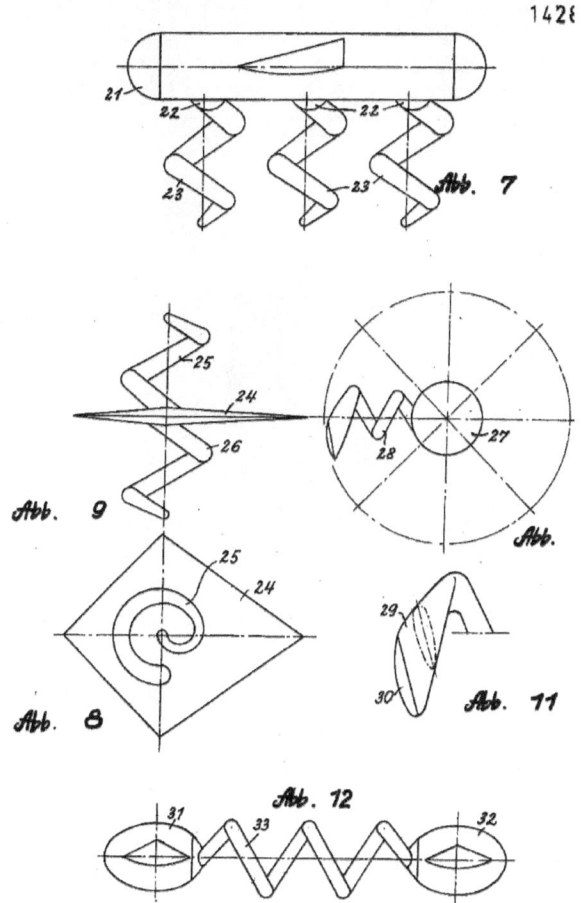

Abb. 7: Flugkörper an dessen Rumpf mehrere Stabilisatoren vorgesehen sind für den senkrechten Flug.

Abb. 8 und 9: drachenförmiger Flugkörper mit zu seiner Tragfläche senkrecht angeordneten Stabilisatoren für den Überschallflug von mehreren 10.000 Kilometern pro Stunde.

Abb. 10: kugelförmiger Flugkörper mit radial ausgerüsteten Stabilisatoren für den stationären Flug.

Abb. 11: das freie Ende eines der Stabilisatoren, die wie ein Tragflügel ausgebildet ein können.

Abb. 12: zwei durch einen Stabilisator verbundene Flugkörper für einen Flug längs elektrischer Feldlinien innerhalb der Raumladung.

Sichtungen von ungewöhnlichen Fluggeräten während des Zweiten Weltkrieges

„June (late), **1942**, Cussey-sur-l' Ognon, Doubs, France"

"Several witnesses heard a **motor-like sound** and saw a **blue-gray oval object** with a dome on top hovering just above the ground in a wooded area. It had **portholes** and a tripod landing gear, with light emanating from the portholes. As witnesses approached to within 20 meters, the object took off vertically and disappeared. A 1,5 m diameter circle was found in the grass."
(Michel Bougard, Des Soucoupes Volantes aux OVNI, 1977 sowie. «La chronique des OVNI», Jean-Pierre Delarge, Paris 1977, p. 261.)

Abbildung gefertigt nach Zeichnung eines elektrostatisch angetriebenen kleinen und unbemannten Flugkörpers aus Offenlegungsschrift 1 406 416 v. 12. Dezember 1968.

Beachte „Rauch/Gas-Generatoren", runde Öffnungen in der oberen Kuppel, aus denen schlecht verbrannte und elektrostatisch aufgeladene Abgase – evtl. von einem Kolbenmotor (Zweitakter?) - für den Antrieb und einer Ladungstrennung ausströmen. Hörten die Augenzeugen, wie ein kleiner Zweitakter lief, der das elektrostatische Fluggerät wieder auflud, weil es aufgrund fehlender Ladungstrennung auf den Boden abgesunken war. Als Endeckung drohte, musste irgendjemand in der Nähe das Fluggerät per Fernsteuerung wieder wegfliegen lassen haben.

Oder wurde ein „Foo Fighter" startklar gemacht, der Richtung Norden sich alliierten Flugzeugen nähern sollte?

Mal angenommen, die o.g. Beschreibung stimmt, wurde hier im Jahre 1942 in Frankreich ein elektrostatisches Fluggerät gesichtet? Sollte es später einen Einsatz in nördlicher Richtung entlang des Rheintals, Richtung Straßburg, Hagenau fliegen, eventuell auch nachts gegen einfliegende alliierte Nachtjäger? Siehe dazu auch das Taschenbuch „Foo Fighters Attaking!" von Klaus-Peter Rothkugel.

Der in dem Text angegebene Ort liegt an dem Fluss Ognon in der Region Doubs und ist circa 13 Kilometer nordwestlich der Stadt Besançon entfernt. Das Dorf Cussey lebte von Ackerbau und Viehzucht und ist von Waldgebieten umgeben.

Die Stadt Besançon ist die Hauptstadt des Department Doubs, eine Region in Ost-Frankreich, in der Nähe zur Schweizer Grenze.

Dazu heißt es bei Wikipedia über Besançon:

„Zu Beginn des Zweiten Weltkrieges marschierte die deutsche Armee am 16. Juni 1940 in Besançon ein, wenngleich das französische Militär alle Brücken vor dem anrückenden Feind gesprengt hatte. Nach dem Einmarsch wurde Besançon Teil des für deutsche Besiedlung vorgesehenen Frankreich, wobei die Demarkationslinie nur 30 km westlich der Stadt verlief. Im Fall eines deutschen Siegs im Zweiten Weltkrieg wäre Besançon Teil des Deutschen Reichs geworden. Bis zum Bombenangriff durch die britische Luftwaffe in der Nacht vom 15. zum 16. Juli 1943, bei dem ein Bomber auf den Bahnhof stürzte und bei dem 50 Tote und 40 Schwerverletzte zu beklagen waren, war die Stadt von größeren Zerstörungen verschont geblieben. Die Resistance wurde in Besançon relativ spät aktiv: die ersten Attentate wurden im Frühling 1942 durchgeführt. . . Am 6. September 1944 wurde Besançon von der amerikanischen 3. und 45. Infanteriedivision, die in der Provence gelandet waren, zurückerobert. Das 6. Korps der amerikanischen Armee marschierte nach viertägigen Kampf am 8. September 1944 in Besançon ein, und General Charles de Gaulle besuchte das befreite Besançon am 23. September 1944..."

Außerdem ist die Stadt Besançon berühmt für ihre Uhrenindustrie und den Fertigungs- und Entwicklungsbereich „Mikro Technologie".

Zur Ost-Frankreich heißt es in einem amerikanischen Buch, geschrieben von Samuel Turner:

"Speaking of **Dijon**: that was the location of our next move, which was made in early September. By then, Patton´s 3rd Army… had the German armies ahead of him being pushed closer and closer to the **French-German border** on a daily bases, and those of us in the "Lightnings" (P-38) between being called in . . . , or alternately climbing up to 25, 000 feet to escort an incoming flight of B-17 on their way to bomb such targets as an important **precision instrument factory** near the lovely **Black Forest town of Freiburg** (where parts for the guidance system for their V-1 Rockets were reportedly manufactured) and **Ravensburg**, just north of the Swiss Border, where a **highly disguised jet engine factory** was known to be . . . "

In Ravensburg am Bodensee gab es keine nennenswerte Rüstungsindustrie. Die Firma ZF, Zeppelin Friedrichshafen, wollte wahrscheinlich ihre Zahnradproduktion nach Friedrichshafen auslagern. Die mittelgroße Stadt wurde nur fünf Mal mit Bomben angegriffen, im Gegensatz zu anderen Städten in der Region am Bodensee, wie Friedrichshafen (Dornier). Ravensburg war geschützte Rot Kreuz Lagerstadt.

In Ravensburg aber war die Schweizer Firma Escher-Wyss angesiedelt: „Escher Wyss AG", ursprünglich „Escher, Wyss & Cie.", war eine schweizerische Industrieunternehmung mit

Schwerpunkt Maschinen- und Turbinenbau, bis sie 1969 von der Sulzer AG übernommen wurde. Der Unternehmenshauptsitz war in Zürich, Schweiz.

Wurde dort in dem Bodensee Städtchen Ravensburg in Oberschwaben während des Kriegs eine spezielle Flugzeug Gasturbine nach dem Prinzip der „AK-Anlage" entwickelt und gebaut? Der Schweizer Aerodynamiker Jakob Ackeret, zu dessen wichtigsten Arbeiten die Forschungen zum Überschallflug gehörten, entwickelte zusammen mit Curt Keller von der Forschungsabteilung von Escher Wyss in der Schweiz eine geschlossene aerodynamische Dampfturbine, die sogenannte AK-Anlage.

Dazu heißt es:

„Weitere Arbeiten im aerodynamischen Institut und in Forschungslaboratorien der Maschinenindustrie betrafen Verbesserungen an Axialgebläsen. Diese erlangten besonders in Verbindung mit Gasturbinen hohe Bedeutung. Im Jahre 1935 entstand in Gemeinschaftsarbeit mit C. Keller, dem Chef der Forschungsabteilung der Escher Wyss AG, der Vorschlag einer mit Luft in geschlossenem Kreislauf arbeitenden Kraftmaschine, wodurch nach eingehender theoretischer und praktischer Durchforschung die Dampfturbine in thermischen Kraftwerken eingeführt wurde.

1936 begannen die Arbeiten für eine Versuchsanlage bei Escher Wyss, die 1939 in Betrieb genommen werden konnte. Der ETH-Professor H. Quiby unterzog die Anlage einem offiziellen Leistungstest. Diese aerodynamische Anlage wurde nach den beiden Erfindern Ackeret und Keller „Escher Wyss AK-Anlage" genannt - der Bezug zur Atomkraft-Anlage bestand nicht nur in der Abkürzung, denn wie C. Keller selbst in der der SZB (66. Jg. 1948, No.11, S.143) schrieb: "Der geschlossene Kreislauf bietet im Hinblick auf die Ausnützung der Atomkernenergie interessante Möglichkeiten". Schon im November 1945 wartete Ackeret mit dem Plan für ein Atomkraftwerk auf, das auf dem Prinzip der AK-Anlage basierte. . . Das große internationale Interesse an der neuartigen Kraftmaschine bezeugen zahlreiche Lizenzverträge, die mit bedeutenden Industrieunternehmen in Deutschland, England, den USA und Japan abgeschlossen werden konnten.

Jakob Ackeret legte wesentliche theoretische Grundlagen zu den Strömungswissenschaften und förderte nachhaltig deren praktische Anwendung **im Flugwesen** und im Maschinenbau. . . Ackeret übertrug die Ergebnisse der Hydro- und Aerodynamik auf Dampf- und Gasturbinen und brachte somit die Strömungsforschung auf einen vom Medium unabhängigen gemeinsamen Nenner . . . Ackeret bewegte sich in einem Wissenschaftsgebiet, das fast zwangsläufig die Militärs interessieren musste. Diese Interessen vermochte er für seine Zwecke einzusetzen, wie sich bei der Gründung des Instituts für Aerodynamik und dem Bau der Windkanäle gezeigt hat. Gegenüber Kontakten mit Vertretern autoritärer Regimes hatte Ackeret offenbar keine Bedenken. So freute er sich 1935 über den Nachbau seines Überschallwindkanals in der italienischen Forschungsstadt Guidonia.
. . .
1941 erhielt Ackeret dann eine Einladung seiner ehemaligen Kollegen in Göttingen zu einer Fachtagung in der Aerodynamischen Versuchsanstalt. Zu dem auf den 15. und 16. September geplanten Treffen waren zudem Ackerets Mitarbeiter Dätwyler und de Haller, sowie Dr. Seipel von der BBC und Dr. Keller als Vertreter der Escher Wyss AG eingeladen. Nach der Reise lieferte Ackeret einen kurzen Bericht ab:

"Der Aufenthalt in Göttingen dauerte 2 1/2 Tage und es wurden sowohl Vorträge gehalten als auch zahlreiche Besichtigungen vorgenommen. Ausser den Göttinger Herren, insbesondere Prof. Prandtl und Prof. Betz, waren Herren des Reichsluftministeriums und der deutschen Versuchsanstalt Adlershof zugegen und zwar nur Leute, die direkt mit den speziellen Fragen

zu tun haben. Es darf gesagt werden, dass deutscherseits ein sehr reichhaltiges Material mit grosser Offenheit vorgebracht wurde, beispielsweise ausgedehnte Versuchsserien mit Artillerie- und Infanteriegeschossen und neuartigen Flugzeugtypen. Das Material, das wir vorbrachten, bestand zum größten Teil aus Ergebnissen, die z.Zt. zur Veröffentlichung vorbereitet werden, bzw. vor kurzem in Basel vorgetragen wurden. Im ganzen genommen dürfen wir mit Genugtuung sagen, dass unsere Arbeit sehr geschätzt wird, was auch daraus hervorgeht, <u>dass die Bestellung von ein oder zwei Überschallkanälen bei BBC</u> nunmehr sehr wahrscheinlich ist ...
Im Dezember 1942 fuhr Ackeret ein zweites Mal während des Krieges nach Deutschland, um in Berlin vor der Deutschen Akademie der Luftfahrtforschung <u>über die Entwicklung der Gasturbine zu referieren.</u>"

Wurde in Ravensburg eine kleine spezielle Dampfturbine in „Kugelblitz" und „Feuerball" und eventuell auch in andere elektrostatische Flugkörper zum Antrieb eingebaut? Gab es Versuche, den Dampf mit Hilfe nuklearem Brennstoff zu erzeugen? Siehe weiter unten den „Soft-Fission Antrieb" für Flugscheiben großer Reichweite.

Insert

Auszüge aus „Die Weltwoche", Nr. 32/2011:

Scherrers Geheimnis

Schweizer forschten bei der Entdeckung der Kernspaltung an der Weltspitze mit. Beim Wettlauf um die Atombombe arbeitete der <u>Zürcher Physiker Paul Scherrer eng mit den Amerikanern zusammen</u>. Damit öffnete er der Schweiz den frühen Zugang zur zivilen Nutzung der Kernenergie. Teil 1.
Von Alex Baur

Die Sensation kam völlig unscheinbar daher, in der Mittagsausgabe der NZZ vom 28. November 1945, verpackt in einen mehrseitigen Artikel mit dem staubtrockenen Titel: «Atomenergie - Die physikalischen und technischen Grundlagen». Paul Scherrer, Professor für Kernphysik an der ETH Zürich, so wurde im Vorspann angekündigt, wolle ein breites Publikum «in allgemeinverständlicher Form über die wichtigsten Probleme der Atomenergie-Maschine» informieren. Scherrer hielt das Versprechen. Frei von akademischen Schnörkeln erklärte er mit verständlichen Worten und eingängigen Vergleichen das Wesen eines Energieträgers, dessen Funktionieren auch heute noch das Auffassungsvermögen der meisten Zeitgenossen übersteigt.
Um die revolutionäre Dimension von Scherrers Artikel zu begreifen, brauchte es allerdings einiges an Fachwissen. Der Zürcher Professor hatte nicht nur einige der bestgehüteten Geheimnisse der amerikanischen Kriegsindustrie gelüftet. Aus heutiger Sicht ebenso erstaunlich ist, dass Scherrer vor bald siebzig Jahren die wesentlichen Aspekte der Spaltung und vor allem auch der Fusion von Atomen kannte. Seine Ausführungen über die Chancen und Risiken der Technologie, über Uran-Isotope, Plutonium, Grafit-Moderatoren, Brutreaktoren, schweres und leichtes Wasser, aber auch etwa über die Problematik strahlender Abfälle haben nach wie vor Gültigkeit. Damals, wenige Wochen nach dem Bombenabwurf über Hiroshima und Nagasaki, <u>war der Artikel eine wissenschaftliche Offenbarung.</u>
Paul Scherrer zeigte vor allem auf, was sich mit der Kernspaltung zum Wohle der Menschen bewirken liess. Etwa dass man aus einem einzigen Kilogramm Uran mehr Wärme gewinnen konnte als mit dem Verbrennen von 10 Millionen

Kilogramm Kohle. Mit lediglich 400 Kilogramm Uran, so rechnete er vor, liess sich der gesamte damalige schweizerische Jahresverbrauch an Strom decken. Wenn man diese gewaltige Energie nutzte, würde die Schweiz ihre Abhängigkeit von Kohle- und Ölimporten, die sich im Krieg als eine der grössten Bedrohungen erwiesen hatte, markant reduzieren. <u>Eher beiläufig skizzierte er auch, nach welchen Prinzipien eine Atombombe funktionierte und was man von einer Wasserstoffbombe zu erwarten hatte, die damals gar noch nicht entwickelt war.</u>
Wie war der Zürcher Professor zu diesem umfassenden Wissen gekommen? Gewiss, Scherrer war eine international anerkannte Koryphäe. Auch an den Universitäten in Genf, Bern und Basel forschten Wissenschaftler mit ihren Teilchenbeschleunigern an der Weltspitze mit. Bereits 1937, ein Jahr bevor der spätere deutsche Nobelpreisträger Otto Hahn den Durchbruch schaffte, war Scherrer und seinen Mitarbeitern die Kernspaltung von Thorium gelungen (allerdings hatten sie das Phänomen noch nicht erkannt). Doch von der Grundlagenforschung zur praktischen Umsetzung, über die Scherrer schrieb, war es ein weiter Weg.
<u>Paul Scherrer war international gut vernetzt.</u> Offenbar verfügte er aber auch - und das war weniger bekannt - **über einen direkten Draht zu General Leslie Groves, der für den Bau der amerikanischen Atombomben verantwortlich war.** Scherrer hatte den General sogar unmittelbar nach Kriegsende in den USA getroffen. Bei dieser Gelegenheit, so erklärte sein langjähriger Assistent Werner Zünti Jahre später, habe der Amerikaner Scherrer sogar die hochgeheimen Plutoniumreaktoren von Hanford gezeigt. Wie war das nur möglich?
«Arische» gegen «jüdische» Physik
Paul Scherrer selber hat sich dazu nie geäussert. Obwohl er bereits zu Lebzeiten eine legendäre Persönlichkeit war, verfasste er nie eine Autobiografie. Seine Unterlagen aus der Kriegszeit soll er vernichtet haben, als er 1960 in den Ruhestand ging. Scherrer war wohl ein sehr umgänglicher und offener Mensch. Doch sein grösstes Geheimnis nahm er 1969 mit ins Grab. Bestenfalls einen Hinweis gab der Mann, der im Zürcher Grossmünster die Abdankungsrede hielt: der Kernphysiker Werner Heisenberg, 1932 geehrt mit dem Nobelpreis für seine famose «Unschärferelation», nach dem Krieg zeitweise verfemt als Leiter des deutschen Atomprogramms unter Hitler.
Ein Vierteljahrhundert nach Scherrers Tod lüftete der amerikanische Journalist und Pulitzer-Preisträger Thomas Powers das Geheimnis. 1993 veröffentlichte Powers ein 600 Seiten dickes Buch über die Rolle <u>von Werner Heisenberg im deutschen Atomprogramm</u>. Seine akribischen Recherchen förderten nicht nur ein differenziertes Bild über die Forschung unter den Nazis zutage. Powers' Recherchen, die in der Schweiz kaum zur Kenntnis genommen wurden, decken auch die eigentümliche Rolle auf, die Paul Scherrer beim Wettlauf um die Bombe gespielt hatte. Und nicht zuletzt zeigen sie auf, inwiefern die kriegerische und friedliche Nutzung der Kernspaltung miteinander verbandelt sind - oder eben nicht.
Anfang des vergangenen Jahrhunderts erlebte die Physik unter dem Einfluss von Albert Einsteins bahnbrechenden Theorien eine einzigartige Blüte. An allen namhaften Universitäten der Welt wurde fieberhaft nach den kleinsten Elementen geforscht, den Atomen. Das Zentrum des Booms befand sich zweifellos in Deutschland. Mit der Machtergreifung der Nazis erlitt die Blüte jedoch einen jähen Rückschlag. Unter den Physikern gab es viele Juden, die entweder auswanderten oder in Konzentrationslager deportiert wurden. Hitler schwebte eine «arische», von «jüdischen» Elementen wie der Relativitätstheorie «gereinigte» Physik vor.
Namhafte deutsche Physiker wie Werner Heisenberg, Otto Hahn, Max Planck oder Carl Friedrich von Weizsäcker wehrten sich erfolglos gegen den ideologischen Terror. Heisenberg, der sich öffentlich für seine jüdischen Kollegen und Schüler eingesetzt hatte, durfte deshalb während mehrerer Jahre nicht mehr unterrichten. Dennoch waren es die Deutschen, denen 1938 erstmals eine Kernspaltung gelang. Damit wurden die Grundlagen gelegt für eine Technologie, die kriegsentscheidend werden konnte. Die Wehrmacht

entschied sich in der Not, ihr Atomprogramm unter die Leitung eines Mannes zu stellen, der politisch zwar nicht zuverlässig, zweifellos aber der fähigste Kernphysiker im Land war: Werner Heisenberg.
Warum den Deutschen der Bau der Atombombe nicht gelang, ist eine heiß umstrittene Frage. Eine Rolle spielte sicher, dass es ihnen, anders als den Amerikanern, an Ressourcen fehlte. Thomas Powers belegt indes überzeugend, dass Heisenberg das theoretische Wissen zum Bau der Bombe sehr wohl hatte. Und er vermutet, dass Skrupel ihn davon abhielten, die schreckliche Waffe Hitler in die Hände zu geben. Zwar trieb Heisenberg die Entwicklung eines Reaktors zur zivilen Nutzung der Atomenergie mit Elan voran. Doch gelang es ihm offenbar, die Wehrmacht davon zu überzeugen, dass der Bau der Bombe ihre Fähigkeiten auf absehbare Zeit bei weitem überstieg.

Scherrer als amerikanischer Spion

Die entscheidende Frage: Wusste Heisenberg, dass man waffenfähiges Plutonium in einem Brutreaktor erzeugen und damit den Bau der Bombe massiv vereinfachen konnte? Powers kommt zum Schluss, dass der deutsche Physiker diese Möglichkeit erkannt, jedoch wider besseres Wissen kleingeredet hatte.
. . . Eine andere Begründung für Powers' These führt an die ETH in Zürich, zu Paul Scherrer. Wie Powers' Recherchen in den Archiven des damaligen amerikanischen Nachrichtendienstes OSS ergaben, arbeitete Scherrer unter dem Tarnnahmen «Flute» eng mit den Alliierten zusammen. «Flute» rapportierte **seine Kenntnisse über die Atomforschung regelmässig an den späteren CIA-Chef Allen Dulles, der in Bern stationiert war. Der OSS-Offizier Frederick Read Loofbourow ging in Scherrers Privathaus an der Rislingstrasse 8 in Zürich Fluntern ein und aus.** Zum Erstaunen der Amerikaner wollte der Professor kein Geld. Er kooperierte aus Überzeugung mit den Alliierten.
Obwohl Scherrer aus seiner Abscheu gegen den Nationalsozialismus nie ein Hehl gemacht hatte, verfügte er über beste Kontakte zu seinen deutschen Kollegen. **Mindestens zwei Mal lud er während des Krieges Werner Heisenberg persönlich zu Vorträgen nach Zürich ein, mit Wissen des OSS.** Das wahre Motiv der Einladungen ist in den **Archiven des Geheimdienstes** (wie glaubwürdig sind Informationen, die ein Geheimdienst in die Öffentlichkeit lanciert?, Anm.d.A.)zu finden:

Man wollte von ihm persönlich in Erfahrung bringen, wie weit die deutsche Bombe gediehen war - und Heisenberg notfalls entführen oder gar umbringen. Wie ernst die Lage war, zeigt Heisenbergs zweite Zürich-Reise im Dezember 1944. Die Amerikaner schleusten für diesen Anlass den Agenten Morris «Moe» Berg in die Schweiz ein. Berg hatte freie Hand, Heisenberg zu erschiessen, falls er zum Schluss kommen sollte, dass sich die deutsche Bombe anders nicht verhindern liess. Dass Professor Scherrer in diesen Mordplan eingeweiht war, ist unwahrscheinlich. Aus geheimdienstlicher Sicht wäre dies ein unnötiges Risiko gewesen. Scherrer dürfte aber gewusst haben, dass Berg ein Agent war, als er ein persönliches Treffen zwischen dem Amerikaner und dem deutschen Physiker im Restaurant «Kronenhalle» arrangierte.
Womöglich rettete Scherrer, ohne es zu wissen, seinem deutschen Kollegen damals das Leben. Er hatte zuvor den Verdacht geäussert, dass sich Heisenberg zum Nazi gewandelt haben könnte. Nach Gesprächen unter vier Augen anlässlich des Treffens in Zürich kam Scherrer aber zum Schluss, dass er sich geirrt hatte. Jedenfalls überzeugte er «Moe» Berg davon, dass von Heisenberg keine Gefahr ausgehe und dass dieser keine Bombe bauen wolle. Im Nachlass von Berg fanden sich überdies Skizzen, die Scherrers Handschrift tragen und mit denen der Zürcher Professor dem Spion den Stand der Reaktorforschung erklärt hatte.

Die Option einer Schweizer Atombombe

Paul Scherrer, geboren 1890 in St.Gallen, hatte in Zürich und Göttingen studiert, wo er bereits mit 28 Jahren zum Privatdozenten ernannt wurde. 1927 wurde er Leiter des Physikalischen Institutes der ETH Zürich, das er zu einem Zentrum für Nuklearforschung ausbaute. Obwohl sich Scherrer auch mit der Bombe befasste, galt sein Interesse der zivilen Nutzung der Kernenergie. Die beiden Technologien haben Gemeinsamkeiten, es gibt aber auch grosse Unterschiede.

```
Bei der Atombombe besteht das Hauptproblem darin, hochangereichertes Uran
oder Plutonium in ausreichenden Mengen herzustellen; beim zivilen Reaktor,
mit schwach angereichertem Uran eine nukleare Kettenreaktion in Gang zu
bringen und aufrechtzuerhalten. Ein Zusammenhang besteht nur insofern, als
man in einem zivilen Reaktor «leider» Plutonium herstellen kann, wie
Scherrer in seinem NZZ-Artikel bemerkte.
Als im November 1945 unter Scherrers Leitung die schweizerische
«Studienkommission für Atomenergie» gegründet wurde, hatte man die
militärische Option mit im Auge. Es wurde viel über die Schweizer Atombombe
spekuliert.
. . .
-Ends-
```

Anmerkung des Autors:

Hätte man aus der Schweiz heraus Unterlagen, Dokumente und Blaupausen eines „Light Water Reactors", LRW, wie er im Eulengebirge und im Mühlviertel errichtet werden sollte, sowie eines „Heavy Water Reactors", HWR, wie er im Jonastahl installiert sein könnte, an deutsche Stellen herausschmuggeln können?

Nicht, um Nazi-Deutschland zum Endsieg zu verhelfen, sondern um angelsächsische Festungsanlagen auf deutschem Boden mit diesen Reaktoren autark von anderen Stromversorgungsanlagen in einem Dritten Weltkrieg zu machen?

Spielten eventuell, außer Scheerer noch andere Forscher aus der Schweiz mit, oder mussten mitspielen, und welche Personen aus der neutralen Schweiz könnten von geheimen Kriegsplänen der „Verschwörer" gewusst haben?

Der italienische Autor Renato Vesco erwähnte, dass für "Kugelblitz" und "Feuerball", die automatisch fliegenden elektrostatischen, sphärenförmigen Flugkörper, (Instrumenten-) Teile im Schwarzwald gefertigt wurden.

Lagerte man zudem geheime Teilefertigung, wie Präzisionsinstrumente für einen automatischen Flug, magnetische Annäherungsmessgeräte usw., nicht nur in den Schwarzwald aus (V-1), sondern auch auf die französische Seite in der Gegend um Besançon, wo heute noch Präzisionsuhren hergestellt werden und spezielle Entwicklung von Mikroelektronik stattfindet?

Nicht nur in Paris, Lyon, sondern auch in kleineren Städten wie Nancy, Dijon und Strasbourg war der „Marquis" und der „Resistance Francais" aktiv. Wanderten Informationen über geheime Flugkörper über den französischen Widerstand in die „neutrale" Schweiz? Und umgekehrt, gelangten Informationen zur Entwicklung exotischer Flugkörper über den OSS und Allen Dulles von der Schweiz in den Schwarzwald und in die Region Doubs, sowie Besançon?

In der Nähe des Sichtungsorts der elektrostatischen Flugscheibe befindet sich die Stadt Dijon und der Flugplatz Longvic, wo möglicherweise die „Societé des Avions Marcel Bloch" Flugzeuge für die Vichy-Regierung fertigte. Ob hier oder in der ländlichen Umgebung von Doubs, ein Sondertrupp der SS, oder der Heeresversuchsanstalt Peenemünde Sonderfluggerät für geheime Einsätze entlang des Rheintales vorbereitete?

Übrigens, der französische Industrielle Marcel Bloch verweigerte die Zusammenarbeit mit deutschen Stellen im Krieg und wurde von der Vichy Regierung gefangen genommen.

So heißt es über Marcel Bloch:

„Sein Leben ist voller Gegensätze: Der Jude Dassault konvertierte zum
Katholizismus (in Buchenwald); er ist größter Finanzier der Gaullisten und
unterhält doch enge Beziehungen zu den Kommunisten. . . . Als die Deutschen
1940 Frankreich besetzten, versprachen sie Marcel Bloch, der sich später
Marcel Dassault nannte, Freiheit und Direktorenposten, wenn er Flugzeuge
für sie bauen würde. Der Luftfahrt-Pionier lehnte ab. Im Jahr 1944 wurde er
ins Konzentrationslager Buchenwald deportiert. Dort soll er u.a. aufgrund
der Unterstützung eines Vertrauten von Wilhelm Canaris überlebt haben.
Marcel Bloch wurde am 11. April 1945 von Amerikanern befreit und kehrte
nach Paris zurück."

Interessant ist hier, das Bloch in das KL Buchewald kam, das von Kommunisten kontrolliert worden sein könnte (siehe hier den Hinweis des RLM Erprobungspiloten Otto Lange, der das Stichwort „Mutzenbrunnen" erwähnte, ein Versteck, geheimes Depot in der Nähe von Buchenwald. Siehe auch Teil II des Taschenbuchs von K-P Rothkugel).

Bloch war selber Kommunist. Warum wurde er dann ausgerechnet in ein Lager gesteckt, wo er sich mit Gesinnungsgenossen verbünden konnte? Infiltrierten deutsche Geheimagenten das Lager, um die Insassen auszuhorchen und besser kontrollieren zu können?

Hier fällt der Name des geheimnisumwitterten Admirals Wilhelm Canaris, dessen Vertrauter sich wohl um das Wohl, und was auch immer, von Marcel Bloch in Buchenwald kümmerte!

Also eventuell ein weiterer Hinweis zu geheimen Widerstandbewegungen im Dritten Reich.

Gegen oder für wen arbeitete Canaris alles? Ausschließlich für Hitler? Canaris könnte von den geheimen, verdeckten Operationen der Kommunisten in Buchewald und anderswo gewusst haben. Vielleicht ließ er sogar das Versteck im „Mutzenbrunnen" zumindest Beobachten, wenn nicht gar mit Waffen und Ausrüstung beliefern oder ließ beobachten, welche kommunistischen Widerstandsgruppen was wussten, mit welchen deutschen Verrätern zusammen arbeiteten und welche Informationen an wen z.B. nach Russland weiterleiteten.

Somit hätte Admiral Canaris die Kontrolle über das Konzentrationslager gehabt haben können und wusste, welche kommunistischen Aktivitäten dort stattfanden, wer sich in die Gegend um Buchenwald und den „Mutzenbrunnen" begab und wer von deutscher Seite aus ein Verräter war.

Mit welchen ausländischen Kräften könnte Admiral Wilhelm Franz Canaris, deutscher Admiral und während der Zeit des Nationalsozialismus von 1935 bis 1944 Leiter der Abwehr, des militärischen Geheimdienstes der Wehrmacht, zusammengearbeitet haben?

War er für einen weiteren Krieg, diesmal mit den West-Alliierten gegen die Sowjetunion, oder lehnte er diesen kommenden Krieg unter der Führung von General Patton ab?

Kontrollierte er das KZ Buchenwald und verriet, oder ließ Canaris diejenigen Kommunisten verraten, die der Sowjetunion geheime Informationen über spezielle Sonderprojekte, bestimmte Waffenentwicklungen und Kriegstaktiken übermittelten, die die Verschwörer nach Kriegsende gegen die Russen anwenden wollten?

Über Admiral Canaris, der eventuell ein Doppel- oder gar Dreifachspiel gespielt haben könnte, heißt es:

„Welche Rolle dabei sein Wissen über die Vernichtung der Juden spielte, <u>ist nicht ganz klar</u>. So unterstützte die der Abwehr unterstehende "Geheime Feldpolizei" (GFP), die aus Gestapo-Leuten bestand, die Maßnahmen zur Ermordung der jüdischen Bevölkerung in Polen. Canaris selbst aber protestierte beim Chef des Oberkommandos der Wehrmacht, General Wilhelm Keitel, gegen diese Verbrechen. <u>Auch hatte er Juden gerettet</u>, indem er sie etwa als Agenten der Abwehr ins Ausland schickte.

Anmerkung: Oder den Juden und Flugzeugindustriellen Marcel Bloch, den er in KL Buchenwald über einen Vertrauten half, zu überleben.

Nachdem der Reichskriegsminister Werner von Blomberg und der Oberbefehlshaber des Heeres Werner von Fritsch aufgrund von Intrigen entlassen worden waren, soll Canaris sich bereits entschieden haben, in der Wehrmacht <u>nach Widerständlern gegen Hitler zu suchen</u> (um sie zu kontrollieren und diese zur gegebenen Zeit auffliegen zu lassen?, Anm.d.A.) - nicht um sie zu verraten, <u>sondern um sie zu unterstützen</u>...Angesichts der Vorbereitungen auf den Krieg gegen Frankreich <u>bemühte sich Canaris nun intensiver um Unterstützung für einen Putsch gegen Hitler - während sein Dienst weiter für den Diktator arbeitete</u>. Nachdem erste Pläne aufzufliegen drohten, zog sich Canaris ein Stück weit zurück - obwohl der Russlandfeldzug ihm bestätigte, dass Hitler Deutschland in den Abgrund führen würde. Er traf aber 1943 noch den Generalmajor Henning von Tresckow, um über ein Attentat auf Hitler zu sprechen. Im gleichen Jahr nahm er <u>heimlich in Istanbul Kontakt mit den Amerikanern auf</u>.
1944 wurden der Abwehr eine Reihe von Fehlern vorgeworfen - und <u>Canaris verlor sein Amt</u>. Bald darauf wurde der Dienst aufgelöst, seine Aufgaben übernahmen <u>Himmler und seine Leute</u>. Vom bevorstehenden Anschlag auf Hitler am 20. Juli hatte <u>Canaris offenbar nichts gewusst</u>, doch einer seiner ehemaligen Mitarbeiter, Oberst Georg Hansen, gestand der Gestapo am 22. Juli nicht nur die eigene Beteiligung am Attentat. <u>Er wies auch auf Canaris als "geistigen Treiber"</u>.
Am 23. Juni wurde Canaris verhaftet und gemeinsam mit anderen verdächtigen Offizieren in Fürstenberg an der Havel festgehalten. Und obwohl sich der Oberbefehlshaber der Kriegsmarine Karl Dönitz für ihn einsetzte, war sein Schicksal besiegelt: Im September 1944 wurden Durchschläge von Canaris' Tagebuch aus den Jahren 1938 bis 1940 entdeckt, in denen seine Überlegungen zu einem Umsturz enthalten waren.
Canaris versuchte, sich herauszureden, doch <u>am 5. Februar 1945 wurde er in das KZ Flossenbürg verlegt</u>. Als Anfang April sein Tagebuch entdeckt wurde, wurde es Hitler selbst vorgelegt. Er befahl die sofortige Vernichtung der Verschwörer.
Ein Standgericht der SS verurteilte Canaris zum Tode. Bis zum letzten Augenblick bestand er darauf, <u>kein Landesverräter gewesen zu sein, sondern "als Deutscher meine Pflicht" getan zu haben</u>.

Arbeitete Canaris mit den angelsächsischen Verschwörern zusammen oder mit denjenigen, die einen Dritten Weltkrieg ablehnten und ihn verhindern versuchten? Spielte er auf beiden Seiten und war er unentschlossen und unzuverlässig und wurde deshalb liquidiert?

Hier nochmals der Wortlaut eines, leider verstümmelten, Telegramms aus J.A. Epps Nachlass, das von dem RLM Erprobungspiloten Otto Lange kommen könnte (siehe auch Teil I):

...UNNEN (00214) ("STOP MIT"), 3 R FÜR WSA WIE BLITZ, WEIMAR
...Alle in Berlin, wer ist Dipl. Achenbach?
Zu Canaris + ...Meine Sachen nach Burow!
...LACHTBERG...Reitsch...DIETRICH SEPP
Chance für uns/
...WUNSCH DEUTSCHLAND!!!

Heißt das ... UNNEN ggfs. „Mutzenbrunnen"?

Auch hier wird wieder der Admiral erwähnt, sowie die berühmte Einfliegerin und Versuchspilotin Hanna Reitsch und der SS Panzergeneral Sepp Dietrich.

„Chance für uns/ Glückwunsch Deutschland!!" Welche Chance und für was wird Deutschland beglückwünscht?

Hanna Reitsch könnte in Peenemünde den Flugkreisel gesehen haben. Vielleicht wusste sie auch, dass das kleine Fluggerät als Interzeptor in geheimen Bunkeranlagen zum Abfangen von Feindflugzeuge in einem weiteren Krieg vorgesehen war.

Über Sepp Dietrich heißt es u.a. bei Wikipedia:

„Josef „Sepp" Dietrich (*28. Mai 1892 in Hawangen; † 21. April 1966 in Ludwigsburg) war zunächst Kommandeur der Leibwache Adolf Hitlers (Leibstandarte SS Adolf Hitler) sowie später SS-Oberst-Gruppenführer und Generaloberst der Waffen-SS.
...
Von Juni 1944 an war seine Einheit während der alliierten Invasion in der Normandie bei Caen eingesetzt. Im August 1944 wurde Dietrich mit den Brillanten zum Ritterkreuz des Eisernen Kreuzes ausgezeichnet. Im September 1944 wurde er Oberbefehlshaber der 6. SS-Panzerarmee, zu der vier SS-Panzer-Divisionen der Waffen-SS gehörten und die neben zwei weiteren Armeen ab 15. Dezember 1944 in der Ardennenoffensive eingesetzt war. Generalfeldmarschall Erwin Rommel bereitete 1944 im Westen einen Waffenstillstand mit den Alliierten vor.

Um Probleme mit der Waffen-SS zu vermeiden, sprach er Dietrich im Juli 1944 darauf an. Dietrich soll „Sie sind unser Oberbefehlshaber, wir gehen mit Ihnen!" geantwortet haben.
Mit seiner Armee unterstützte er nach dem Scheitern der Ardennenoffensive die während der Schlacht um Budapest durch die Rote Armee eingeschlossenen deutschen Truppen.

Am Ende des Krieges nahm Dietrich ab Anfang April 1945 mit der 6. SS-Panzerarmee an der Schlacht um Wien teil.

Er ergab sich am 8. Mai 1945 mit den Resten seiner Armee dem amerikanischen General George S. Patton."

Sepp Dietrich ergab sich genau dem Mann, mit dem er und sein SS-Verband möglicherweise gegen die Russen kämpfen würde! Wollte SS-Ober-Gruppenführer Sepp Dietrich auch mit General George S. Patton „mit gehen", in einen Dritten Weltkrieg?

Fliegende Zigarren

Aus dem Internet:

„Beim Angriff auf die Krupp-Stahlwerke in Essen in der Nacht vom 26. auf den 27. Mai 1943 bemerkte der britische Luftwaffenleutnant, G. N. Cockfort, aus Bradfort zusammen mit dem Piloten Ray Smith, dem Bordschützen, dem Flugingenieur, dem Kanonier und dem Funker in 620 Metern Höhe ein langes zylindrisches Objekt, **formähnlich mit einer schmalen Zigarette**, in einem Winkel von 45 Grad in der Luft. Seine Winkelstellung behielt es noch 20 bis 30 Sekunden, als es sich mit bestimmt 2.000 km/h in Bewegung setzte, wobei es auch seine **Form veränderte, es verkürzte sich.**"

Die Abbildung zeigt ein zylindrischer Flugkörper, dessen Generatoren quer zum Rumpf verlaufen. Der elektrische Flugkörper kann sich in der Mitte in zwei Hälften teilen, um einen Parabolspiegel zum Abstrahlen einer harten Mikrowellen-Strahlung zum Stören feindlichen Radars oder des Funkverkehrs frei zu legen.

In der Offenlegungsschrift 1 581 114 vom 22. Januar 1970 heißt es dazu:

„So kann die **Oberfläche** eines Flugkörpers, z.B. durch **Ausfahren** und/oder **Einziehen** oder **Verschwenken** von Teilen des Flugkörpers, oder durch **Volumenänderungen**, also Vergrößerung oder Verkleinerung seiner Gestalt, **verändert werden** und dadurch die Ladungstrennung an verschiedenen Stellen des Flugkörpers erzielt werden."

Zog das zigarrenförmige Objekt ein Teil seines (nicht leitenden Rumpfes mit ggfs. bestimmten Geräten und Vorrichtungen, wie Funkstörung, Messinstrumenten, Parabol- und andere Antennen und dergleichen) ein, um dann im Schnellflugmodus abzudrehen? Wie hoch war die Geschwindigkeit tatsächlich? Wohlmöglich höher, als alle sonst bekannten, offiziellen Flugzeuge der damaligen Zeit!

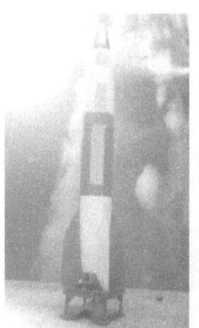

Ein weiteres Beispiel, in dem ein elektrostatischer Flugkörper eine Rolle spielt ist dieser Vorfall:

„Beim Abschuss einer V-2 bei dem Raketenversuchszentrum Kummersdorf wurde am 12. Februar 1944 eine **leuchtende Rakete entdeckt**, die auch von Goebbels und Himmler gesehen wurde und die sich an die **Flugspur der Rakete heftete und sie begleitete**.

Auch dieser Fall wurde dem Sonderbüro N13 gemeldet."

Dazu heiß es in der Offenlegungsschrift:

„Die die Ladungstrennung bewirkenden elektrischen Felder werden mittels elektrostatischer Generatoren erzeugt. . . Es ist **aber möglich**, diese Felder durch **andere Flugkörper**, die Träger von solchen Generatoren sind, erzeugen zu lassen."

Hier hat die Rakete keine „Generatoren", d.h. keine eigenen Rauch-Gaserzeuger, die durch Reibungsdüsen eine elektrostatische Aufladung erzeugen. Ein Begleitkörper, der neben der A-4 herfliegt, generiert ein entsprechendes elektrisches Feld, das die Rakete auflädt.

Die Rakete, A-4, A-5, könnte an bestimmten Stellen des Raketenkörpers mit einer Beschichtung aus z.B. Thorium (Molekularzerfall) versehen gewesen sein, die elektrostatisch aufgeladen wurde. Eine solche Aufladung würde den Flug der Rakete stabiler werden lassen und die Reichweite erhöhen, Stichwort „Reibungsloser Luftstrom" (siehe auch U.S. „Dudley-Patent.).

Wurde ein solcher Versuch in Kummersdorf vorgenommen und waren hochgestellte Persönlichkeiten als Augenzeugen geladen?

Dazu heißt es auf einer Internetseite zu Kummersdorf:

Physikalisch - Chemische Versuchsstelle Gottow

. . . .
„Nach 1933 wurden die militärische Forschung intensiviert und neue Forschungseinrichtungen gebildet.

Dazu gehört auch die Versuchsstelle Gottow, die ca. 1937/38 errichtet wurde und für etwa 1.000 Beschäftigte ausgelegt war. Es war beabsichtigt, möglichst viele wissenschaftliche Einrichtungen in die Lösung der immer umfangreicheren Wehrforschungsaufgaben einzubeziehen oder mit ihnen zu kooperieren.

In der Versuchsstelle Gottow wurden sämtliche neue wissenschaftliche Erkenntnisse auf die militärische Verwendbarkeit geprüft. Unter anderem wurde intensiv in den Bereichen Optik, Bildwandler, Ultrarot, Ultraschall, Elektronik, Werkstoffkunde, Messtechnik und auch an Raketentreibstoffen geforscht.

Allein in der Zeit Mitte 1943 bis Anfang 1945 wurden 120 überwiegend geheime und mit Dringlichkeitsstufen versehene Forschungsaufträge vergeben. Die militärische Bedeutung der Versuchsstelle Gottow wurde auch durch die Verbindung zum **Sicherheitsdienst der SS** belegt."

Wurden in Gottow ggfs. auch elektrostatische Versuche von der Heeresversuchsanstalt durchgeführt? Eventuell auch Versuche mit einer Schallkanone auf Lafette (siehe Hinweis über Hermann Klaas in Teil II).

Wer weiß mehr?

Weiteres Beispiel für die Sichtung eines elektrostatischen Flugkörpers:

"14th March, 1942, Pilot Hauptmann Fischer was investigating a blip on the radar of a secret air base in Banak, Norway. It was 17-35 hours. At an altitude of around 3.000 metres he observed a strange object and immediately radioed a report back to base. In his report he described an enormous, streamlined craft, approximately **90 m long and 15 m in diameter**. Fischer called the object "this aerial whale", reporting that it stayed horizontal for several seconds before rising vertically and disappearing at great speed."

March 14, 1942; Banak, Europe, Norway

"5:35 PM. Radar/visuals, Ground radar and German pilot. 100 meter long **cigar**, 15 meter diameter, hovered, shot straight up at impossible speed. (Source: UFOCAT)"

"9th September, 1944. A test pilot was flying a new Messerschmitt ME-262 Schwalbe jet when he suddenly sighted two luminous points of light to his right. When he turned the jet and approached the objects at full speed he was staggered to observe a **cylindrical craft** more than 90 metres long with **openings along its side** and a long antenna at the front. The test pilot estimated its speed at 2,000 kmph."

Es sieht so aus, dass ungefähr Mitte/Ende 1942 elektrostatisch angetriebene Flugkörper zumindest begrenzt zum Einsatz, entweder in Deutschland, Österreich und Italien (Riva del Garda, Guidonia), kamen. Entweder als Aufklärer, Störkörper für Funk und ggfs. auch als Interzeptor.

Unklar ist, wer alles aus welchen Nationen die geheimen Einsätze durchführte.

Weitere Beispiele für Sichtungen von möglichen elektrostatischen Flugkörpern:

"Late in August 1944, during the Battle of Brest in France, a UFO was seen by two men of the 175th Infantry Regiment.

"I swear to God, it was the same as **a railroad boxcar, rectangular** not cylindrical... It seemed five times as large as a boxcar... I looked closely for evidence of propellers, wings, or other protruding devices, but saw none on the three edges visible to us. There was absolutely no noise from it. It travelled at no more than 90 miles per hour. We had a long look at it before it vanished over the sea."

Flog der Flugkörper nach England, oder kam er von dort?

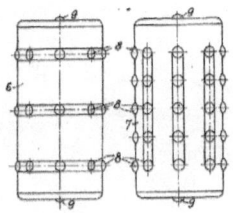

Und weiter:

"Amazingly, a strikingly similar object was observed in Apache, Oklahoma, USA, that October 1944. The witness, Robert Spearman, had just returned from a fishing trip and was standing on his front porch when a "rushing wind sound" made him to look up into the midday sky. There he saw a "silver train - like a streamlined passenger train - of our make with about nine coaches with landing gear that looked like inflated pillow-like wheels for soft landing... It travelled from east to west with a swish sound." Moving low and "very fast," it was visible for 10 minutes."

Ein ähnlicher, rechteckiger Flugkörper, der in den USA in 1944 gesichtet wurde. Aufblasbare Landekissen hatte auch die Düsenscheibe, erwähnt in dem Fleissner-Patent und der Flugkreisel auf den Fotos in Süd-Afrika.

Basierten beide Flugkörper, der in Frankreich und der in den USA eventuell auf eine gemeinsame, geheime Entwicklung? Bekam Deutschland die Blaupausen, um solche Flugkörper nachzubauen und geheim militärisch zu testen?

War Frankreich, an der Grenze zur neutralen Schweiz ein Ort, wo es zu einem geheimen Austausch an Informationen betreffend deutscher Sonderprojekte kam? Wurde auch nach dem Krieg in Frankreich weiter an geheimen EM-Projekten geforscht. Siehe T.T. Brown und auch M. Petit mit seinen Arbeiten bzgl. EM-Antriebe.

Ist eine geheime, internationale Zusammenarbeit mit eines der Gründe, warum alle unkonventionellen Fluggeräte, egal wo und wann sie entstanden, vehement und für immer geheim gehalten werden?

Auch im Pazifik gab es viele Sichtung ungewöhnlicher Flugobjekte. Wer operierte diese Flugkörper? Eine übergeordnete Gruppe, die die Kriegsereignisse des Zweiten Weltkrieges nutzte, um die überragenden Fähigkeiten, ob das außergewöhnliche Flugverhalten oder die neueste Elektronik, dieser Fluggeräte unter Extrembedingungen zu testen?

"10th August, 1944, Captain Alvah M. Reida reported that his right gunner and co-pilot both observed a sphere, five or six feet in diameter, whilst flying his B-29 Bomber over Palembang, Sumatra. The sphere was described as "of a very bright and intense red or orange, that constantly throbbed" and calculated that the object was at 14,000 ft. in height. The object followed the B-29 for eight minutes despite attempts to lose it and eventually turned away, accelerating rapidly out of sight."

Sollten später diese Flugkörper entscheiden helfen, den "Letzten Krieg auf Erden" zu Gunsten derer zu entscheiden, die ihn anzetteln wollten?

Abb.:

Fiktive Darstellung:

Ein elektrostatischer Flugkörper mit Stabilisator verfolgt eine amerikanische B-29.

Der Stabilisator ist nuklear beschichtet und schwenkbar gelagert.

Er dient zum einen zum Antrieb des Flugkörpers, als auch zur Richtungsänderung.

In inneren, hohlen Holzkörper sind div. Instrumente in einem Abteil untergebracht, wie Abstandswarner, Zeitschaltuhr und analoger Rechner für vorprogrammierten Rundkurs.

Weitere Sichtung elektrostatischer, elektromagnetischer und nuklear betriebener Flugkörper:

<u>Viele Sichtungen wurden über New Mexico,</u> USA Ende der 1940er Jahre gemacht. Flugfelder, wie z.B. Roswell, Alamogordo oder White Sands haben den Vorteil, dass so gut wie das Ganze Jahr bestes Flugwetter herrscht, viel Sonnenschein, kaum Bewölkung, fast 365 Tage im Jahr beste Voraussetzung um wetterunabhängig Versuchsflüge durchzuführen. Ein ideales Testgebiet, um neuartige und geheime Flugkörper zu testen.

Hier einige, ausgewählte Beispiele von „UFO"-Sichtungen aus dieser Gegend, die auf Erprobungen und Testflüge von elektrostatischen oder elektromagnetischen Flugkörper hinweisen, die nicht alle bemannt gewesen sein müssen, und eher Flugkörper waren, wie in den oben besprochenen Erfindungsschriften. Möglicherweise waren darunter auch Scheibenflugkörper, die einen zusätzlichen, nuklearen Staustrahlantrieb besaßen, siehe Beschreibung weiter unten!

Wohlmöglich waren sogar, wie nebenan in White Sands, deutsche Experten anwesend, die ihren amerikanischen Kollegen die ihre, im Krieg hergestellten unterschiedlichen und phantasievollen Flugkörper vorführten oder diese bei der Erprobung berieten.

```
10 Juli 1949, Wissenschaftler in White Sands verfolgen einen V-2
Abschusstest mit 2.000ft/sec Aufstiegsgeschwindigkeit, als zwei kleine,
runde „UFOs" der Rakete folgen. Ein Flugobjekt flog durch den Abgasstrahl
der Rakete und schloss sich dem anderen Objekt an. Dann beschleunigten
beide sehr schnell nach oben und ließen die Rakete hinter sich. Von fünf
verschiedenen Beobachtungsposten konnten die Flugobjekte gesichtet werden.
```

Hier könnte es sich um ein **ähnliches Experiment, wie in Kummersdorf** gehandelt haben, wo andere Flugkörper eine V-2 elektrostatisch aufladen und bei ihren Start unterstützen.

29. Juni 1947, White Sands, N.M.
. . . eine rotierende silberne scheinende Scheibe oder Sphäre ohne Anbauten, keine Flügel, kein Heck, Propeller o.ä., die Sonne reflektierend (oder pulsierend), kreuzte den Himmel mit hoher Geschwindigkeit.

10. Juli 1947, in der Nähe von Fort Summer, N.M.
. . . beobachtet wurde ein merkwürdig helles Objekt, beinahe bewegungslos, tief am westlichen Horizont in der Nähe einer Wolkenformation. Das Objekt wurde als elliptisch, weiß mit scharfen Kanten beschrieben.

Ende August 1947, Holloman AFB, N.M.
. . . .Was konnte stationär in 200 Meilen in der Luft verharren und dass im Jahre 1947? (Ein suspendierter elektrostatischer Flugkörper?, Anm.d.A.),

17 Juli 1948, Acacia Dam, N.M.

. . . sah man eine Formation von sieben Aluminium ähnlichen, möglicherweise sphärische Objekten, die von Süden in 6.500m Höhe mit circa 3.000 km/h vorbei flogen. Sie sahen zuerst wie stupsnasige Jagdmaschinen unbekannten Typs aus. Die Formation veränderte ihre V-Formation in eine L-Formation, dann zu einem runden und dann unregelmäßigen Formationsflug, bei dem dann ein regelmäßiges pulsierendes Blitzlicht in der Flugformation auftauchte .
.

Hatte das Blitzlicht etwas mit der Fernsteuerung zu tun oder war es ein UV-Licht, eine Zyklotronstrahlung, die in ein Magnetfeld geschossen wurde, um Richtungsänderungen herbeizuführen?

23. September 1948, Los Alamos, N.M.
. . . sah man ein Oranges leuchtendes Objekt, Länge zu Breite Verhältnis ca. 1,5 zu 1. Es kreuzte den Himmel östlich im Horizontalflug von rechts nach links mit einem Feuerschweif und verschwand dann in einer Wolke. . .

23 September 1948, Los Alamos, Santa Fe, N.M.
. . . am nördlichen Himmel sah man ein flaches, rundes metallisches Objekt, das wie eine flache Münze aussah. Es flog mit der Kante voraus, „edge-on". Die Größe wurde auf 30 bis 50 Meter geschätzt. Das Objekt verhielt sich stationär in einer Höhe von circa 8 - 10.000 m und fing dann an, sich zu bewegen. Das Objekt bewegte sich kreisförmig.

Am großen, weiten, fast wolkenlosen und blauen Himmel von New Mexico, flogen dort die weiterentwickelten Flugkörper, wie sie u.a. in den obigen Erfindungsschriften beschrieben wurden. Hatten diese Maschinen die neueste Fernsteuer- und Computertechnologie, ob analog oder erste digitale Computer, an Bord, die zur damaligen Zeit, inoffiziell und geheim, zur Verfügung stand?

Welche Firmen, U.S. Aircraft Companies, usw. bauten diese Versuchsfluggeräte, wie u.a. Lockheed? Wer war alles an der Erprobung beteiligt? Dieselben Firmen, Rüstungs- und Elektronikkonzerne, wie heute, die zum einen eine offizielle und andererseits eine geheime Firmengeschichte aufweisen können?

Gibt es spezielle „Air Technical Documents" über diese Versuche in New Mexico? Wer hat sie und kann diese dem Autor zur Verfügung stellen?

Weitere Sichtung elektrostatischer Flugkörper nach dem Krieg:

Späte 1960er Jahre:

Kegelförmiger und rotierender Kreisel. „UFO"- Illustration vom 18. Oktober, 1968. Sarajevo, Jugoslawien.

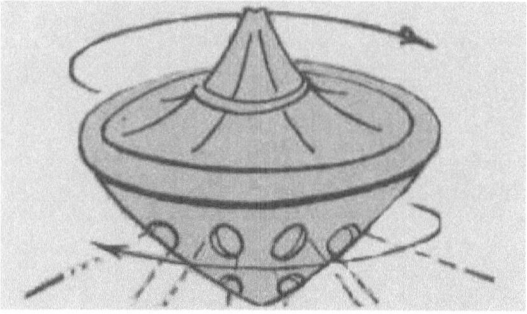

gefunden im Internet

Abb.:

Siehe hier wieder die "Generatoren", runde Auspufföffnungen für elektrostatisch aufgeladene Abgase und ein kegelförmiger, rotierender, unbemannter Flugkörper mit Spitze, wohlmöglich mit nicht all zu großen Durchmesser (2-3m).

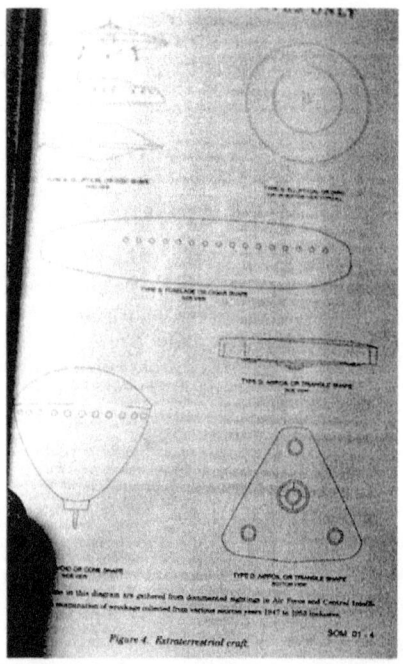

Abb.:

Seite aus den „MJ-12" Dokumenten, die allesamt **gefälschtes Spielmaterial** sind.

Flugkörper von oben nach unten, die höchstwahrscheinlich alle auf deutsche Entwicklungen basieren, die vor und während des Krieges realisiert wurden und nach Ende des Zweiten Weltkrieges als „geheim" untergegangen sind und bis heute vertuscht werden. Deshalb hatte man auch auf WP-AFB diese ehemaligen deutschen Entwicklungen wieder aus der Schublade hervorgeholt und verkauft sie jetzt als „Extraterrestrial Craft":

Links:
-Fleissner-Düsenscheibe
-Elektrostatischer Flugkörper mit Rauch/Gasgeneratoren
-EM-Flugkörper
-Zylindrischer Flugkörper mit Rauch/Gasgeneratoren in Längsrichtung
-Kegel mit Generatoren an der Basis und aufheizbaren Behälter an der Spitze

Rechts:
-Draufsicht Fleissner-Scheibe
-zigarrenförmiger elektrostatischer Flugkörper mit Anbauten, lässt sich ggfs. auseinander ziehen
-Delta-Gyropter von Michel Wibault.

Eingezeichnet sind Rotor in der Mitte und drei Ballasttanks an den Enden

Man erkennt, dass sich die Propaganda (spezielle Abteilung bei der WP-AFB in Dayton, Ohio?) keine große Mühe machte, neue „UFOs" zu kreieren, sondern man nahm die exotischen Flugkörper, die nach dem Krieg auf der dortigen Air Force Base, z.B. aus Deutschland zusammengetragen wurden und deutete sie als außerirdische „UFOs" um.

Künstliche elektrische Raumladungen

Auszüge aus der „Auslegungsschrift 1 226 227" vom 6. Oktober 1966, Anmeldetag: 11. Oktober 1963, „Verfahren zur Herstellung eines Trägers für künstliche eklektische Raumladungen in der Atmosphäre", Anmelder: Hans Werner von Engel, Erfinder: Erich Halik:

„Die natürlichen Raumladungsträger in der Atmosphäre sind in elektrotechnischer Hinsicht nur von untergeordneter Bedeutung.
. . .
Die Erfindung zielt darauf ab, ein Verfahren zur Herstellung von künstlichen Raumladungsträgern zu entwickeln, welche die natürlichen Suspensionen ergänzen oder ersetzen . . .
. . .
. . . , daß organische und/oder anorganische Spinnfasern von Flugzeugen bzw. Flugkörpern in die Erdatmosphäre gesponnen werden.

Bei entsprechender Verteilung der Fasern in der Atmosphäre stellen die künstlichen . . . Ladungsträger großräumige Ladungsgebiete dar, welche beispielsweise dazu dienen können, die **Bewegung** von elektrisch aufgeladenen Flugkörpern, die **Ausbreitung von Radarstrahlen** oder durch **Wolken und Nebelbildung** das **Wetter zu beeinflussen**.

Zum Spinnen der Fasern werden an sich bekannte Spinndüsen oder -poren verwendet. Beim Durchtritt durch diese Düsen oder Poren werden die Fasern zufolge der Reibung elektrisch geladen . . .

Diese elektrische Ladung behalten die Fasern über längere Zeit bei, während sie sich in der Atmosphäre verteilen. Je nachdem, ob die ausgesponnen Fasern aus **organischem** oder **anorganischem** Material bestehen, werden sie beim Spinnvorgang elektrisch negativ oder positiv aufgeladen. Und zwar laden sich **organische** Fasern in der Regel **negativ**, hingegen **anorganische positiv** auf . . .

Als Spinngut kommen nahezu alle organischen und anorganischen spinnfähigen Substanzen in Betracht.
. . . .
Als besonders brauchbare Materialien kommen z.B. **Naturseide** als natürliche organische und **Basalte** als natürliche anorganische Stoffe, **Kunststoffe** als künstliche organische und **Gläser** als künstliche anorganische Stoffe in Frage.

Das **spezifische Gewicht** des verwendeten Materials beeinflusst die Sinkgeschwindigkeit des Trägers. Seine Schwebefähigkeit und Stabilität ist nicht nur vom spezifischen Gewicht, sondern auch vom **Volumen** und damit auch vom **Querschnitt** der Fasern abhängig, wobei die Größe des Durchmessers unterhalb der Sichtbarkeitsgrenze liegen kann.

Auch die Gestalt des **Querschnittes** der Fasern, der kreisförmig, elliptisch oder oval sein kann, spielt für den **Auftrieb** des Ladungsträgers und für die Verteilung der Fasern eine Rolle.
. . . .

> Neben der allgemeinen räumlichen Verteilung ist die **flächenmäßige Verteilung** von besonderem Interesse, weil bei einer solchen Verteilung der Ladungsträger einer Kondensatorplatte am nächsten kommt.
>
> . . . die **Haltbarkeit** der Fasern, insbesondere der künstlichen, ungehärteten organischen Fasern kann durch **Beimengung von Farbstoffen** zum Spinngut den umgebenden Temperaturverhältnissen entsprechend reguliert werden.
>
> **Schwarze und orangene** Farbstoffe ergeben eine größere Wärmeabsorptionsfähigkeit als **weiße und metallisch glänzende**. Es kann damit erreicht werden, daß die Fasern einerseits in **großer Kälte** (Hochatmosphäre (Stratosphäre, Anm.d.A.), **Polarzonen**) auskristallisieren und andererseits in zu großer Wärme (tiefe Luftschichten, **Tropengebiete**) abschmelzen.
>
> Die elektrische **Leitfähigkeit** der gesponnenen Fasern kann . . . durch **dünne Metallfäden** erhöht werden, die gegebenenfalls von Spulen abgespult und durch die Spinneinrichtungen geführt, den Fasern beigemischt werden, wobei die Metallfäden gleichzeitig die Fasern abstützen.
>
> . . . können dem Spinngut **radioaktive Isotopen** beigemengt werden und /oder die Metallfäden mit solchen Isotopen legiert sein. Besonders vorteilhaft ist die Verwendung von verspinnbaren **Elektreten** als Spinngut, die das Vermögen besitzen, die ihnen verliehene Ladung über eine besonders lange Zeit zu behalten."

„Engelshaar"

Ein bekanntes Beispiel von Substanzen, die in die Atmosphäre versprüht wurden ist das Ereignis einer „UFO" Sichtung vom 27. Oktober 1954 in Florenz. Bei einem dortigen Fußballspiel beobachteten tausende Fußballfans minutenlang unidentifizierte Flugobjekte über dem Station.

In einem Interview sagten ehemalige Fußballspieler:

"Ich erinnere mich noch deutlich an diesen wirklich unglaublichen Anblick. Sie bewegten sich sehr schnell und hielten dann plötzlich (über dem Stadion) inne. Das Ganze dauerte einige Minuten. Ich würde die Objekte am ehesten mit kubanischen Zigarren vergleichen."

Auch Fußball-Legende Ardico Magnini bestätigte die Sichtung:

„Während wir spielten kam plötzlich alles zum Stillstand, weil jeder nach oben an den Himmel blickte. Da war etwas, das aussah, wie ein Ei und es bewegte sich sehr langsam. Jeder blickte nach oben und zur gleichen Zeit fiel auch eine Art **silbriger Glitter** vom Himmel. Wir waren verblüfft, da wir so etwas noch nie zuvor gesehen hatten. Nachdem alles vorüber war, setzten wir das Spiel fort."

Auch in anderen toskanischen Orten kam es zu ähnlichen Ereignissen.

Das Material, dass man untersuche konnte, wies keinerlei radioaktive Rückstände auf. **Die Substanz bestand aus einer Mischung der Stoffe Bor, Silizium, Kalzium und Magnesium.** Nach dem Bericht von Canneri handelt es sich um eine **„Substanz mit**

faseriger Struktur mit beachtlicher mechanischer Zug- und Torsionsfestigkeit, die sich bei Erhitzung verhärtet und einen schmelzbaren und transparenten Rückstand hinterlässt." Leider wurde das Testmaterial bei der Untersuchung zerstört, so dass leider keine weiteren Analysen möglich waren.

Anmerkung:

Handelt es sich hier ggfs. um eine geheime militärische Übung, bei dem gesponnenes Material für eine Radarübung in der unteren Atmosphäre verteilt wurde?

Weitere Beispiele:

„Es wird auch von einem Fall in Oloron, Frankreich im **Jahre 1952 berichtet.** Die Menschen der Stadt sollen ein **zigarrenförmiges UFO** gesehen haben, als plötzlich eine **Wolke von weißem Rauch dem einen Ende** des Objekts entstiegen sei. Es soll eine große Spur hinter sich gelassen haben, die langsam zu Boden fiel, berichtete ein Schulleiter. Als Zeugen das Material zu sammeln versuchten, wurde es gallertartig und verschwand, so dass es nie getestet wurde.

Eine andere Begebenheit erzählt, dass am 27. Oktober 1954 Gennaro Lucetti und Pietro Lastrucci auf dem Balkon eines Hotels beim Markusplatz in Venedig standen und zwei "**leuchtende Spindeln**" am Himmel vorbeifliegen sahen, **die eine Spur von Engelhaar hinterließen.**
(Quelle: Internet)

Abb.:

Zylindrischer Flugkörper über Aarhus, Dänemark im Jahre 2004. Computer-Rekonstruktion einer Sichtung eines Augenzeugen.

Beachte die drei Öffnungen entlang des Zylinders, die **Auspufföffnungen, Reibungsdüsen** für einen elektrostatischen Antrieb sein könnten. Der Augenzeuge berichtete, dass der Flugkörper **geräuschlos** etwa 20 bis 25 m über die Straße flog.

Hier könnte der Motor zur Erzeugung des elektrischen Antriebes **abgeschaltet** gewesen sein, da der Zylinder für den Moment genügend elektrostatische Aufladung besaß.

Die Computeranimation ist annähernd realistisch, zeigt sie doch einen Flugkörper mit abgeplattenden Enden und eingezeichneten Auspuffrohren in den drei sichtbaren seitlichen Öffnungen. Leider fehlen die Generatoren an den Stirnflächen für die Längssteuerung. Zudem müssten Generatoren längs auf der Ober- und Unterseite vorhanden sein, um Höhenänderungen vorzunehmen.

Abb.:

Puerto Maldonado, Peru im Jahre 1952. Ein merkwürdiges spindelförmiges Flugobjekt mit einem weißen Streifen am Heck. Veröffentlicht in einer peruanischen Tageszeitung am 19. Juli 1952.

Im Jahre 1953 kontaktierte die US Air Force das "Battelle Institute", um eine Studie auszuarbeiten, die tausende von UFO Sichtungen zwischen 1947 and 1952 betrafen, die ein zylindrisches Aussehen hatten.

Einige der „fliegenden Zigarren" hatten ein beiden Seiten ein plattes Ende (s. Bild aus Dänemark), andere besaßen spitze Enden und wieder andere sahen Geschoß-ähnlich aus.

Bei großen zigarrenförmige "UFOs" wurde berichtet, dass diese von einem leuchtenden Nebel umgeben waren. Andere hatten leuchtende „Bullaugen" (Auspufföffnungen), aus denen ein Licht (Zündfunke eines Kolbenmotors, Strahl/Raketentriebwerk?) emittiert wurde.

Große Zigarren „UFOs" hatten einen oder mehrere Ringe, Streifen oder Bänder unterschiedlicher Färbung, die um den Zylinder liefen. (Unterschiedliche Anordnung elektrischer Generatoren, die entweder längs oder quer zur Achse liefen).

So soll im November 1942 die Crew eines britischen Lancaster Bombers bei einem Einsatz über Turin in Italien eine fliegende Zigarre gesichtet haben.

Leider sind die „UFO" Sichtungsberichte, die man im Internet aus der Zeit des Zweiten Weltkrieges findet, mit Sicherheit „gefiltert", so dass gute Sichtungen alliierter Piloten nicht aufgeführt werden.

Sicherlich könnte ein alliierter Pilot baff erstaunt gewesen sein, wenn er auf einmal vor sich einen großen, rotierenden Kegel in der Luft schweben sieht, der wohlmöglich seinen Funkverkehr störte.

Solche elektrostatischen Flugkörper könnten in der Nähe neuralgischer Punkte, wie Fabriken, Eisenbahnknotenpunkte, Öl Raffinerien usw. eingesetzt worden sein. Als Funkstörer, zur Verwirrung alliierter Bomberbesatzungen und als Interzeptor.

Wenn nun durch Messung der jeweiligen Atmosphäre in der Umgebung schützenswerter Objekte festestellt wurde, dass die Raumladung zu gering für einen Abfang- oder Störeinsatz war, könnte durch Versprühen bestimmter Fasern die Atmosphäre künstlich elektrisch aufgeladen worden sein.

Ob hier ggfs. umgebaute Bomberflugzeuge, wie Junkers Ju 88 oder Heinkel He 111 mit Sprühdüsen für Fasern am Rumpf oder entlang der Tragflächen, ein bestimmtes Gebiet vor einem geplanten Einsatz elektrisch leitfähig gemacht hatten, damit kegel-, kugel- oder zylinderförmige Flugkörper zum Einsatz kommen konnten, können nur entsprechende Dokumente und Einsatzprotokolle nachweisen. Wo sind diese zu finden, wer hat Kopien davon, oder weiß wo sie liegen?

Gibt es Fotos von deutschen Flugzeugen mit speziellen Spinndüsen, nicht Sprühdüsen für Pestizide, an den Tragflächenhinterkanten, die für geheime Versuche genutzt wurden?

Ob man auch versuchte, durch Ausbringen von Fasern, großflächig die Wetterbedingungen in einem bestimmten Angriffsgebiet zu beeinflussen, damit alliierte Bomberbesatzungen eine schlechte, bis gar keine Sicht auf ihr Angriffsziel hatten?

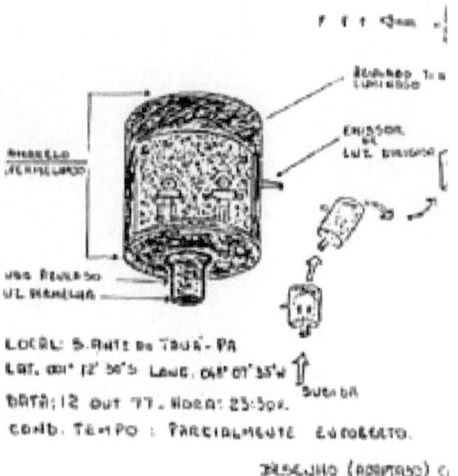

Abb.:

Skizze eines zylindrischen (kegelförmigen?) „UFOs", das von Militärpersonal im Jahre 1977 während der Operation Prato („Operation Saucer") in Brasilien gesichtet wurde.

Ob wirklich Insassen in dem Flugkörper waren, ist unklar. Beachte die „Spitze" auf der Unterseite und vergleiche die Zeichnung mit der Sichtung in Kroatien (s. weiter oben).

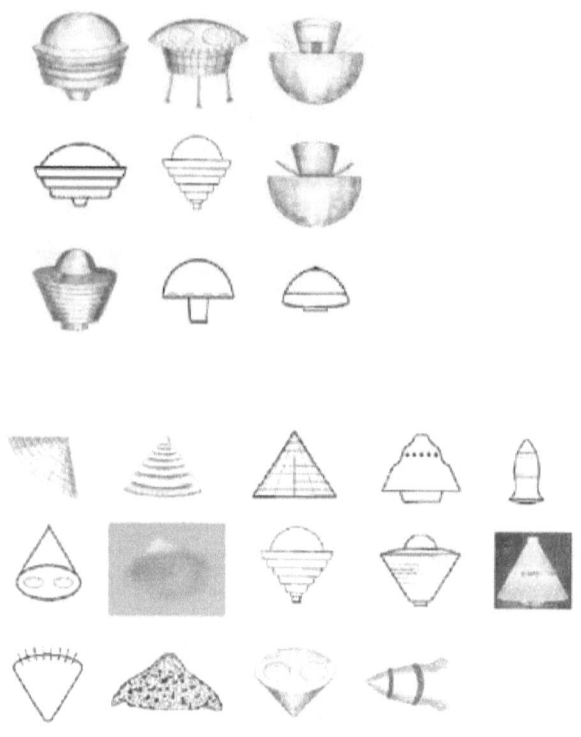

Abb.:

Verschiedene kegelförmige elektrostatische Flugkörper, wie sie in gegen Ende der 1960er Jahre weltweit gesichtet wurden.

Weiteres Beispiel einer Sichtung eines elektrostatischen Flugkörpers:

„21 Dezember 1964. Washington D.C.

Ein riesiges, kegelförmiges Flugobjekt schwebte vor einem Augenzeugen über die Straße. Das Objekt landete auf einer angrenzenden Wiese. Sechs konzentrische Ringe umliefen den Flugkörper, der an der Basis eine kuppelförmige Verkleidung hatte und ein bläuliches Glühen ausstieß (Abgase eines Verbrennungsmotors?, Anm.d.A.). Tests eines Wissenschaftler und zweier Ingenieure von Dupont ergaben eine gewisse Konzentration radioaktiver Strahlung an der Landestelle, die sich so verteilt hatte, dass die Strahlungsausbreitung der Größe des Flugkörpers entsprach."

Landete hier ein elektrostatischer Flugkörper, bzw. berührte er den Boden, bevor er wieder elektrisch aufgeladen, in der Atmosphäre verschwand?

Wurden, wie in einer der Offenlegungsschriften von Erich Halik angedeutet, solche elektrostatische Flugkörper auch auf anderen Welten, Planeten, Himmelskörper eingesetzt?

Wurde die ganze Entwicklung elektrostatischer Fluggeräte in der Hauptsache für die heimliche, die „Wahre Raumfahrt" vorgenommen?

Ein interessanter Beitrag, der wichtig zum Verständnis der fliegenden Untertassen ist und zeigt, dass man 1949 doch recht genau wusste, was Luftfahrtechnik bereits alles möglich war und was auch auf dem zukünftigen europäischen Kriegschauplatz mit Russland in einem Dritten Weltkrieg hätte eingesetzt werden können:

The Case of the FLYING SAUCERS

by Frederick G. Moorehouse

Here an aviation expert starts on the trail of one of flying's biggest mysteries -- and comes up with conclusions which are new and startling. I AM putting myself way out on a limb.

As a writer who spends all his time investigating and reporting modern-day aviation, I say baldly:

1. There are flying saucers.

2. They represent the most advanced form of guided missile yet to appear.

3. They use a new source of propulsion which derives from an incredibly compact **"soft fission" atomic power plant** that affords amazing performance in terms of range and speed.

4. They use a new scheme for guidance-and control. It's simple, yet it gives a never-before-reached degree of precision.

Now for documentation:

. . .

They are discus-shaped, with a sharp edge and the same general cross section as the diamond airfoil used on some high-speed airplanes. This is shown in the diagram . . . , which is based on one scientist's "reconstruction" of the disc.

SAUCER SAILS, like a pie plate thrown by a child, because of its flat shape and high-speed spinning.

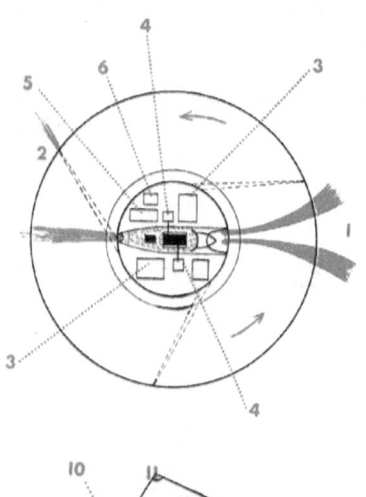

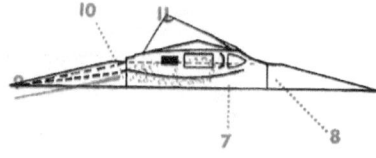

Some experts say this is what a saucer looks like and how it works –
(1) ramjet fission engine,
(2) offset blast nozzles,
(3 } gyro-autopilots,
(4) timer and throttle motors,
(5) beam following radio device,
(6} magnetic sensing device,
(7) stationary center,
(8) rotating rim, (9) main blast nozzles,
(10) auxiliary top jet for burst speed,
(11) magnetic sensing antenna in fin.

Jet stream from atomic engine in disc's center is ducted into **offset nozzles in rim**, kicking rim around, pinwheel fashion.

Auxiliary top jet cuts in automatically for quick bursts of speed needed to escape pursuing planes.

Another "defense" is **optical proximity fuse** to destroy disc when inquiring plane -- or ground -- approaches too closely. **Magnetic "sensing" device keeps disc in formation**.

Automatic gyropilot governs banking and turning in flight.

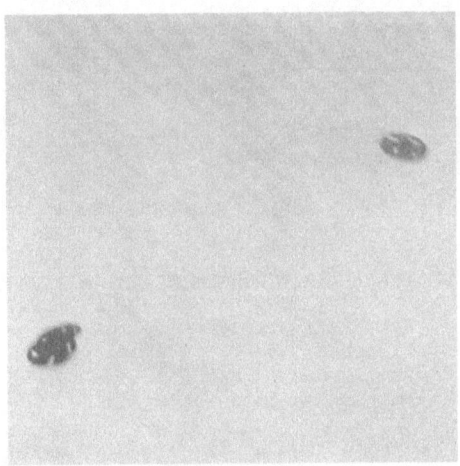

Photographer says this is actual saucer picture.

One model is nearly **thirty-three feet in diameter** (10m) and about five and one-half feet thick at its center. A smaller disc is approximately twenty-three feet (7 Meter) in diameter and correspondingly thinner.

The disc has a cantilever structure, with only four internal bracing members.
The rest of its strength is incorporated in the skin, which is of sheet-steel alloy of a new molecular fornlation (Titan?). The center section is stationary and contains the fission engine and instruments for guidance and control. The outer two-thirds of the disc's diameter revolve at moderate speed.

The autorotation principle makes flight possible. To obtain the necessary spin, the engine's jet stream is ducted into **three tailpipes** -- equally spaced around the disc -- and "canted" at angles to the disc's diameter.

This is the arrangement which, in an elementary way, makes those pinwheel fireworks spin. There is a larger, straight auxiliary tailpipe which cuts in automatically for burst speed. This explains the undulating motion which many observers first noticed in the saucers' flight -- this resulting from the rotation -- and also accounts for the amazing bursts of speed in which the discs often disappeared.

An extremely clever device, which works on the same general principle as the optical proximity fuse, triggers off the main jet when another object such as an airplane comes within a certain distance of it. My sources believe that these optical fuses are half "blind" in that they respond to all shapes or patterns except circles or ovals. This might explain why a formation of saucers can operate -- they can "tolerate" each other. The only object that might sneak up on one is another disc. It would take a disc to catch a disc, in other words.

Formation flight, the weirdest part of the saucer behavior, is controlled by a device described only as "**magnetic regulators**." There is a **master disc** or "**Commander**" that controls the "**Slave**" **saucers** by **locking them together magnetically** -- towing them on what is, in effect , an **invisible magnetic rope**.

This corroborates information from another source that the saucer idea is **the brainchild of the German scientist** who designed those mysterious "silver balls" used for a while as an antiair [sic] weapon against Ailed bombers.

These were aerial mines, said to have been made of gas-filled steel-impregnated glass spheres that were highly magnetic.("Foo Fighters", elektrostatische Flugkörper mit ähnlichen Geräten zur Flug- und Abstandskontrolle, Anm.d.A.)

The control mechanism is said by my sources to have three principal elements:

(1) a **horizontal gyro** to keep the disc's stationary center stabilized in a fore-and-aft line along the direction of flight;
(2) a **combination vertical gyro and pendulum device** to keep the disc level in straight flight or govern banking (turning) when change in direction is desired;
(3) an **automatic "throttle"** that regulates engine fission (and, thereby, the amount of thrust) and works the tailpipe "gates."

The guidance scheme is, of course, hooked up with these controls and consists of three or four elements:

(1) A <u>compact apparatus</u> that permits **"preset" flight over a definite course** for a given interval of time. (This might be of the rather simple type used to guide the V-1 and JB-2 robombs [sic], which are pre-set missiles.)
(2) A **compact beacon receiver** no larger than that used in personal planes: This is for "beam following." This corroborates one of the first peculiarities observed in the discs' behavior -- their tendency to hew close to our airways.
(3) A **timer device**. (4) An independent magnetic regulator, used only when formations are employed.

Complete disintegration is caused by a <u>self-destroying detonator</u> which is believed by my sources to be hooked up in some way with the engine. What has not been established, insofar as these informants know, is the exact manner in which the detonator works. This may be accomplished by use of a proximity fuse, adjusted to operate under certain conditions. The few scattered reports, none officially confirmed, of the discovery of small segments of apparently exploded flying saucers, may quite possibly have resulted from a slight malfunction of this detonating device.

Another moot point concerns the methods by which the saucers are launched. One possibility is **a catapult** which is a larger, glorified version of the gimmick that shoots the trap-shooter's disc-shaped clay pigeons. Another more likely scheme involves the use of **JATO rocket bottles** ("**J**et **A**ssisted **T**ake-**o**ff" Raketen, Anm.d.A.) to start the disc on its way. Because its **engine is essentially a ramjet**, <u>considerable speed must be gained before it becomes operative</u>. In any case, some launching device is essential not only to start off the discs but to get them out of the way of the people concerned <u>before the fission engine starts trailing radioactive "ash."</u>

Last, but most important of all, is the **soft-fission powerplant** which is the only kind of engine **that provides intercontinental range** today without a prohibitive load of conventional fuel such as gasoline. In fact, the atomic powerplant's range is limited only by the time it takes the plutonium charges to exhaust themselves. Even at the high heat level these charges must operate, their productive time is estimated to exceed twenty hours. At 1200 m.p.h., that is all anyone needs.

My sources reconstruct the <u>fission powerplant</u> as being a **compact, cylindrical case of stainless steel** lined with beryllium and graphite. Inside this six-and-a-half-foot long cylinder are the "**Reactor**" or **miniature pile**, a <u>heating element</u>, a <u>beryllium reflector</u>, and <u>two cadmium control rods</u> that <u>serve as throttles</u>. <u>Fissionable slugs of uranium or plutonium are incorporated in the reactor</u>.

When throttle movement <u>withdraws the cadmium rods</u> (which, when inside, "stop the engine" by soaking up all the streaming neutrons), the atoms of these fissionable slugs are released. <u>These are directed against the heating element. This heat expands the compressed air in the same way that burning fuel expands</u> the air in a conventional ramjet. <u>The expanding air rushes out the tailpipe</u>. The recoil action spins the disc or, when the main jet is used, kicks the disc forward. <u>The stream of fast neutrons is regulated by the position of the throttle to govern the speed of the</u>

102

saucer. The design of the engine is the significant item; anyone with scientific training could figure out how it works -- so I am not revealing any dark atomic secrets here.
. . .

-Ends-

Aus Wikipedia, betreffend nukearer Triebwerke:

Direct Air Cycle

„Direct cycle nuclear engines would resemble a **conventional jet engine**, except that there would be **no combustion chambers**. The air gained from the compressor section would be sent to a Plenum that directs the air into the nuclear reactor core. An exchange takes place where the reactor is cooled, but it then heats up the same air and sends it to another plenum. The second plenum directs the air into a turbine, which sends it out the exhaust. The end result is that **instead of using jet fuel, an aircraft could rely on nuclear reactions for power.**

The General Electric program, which was based at Evendale, Ihio, was pursued because of its advantages in simplicity, reliability, suitability and quick start ability. **Conventional Jet Engine Compressor and Turbine sections** were used, with the **compressed air run through the reactor to be heated by it before being exhausted through the turbine.**

Indirect Air Cycle

Indirect cycling involves thermal exchange outside of the core. The **compressor air would be sent to a heat exchanger.** The nuclear reactor core would heat up pressurized water or liquid metal and send it to the heat exchanger as well. That hot liquid would be cooled by the air; the air would be heated by the liquid and sent to the turbine. **The turbine would send the air out the exhaust, providing thrust.**

The Indirect Air Cycle program was assigned to Pratt & Whitney, at a facility near Middletown, Connecticut. This concept would have produced far less radioactive pollution. One or two loops of liquid metal would carry the heat from the reactor to the engine. This program involved a great deal of research and development of many light-weight systems suitable for use in aircraft, such as Heat Exchangers, liquid-metal Turbopumps and Radiators. The Indirect Cycle program never came anywhere near producing flight-ready hardware."

Obiger Bericht ist aus dem U.S. Magazin „Argosy", v. Juli 1949 entnommen.

Interessant, neben den Aussagen über das „Master und Slave" Formationsflugverfahren, ist der Hinweis über ein „Soft-Fission Power Plant", einem nuklearen Kleinstantrieb.

Zuerst wird die nuklear betriebene Flugscheibe mit Hilfe von Starthilferaketen (Rato), eventuell von einem Katapult, ähnlich dem unbemannten, deutsche Flugdiskus, in die Luft geschleudert, und die Hilfsraketen beschleunigen die Flying Disk auf die benötigten circa 400 km/h, bis das Staustrahltriebwerk, der Ram-Jet zu arbeiten beginnt.

Dann setzt das „Soft Fission Power Plant" ein und ermöglicht aufgrund der Brenndauer des nuklearen Materials, dass die Flugscheibe von entweder 7 oder 10 m Durchmesser, bis zu 20 Stunden in der Luft bleiben und weite Strecken durchmessen kann.

Ein Miniatur Kernkraftwerk (ein vereinfachter, verkleinerter „Direct Air Cycle Antrieb?), das interkontinentale Reichweite ermöglicht. So heißt es, aus dem Englischen, frei übersetzt mit Erklärungen vom Autor:

„. . . Tatsächlich ist die Reichweite des nuklearen Kraftwerks nur durch den gänzlichen Verbrauch, die Verschleiß der Plutonium-Ladungen begrenzt. Sogar bei den hohen Hitzegraden, bei denen die Ladungen ihren Dienst verrichten müssen, beträgt die Leistungsausbeute mehr als 20 Stunden Brenndauer. Nämlich bei circa 2.000 km/h Höchstgeschwindigkeit.

Das Fissionstriebwerk besteht aus einem kompakten Behälter aus nicht rostendem Stahl, eingefasst, ummantelt in Beryllium und Graphit (Moderator und Hitzeschild). Im Inneren dieses circa 35 cm langen Zylinders befindet sich der „Reaktor" oder Miniatur-Atommeiler, dazu ein Beryllium Reflektor und zwei Kadmium Kontrollstäbe, die als „Gashebel" dienen. Spaltbares Uran oder Plutonium in kleinen Bruchstücken sind dem Reaktor beigemischt.

Wenn der Gashebel betätigt wird, werden für eine Beschleunigung des Fluggerätes die Kadmium-Steuerstäbe herausgezogen und die Atome des spaltbaren Materials (Uran, Plutonium) werden freigesetzt (wenn die Steuerstäbe sich komplett innerhalb des Zylinders befinden, „ist der Motor aus". Der Spaltprozess ist unterbrochen, weil alle freien Neutronen von den Stäben aufgesaugt werden).

Die Neutronen werden nun an ein Heizelement (Heat Exchanger, Plenum) geleitet. Die entstehende Hitze expandiert die komprimierte Luft (aus dem Ram-Jet ab ca. 400 km/h) in gleicher Weise, wie brennbarer Treibstoff (z.B. Kerosin, Dieselöl) einen kräftigen Schubstrahl in einem konventionellen Staustrahltriebwerk nach hinten unter hohem Druck ausstößt. Der Schubstrahl tritt aus der Heckdüse aus. Die Rückstoßkräfte drehen entweder die frei rotierende Scheibentragfläche (Autorotation), oder, wenn der Hauptantrieb läuft, beschleunigt das Scheibenfluggerät vorwärts.

Der Fluss der schnellen Neutronen wird durch den „Throttle", den Gaszug reguliert. Wie bei einem normalen Flugzeug wird mit dem Gashebel die Geschwindigkeit der Untertasse eingestellt. Also, je mehr Neutronen fließen, je weiter die Steuerstäbe aus dem Zylinder herausgezogen werden, desto schneller fliegt die Flugscheibe."

Seit wann gibt es solche einfachen, nuklearen Kleinsttriebwerke? Schon Anfang der 1940er Jahre? Wohlgemerkt, diese vereinfachte Version funktioniert nur bei Ram-Jets, also bei Staustrahltriebwerken, im Gegensatz zu den normalen Strahltriebwerken mit Atomantrieb, die GE oder Pratt and Whitney in den 1950er Jahren entwarfen.

Die Uran-Kleintriebwerke sind für Staustrahlflugzeuge und für elektrostatische und elektromagnetische Flugkörper von Interesse, die einerseits sehr schnell fliegen sollen und andererseits eine große, ja riesige Reichweiten benötigten. Auch sind nicht überall auf der Welt die atmosphärischen Bedingungen betreffend einer ausreichenden Raumladung vorteilhaft, sodass ein Zusatzantrieb für solche Fluggeräte die fehlende Ionisierung der Luft überbrücken helfen könnte.

Wurden solche Kleinst-Urananlagen auch in Los Alamos/Sandia, USA entwickelt und erprobt? Oder an einem anderen Ort, wo man sich mit dem Bau von Flugzeugen und Raumschiffen beschäftigte und mit Atomforschungsinstituten zusammenarbeitete? Flogen nach 1945 über den USA auch nuklear betriebene Flying Disks autonom weite Strecken über den amerikanischen Kontinent, von Küste zu Küste oder von einem militärischen Stützpunkt, Flugzeugwerk oder Testgelände zum nächsten?

Gab es auch in Deutschland vor und während des Krieges Forschungen mit kleinen Urantriebwerken für Flugzeuge? Siehe den Hinweis von Kammlers „Denkfabrik" im Protektorat, wo man an Atomtriebwerken für Fluggeräte gearbeitet haben soll. Bekamen auch Kammler und Forschungsabteilungen der SS aus Übersee Blaupausen zur Konstruktion eines o.g. Fissionstriebwerkes?

Weil General Patton und die Verschwörer für ihren Krieg in Europa auch die neueste Triebwerkstechnologie benötigte, die sehr große Reichweiten und lange Flugzeiten versprachen?

Flogen in Deutschland während des Krieges bereits Prototypen, eventuell Flugscheiben und andere exotische Flugkörper mit solch einem Fissionsantrieb?

Wollte Wernher von Braun bei seinen Flugscheibenentwürfen (siehe Teil I) auch solche nuklearen Triebwerke einbauen? Oder ein „Indirect Air Cicle", dass den „Wernher von Braun-Antrieb" ersetzen sollte?

Dr. Ing. Miethe sagte im „France Soir" Artikel von Juni 1952 über die Flugdiskus-Entwicklung, die entweder in Peenemünde, Stettin oder Breslau stattgefunden haben könnte:

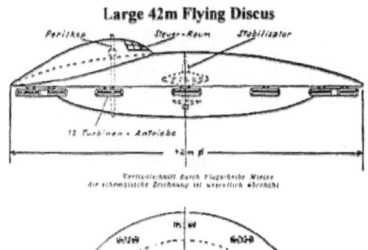
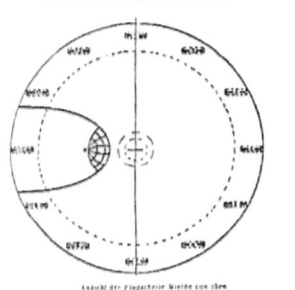

"Was noch umzusetzen bleibt, ist die perfekte Herstellung der Raketendüsen, damit nach Möglichkeit bei längerer Betriebszeit durch die hohen Temperaturen des Gasaustrittes von ca. 5.000 Grad es zu keinen Abnutzungserscheinungen kommt.

Wenn diese und noch zwei weitere, geheime, Vorgaben erfüllt sind, dann kann mein Apparat ohne jeden Zweifel **auch mit einem atomaren Antrieb betrieben werden.**

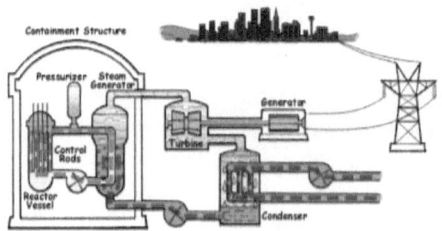

Abb.:

Im Gegensatz zu einem nuklearen Reaktor, wie er bei großen Kriegsschiffen und U-Booten Verwendung findet, hat der verkleinerte „Soft Fission Antrieb" keinen Wasserkühlkreislauf.

Wenn bei der Flugscheibe die zwei Kadmium „Control Rods" aus dem Zylinder gezogen werden, erhöht sich die Zahl der Neutronen, die Hitze erzeugen. Diese Hitze wird über ein „Heizelement" direkt in die eingerammte Luft des Staustrahltriebwerkes abgegeben, damit sich die komprimierte, die zusammengepresste Luft ausdehnen kann, um Vorwärtsschub zu erzeugen. Wie gesagt, dieses oben beschriebene, einfache nukleare Antriebssystem funktioniert nur, wenn die Flugscheibe bereits eine entsprechende Fluggeschwindigkeit zum Generieren eines Staustrahls erreicht hat. Sie kann nicht aus dem Stand heraus mit dem Soft Fission Antrieb angetrieben werden.

Sollte der Scheibenbomber von Miethe, der zuerst mit einem oder mehreren Raketenantrieben startete, um die nötige Anfangs- und Wirkungsgeschwindigkeit für das Staustrahltriebwerk zu erlangen, zusätzlich auch, erstens ein kleines Atomkraftwerk (im Zentrum der Flugscheibe) erhalten, und zweitens, Heizelement an den Düsenaustritten für einen „Direct Air Cicle" Antrieb bekommen? Durch Neutronenausstoß wird eingesaugte Luft oder ein, in Tanks mitgeführtes Edelgas, wie Helium (für Flüge im luftleeren Raum und außerhalb der Erdatmosphäre) in Staustrahldüsen erhitzt, um dieses mit hohem Druck rückwärtig auszustoßen, damit ein gewaltiger Schub entsteht. Siehe bei der Zeichnung oben die 12 regelmäßigen und schwenkbar angeordneten Turbinen auf der Unterseite des äußeren Scheibenrandes, aus denen ein Schubstrahl ausgestoßen wurde.

(Das Erhitzen von Neutronen bei Atomantrieben oder Ionen bei EM-Flugkörpern ist ein wichtiger Faktor zum schnellen Antrieb von Luft- und Raumfahrzeugen, wie auch die weiter unten besprochenen Fluggeräte von Thomas-Townsend Brown aufzeigen.)

Zum Schutz vor harter Neutronenstrahlung könnte die Besatzung in einem, mit Zirkonium oder Blei ummantelten Manöverraum untergebracht gewesen sein.

Gab es für dieses deutsche Projekt Vorversuche mit kleineren Modellen und Versuchsgeräten?

Flog ein solches Gerät - ferngesteuert, autonom - nach Spitzbergen? Wie sah es eigentlich mit einer atomaren Kontamination der Umgebung aus?

Gab es Kombinationen, wo nukleare Kleinstkraftwerke elektrostatische und elektromagnetische Generatoren zur Erzeugung hoher Voltzahlen antrieben, um EM-Flugkörper und Raumschiffe anzutreiben? Wurde nuklearer, anfallender Staub als Kolloide zur Magnetisierung und damit als Rückstoßantrieb im luftleeren Raum und im Weltall verwendet?

Hätte man Staustrahlprojekte, wie die Lippisch P-13 und deren Nachfolgeprojekte mit einem solchen „Soft-Fission Power Plant" ausrüsten können, um weite Strecken, z.B. hinter den Ural mit Höchstgeschwindigkeit zurücklegen zu können?

All diese Entwicklungen (dazu die autonome Steuerung und ein Formationsflug mit mehreren Fluggeräten oder Raumtransportern), die vor und während des Krieges gemacht wurden, werden bis heute geheim gehalten, damit man den tatsächlichen Fortschritt in der Luft- und Raumfahrt nicht sofort erkennen kann.

Hier ein anderer Bericht von Prof. Hermann Oberth betreffend Flugscheiben und „Magnetic Regulators":

Aus dem Internet:

Lecture Notes About Flying Saucers, 1954 by German Prof. Hermann Oberth. Paul Norman obtained Oberth's translated lecture notes from Dr. Blumrich and Dr. Ferdie, at the Redstone Arsenal in Huntsville, Alabama. In the notes, Prof. Oberth gave his observations about UFOs as follows:

```
"There are about 50 observations known from the time before World War II.
Then the number of appearances increased; the Allies thought it was a
German secret weapon, and the Germans thought it was one of the Allies.
Since 1947, the reports of eyewitnesses increased considerably. It is said
by the English Air Marshall Lord Dowding that there have been 10,000
(reports) by 1953."

"The appearances are usually described as disks, sometimes as balls or
ellipsoids. It sometimes happens that these disks place one upon the other,
the largest in the center, the smaller toward the ends, to form an object
in the shape of a cigar, which then flies away with high speed. Sometimes
one already saw such a cigar (UFO) stopping and untie into separate disks.

The disks always fly in a manner as if the drive is acting perpendicular to
the plane of the disk; when they are suspended over a certain
terrain they keep horizontal; when they want to fly very quick,
they tilt (tip) and fly with the plane directed forward. In sunlight, which
is brighter than their own gleaming, they appear glittering like metal.
They are dark orange and cherry red at night, if there is not much power
necessary for the particular movement, for instance, when they are
suspended calm.

Then, they also do not shine very much. If more driving power is necessary,
the shining increases (brightens) and they appear yellow, yellow-green,
green like a copper flame and in a state of highest speed or acceleration
extremely white. Sometimes they suddenly blink or extinguish.

Their speed is sometimes very high, 19 km/sec has been measured with
wireless measuring instruments (Radar). Accelerations are so high that no
man could stand it; he would be pressed to the wall and bruised. The
accuracy of such measurements has not been doubted. If there would be only
3 or 4 measurements, I would not rely upon them and would wait for further
measurements, but there is existing more than 50 such measurements; the
wireless sets (Radar) of the American Air Force and Navy, which are used in
all fighters, cannot be so inaccurate that the information obtained with
them can be doubted completely."
```

Anmerkung des Autors:

Berichtet Hermann Oberth über seine Erfahrung mit elektrostatischen und ggfs. über die Entwicklung von elektromagnetischen Flugkörpern, die er in Peenemünde und anderswo selbst miterlebt hatte?

Man beachte den Begriff, den Fachausdruck „**suspended**", in der Atmosphäre „**suspendiert**". Vergleiche den Ausdruck mit den Erklärungen in den Offenlegungsschriften von Halik und v. Engel über elektrostatische Flugkörper.

Wusste Hermann Oberth etwas über Menschenversuche, die mit den elektrostatischen Flugkörpern durchgeführt wurden? Er sagte:

"Ihre Geschwindigkeit (der "UFOs") ist sehr hoch, 19 km/sec, circa 69.000 km/h wurden mit drahtlosen Messinstrumenten gemessen (Radar). Die Beschleunigung ist so hoch, dass niemand dies aushalten kann, ein Insasse würde gegen die Seitenwände gepresst und erdrückt werden."

Auch berichtet Professor Oberth über Flugscheiben, die sich übereinander legen konnten und mehrere unterschiedlich große Scheiben, die größte in der Mitte, die kleineren am Ende eines Schleppgespanns, zusammen die äußere Form einer Zigarre ergaben.

Auch hier könnte es sich um elektrostatische und oder elektromagnetische Flugkörper gehandelt haben, die nicht einzeln in einem Formationsflug nebenher flogen, sondern sich zu einem Schleppverband magnetisch zusammengeschlossen hatten.

Das sparte eine jeweilige „Master and Slave" Ausrüstung, die verbaut werden musste und die schwer war und Platz beanspruchte.

Hatte solch ein magnetischer Schleppverband von z.B. fünf oder sieben Flugscheiben ihr Flugziel erreicht, entkoppelten sich die einzelnen Scheiben wieder und konnten zur Landung ansetzen.

Betreffend elektrostatisch aufgeladener Triebwerke, hier noch folgender Hinweis:

Ionenwolke als Tarnung gegen Radarstrahlen

U.S.-Patent-Nr. 3.127.608 v. 31. März 1964
„Object Camouflage Method and Apparatus"

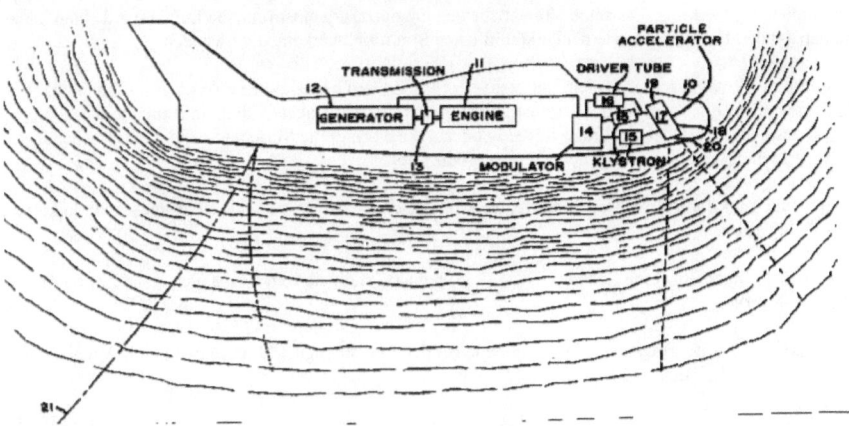

Modulator:
Erzeugt Spannungsimpulse
für jeweilige Wellenart

Driver Tube:
Stellt Energie für Klystron-Verstärker bereit

Klystron:
Wandelt die niederfrequente Energie des Modulators
in Mikrowellen-Frequenzen von 1.000-10.000 Mega-Herz um

Im August 1956 reichte Arnold I. Eldredge für die Firma General Electric, NY, ein Patent ein, daß Flugzeuge und andere Objekte für Radarstrahlen unsichtbar macht.

Dabei erzeugt ein Partikelbeschleuniger eine Ionenwolke in unmittelbarer Umgebung des Fluggerätes.
Ein Stromgenerator liefert die dafür erforderliche Energie zur Ionisierung der Luft. Die vom Boden (oder aus der Luft von einem anderen Flugzeug) ausgesandten Radarstrahlen werden entweder ganz oder größtenteils eliminiert oder vom Objekt abgelenkt, sodaß kein rückstrahlendes Radarsignal entstehen kann.

Viele der ab 1947 gesichteten „UFOs" konnten von vielen Radarstationen nicht registriert werden. Andere fliegenden Untertassen verschwanden plötzlich vom Radarschirm.

Da die elektrokinetischen Fluggeräte sowieso schon eine starke Energiequelle zur Erzeugung der div. stromführenden Systeme an Bord hatten, war es wohl kein Problem, auch diese Tarnmöglichkeit zu nutzen.
Einige Fluggeräte ("Electron-Impact") ionisieren ohnehin für den Antrieb die Außenluft, sodaß automatisch –je nach Beschleunigung und Ionisierungsgrad – Radarstrahlen keine Chance hatten, auf das Fluggerät aufzutreffen und zurückgestrahlt zu werden.

Heute erfüllen kleine und leichte Plasmageneratoren dieselbe Funktion.

Abb.:

Wurden solche Geräte wie eine *Klystronröhre*, *Partikelstrahlbeschleuniger*, *Modulator* oder *Treiberröhre* bereits während des Krieges in unterschiedliche „Foo Fighters" eingebaut, um sie gegen Radarerfassung unsichtbar zu machen?

Wurden deshalb unter anderem militärische Sonderfluggeräte auch auf dem europäischen Kriegsschauplatz, ETO – „European Theatre of Operation", während des Zweiten Weltkrieges getestet, weil auf Radargeräten unsichtbare Flugkörper und Flugzeuge in einem anschließenden Dritten Weltkrieg für „Operation Unthinkable" hoch interessant waren?

Hoffte man, dass die Russen solche EM-Technologie noch nicht im ausreichenden Maß zur Verfügung hatten und somit leicht zu besiegen waren?

Insert

Ein Staustrahltriebwerk, oder englisch „Ram-Jet, auch Athodyd (Abkürzung für **A**ero**t**her**mo**dy**n**amic **D**uct) ist ein Luft atmendes Triebwerk, das seine Vorwärtsbewegung nutzt, um einströmende Luft zu verdichten, ohne dafür einen axialen Kompressor wie bei herkömmlichen Strahltriebwerken zu verwenden.

Staustrahltriebwerke funktionieren nicht bei „zero-speed", sondern brauchen eine Anfangsgeschwindigkeit, um wirksam zu werden. Entweder wird ein Staustrahlflugzeug mit Zusatzraketen über ein Katapult oder Startwagen in die Luft geschleudert. Oder ein Trägerflugzeug oder -rakete bringt die Maschine auf die entsprechende Anfangsgeschwindigkeit, um genügend Schub zu produzieren.

Am effektivsten funktioniert ein Staustrahltriebwerk um Mach 3 - 3.675 km/h, bis Höchstgeschwindigkeit um Mach 6 - 7.350 km/h.

Der französische Ingenieur Rene Leduc (1898 – 1968) befasste sich wie sein Vorgänger, Rene Lorin mit Staustrahltriebwerken.

Seine Tätigkeit als Luftfahrtingenieur begann Leduc bei den Louis Breguet Flugzeugwerken in Villacoublay. Dort arbeitete er an der Breguet 27.

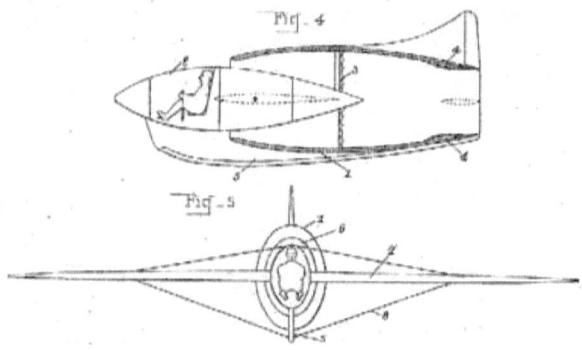

Abb.:

Zeichnung aus Patent von Rene Leduc von 1934.

Abb.:

Rene Leduc 010, wie die Maschine bei Breguet oder bei der Lufthansa-Werft in Toulouse ausgesehen haben könnte, wäre sie im Kriege fertig gestellt und endmontiert worden. Beachte ungepfeilte Tragflächen.

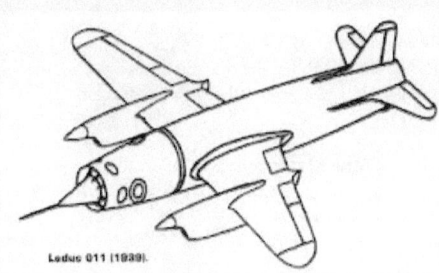

Leduc 011 (1939)

Abb.:

Projekt von Rene Leduc eines Jagdflugzeugs mit Staustrahltriebwerk

Seit 1929 befasse sich Rene Leduc mit der Entwicklung von Staustrahltriebwerken. Die Idee dazu hatte er im Jahre 1933. Ein Kleinsttriebwerk von 3 cm im Durchmesser und 4 kg Schub baute Leduc im Jahre 1935. Ein Jahr später demonstrierte er die Machbarkeit eines solchen Triebwerkes. 1937 bekam Rene Leduc von der französischen Regierung den Vertrag-Nummer 407/7 zum Bau der Leduc 0.10, ein Staustrahl getriebenes Flugzeug.

Der Entwurf und der Bau der Maschine begannen sofort bei den Breguet Werkstätten in Villacoublay, und das Flugzeug war Anfang 1940 fast fertig gestellt.

Aufgrund des Einmarsches deutscher Truppen wurde das Flugzeug nach Montaudran bei Toulouse gebracht, wo es angeblich später im Krieg durch einen Bombenangriff zerstört wurde.

Nach dem Krieg, noch 1945 wurden die Arbeiten zu einem weiteren Bau der Leduc 010 wieder aufgenommen und im November 1946 war der erste Prototyp fertig.

Zum Prototyp Leduc 010 aus der Kriegszeit hier folgende interessante Hinweise:

Entnommen aus dem Bericht:

„**Der lange Schatten der Rüstung: Die Entwicklung der Luftfahrtindustrie im Raum Toulouse von der Mitte der 1930er Jahre bis 1970.**"

Inauguraldissertation zur Erlangung des Grades eines Doktors der Philosophie der Fakultät für Geschichtswissenschaft der Ruhr-Universität Bochum vorgelegt von Bettina Glaß aus Beckum, Bochum, im April 2004:

Bréguet Toulouse:

C 445 Umbau und Überholung

Ju 88 Teilefertigung

Focke-Achgelis 284 Fertigung des Hubschraubers

Ju 88 Reparatur von Rümpfen Juni 1944: 23 Stück

Leduc 010: Von der Lufthansa betreuter Bau einer Maschine

Erhebliche Schäden aus Bombardierung durch alliierte Luftangriffe wiesen auch das AIA in Toulouse-Blaganc, das von Heinkel betreut wurde, und das Werk St. Martin-du-Touch der SNCASE Toulouse auf. Das Werk **der**

Air-France in Toulouse-Montaudran, das für die Lufthansa arbeitete, wurde zu 80 % zerstört und fiel für den Reparaturbetrieb für längere Zeit aus.

Im November 1943 hatten französische Dienststellen erstmals vom Rüstungskommando Toulouse eine Liste der seit Oktober als S-Betriebe deklarierten Unternehmen erhalten. Zu ihnen zählten die u.a. die großen Luftfahrtwerke in Toulouse wie die SNCASE, Bréguet in Montaudran, Latécoère und das Reparaturwerk der Air-France in Blagnac.
...
Luftfahrtfertigung im Raum Toulouse bis zum Juni 1940, SNCA du Midi Werk Toulouse

Werkstätten:
...

Bréguet Toulouse-Montaudran, Flugplatz, (ex Latécoère), rue de Recollets und route de Revel, Teile für Zerstörer BR. 691, Torpedo-Flugzeug Late 289
...

Zur Erinnerung: Als Patentanmelder für elektrostatische Flugkörper wird der Flugkapitän bei der Deutschen Lufthansa, Hans-Werner Engels genannt, der auch das große Latécoère Flugboot geflogen hatte. Unter den, als „Foo-Fighters" bekannt gewordenen elektrostatischen Flugkörpern, ist auch der o.g. Ringflügel oder Staustrahlkörper aufgeführt, der von der Rumpfform Ähnlichkeit mit der Leduc 010 hat.

Welche eventuellen Querverbindungen der DLH, die den Bau der Leduc 010 Prototyp in Toulouse betreute, gibt es zu deutschen Forschungen betreffend Staustrahltriebwerke und elektrostatischen Flugkörpern?

Ist der, in einem der Nachkriegspatente aufgeführte Staustrahlflugkörper auf Anregung von Rene Leducs Forschungen während des Krieges entstanden? War man außerdem an den 500 Ringbrennern im Inneren des Rumpfes der Leduc 010 interessiert?

Sollten einige dieser Brenner auch als Plasma-Brenner/Plasma-Fackeln dienen, um den Staustrahl zusätzlich mit einem elektrisch leitfähigen Gas aufzuladen? (siehe dazu auch das Fluggerät von Thomas Townsend-Brown und den „Flame-Jet").

Machte man bereits während des Krieges Experimente mit Plasma-Fackeln, die an der Nasenkante eines Flugzeuges ein ionisiertes, heißes Gas erzeugten, um den Luftwiderstand zu reduzieren?

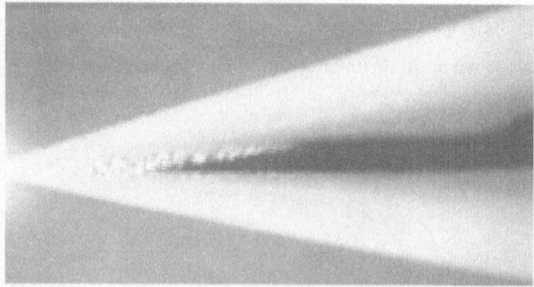

Abb.:

Plasma-Brenner erzeugt vor dem Flugzeug ein ionisiertes Gas, um den Luftwiderstand bei Hyperschallflügen zu reduzieren.

Welche Forschungen liefen über die DLH, und mit welchen anderen Stellen arbeitete ggfs. die Lufthansa-Werft beim Bau und der Entwicklung des Staustrahltriebwerkes zusammen?

Welche deutsche Ingenieure, Wissenschafter von welchen deutschen Forschungsinstituten, Flugzeugfirmen usw. kamen nach Toulouse, um den Bau der Leduc 010 zu besichtigen?

Abb.:

Der Prototyp Leduc 0.10 wurde als Mistelschlepp auf den Rumpfrücken einer modifizierten Sud-Est SE-161 Languedoc viermotorigen Transportmaschine montiert.

Baute man in Deutschland während des Krieges ein Ringflugzeug mit Rene Leducs Staustrahlantrieb nach? Ließ man die Auftriebshilfen, wie Tragflächen und Seitenruder weg und lud den Ringflügel elektrostatisch auf? Wurde der mit Lorin-Antrieb ausgestattete Ringflügel zusätzlich elektrostatisch aufgeladen und mit mehreren Strahlrudern versehen, die im Abgasstrahl lagen? Wurde zusätzlich ein Plasma-Brenner innerhalb der Staustrahlröhre eingebaut?

Schleppte man solch ein Versuchsgerät mit einer Trägermaschine (Dornier Do 217) im Mistelschlepp auf Höhe, um dann den Ringflügler weiter in die obere Atmosphäre aufsteigen zu lassen?

Waren solche Kapazitäten wie Eugen Sänger oder Hermann Oberth in derartige deutsche Forschungen während des Krieges verwickelt? Wurden ggfs. solche Versuche auch in Frankreich durchgeführt? Wie eventuell in der Lufthansawerft in Toulouse Montaudran als Standort für geheime Tests?

Hier nochmals der Absatz über die Versuche mit einem Staustrahltriebwerk in Frankreich:

Jet Dorniers

„Ich war der Motorenwart auf einem Übungsflug mit drei "Vickers Varsities" im Februar 1952. Wir machten einen Tankstop in Istres im Süden Frankreichs und am Rand der Landebahn lagen zwei große Flugzeuge, die sich als Dorniers herausstellten. Sie lagen auf dem Rumpf mit eingezogenem Fahrwerk, keine Bauchlandung. Beide Flugzeuge hatten auf der Rumpfoberseite, oberhalb der Tragflächen Staustrahltriebwerke montiert. An der Abfluglinie stand eine Languedoc mit einer der Lorin-Triebwerke auf der Rumpfoberseite."

Der Brief schloss mit dem Satz, dass noch andere die beiden „Lorin-Dorniers" gesehen haben müssen.

Do 217 E-2 mit aufgebautem 20 000 PS Mustertriebwerk

In einem zweiten Leserbrief im Juli 2000 bestätigte ein anderer Leser, dass auch er die beiden Dorniers Do 217 in Istres gesehen hat. Zu diesem Zeitpunkt waren aber die Lorin-Triebwerke bereits abmontiert und nur noch die jeweilige Verstrebung auf dem Rumpf war zu erkennen.

Dies beobachtete er zwölf oder mehr Monate später in Istres. Der Zeitzeuge war mit einer Einheit von britischen "Vampire" Jets der 78 (Fighter) Wing, RAAF einem Nato-Manöver zugeteilt. Auf dem Rückflug von Köln-Wahn nach Malta in einer RAF "Valetta" Transporter mussten sie in Istres wegen eines technischen Fehlers zwischenlanden.

Dort wurde ihnen bezüglich der beiden Dorniers mitgeteilt, dass die beiden Stausstrahl-Do 217 während des Krieges dafür vorgesehen waren, New York zu bombardieren!

Interessanterweise findet man in der Literatur nur den Hinweis auf eine Dornier Do 217. In dem "*VDI-Forschungsheft 437*", Ausgabe B, Band 19 v. 1953 schreibt Irene Sänger-Bredt, dass die Versuchsplanungen im Zeichen von Zeitmangel standen. Die Versuche wurden in den Jahren 1943/44 unter der Leitung von Eugen Sänger und unter der Aufsicht der Deutschen Forschungsanstalt für Segelflug in Hörsching (Oberdonau) vorgenommen.

Das Versuchsprogramm wurde mit einer Do 217 E-2 - als „fliegender Ofen" bezeichnet - mit bis zu Machzahlen v/a 0,30 bis 037 durchgeführt. Außerdem war beabsichtigt, den Untersuchungsbereich mit einer Me 262 als Versuchsträger bis gegen v/a 0,8 auszudehnen.

Es wurde 32 Flüge mit der Dornier Do 217 E-2 durchgeführt. Sie endeten am 30.8.1944 infolge der eintretenden allgemeinen Kraftstoffknappheit.

Leider erwähnt der Bericht nicht, ob für die Versuche noch eine zweite Dornier mit Lorin-Staustrahltriebwerk ausersehen war. Und ob die Versuche noch nach August 1944 weiter heimlich fortgeführt wurden."

Soweit der Bericht aus o.g. Buch.

Wurden mit der zweiten Dornier Do 217 und einem Lorintriebwerk andere, geheimere Versuche unternommen, die bis heute unbekannt geblieben sind? Welche ggfs geheimen Forschungen wurden in Hörsching bei Linz von der DFS unternommen? Gab es Querverbindungen zu WNF in Wiener-Neustadt und zu OBF in Oberammergau?

War das Projekt von Eugen Sänger/Irene Bredt zum Teil ein Ablenkungsprojekt, um eben diese geheimeren Versuche dahinter zu verstecken? Setzte man diese Versuche nach dem Krieg für die offizielle Luftfahrtforschung in Frankreich weiter fort? Flossen diese Erkenntnisse, wie zuvor die unter deutscher Regie geführten Versuche nach dem Krieg in U.S. amerikanische Geheimprojekte mit ein?

Von elektrostatisch/elektromagnetisch aufgeladenen einsatzmäßigen Ram-Jet Flugzeugen ist bis heute in der Öffentlichkeit nichts weiter bekannt.

Abb.:

Nach dem Krieg kam das Holzmodell DM-1 nach Langley Field, Virgina, USA zum dortigen „Full Scale Wind Tunnel". Es wurde kurzfristig so abgeändert, dass es für Hochgeschwindigkeitsflüge geeignet war. Messerscharfe Vorderkanten, kleines Seitenruder und neue Kanzel.

In dem Band 102 „Waffen Arsenal" „Überschalljäger Lippisch P13a und Versuchsgleiter DM-1" von Hans-Peter Dabrowski, 1986 heißt es zu der DM-1 in Langley Field:

„. . . Ein Testprogramm, welches alle möglichen Flugeigenschaften dieses Versuchsgleiters untersuchen sollte, wurde zwischen diesem Air Material Command (AMC) und Professor Karman ausgearbeitet. Die beiden NACA-Reports gehen ausführlich auf die Ergebnisse ein – und diese waren zunächst, schlicht gesagt, **enttäuschend**:

„Auftrieb und Strömungsverhalten **sehr schlecht**."

Dr. Lippisch berichtete, daß er darauf angesprochen und um Untersuchung bzw. Abhilfe gebeten wurde. Er führte die schlechten Werte auf den Einfluß der sogenannten „Reynolds-Zahl" zurück (zu frühes Abreißen der Strömung) Die zu erwartenden besseren Werte traten dann nach dem Anbau einer messerklingenartigen, scharfen Metalleiste an den Flügelnasen (etwa bis zur Hälfte er gesamten Abmessung) ein.
. . .
Schließlich wurde ein kleineres Seitenruder und eine separate Pilotenkanzel angebracht und zugleich das Flugzeug durch entsprechende Anbauten nach vorn weiter zugespitzt. Diese Versionen zeigten dann auch die besseren Ergebnisse."

Die alte Version hatte dicke Tragflügelvorderkanten, die evtl. mit „Luftschwamm-Blechen" beplankt waren, um die auftreffende Luft durch die poröse Außenhaut abzusaugen. Dadurch würde der Luftwiderstand und die Luftreibung erheblich reduziert und ermöglichte hohe Überschallgeschwindigkeiten, ohne auf teuere und schwer verfügbare Spezialmetall-Legierungen zurückgreifen zu müssen. Damit konnte man einen überschallschnellen Staustrahljäger auch aus nicht strategisch wertvollen Materialien, wie Holz, bauen.

Hatte Oskar Schrenk, der sich mit der Absaugetechnik bei LFW in Wien beschäftigte, auch an der Lippisch P-13 gearbeitet?

Wurde ein solches, oder ein ähnliches Staustrahlflugzeug, entwickelt auf Basis der DM-1, auch als „UFO" nach dem Krieg irgendwo über den USA gesichtet?

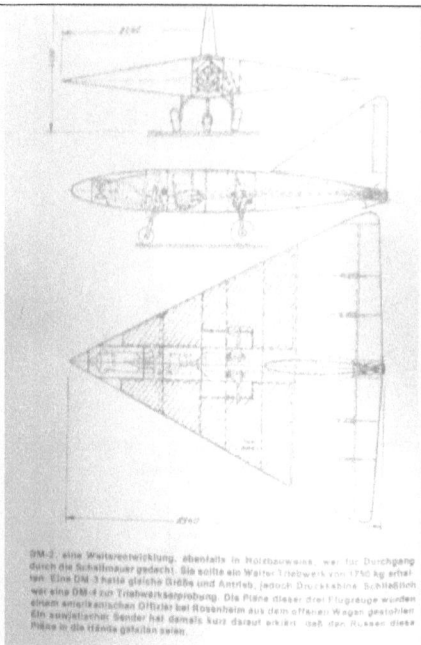

Abbildung aus dem Buch „Erinnerungen":

Lippisch DM-2

Sah Lippisch für seine Hyperschall-Projekte ein „BLC-System", eine Absaugeanlage vor und wollte er, die bis heute geheim gehaltenen „Aero-Sponge" Bleche dafür verwenden? Oder wurden Teile der Außenhaut dieses oder eines ähnlichen Flugzeuges, das zum Teil an bestimmten aerodynamisch/elektrostatisch vorteilhaften Bereichen (Nasenkante, Leitwerk) aus Blechen einer bestimmte Elektronendichte bestanden, oder deren Bleche radioaktiv bedampft waren, durch die starke Luftreibung in der Atmosphäre bei hohen Geschwindigkeiten elektrostatisch aufgeladen? Oder wurden diese Bleche vor Flugantritt bereits mit einem entsprechenden Ladungsvorzeichen versehen?

Sorgten die Bleche an der Vorderkante und dem Leitwerk dafür, dass die Luftreibung und die Aufheizung bei einem Hyperschallflug minimiert werden konnte?

Konnte bereits im Jahre 1945 ein deutsches Flugzeug konstruiert werden, das mehrere 1.000 Kilometer in der Stunde erreichte und gleichzeitig große Entfernungen in mehr als 30- 50.000 m Flughöhe überwinden konnte?

War deshalb General Patton daran interessiert, dieses, oder ein ähnliches Flugzeug fertig zustellen, damit es im Krieg gegen Russland eingesetzt werden konnte?

Bog die Desinformation nach dem Krieg alles ab? Denn bis heute sind offiziell Hyperschallflugzeuge, die jetzt ein MHD-By-pass System und normale Strahltriebwerke als Antrieb nutzen, weiterhin in der Öffentlichkeit unbekannt.

Sind deshalb die Unterlagen zur DM-3 bis heute „verschollen"?

Insert

Abfangjägers XP-92

Abb.:

Objektschutzjäger von Convair mit „**ummanteltem**" **Raketentriebwerk**, das als **Staustrahltriebwerk (Ramjet)** mit internen Raketen- und Staustrahlbrennkammern beschrieben wurde".

Beachte Ähnlichkeit zur französischen Leduc 010, die in einer Lufthansawerft in Toulouse, Frankreich während des Krieges stand. Hier aber mit Deltatragflächen und typischem Seitenleitwerk, wie es Lippisch für seine Staustrahlprojekte vorsah.

Wurde solch ein Flugzeug bereits in Deutschland während des Krieges projektiert und wurden eventuell kleinere Ausführungen gebaut und ggfs. elektrostatisch aufgeladen?

Dr. Alexander Lippisch war Berater nicht nur für die NACA, sondern auch für Convair.

Welche deutschen Einflüsse, die aus der Auswertung der Rene Leduc 010, die in Toulouse in einer Lufthansawerft während des Krieges stand, sowie aus französischen Versuchen mit Lorin-Triebwerken (siehe die zwei Do 217 in Istres mit aufmontierten Staustrahlrohren), flossen in den amerikanischen Entwurf mit ein?

Welchen Einfluss hatten Lippsichs Forschungen im Bereich Deltaflügel, Staustrahltriebwerke und ggfs. Versuche mit elektrostatisch aufgeladenen Flugköpern, nicht nur auf die offiziellen Produkte, wie die späteren Abfangjäger „Delta Dagger" und „Delta Dart", sondern auch auf geheime und bis heute vertuschte Fluggeräte, die die Propaganda gern als „außerirdische UFOs" verkauft (siehe „Carson-Sink" „UFOs")?

Dr. Lippisch selbst verwendete das Ringflügelkonzept, evtl. angeregt von den Untersuchungen der Leduc 010 in Toulouse während des Krieges, für seine unterschiedlichen Nachkriegsprojekte, die er bei der amerikanischen Firma Collins Radio Company, Cedar Rapids, Iowa, die eine eigene Luftfahrtabteilung hatten, wo er von 1950 bis 1964 tätig war.

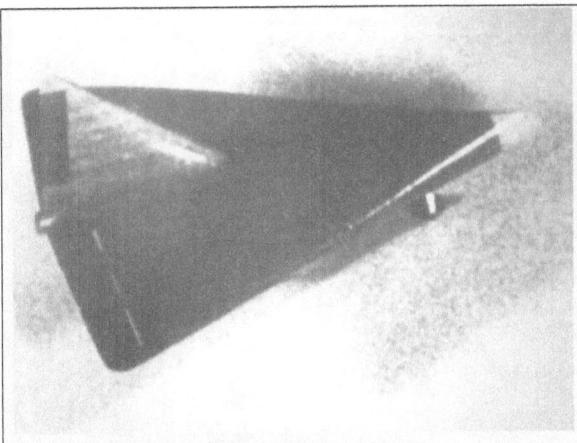

Abb.:

Holzmodell von Lippischs DM-3 als interkontinentales Hyperschallprojekt.

Beachte hoch aufragendes Seitenleitwerk, dicke Nasenvorderkante, die an der Spitze zu einem Flugzeugführerstand mündet, in dem der Pilot liegend angeordnet ist.

Waren die Vorderkanten von Tragflächen und Seitenleitwerk mit Luftschwammblechen verkleidet?

Bild:

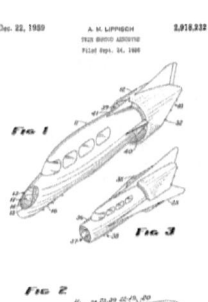

Zeichnungen aus dem U.S.-Patent US 2918229, von Dr. Lippisch: „Ducted aircraft with for elevators" vom 22. Dezember 1959.

Beachte die Auslegung des Rumpfes, der in die Ringtragfläche mündet und vergleiche das Design mit dem Patent und der Konstruktion von Rene Leduc und seinem Versuchsmuster Leduc 010.

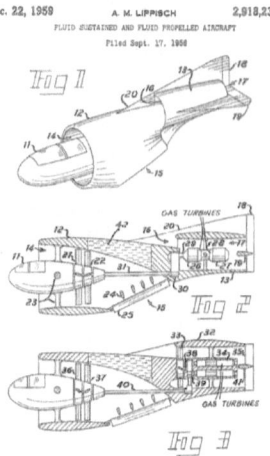

Weitere Beispiele von „Ducted-Fan", Mantelpropellerflugzeugen ohne Tragflächen:

Machte man bereits beim Studium der Leduc 010 in Toulouse während des Krieges erste Entwürfe eines weiterentwickelten Flugzeuges, das den kreisrunden Rumpf gleichzeitig als Ringtragfläche nutze?

Delta-Drohne mit „Shrouded Propeller" Antrieb.

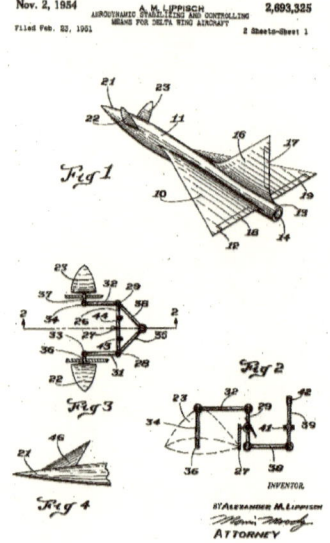
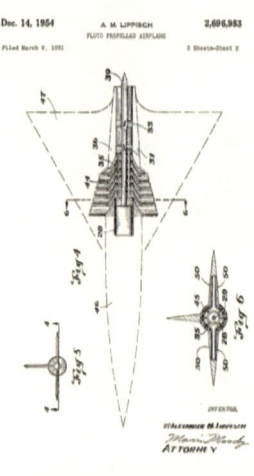

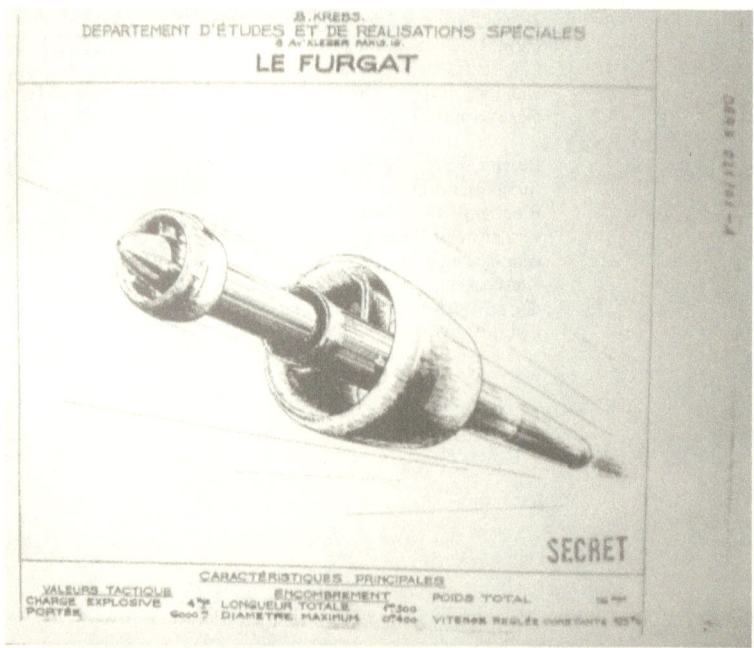

Wer hat Informationen zu diesem Objekt, „Le Furgat" genannt?

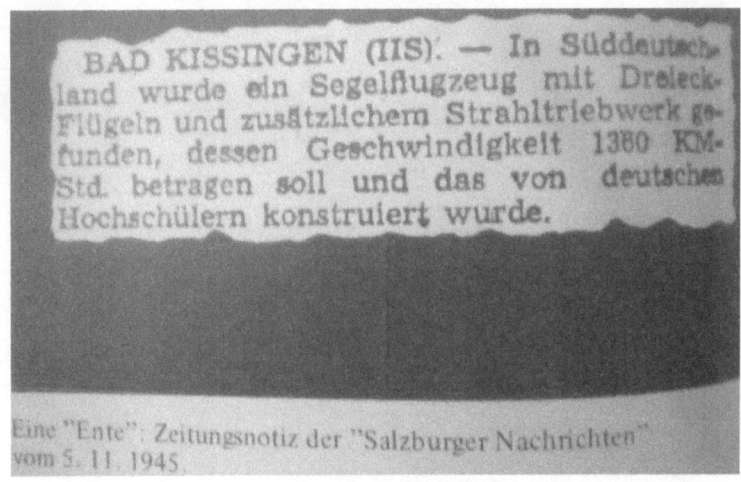

Abb.:

Zeitungsnotiz aus den „Salzburger Nachrichten" vom 5. November 1945.

Eine erfundene Meldung? Oder hat die Notiz einen wahren Kern?

Aus dem Internet:

...

„Der Grund dürfte sein, dass die hyperschallflugfähigen DM-2/DM-3 als Delta-Versuchsflugzeuge zur Untersuchung der Flugeigenschaften nicht Lippisch-Überschalljäger wie die DM-1 waren, sondern verkleinerte Flug-/Testmodelle eines futuristischen Angriffsflugzeuges mit interkontinentaler Reichweite werden sollten.

Dieses konnte in 50 Kilometern Höhe mit Hyperschall im erdnahen Raum operieren.

Der den Flugtestmodellen DM-2 und 3 zugrunde liegende endgültige Lippisch-Entwurf ist bis **heute verschollen.** Leider gibt es deshalb **keine genauen Daten** über dieses interkontinentale Hyperschallprojekt. Was blieb, sind nur ein paar doppelte Zeichnungen der Flugtestmodelle nach dem Diebstahl der Originalunterlagen.

Seit dem Ende des Kalten Krieges wurden aber sowjetische Hyperschallflugzeugprojekte für Interkontinentalaufklärer und Bomber bekannt, die bis auf die Grundrisse dem Projekt Lippisch DM-3 entsprachen. In 30 Kilometern Höhe wie die DM-3 operierend, sollten sie mit Mach 6 bis 8 mit Hilfe eines Antriebs von Flüssigwasserstoff als „Scramjets" operieren können.

Es fällt schwer, hier an Zufälle zu glauben! Jedoch blieben all diese Projekte seit dem Zusammenbruch der Sowjetunion auf den Zeichenbrettern der Konstrukteure liegen."

Anmerkung des Autors:

Siehe hier das "Ajax-Projekt" und die Anmerkungen und Erklärungen von Monsieur Petit zum „MHD-Bypass" Antriebssystemen in diesem Buch.

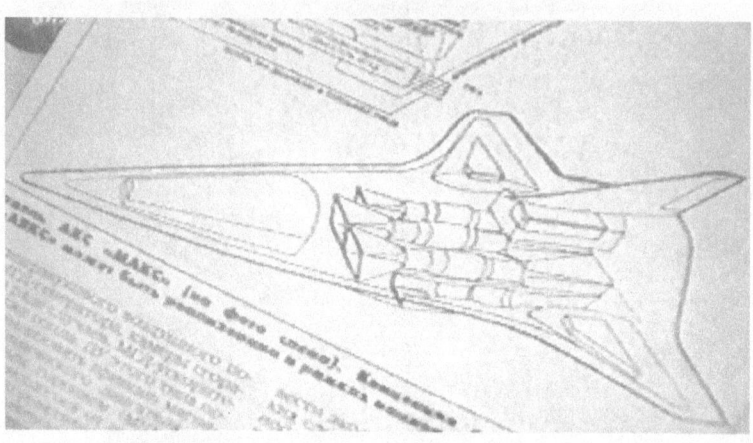

Abb.:

Russisches „Ajax" Staustrahlprojekt. "Ayaks" (Russisch: АЯКС). Beachte dünne Leading Edges im Gegensatz zu Lippischs Projekte.

Die hölzerne DM-1 wurde in Prien verpackt und in einer, extra für den Überseetransport gefertigten großen Holzkiste, auf einem Tieflader über die Autobahn nach Mannheim und dann auf einem Rheinschiff nach Rotterdam gebracht. Alles wurde im film und in Bilder festgehalten umnd sind frei verfügbar.

Dort in den USA kam das Versuchsmodell DM-1 nach Boston, USA und erreichte letztendlich das Ziel: den riesige „Full Scale Wind Tunnel" der NACA in Langley Field, Virginia.

Wurde neben der öffentlich wirksamen Aktion noch ein anderes Lippisch Projekt zur gleichen Zeit in die USA gebracht?

Gab es einen zweiten Prototyp mit Staustrahlantrieb und einem bis heute geheim gehaltenen Zusatzantrieb, wie „Grenzschichtabsaugung" oder einer elektrostatische Auflading? Dazu ein zweites Mistelflugzeug? Flog die P-13, ob bemannt oder unbemannt, bereits während des Krieges, oder kurz danach unter amerikanischer Kontrolle? Wurde auch dieses Versuchsmuster dem U.S. General Patton gezeigt, entweder in Prien, oder z.B. in Hörsching?

War eventuell Flugkapitän v. Engel in solche geheime Überschall-Versuche verwickelt und flog er ggfs. ein Mistelflugzeug, eine Siebel 204, umgebaut in einer Lufthansa-Werft, entweder in Frankreich oder Prag, auf der eine Lippisch P-13 montiert war? Wenn die P-13 genauso dicke Tragflächenvorderkanten hatte, wie das Holzmodell DM-1 (solche dicken „Leading Edges" sind ungeeignet für Überschallflug, was man auch in Langley festgestellt hatte und Prof. Lippisch bat, dies zu korrigieren), wie erreichte die Staustrahlmaschine mehr als 1.300 km/h?

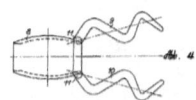 Mit einer Absaugeanlage, BLC, rechte Abb., an den Vorderkanten und anderen relevanten Bereichen?

Oder hatte die P-13 auch eine elektrostatische Zusatzaufladung, wie der Staustrahlkörper, linke Abb., in den Offenlegungsschriften, in denen Lufthansa Kapitän Hans-Werner von Engel der Anmelder war?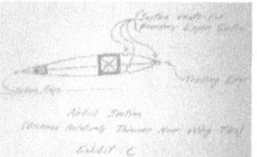

Abb.:

Versuche mit einem Delta-Staustrahl-Modell, das sogar einen kleinen Düsenantrieb hatte, auf dem Spitzerberg bei Wien 1944.

Insert

Bei H-P Dabrowski , Waffenarsenal Band 102 heißt es:

„. . . **zwei nagelneue** (!) Siebel 204 A standen 1945 am Platzrand von Prien und damit auch zur Verfügung."

Ein Weiter Artikel der „Flieger Revue", aus dem Internet:

Geheimnisvoll: DM 1 steht vor der Erprobung

"Es war geplant, den Versuchsgleiter per Huckepackschleppflug mit Dreipunktfesselung auf Höhe zu bringen, auszuklinken und im **Bahnneigungsflug**, unterstützt durch zusätzliche Pulverraketen, bei einer Geschwindigkeit von rund 800 km/h zu erproben.

Zwei fabrikneue Siebel 204 A standen seit Anfang 1945 zum Schlepp zur Verfügung.

Der kurz vor Kriegsende von der DFS hinzugekommene Hans Zacher war für die Flugmechanik beziehungsweise für die Flugeigenschaften zuständig. Wahrscheinlich wäre er auch der DM-1-Pilot gewesen, aber eine praktische Flugerprobung fand durch den Kriegsverlauf nicht mehr statt.
. . .
Am 3. Mai 1945 besetzten US-Truppen den Flugplatz Prien und fanden dort die DM 1 halbfertig vor. Sofort wurde der eigenartige Vogel streng bewacht und ein Weiterbau in Aussicht gestellt.
    General Patton, kommandierender General der 7. US-Armee, stattete mit großem Gefolge dem Flugplatz Prien am 9. Mai 1945 einen Besuch ab. Beeindruckt von dem futuristischen Design, ordnete er den Weiterbau des Flugzeugs an.
    Projekt-Offizier wurde Major A. C. Hazen von der Air Technical Intelligence Section USAFE. Der äußerst angesehene Professor Theodore von Kármán hatte sich im Auftrag der USAF Scientific Advisory Group (SAG) entscheidend für den Weiterbau der DM 1 eingesetzt.
. . .
Wann genau die Tests beendet waren, ist unbekannt, aber seit Januar 1948 stand der ausgediente Holzvogel in einem Lagerschuppen der NACA in Langley Field, bis sich das National Aeronautical Museum der Smithsonian Institution (heute National Air and Space Museum, NASM, in Washington, D.C.) im November 1949 dafür interessierte. Das Museum bekam die DM-1 dann im Januar 1950 mit der Bemerkung, das Stück wäre nicht wert, dort ausgestellt zu werden.
    Etwa 20 Jahre später argwöhnte Alexander Lippisch: „Da steht sie heute noch in einem Lagerschuppen und verrottet." In der Tat befindet sich die DM-1 noch im Besitz des NASM und wartet in Silver Hill auf bessere Tage (bzw. auf eine komplette Restauration, die bereits im vollen Gange ist, Anm.d.A.)."
    Ende des FR-Artikels.
Gab es einen funktionstüchtigen Staustrahljäger auf Basis der DM-1, die Lippisch P-13, die, lt. Zeitungsaussage 1.360 Stundenkilometer schnell fliegen konnte?

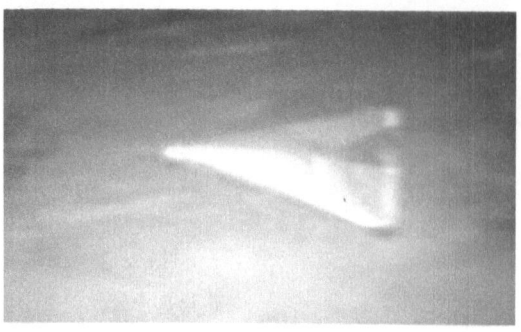

Abb.:

Modellversuch mit einem Lippisch Delta-Flugzeug. Delta-Flugkörper, wie sie auch Dr. Alexander Lippisch im Krieg entwickelte und als Modelle erprobte, sichtete man nach dem Krieg als „UFOs", aufgrund ihrer ungewöhnlichen Flugleistungen, die kein herkömmliches Flugzeug zur damaligen Zeit erreichen konnte:

Insert

The Carson Sink Case

Aus dem Internet:

"The two pilots who witnessed the incident were Lieutenant Colonel John L. McGinn & Lieutenant Colonel John R. Barton, both veteran fliers with distinguished military careers.

At the time, both men **were assigned to the Pentagon with highly classified assignments** and were **familiar with even the most secret foreign and domestic aircraft designs**.

That morning the two pilots were at Hamilton Field north of San Francisco. They requisitioned (requested), a twin engine **B-25 bomber for a cross-country flight**. They took off headed for Colorado with unlimited visibility and perfect flight conditions.

Between Sacramento, CA., and Reno, NV, the two officers entered the Green 3 aerial highway to Salt Lake City, UT. At 3:40 p.m. MST while at 11,000' (*3.500m*) over the **Carson Sink area east of Reno**, the two fliers spotted **3 aircraft ahead of them and to their right**.

At first they assumed that the unknown aircraft were F-86 fighters, based on their movements, but realized that aircraft were far too high in the air space. Moreover, the aircraft were flying **in a perfect V formation** (*automatic flight?*), which was highly unusual for military jets.

When the B-25 drew closer to the aircraft, McGinn & Barton saw that the aircraft were **bright silver in color with a delta-wing airfoil**, but **without tails or flight canopies** (*pilotless a/c?*), which every known aircraft possessed. The only break in sharply defined, **clean upper surface of the triangular wing** was a definite **ridge that ran from the nose to the tail** (*small "fuselage", cover for internal instruments like R/C, fuel ect.? Or a "Lorin-Tube"?, Remark by the Author*).

Neither men had previously seen anything remotely resembling the unknown craft. As the two pilots watched, the 3 unknowns made a left bank and flew quickly to within 400 - 800 yards (800m) of their B-25, which was an uncomfortably short amount of space in the air. The two men estimated **the speed** of the unknown aircraft to be at the very **least three times that of any conventional jet** known to them. After 4 seconds, the aircraft sped away out of the vision of the pilots.

When McGinn & Barton landed in Colorado Springs, they contacted Air Defense Command Headquarters and learned that no civilian or military aircraft had been anywhere near the Carson Sink at the time of the incident.

In particular, all known delta-wing craft, then flown exclusively by the Navy, hadn't been anywhere in the vicinity. The nearest such craft, which were painted dark Navy Blue, were known to be on the West Coast at the time.

The two men dismissed the suggestion that they had seen F-86 jets, since they were intimately familiar with the design of that craft. Air Defense Command relayed the report to Project Blue Book (*Air Force Propaganda Dept.*). An investigation was started into the incident, but the incident was officially left as unexplained."

Anmerkung des Autors:

Beobachteten die Piloten, die auch noch im Pentagon an klassifizierten, geheimen Projekten arbeiteten, am 24. Juli 1952, als sie mit einer B-25 Reisemaschine flogen, drei unbemannte und autonom fliegende Delta-Flugzeuge?

Wussten diese U.S. Luftfahrtspezialisten, die zudem noch mit absolut geheimen in- und ausländischen Flugzeugkonstruktionen vertraut waren, wirklich nicht, was sie da am Himmel beobachteten?

Flogen diese beiden Piloten als Beobachter des Pentagons ggfs. absichtlich über der Wüste von Nevada, weil sie wussten, dass drei streng geheime „X-Planes" an diesem Tag im automatischen Formationsflug getestet wurden?

Waren es „Flugzeuge ohne Piloten", also autonom fliegende Flugkörper? Hatte Dr. Lippischs Staustrahlentwürfe, wie die DM-3 etwas mit diesen amerikanischen, geheimen Deltaflugzeugen zu tun? Gab es evtl. auch hier Vorgaben aus den USA, solche Überschall schnellen Maschinen zu bauen?

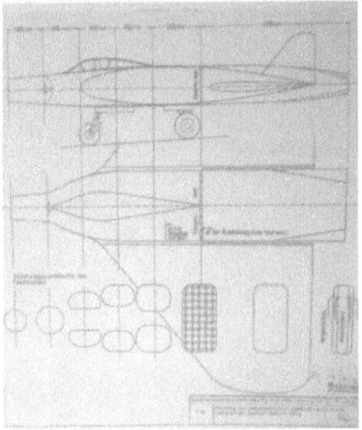

Abb.:

Lippisch „Delta IV" Projekt mit einem 20.000 PS Lorin-Rohr v. 12. April 1944.

Sollten solche Staustrahlmaschinen auch einen „Soft-Fission" Nuklearantrieb erhalten, der erst bei circa 400 km/h zu wirken begann?

Hatten die beiden Augenzeugen im Juli 1952 über Reno, Nevada, drei Flugobjekte gesichtet, die in der Mitte je ein Lorin-Rohr, einen Ram-Jet Antrieb besaßen?

In der Beschreibung wird leider nicht ersichtlich, ob die Maschinen am Heck einen Düsenaustritt besaßen, oder ob die Flugobjekte irgendwelche Steuerflächen oder Leitwerke aufwiesen.

Abb.: Fiktive Illustration der Delta-Flugzeuge ohne Piloten über Nevada, USA im Jahre 1952 (gefunden im Internet):

Eine mögliche Illustration wie die Deltaflugzeuge über der Wüste Nevadas ausgesehen haben könnten. Beachte aerodynamisch geformter Mittelrumpf, der sich hier realistischerweise auch auf der Unterseite des Deltaflügels fortsetzt. Eine Kombination zwischen Nurflügler und Deltajäger für Hochgeschwindigkeitsflüge?

Hatten die drei, bis heute unbekannten Versuchsmuster, je ein durchgängig verlaufendes Lorin-Rohr für den Stausstrahlantrieb? Wo vorne die Luft hinein gerammt wird, und hinten der Staustrahl entweicht, ggfs. zusätzlich elektrostatisch aufgeladen oder mit Wärmetauschern eines kleinen nuklearen Antriebs versehen?

Von welchem geheimen, sowie evtl. unterirdischen Stützpunkt in der Wüste von Nevada kamen diese Flugzeuge, oder kamen aus einem geheimen Flugzeugwerk in Kalifornien?

Wurden die Maschinen von einem unterirdischen Hangar mit einer Schleuder mit „Rato"/ mit Starthilferaketen gestartet, wie die bereits erwähnte Flugscheibe mit Atomantrieb? Landeten sie, wie der Nurflügler von Miethe auf einer Kufe, die aus der Mitte des unteren kleinen Rumpfes ausgefahren wurde, im Gras oder im Wüstensand?

Besaßen die Maschinen eine Elektronik, die auch während des Krieges in Deutschland (Blaupausen von Wright Field?) zum exakten Formationsflug und Flug ohne Piloten befähigte?

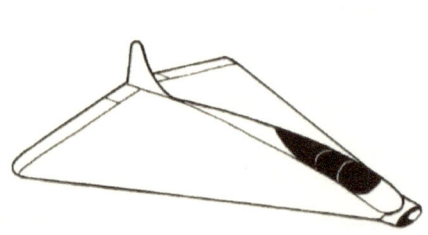

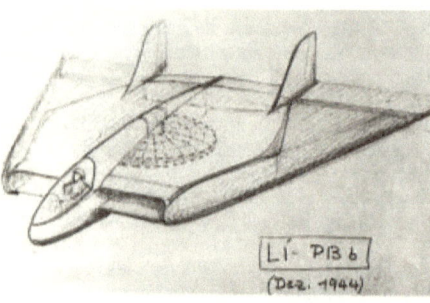

Bilder:

Lippisch Überschallflugzeuge und eine ferngelenkte Delta-Drohne von Lippisch, entworfen in den USA.

Baute man anstelle des improvisierten Kohleantriebs bei dem Lippisch Entwurf aus dem Jahre 1944, später ein nukleares Kleintriebwerk ein?

Elektrostatische Energie als Magnet-Abstoßungs-Antrieb für Raketen und andere Flugkörper

In dem U.S.-Patent 3.095.167 *"Apparatus for the Promotion and Control of Vehicular Flight"* vom 25. Juni 1963, eingereicht von Horace C. Dudley, patendted June 25, 1963, stehen (neben dem deutschen Patent, bzw. Offenlegungsschriften, die hauptsächlich militärisch angewendete elektrostatische Flugkörper beschreiben) einige sehr wichtige Aussagen zum Verständnis von elektrostatische und bis heute vertuschten Luft- und Raumfahrzeugen. In seiner Einleitung weist Mr. Dudley darauf hin, dass nur besonders geeignete Antriebe in der Lage sind, schwere Nutzlast ins All oder einen Erdorbit zu bringen.

Höherer Schub zieht einen höheren Verbrauch von Treibstoff nach sich. Normale und bis heute bekannte Raketen (Ariane Space sowie russische und amerikanische Raketen, neuerdings auch Modelle kommerzieller Anbieter) haben viel Geld für Entwicklungsarbeit verschlungen, aber bis jetzt nicht erreicht, dass größere Nutzlasten ins All befördert werden können. Das trifft bis heute, Stand 2017, zu!

Aber mit relativ geringer Gewichtszunahme kann ein zusätzlich eingebauter elektrostatischer Antrieb normale Raketen zu wesentlich höheren Leistung verhelfen. Es heißt in dem U.s.-Patent von Mr. Dudley:

„Am Ende gipfelt die Entwicklung in einem Fluggerät, das eine elektrostatische Ladung erzeugt, die mit dem Umgebungsmedium (z.B. Luft) reagiert und zumindest teilweise die Erdanziehung überwinden kann. Ansonsten unterstützt der elektrostatische Antrieb herkömmliche Flugzeuge und Raketen.

Dabei wird die Außenseite der Fluggeräte elektrostatisch aufgeladen, damit diese mit der elektrostatischen Auflading der Erde in Wechselwirkung treten kann. Auf diese Weise wird das allgemeine Flugverhalten (Stabilität) verbessert, sowie höhere Fluggeschwindigkeiten und größere Flughöhen erzielt. Wobei der Zuwachs an Gipfelhöhe 500 bis 600% betragen kann!

Bei ersten Modellversuchen mit Raketenmodellen von 50 bis 55 gr. Gewicht, die keine leitfähige Außenhaut hatten, war das Flugverhalten mäßig bis schlecht. Wenn dagegen entweder die Innen- oder Außenseite, oder beide Seiten einer Rakete mit einer elektrisch leitfähigen Substanz, wie Aluminiumlack beschichtet wurde, war der Flug wesentlich stabiler und es wurden größere Flughöhen von 100 bis 300m erreicht.

Außerdem wurden bei den ersten Versuchen festgestellt (wann fanden diese statt, vor oder nach dem ersten Weltkrieg?, Anm.d.A.), dass die atmosphärischen Bedingungen eine große Rolle spielen. Bei hohen Temperaturen und hoher Luftfeuchtigkeit war das Flugverhalten der kleinen Raketen schlechter als bei kälteren Temperaturen.

Versuche mit einer kleinen Kugel, die elektrostatisch aufgeladen wurde, zeigten, daß bei relativ hohen Voltzahlen von 400.000 bis 500.000 Volt, diese sich gegen die Schwerkraft nach oben bewegte (keine Anti-Gravitation, sondern elektrostatische/magnetische Abstoßung, Anm.d.A.).

Bei den Versuchen stellte sich u.a. heraus, dass die elektrostatischen Bedingungen der Erdatmosphäre zum Vorteil genutzt werden können. In bestimmten ausgewählten Regionen der Erde kann bei Raketen und anderen Flugkörpern ein höchstmöglicher elektrostatischer Schub erzeugt werden. So weisen die Studien von J.A. Chalmers in seinem Buch „Atmospheric Electricity", London 1949 darauf hin, daß der atmosphärische Ladungsgrad im Sommer in England ca. 310 Volt betrug, während im Winter eine Aufladung von 550 Volt pro Meter gemessen wurde.

Mäßige Ladungsgrade findet man z.B. in der Südsee und über den Ozeanen. In Gegenden mit hoher Luftfeuchtigkeit, wie z.B. den Tropen, ist die Aufladung sehr gering, während über Land, bei niedriger Luftfeuchtigkeit der elektrostatische Wert wesentlich höher liegt. Dies gilt zudem für große Höhen, die sehr gute elektrostatische Bedingungen aufweisen.

Bestimmte Naturkräfte wirken auf der Erde auf alles, so z.B. auch die Schwerkraft (die gemäß Aussage von H.C. Dudley zum Zeitpunkt der Patentanmeldung noch nicht verstanden wurde, ob dies heute anders ist, bleibt unklar, Anm.d.A.). Es wurde festgestellt, daß die Stärke der Schwerkraft aufgrund unterschiedlicher Dichte in manchen Bereichen der Erde abweicht.

Eine Kraft, die der Schwerkraft entgegenwirkt, ist die Zentrifugalkraft. Eine andere, die die Schwerkraft entweder unterstützt oder ihr entgegen wirkt, ist die elektrostatische Kraft. Wird ein Körper mit einer gegensätzlichen Ladung elektrisch aufgeladen, wird er von der Erde angezogen, hat der Körper eine ähnliche Ladung wie die Erde selbst, wird er dagegen abgestoßen, und der Gravitationseffekt wird vermindert.

Ein signifikanter Ladungsunterschied kann die Gravitation komplett aufheben (in dem nämlich die elektrostatische Abstoßung höher ist, als die 1 g Anziehungskraft der Erde, Anm.d.A.). Die ersten Modellversuche mit Raketen und Kugeln haben dies eindrucksvoll bewiesen. So kann der Schub einer Rakete mit einem elektrostatischen Zusatzantrieb um das 5 bis 6-fache erhöht werden, ohne daß sich das Gesamtgewicht des Flugkörpers vergrößert.

So kann man eine Rakete durch sehr hohe Voltstärken, aber kleinen Stromstärken mit einer elektrostatisch positiven Ladung versehen. Wird nun der Wert der Ladung soweit erhöht, daß er den positiven Ladungsgrad der Erde um ein vielfaches übersteigt - **ab ca. 25KV aufwärts** - erhöht sich der Gesamtschub der Rakete. In höheren Luftschichten dagegen ist die elektrostatische Aufladung negativ gepolt. Dies hat den Vorteil, daß die positiv aufgeladene Rakete von den höheren negativ aufgeladenen Luftschichten angezogen wird."

Anmerkung:

Es ist durchaus möglich, dass Ingenieure wie Robert Goddard und andere schon unmittelbar nach dem ersten Weltkrieg auch größere – bis hin zu manntragenden – Raketen mit einem kombinierten chemischen und elektrostatischen Antrieb konstruierten und testeten. Somit könnte die deutsche V-2, das Aggregat-4, das bis heute gerne als erste einsatzfähige Großrakete gepriesen wird, nur eine Legende bzw. ein „Alibi" für die „offizielle" Geschichtsschreibung sein, um die „Wahre Raumfahrt" dahinter zu verstecken.

Mit Sicherheit wurde auch die A-4 durch eine zusätzliche elektrostatische Aufladung in ihrem Flugverhalten aufgewertet, siehe hierzu die „UFO"-Sichtungen diesbezüglich entweder in Kummersdorf oder später in White Sands, USA.

Dies gilt möglicherweise auch für die ersten Strahlflugzeuge (ob deutsche, britische oder amerikanische) sowie für Raketenflugzeuge, die während des Krieges gebaut und eingesetzt wurden, oder nach dem Kriege insbesondere in den USA und England die alten Kolbenmotorjäger verdrängten.

In einem Aufsatz: .C. Dudley: "New Principles in Quantum Mechanics"; Exposition Press, NY, 1959, schreibt der Anmelder o.g. Patents über elektrostatische Flugkörper:

„My flying days began when I ran away from home about 1921 to sneak my first ride in a Jenny. Since then having experienced one air crash, and witnessed many others . . . "

Mister Dudley lernte auf einem Curtiss "Jenny" Doppeldecker in den 1920er Jahren fliegen und machte auch einmal "Bruch".

Und weiter:

„Theoretical studies of charge, fields and gravity led to the prediction that the earth is a (+) charged "particle" spinning in a hue (-) charged field. But theorizing is one thing and experimentation is still another. So a series of privately financed experiments were begun, utilizing both laboratory apparatus, and small rocket. The procedures and results are outlined below.

Laboratory Experiments

In October 1957, preliminary experiments were begun with a small Van de Graff generator producing a maximum electrostatic (+) charge of about 75,000 volts. This unit was used to study the action of various one-quarter to one-half inch spheres and various powders under the influence of a (+) charged field.

These preliminary tests indicated that a large electrostatic generator would be useful. After several modifications, the final unit constructed was a **van de Graff generator** having a spherical collector head 12 inches in diameter, capable of producing a (+) charge of 425,000 volts. The capacity of he ES generator was increased by employing an electronic high-voltage generator, and applying a (+) potential of 25,000 volts on the groundside brush of the Van de Graff.

These units were used to study the movement of (+) charged **one- to four-inch diameter hollow spheres in various (+) and (−) charged electric fields. The spheres were made of glass, plastic, or aluminum.** The inner and/or outer surface of the non-conductors were **rendered conducting by spraying with lacquer containing aluminum powder.** In the case of glass spheres, one of the best sources of supply was ordinary Christmas tree ornaments which contain inside a flashing of metallic silver. This can easily be removed with a few drops of nitric acid. **A non-conducting body does not take a charge and therefore is not repelled.**

A sphere placed on top of the collector of the Van de Graff generator may take on the same charge, in this case 425 KV (+) with respect to ground. This charging of the small sphere will take place only if one surface is conducting. In the case of nonconductors, if the inner surface only is rendered conducting and is connected in some way with the collector head, then the **charge is distributed over the inner conducting surface and the sphere is repulsed.** In effect **the charge "radiates" as if a point source at the center of the hollow sphere.**

Rocket Experiments

As a result of the laboratory experiments outlined above, it was postulated that a rocket may become a (+) charged body, repelled by the (+) charge of the earth and simultaneously attracted by the (-) charged zone above.

In warm, pleasant weather the amount of moisture, as grams cubic meter, is about eight times that found under cold, dry winter conditions. The <u>optimum conditions</u> for the study of the effect of the earth's electric field on the height of rise of rockets are <u>winter conditions</u>, some distance from any large body of water and low humidity.
...
High altitudes, dry, cold conditions are those which favor the tests, since these are conditions of lowest conductivity.
...
The best time to obtain the greatest potential gradient as volts/meter near the surface of the earth is <u>8-11 AM/*Vormittags* and 5-7 pm/*Nachmittags* in winter</u>. In <u>summer the most advantageous times are 8-9 am and 8-9 pm</u>. The best season of the year is November through February.
...
December through January with low temperature and low humidity and fire between 8-11 AM/*Vormittags*.
...
From 200 firings carried out by the author, the following general facts emerge.

(a) Both high humidity and high temperatures <u>decrease</u> the rise of a rocket so constructed as to be an accelerating, charged body.
(b) Conversely, <u>low temperature and low humidity</u> greatly <u>favor</u> the rise of a rocket so constructed as to retain its charge during acceleration.
(c) A completely <u>non-conducting rocket shows erratic flight</u> characteristics in cold, dry weather.
(d) An accelerating, conducting rocket becomes a moving charge in an electric field and thus establishes concentric magnetic lines of force. These lines of force couple with the magnetic flux of the earth, <u>stabilizing the flight of the rocket</u>. This effect causes the rocket to resist changes in its vertical path, such as the force of crosswinds might induce.
(e) Under optimum conditions the electrostatic field of the earth may be utilized to aid the thrust of a rocket motor.
-Ends-

Es wäre interessant zu erfahren, wann in dem Zeitraum von Ende Sommer/Herbst 1944 bis gegen Kriegsende oder gegen Ende des Winters 1945, die so genannten „Foo Fighters" über Deutschland gesichtet worden sind?

In der Frühe oder am Nachmittag, wenn alliierte Feindflugzeuge in den deutschen Luftraum einflogen? Siehe auch das Taschenbuch „Foo Fighters Attacking" v. K-P Rothkugel, 2017. Außerdem wird man bei den damals stattgefundenen militärischen Probeeinsätzen, die ja nicht nur über Nazi-Deutschland, sonder auch auf dem pazifischen Kriegsschauplatz und später eventuell in Korea stattgefunden hatten, künstlich nachgeholfen haben. Denn die Atmosphäre innerhalb eines Operationsgebietes der „Foo Fighters" wurde mit „Spinngut" oder anderen Stoffen, die die Erdatmosphäre in bestimmten Einsatzhöhen künstlich elektrostatisch mit einem bestimmten Ladungsvorzeichen aufgeladen, damit auch in weniger vorteilhaften atmosphärischen Bedingungen Einsätze geflogen werden konnten.

Heute müssten, wenn „Chemtrails" noch in der Atmosphäre ausgebracht werden, die Flugbedingungen für elektromagnetische Drohnen noch weitaus besser sein, als vor mehr als 70 Jahren.

Damals wird man für ein nächstes, an den Zweiten Weltkrieg anschließendes Kriegsszenario diese Flugkörper, „Foo Fighters", getestet haben, um sie im Dritten Weltkrieg effektiv und kriegsentscheidend einsetzen zu können.

Trockene und kalte Konditionen, die vorteilhaft für Flüge mit elektrostatischen Flugkörpern in der Erdatmosphäre sind, findet man auch an den Polen der Erde, wo am Nordpol und vor allen Dingen am Südpol, Festungsanlagen und wohlmöglich Startrampen für Langstreckenraketen zu finden waren, die die „Verschwörer" für ihr Unternehmen „Operation Unthinkable" und ihren „Letzten Krieg auf Erden" errichte ließen.

Sollten von hier, den kalten Regionen der Erde, also elektrostatisch aufgeladene ICBMs, Ziele überall auf der Welt treffen und mit Atombomben vernichten?

Hierzu schreibt Horace C. Dudley:

„The **Russians** are firing their rockets **from a high, dry, cold place**. Subsequently published reports showed their major launching site to be northeast of the Caspian Sea (45 N) on a desert plateau, altitude about 500 feet. They fire their high thrust rockets largely during **cold weather, after October 1**. These are the conditions which the rocket firings reported herein show to be optimum for taking advantage of the earth's electric field. Atmospheric conditions which exist at Cape Canaveral and Point Mugu are those which completely negate this effect."

Dies betrifft Starts russischer Raketen nach dem Zweiten Weltkrieg. Die Russen werden (wie sicherlich auch die USA und ggfs „Ariane-Space, evtl. am Nordpol oder in Norwegen) auch heute noch für militärische Raummissionen solche und andere EM-Raketen nutzen.

Denn das Risiko, dass es zu einem katastrophalen Fehlstart und Absturz kommt, ist bei solchen Raketen mit Zusatzantrieb wesentlich geringer und damit sicherer, um militärische Satelliten, Nuklearwaffen und Exotische Waffen in einen Erdorbit zu hieven.

Von wo schießen die Amerikaner heute ihre elektrostatisch aufgeladenen Raketen ab? Immer noch vom Nord- und oder Südpol?

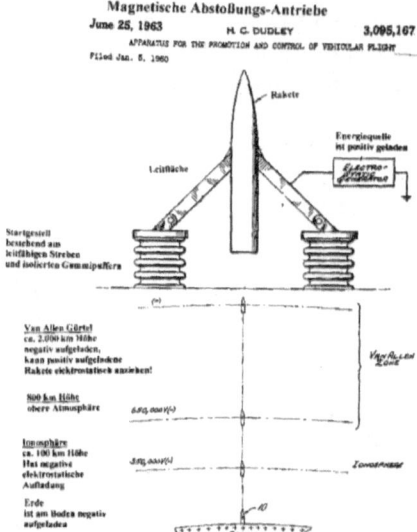

Bild:

Wurden solche Versuche mit Modellraketen auch in Deutschland in den 1930-40 Jahren durchgeführt?

Wurde auch ein „Aggregat-4" elektrostatisch aufgeladen? Wo fanden die deutschen Versuche statt? In Peenemünde, Kummersdorf, Süddeutschland oder Österreich?

Erste Modellversuche, die wahrscheinlich bereits Anfang des 20. Jahrhunderts gemacht wurden, verwendeten kleine Raketenmodelle und kleine Metallkugeln, an deren Außenhaut eine hohe negative Spannung aufgebaut wurde. Da auch die Erde in den untersten Luftschichten eine positive Ladung besitzt, stoßen sich die Flugkörper an dem Erdmagnetfeld ab.

Ist die Abstoßung dabei größer, als die Erdanziehung, beginnt das Fluggerät aufzusteigen. Es findet eine Suspendierung in der Atmosphäre statt, wobei aber ein erratisches Fliegen vermieden werden sollte.

Weiter im Patent:

„Die Erde ist normalerweise elektrostatisch positiv aufgeladen, die Ionosphäre hat in 90 km Höhe aber eine ca. 350.000 Volt negative Aufladung. In ca. 750 Kilometer Höhe liegt die Voltzahl bei 1 Million Volt und mehr und im „Van Allen Gürtel" in 1.800 km Höhe findet man ein noch viel größeren elektrostatisch negativ aufgeladenen Bereich.

Eine mit 25 KV elektrostatisch positiv aufgeladene Rakete erfährt bei ihrem Aufstieg in große Höhen somit noch einen <u>zusätzlichen Schub,</u> wenn sie in die oberen, konstant immer mehr negativ aufgeladenen Luftschichten vorstößt und von diesen automatisch angezogen wird. Wichtig dabei ist, dass die Rakete während des gesamten Fluges ihre positive Aufladung beibehalten kann.

Ein weiterer vorteilhafter Effekt elektrostatisch aufgeladener Flugkörper ist die <u>Reduzierung</u> der <u>schädlichen Luftreibung</u> an der Außenseite der Fluggeräte.

Die ein elektrostatisch aufgeladenes Fluggerät umgebenden Luftmoleküle werden dabei ebenfalls positiv aufgeladen und nehmen praktisch dieselbe elektrische Ladung an wie die Maschine selbst.

Die Luftmoleküle werden aufgrund der gleichen Ladung abgestoßen und das Fluggerät fliegt sozusagen in einem „<u>Selbsterzeugtem Vakuum</u>". Dadurch ergeben sich nicht nur höhere Fluggeschwindigkeiten, geringere Luftreibung and Aufheizung der Außenhaut, sondern auch ein wesentlich stabileres Flugverhalten. Sollte die Außenluft negativ aufgeladen sein, kann die Rakete - oder ein anderer Flugkörper - auch umgepolt werden, um weiterhin ein „Teil-Vakuum" zu produzieren.

Beim Wiedereintritt vom Weltall in die Erdatmosphäre tritt das Problem einer sehr großen Aufheizung der Außenhaut eines Raumfahrzeuges oder Rakete aufgrund hoher Luftreibung auf. Auch hier kann eine entgegengesetzt gepolte elektrostatische Aufladung die

Luftmoleküle abstoßen und erheblich die Reibung und Aufheizung vermindern (s. auch die „MHD-Methode" beschrieben in diesem Buch!, Anm.d.A.).

Es gibt unzählige Methoden, wie man die Außenseite eines Flugkörpers elektrostatisch aufladen kann. Wichtig dabei ist, dass die Außenhaut dafür vorbereitet ist und die jeweilige elektrostatische Aufladung während des Fluges aufrechterhalten bleibt.

Die Außenhaut sollte elektrisch leitfähig sein. Sie kann mit einem entsprechenden leitfähigen Lack beschichtet werden, oder gänzlich aus Metall bestehen. Außerdem sollte die Außenseite glatt sein, keine Kanten, Spitzen, div. Leitflächen, Drähte und ähnliches aufweisen (die Sphäre/Kugel ist ein idealer Flugkörper für elektrostatische Antriebe, Anm.d.A.).

Herausragende Teile würden eine „Korona", ein elektrisches Leuchten erzeugen, was zu einem Abriss der elektrostatischen Aufladung führt. Perfekt sind glatte und sehr große Außenflächen (im Verhältnis zur Größe und Gewicht des Fluggerätes) mit größtmöglichen Kurvenradien. In Deutschland hatte man die Stabilisatoren aus Flachdraht bei elektrostatischen Flugkörpern an den Kanten abgerundet, damit keine „Korona" auftreten konnte

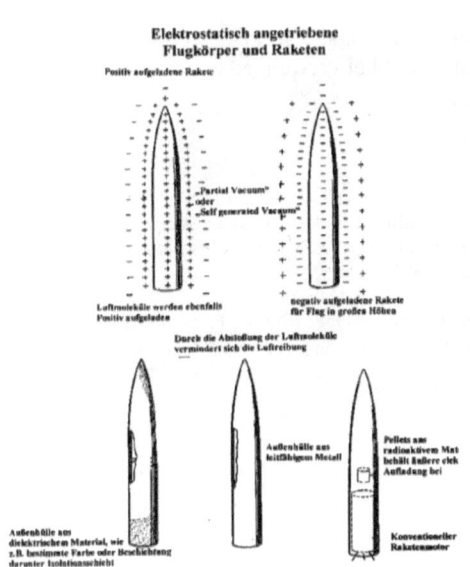

Abb.:

Raketen, die an der Außenseite positiv oder negativ aufgeladen werden können, haben ein wesentlich stabileres Flugverhalten, als konventionelle Raketen.

Die elektrostatische Aufladung reduziert nicht nur im erheblichen Maße die Luftreibung, in dem sie die Luftmoleküle von der Außenseite wegdrückt, sondern die Fluglage der Rakete wird durch die elektrische Aufladung verbessert und man kann auf zusätzliche Stabilisierungsflossen fast gänzlich verzichten.

Außerdem kann bei Wiedereintritt einer Raumrakete, oder ICBM, auf ein aufwendiges Hitzeschild verzichtet werden, da die elektrostatische Aufladung ein „Teil-Vakuum" um die Rakete erzeugt, was die Luftreibung und damit die Aufheizung vermindert.

Um die jeweils anliegende (negative oder positive) Polung an der Außenhaut während des ganzen Fluges aufrecht zu erhalten, gibt es verschiedene Möglichkeiten:

Radioaktive Materialien wie radioaktive Chlorverbindungen, Beryllium, Nickel, Argon sowie Mangan können entweder als Einzelsubstanz oder in Kombination mit anderen Elementen eine positive elektrostatische Ladung erzeugen. Dies wird durch radioaktiven Zerfall, d.h. durch Einfangen von Elektronen, hervorgerufen.

Andere radioaktive Substanzen wie Plutonium, Thorium, Polonium und Radium erzeugen ebenfalls positive elektrostatische Ladungen durch Emission von Alphateilchen.

Vanadium, Jod und Eisen in ihren radioaktiven Formen zerfallen durch die Emission von Positronen (Betateilchen) und ergeben eine negative Ladung an der jeweiligen Außenseite eines Fluggerätes.

Dieses radioaktive Material kann entweder zusammen mit der äußeren dielektrischen Beschichtung aufgetragen werden oder durch „Pellets", die sich innerhalb einer Rakete befinden, zugeführt werden.

Eine weitere Methode zur Aufrechterhaltung der jeweiligen elektrostatischen Aufladung ist die Verwendung von Partikeln, Flüssigkeiten oder Gasen, die in den Strahlantrieb (oder andere Antriebe) **eingespritzt** werden, wobei eine vorbestimmter elektrische Ladung aufgebaut wird. Bei einem Raketenmotor kann neben den herkömmlichen Treibstofftanks ein weiterer Tank festes, gasförmiges oder flüssiges Material enthalten, das dem Raketenmotor eingespritzt und mit dem Abgasstrahl nach draußen ausgestoßen wird.

Wassertröpfchen oder Wasserdampf, ergeben eine positive Ladung, zudem auch Talkum.

Eine negative elektrostatische Aufladung ergibt Kohlenstaub, Kohlenwasserstoff-Tropfen und gewisse Metallstäube.

Abgase von Motoren können somit jeweils positiv oder negativ aufgeladen werden, abhängig ob man Wassertröpfchen oder Kohlenstoffpartikel verwendet!"

Bild:

Umso weniger Teile aus dem Raketenkörper herausragen (z.B. Leitflächen), desto geringer ist eine Störung der elektrostatischen Aufladung und es kommt zu keiner „Corona Discharge".

Sondern nur zu einer „Corona-Free-Discharge" – eine elektrische Aufladung ohne elektrisches Glühen. Dies verringert einen Energieverlust und erhöht die Effektivität des gesamten Antriebes.

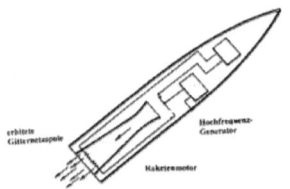

Anmerkung:

Wasserdampf und ein darin eingehülltes Flugobjekt wurde des Öfteren gesichtet, auch das „Tarnen" von „UFOs" mit Wasserdampf als normale Wolke könnte ein „Abfallprodukt" dieser elektrostatischen Technik sein.

Und weiter:

„Die jeweiligen Substanzen können durch spezielle Öffnungen, z.B. an den Seiten einer Rakete ins Freie ausgestoßen werden. Ein heißes Metallgitternetz im Abgasstrahl einer Rakete, das negativ polarisiert wurde, stößt Elektronen mit samt den Abgasen aus, und hinterlässt danach einen positiv aufgeladenen Raketenkörper (siehe Capt. Mantell, Kegel über Kentucky, Glühen eines radioaktiv beschichteten Behälters an der Spitze des Flugkörpers, Anm.d.A.).

Der Draht wird dabei entweder direkt durch die heiße Abgasflamme erhitzt, oder durch spezielle Generatoren, Batterie, Solarzellen u.ä. erwärmt.

Andere Systeme, die Magnetfelder verwenden, um heiße Gase (wie Außenluft, Plasma) zu ionisieren und abzulenken, nennt man Magnetohydrodynamische Systeme, MHD (s. entsprechende Kapitel in diesem Buch, Anm.d.A.).

Weitere Hilfsstoffe, die zu einer positiven Aufladung eines Flugkörpers herangezogen werden können, sind Wasserstoff, Lithium, Beryllium, Bor, Kohlenstoff, Stickstoff und Sauerstoff.

Der Grad der Ionisation eines Atoms reduziert die Anziehungskraft der Erde bis hin zu null (was nicht gleichbedeutend mit der Aufhebung der Schwerkraft ist, sondern mit dem Grad der Abstoßung, Anm.d.A.). Zudem kann eine elektrostatische Aufladung zur Steuerung und Richtungsänderung eines Fluggerätes dienen."

Soweit einige Auszüge aus o.g. U.S.-Patent.

Mit Sicherheit waren auch in Deutschland in den 1920er und 1930er Jahren elektrostatische Versuche an verschiedenen kleinen Modell-Flugkörpern (kleine Raketen und Sphären) bekannt. Inwiefern größere, ferngesteuerte oder manntragende Flugzeuge und Raketen gebaut und erprobt wurden, unterliegt leider bis heute der allgemeinen Vertuschung dieser Thematik.

Aber deutsche Patentunterlagen (s. in diesem Buch) deuten daraufhin, dass mit hoher Wahrscheinlichkeit elektrostatische Flugkörper unterschiedlichster Formen und Einsatzmöglichkeiten in Deutschland entwickelt und gebaut wurden (ggfs. unter Anregung aus dem Ausland und insbesondere den USA, wo ähnliche Flugkörper zur gleichen Zeit während des Krieges gesichtet wurden). Einige dieser außergewöhnlichen Flugkörper mit ihren außerordentlichen Flugeigenschaften und -geschwindigkeiten wurden als „Foo-Fighters" von alliierten Flugzeugbesatzungen während des Krieges (ab etwa 1942) gesichtet. Diese könnten für militärische Einsätze entwickelt und getestet worden sein, um sie in einem weiteren - absolut totalen und alles vernichtenden – Krieg nach Ende des Zweiten Weltkrieges einzusetzen.

In Deutschland wurden wohl in der Hauptsache elektrostatische Flugkörper entwickelt und erprobt, die mit Rauch/Gasgeneratoren, also mit schlecht verbrannten Abgasen aus Motoren, ob Kolbenmotoren, oder Raketentriebwerke elektrisch aufgeladen wurden. Bei kleineren Fluggeräten verwendete man einen Van-de-Graaff-Generator zur Ladungstrennung.

Möglicherweise war zudem angedacht und evtl. auch umgesetzt, das kleine ferngesteuerte „Absaugeflugzeug" „Kugelblitz" und „Feuerball" zusätzlich mit einer elektrostatischen Aufladung an der Außenhaut zu versehen, bzw. elektrostatisch aufladbare Substanzen in den Abgasstrahl der Maschine einzuspritzen.

Damit hätte man die allgemeine Flugleistung weiter steigern können und bei weniger glatten Außenflächen (bzw. unvollkommener Sphärenform, raue Oberfläche) wäre eine – gewollte – Korona aufgetreten, was als leuchtender „Feuerball" der Tarnung und psychologischer Kriegsführen gedient hätte.

Dass Versuche, Strahltriebwerke elektrostatisch zum Beispiel mit Quecksilber aufzuladen, durchgeführt wurden, zeigt der Bericht von Henry Koanda.

Eventuell wurden auch einfachere Triebwerke, wie z.B. das Pulsostrahltriebwerk mit entsprechenden Substanzen elektrostatisch aufgeladen, was diese Art von Triebwerk wesentlich interessanter gemacht hätte. Inwieweit radioaktive Stoffe wie Thorium dazu verwendet wurden, in elektrostatischen Triebwerken oder elektrostatisch aufgeladenen Flugkörpern als Hilfsstoff zur Beibehaltung der jeweiligen positiven oder negativen Aufladung eingesetzt zu werden, ist nicht bekannt. Angeblich soll ein Augenzeuge in Peenemünde kleine Platten, die aus Thorium bestanden, gesehen haben.

Aus Erfindungsschriften geht hervor, dass radioaktiv beschichtete Metallplatten an Flugkörpern angebracht wurden, die eine elektrostatische Aufladung hervorriefen (s. Offenlegungsschriften von Halik/v. Engels).

Nicht jeder Ort, wo in Deutschland, oder im besetzten Ausland an Atomforschung gearbeitet wurde, muss deshalb nicht unbedingt etwas mit der Atombombe zu tun gehabt haben. Es gab wohl auch Standorte, wo radioaktive Substanzen, beschichtete Metallplatten und andere radioaktive Substanzen und Kolloide für elektrostatische Antriebe erforscht, hergestellt und praktisch erprobt wurden.

Wer weiterführende Informationen zu deutschen elektrostatischen und elektrokinetischen Versuchen vor und während des Zweiten Weltkrieges besitzt, kann sich gerne an den Autor wenden.

Interessant ist, dass in dem U.S.-Patent von Horace C. Dudley in der Hauptsache über Raketen gesprochen wird, die elektrostatisch aufgeladen werden und sich von den jeweiligen Luftschichten entweder anziehen oder abstoßen lassen.

Wurde in der heimlichen, „wahren" Raumfahrt am Anfang chemische Raketen für die Raumfahrt benutzt, die zusätzlich elektrostatisch aufgeladen wurden?

Was zu einer besseren Flugeigenschaft führte und z.B. das Abkippen einer Rakete verhinderte (s. hier die ersten Versuche mit der deutschen A-4, die teilweise gleich vom Starttisch herunterfiel).

Konnte das zusätzliche elektrostatische Aufladen eines Raketenkörpers all die aufwändigen Vorversuche sparen (Kreiselgeräte, Steuerklappen usw.), eine Rakete stabil zu halten und war man somit ziemlich schnell in der Lage, mit solchen Raketen bestimmte Nutzlasten und Raumfahrer in den Erdorbit zu bringen, lange vor den ersten offiziellen Raketenflügen der Amerikaner und Russen nach dem zweiten Weltkrieg?

Wann flogen die ersten Raketen ins All, brachten einen Raumfahrer zu einer Erdumrundung? Wann wurden die ersten Nutzlasten, Komponenten für eine Raumstation oder Raketenteile für einen Flug zu Mond und Mars ins All gebracht? Nach dem ersten Weltkrieg, in den 1920er Jahren aufwärts?

Wurden diese heimlichen Raumfahrtaktivitäten, z.B. in Lateinamerika, in den Anden durchgeführt, wo auch die rotierende Rakete der Britisch Interplanetary Society aus dem Titicaca-See heraus starten sollte?

Ist dort, in den Anden die elektrostatische Aufladung in der Atmosphäre günstiger für Raketenstarts ins Weltall? Fliegen von dort heute noch EM-Raumschiffe in die Tiefen des Weltalls?

Der tragische Tod des Captain Thomas F. Mantell

Am 7. Januar 1948 stürzte der Kentucky Air National Guard Jagdpilot, Captain Thomas F. Mantell mit seiner F-51 (Nachkriegsbezeichnung der P-51 „Mustang", aus „Persuit" wurde „Fighter") nahe Franklin, Kentucky, tödlich ab.

Mantell jagte ein großes, unbekanntes Flugobjekt, das von mehreren Zeugen, darunter von dem „Commanding Officer" von der „Godmann Army Air Field", Colonel Guy F Hix gesichtet wurde.

Der Vorfall ereignete sich um 13. 20 Uhr (1:20 p.m.) Ortszeit.

Für ungefähr eine Stunde und 25 Minuten sahen dutzende von Leuten, darunter Colonel Hix das „UFO", wie es nahezu bewegungslos am südwestlichen Himmel hing. Auch in den südlich gelegenen Orten von Kentucky konnten Leute das „UFO" beobachten. Einige meinten, es würde langsam und lautlos gen Süden driften. Andere glaubten, es schwebte still für einige Minuten und begann dann erneut langsam weiter zu fliegen. Alle sahen ein langsam dahinschwebendes Flugobjekt.

Dann erschien um circa 14.55 Uhr eine Formation von F-51 "Mustangs" über Godmann Army Air Field.

Flight Leader, Capt. Mantell führte eine Gruppe von vier F-51 Mustang von der Marietta Air Base, Marietta Georgia nach Standiford Field in Louisville, Kentucky. Er war auf einem Überführungsflug, der zugleich auch eine Navigationsübung im Tiefflug war. Deshalb hatten drei der vier Mustangs keine Sauerstoffanlage an Bord.

Captain Mantell wurde vom Tower von Godman Field gefragt, ob er das unbekannte Flugobjekt untersuchen könnte.

Ungefähr eine halbe Stunde lang versuchten die Mustang Piloten das Objekt zu jagen. Aber bis auf Mantell, brachen alle seine „Wingmen", aufgrund der großen Flughöhe des Flugkörpers (über 5 -8000 m) wegen fehlender Sauerstoffausrüstung in den Flugzeugen, die Verfolgung ab.

Mantell soll seinen Staffelkameraden mitgeteilt haben, dass er entweder bis auf 23.000 oder sogar 25.000 ft Höhe für ungefähr zehn Minuten an das „UFO" herankommen wolle.

Da Mantell sich nicht mehr meldete, fand gegen 17.00 Uhr eine Suche nach seiner Maschine statt, die man schließlich auf einer Farm in der Nähe des Ortes Franklin fand. Die Trümmer der abgestürzten „Mustang" waren über mehr als einen halben Kilometer im Umkreis verteilt. Mantells Körper war noch in der Maschine, und seine Fliegeruhr zeigte 15.18 Uhr als sie stehen blieb.

Man kam zu dem Schluss, dass Captain Mantell sein Bewusstsein in ungefähr 8.000m Höhe aufgrund Sauerstoffunterversorgung verlor. Die F-51 war aber auf „Maximum Climb" getrimmt und stieg noch solange weiter, bis sie auf circa 10.000m Höhe aufhörte zu steigen, um dann, nach Geschwindigkeitsverlust, aufgrund des Propeller-Torques in einen spiralförmigen Sturzflug auf die Erde zuzurasen. Schon in der Luft montierte die F-51 aber aufgrund der überhöhten Sturzgeschwindigkeit ab, und die einzelnen Teile zerschellten später am Boden.

Augenzeugen beschrieben das „UFO" über Kentucky wie folgt:

„A Cpl. J. H. Hudson, on duty in the control tower, also watched with binoculars and in a signed affidavit detailed his own version of the UFO's appearance and motion. He estimated, for example, the UFO's nearest approach at four miles and stated that the UFO was white in color when first sighted, but soon changed to a red hue. No shape was discernible until the UFO suddenly dropped down, at which time it assumed **a cone-shape** with the **point-end down.**

The dimensions of the object appeared to be some **40 x 100 feet.**"

Oder:

"When it ascended, the UFO reversed its position to a point-end up, or "pyramid" configuration. The shifts of position left a **green mist trailing** behind. The whole UFO seemed to have a **glowing aura of burning light.**"

Ein anderer Augenzeuge, der für die Flugsicherung in der Gegend arbeitete, sagte:

"Not knowing how close or far the object was from me at the time, I could not estimate the size very accurately, but it appeared **as large or larger than one of our C 47 planes**, and of a different shape. <u>Either round or oval shaped</u>. Just before leaving it <u>came to very near the ground</u>, staying down for about ten seconds, <u>then climbed at a very fast rate back to its original altitude, 10,000 feet</u>, leveling off and disappearing into the overcast heading 120 [degrees]. Its speed was greater than 500 mph in level flight. It was visible to me for a period of twenty minutes. **No noise or sound could be detected.** The color was amber light but not sufficiently bright to cover or obscure the outline of the configuration which was approximately round. During up and down movement no maneuvering took place. Motion was **same as an elevator**, climbing and decending [sic] vertically. **Exhaust trail was noticeable only during forward speed.** It appeared as a thin mist approximately same color (amber) as the object."

Abb.:

So in etwa muss im Januar 1948 über Kentucky, an der Grenze zum Bundesstaat Ohio, Captain Mantell den ca. 20 m langen kegelförmigen elektrostatischen Flugkörper gesehen haben, als er sich diesem in ca. 8.000m Flughöhe näherte.

Beachte oben an der Basis die Reihe von Auspufföffnungen und unten, oberhalb der Spitze einen metallenen, aufheizbaren Behälter zur Erzeugung von Elektronen für die notwendige elektrostatische Aufladung.

Oben wurden die Reibungsdüsen ggfs. mit einem General Electric oder Westinghouse Strahl- oder Raketentriebwerk betrieben und durch Abdecken gewisser Auspufföffnungen konnte der Flugkörper mit dem austretenden Schubstrahl gesteuert werden.

Hier ist der Flugkörper genügend elektrostatisch aufgeladen und die zwei Arten der elektrischen Aufladung (oben ein Strahl- oder Raketentriebwerk, unten erhitzte Elektronen) sind abgeschaltet. Der Flugkörper ist innerhalb der Raumladung der Atmosphäre suspendiert und schwebt auf der Stelle.

Gegen 19.00 Uhr am Mittwochabend jenes 7. Januar 1948 konnte dieser Augenzeuge, ein VHF/DF Operator, in der Gegend von Lockbourne, Ohio ein unbekanntes Objekt landen sehen:

„On Wednesday January 7, 1948 at about 19.25 Eastern time I observed in the sky an object which I could not identify. It appeared **to hover** in one position for quite some time, moving very little. It disappeared once for about a minute and I assumed it entered the overcast, which was about 10,000 feet. After descending again below the overcast it circled one place for the duration of three 360 degree turns, then moved to another position **to circle** some more. Turns required approximately 30 to 40 second each, diameter estimated about two miles.
. . .
During descent it appeared to touch the ground or was very near to touching it. It was approximately 3 to 5 miles away from Lockbourne Air Base in immediate vicinity of COMMERCIAL POINT. It positively was not a star, comet or any astronomical body to the best of my knowledge of such things. I also rule out the possibility of it being a balloon, flare, dirigble [sic], military or private aircraft.

Ein anderer "Air Traffic Controller" sagte u.a. aus:

„Also the wind at the time was blowing from east to west and if it had been a balloon or lighter-than-aircraft it would have drifted in the direction the wind was blowing. There was no sound or unusual noise. Its performance was very unusual and **the light emitting from it seemed to fade out at times.** Just before it disappeared beyond the horizon the light changed to a sort of red color. The same object was later sighted in the vicinity of Clinton County Air Field by the operators on duty in the control tower.

Es wäre also möglich, dass der kegelförmige Flugkörper entweder auf der Lockbourne Air Base oder dem Clinton County Air Field landete.

Zu Clinton Air Field:

"The airport opened in 1929 and a small hangar built in 1930. The landing strip was approved by the Civil Works Administration in 1940, the Civil Aeronautics Authority took control of Wilmington Airport for use as an emergency landing field. In 1942, the United States Army Air Force took over the airport, renaming it Clinton County Army Air Field. With the establishment of an independent U.S. Air Force in 1947, the installation was renamed Clinton County Air Force Base and primarily supported Air Force Reserve flight operations and training."

Möglicherweise war Clinton Air Base ein ruhiger Platz, wo man unbemerkt einen geheimen Flugkörper ferngesteuert landen und danach abtransportieren konnte.

Sicherlich wurde der geheime elektrostatisch angetriebene Flugkörper die ganze Zeit über, entweder vom Boden, oder zusätzlich aus der Luft bei seinem Erprobungsflug beobachtet und ferngesteuert.

Und mit Sicherheit hatte man den Abfangeinsatz der vier Mustangs mitverfolgt, ggfs. auch den Funkverkehr.

Niemand hatte wohl damit gerechnet, dass der Station Commander von Godmann Air Field die Chance nutzte, als vier Mustangs auf einem „Ferry Flight" sich zufällig um die Zeit der „UFO"-Sichtung dem Flugfeld näherten, den Flight Leader, Capt. Thomas Mantell aufzufordern, das unbekannte Flugobjekt abzufangen.

Und niemand konnte ahnen, dass Captain Mantell so hartnäckig war, sich unbedingt dem (absichtlich) hoch fliegenden kegelförmigen Flugkörper so weit zu nähern, bis der Pilot, ohne Atemmaske, das Bewusstsein verlor.

Captain Mantell war während des zweiten Weltkrieges Pilot auf Transportmaschinen, und er flog während der Invasion in der Normandie im Sommer 1944 mit seiner C-47 "Dakota" Schleppeinsätze mit Lastenseglern. Er hatte keine Erfahrung als Jagdpilot auf P-51 Mustang Jagdmaschinen und war es auch nicht gewohnt, eine Sauerstoffmaske zu tragen.

So heißt es über Mantell:

In fact, he seemed to have been a very brave man. According to a letter sent to me by Mantell's sister, Betty Mantell Risley,

"Tommy was awarded the Distinguished Flying Cross for his
calm and courageous action on D-Day [that is, the
Normandy Invasion on June 6, 1944]. On that day he was
ferrying a glider plane to a designated point behind
German lines. His instructions were to cut the glider
loose and return to base if attacked. Tommy was attacked
but proceeded to [his] destination where men in the
glider would be with others for mutual safety. He was
then able to get his badly damaged plane back to his base
in England."

Als Transportpilot flog Mantell immer unterhalb der 4.000m Flughöhe, wo man noch ohne Sauerstoffmaske normal atmen konnte.

Aber seine Unerfahrenheit (und körperliche Untrainiertheit) betreffend Flüge in großen Höhen, schien Mantell nun zum Verhängnis geworden zu sein. Denn er verfolgte den kegelförmigen Flugkörper bis in eine Flughöhe, wo man nicht mehr ohne Sauerstoffversorgung normal über längere Zeit atmen konnte.

(Hier sei z.B. an die deutschen Raketenjägerpiloten erinnert, die langwierige Atemübungen/Höhentraining in Druckkammern oder Eingewöhnungstouren auf hohen Bergen durchführen mussten, damit sie besser für die Abfangeinsätze mit ihren Me 163 Raketenjägern gewappnet waren.)

Da Mantell bis auf über 8.000m Flughöhe gestiegen war, verlor er irgendwann sein Bewusstsein aufgrund „Anoxia/Hypoxia" und stürzte tödlich ab.

Captain Mantell hatte das Pech, zur falschen Zeit am falschen Ort gewesen zu sein, als er gefragt wurde, das Flugobjekt näher zu untersuchen.

Eine Mitschuld hatte aber auch die Wright Patterson Air Base, die auf Anfrage angab, nicht zu wissen, was für ein Flugzeug über Kentucky flog.

„When contacted (WP-AFB, Anm.d.A.), a Captain Hooper at Flight Test
Operations replied in the negative, saying that the only thing in
the region they had was a conventional aircraft on photo missions, .
. ".

Alle Informationen aus: "An Analysis of the Thomas Mantell UFO Case" by Kevin Randle, sowie "UFO's: A History 1948", by Loren Gross.

Vielleicht wusste dieser Captain Hooper nicht einmal, dass auf der weitläufigen WP-AFB ein hochgeheimer Flugtest stattfand.

Denn höchstwahrscheinlich kam der kegelförmige, elektrostatische Flugkörper eben genau von dieser Air Base, wohin auch die erbeuteten deutschen Sonderprojekte aus dem zweiten Weltkrieg verbracht wurden.

Wohlmöglich wurde dieser kegelförmige elektrostatische Flugkörper sogar mit Hilfe deutscher Spezialisten, Techniker und Ingenieure aufgrund ihrer Erfahrung, die sie mit solchen elektrischen Flugkörpern während des Krieges sammeln konnten, entwickelt und gebaut.

Abb.:

Tödlicher Absturz einer F-51 „Mustang"

Mehrere Augenzeugen sahen am 7. Januar 1948, gegen 2 Uhr 30 mittags über den Städten Louisville, Elisabethtown, Lexington und Fort Knox, Kentucky, ein silbriges Flugobjekt. Gegen 15 Uhr sichtete man dieses, Flugobjekt über Goodman Field, einer ANG Militärbasis.

Capt. Thomas Mantell stürzte mit seiner F-51 an diesem Tag im Jahre 1948 tödlich ab, weil er ohne Sauerstoffversorgung mit seiner Jagdmaschine bei der Verfolgung des „UFOs" über 23.000 ft., ca. 8.000 m Höhe geriet und dabei sein Bewusstsein verlor.

Es war ein Pilotenfehler der fatal endete. Den geheimen Flugkörper, den Mantell verfolgte, dieser hatte nichts mit seinem Absturz zu tun.

Der kegelförmige Flugkörper, so groß wie eine Douglas C-47 Transportmaschine, wäre dann in etwa 20 m lang gewesen, von der Basis bis zur unteren Spitze.

Das rote Leuchten oben an der Basis könnten „Generatoren" gewesen sein, Auspufföffnungen/Reibungsdüsen, ggfs. eines Strahl- oder Raketenantriebes, dessen Abgasstrahl die Augenzeugen richtig erkannten.

So heißt es in dem deutschen Patent über elektrostatische Flugkörper:

„Als elektrostatische Generatoren kommen in erster Linie **Gas-Rauch-Generatoren** in Betracht. So können **Auspuffe** von **Kolben-Verbrennungsmaschinen**, ferner **Luftstrahltriebwerken** und **Raketentriebwerken** bei unvollkommener Verbrennung ihres Treibstoffes, verbunden mit Rauchentwicklung, für die elektrostatische Aufladung des Flugkörpers verwendet werden.

Dieser Antrieb war an- und abschaltbar. Wenn der Flugkörper genügend elektrostatisch aufgeladen war (durch die Reibung der fetten und schlecht verbrennten rußigen Abgase an den rauen Auspuffrohren), wurde der Antrieb wieder abgeschaltet und der Flugkörper war nun ausreichend in der Atmosphäre „suspendiert". Wobei auch die jeweilige Raumladung in der Gegend um Wright Patterson an jenem 7. Januar 1948 eine Rolle gespielt haben könnte. Da der Himmel bewölkt war und es nahe null Grad war, könnte die elektrostatische Raumladung ausgereicht haben, so dass der kegelförmige Flugkörper sich über mehrere Stunden problemlos in der Luft halten konnte.

War die elektrostatische Aufladung des Kegels abgesunken, liefen die Generatoren wieder an und luden die metallene Außenhaut erneut elektrisch auf. Dies sahen die Augenzeugen, als der Flugkörper beinahe bis auf den Boden abgesunken war und dann mit hoher Geschwindigkeit, aufgrund elektrostatischer Anziehungskräfte, wieder an Höhe gewann.

Für die Änderung der Position konnten wohl eine oder mehrere der 360 Grad um die Basis laufenden Auspufföffnungen als Strahlantrieb/Schubaustritt genutzt werden, damit der Flugkörper seine Lage über Grund ändern konnte, um z.B. auf Clinten Air Field zu landen.

Frank Edwards erwähnt noch folgenden Hinweis in seinem Buch:

„Es wurde seinerzeit - 1948 - weitgehend darüber berichtet, daß Captain Thomas Mantell, der während der Jagd auf ein UFO in Kentucky gestorben war, gemeldet hatte, daß er bei Annäherung an das Objekt ungewöhnliche Hitzewellen verspürt hatte."

Das ist vollkommen richtig, geht man davon aus, dass der elektrostatische Flugkörper mit einem Strahl-/Raketenantrieb versehen war, der rund um die Basis des Kegels angeordnet war. Sowie an der Spitze entweder Elektroden oder Kolloide aus einem heizbaren Metallbehälter ausstieß.

Der Flugkörper hatte wohl aufgrund seiner Größe eben diese zwei Möglichkeiten der elektrostatischen Aufladung, was seine stabile Fluglage, seine lange Verweildauer in der Luft und die Richtungsänderung, die Steuerung betrifft.

Weiter heißt es bei Frank Edwards:

„Später, als man die Absturzstelle der abgestürzten North American „Mustang" fand, lagen die Wrackteile über ein weites Gebiet verstreut. Der Presse war es verboten, die abgesperrte Absturzstelle zu betreten.

Nachträglich wurde bekannt, daß Teile des Wracks kleine Perforationen aufwiesen, ja geradezu **porös oder rau** aussahen, wie als wäre man mit einem Sandstrahler über die Metallhaut des Flugzeuges gegangen."

Falls diese Information stimmt, dann war Capt. Mantell so nahe an den Flugkörper herangekommen, dass er wohlmöglich in einen bestimmten Partikel-, Elektonen- oder Kolloidenstahl, der zusätzlich als elektrostatische Aufladung der unbemannten elektrostatischen Maschine diente, hinein geriet.

So heißt es in dem deutschen Patent:

„Zu den thermodynamischen Prozessen zählen die **aufheizbaren Behälter aus Metallen** oder **Metallegierungen** mit hoher Emissionsdichte von Elektronen. Zu diesem Zweck besitzt der Flugkörper einen **seine Spitze bildenden Behälter**. Er kann ebenso auch zur **Gänze** aus einem solchen Metall bestehen. Weiters können zur Erzeugung von künstlichen Raumladungen die Flugkörper ganz oder teilweise mit **betastrahlenden Isotopen** belegt werden."

Auch hier sahen die Augenzeugen richtig ein rotes Glühen um den Flugkörper.

Die Beschädigungen an der Flugzeugzelle waren aber höchst wahrscheinlich nicht der Grund für den Absturz der North American F-51 „Mustang", sondern mangelnde Sauerstoffversorgung des Piloten aufgrund fehlender Sauerstoffanlage an Bord des Flugzeuges.

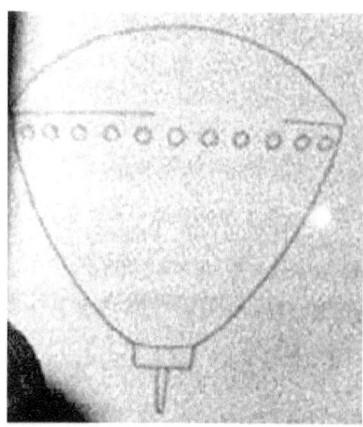

Bild:

Zeichnung aus den gefälschten „MJ-12" Dokumenten, dem „Special Operations Manual 1-01", SOM 1-01

Begegnete Captain Mantell einem großen, unbemannten elektrostatischen Flugkörper in Kegelform, der von Wright Patterson AFB kam? Der Flugkörper von Kentucky war länglicher und schmaler (gerade so schmal, dass in die Basis des Kegels ein Strahltriebwerk passte).

Beachte oben an der Basis des Kegels die Generatoren, runde Auspufföffnungen/Reibungsdüsen zum elektrostatischen Aufladen des Flugkörpers und der umgebenden Atmosphäre. Einzelne Auspufföffnungen oder Gruppen dienten zusätzlich als Schubdüsen für eine Richtungsänderung.

Siehe unten an der Spitze des Flugkörpers einen Metallbehälter für thermodynamische Aufladung mit z.B. radioaktiven Isotopen.

Der gesamte metallische Flugkörper kann zur besseren Eigenstabilisierung auch um seine eigene Achse rotieren.

Die besonders konstruierte Spitze am unteren Ende des Kegels könnte gleichzeitig als Teil einer Start- und Landevorrichtung am Boden gedient haben, in der der Flugkörper arretiert wurde.

Geriet Mantell mit seiner Jagdmaschine in einen elektrisch geladenen Schwermetall-Partikelstrom, weil er diesem zu nahe kam? Wurde deshalb die Metalloberfläche seiner Maschine von den stark beschleunigten elektrostatischen Partikelteilchen, Kolloide, angestrahlt und sah daraufhin porös und rau aus? War der elektrische Schwermetall-Partikelstrom, wenn man in unmittelbarer Nähe geriet, sehr heiß (Hitzewelle, elektrische/elektrostatische Aufheizung von Metallbehälter an der Spitze)?

Flog somit im Januar 1948 ein geheim gehaltenes elektrostatisches Fluggerät (auf Basis bestimmter Forschungen und Erkenntnisse aus Deutschland und ggfs der USA mit elektrostatischen Flugkörpern vor und während des Krieges) über der Gegend um Wright Patterson AFB, wo auch andere nach dem Krieg erbeutete deutsche Fluggeräte und Flugscheiben im mittleren Südwesten der USA erprobt wurden? Wohlmöglich wurde auf WP-AFB auch die Koordination geheimer U.S. Entwicklungen unkonventionellerer Fluggeräte und Raumschiffe durchgeführt.

Wollte man durch Aufsteigen des elektrischen Flugkörpers in eine, für die „Mustangs" ohne Sauerstoffanlage unerreichbare Flughöhe, die geheime Maschine vor neugierigen Blicken entziehen?

War dieser Umstand genau der Grund, warum Mantell schließlich um Leben kam?

Nämlich zum einen aufgrund seine Unerfahrenheit mit Abfangeinsätzen, die fehlende Sauerstoffausrüstung seiner F-51 und zum anderen seine Neugier, sein Ehrgeiz, den geheimen Flugkörper unbedingt abfangen zu müssen, auch wenn er ohne Atemmaske auf 8.000m Höhe klettern musste?

Ein Pilotenfehler, der zu „Anoxia/Hypoxia", einer Unterversorgung seines Gehirns mit Sauerstoff und letztendlich zum tragischen Tod dieses ANG Piloten führte.

Als Fazit kann man sagen, dass elektrostatische Flugkörper auch in Deutschland entwickelt und gebaut wurden, diese, wie anderswo (Japan, USA) im Krieg militärisch getestet wurden, um festzustellen, welche Aufgaben solche außergewöhnlichen Flugkörper in einem Kriegsfall durchführen können. Dazu gehören Funkstörmaßnahmen, ggf. Motorstop, das elektrische Aufladen gewisser Planquadrate für bestimmte Operationen wie Wettermanipulation (ein Phänomen, dass man eventuell heute noch beobachten und erfahren kann, wenn die Atmosphäre mit „Chemtrails" elektrisch aufgeladen ist, könnte dies zu schweren Gewitterstürmen führen. Blitze in einer elektrisch leitfähigen Atmosphäre richten große Schäden am Boden an. Siehe auch das Experiment, das der deutsche Ingenieur Tellmann in Russland beobachten konnte).

Wären solche Flugkörper bei „Operation Unthinkable", einen totalen Dritten Weltkrieg vermehrt eingesetzt worden?

Auch die „Wahre Raumfahrt" hatte sich wohl dieser Flugkörper bedient, wie die Erprobung des riesigen Kegels in Kentucky im Jahre 1948 aufzeigt. Denn solch ein elektrischer Körper hätte z.B. auf anderen Planeten als Sonde, auch zum Eintauchen in Seen, wie die Metanseen auf dem Saturnmond Titan, gedient haben können.

Eine weitere effektive Einsatzvariante in einem Totalen Krieg zeigt folgendes Beispiel:

Fliegende Untertassen lösen elektrische Störungen aus
Die „Große Verdunkelung" von 1965

Folgende Fallbeispiele wurden aus dem Buch „*Fliegende Untertassen – eine Realität*" von Frank Edwards, Ventla-Verlag, Wiesbaden-Schierstein, 1967 entnommen:

„Man hatte seit 1947 beobachtet, daß irgendein mit den „Ufos" zusammenhängendes Kraftfeld Störungen in elektromagnetischen Apparaten hervorrief. Es wurde zuerst bei Kompassen bemerkt. Später entdeckten Piloten, daß immer, wenn ein „UFO" in ihrer Nähe war, die Zündung ihrer Verbrennungsmotoren versagten. Auch Schiffe, Autos und Traktoren hatten in Gegenwart von fliegenden Untertassen Störungen an ihren Motoren zu verzeichnen. Piloten berichteten immer wieder über Ausfälle ihrer Funkausrüstungen, die sie daran hinderten, Signale oder Meldungen zu senden oder zu empfangen, wenn „UFOs" in der Nähe waren (hierbei könnte es sich einerseits um Störungen handeln, die von den

Antrieben, oder Teilen davon, herrührten, oder aber als Abwehrmaßnahme, um unliebsame Beobachter an weiteren und unbedachten Handlungen zu hindern, Anm.d.A.).

Ein Fall ereignete sich z.B. 1957 in Mogi Mirim in Brasilien. Als drei glühende scheibenförmige „UFOs" langsam über die Stadt flogen, setzte der elektrische Strom einfach aus, und die Lichter erloschen. Unterhalb der direkten Fluglinie der Flugscheiben gab es eine Zone der totalen Auslöschung, während die zu beiden Seiten mit zunehmender Entfernung sich die elektrischen Störungen zunehmend abschwächten. Am 3. August 1958 wurde ein großer Teil Roms in Dunkelheit getaucht, als ein leuchtendes und sehr großes „UFO" über der Stadt kreiste, und auch hier gingen die Lichter wieder an, als das „UFO" verschwunden war.

Die Gemeinde *Totem Town* an der Bundestraße 61 in der Nähe von St. Paul, USA, erhielt eine deutliche Probe von der Wirkung zweier Objekte, die in niedriger Höhe über der Stadt kreisten und dabei abwechselnd blaue und orange Lichtblitze aussandten. Viele Menschen einschließlich mehrerer Polizeioffiziere waren unter den Zeugen, die im Elektrizitätswerk Northern States Power Company berichteten, daß in Gegenwart von „Ufos" der gesamte Strom ausgefallen war. Dort erklärte man, daß im Werk nicht das Geringste zu finden sei, was den Ausfall verursacht haben könnte und daß dieser ja nur von kurzer Dauer gewesen war.

Das größte Aufsehen aller bisherigen Verdunklungen dieser Art aber machte jene weltweit bekannt gewordener Stromausfall-Katastrophe vom **9. November 1965 im Nordosten der Vereinigten Staaten,** ausgerechnet in den späten Nachmittagsstunden, die erfahrungsgemäß Spitzenleistungen der Kraftwerke erforderten. Piloten, die das Phänomen aus der Luft beobachteten, beschrieben es als gewaltigen Eindruck: **Eben waren da noch erleuchtete Städte mit Millionen Einwohnern, und im nächsten Augenblick gab es nur noch einen großen schwarzen Teppich, anscheinend völlig ohne Leben darin.**

Einer der Piloten erklärte: „*Ich hatte das Gefühl, gerade den Weltuntergang gesehen zu haben!"*

Von New York bis nach Maine war buchstäblich fast das gesamte Gebiet ohne Strom. Am Morgen des 10. November war die Verdunklung vorbei. Offiziell wurde erklärt, ein kanadisches Kraftwerk sei ausgefallen und habe andere nach sich gezogen."

Während dieser Zeit wurden überall in dem Gebiet auch fliegende Untertassen beobachtet, ob sie aber alleine für den Stromausfall verantwortlich waren (oder wegen eines speziellen Experimentes), sei dahingestellt. (Heute können solche „Verdunkelungen" auch durch „Hacker-Angriffe" durchs Internet ausgelöst werden, Anm.d.A.). Denn Frank Edwards (ein damals bekannter Rundfunkmoderator in den 1960er Jahren) schildert ebenso Augenzeugenberichte, die einen Feuerball gesehen haben wollen, der etwa 30 Meter hoch war und einen Durchmesser von 15m hatte. Ein anderer Augenzeuge hat mit seinem Teleskop mehrere dieser glühenden Objekte beobachtet.

Handelt es sich hier um ein Plasma-Experiment mit ionisiertem Gas, ggfs. durchgeführt in den obersten Luftschichten unserer Erde?

Es sieht so aus, dass man den fliegenden Untertassen bereits recht früh eine Abwehrmöglichkeit mit an Bord gegeben hat, um sich feindlichen oder zu neugierigen Annäherungen zu erwehren. Eine Abwehr allzu aufdringlicher Militärpiloten in ihren Abfangjägern mit konventionellen Maßnahmen, wie Bordkanonen o.ä., wäre wohl auch zu weit gegangen.

Elektrostatische und Elektrohydrodynamische Antriebe erzeugen hohe Voltzahlen. So schien man also in der Lage gewesen zu sein, den Antrieb, mit z.B. einem „Rheotron" oder Mikrowellenstrahlen zu verbinden, um ggfs. mit gerichteten oder fächerförmigen Strahlen, Zündsysteme und jeglichen anderen Stromfluss unterbrechen zu können.

Da man Vorrichtungen zur Erzeugung gebündelter Röntgenstrahlen auch „Cosmic Ray Machines" nannte, wäre es durchaus denkbar, dass man diese tödlichen kosmischen Strahlen auch künstlich erzeugte, um Experimente damit durchzuführen, die für die „Wahre Raumfahrt" von Nutzen sein könnte (z.B. Schutzschild für Raumschiffe).

Normale Flugzeugabstürze?

Zeitungsmeldung v. 24. Dezember 2002: „Flugzeug in Iran abgestürzt – 46 Tote". Ein gemeinsam von Iran und Russland entwickeltes neues Kurzstreckenverkehrsflugzeug stürzte mit 42 Luftfahrtingenieuren aus der Ukraine und Russland ab. Sie wollten gemeinsame Luftfahrtprojekte in Iran (Kriegsgegner der USA) erörtern.
Zeitungsmeldung v. 20. Februar 2003: „Absturz in Iran – offenbar 270 Tote". Ein Antonow Transportflugzeug mit 270 Insassen der Eliteeinheit „Revolutionäre Garden" stürzte in der Nähe einer Stadt, rund 1.000 Kilometer südlich von Teheran ab.

Meldung v. 24. Februar 2003: „Militär-Hubschrauber im Jemen abgestürzt". Acht Offiziere sind bei einem Absturz des Hubschraubers auf eine kleine Insel im Roten Meer ums Leben gekommen.
Zeitungsmeldung v. 25. Februar 2003: „Flugzeug mit Minister aus Afghanistan abgestürzt". Vor der Küste von Pakistan stürzte eine Cessna mit acht Insassen ab. Dabei kamen u.a. der afghanische Industrieminister und zwei chinesische Ingenieure ums Leben.

28.08.1988: Bei einer Flugschau auf der U.S. Air Base in Ramstein prallten drei Jets der berühmten italienischen Kunstflugstaffel „Frecce Tricolori" in 40m Höhe zusammen. Einer der Jets explodiert mitten unter den Zuschauern und tötet 70 Menschen. Zwei der getöteten Kunstflugpiloten, Ivo Nutarelli und Mario Naldini sollten ein Tag später vor einem italienischen Richter Aussagen zu dem rätselhaften „Itavia"-Flug von 1980 machen. Laut Gerüchten wurden sie in Ramstein – auf spektakuläre Weise – liquidiert, und das auf Kosten unschuldiger Flugschaubesucher. Schon vorher sind andere Zeugen des 1980er Luftzwischenfalles auf mysteriöse Weise ums Leben gekommen.

Sicherlich sind dies alles nur Unfälle, die aufgrund schlechter Witterungsbedingungen, schlechter Wartung und Zustand der Maschinen, oder aufgrund Pilotenfehler zurückzuführen sind.

Geradezu unmöglich, dass z.B. eine oder mehrere Satelliten gestützte EM-Kanonen im All oder andere „Skalare Waffen" diese Abstürze absichtlich herbeigeführt haben könnten.

Der „Ustica Zwischenfall"

Am 27. Juni 1980 stürzte eine Douglas DC-9, der Alitalia Tochter „Itavia", mit 77 Passagieren an Bord, in der Nähe der Mittelmeer Insel Ustica in das Tyrrhenische Meer.

An jenem Abend, Ende Juni hielten sich mehrere Kampfflugzeuge, wie auch Kriegsschiffe über und im besagten Tyrrhenischen Meer auf. Alle waren sie bereit für eine große Luftschlacht.

Denn im Radarschatten einer italienischen Itavia DC-9 versteckten sich zwei libysche Mig 23 „Flogger", die die Zivilmaschine heimlich begleiteten.

Wohlmöglich ein fatales und gekonntes Ablenkungsmanöver!

Andere Jagdmaschinen kamen von italienischen Stützpunkten, von einem französischen Flugzeugträger in der Region und kurvten im Luftraum über dem Meer. Zudem sollen auch U.S. Trägerflugzeuge von einem amerikanischen Flugzeugträger aufgestiegen sein.

Eine italienischen Alarmrotte, bestehend aus zwei Lockheed F-104 S „Starfightern", entdeckten die drei Flugzeuge, die zivile „Itavia" DC-9 und die zwei libyschen Jagdmaschinen.

Wer nun auf wen schoss, blieb bis heute unklar.

Denn später stellten Zeugen auf einem italienischen Militärflughafen fest, dass bei einem der italienischen Abfangjäger eine Rakete fehlte!

Eine der libyschen Flogger wurde abgeschossen, sowie die italienische Passagiermaschine!

Die Tragik dieses Ereignisses war wohl, dass die italienischen Abfangjäger ihre eigenen, unschuldigen Landsleute in der DC-9 abschossen und diesen Fehler wohl nicht sofort erkannten!

Eine Mig 23 Flogger konnte abdrehen und entkommen. Die Trümmer der anderen „Flogger, mit den Überresten des Piloten fand man später in der italienischen Provinz Kalabrien. Diese Maschine könnte von den Amerikanern abgeschossen worden sein.

Neben den vielen Kampfmaschinen unterschiedlicher Nationen und der zivilen italienischen Chartermaschine mit den 77 Passagieren an Bord, hielt sich noch eine weitere Passagiermaschine, eine Tupolew Maschine mit dem Flight Code 56, in dem Luftraum vor Italien auf.

Besagte Maschine kam von Tripolis in Libyen und war auf dem Weg nach Warschau.

Man wusste, dass der libysche Staatschef Gaddafi an Bord war.

Ungewöhnlicherweise änderte das libysche Passagierflugzeug jedoch plötzlich den Kurs. Ursprünglich sollte sie in dieselbe Richtung fliegen, wie die italienische „Itavia" Maschine.

Gaddafi landete ungeplant auf einem Flugplatz in Valletta auf Malta, was wohl seine Rettung bedeutete.

Wurde der libysche Staatschef Gaddafi gewarnt? Wohlmöglich von seinem eigenen Geheimdienst, der erkannte, dass ein Anschlag auf ihn geplant war?

Wurde das italienische Charterflugzeug irrtümlich abgeschossen? Verwechselte man diese Maschine mit der Tupolew, weil zwei libysche Jagdmaschinen diese – absichtlich - begleiteten?

Warum sollte Gaddafi liquidiert werden?

Kurzum, über die folgenden Jahre hinweg starben merkwürdigerweise mehrere Zeugen, die alle irgendwie in den so genannten „Ustica-Zwischenfall" involviert waren. Darunter waren Radarbeobachter und Flugunfall Ermittler.

Am Montag, den 29. August 1988 wollte die italienische Staatsanwaltschaft zwei Piloten als Zeugen befragen, die 1980 die zwei italienischen „Starfighter" Abfangjäger flogen und in den Luftkampf über dem Tyrrhenischen Meer verwickelt waren.

Nur, diese beiden Piloten waren jetzt eben Mitglieder der italienischen Kunstflugstaffel „Frecce Tricolori".

Und sie kamen leider bei dem Flugunfall in Ramstein, Rheinland Pfalz, am Sonntag zuvor, den 28. August 1988, auf tragische Weise ums Leben.

Sie konnten nicht mehr aus erster Hand Antworten geben, was sich tatsächlich im Juni 1980 vor Italien in der Luft abspielte. Wer beteiligt war, wer was wusste, und warum das alles geschah.

Die beiden Kunstflugpiloten und ehemaligen Abfangjägerpiloten konnten vor allen Dingen nicht mehr berichten, warum wohl einiges schief gelaufen war, an jenem Abend im Juni 1980, vor der italienischen Insel Ustica.

Wurden diese beiden Piloten in Ramstein absichtlich und auf spektakuläre Weise liquidiert?

Weil sie zu viel wussten und wahrscheinlich für den Tod von 77 Passagieren eines italienischen Charterfluges verantwortlich waren?

Nahm man dafür auch noch den Tod mehrerer, unschuldiger Flugschaubesucher in Ramstein/Deutschland billigend in Kauf?

Wie hatte man es aber angestellt, dass es überhaupt zu dieser Katastrophe auf der alljährlich stattfindenden Flugshow der Amerikaner in Ramstein kommen konnte?

Wiederum mit nicht mehr nachweisbaren elektromagnetischen Waffen?

Unterbrach man rechtzeitig, für einen winzigen Moment, die elektrische Zündanlage in dem Flugzeugtriebwerk eines der „Frecce Tricolori" Jets. Sodass dieser, nun nicht mehr im richtigen Zeitfenster, in die Formation der anderen Maschinen rauschen musste. Löste man dadurch das Unglück aus?

Flug-Katastrophe in Ramstein
War Zusammenprall manipuliert?

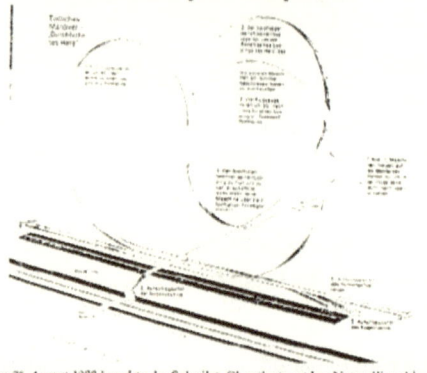

Gegen 15.35 Uhr am 28. August 1988 beendete der Solopilot, Oberstleutnant Ivo Nutarelli wohl seinen Looping zu früh und zu tief. Nutarelli erkannte dies und versuchte noch seine Aermacchi M.B. 339 über die V-Formation der ankommenden fünf von insgesamt 10 Frecce Tricolori Kunstflugmaschinen zu ziehen. Er riß beim Aufprall das Seitenleitwerk und die linke Tragfläche des Teamchefs Oberstleutnant Mario Naldini weg. Dieser kollidierte daraufhin mit der Maschine des Hauptmanns Giogio Alessio. Für alle drei Piloten war der Absturz tödlich.

Die italienischen Piloten Nutarelli und Naldini gehörten am 27. Juni 1980 zu einer Starfighter-„Scramble"-Einheit, die aufgrund von mysteriösen Ereignissen an jenem Abend einen Abfangeinsatz fliegen mußten. Eine Douglas DC-9 der Alitalia-Tochter Itavia mit 77 Passagieren an Bord verschwand um 20.59 Uhr abrupt vom Radarschirm. Verschiedene Flugzeuge sollen sich zu diesem Zeitpunkt über dem Tyrrhenischen Meer, zirka 50 Kilometer vor Palermo in der Luft aufgehalten haben. Auch mehrere Kriegsschiffe befanden sich in diesem Gebiet.

Im Laufe der Untersuchungen des Hergangs des Absturzes sind bis heute 15 Personen verstorben oder gewaltsam ums Leben gekommen, die in das „Ustica"-Rätsel, dem Unglücksflug von ICH 870 verwickelt waren. Die beiden Kustflugpiloten sollten kurz nach der Air-Show in Ramstein eine Aussage über den DC-9 Absturz und die damit zusammenhängenden Ereignisse vornehmen. Aber dazu kam es nicht mehr.

Wurden die beiden italienischen Piloten liquidiert, wurde dabei der Tod von vielen Flugschau-Besuchern billigend in Kauf genommen?

Wie hätte man den Zusammenstoß in Ramstein künstlich herbeiführen können?

Setzte man „Motorstop" ein, eine EM-Kanone – Ray-Gun, die für kurze Zeit, als nämlich Nutarelli den Looping ansetzte, für nur wenige Sekundenbruchteile das Triebwerk der Macchi zum „Stottern" brachte? Reichte dieser kurzzeitige Schubrückgang aus, um den Looping nicht mehr in der vorgeschriebenen Weise ausführen zu können? Aufgrund eines möglichen geringeren Schubes wurde der Looping flacher und kürzer und Oberstleutnant Nutarelli war zu früh an dem Punkt, wo eigentlich die restlichen 5er und 4er V-Formation schon ihrerseits ihren Looping beendet haben müßten. Der „Zufall" wollte es, daß beim Zusammenprall mit der 5er Formation sein Teamchef und früherer Starfighter-Wingman Oberstleutnant Naldine diese V-Formation führte und mit Nutarelli zusammenprallte. Beide unliebsame Zeugen wurden somit auf spektakuläre Weise beseitigt.

Der Nachteil hatten die vielen nichtsahnenden Besucher in Ramstein, wobei viele Verletzte noch heute nicht wieder in ein normales Leben zurückkehren können.
Rothkugel 8/2003

So wie man dies bereits im Zweiten Weltkrieg auf Deutscher Seite versuchte. Nämlich Flugzeugmotoren durch elektromagnetische (Mikrowellen-) Strahlung zum Stillstand zu bringen, damit alliierte Flugzeuge abstürzten?

War ggfs. eine solche Mikrowellenkanone auf der gegenüberliegenden Seite der Zuschauer, dort wo die Maschinen für die Flugschau abgestellt waren, unter einer Plane eines Militärlasters versteckt?

Oder war der tragische Unfall in Ramstein, der so vielen Zuschauern das Leben gekostet hatte, doch nur reiner Zufall?

Hier nun eine kleine Auswahl an elektromagnetischen Antrieben, wie „Elektrohydrodynamisch", EHD oder „Magnetohydrodynamisch", MHD, wie sie seit den Anfängen der Raumfahrt bis in die letzten Jahre der „Wahren Raumfahrt" Verwendung gefunden haben könnten.

Mit Sicherheit gibt es mittlerweile weitere Variationen und Weiterentwicklungen (die auch weniger Umweltschädlich sind, wie die ersten „harten" EM-Antriebe) der o.g. Grundarten, die man sicherlich auch als genehmigte Patente und als Prototypen, oder Einsatzfluggeräte wieder finden kann:

Die Anfänge der EM-Antriebe

Einer der schillersten Figuren im Forschungsbereich über diverse elektromagnetische Anwendungen war - neben vielen anderen, die sich mehr im Hintergrund aufhielten - der gebürtige Kroate Nikola Tesla. Tesla entdeckte den Wechselstrom und diese Entdeckung ließ ihn in die Geschichte eingehen. Aber er arbeitete auch an speziellen Luft- und Raumfahrt-Projekten.

So standen er und zwei Assistenten eines Tages bei einer Demonstration elektrostatischer Kräfte auf einer Bühne, alle ausgestattet mit dicken Gummi- und Korksohlen unter ihren Schuhen. Jeder der Assistenten hielt eine Hochspannungsleitung mit niedriger Stromstärke in Händen. Eingerahmt von seinen Mitarbeitern hob Tesla seine Arme links und rechts hoch und ein violetter, aber harmloser Überschlagsblitz füllte die Lücke zwischen ihm und den beiden Männern. Bei hohen Stromspannungen und Stromfrequenzen fließt Elektrizität über eine beliebige Oberfläche, ja sogar über die Haut, anstatt in sie einzudringen. Nach diesem Prinzip lassen sich grundsätzlich auch Flugzeuge und Raumschiffe antreiben (siehe dazu die ausführlich besprochenen elektrostatische Flugkörper, aber auch die „Flying Humanoids").

Ein Fluggerät nach Tesla könnte folgendermaßen beschaffen sein:

Der Flugkörper besteht aus Keramik. <u>Keramik ist ein guter Isolator</u>, schwer brennbar, widersteht intensive Hitze oder Kälte, ist hart wie ein Panzer und <u>durchlässig für magnetische Felder</u> (s.a. „Flux-Pin"). Die Keramikhülle ist außen mit dünnen Metallplatten, entweder aus Kupfer oder Aluminium verkleidet. Die einzelnen Metallpanele sind durch einen schmalen Streifen Keramik von der inneren Hülle isoliert. Diese metallene äußere Hülle schützt vor den äußeren Einflüssen wie Regen, aber auch z.B. vor Kerosindämpfen. Im Weltall kann die Metallhülle, wenn negativ aufgeladen, Kleinstmeteoriten vor Einschlägen schützen, sowie auch die gefährliche Kosmische Strahlung abhalten. <u>Ankommende kleine Meteoriten und Staub werden negativ aufgeladen und dann von der negativ gepolten Außenhülle abgestoßen</u>, bevor diese Kleinstteile die Außenhülle beschädigen können. Leider gilt dies nicht (damals noch nicht?) für größere Meteoritenteile.

Die Hülle selbst kann die Form einer Sphäre, einem Ei, einer Scheibe, oder einem stromlinienförmigen Dreieck besitzen, solange die Metallbeplankung . . .

„. . . von **beträchtlicher Größe** und entlang einer Außenhülle mit sehr großen Radien oder Krümmung verläuft."
(aus *„My Inventions"* v. Nikola Tesla)

Angetrieben werden die Flugkörper entweder mit nuklearen Kernschmelze- oder Kernfusionsreaktoren für große Reichweiten, oder bei kleiner Reichweite mit einem Dampfantrieb. Alle diese Antriebsvarianten erzeugen **Dampf** und treiben einen Stromgenerator an. Bei kurzer Reichweite können außerdem Wasserstoffzellen einen Niederspannungs-Elektromotor versorgen, der wiederum einen Stromgenerator antreibt. Siehe auch die Dampf-Turbinen, die in Ravensburg bei Escher-Wyss im Krieg für bestimmte Flugkörper entwickelt sein könnten.

Auch die <u>Fernübertragung</u> von Strom aus einem Kraftwerk, von einem Langstreckenflugzeug, oder aus einem Raumschiff/Satelliten, kann ein Flugzeug kurzer Reichweite mit Energie versorgen (siehe Zeitungsartikel des St. Louis Post-Dispatch v. Nov 1987 *„The Forever*

Plane" oder „Popular Science" v. Jan. 1988 *„Secret of Perpetual Flight?/Beam Power Plane"*. Höchstwahrscheinlich flogen schon damals und ganz bestimmt heute noch „Beam-Power-Flugkörper, die ihren Strom für EM-Antriebe aus einer externen Quelle erhalten).

Solche Fluggeräte erscheinen dem Beobachter bei hellem Sonnenschein, als ob die Maschine von heißer, flimmernder Luft umgeben ist. Durch die EM-Kräfte wird das Licht gebrochen. In der Dämmerung und bei Nacht glüht die Metallbeplankung, die durch die innere Keramikhülle in elektrische Erregung versetzt wird. Das elektrische Glühen – „Corona Discharge" – entsteht durch unterschiedlich starke Stromfrequenzen:

Beim Start oder der Landung glühen die unteren Metallplatten in einem **rötlichen Ton**. **Rotes Glühen** entsteht auch am Bug, wenn das Fluggerät sich schnell vorwärts bewegt (dies reduziert außerdem den Luftwiderstand im Frontbereich; „Partial Vacuum").

Bei normalen Fluggeschwindigkeiten entsteht ein **orange-gelbes** Glühen. Bei Hochgeschwindigkeitsflügen dagegen glüht das Fluggerät in **Grün und Blau**. Bei sehr hohen Stromfrequenzen kommt es zu einem **violetten Glühen**. Werden absolute Fluggeschwindigkeiten erzielt - mehr als 10.000km/h - entsteht ein **hellweißes** elektrisches Glühen an und um die Außenhaut.

Alle Farben sind kohärent, bestehen also aus einer Frequenz wie bei einem Laser (siehe hier die immer wieder beobachteten unterschiedlichen Leuchterscheinungen bei den sog. „UFOs"!).

Wird ein Fluggerät mit mehreren supraleitenden Magnetringen ausgestattet, reduziert dies den Stromverbrauch durch einen mitgeführten Transformator. Als Nikola Tesla Bogenlichter entwickelte, betrieben mit Wechselstrom, stellte er einen hochfrequentes Heulen fest, ausgelöst von den Elektroden, die sich sehr schnell aufheizten und wieder abkühlten. Tesla ordnete die Geräusche in den Ultraschall-Bereich ein. Auch bei einigen „fliegenden Untertassen", die mit niedrigen Frequenzen arbeiten, wurde dieses Heulen schon des Öfteren wahrgenommen.

Elektrisch betriebene Fluggeräte und Raumschiffe produzieren einerseits viel Wärme, die in die Umgebung abgestrahlt wird, aber auch für den Besatzungsraum zur Wärmeregulierung genutzt werden kann. Andererseits erzeugen solche Fluggeräte ebenfalls innerhalb der Abmessungen des Gerätes einen kalten Luftstrom, wenn für längere Zeit über dem Boden geschwebt wird. Geraten Luftmoleküle in ein starkes Magnetfeld, werden diese polarisiert und die Moleküle richten sich in Ketten oder Linien aus. Dadurch ist die normale Bewegung unterbrochen und es entsteht mehr freier Raum, in den weitere Luftmoleküle strömen. Die Ausdehnung der Luft und die fehlende Bewegung der Moleküle lässt diesen Bereich extrem abkühlen.

Siehe hier „UFO-Begnungen" der „Dritten Art", wo einige betroffene Personen Unterkühlungen aufwiesen, wie z.b. den „Arcesio Bermúdez, The Man Killed by a UFO"-Fall vom Juli 1969. Bermudez kam einem EM-Flugkörper zu nahe und wurde total unterkühlt:

„According to his family, Bermúdez was <u>cold to the touch</u>, . . . Bermudez's <u>preternatural chill</u> was such that the nurses at the Bogotá health center were unable to draw blood samples, as his vital fluid had "crystallized".

Der Mann starb an den Folgen der "UFO"-Begnung.

Also Vorsicht bei der Begegnung von elektromagnetischen Fluggeräten. Zumindest die EM-Antriebe damaligen Flugkörper hatten gravierende Nachteile für die Umwelt und für Menschen!

Durch die <u>Ausrichtung der Luftmoleküle in Reihe</u>, wird bei Überschallflügen der <u>Überschallknall</u> vermieden. Diese Ausrichtung wird beim Durchbrechen der Schallmauer und darüber hinaus eine zeitlang beibehalten und somit kommt es zu keiner sonst üblichen Kompressibilität. Bei Flügen im luftleeren Raum, oder im Weltall, wird ein abgewandeltes Antriebssystem verwendet. Für einen Rückstoßantrieb sind <u>elektrisch geladene Partikel</u> von Nöten. So können, z.B. in röhrenförmigen und elektrostatisch aufgeladenen Partikelbeschleuniger, mit Hilfe von Elektromagneten elektrisch geladenen Partikel mit hoher Geschwindigkeit nach hinten ausgestoßen werden, um das Raumschiff nach vorne zu bewegen. (Quelle.Internet)

Siehe dazu die div. U.S.-Patente in diesem Buch, die diese EM-Antriebe ausführlich besprechen!

Schon bei den Luftschiff-Sichtungen im 19. Jahrhundert wurden glühende Lichterscheinungen beobachtet. Mit welchem elektrodynamischen Raumantrieb könnte eine Robotsonde, die man 1924 oder früher zum Mars schickte, ausgestattet gewesen sein?

Elektrische Antriebe scheinen mittlerweile seit weit über 100 Jahre zur Anwendung zu kommen. Sie funktionieren besser, als die uns bekannten Kolben-, Strahl-, oder Raketenmotoren, da sie keine komplizierten beweglichen Teile benötigen. Außerdem besitzen EM-Antriebe einen höheren spezifischen Impuls, als alle anderen chemischen Antriebe und sind somit bestens geeignet, um in den Weltraum vorzustoßen. Der Aufwand zum Bau eines elektrischen Flugzeuges oder Raumschiffes ist wesentlich einfacher, als bei den uns allseits bekannten Fluggeräten oder bei Flüssigkeitsraketen.

Auch der weltweit bekannte Professor Hermann Oberth beschäftigte sich mit elektrostatischen Antrieben. Ob er schon in Peenemünde über diese Art des Raumantriebes nachdachte, gar bei der Entwicklung elektrostatischer Flugkörper (Foo-Fighters") mitwirkte?

Electric Spaceships

In dem amerikanischen Magazin „*Electronics*" v. Dezember 1950 schrieb Prof. Hermann Oberth den Artikel:

„Electric Spaceships, Deutschlands führender Raketenexperte nimmt an, daß elektrostatische Methoden zur Energieerzeugung genügend Antriebsenergie liefern, um mit einem Raumschiff ins All zu fliegen".

Hier einige ausgewählte Auszüge aus dem Englischen:

„Ein Raumschiff muss die größtmögliche Geschwindigkeit mit dem kleinstmöglichen Betrag an Treibstoff erzielen können. Der interstellare Raum hat weder Luft, Wasser noch Erde, welche eine Flugmaschine bei ihrem Flug unterstützen können, so dass jedes Raumschiff, egal welcher Konstruktionsart, das **Rückstoßprinzip** anwenden muss. Es kann seine Geschwindigkeit und den Kurs nur beeinflussen, wenn es eine Energiemasse ausstößt und die Reaktion daraus nutzt, seine Bewegung durch den Raum zu verändern.

Alkohol und flüssige Luft als Raketenantrieb erzielen Austrittsgeschwindigkeiten von 2.100 bis 2.400 m/sec. Die höchsten Austrittsgeschwindigkeiten wurden mit flüssigem Wasserstoff erreicht, 4.500 m/sec. Ein noch höherer Ausstoß kann mit Hilfe der Atomenergie bewerkstelligt werden.

Aber es gibt noch eine andere Möglichkeit, Materie mit hoher Geschwindigkeit auszustoßen: wir können die ausströmende Masse mit **elektrischer Abstoßung** beschleunigen.

Wenn wir den elektrischen Pol eines Generators mit einem **spitzen Metallkörper** verbinden, kann man den allgemein bekannten Effekt des „elektrischen Windes" beobachten. Dieser Wind ist so stark, daß man damit eine Kerze ausblasen kann!

Elektrischer Wind als Antrieb

Wenn die elektrische Ladung an der Spitze stark genug ist, wird ein elektr. Wind erzeugt, der die Kerze ausbläst.

Eine elektrische Windmühle

Elektrische Ladungen, die aus den spitzen Enden hervortreten, erzeugen eine Kraft, die die Blätter rotieren lassen

Wie jede andere Kraft hat auch der elektrische Wind eine Reaktionskraft. Bei einer elektrischen Windmühle stoßen die elektrisch geladenen Partikel (Ionen, Anm.d.A.), die aus den spitzen Enden (der vier Speichen) austreten, mit der selben Kraft die Metallarme nach hinten, mit der sie von den Speichenenden ausgestoßen werden.

In dichteren Luftschichten bläst der elektrische Wind langsamer, dies wird aber durch eine größere Impulskraft oder Impakt (Auftreffen auf die Luftmoleküle, Anm.d.A.) kompensiert.

In dünnerer Luft ist die Geschwindigkeit größer, aber die Impulskraft ist im Vergleich zur erzeugten Energie geringer. In dichterer Luft treffen die elektrisch geladenen Partikel (geladene Moleküle, Ionen oder Elektronen) auf die ungeladenen Moleküle des Mediums (Luft, aber auch z.B. Wasser bei Unterwasserfahrten, Anm.d.A.) und ziehen diese mit sich. Natürlich wird dabei der anfangs schnelle Flug der Partikel verlangsamt. Folglich, wenn sich eine große Masse Luft um die geladenen Partikel befindet, **wird diese große Luftmasse in Bewegung versetzt,** bei dichter Luft langsamer, bei dünner dementsprechend schneller. Bei den Experimenten mit einer Geissler-Röhre, die luftleer ist, können Geschwindigkeiten bis zu 650 km/sec erzielt werden.

Ein wahrnehmbarer elektrischer Wind entsteht nur, wenn elektrisch geladene Moleküle in Bewegung versetzt werden.

In dichter Luft kann ein elektrischer Wind nur in der Nähe von **spitzen geladenen Enden** (z.B. einer Elektrode, oder z.B. eines kegelförmigen Flugkörpers mit einer Spitze, siehe hierzu die Erfindungsschriften über elektrostatische Flugkörper, oder den Flugkörper, den Capt. Mantell verfolgte, Anm.d.A.) produziert werden.

In dünneren Luftschichten, oder fast luftleerem Raum, brauchen die Elektroden **nicht** mehr spritz zuzulaufen, und die geladenen Partikel können **von runden oder flachen Oberflächen** emittiert werden und fließen **senkrecht** zur Oberfläche. Wenn Luft, oder andere Gase nicht mehr vorhanden sind, kann solch ein Partikelstrom nur erzeugt werden, wenn die Elektroden selbst die Partikel liefern. So kann z.B. eine **heiße Kathode,** die von einer **Wolke aus Elektroden** umgeben ist (siehe auch Sichtung des Flugkörpers über Kentucky, USA, Mantell Fall, Anm.d.A.) die von einer Kalium-Photozelle stammen, bei Bestrahlung mit normalem Licht, geladene Partikel emittiert. Oder durch eine Anode, die aus geschmolzenem Salz besteht (wie bei der Gehrke-Reichenheim-Methode) und von der Ionen losgelöst werden."

Professor Hermann Oberth, der nach dem Krieg sich mehrfach über „UFOs" äußerte und der meistens mit der allgemeinen Desinformations-Strategie konform ging, indem er nämlich erklärte, dass die fliegenden Untertassen aus den Tiefen des All kämen, bespricht in dem zweiteiligen Artikel weiter, wie man mit Hilfe der Sonnenenergie ein elektrisches Raumschiff antreiben kann.

Diese Methode eines Ionenantriebes findet man heute als Raumsonde „Deep Space" wieder. Gegenüber elektrohydrodynamischen Antrieben, wie sie z.B. Thomas Townsend Brown vorschlug, ist diese Antriebsart zu langsam und ineffektiv und wurde höchstwahrscheinlich von der wahren Raumfahrt nicht weiter verfolgt, aber von der Propaganda verwendet, die der Menschheit die schlecht mögliche Technik als das „Non-Plus-Ultra" verkauft.

Heute arbeitet man u.a. in Stuttgart am dortigen Forschungszentrum an Ionenantrieben, wie sie schon seit mehr als fünf Jahrzehnten bekannt sind.

Interessant ist noch der Hinweis auf die rotierende „Wommelsdorf-Maschine" in Prof. Oberths Bericht. Diese „Influence-Machine" aus dem Jahr 1922 diente als Stromlieferant und war eine verbesserte Version aus vorangegangenen ähnlichen Stromquellen für elektrostatische Antriebe. Zur Erinnerung: Bei den Luftschiffen über den USA im Jahre 1896-97 sah man rotierende „Schaufelräder" an den Gondeln der elektrostatischen Fluggeräte.

Im Grunde sind die Techniken für voll funktionstüchtige und effektive EHD-Antriebe seit mehreren Jahrzehnten in gewissen Kreisen bekannt, wie nachstehend die Besprechungen einzelner, ausgewählter - nicht geheimer und frei zugänglicher - U.S.-Patente zeigen. Aber man scheint das Thema nicht unbedingt „an die große Glocke" hängen zu wollen, denn EHD-Techniken in der Luft- und Raumfahrt sind für den Normalbürger, dem interessierten Laien und wohl sogar für viele „Fachkräfte" nahezu unbekannt. Oder aber, es könnte auch als „ungesund" gelten, sich zu sehr mit bestimmten, alternativen Antriebsmethoden in der Öffentlichkeit zu befassen.

Elektrostatische Generatoren

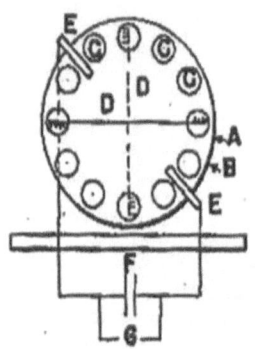

Wimshurst Machine

A+B: zwei Glasscheiben
C: Aluminium-Folie
D: Neutraler Leiter
E: Bürste
F: Kondensator

Abb.:

Wurden solche elektrostatische Generatoren bei den Luftschiffen, die man Ende des 19., Anfang des 20. Jahrhunderts über einigen Bundesstaaten der USA gesichtet hatte, verwendet?

Wurden später auch elektrostatische, kleine und unbemannte Flugkörper damit elektrisch aufgeladen?

Eine weitere „schillernde" Figur in Sachen elektrodynamischer Fortbewegung für Flugzeuge ist der berühmte amerikanische Forscher, Ingenieur und U.S.-Navy-Angehöriger T.T. Brown, dessen scheibenförmiger Fluggeräte in der „Ufologie" mittlerweile jedem bekannt sein dürften.

Thomas Townsend-Brown und sein „Space-Vehicle"

Thomas Townsend Brown wurde 1905 in Zanesville, Ohio, USA geboren. Er interessierte sich schon relativ früh für Raumfahrt und Elektronik.

Im Jahre 1921 experimentierte der junge amerikanische Ingenieur und Korvettenkapitän Thomas Townsend-Brown mit der „Coolidge-Röhre", die Röntgenstrahlen erzeugte. Dabei bemerkte er, dass beim Betrieb der Röhre mit Starkstrom es zu einer elektrokinetischen Bewegungen kam. Als T.T. Brown seine Studien 1922 am „California Institute of Technology" (CalTech) fortsetzte, schien sich niemand wirklich für eine Entdeckung zu interessieren.

Aber auf der Denison Universität in Granville/Ohio bekam er 1923 fachliche Unterstützung von dem Physiker Prof. Paul Alfred Biefeld, einem gebürtigen Schweizer und Kommilitonen von Albert Einstein. Das von T.T.Brown beobachtete Phänomen von sich gegeneinander abstoßenden Kondensatoren wurde später der „Biefeld-Brown Effekt" genannt.

Aufgrund dieser Grundlagenforschung konstruierte T. T. Brown 1926 sein „Raumfahrzeug", das nach dem elektrokinetischen Prinzip funktionierte. Dieses Raumfahrzeug hatte keine beweglichen Teile, sein Antrieb und Steuermechanismus beruhte lediglich auf der Veränderung und Verstärkung der elektrischen Polarisation.

Entsprechend dem „Biefeld-Brown-Effekt" bewegte sich das Fluggerät immer in Richtung des positiven Pols – bei einer Richtungsänderung musste dieser Pol also nur verlagert werden.

Um die ideale Form für sein Raumfahrzeug zu erhalten, experimentierte T. T. Brown mit unterschiedlichen Formen, bis sich schließlich die Scheibenform als bestmöglich erwies. Damit hat er den Ur-Prototyp aller späteren elektrodynamischen Fluggeräte geschaffen.

Brown sagte dazu im Jahre 1938:

„Das elektrische Feld verhält sich wie eine Welle mit dem negativen Pol an
der Oberseite und dem positiven Pol an der Unterseite. Die Flugscheibe
bewegt sich wie ein Wellenbrett auf der aufsteigenden Welle (Abstoßung,
Anm.d.A.), die ständig durch den elektrischen Generator weitere geladene
Partikel erzeugt.

(Die Partikel stoßen sich an den Luftmolekülen ab. Durch den Ladungsunterschied und den elektrischen Wind entsteht außerdem eine Druckverteilung in einem Flüssigkeitsmedium, wie z.B. in der Luft, gemäß dem Gesetz von Bernoulli, Anm.d.A.).

Da die Orientierung des elektrischen Feldes gesteuert werden kann, fliegt
die Scheibe auf ihrer eigenen erzeugten Auftriebswelle in jedem gewünschten
Winkel und in jede Flugrichtung."

Nach Abschluss seines Studiums arbeitete Brown unter anderem am Swazey-Observatorium in Ohio, USA und ab 1930 dann für das Naval Research Laboratory der U.S. Navy.

T.T. -Brown nahm 1932 als Stabsphysiker an der Internationalen Schwerkraft-Expedition des US-Marineministeriums auf den Westindischen Inseln teil und 1933 an der Johnson-

Smithsonian-Tiefsee-Expedition. Die Projekte, an denen er nach 1939 bei der U.S. Navy arbeitete, sind leider nicht näher bekannt.

Raumfahrzeugentwicklung
von Thomas Townsend-Brown
in den 1920er Jahren

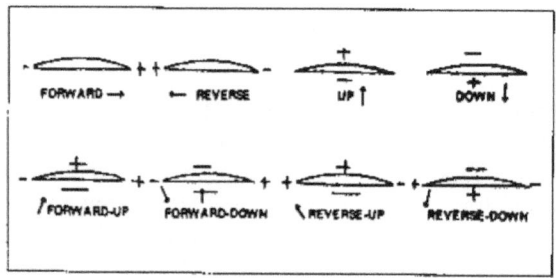

Steuerung eines scheibenförmigen,
elektrostatisch betriebenen Fluggerätes über den Plus-Pol

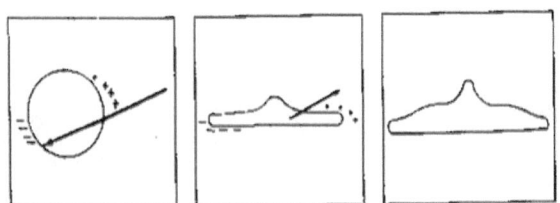

Abb.:

Beachte in der Skizze unten rechts, ein elektrohydrodynamischen Fluggerät mit einem kleinen Turm auf der Oberseite, und vergleiche die Zeichnung mit dem unbekannten Flugobjekt, das am 11. Mai 1950 über McMinnville, Oregon, USA, gesichtet wurde!

Im Jahre 1939 war T. T. Brown in den dortigen Forschungslaboratorien, wobei ihm ein Etat von 50 Millionen Dollar und ein Mitarbeiterstab von 50 promovierten Wissenschaftlern zur Seite standen. Anfang 1944 wurde Brown nach einem Nervenzusammenbruch auf Empfehlung der Marineärzte pensioniert. Er arbeitete später als Berater bei der Lockheed-Vega Aircraft Corporation, die er aber 1952 wieder verließ. Siehe Hinweis eines Zeitzeugen, der 1943 in der Nähe von Long Beach, Cal. ein „UFO" von Lockheed gesehen haben will!
**(Fakten entnommen aus „Geheimsache UFO", M Hesemann, Bechtermünz, 1998
sowie Informationen aus dem Internet)**

Vorsicht UFOs!
Elektrische Rückstoß-Antriebe und andere gefährliche elektromagnetische Effekte

T.T.-Brown erklärte, dass aufgrund der Starkstrom-Entladungen (Corona-Discharge, Anm.d.A.) sein scheibenförmiges Raumschiff von einem elektrischen Glühen umgeben ist.

Außerdem hätte das starke elektrische Feld Auswirkung auf die Umgebung, wie Lebewesen oder elektrische Geräte (betreffend Hitzeeinwirkung, starken magnetischen Feldern auf die Gesundheit usw.).

Diese Auswirkungen stellen sich unter anderem wie folgt da:

(Dies bezieht sich im Übrigen auf alle elektrostatisch angetriebene Fluggeräte der ersten Generation, die noch mit dem Ionenfluß als Rückstoßprinzip arbeiteten, spätere Maschinen hatten ein verfeinertes System, das u.a. nur innerhalb einer Grenzschicht in Rumpfnähe wirksam wurde, siehe hier das „Hill-Patent".)

„Ein Ehepaar mit Kindern saß im August 1965 im Autokino. Plötzlich erklärten die Kinder fast gleichzeitig, sie hörten „Bienensummen". Die Eltern, die nichts hörten, glaubten, die Kinder phantasierten. Dann sahen sie, wie sich ein „UFO" in geringer Höhe dem Autokino näherte: scheibenförmig, bi-konvex, mit einer Reihe winziger blinkender Lichter am Rand der Scheibe (Lichter für die Steuerung, „Zyklotronstrahlung. Hier evtl. „Dipolar Force Field Propulsion, s. weiter unten im Buch, Anm.d.A.)."

Auch Tiere können elektromagnetische Wellen „hören". So z.B. im Jahre 1897 bei der großen „Luftschiff-Welle" über den USA wurden Tiere im Stall unruhig, als sich ein zeppelinartiges Fluggerät mit einem elektrostatischen Antrieb einer Farm näherte.

Elektromagnetische Wellen erzeugen außerdem Hitze. So flog im Jahre 1956 in Bloomington, Indiana, ein scheibenförmiges Flugzeug in geringer Höhe über ein verlassenes Gelände und sengte die umstehenden Bäume, bzw. deren Blätter an, die später verwelkten.

Am 1. Juli 1954 startete ein Lockheed F-94 Abfangjäger, um ein „UFO" abzufangen. Als sich beide Flugzeuge sehr stark annäherten, fiel das Strahltriebwerk des Jägers aus. Der Pilot bemerkte, dass die Instrumente kein Feuer anzeigten, doch erzählte er später seinen Kameraden, dass er etwas wie den Hitzestrahl eines Schweißbrenners in seinem Gesicht verspürt hätte. Sowohl der Pilot als auch sein Radarmann sprangen mit dem Schleudersitz ab. Die Maschine schlug in einem Wohngebiet auf und zerstörte zwei Wohnhäuser und ein Auto. Zwei Erwachsene und ein Kind wurden dabei getötet. Bei zukünftigen UFO-Sichtungen wurde deshalb auf weitere Abfangeinsätze verzichtet."

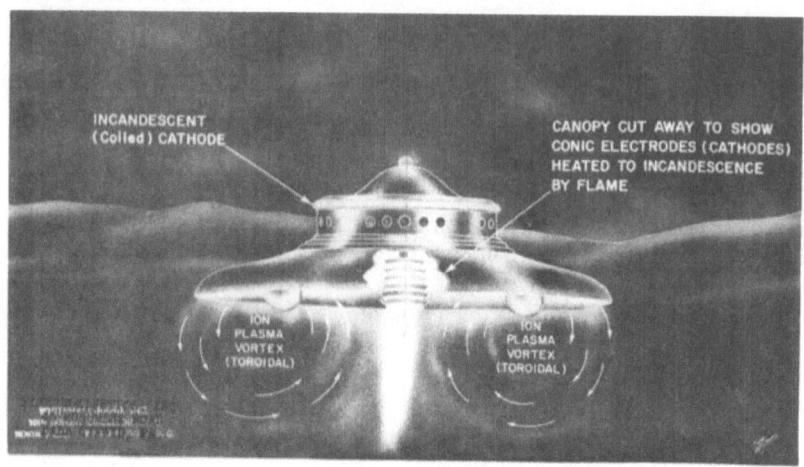

Suggested prototype vehicle with flame-jet high-voltage generator.
This unit, initially, may be powered by kerosene or equivalent.

Das „**Standard-EHD Fluggerät**" auf Basis des TT-Brown Enwurf

In Edwards Buch von 1966 kann man auf der Innenseite des Schutzumschlages folgenden Warnhinweis lesen:

Warnung!

Die Nähe nicht identifizierter Objekte kann schädliche Wirkung auf Menschen ausüben. Stehen Sie nicht unter einem UFO, das in niedriger Höhe über Ihnen schwebt! Rühren Sie kein UFO an, und versuchen Sie nicht, ein gelandetes UFO zu berühren!

Bei den UFOs gibt es elektromagnetische Strahlung, denn es wurden Fälle bekannt, wo Menschen durch solche, von UFOs ausgehenden Strahlen Schäden erlitten.

Seien Sie deshalb vorsichtig in der Nähe gelandeter UFOs!

(Bsp. entnommen aus dem Buch „Fliegende Untertassen – eine Realität" v. Frank Edwards)

Aus dem Buch „UFO Nahbegegnungen" v. H. Lammer und O. Sidla, Heyne Verlag, München, 1996 sind folgende Einzelheiten entnommen:

„Ein Automechaniker und seine Frau waren in der Nacht unterwegs, als beide ein helles Licht sahen, welches auf das Fahrzeug zukam. Der Empfang des Autoradios wurde in diesem Augenblick schlechter, und der Motor begann zu stocken. Kurz danach wurde es im Inneren sehr heiß, schließlich versagte der Motor total. Der Mann stieg aus und bemerkte, daß sich ein Flugobjekt direkt über ihm befand. Gleichzeitig verspürte er ein seltsames Prickeln am ganzen Körper, so als ob er elektrisch aufgeladen worden wäre. Beim vergeblichen Starten seines Automotors bemerkte der Mechaniker, das Funken zwischen den Zündkerzen und der Innenwand des Motorraumes hin und her flogen. Die Zündspulen erzeugen eine sehr hohe elektrische Ladung, die über einen Verteiler an die einzelnen Zündkerzen weitergegeben werden. Die dabei auftretenden hohen Spannungen von 15 -bis 20.000 Volt werden über isolierte Kabel zum Motor geleitet.

Unter normalen Umständen ist die Luft ein wenig guter Leiter für elektrischen Strom, so dass gewöhnlich keine Kurzschlüsse im Motorraum auftreten können. Wenn sich jedoch **die Leitfähigkeit der Luft aus besonderen Gründen erhöht**, bricht die Isolierung der Zündspannung zusammen. Es entsteht ein Kurzschluss und die abgeleitete Ladung betreibt nicht mehr die Zündkerzen, sondern entweicht nutzlos in die Umgebung."

Dieser Effekt kann auch bei der Lockheed P-38 über Frankfurt aufgetreten sein, sowie bei den vielen Automotoren, die bei den unterschiedlichen "Motorstop-Versuchen" ausfielen. Mikrowellen können gleichfalls die Luft ionisieren und sind wahrscheinlich effektiver als eine elektromagnetische-, oder ultraviolette Strahlung, die ggfs. zuvor zur Störung verwendet wurden. Siehe dazu auch die Hinweise von „High-Power-Microwave" Waffen, die zum Beispiel Satelliten gestürzt um die Erde kreisen!

Außerdem kann man die Luft/Atmosphäre künstlich leitfähig machen, die natürliche Raumladung, die elektrostatische Auflaldung der Erde zusätzlich anreichern (heute u.a. „Chemtrails" mit Barium als „Foto-Ionisation", früher „Engelshaar". Siehe dazu deutsches Patent von E. Halik in diuesem Buch!).

Bei Begegnungen von Personen mit „UFOs" kam es immer wieder zu Schädigungen des menschlichen Organismus, sowie zu Hautverbrennungen, Übelkeit, Erbrechen, Durchfall, Haarausfall, Kopfschmerzen, Müdigkeit oder Gewichtsverlust. Diese Beschwerden können von ionisierten Strahlungen, wie Mikrowellen, Röntgen- oder ultravioletten Strahlungen herrühren. So wird auch bei dem „Cash/Landrum-Fall" eine Schädigung der Zeugen durch Mikrowellen vermutet. Hier könnte der austretende Düsenstrahl, bzw. die EM-Strahlung des havarierten „UFOs" mit elektrostatisch aufgeladenen Partikeln angereichert gewesen sein, dessen ionisierte Strahlung die drei Beobachter gesundheitlich schädigte.

Auch als Abwehrmaßnahme werden so genannte „Non-Lethal-Weapons", nicht tödliche Waffen, eingesetzt.

Waffen, die Menschen Schaden zufügen können, diese aber nicht töten, sind z.B. „High-Power Microwaves", HPM (das „Grillen/Kochen" von inneren Organen bei Menschen).

Eine andere Waffenart ist der „Very Low Frequency (VLF) Sound". Niedere Frequenzen im Bereich 20 und 35 Kilohertz rufen ebenfalls Übelkeit, Erbrechen oder Schmerzen im Bauch hervor (siehe Abwehrmaßnahmen beim havarierten „Shaitan Mazar-UFO"). Wenn also ein

„UFO" bewusst ein Strahl auf Personen richtet, so könnten dies durchaus die hier beschriebenen gepulsten Mikrowellen sein.

Also Vorsicht vor all zu leichtsinnigem Kontakt mit „fliegenden Untertassen"!

Bei vielen UFO-Sichtungen wurde auch eine spontane Heilung, ob bei Gliedmaßen, wie Brüche, ob innere Verletzungen oder schwere Krankheiten, festgestellt. Natürlich gab es auch den negativen Effekt, dass Personen krank wurden und einige sogar starben. Wohlmöglich wurde hier im Geheimen daraus eine eigene Wissenschaft zur Behandlung erkrankter Personen gemacht, die mit unterschiedlichen Frequenzen bestimmter EM-Strahlung geheilt werden konnten. Eine Alternative zur Schulmedizin und Medikamentenbehandlung. Siehe hier auch Thomas Bearden mit seinem „Scalar Healing Blanket".

Elektromagnetische Antriebe wurden in der „Wahren Raumfahrt" wohl schon recht früh genutzt. So war die U.S. Navy ja bereits 1924 in das Funk-Experiment mit einer – vermutlichen –elektromagnetischen Robotsonde verwickelt, die zum Mars flog und eine Botschaft in Form von Strichen und Punkten zur Erde zurücksandte.

Die Aufgabe des Navy-Offiziers Thomas Townsend-Brown - sowie andere, sich lieber im Hintergrund aufhaltende Kapazitäten - war es wohl, ein bemanntes elektrisches Raumfahrzeug zu konstruieren. Dieses von T.T. Brown entwickelte elektrodynamische Raumschiff wurde später als „Adamski-Typ" in den 1950er Jahren weltweit bekannt. Zu dieser Zeit wird Browns Raumfahrzeug, das evtl. schon Ende der 1930, Anfang der 1940er Jahre erste Versuchseinsätze flog (auch in Deutschland?), als obsolet gegolten haben. Bevor es aber zum „alten Eisen" geworfen und ausgemustert wurde, verkaufte wohl noch einmal die Propaganda dieses Gefährt weltweit als außerirdisches Raumschiff.

Insert

Elektrostatische Phänomene

Am 7. September 1957 hatte James Cook in der Nähe von Cheshire in England eine „Begegnung der Dritten Art":Unweit von Cook entfernt landete ein „UFO". Während der Landung wechselte das Fluggerät seine Farbe von zuerst Blau nach Weiß, dann wieder Blau und zum Schluss nach Dunkelrot (Erklärung des elektrischen Glühens, siehe weiter oben!). Eine Stimme, klar im Ton, aber freundlich, lud ihn „an Bord zu kommen" (ob per Lautsprecher oder „elektroakustisch", wobei die Stimme im Gehirn wahrgenommen wird, ist unklar).

Gemäß Darstellung von James Cook wurde eine Leiter ausgefahren, die Stimme sagte zu ihm, dass er auf die Leiter aufspringen sollte, „nicht draufsteigen, der Untergrund ist feucht". Cook wurde mitgeteilt, dass er einen „high-tech overall" (ggfs. Schutzanzug gegen EM-Strahlung, Anm.d.A.) anziehen soll und dann wurde er, gemäß seiner Schilderung, zu einem Raumflug mitgenommen.

Dabei bekam er folgende Nachricht mitgeteilt:

„The inhabitants of your planet will upset the balance if they persist, in using force instead of harmony... Warn them of the danger".

Nachdem er wieder, über die Leiter aus dem „UFO" ausgestiegen war, verbrannte er sich den Handrücken. Cook vergaß, die Hand von der Leiter zu nehmen, bevor er den aufgeweichten Boden berührte. Er bekam eine „gewischt". **Quelle:Internet**

Ein normaler elektrostatischer Effekt, der von einem elektrohydrodynamischen Fluggerät ausgegangen sein könnte, da aufgrund des nassen Bodens und der damit verbundenen Erdung ein elektrostatischer Überschlagblitz auslöst wurde. Dies führte zu der Verbrennung der Hand.

Dabei erlangte Georg Adamski (Agent?, richtiger Name?) den zweifelhaften Ruhm, wohl das erste funktionierende Elektro-Raumschiff der breiten Öffentlichkeit als Besucher aus dem All bekannt zu machen. T.T.-Brown schien mitgespielt zu haben.

Die Patente von Thomas Townsend-Brown über elektrokinetische Antriebe sind allesamt frei für die interessierte Öffentlichkeit zugänglich. Wahrscheinlich aber sollen Patent-Unterlagen den Eindruck erwecken, als wären sie ausnahmslos erst nach dem zweiten Weltkrieg entstanden und auch nicht praktisch umgesetzt worden.

In Wirklichkeit aber könnten sie alle aus seiner Forschungszeit bei der Universität in Ohio in den 1920er oder später bei der U.S. Navy aus den 1930er Jahren stammen, und viele seiner Ideen könnten schon zur damaligen Zeit in der einen oder anderen Weise tatsächlich praktisch umgesetzt worden sein.

Die Patente von Thomas Townsend Brown

Thomas Townsend Brown verstarb am 22. Oktober 1985 in Avalon, Catalina Island, Kalifornien. Ihm wurden mehrere Patente gewährt. Wahrscheinlich gibt es aber auch noch Geheimpatente aus seiner Zeit bei der U.S. Navy aus den 1930er Jahren. Die im Nachhinein eingereichten und später veröffentlichten U.S.-Patente könnten heute suggerieren, dass seine Erfindungen erst sehr viel später gemacht wurden. In Wirklichkeit aber waren sie wohl zur Zeit der Veröffentlichung längst technisch überholt.

A Vehicle Employing Electrohydrodynamic Propulsion

Electrokinetics Inc., 45 Monument Road, Bala Cynwyd, Pennsylvania.

Aus dem Inhalt:

Definition; Theory; Electrode Geometry; New Principles of Lift; Space Operation Possibilities; The Tri-actuate Ballistic Electrode.

Proposed Aero-Marine Vehicle; Electrical Generating System; Main Propulsion System; Flight Controls; Drawings of Proposed Vehicles and Method of Operation:

"Proposal to Develop Practical Military, Space and Research Applications"
"Theory of an Ion Wind Device"

Compiled March 23, 1960

ELECTROKINETICS, INC
45 MONUMENT ROAD
BALA CYNWYD, PA

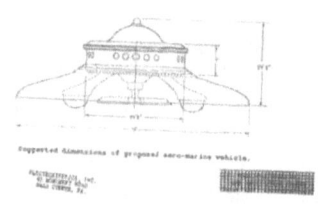

Abb.:

Elektrostatisch angetriebenes „Aero-Marine-Vehicle" von Thomas Townsend-Brown
Bild:

T.T. Brown und Modelle seiner EHD-Fluggeräte. Rechts: Beachte Modell in Form des „Adamski-Typs"!

Auszüge aus o.g. Patent, veröffentlicht in den 1960er Jahren:

„Der Ausdruck „elektrohydrodynamisch" ist seit kurzem für den mehr allgemein gehaltenen Begriff „magnetohydrodynamisch" bekannt, der ein bestimmtes elektrisches Phänomen charakterisiert. Diese Besonderheit beschreibt die <u>Umwandlung von elektrischer Energie in kinetische Energie</u> und umgekehrt.

Speziell geformte elektrostatische Felder erzeugen einen hydrostatischen Druck (oder Bewegung) in einem dielektrischen Medium (wie Luft oder Wasser, Anm.d.A.). Wenn ein solches Medium eine Flüssigkeit ist, wird ein Fluss produziert. Dieser (Luft- oder Wasser-) Strom <u>kann gegen Elektroden gerichtet werden, um diese in Bewegung zu versetzen</u>. In einem solchen Falle agiert das sich fortbewegende Gerät als „**Motor**".

Unter anderen Umständen tritt der umgekehrte Fall auf. Ein sich in Bewegung befindliches Flüssigkeitsmedium innerhalb eines speziell geformten elektrostatischen Feldes fügt dem System Energie zu, die als Ladungsunterschied zwischen den Elektroden aufgenommen wird. In diesem Falle agiert das Gerät als „**Generator**".

Ein elektrisches Feld muss „**Non-Uniform**" - nicht einheitlich - beschaffen sein, so wie es von z.B. besonders geformten Elektroden von unterschiedlicher Größe erzeugt wird, um ein Maximum an elektrostatischer Aufladung in einem Flüssigkeitsmedium zu erzielen.

Jedem Luftfahrt-Ingenieur ist bei der Anwendung des elektrostatischen Antriebsprinzips sofort klar, daß ein großer Elektrodenbereich benötigt wird. So wie ein Segelboot ein großes Segel braucht, benötigt jedes Fluggerät mit elektrohydrodynamischem Antrieb eine große ballistische Elektrode, um mit Hilfe des Druckes eines Plasma-Windes, Auf- und Vortrieb zu erzeugen.

Dieser so genannte „**elektrische Wind**" ist ein Ionenfluß, der sich sehr schnell fortbewegt. Dieser Ionenfluß kann unterschiedlich auftreten:

- in der Art und Weise wie der Fluss erzeugt wird, und

- gemäß der Beschaffenheit der Oberfläche (gekrümmte Flächen), der ihn begrenzt.

Im Falle einer großen halbrunden Elektrode mit kleinen axialen Elektroden, die um die Mitte angeordnet sind, ist das Strömungsmuster ein ringförmiger Wirbel, vergleichbar einem verwirbeltem Ring aus Rauch. Dieser Wirbel ergibt den besten aerodynamischen Auf- und Vortrieb (s.a. „Dipolar-Force Field Propuslion, wo rotiere Dipole ebenfalls eine breitflächige Verwirbelung der Luft hervorrufen! Wirbel erzeugen auch Insekten mit ihrem Flügelschlag, siehe Hummel, Anm.d.A.).

Hydrostatischer Druck (oder aerodynamischer Druck) wird gegen die gesamte innere Fläche der halbrunden Elektrode (nach Innen gewölbte Unterseite des „Adamski-Typs, Anm.d.A.) ausgeübt, so dass der integrierte Druck eine mechanische Kraft erzeugt, die das Fluggerät in eine bestimmte Richtung antreibt.

Es ist denkbar, daß der elektrohydrodynamische Antrieb überall dort wirksam ist, wo sich ein umgebendes Plasma befindet. Aufgrund neuester Studien (wohlmöglich der 1920-30 Jahre, Anm.d.A.) betrifft dies ein großer Teil des Weltalls, sowie den Koronabereich der Sonne. In jedem Fall wird ein Momentum auf das umgebend Medium übertragen, wenn auch nur im geringem Maße.

Das umgebende Medium wird in einem bestimmten Bereich um das gesamte Fluggerät so beeinflusst, dass das Raumschiff sich in die entgegengesetzte Richtung bewegt. Es kann daraus gefolgert werden, daß im All das Momentum (der Rückstoß, Anm.d.A.) beibehalten wird (aufgrund der Luftleere und damit fehlender Reibung, Anm.d.A.), ohne den zusätzlichen Verbrauch von Treibstoff.

Kürzlich gemachte Fortschritte im Bereich „Plasma Dynamics" haben eine Reihe von Methoden zur Beschleunigung von Bereichen hoch ionisierten Gases ergeben. Gewöhnlich beinhalten solche Methoden elektrische und magnetische Wechselwirkungen in extrem kurzen Zeitabständen. Plasma-Pulse oder -Schübe, erzeugt durch elektrische Entladungen, laufen durch ein Beschleunigungsfeld und werden mit hohen Geschwindigkeiten nach Außen gestoßen.

Als Beispiele seinen die „Rail-Gun" oder magnetohydrodynamische „Shock-Tubes" (Druckröhren) genannt. Obwohl die Plasma-Geschwindigkeiten solcher

Vorrichtungen im Bereich von ca. Mach 100 liegen, ist die Masse des Plasma-Ausstoßes relativ gering (10^{-9} Gramm). Ein Plasma-Rückstoß ist deshalb kaum merklich. Damit sind solche Systeme für einen Raumantrieb zu schwer und zu ineffektiv.

In den letzten Jahren wurde deshalb von der U.S.-Firma „Whitehall-Rand" Studien auf dem Gebiet „elektrostatische/elektrische Hydrodynamik" durchgeführt. Dabei wurde der Bereich Magnetohydrodynamik außer Acht gelassen. Zwar sind auch Magnetfelder bei elektrostatischen Reaktionen, in denen starke Ströme fließen, mit im Spiel, aber die hydrodynamischen Folgen sind mehr elektrischer, als elektromagnetischer Art.

Zuerst wurden Untersuchungen an elektrischen Feldern durchgeführt, die für die Erzeugung von Kräften und Vortrieb in di-elektrischen Flüssigkeiten verantwortlich sind. Es zeigte sich, daß ionisiertes Gas, oder Plasma, sich wie ein dielektrisches Medium verhielt und hydrostatischen Druck entwickelte.

Weitere Untersuchungen wurden an verschiedenen Formen von Elektroden angestellt, sowohl Kathode, als auch Anode, um

- die höchste Plasmadichte in der Luft (oder in anderen Gasen) und

- den größten hydrostatischen Druck auf die Elektroden in eine bestimmte Richtung festzustellen.

Die Erfahrungen mit einer halbrunden Anode ergab, daß diese den gleichen Schub (Auftrieb) erzeugt, wie bei herkömmlichen aerodynamischer Druckverhältnissen, so dass aus dieser Form ein Fluggerät entstehen kann, das, wie ein normales Flugzeug, Auf- und Vortrieb erzeugt.

(Dabei liegt das scheibenförmige Fluggerät mit der Unterseite auf einem Überdruck-Luftposter und stößt sich an den Luftmolekülen ab, = Rückstoßprinzip. Vergleiche hier den Überdruck an der Unterseite einer normalen Flugzeug-Tragfläche, der die Fläche nach oben drückt. Im Gegensatz dazu gibt es Fluggeräte, die an der Oberseite einen Sog erzeugen - Druckverteilung wie bei einem Hubschrauber, siehe dazu weiter unten den elektrokinetischen Antrieb, beschrieben u.a. in einem U.S.-Patent von Gilman A. Hill.

Über- oder Unterdruck, beides aerodynamische Varianten zum Antrieb von „fliegenden Untertassen", eine „Elektrogravitation" im Sinne von Schwerkraftaufhebung ist nicht darunter, Anm.d.A.)

Modell-Versuche in einer Vakuum-Kammer ergaben eine merkliche Zunahme von Auftrieb, bei vermindertem Druck. Statischer Druck an verschiedenen konkaven Stellen der Anode wird mit einem Manometer gemessen. Somit kann eine Druckverteilung an einer beliebig großen halbrunden Anodenform bestimmt werden.

Bei dieser halbrunden Anode, „Canopy"/Baldachin genannt, mit 80 cm Durchmesser, beträgt der Schub bei 250.000 Volt - 250 KV - und 2 ma. ca. 110.000 Dynes („Dyn": Maßeinheit der Kraft, von gr:"dynamis=Kraft, heute nicht mehr gebräuchlich, s.a. das „Aerodyne" von Dr. Lippisch).

Dieser Schub, der Auftrieb erzeugt, lässt ein Fesselflugmodell, das ca. 100g wiegt, in der Luft schweben. Dabei wird nicht nur das eigene Gewicht, sondern auch eine „Zuladung" von ca. 10g angehoben.

Der offensichtliche Vorteil eines elektrohydrodynamischen, gegenüber eines magnetohydrodynamischen Antriebes für Raumflüge ist:

- Größerer Schub

- Antriebskomponenten sind im Gewicht leichter, weil die magnetischen Antriebsteile wegfallen können (flog die Marssonde von 1924 mit einem MHD-Antrieb?, Anm.d.A.)

- Gleichmäßige Beanspruchung

- Zusammen mit einem elektrostatischen Flammenstrahl-Generator („Flame-Jet electrostatic Generator") und -Cäsium angereicherten Treibstoffen (für eine bessere elektrische Aufladung, Anm.d.A.) kann das Gewicht der Antriebseinheit wesentlich reduziert werden und diese Bauart ergibt eine akzeptable Ausnutzung der Elektrizität.

Die Entwicklung eines entsprechenden elektrischen Flammenstrahl-Generators ist deshalb von großer Bedeutung und sollte parallel zur dieser Raumfahrzeug-Entwicklung durchgeführt werden (s. hierzu auch die Versuche, die Henry Coanda in Deutschland während des Krieges bei Junkers gesehen haben könnte, Anm.d.A.).

A Vehicle employing Electrohydrodynamic Propulsion as an Aero-Marine Vehicle

„Bevor Raumflüge durch das Plasma im All ernsthaft angedacht werden können, müssen noch einige Probleme gelöst werden. Einiges kann aber aus Flügen durch die Erdatmosphäre in niedrigeren Höhen gelernt werden. Ein Versuchsmuster, das eine gute Chance hat, in relativ kurzer Zeit einsatzfähig gemacht zu werden, soll dies beweisen.

Dieses Versuchsmuster ist nur ausgelegt für Flüge in einer Höhe von ca. 10 bis 20m über dem Meeresspiegel.

Vor dem Start liegt das Fluggerät auf seinen sphärischen Pontons (Landekugeln, Anm.d.A.). Beim Start wird entweder nur der Flammenstrahl verwendet (ohne elektrische Erregung), so dass genügend Überdruck unterhalb des „Canopys" (des halbrunden, als Anode dienenden Baldachins, Anm.d.A.) aufgebaut werden kann, um das Fluggerät mit den Landepuffern aus dem Wasser zu heben. Dieser Flugzustand ergibt das nötige Luftpolster (Luftkissen zwischen Canopy und Wasseroberfläche, Anm.d.A.), um später große Voltstärken anzulegen. In diesem Fall agiert der Flame-Jet ähnlich einem „Ducted Fan"/ummanteltes Gebläse.

Dann wird der Flammenstrahl elektrisch durch eine Nadel-Kathode angeregt. Dies erzeugt ein sehr starkes elektrostatisches Feld und veranlasst einen Plasma-Wirbel. Die Bewegung des Plasmas ergibt zusätzlich Überdruck für weiteren Auftrieb.

Dann steigt das Gerät auf nicht mehr als 35-50 ft, nicht höher. Dabei ergibt die jeweilige Energiezufuhr die entsprechend vorgegebene Flughöhe. Horizontaler Schub in jede Richtung wird durch das Neigen des konischen Bereichs des Flame-Jet Generators erreicht.

Der sogenannte „Flame-Jet Generator", der nach dem EHD-Prinzip funktioniert (elektrohydrodynamischen Prinzip), ist das Gegenstück zum Antriebssystem des Fluggerätes. Im Generator wird kinetische Energie (von der sich schnell bewegenden Plasmaflamme) in elektrische Energie umgewandelt. Innerhalb des Antriebssystems wird diese elektrische Energie wieder in kinetische - bewegte- Energie - zurückverwandelt. Dies wird erreicht, indem der runde Wirbelstrom, der durch den Flammenstrahl erzeugt wird, sehr stark beschleunigt wird und dadurch ein Überdruck auf das „Canopy" (den „Baldachin" - konkav geformte Unterseite des Fluggerätes) ausübt. Dies resultiert in Auf- und Vortrieb.

Der Flame-Jet Generator befindet sich in der Mitte der Anode (Canopy) auf der Unterseite. In dieser Position ergeben die konisch geformten Elektroden des Flame-Jets, zusammen mit dem Flugkörper und der Ausdehnung der Plasmaflamme, die „totale" Kathode des Antriebssystems.

Die Flamme kann auf verschiedene Art und Weise erzeugt werden, entweder durch Kerosin, oder andere Flüssigtreibstoffe, Raketen-Feststoff, aber ultimativ durch <u>thermonukleares Plasma</u> (siehe hierzu die vielerorts radioaktive Verseuchung des Bodens bei gelandeten „Ufos", Anm.d.A.). Die erzeugte Flamme passiert, nachdem sie die Austrittsdüse verlassen hat, mehrere „Collector Electroden", die jeweils voneinander isoliert sind.

Der Generator wird elektrisch erregt, indem Elektronen nahe der Düsen-Austrittsöffnung in die Plasmaflamme emittiert werden. Dies wird durch eine nadelförmige Zündkerzen-Kathode erreicht, an der eine Spannung von 30 KV anliegt und die mittig in den Flammenstrahl hinein reicht. Wenn das hochverdichtete Plasma mit der negativen Ladung (durch die Kathode) an den Collector-Elektroden entlang fließt, gelangen negative Ladungen zu diesen Elektroden, so dass sich ein elektrischer Gradient an diesen Elektroden entwickelt. Dieses elektrische Potential steigt mit der Strömung nach unten weiter an und erreicht zum Schluss mehrere Millionen Volt. Die starke negative Ladung liegt nicht nur an den Collector-Elektroden an, sondern reicht bis an die Grenzen des nach unten ausgestoßenen Plasma-Flammenstrahls. Ausreichend Strom für den Betrieb des Fluggerätes wird von der kinetischen Energie des hoch verdichteten Plasmastrahls entnommen.

Um die Plasma-Dichte noch weiter zu erhöhen, kann der Treibstoff mit Cäsium-Pulver, oder Alkali-Dampf angereichert werden, der in die Verbrennungskammer zugeführt wird. Außerdem durch Schlitze, die innerhalb der Anoden-Canopy auf der konkaven Flugzeug-Unterseite angebracht sind.

Aufgrund der besonderen Form des Anoden-Baldachins im Verhältnis zu der axialen Position der Zündkerzen-Kathode, die die Plasmaflamme umgibt, wird ein zweiter, hochverdichteter Plasmastrom erzeugt, der die gesamte konkave Unterseite ausfüllt.

In diesem Bereich wird nun ein großvolumiges Plasma sehr stark beschleunigt. Das Momentum dieses stark beschleunigten Plasmas reicht ca. dreimal so weit über den Rand der Unterseite in das umgebende Plasma. Das Plasma wird nach unten beschleunigt und wieder zur Kathoden-Achse zurückgestoßen, wo es wiederum neu beschleunigt wird. Dieser Plasmafluß - nach unten, wieder zurück und erneut nach unten - ergibt einen sehr großen runden Wirbelstrom.

<u>Die Unterseite liegt somit auf dem Wirbel auf, und aerodynamischer Überdruck wirkt überall auf die Flugzeugunterseite und dies erzeugt Auftrieb</u>. Außerdem wirkt eine Reaktions- (Schub-) kraft von dem Flame-Jet, die zusätzlich für Auftrieb sorgt. Der Flame-Jet arbeitet zudem noch als „Ducted Fan"/ ummantelter Fan und erzeugt statischen Druck auf der gesamten Unterseite des Canopy. Weiter Überdruck entsteht dadurch, dass der nach unten strömende Flammenstrahl den nach oben strömenden Luftwirbel zusätzlich in Schwung bringt und gegen die konkave Flugzeugunterseite drückt.

Ein Vorteil dieser Antriebsform ist die Einfachheit der Steuerung. <u>Die Treibstoffregulierung bestimmt, wie hoch das Fluggerät steigen soll</u>. Horizontaler Schub wird dadurch erreicht, daß die Kathoden <u>seitlich geschwenkt werden können</u>. In niedrigen Höhen ist die horizontale Fluglage dadurch gewährleistet, daß ein Plasma-Vortex aufgebaut wird. Eine weiche Landung erzielt man durch schrittweise Reduzierung der Treibstoffzufuhr.

Supplement A: Electrohydrodynamics

Elektrohydrodynamik (EHD) ist die Studie über elektrische Feld-Phänome und deren Beziehung zu dielektrischen (nicht leitenden) Medien, sowie einem Ionen-Plasma.

Magnetische Felder werden von, oder durch einen bestimmten Leiter beeinflusst, wie z.B. elektrischen Strom. Im Gegensatz dazu gibt es zwischen hoch aufgeladenen elektrischen Feldern und dielektrischen Medien eine Art Wechselwirkung, wie z.B. durch Gase, Luft, aber auch zwischen einem Vakuum. So wie ein magnetisches Feld durch Magnetfelder produzierenden Komponenten „geformt" werden kann, so kann auch ein elektrisches Feld durch die Anordnung von Elektroden „geformt" werden. Damit kann ein beachtlicher Ladungsunterschied zwischen, z.B. einem Kondensator und der dielektrischen Umgebung geschaffen werden.

Wird eine solche Kraft in Luft, einem Vakuum, oder einem anderen dielektrischen Medium aufgebaut, ergibt dies bei einem Fluggerät eine Schubkraft in Bezug auf das umgebende Flüssigkeitsmedium. Wird das Gerät festgehalten, bewegt sich das Medium und ein Pump-Effekt wird erzielt. Kann sich dagegen das Gerät frei bewegen, beschleunigt es in die Richtung, in der die Kraft wirkt, gemäß dem Dritten Gesetz von Newton, und ein Antrieb liegt vor.

Bei der Anwendung von EHD-Technologien soll eine Energie-Ausbeute erzielt werden, die größer und effizienter ist, als dies bei allen bisher bekannten Antrieben der Fall ist.

Die EHD-Forschung kann relativ **schnell und kostengünstig** durchgeführt werden.

Auch der Bau von ersten 1:1 Prototypen ist mit geringen Kosten verbunden.

Die Konstruktion von EHD-Ausrüstungen wird zu einem **großen Durchbruch bei Raumantrieben**, elektrische Partikel-Beschleunigung und -Pumpen führen.

Die Entwicklung solcher elektrischer Antriebe ist nicht abhängig von einem vollkommenen (derzeitigen) Verständnis des Phänomens.

Nachdem das EHD-Phänomen gänzlich erforscht worden ist, kann es zu einer Grundlage für ein neues physikalisches Verständnis im Bereich von Feldenergien führen.

(W*ann wurden die ersten theoretischen Experimente mit elektrischen Antrieben vorgenommen, in den 1920er Jahren, oder erst, als dieses Dokument von T.T. Brown in Jahre 1960 erstellt wurde?, Anm.d.A.)*

Am Ende der Bemühungen zur Entwicklung eines EHD-Antriebes sollten folgende Ziele angestrebt werden:

Ein elektrisch angetriebenes Raumfahrzeug mit einem spezifischen Antriebs-Impuls, der im Millisekundenbereich liegt und dessen Betriebsdauer nur von der elektrischen Kraftquelle begrenzt wird, z.B. einem Antriebssystem, das ohne die herkömmlichen Treibstoffe auskommt.

Labor-Modelle, die 100 Gramm wogen, haben einen Schub von 110g hervorgebracht, bei einem elektrischen Verbrauch von 500 Watt (250.000 Volt mit 2.0 mA). Der Versuch wurde in der Luft bei 1 atü vorgenommen. In einem Vakuum ist die Energieausbeute noch größer, d.h. derselbe Schub (110g) aber weniger Energieverbrauch.

Vergleicht man diese Werte mit einem Ionenantrieb, der von dem NASA Lewis Reseach Center entwickelt wurde - mehrere Kilogramm schwer, erzeugte dieser nur 28,35g Schub bei einem Energieaufwand von 1.200 W (10.000 V und 120 mA)

- ist der EHD-Antrieb wesentlich effektiver, da die Energieumwandlung um ein Vielfaches höher ist als bei einem Ionenantrieb!

Die direkte Übertragung von elektrischer Energie in mechanische - rotierende - wurde mit Hilfe einer einfachen Demonstrations-Turbine erzielt.

Diese EHD Plasma-Turbine ist ca. 25 cm im Durchmesser und wenn sie mit 50.000 V aufgeladen wird, rotiert sie mit ca. 100 U/min. Der dafür benötigte Strom liegt bei ca. 0,5 mA.

Effektive Pumpen für nicht-leitende (dielektrische) Flüssigkeiten - incl. kryogene (stark heruntergekühlte Flüssigkeiten) - die keine beweglichen Teile benötigen, wurden gebaut und vorgeführt. Auch diese Pumpen benötigen nur eine geringe Energieleistung.

Die Erzeugung elektrischen Stromes - speziell für sehr hohe Voltzahlen (mehrere Millionen Volt) ist im Wesentlichen die Umkehr des Schuberzeugungs-Prinzips.

Der Name für diese Vorrichtung ist **„Flame-Jet Generator"**. In diesem Falle zieht ein besonders geformtes elektrostatisches Feld ein stark strömendes Medium, wie z.B. eine Düsenflamme, zusammen und erregt es elektrisch. Daraus resultiert eine hohe Dichte freier Elektronen, die entlang der Länge der Düsenstrahl weiter zunimmt. Wenn die Elektronen-Konzentration von speziell konstruierten Elektroden aufgenommen wird, fungiert diese Vorrichtung als ein elektrischer Stromgenerator.

Das Material des Fammenstrahl-Generators kann aus hochfesten Stoffen, wie Tungsten oder Columbium bestehen, Graphit und bestimmte Keramiken, wie Silikon-Nitrit, das exzellente elektrische, chemische und mechanische Warmfest-Eigenschaften aufweist.(siehe hier die Metallwerke Plansee in Reutte, Tirol als ein Lieferant für deutsche Experimente?, Anm.d.A.)."

-Ends-

Abb.:

Kleine Versuchsmodelle des „Aero-Marin-Vehicles" von Thomas Townsend-Brown.

Solche Fluggeräte in 1:1 wurden über Jahrzehnte von vielen Personen in der ganzen Welt als „UFO" gesichtet.

Die Propaganda und die Medien verkaufen dieses irdische Raumschiff aus den 1920er Jahren als „außerirdisch"!

Wann flog der erste Mensch mit solch einem EHD-Fluggerät in den Weltraum?

Bereits in den 1920er Jahren?

„Electrostictive Vehicles"
von Thomas Townsend-Brown

„Der „Adamski-Typ" weltweit

Ein glockenför-
miges Flugobjekt
über Kanab/Utah
21. März 1968

Glockenförmiges UFO über Onomichi, Japan, 11. 10. 1974

Kuppelförmiges UFO über Santurce, Puerto Rico

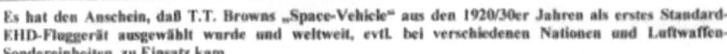

Es hat den Anschein, daß T.T. Browns „Space-Vehicle" aus den 1920/30er Jahren als erstes Standard-EHD-Fluggerät ausgewählt wurde und weltweit, evtl. bei verschiedenen Nationen und Luftwaffen-Sondereinheiten, zu Einsatz kam.

„Electrostictive Vehicles"
von
Thomas Townsend-Brown

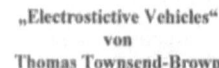

Das Objekt über
Red Bud, Illinois
23. 4. 1950

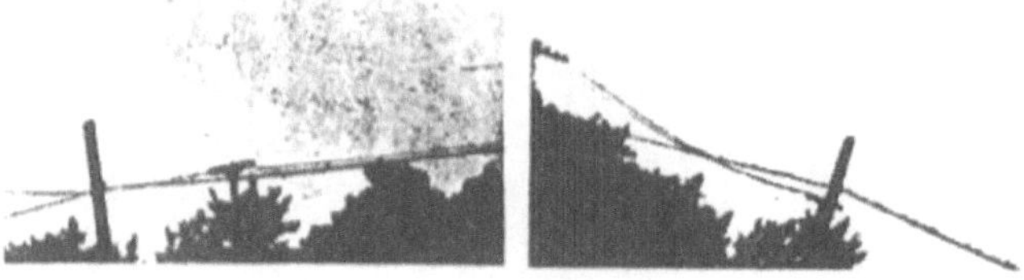

Das schwebende
Objekt drehte sie
langsam wie ein
Kreisel um seiner
Schwerpunkt,
wobei abwechseln
die Kuppel und
seine Unterseite
sichtbar wurden.

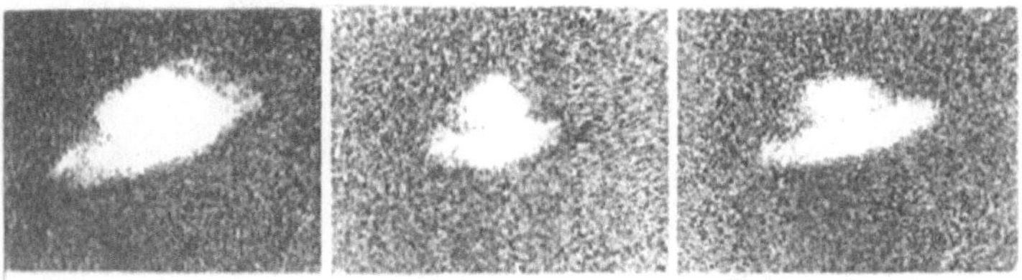

Louisville 3. 10. 1973   Red Bud 23. 4. 1950   Passaic 29. 7. 1952

Abb.:

Beachte bei diesen „klassischen" fliegenden Untertassen die hohe Kuppel im Zentrum.

Hier könnten sich umlaufende, aus Quarzglas bestehende Abstrahlflächen befunden haben, hinter denen ultraviolette Strahler eine Zyklotronstrahlung in ein umgebendes Magnetfeld schießen, um damit Richtungsänderungen und einen Vorwärtsschub zu generieren.

Siehe auch die Sichtung einer solchen oder ähnlichen Flugscheibe in Kalifornien im Jahre 1943.

Soweit einige Auszüge aus den Dokumenten von Thomas Townsend-Brown.

Der Autor vermutet, dass oben aufgeführte Experimente und praktische Versuche schon lange vor 1960 durchgeführt wurden und auch in einsatzfähige Fluggeräte mündeten. Der „Adamski-Typ", der ab 1950 aufwärts, mehrmals in aller Welt gesichtet wurde, könnte als ein Indiz dafür gelten.

Damit ergibt sich die Frage, ob man mit einem solchen Raumfahrzeug bereits in den 1920, 1930 und 1940er Jahren ins All geflogen ist. Alle scheibenförmigen Nachfolger, die raumtüchtig sind, werden wahrscheinlich mit einem EHD-Antrieb ausgestattet gewesen sein. Dies bestätigen auch die Beschreibungen vieler „UFO"-Sichtungen nach 1947. Gelangten schon vor dem zweiten Weltkrieg Informationen von T.T. Browns elektrostatischem Raumschiff auch nach Deutschland, und wurde etwa eine Kopie seines Fluggerätes im Geheimen nachgebaut und geflogen?

In der zur Verfügung stehenden Literatur heißt es außerdem noch, dass Thomas Townsend-Brown später nach Frankreich ging und bei einem, von der französischen Regierung gesponserten Versuchsprogramm zur Erforschung von EHD-Antrieben mitwirkte.

(siehe hier die Sichtung eines elektrostatischen Flugkörpers in Scheibenform im Jahre 1942 in Frankreich! Weitere Informationen: siehe Anhang, Anm.d.A.)

Interessanterweise gibt es einige freigegebene Fotos, die mit: „France/French Flying Saucer Device" betitelt sind. Auf den drei Aufnahmen sieht man ein scheibenförmiges Fluggerät, wie es gerade zur Landung ansetzt.

Wirkte bei der Entwicklung dieses franz. Gerätes, ausgestattet evtl. mit einem EHD-Antrieb, auch T.T. Brown mit? Leider wird bei diesen deklassifizierten Fotos kein Datum angegeben, „Date Unk.". Ob diese Aufnahmen nach dem Krieg entstanden sind und welche französische Firma oder Firmen darin verwickelt waren, bleibt unklar.

Elektrostatisch betriebene Flugzeuge

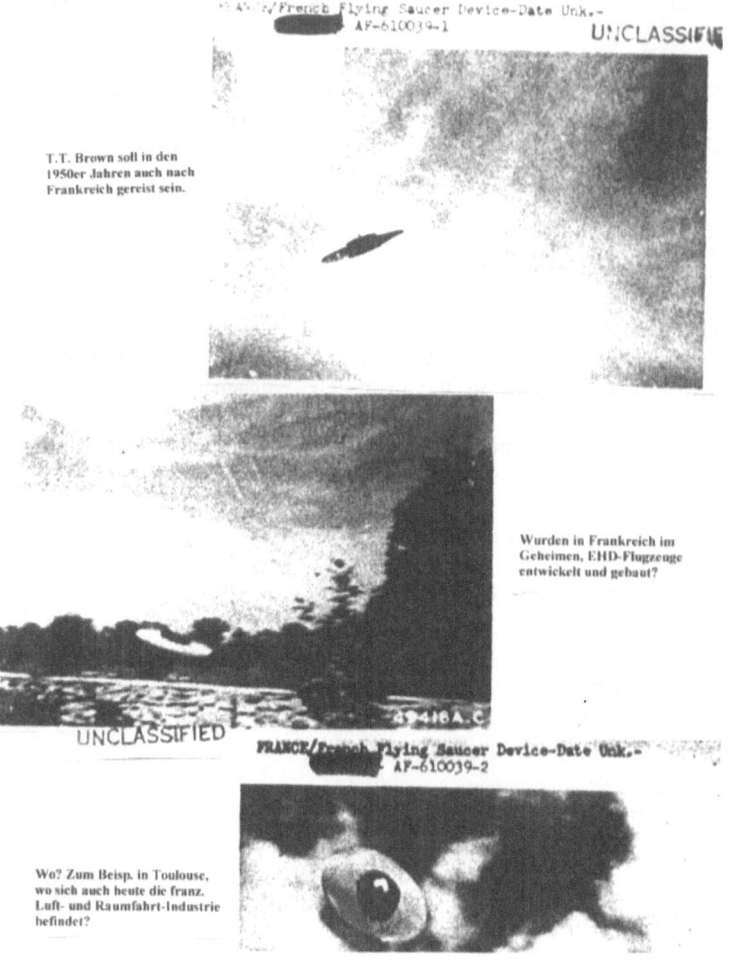

Bild:

Wo wurden in Frankreich elektrostatische, bzw. elektromagnetische Versuche vorgenommen. Bereits 1942, unter deutscher Besatzung(?), wurde ein kleiner, unbemannter elektrostatischer Flugkörper gesichtet.

Arbeiteten deutsche Stellen, Forschungseinrichtungen (Peenemünde, Kummersdorf usw.) mit französischen Forschungseinrichtungen während des Krieges heimlich zusammen. Wurden diese Forschungen nach dem Kriege dort fortgesetzt?

Auch unklar ist, ob es sich evtl. um ein europäisches Programm handelte, bei dem auch andere Länder, wie Deutschland, teilgenommen haben. Offiziell ist leider nichts darüber zu erfahren.

Bis weit in die 1960er Jahre wurden scheibenförmige Fluggeräte des „klassischen, ältern Typs", wie ihn T.T. Brown entwickelte, weltweit gesichtet.

Schon in den 1950 Jahren machte der Desinformant George Adamski auf das Raumfahrzeug von T.T. Brown aufmerksam. Aber dieses wohl bereits obsolete EHD-Fluggerät wurde auch nach der Desinformations-Kampagne von Adamski immer wieder weltweit gesichtet.

Ob diese bewährte (1930/40er?) Konstruktion in Serie gebaut und evtl. weiterentwickelt, von Spezial-Luftwaffen- und Sondereinheiten in der ganzen Welt eingesetzt wurde?

So wurde im Juli 1966 ein kuppelförmiges „UFO" mit halbrunden Elektroden im ländlichen Gebiet von Clarksburg, West-Virginia von einem Augenzeugen fotografiert.

Über Kanab/Utah konnte der bekannte Geophysik-Ingenieur Fritz Van Nest im März 1968 ein glockenförmiges Objekt, das ca. 13m groß war und beim Aufsteigen die unteren Halbkugeln einzog, beobachten.

Hugo Luyo Vega, ein Architekt aus Lima, Peru sah im November 1973 eine kuppelförmige Maschine, die am unteren Bereich Halbkugeln besaß und bei der am unteren Zentrum ein dunkelrotes, pulsierendes Licht strömte (Flame-Jet?).

Über Japan machte ein japanischer Schüler im Oktober 1974 eine Serie von Aufnahmen, die ein glockenförmiges „Adamski-UFO" zeigen. Dieser Adamski-Typ wurde auch über Santurce, Puerto Rico fotografiert.

Wurde T.T. Browns Maschine als Standard-EHD-Fluggerät ausgewählt und in einerr gewissen Großserie produziert, ähnlich so berühmter Maschinen, wie die Standard-Schulmaschine NAA T-6 „Texan/Harward"? Gab es in mehreren Ländern bekannte und große Flugzeugfirmen, die diese Maschine heimlich in Serie montierten (aus vorgefertigten und - für den Laien unverfänglich - gelieferten Teilen bestehend)?

Der "Harmon Field Photo Case" 10 July 1947

Hier einige Informationen über EHD Fluggeräte, die mit dem Antriebssystem nach Thomas-Townsend Brown angetrieben sein könnten:

Vergleiche die Augenzeugenberichte mit den Beschreibungen in den T.T. Brown-Patenten!
(Quelle: Internet, Project 1947, Wendy Conors)

Am 10. Juli 1947 berichtete ein Mr. Woodruff, Mechaniker bei Pan-American Airways über ein rundes Objekt, das in großer Höhe parallel zur Erdoberfläche flog und einen langen Streifen hinter sich her zog und dabei die Wolkenformation zu „verbrennen" schien. Die Sichtung erfolgte in der Nähe des Flugplatzes „Harmon Field" in Neufundland. Auch zwei andere Personen bemerkten den langen Streifen hinter dem „UFO", der für über eine

Stunde am Himmel zu sehen war. Er wurde sogar von einem anderen Mitarbeiter von PAA fotografiert. Dieses Foto unterstütze die Aussage und Beobachtung vom Mr. Woodruff.

Bild:

Lange heißer und elektrostatisch aufgeladener Abgasstrahl eines Fluggerätes mit thermo-ionischem Antrieb?

Hier ein ähnlicher Fall eines möglichen thermo-ionisch angetriebenen Fluggerätes, entnommen aus dem Buch: „Alfred Loedding & the Greatest Flying Saucer Wave of 1947", by Michael D. Hall & Wendy A. Connors:

„Ein anderer Bericht kam von Neufundland am 10. Juli von zwei Pan American Airways Mechaniker vom Harmon Field, AAFB, Stephenville.

Um 17.30 Uhr fuhren die beiden, sowie ein Dritter, entlang einer Bergstraße ungefähr sechs Meilen süd-südwestlich der Army Air Force Base, als plötzlich alle drei, J.N Mehrman, A.R. Leidy und J.E. Woodruff eine silberne, runde Scheibe sahen, die in circa 3.300m Höhe flog. Das Objekt flog horizontal in einer lang gestreckten Kurve. Die Größe der Scheibe war gemäß den Angaben der Augenzeugen ungefähr die Spannweite einer C-54 (DC-4) Transportmaschine. Es sah so aus, als ob die Maschine mit ihrem schwarz-blauen Abgasstrahl, der ungefähr 15 Meilen lang gewesen sein soll, buchstäblich einen Flugweg durch die Wolkendecke über Harmon schnitt.

Der Wetterbericht bestätigte eine lockere Wolkendecke in 3.000 bis 4.000m Höhe. Einige Militärangehörige vom 1388th Geschwader auf Harmon Field sahen ebenso den großen Schnitt, den das Flugobjekt in die Wolken machte, und zwei Kodachrome Fotos wurden von einem der Mechaniker geschossen.

Dazu schrieb der Luftfahrtexperte Alfred Loedding folgende Expertise:

„**The bluish-black trail** seems to indicate **ordinary combustion from a turbo-jet engine**, athodyd motor, or some combination of these types of power plants. The absence of noise and apparent dissolving of the clouds to form a clear path indicates a relatively **large mass flow** of a rectangular cross section containing a **considerable amount of heat**."

Alfred Loedding, der u.a. auch Dr. Alexander Lippisch auf dem Wright Field, Dayton, Ohio, traf, war ein Luftfahrt-Experte und wusste wahrscheinlich sehr genau, welche Fluggeräte, die bis heute geheim gehalten werden, über den USA im Jahre 1947 flogen!

Alfred Loedding arbeitete auf der Wright Field Air Base und kannte mit Sicherheit die erbeuteten Flugzeuge und geheimen Sonderprojekte (Düsenscheibe, elektrostatische und elektromagnetische Flugkörper usw.) aus Deutschland. Als Experte müsste er auch die Entwicklungen von T.T. Brown gekannt haben, die ggfs. auch auf der Wright AFB bekannt waren.

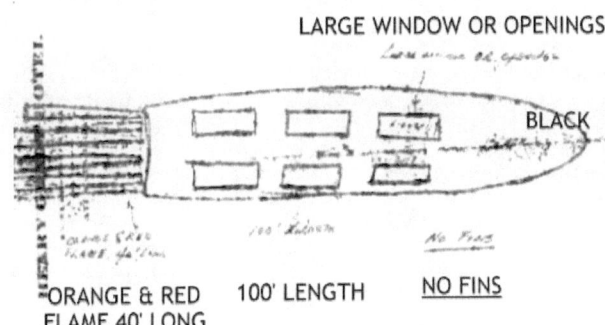

Abb:

Handelt es sich bei den „*Large Windows or Openings*" um Abstrahlflächen für eine Zyklotronstrahlung, die zur Fortbewegung und Steuerung des Flugkörpers diente?

Der Flammenstrahl am Heck könnte elektrostatisch aufgeladen gewesen sein.

Die Zeichnung oben wurde von zwei Beobachtern gemacht, die in Arnheim, Niederlande lebten. Am 20. Juli 1948 sahen sie ein Flugobjekt, das keine Tragflächen aufwies und zwei Decks zu haben schien.

Das Objekt wurde mehrmals an diesem schönen Juli Tag mit unbeschränkter Sicht beobachtet, wie es in großer Höhe entlang flog. Das Geräusch der Maschine soll ähnlich der einer V-2 Rakete gewesen sein.

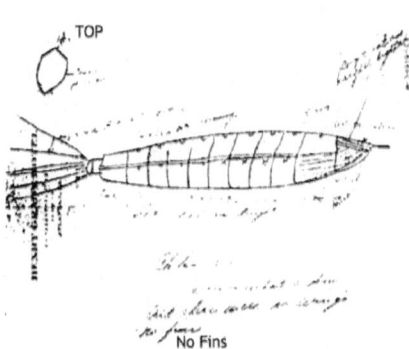

Bild:

Sichtung im Russland. Beachte Zigarrenkörper und langer Abgasstrahl.

Ein ähnliches zigarrenförmiges Objekt wurde von einem erfahrenen Zeitungsmann am 3. August 1948 gesichtet, der sich 25 Kilometer nordöstlich von Moskau, Russland aufhielt.

Ein russischer Begleiter meinte, es sei ein Luftschiff, aber der Zeitungsmensch verwarf dies, da das Objekt mit hoher, wenn auch nicht übermäßig schneller Geschwindigkeit flog.

Thermoionische Antriebe

In dem Absatz über die „Patente von T.T. Brown" wurde bereits über den „Flame-Jet Generator" berichtet. Ergänzend dazu hier noch einige wichtige Informationen aus den U.S.-Patenten 2.949.550 „*Electrokinetic Apparatus*" v. 16. August 1960, und U.S.-Patent 3.022.430 „*Electrokinetic Generator*" v. 20. Februar 1962, beide von Thomas Townsend-Brown, Umatilla, Florida, Assignor to Whitehall-Rand Inc., Washington, D.C.

Die Patentunterlagen wurden jeweils 1957 eingereicht.

Die Patente und die darin enthaltenen Zeichnungen lassen sehr schön die Beschreibungen von „UFOs" erkennen, die wohl im Jahre 1947 bei der „Great Flying Saucer Wave" über den

USA in Massen auftraten und bis heute gerne von der Propaganda als Fluggeräte, die nicht von der Erde kommen, wegerklärt werden:

„Zuvor haben elektrokinetische Apparate elektrische Energie in mechanische Energie umgewandelt, um dann diese Energie wiederum für eine zu benötigende Kraft bereitzustellen.

Außer einem unzureichend kleinen Wirkungsgrad elektrostatischer Anziehung und Abstoßung wurde elektrische Energie noch nicht für die unmittelbare Erzeugung von Leistung und Fortbewegung verwendet.

(Wahrscheinlich Stand der 1920/1930 Jahre. Wann wurde diese „unzureichende" elektrostatische Abstoßung und Anziehung das erste Mal technisch umgesetzt?, Anm.d.A.)

Die Umwandlung von Energie in eine andere Form bringt immer Verluste mit sich, wie Reibungsverlust, schädliche Strahlungen, Hitzeentwicklung ect.

Die hier besprochene Erfindung erreicht ihre geradezu außerordentliche Effektivitätssteigerung durch die direkte Erzeugung von elektrischer Energie und eine sofortige Umwandlung in Kraft und Leistung."

Thomas Townsend-Brown beschreibt in dem Patent seine ersten Versuche, die wohlmöglich schon in den 1920er Jahren durchgeführt wurden. Denn er schreibt:

„Das beschriebene Phänomen (dünne Plättchen, die eine positiv und negativ aufgeladene Elektrode haben, interagieren mit einem dielektrischen Medium, wie z.B. Luft und setzen entweder die Luft in Bewegung - eine Art Pumpe - oder eine frei bewegliche Apparatur wird durch die Luft als „self-propulsive device" bewegt, Anm.d.A.) wurde beobachtet und durch wiederholte Experimente bestätigt.

Die physikalischen Vorgänge dagegen sind noch nicht vollständig verstanden (Stand der 1920er Jahre?, Anm.d.A.).

Es wurde ermittelt, daß die größten Kräfte dann erreicht werden, wenn die vordere Elektrode positiv aufgeladen wird. In der unmittelbaren Umgebung der Elektrode, wo der Grad der Auflading sehr hoch ist, werden freie Elektronen von Atomen und Molekülen (der Luft) abgezogen.

Diese Elektronen wandern zur positiv geladenen Elektrode, wo sie sich ansammeln. Diese abgezogenen Elektronen erhalten nun ebenfalls eine positive Ladung und werden von der positiven Elektrode abgestoßen und von der hinteren, negativ aufgeladenen Elektrode angezogen."

Dadurch entsteht ein massiver elektrokinetischer Schub, bedingt durch einen sehr großen Luftmassenfluss.

Thermoionischer Antrieb

Aug. 16, 1960   T. T. BROWN   2,949,550
ELECTROKINETIC APPARATUS

Filed July 3, 1957

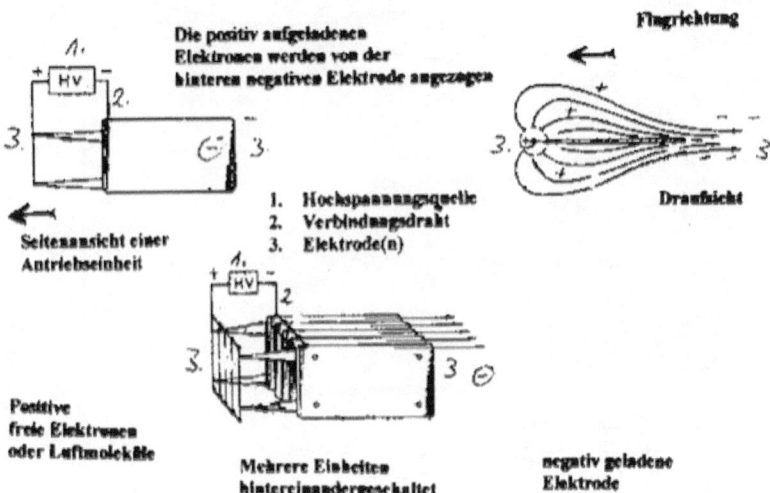

1. Hochspannungsquelle
2. Verbindungsdraht
3. Elektrode(n)

Seitenansicht einer Antriebseinheit

Positive freie Elektronen oder Luftmoleküle

Die positiv aufgeladenen Elektronen werden von der hinteren negativen Elektrode angezogen

Flugrichtung

Draufsicht

Mehrere Einheiten hintereinandergeschaltet

negativ geladene Elektrode

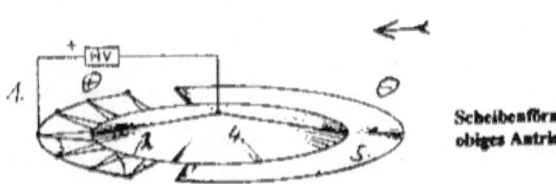

Scheibenförmiges Fluggerät, das obiges Antriebssystem verwendet

1. Elektrode an der Vorderkante des Fluggerätes
2. Vorderkante
3. 3. Isolierte Verbindungsstreben
4. scheibenförmiger Rumpf
5. Abdeckung

Thomas Townsend-Brown (und mit ihm wohl auch andere) entwarf wohl schon in den 1920er Jahren das elektrokinetische Prinzip, direkt elektrische Energie und Kraft zu erzeugen, ohne dabei auf bewegliche Antriebsteile zurückzugreifen..

Thermoinischer Antrieb

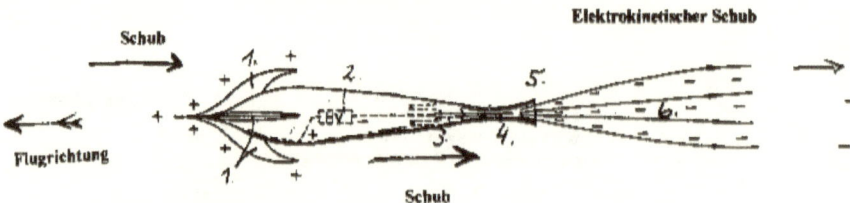

1. Seitenflossen
2. Hochfrequenzgenerator
3. Flüssigstrom-Quelle
4. Elektrode
5. Austrittsdüse
6. Heißer Abgasstrahl

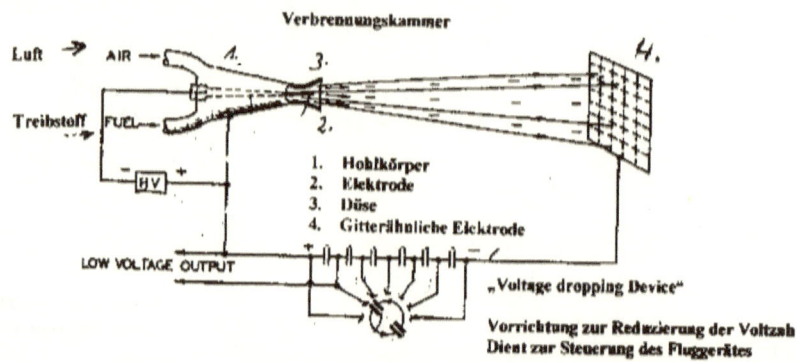

1. Hohlkörper
2. Elektrode
3. Düse
4. Gitterähnliche Elektrode

Treibstoff wird in elektrische Energie verbrannt/umgewandelt

Bild:

Dadurch, dass an der Vorderseite eines elektrokinetischen Fluggerätes eine positive und an der Rückseite eine negative Ladung aufgebaut wird, entsteht nicht nur ein großer Luftmassenfluss und ein <u>sehr langer heißer - elektrostatisch aufgeladener - Abgasstrahl</u>, <u>sondern auch ein sog. „teilproduziertes Vakuum"</u>, das die Maschine umgibt. Dadurch wird die Luftreibung erheblich vermindert, was zusätzlich zu einer enorm hohen Fluggeschwindigkeit beiträgt. Beachte torpedoförmigen Flugkörper und die ähnlich gesichteten „UFOs"!

Denn neben den Elektronen werden auch andere Luftmoleküle in großer Quantität mit nach hinten gerissen. Ein weiterer Effekt ist das „<u>selbst erzeugte Teil-Vakuum</u>" (wie bereits von Horace Dudley in seinem Patent beschrieben), das einen <u>schädlichen Luftwiderstand praktisch auf null reduziert</u> und zusammen mit dem riesigen elektrokinetischen Schub ein Luftfahrzeug extrem schnell durch die Luft befördert.

So schnell, dass in den 1930er und 1940er Jahren bereits mehrfache Schallgeschwindigkeit möglich war, sowie Flüge in den erdnahen Weltraum, da man die Erdschwere überwinden konnte!

Auch T. T. Brown stellt bei seinen ersten Modellversuchen – wohlmöglich schon am Anfang des 20. Jahrhunderts – fest, dass es bei der Bildung einer Korona (elektrisches Glühen) zu Leistungsverlusten durch Hitzestrahlung, Lichtbildung und unerwünschte molekularer Aufladung der Außenluft kommen kann.

Bei weiteren Versuchen wurden mehrere der kleinen Metallplättchen zusammengekoppelt und ein elektrischer Schalter zwischengeschaltet, um die Antriebskraft sowohl vorwärts als auch rückwärts dirigieren zu können.

Diese Modellversuche könnte Thomas Townsend-Brown während seiner Zeit bei der U.S. Navy durchgeführt haben, die seine Forschungen unterstützte, finanzierte und kontrollierte. Wahrscheinlich sind alle in diesem Buch besprochenen unkonventionellen Fluggeräte unter strikter Kontrolle des Militärs sowie semi-militärischen Organisationen entwickelt und gebaut worden, unter Überwachung der jeweiligen Geheimdienste.

In dem zweiten, genannten Patent von T.T. Brown, das über die Rand Corporation lief (die Rand Corp. arbeitete und arbeitet noch für das U.S. Militär sowie für die Geheimdienste), wird nochmals detaillierter auf die thermo-ionische Antriebsart und deren Fluggeräte eingegangen, die spätestens 1947 der breiten Öffentlichkeit bekannt wurden (wenn auch unter vollkommen falschen Vorstellungen und Voraussetzungen).

Eine „Thermionische Emission" oder **„Glühelektrischer Effekt"** ist die Emission von Elektronen oder Ionen durch Substanzen (wie Metalle oder Metall-Oxyde), die sehr stark **aufgeheizt** wurden.

Die geladenen Partikel heißen demnach **„Thermionen"**. Die Anzahl der „Therm-Ionen" steigt in dem Maße, in dem die Temperatur der jeweiligen Substanz ansteigt. Dieser Effekt wurde von Thomas A. Edison im Jahre 1883 entdeckt (Lichtbogen) und deshalb wird der thermoelektrische Prozess auch „Edison-Effect" genannt.

- Wann wurde zum ersten Mal darüber nachgedacht, diesen „Edison- oder später „Richardson -Effekt" auch zum Antrieb für Fahr- und Flugzeuge anzuwenden?

Hauptbestandteil der Fluggeräte sind ein oder mehrere sehr heiße „Flame-Jets", die die extrem starken elektrischen Ladungen erzeugen. So besitzt ein Scheibenflugkörper eine positiv geladene Elektrode an der Vorderkante, die integraler Bestandteil der Scheibenkonstruktion ist. An der Hinterkante der fliegenden Untertasse befindet sich eine rückwärts gerichtete Elektrode sowie mehrere nach hinten austretende Flammstrahlen (oder andere Strahlströme, wie etwa die von einem Kohlendioxyd-Generator) mit samt dafür benötigten Austrittsdüsen.

Die hintere negativ aufgeladene Elektrode (oder Randbogen der Flugscheibe) sollte innerhalb des heißen Abgasstrahls liegen. Das Metall der Elektrode kann entweder auf sehr hohe Temperaturen aufgeheizt werden, oder wird vom Flammenstrahl erwärmt, damit der thermoionischen Prozess in Gang gesetzt wird.

Wenn der Flammenstrahl über die aufgeheizte negative Elektrode streicht, entsteht eine elektrostatische Reibung (ähnlich wie bei einem Kamm, der die Haare aufstellt). Gleichzeitig wird auch die unmittelbare Umgebungsluft um die Elektrode ionisiert, was beides zur „Therminonic Emission", einem thermo-ionischen Abgasstrahl führt.

Negative Ladungen werden durch die „Trailing Electrode", Elektroden am Heck in die Jets eingespritzt. Diese negativen Ladungen werden nun mit dem Luftmassenstrom mit sehr großer Geschwindigkeit über eine weite Distanz nach hinten gerissen (siehe hier das Zerteilen einer Wolkenformation durch den langen, heißen Abgasstrahl, Anm.d.A.).

Gleichzeitig werden auch von der „Leading Electrode", Elektroden am Bug negative Ladungen entzogen, was dazu führt, dass diese eine ständig steigende positive Ladung annimmt. Diese Aufladung hält solange an, bis ein Ausgleich (Equilibrium) herbeigeführt ist und elektrisch geladene Partikel von dem Gasstrahl zurück zur vorderen Elektrode wandern, und zwar in der selben Rate, wie negativ geladene Partikel in den Flammenstrahl zugeführt werden. Messungen zeigten, dass der Ladungsunterschied zwischen dem Flugkörper und der hinteren, durch den Abgasstrom entstandene Gaswolke bis zu 15 Millionen Volt beträgt!

Dies macht es z.B. möglich, dass normale Wolken (bzw. die darin enthaltenen Wassertröpfchen) durch die große Hitzeentwicklung einfach verdampfen, siehe die Sichtung über Harmon Field!

Durch das im Flug befindliche Gerät und der rückwärtig ausgestoßenen Gaswolke bzw. dem Luftstrom, wird eine enorme Kraft erzeugt. Die Umgebungsluft fließt um das Fluggerät herum und vereint sich mit dem Abgasstrom. Dadurch entsteht eine Reaktionskraft (siehe auch Prinzip bei herkömmlichen Strahltriebwerken) auf das Fluggerät, die es vorwärts treibt.

Die vordere Elektrode erzeugt geladene Partikel und der rückwärtige Flüssigkeitsstrom (Luftstrom) stimuliert durch seine kinetische Energie die Emission der hinteren negativ aufgeladenen Elektrode. Wenn der Abgasstrom von einem „Flame Jet" herrührt, ergibt der **heiße Flammenstrahl**, der über **die negative Elektrode streicht**, zusammen mit der nach hinten strömenden kinetischen Energie die sog. „**Thermo-Ionische Emission**".

Jeder dielektrische Strom kann einen hohen Vorwärtsschub erzeugen. So fungiert z.B. auch ein Kohlendioxyd-Generator als Strahlantrieb, aber bevorzugt wird ein Flammenstrahl, der Kohlenwasserstoff (Benzin, Dieselöl, ect.) für die thermoionische Emission, wie oben erwähnt, verbrennt.

Durch die Erzeugung extrem großer Ladungen und eines langen Abgasstrahls, ist die Antriebskraft enorm! Im Vergleich zu dem Flammenstrahl, der nur einen kleinen Beitrag zum Antrieb liefert, **ist die elektrokinetische Schubkraft geradezu riesig**.

Nach dem oben beschriebenen System können entweder scheiben- oder aber auch torpedoförmige Fluggeräte angetrieben werden. Bei beiden Varianten wird an der Vorderseite eine **positive**, an der Hinterseite dagegen eine **negative Ladung** erzeugt.

Ein Flammenstrahl, der durch das Mischen von Luft mit einem Kraftstoff entsteht, produziert dann den sehr heißen und ionisierten Abgasstrahl.

Die erste Version eines zigarrenförmigen Fluggerätes (in drei Sektionen aufgeteilt, vorderer und hinterer Bereich leitfähig ausgebildet, der elektrisch isolierte Mittelkörper dient u.a. zur Aufnahme der Besatzung und des Hochspannungsgenerators) hatte am Bug mehrere aerodynamisch geformte und zur Steuerung verstellbare Leitflächen zur Ionisation der Umgebungsluft.

Außerdem ionisierte eine an der Nase herausragende Spitze die Luft und diente dem „Flugtorpedo" dazu, mehrfache Schallgeschwindigkeit zu erreichen. In der unmittelbaren Umgebung des Buges wird durch die Ionisierung zudem die Luft so an den Seiten des Flugzeuges abgeleitet, dass beim Durchbruch der Schallmauer kein Überschallknall zu hören ist und es weder zu einem Luftwiderstand, noch zu einer Aufheizung der Außenhaut kommt (dies gilt auch für T.T. Browns scheibenförmige Fluggeräte und wird auch bei anderen „fliegenden Untertassen" angewandt, siehe Beschreibungen weiter oben im Buch!).

Der gesamte Flugapparat ist sehr einfach aufgebaut, benötigt nur eine Hochspannung von 30 bis 70.000 Volt (abhängig von der Größe des Flugzeuges) und hat so gut wie keine bewegliche (und verschleißende) Teile.

Da die hohen Spannungen durch Gleichstrom erzeugt werden, verwendet T.T. Brown eines speziellen Systems zur Reduzierung der Hochspannung. So heißt es im Patent:

„Um die Spannung in niedrige und ausreichende Werte zu reduzieren und gleichzeitig den benötigten Strom zu erhöhen, um die Energie für (sic) „Domestik" oder kommerzielle Zwecke zu nutzen, wird ein spezieller Kondensatortyp verwendet, um die Hochspannung herunter zu transformieren."

Interessanterweise spricht Thomas Townsend-Brown von einer kommerziellen Nutzung seiner Fluggeräte, ob im Inland oder anderswo. Leider steht eine solch Gewinn bringende Verwendung von elektrokinetischen oder elektrostatischen Fluggeräten - zumindest auf dieser Welt – bis heute, Stand 2017 immer noch aus!

Auch andere in diesem Buch besprochene elektrokinetisch betriebene Fluggeräte nutzen vorwiegend Gleichstrom als Energielieferant. Eine „**Voltage Reduction**" regelt die Höhe der verwendeten Hochspannung für unterschiedliche Flugmanöver, ob Schnellflug, Start und Landung oder Schwebeflug über einer Stelle.

Bei einer kommerziellen Nutzung könnte man heute mit elektrokinetischen Flugzeugen genauso gut zu seinem Urlaubsort oder geschäftlichen Termin fliegen, ob im Inland oder Übersee, wie man es mit einem „Jumbo" oder „Airbus" tut. Nur solche Fluggeräte wären schneller, könnten mehr Menschen befördern, wären leiser und schonten die Umwelt, da man bei „Long Distance" Flüge, weite Strecken im erdnahen Weltraum zurücklegen könnte.

Leider fliegen und flogen aber solche Fluggeräte, ob von T.T. Brown oder anderen, nur heimlich um die Erde und werden erfolgreich vertuscht – zumindest für diejenigen, die sich mit Luftfahrttechnik nicht ganz so gut auskennen!

Hier ein Fallbeispiel, dass die Patente von Thomas-Townsend Brown nicht nur als graue Theorie erscheinen lässt, sondern dass solche Fluggeräte gebaut und erprobt wurden, bevor sie im Jahre 1947 in Massen auftraten (und interessanterweise von der Propagandamaschinerie, wie auch von Hollywood und seinen willfährigen Regisseuren, bis heute gerne als „außerirdisch" verkauft werden).

Die UFO-Welle von 1947

Hier noch einmal kurz die Geschichte eines Pan-American Mechanikers, der am 10. Juli 1947 in der Nähe von „Harmon Field AAFB", einem Militärflugplatz in New Foundland eine fliegende Untertasse sichtete.

Um 16.30 Uhr sahen der Mechaniker und seine Begleiter eine silberne Scheibe im ca. 3.500 m Höhe. Sie flog eine lang gezogene Kurve und war ungefähr so groß wie die Spannweite einer Douglas C-54 Transportmaschine. Während ihres Fluges stieß sie einen blau-schwarzen Abgasstrahl aus, der ca. 20 km lang war und die Wolkendecke über Harmon buchstäblich in zwei Hälften teilte.

In dem oben erwähnten U.S.-Patent von T. T. Brown wird „Hydro Carbon" als Treibstoff für den „Flame-Jet" erwähnt. So ist **Kohlenwasserstoff** eine chemische Verbindung, die nur aus den Elementen Kohlenstoff und Wasserstoff besteht. Der einfachste Kohlenwasserstoff ist Methan (CH_4). Weitere Verbindungen sind die so genannten Alkane, z.B. Ethan (C_2H_6), Propan, Butan, Pentan, Hexan, Heptan, Oktan (siehe jeweilige Oktanzahl bei unterschiedlichen Treibstoffen), Nonan und Dekan. Kohlenwasserstoffe finden sich in der Natur im Erdgas und im Erdöl. Öl, Benzin oder Diesel bildet beim Verbrennungsvorgang Ruß sowie Kohlendioxid.

Dazu schreibt der zivile Ingenieur Alfred Loedding, der von „T-2", einer Abteilung von Wright-Field, Ohio (Sammel- und Anlaufstelle sowie „Vertuschungsabteilung" für fliegende Untertassen) zur Untersuchung der „UFO"-Sichtung nach Harmon-Field geschickt wurde, in seinem Bericht vollkommen richtig:

„Der blau-schwarze Abgasstrahl scheint auf einen gewöhnlichen Verbrennungsvorgang von Turbostrahlmotoren, Staustrahlmotoren oder einer Kombination von beiden hinzuweisen. Das nicht vorhanden sein von lauten Geräuschen und die offensichtliche Auflösung der Wolken deutet auf einen ziemlich großen Luftmassenfluss rechteckigen Querschnittes hin, der sehr heiß gewesen sein muss."

Der PanAm Mechaniker erkannte richtig, dass wahrscheinlich mehrere, im rechteckigen Querschnitt nebeneinander angeordnete Austrittsdüsen, einen breiten Abgasstrahl produzierten, der von Verbrennungsgasen eines „Flame-Jet" Generators herrühren könnte, der wahrscheinlich gewöhnliches Benzin oder Dieselöl verbrannte.

Durch die mit Hochspannung aufgeladenen rückwärtige Elektrode entstand eine negative Ladung, die zusammen mit der vorderen positiv polarisierten Elektrode einen sehr starken elektrokinetischen Luftmassenfluss ergab, der große Fluggeschwindigkeiten von mehreren 1.000 km/h zuließ und gleichzeitig durch die große elektrostatische Aufheizung die Wolkendecke, durch die das „UFO" flog, verdampfen ließ.

Kein außerirdisches Fluggerät, sondern simple, in den 1940er Jahren (und früher) machbare Technik!

Hier zwei Fallbeispiele aus dem Buch „Besucher aus dem All", H. Bauer Verlag, Freiburg, 3. Aufl., 1976:

„Juli 1948, ... Zwei DC-3 Piloten der Eastern Airlines berichten von einem Flug in der Nähe von Montgomery im Staate Alabama, USA, wo sich ein „fliegendes Unterseeboot" von der dreifachen Größe eines Boing B-29 Bombers ihrer Maschine seitwärts angeschlossen hatte, um sie schließlich zu umfliegen. Dieses Flugobjekt war **torpedoförmig** und unheimlich dunkelblau leuchtend. Seitwärts befand sich eine Doppelreihe von Öffnungen, aus denen weißes Licht mit außerordentlicher Helligkeit hervorstach. Nachdem der unheimliche Verfolger das Flugzeug beobachtet hatte, stieß es einen etwa 15 Meter langen Feuerstrahl aus, hob den Bug und raste mit einer Geschwindigkeit von ca. 1.100 bis 1.500 km/h davon. Durch den gewaltigen Luftdruck kam die behäbige DC-3 ins Wanken."

Könnte es sich um ein torpedoförmiges Fluggerät handeln, wie es T.T. Brown in seinem o.g. Patent erwähnte? Es wurde wohl bereits etwas abgewandelt und hat nun keine Leitflächen mehr am Bug sondern seitliche Öffnungen, die der Seitensteuerung, hervorgerufen durch z.B. unterschiedlich starke Spannungsunterschiede (oder einer UV-Strahlung aus Strahlern hinter Quarzglasflächen), gedient haben könnte. Am Heck befand sich der thermo-ionische „Flame-Jet", der die Maschine auf über Mach 1 (ohne Überschallknall) beschleunigte.

Ein weiteres Beispiel aus o.g. Buch:

„...So wurden in der Antarktis zahlreiche Sichtungen gemeldet, besonders im Internationalen Geophysischen Jahr 1968. ... Zwei amerikanische Geologen ... befanden sich in einem Raupenfahrzeug an der Küste des Knox-Landes... als sie auf einmal in gut 1 km Entfernung im Norden einen festen Wirbel erblickten. ... Als die Amerikaner der Stelle näher kamen, bemerkten sie, daß der Wirbel nicht aus Schneekristallen bestand, sondern aus einer Art von warmen, weichem Dampf mit einem scharfen, undefinierbaren Geruch. In der Mitte der Wolke, die sich allmählich auflöste, erblickten sie ein kuppelförmiges Gebilde, nicht höher als zwei Meter, aber mit einem Durchmesser von ungefähr sieben bis acht Meter, es glänzte wie Glas. ... Ein paar Augenblicke (nach dem Start des Objektes) sahen sie den Widerschein der Kuppel und dann wieder einen weißen Wirbel; als sich die Wolke auflöste, war nichts mehr auf dem Eis."

Handelte es sich hierbei um ein elektrostatisches rotierendes Fluggerät, dass an der Außenseite einen speziell zusammengesetzten Wasserdampf ausstieß (Sprühvorrichtung für z.B. ätherische Öle zur elektrostatischen Aufladung der Atmosphäre, siehe Harlik-Patent?), um eine elektrisch positive Aufladung zu erzielen?

Die klimatischen Bedingungen der Antarktis gelten als besonders Vorteilhaft für den Betrieb von elektrostatischen Fluggeräten und Raumschiffen, da die Leitfähigkeit der Luft bei kalten Temperaturen am höchsten ist.

Dies schienen auch die „U.S. Verschwörer" für ihren Dritten Weltkrieg gewusst zu haben. Denn sie könnten geheime Stützpunkte und Festungen an den beiden Polen der Erde dazu genutzt haben, spezielle elektrostatische Flugkörper, sowie Raketen, die eine elektrostatische Zusatzaufladung hatten, abzufeuern, um weit entfernte Ziele überall auf der ganzen Welt mit solchen Langstreckenwaffen anzugreifen und mit Kernwaffen zu vernichten!

Warum aber ließ man ab dem Jahre 1947 so viele dieser elektrokinetischen Flugmaschinen außerhalb bestimmter Testgelände über bewohntes Gebiet, sowie landesweit über den USA und später anderswo in der Welt manövrieren? Als Machtdemonstration, dass man solche Fluggeräte besaß, die eine unendliche Reichweite gepaart mit hoher Geschwindigkeit aufwiesen, um damit jeden Kriegsgegner auf der Welt vernichten zu können?

T.T. Brown Fluggerät über China?

T.T. Brown Flugscheibe über Los Angeles?

Im Jahre 1941 soll dieses scheibenförmige Fluggerät über Tientsien in China fotografiert worden sein.

Auch der Autor, Diplomat im Ruhestand und ehemaliger Geheimdienstoffizier Gordon Creighton will 1941 in China ein „UFO" gesichtet haben.

Seit den 1920er Jahren arbeitete Thomas Townsend-Brown an elektrohydrodynamischen Fluggeräten. Somit wäre es durchaus möglich, daß in den 1930 und 40er Jahren bereits erste Test- und Einsatzmuster von T.T. Browns Entwürfen erfolgreich flogen und weltweit Versuchsflüge durchführten. Eventuell wurden auch schon Flüge ins Weltall unternommen.

Vergleiche die Scheibenform mit der länglichen Kuppel in der Mitte mit Fotographien aus den 1950-1970er Jahren und dem kuppelförmigen Modell „das T.T. Brown in Händen hält!

Vielleicht handelt es sich bei dem obigen Bild aber auch nur um eine Fotomontage und Fälschung.

Am 25. Februar 1942 kam es über der kalifornischen Stadt Los Angeles zum sog. „Battle of Los Angeles". Gegen 3.12 Uhr und 4.14 schossen Teile der 37? Coast Artillery Brigade insgesamt 1.430 Flak-Granaten auf unbekannte Objekte, die sowohl sehr langsam als auch bis zu ca. 400 km/h schnell in einer Höhe von 3 - 6.000 m über die Stadt flogen. Es können bis zu 15 Flugzeuge am Himmel gewesen sein, so schätzte die U.S. Army. Es wurden keine Bomben abgeworfen oder Flugzeuge abgeschossen. Unter der Zivilbevölkerung waren insgesamt sechs Tote zu beklagen.

Auf Fotos, die während der Nacht gemacht wurden, sah man, daß ein Objekt direkte Treffer von der Flak erhalten hatte aber keinerlei Reaktionen zeigte. Zeugenaussagen beschrieben die Flugzeuge als ellipses aussehend bzw. elliptisch in der Form.

Die lokale Presse berichtigte bei ihrer Berichterstattung über das nächtliche Ereignis eine gewisse Zensur von offizieller Seite. Bis heute bleibt ungeklärt, um was für Flugobjekte es sich über Los Angeles im Jahre 1942 gehandelt hatten. Neuere Fotoauswertungen ergaben eine gewisse Ähnlichkeit mit dem „Space Vehicle" von Thomas Townsend-Brown.

Abbildungen:

Oben aufgeführte Abbildungen deuten darauf hin, dass in den 1940er Jahren – und wohl schon geraume Zeit davor – scheibenförmige Flugkörper mit elektrischen Antrieben – ob elektrostatisch oder elektromagnetisch, mit Sicherheit nicht nur auf der Erde operierten, sondern schon längst in unser Sonnensystem und darüber hinaus ins Universum vorgestoßen sind.

Welche Menschen haben seit mehr als 80 Jahren unser Sonnensystem besiedelt und sind dabei, andere Planeten im All zu kolonisieren? Hat die Menschheit hier auf der Erde - Stand 2017 - noch eine Chance, an der Kolonisierung des Weltalls teilzunehmen, oder sind diese Menschen bereits „abgeschrieben"?

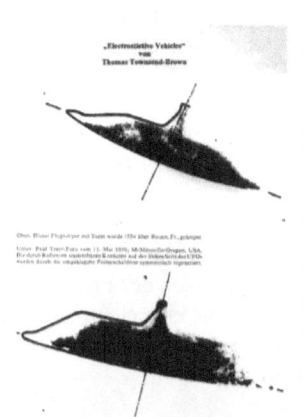

Dienten auch solche Fluggeräte, wie von T.T. Brown beschrieben, zudem als Ablenkung für bestimmte geheime Operationen, wie Übungen in kalten Regionen, wie die Arktis und die Antarktis, um für spätere Raummissionen zu trainieren?

Bis heute benutzt die weltweite Propaganda solche Sichtungen, um von der „Wahren Raumfahrt" abzulenken und alles ominösen „Außerirdischen" in die Schuhe zu schieben! Außerirdische, die mit Dieselöl betriebenen, elektrischen Flugkörpern auf der Erde herum fliegen!

Wer hat außer den Desinfo-Geschichten über „Vril" und „Haunebu" (Begriffe aus den 1950er Jahren), seriöse Informationen über elektrostatische Versuche innerhalb der deutschen Luftfahrt, vor und während des Krieges?

Auch der berühmte amerikanische Flugzeugkonstrukteur Alexander de Seversky beschäftigte sich mit neuen, elektrischen Antrieben im Flugzeugbau.

Das „Ionocraft"

Alexander P. de Seversky, Electroatom Corporation, New York, N.Y., USA reichte am 31. August 1959 sein Patent über das „Ionocraft" ein, das am 28. April 1964 mit der U.S.-Patent-Nr. 3.130.945 genehmigt wurde.

Hier einige zusammengefasste Auszüge aus obigem Patent:

```
„Die hier vorgestellte Erfindung ist eine Verbesserung der bereits allseits
bekannten elektrostatischen Erzeugung eines elektrischen Windes, um ein
schwerer-als-Luft Flugzeug mit einem neuartigen An- und Auftriebssystem
auszustatten.
```

(Seit wann ist die Erzeugung eines elektrischen Windes zum Antrieb von Fluggeräten und anderen Fahrzeugen bekannt?, Anm.d.A.)

```
Geräte die hier besprochen werden, sind schon erfolgreich geflogen, und die
projektierten fliegenden Plattformen werden riesige Ausmaße haben, denn die
                       erzeugten Auftriebskräfte stehen im Verhältnis
                       zu der Gesamtfläche.

                       Große Luftmengen werden mit Hilfe von Emitter-
                       Elektroden über Sammel-Elektroden nach unten
                       beschleunigen (von Plus nach Minus, Anm.d.A.).
                       Die „Collector-Elektroden" können dünne Metall-,
                       Balken oder Streifengitter, oder eine andere
                       Bauart sein. Diese Gitter ergeben ein Maximum an
                       „Collector-Elektrode" - Fläche, ausgestattet mit
                       perforierten, geschlitzten Öffnungen, damit die
                       Luft ungehindert durch das Gitter strömen kann
                       und dabei auf ein Minimum an Luftwiderstand
                       trifft. Solch ein Fluggerät wird „Ionocraft"
                       genannt.

                       Das Gerät sollte aus leichtgewichtigen Bauteilen
                       bestehen. Die spezielle Anordnung der Emitter-
                       Drähte ergibt dann die optimale Anzahl von
ionisierten, elektrisch geladenen Partikel für den Auftrieb.

Bei verbesserten Ausführungen des Ionocrafts haben bestimmte Baugruppen
einen Anstellwinkel (wie bei einer normalen Tragfläche auch), um für
zusätzliche Stabilität während des Fluges zu sorgen. Der Anstellwinkel kann
sowohl positiv wie auch negativ sein, dies hängt von der jeweiligen
Einsatzform ab, etwa Schwebe- oder Vorwärtsflug.

Zusätzlichen Auftrieb erzeugen eine mehrfache Decksanordnung übereinander,
wobei die einzelnen Decks sowohl einen positiven wie auch negativen
Anstellwinkel haben können. Auch konische Flächen (siehe hier auch
unterschiedliche „UFO"-Bauformen, Anm.d.A.), mit den „Center of Gravity",
```

c/g entweder oben (Basis des Konus, Anm.d.A.) oder unten (Spitze, Anm.d.A.), können für bestimmte Anwendungen von Vorteil sein.

Extra Gitterstrukturen, die zusätzlich eine Ionenentladung produzieren, werden angebracht, falls das Ionocraft rotieren soll und eine horizontale Antriebskraft zum Steuern und Verändern der Fluglage benötigt wird. Solche Fluggeräte sind zum **Scannen und zur Luftüberwachung** für bestimmte Gebiete vorgesehen.

Auch eine neuartige Knüppelsteuerung für den Piloten wurde entwickelt. Wie bei einem normalen Joystick wird die Fluglageänderung dadurch herbeigeführt, daß die Stromspannung an bestimmten Stellen am Fluggerät verändert (abgeschwächt oder erhöht) wird.

Bei einer weiteren Version ist der strukturelle Aufbau des Ionocrafts gleichzeitig eine effiziente elektromagnetische Antennenanlage. Eine oder mehrere Antennen können als Empfangs- und Sendeanlage, zum Aufspüren, „Tracking" und „Lock-on" gegnerischer Flugzeuge oder als IFF- (Identification Friend or Foe) Anlage dienen, wobei nach dem Aufspüren eines gegnerischen Flugzeuges oder Flugkörpers, das Ionocraft diese feindlichen Fluggeräte mittels Kollisionskurs und anschließender Kollision (Rammen) zerstört.

(Siehe hierzu die deutschen Versuche mit kleinen, unbemannten elektrostatischen Flugkörpern! Sollten diese auch im Dritten Weltkrieg zum einsatz kommen?, Anm.d.A.)

Das Ionocraft kann auch als ganzes als Antennenanlage herangezogen werden, mit zusätzlichen Antennen verschiedenster Form als Relais-Station zur Übertragung der unterschiedlichsten Frequenzbereiche. (heute auch zum Übertragen von Internet und Handy-Frequenzen, Anm.d.A.)

Das Ionocraft besteht aus einer Vielzahl von Elektroden-Drähten, die oberhalb und in einem gewissen Abstand auf insgesamt vier oder mehr Stangen, die an den Ecken der rechteckigen Konstruktion angebracht sind. Die parallel zum „Collection-Electrode-Grid", dem Metallgitter zum Einfangen der von den Drähten emittierten Ionen, verlaufen. Das Gitter kann aus einem Drahtgeflecht aus Drähten, Stäben oder Streifen bestehen. Außerdem aus Öffnungen in Form von Schlitzen, einem gewissen Perforationsmuster oder anderen Öffnungsarten, die allesamt ein Minimum an Luftwiderstand bieten, damit ungehindert der elektrisch geladene Partikelstrom zusammen mit der Luft hindurchfließen kann.

Andererseits muss das Sammelgitter so engmaschig geflochten sein, um die geladenen Ionen zu neutralisieren (einzufangen), damit sie die Luftmoleküle abgeben, so dass diese wiederum weiter nach unten strömen können. Eine hohe Gleichspannung wird zwischen die Elektrodendrähte und dem Sammelgitter angelegt. Ein Pol oder Terminal des Hochspannungs-Generators ist mit den Emitter-Elektroden verbunden und der entgegen gesetzte Pol mit der Metallgitter-Elektrode, so dass ein Hochspannungsfeld zwischen den einzelnen Elektroden erzeugt wird.

Die gesamte Drahtkonstruktion des Ionocrafts ist zum einen sehr leicht ausgeführt, andererseits stabil genug, um den aerodynamischen Gegebenheiten zu entsprechen. Zusätzlich angebrachte Metallfolien können außerdem die Stabilität verbessern, und zudem zusätzlichen Auftrieb erzeugen. Die einzelnen Maste, auf denen die Emitter-Drähte verlaufen, bestehen aus isoliertem Material, damit es zwischen den beiden Spannungspolen zu keinem Kurzschluss kommt.

Der Auftrieb des Ionocrafts kann mit der Größe des Gerätes weiter verbessert werden. <u>Unterschiede in der Luftfeuchtigkeit und dem Luftdruck</u> ergeben <u>verschieden</u> große Auftriebswerte. Auch der Durchmesser und die Anzahl der Emitter-Drähte können zum vermehrten Auftrieb beitragen.

Bei einer <u>bemannten Version</u> des Ionocrafts befindet sich unterhalb des Mittelpunktes des großen Metallgitters eine zentrale Kabine oder Plattform. Dort sind elektronische Ausrüstungen, eine mitgeführte Energiequelle und die Besatzung, sowie Passagiere untergebracht.

Der jeweilige positive oder negative Anstellwinkel einzelner struktureller Baugruppen kann zu einer verbesserten stabilen Fluglage beitragen.

Ein <u>negativer Anstellwinkel</u> ergibt eine stabilere Fluglage während des Schwebezustandes, während ein <u>positiver Anstellwinkel</u> sich bei <u>Vorwärtsflügen</u> besser bewährt hat.

Leichtgewichtige Aluminiumröhren, oder Röhren, die aus luftdichtem Nylon gefertigt sind und innen mit einem Edelgas aufgeblasen werden, sowie eine äußere, aufgedampfte, Aluminiumschicht besitzen, können das Metallgitter/Collector-Grid ersetzen.

Die Form der Röhren kann rund, oval oder tropfenförmig sein. Letztere Form erzeugt aufgrund des Tragflügel-Profils einen zusätzlichen Auftrieb. Die aufgeblasenen Röhren werden parallel zueinander montiert.

Statt langer Emitter-Drähte können auch kurze Drähte gespannt werden, die nur einen Entladungspunkt haben, anstatt einer ganzen Reihe von Ionenentladungen.

Durch die punktförmige Entladung wird der Grad der Ionisierung erhöht (s. a. beim nachfolgenden Patent von Hill, dort sind spitze Elektrodenenden zur Produktion von Ionen vorgesehen, Anm.d.A.).

Der horizontale Flug des Ionocraft wird durch das Kippen des Gerätes nach unten in Flugrichtung erzielt, wobei der Ionenstrom durch den negativen Anstellwinkel die Vorwärtsbewegung einleitet (s.a. den Start eines Helikopters, der sich nach vorne neigt, um Fahrt aufzunehmen, Anm.d.A.).

Das Kippen des Fluggerätes wird durch unterschiedlich angelegte Stromspannung an verschiedenen Stellen erreicht. Durch die Einteilung in, z.B. <u>vier Kontrollbereiche</u> gleicher Größe, erfolgt die Steuerung.

Major de Seversky
vor seinem Modell des Ionocraft
Stromzufuhr extern durch Stromkabel

„One man Ionocraft"
als Beobachtungsflugzeug für
z.B. Straßenüberwachung

„Anti-Missile Ionocraft"
mit Solar-Antrieb für die
obere Atmosphäre

großdimensioniertes Ionocraft
als „City-Transport" für Pendler

So kann die Stromspannung, z.B. in zwei angrenzenden Bereichen reduziert werden, in dem man den Stromwiderstand erhöht. Bei diesen Bereichen vermindern sich demzufolge der Auftrieb und das Fluggerät kippt über diesen reduzierten Auftriebssektor.

Die Kontrolle des Gerätes kann entweder durch eine Fernsteuerung mittels Bodenstation vorgenommen werden, oder aber mit einem üblichen Steuerknüppel an Bord. Da die Funktionsweise des Knüppels die gleiche wie bei normalen Flugzeugen ist, also eine seitliche und längliche Steuer- und Knüppelbewegung, sind verstellbare Steuerelemente wie Potentiometer und veränderbare Transformatoren (z.B. Powerstats) eingebaut.

So kann der Stromfluss im Metallgitter erhöht werden, ähnlich der Wirkungsweise eines Höhenruder, oder als Spoiler/Störklappe, wenn Abtrieb erzeugt werden soll. Die Funktion des Querruders wird durch das Erhöhen der Stromspannung auf einer Seite und das Reduzieren auf der anderen Hälfte erzielt.

Die Emitter-Drähte können ebenso in unterschiedliche Bereiche für die Steuerung eingeteilt werden. Entweder sind dann mehrere separate Kraftquellen zur Steuerung vorhanden, oder bei nur einer Stromquelle wird die gewünschte Fluglageänderung durch das Erhöhen oder Absenken des Stromwiderstandes vorgenommen.

Für spezielle Radar-Einsätze ist es erforderlich, das Ionocraft in Rotation zu versetzen. Dafür sind Hilfs-Metallgitter vorgesehen, die je nach

Rotationsebene unterschiedlich angebracht werden. Die Hilfsgitter lassen das Gerät um die Mittelachse rotieren.

(Siehe auch die elektrostatischen Flugkörper, wo eine sich gegeneinander drehende „Doppellinse" für Störeinsätze vorgesehen war, Anm.d.A.)

Gleichzeitig kann das Ionocraft auch noch in eine zylindrische Ebene gekippt werden, so dass ein Abdeckungsbereich einen großen vertikalen Winkel, oder gar einen 360 Grad Rundumbereich ergibt. Bei einer Konstruktion des Ionocrafts mit mehreren Decks können unterschiedliche Antennenversionen für verschiedene Aufgabenbereiche gleichzeitig eingebaut werden.

Es hat sich gezeigt, daß es keinen Unterschied macht, ob die Emitter-Drähte mit dem negativen oder mit dem positiven Pol verbunden werden. Tests ergaben, dass bei einer Verbindung mit dem negativen Pol eine um fünf Prozent höhere Leistung stattfand. Bei mehrfachen Decks ist es deshalb vorteilhaft, dass die jeweiligen Emitter-Drähte und Metallgitter angrenzender Decks mit den entgegengesetzten Stromeingängen verbunden werden.

Außer der mitgeführten Stromquelle kann das Ionocraft durch Mikrowellen vom Boden, oder von einem Schiff aus, mit Energie versorgt werden.

(Siehe hier wieder die Fernübertragung von Energie für elektrische Flugkörper!, Anm.d.A.)

Bei eigens angestellten Versuchen wurde festgestellt, daß bis zu 80% der Mikrowellen-Energie, die von einer Bodenstation abgestrahlt wird, als Wärmeenergie von entsprechend ausgestatteten Fluggeräten aufgefangen werden konnte. Diese Wärme kann sofort in hohe Stromspannungen transformiert werden. Entweder durch eine Turbine, die einen Stromgenerator antreibt, oder durch entsprechende Thermokoppler- und Vibrator-Transformatorenkonverter. Die U.S.-Firma Raython Co. hat für die Kraftübertragung via Mikrowellen, „High Power Amplifier", wie die „Amplitrons", speziell dafür entwickelt (Stand 1950-60er Jahre, Anm.d.A.).

(Welche Arten der Fernübertragung von Energie auf EM-Flugkörper gibt es heute - Stand 2017 - und sind solche Drohnen permanent in der - oberen - Atmosphäre stationiert, also kehren garnicht auf die Erde zurück, sondern werden für Spezialeinsätze -z.B. Chemtrails - abgerufen und können jeden Punkt der Erde sofort erreichen?, Anm.d. A.)

Andere Versionen können mit Strahltriebwerken ausgerüstet werden, die sowohl den Stromgenerator antreiben, aber auch mit dem Schubstrahl zusätzlichen An- und Auftrieb liefern und die Richtungsänderung mit beeinflussen. Auch Propellerturbinen sind als zusätzlicher Antrieb denkbar. Mit Hilfe verstellbarer Propellerblätter kann ein Umkehrschub zum Manövrieren erzeugt werden. Zusätzlich im Propellerstrom angebrachte Klappen und Ruder erhöhen die Wendigkeit."

Soweit eine Zusammenfassung aus o.g. U.S.-Patent von de Seversky aus dem Jahre 1964 (wer hat ein solches Fluggerät großer Dimension als Transporter oder fliegende Radarstation schon einmal gesehen oder kennt Einsatz-Fotos davon?).

Major de Seversky war ein Fliegerass, der im Ersten Weltkrieg 13 deutsche Maschinen abschoss. Obwohl er bei seiner ersten Mission sein rechtes Bein verlor, hielt es ihn nicht davon ab, weitere Jagdeinsätze zu fliegen. Nachdem er von Russland nach Amerika ausgewandert war, entwickelte er dort in den 1920er Jahren zuerst Bombenzielgeräte und danach Kursrechner.

Seversky beriet General Billy Mitchell bei den Flugversuchen gegen Schiffsziele und war später Berater des „U.S. Chief of Staff" in Sachen Luftkrieg im Zweiten Weltkrieg.

Dann gründete der gebürtige Russe Alexander P. Seversky 1931 die „Seversky Aircraft Corporation". Die erste Maschine, die die Firma produzierte war die Seversky SEV-3, ein Amphibienflugzeug, das später als Landflugzeug umgebaut wurde. Eine solche Amphibienmaschine, die SEV-3M-WW stellte am 15. September 1935 einen Weltrekord in ihrer Klasse auf, der auch heute noch nicht gebrochen wurde.

Die meisten Flugzeuge, die Seversky Mitte der 1930er Jahre baute waren Prototypen, die nur in kleinen Serien für das U.S. Army Air Corps, USAAC, und den Export gebaut wurden.

Die bekannteste Konstruktion der de Seversky Firma war die von dem Konstrukteur <u>Alexander Kartveli</u> entworfene Seversky P-35, ein einsitziges Jagdflugzeug für das USAAC (siehe hier Querverbindung zu Michel Wibault, der später in New York seine „Vibrane Corp." gründete, Anm.d.A.).

Diese Maschine, die P-35, wurde 1940 auch nach Schweden exportiert und eine kleine Anzahl nach Ecuador geliefert. Alexander Kartveli entwarf später für Republic, nach der P-43 „Lancer", die berühmte P-47 „Thunderbolt", das Arbeitspferd für die USAAF im zweiten Weltkrieg.

Und Kartveli kam später bei „Republic Aircraft" mit unkonventionellen Fluggeräten in Berührung (s. auch Michel Wibault und die Verbindung zu Kartveli, ggfs. auch nach dem Krieg, Anm.d.A.)!

Abb.:

Das „Ionocraft" funktioniert nach dem fundamentalen Prinzip der Elektrizität. Strom fließt immer vom negativen zum positiven Pol. Die negative Spannung entlädt sich von den Speichen, die oberhalb eines offenen Drahtgitternetzes des Fluggerätes herausragen, in Richtung des positiv geladenen Gitternetzes. Dabei werden die umgebenen Luftmoleküle negativ aufgeladen. Gleichzeitig wird eine größere Masse von „neutraler" Luft zusammen mit den Ionen nach unten gerissen. Die negativen Ionen von den Speichen werden von positiven Ionen innerhalb des Gitternetzes festgehalten. Die neutralen Luftmoleküle dagegen strömen durch das Gitternetz hindurch und erzeugen ein Abwärtssog unterhalb des „Ionocrafts". Das Fluggerät reitet sozusagen auf dieser Luft und bekommt <u>Auftrieb</u> **wie ein Hubschrauber** durch <u>Absaugen der Luft von der Oberfläche des Gitternetzes.</u>

Major Alexander P. de Seversky sagte in einem Interview mit dem amerikanischen Wirtschafts-Journal „P.M.:

```
"This is not a spacecraft, it's an airplane, designed to operate within the
atmosphere.
But it will be able to do things that no present type of aircraft can
accomplish.
We are exploring an entirely new principle of flight. We're just at the
spot, where the Wright Brothers were in 1903. We are just beginning to see
the possibilities."
```

Radio-Energy-Powered Helicopter

So etwa muß man sich den 1959 konzipierten Raytheon-Entwurf für ein hubschrauberartiges Frühwarngerät vorstellen. Hier sollte zum ersten Male das Prinzip der drahtlosen Übermittlung elektrischer Energie über größere Entfernung vom Boden zum Luftfahrzeug zur praktischen Anwendung gelangen.

Im Spätsommer 1977 ist in einer bekannten amerikanischen Luftfahrtzeitschrift eine kurze Notiz erschienen, wonach die U.S. Firma Raytheon in Verbindung mit der NASA und dem Jet Propulsion Laboratory derzeit an mehreren Entwürfen leichter Aufklärungsflugzeuge arbeitet. Das Besondere an diesen Fluggeräten ist nicht, daß sie durch Elektromotoren angetrieben werden sollen. Vielmehr besteht die sensationelle Neuerung darin, daß der zum Betrieb des E-Triebwerks erforderliche Strom nicht mehr an Bord mitgeführt wird (keine Batterien oder Solarzellen), sondern daß eine Bodenstation drahtlos – ohne Kabel – Strom nach oben „beamt". (Quelle: I.I-Nr. 27, Mai-Juni 1978)

Hier wurde zum ersten mal offiziell über diese – wohl schon seit längerem geheim praktizierte – Möglichkeit nachgedacht, solche drahtlos betriebene Flugzeuge einzusetzen. Bis heute hat man von diesem Projekt aber nichts mehr gehört, es scheint der allgegenwärtigen Geheimhaltung zum Opfer gefallen zu sein.

Abb.:

Auch die drahtlose Übermittlung von Energie durch die Luft wird in unserer Welt vertuscht. Fluggeräte, die als Relais-Station z.B. schnelles Internet über unwegsames Gelände oder z.B. über weite Gebiete von Afrika verbreiten sollen, sind alle konventionell angetrieben und können nur eine begrenzte Zeit in der Luft bleiben.

Wahrscheinlich nur geheime Militäreinheiten nutzen die Fernübertragung durch die Luft, wie bestimmte Kampf- und Überwachungsdrohnen, die permanent für längere über einem Punkt schweben können, um zum Beispiel die Bevölkerung zu überwachen oder zu bestrahlen.

In dem U.S. Magazin „Popular Mechanics" v. August 1964 findet man den Artikel: *„An Ion generated Wind will lift and propel this incredible Magic Carpet"* v. Hans Fantel. Dieser Bericht wurde kurz nach der Patent-Veröffentlichung v. Major de Seversky publiziert und enthält u.a. folgendes:

Es war irgendwie gespenstig

„Ohne ein Geräusch zu machen stieg dieses speichenförmige Gebilde auf, schwebte eine Weile und flog dann weiter in die Höhe. Sodann machte die Konstruktion einige sanfte Schwünge, stoppte wieder mitten in der Luft und verharrte dort lautlos hängend.

Die ungewöhnliche Szene spielte sich in den großen scheunenähnlichen Labors der **Electron-Atom Inc., Long-Island City, New York** ab.

Das Fluggerät hat keine Propeller und keine Tragflächen. Es besitzt keinerlei sich bewegende Teile und es schaut aus, wie ein metallener Bettfederrahmen. Das Gerät braucht keine Startbahn, da es senkrecht aufsteigen kann. Eine Gipfelhöhe von ca. 95 Kilometer ist vorgesehen. Es kann einerseits wie eine Schnecke durch die Luft kriechen, um danach schneller als jeder Düsenjäger zu fliegen. Niemand kann momentan sagen, wo die Grenze der Höchstgeschwindigkeit liegen mag.

David Yorysh, der Projekt-Ingenieur sagte:

„Irgendwelche Fragen?" und grinste dabei.

Frage: „Ja, was hält es denn oben?"

„Ionen", sagte Yoriysh. „Der „fliegende Teppich" fliegt mit purer Elektrizität. Er verhält sich nach den grundlegenden Regeln der Elektrizität, daß nämlich elektrischer Strom immer vom negativen zum positiven Pol fließt. Dünne Metallspeichen sind oberhalb eines offenen Metallgeflechtes angebracht. Hohe negative Stromspannung wird gegen das positiv geladene Metallgitter geschossen, so wie beim Plus- und Minuspol einer Batterie. Wenn die negative Ladung die Speichen verlässt, reichert diese die umgebenen Luftmoleküle mit einer negativen Ladung an. Solch negativ geladenen Luftpartikel werden Ionen genannt, und diese werden von dem positiv geladenen Metallgitter angezogen."

„Okay, aber ich kann mir immer noch nicht vorstellen, wie es in der Luft bleibt."

„Während die Ionen sehr schnell vom Ionen-Emitter zum Hauptgitter strömen, reißen die Ionen neutrale Luftmoleküle, ohne elektrische Ladung, mit sich. Somit strömt die Luft einfach durch das Metallgitter und erzeugt ein Luftstrom unterhalb des Ionocraft. Die Metallkonstruktion fliegt auf einem Luftstrahl und bekommt Auftrieb, wie bei einem Hubschrauber, einfach dadurch, daß Luft von oben abgesaugt wird. Aerodynamisch funktioniert das Gerät wie ein Helikopter. Aber Anstelle von Rotorblätter erzeugen wir den nach unten gerichteten Luftstrahl elektrisch durch Ionen-Entladungen."

Weiter heißt es in dem *„Popular Mechanics"* Artikel":

„Die Ingenieure, die an dem Ionocraft arbeiten, geben zu, daß sie noch weit von einem praktisch anwendbaren Flugzeug entfernt sind. Das Modell, das wir sahen, war nur einige Zentimeter groß und bestand aus Balsaholz und

Aluminiumdraht. Alles zusammen Material für ca. 5 U.S.-Dollar. Aber das Antriebsprinzip stellt einen <u>wichtigen Beitrag für die zukünftige Luftfahrt dar</u> (der bis heute aussteht!, Anm.d.A.).

Das momentane Problem besteht nämlich darin, genügend Auftrieb zu erzeugen, um auch einen eigenen elektrischen Stromgenerator mitnehmen zu können. Das Modell bekommt seinen Strom durch ein Kabel, das mit dem Generator am Boden verbunden ist. Die Ionocraft-Ingenieure halten sich bedeckt, was die Leistungsdaten angeht.

(Dies traf mit Sicherheit am Anfang auch auf deutsche Versuche mit EM-Flugkörpern zu!; Anm.d.A.)

Aber sie erklären, daß das ca. 60 Gramm schwere Modell 90 Watt bei 30.000 Volt und 3 mA benötigt. Übertragen in die üblichen Leistungs- zu Gewichts-Verhältnissen bedeutet dies grob 0,96 PS pro 500g, verglichen mit z.B. 1 PS pro 500g bei einem Hubschrauber oder 0,65 PS bei einem „Piper Cup" Sportflugzeug.

Allerdings arbeiten die Ionocraft-Ingenieure bereits an einer Verbesserung. So soll Anstelle einer gleich bleibenden Voltzahl, <u>einzelne kurze Energiestöße erzeugt werden</u>. Außerdem werden verschiedenen Gittermuster und Ionen-Emitter erforscht, die den Energieverlust durch die entstehenden Turbulenzen bei der nach unten gerichteten Luftströmung minimieren soll.

Trotz der bis jetzt ungelösten Probleme ist die Entwicklungsmannschaft optimistisch. Natürlich ist Major Alexander P. de Seversky am optimistischsten von allen, den er ist kein Verrückter, und als praktischer Visionär war er bei seinen Luftfahrtentwicklungen schon immer seiner Zeit weit voraus gewesen.

„Wir hoffen, am Ende des Jahres ein Modell mit einer mitgeführten Energiequelle fliegen lassen zu können."

(Wann flog es und wo ist die Meldung darüber?, Anm.d.A.)

Letztendlich wird der Ionenantrieb gegenüber dem Propeller- oder dem Strahlantrieb - als neuer Flugzeugmotor - <u>weit überlegen sein</u>. Auftrieb wird mit <u>weniger Energieaufwand und weniger Treibstoff</u>, im Gegensatz zu herkömmlichen Flugzeugen, erreicht werden. In der Tat wird diese Methode die effektivste sein, um elektrische Energie in kinetische Energie (Bewegung) umzusetzen.

„Die Idee zum Bau des Ionocraft kam mir, als ich eine elektrische Luftreinigungs-Anlage baute, die ich selbst entworfen hatte", sagte Major de Seversky. „Diese Apparatur diente dazu, die Luftverschmutzung dadurch zu bekämpfen, indem die Partikel in den Industrieabgasen elektrisch aufgeladen wurden, um sie dann mit einer flüssigen Elektrode mit einer entgegengesetzten Ladung einzufangen".

De Seversky bemerkte jedoch einen Luftstrom, der sich beim Ionisationsprozess zwischen den beiden Elektroden bildete.

„Für einen alten Flieger wie mich", erklärte der Major, „ist alles, was einen Wind oder einen Luftstrom erzeugt, eine Flugmaschine. So begann ich die Idee weiter zu entwickeln."

Der Major hat aber bedenken, daß das Ionocraft als Raumfahrzeug missverstanden werden könnte.

„Dies ist <u>kein Raumschiff</u>, es ist **ein Flugzeug**, das für den <u>Flug innerhalb der Erdatmosphäre konstruiert wurde</u>. Aber es ist in der Lage, Dinge zu tun, die kein anderes Flugzeug je ausführen kann."

Major de Seversky stellt die Vorzüge des Ionocrafts gegenüber
konventionellen Flugzeugen dar und führt auf:

Flüge in großen Höhen:

Helikopter bekommen Schwierigkeiten, wenn sie über ca. 7.000m fliegen, da
die Luft dort dünner wird. Im Gegensatz dazu haben Experten ausgerechnet,
daß das Ionocraft einen genügend großen Luftstrom erzeugen kann, um
<u>Flughöhen von bis zu 100.000m</u> zu erreichen.

Unbegrenzte Größe:

<u>Je größer</u> das Ionocraft wird, <u>desto besser fliegt es</u>. Der Auftrieb erhöht
sich mit dem Anwachsen der Gitterfläche.

*„Wir sind in der Lage Maschinen zu bauen, die so groß sind wie
Fußballfelder"*, bemerkt Major de Seversky.

Hochgeschwindigkeitsflüge:

<u>Keine Obergrenze der Fluggeschwindigkeit wurde ermittelt</u>. Die Ionen, die
von dem Emitter zum Gitter fließen, erhalten einen sehr hohen
Geschwindigkeitsimpuls. Durch ein stromlinienförmiges Gitter und durch eine
sorgfältige aerodynamische Gestaltung der Maschine kann der Luftwiderstand
weiter minimiert werden.

Sicherheit:

<u>Keine beweglichen Teile beim Antrieb</u>, somit führt kein Verschleiß oder
Abnutzung zu einer mechanischen Beanspruchung und damit gestaltet sich auch
die Wartung einfacher.

Steuerung mit Hilfe der Stromspannung:

Die Steuerung wird dadurch vorgenommen, daß <u>unterschiedliche
Stromspannungen</u> an verschiedenen Teilen der Maschine angelegt werden. Der
Teil, der eine höhere Spannung erhält, bekommt mehr Auftrieb und hebt
diesen Bereich an. Die Form des Ionocrafts ist dabei uninteressant. Jede
Form kann zum Fliegen gebracht werden. Aber de Seversky nimmt an, daß <u>runde
Versionen in der Form einer sog. „fliegenden Untertasse"</u> am leichtesten zu
manövrieren sind.

Durch einen einfachen Steuerknüppel kann der Pilot jede Ecke des Gerätes
anheben und Roll- und Kippbewegungen erzeugen, so als hätte das Ionocraft
Höhen- und Seitenruder. Er kann das Fluggerät in jede Fluglage bringen, ob
mit positiven oder negativen Anstellwinkel, oder gar zur Seite abkippen.
<u>Wie die Kippbewegungen bei einem Hubschrauber</u>, so wird auch das Ionocraft
nach vorne, hinten oder zur Seite gedrückt.

Der technische Direktor der de Seversky Firma, J.F. Bruno erwähnt außerdem
eine <u>Passagierkabine</u> in den zukünftigen Modellen, die <u>kardanisch</u> unterhalb
des Hauptmetallgitters aufgehängt wird und somit unabhängig vom jeweiligen
Flugzustand immer in einer waagerechten Position bleibt. Die Position
unterhalb des Hauptgitters schützt gleichzeitig die Passagiere vor dem
hohen Energiefluss (auch ein *„Farradayischer Käfig"* schützt vor hohen
Stromspannungen, Anm.d.A.). Selbst wenn die Passagiere in einen Ionenstrom
geraten, würde sie das nicht belasten, solange sie nicht durch das
Hauptgitter „geerdet" werden (trotzdem ist davon abzuraten, da ein
elektrisch geladenen Partikelstrom ernsthafte gesundheitliche Folgen nach
sich ziehen kann, Anm.d.A.).

„*Es wäre, als würden sie (die Passagiere) wie Vögel auf einem Stromdraht sitzen*", sagte Yorysh, der Mann, der für die elektronische Konstruktionsweise verantwortlich zeichnet.

Bis das Patent genehmigt und veröffentlicht wurde, behielt de Seversky seine Ideen für sich. Das ist ein weiterer Grund, warum noch kein flugfähiges 1:1 Modell gebaut wurde. Aber auch bei den kleinen Modellen bekommt man einen schönen Eindruck, wie diese neue Methode des Fliegens funktioniert. Bemannte Fluggeräte sind vorgesehen für:

Zubringerflüge:

Da es keine Größenbegrenzung gibt, kann man ganze Menschenmassen von Passagieren in das VTOL-Flugzeug verfrachten und somit den sonstigen Straßen- und Eisenbahnverkehr im Umland großer Städte entlasten. Ein Fluggerät für Langstreckenflüge mit Überschallgeschwindigkeit bräuchte keine großen und langen Start - und Landebahnen mehr, wie sonst üblich auf großen Flughäfen (zumal auch das Umland vom Ausbau von Landebahnen verschont bleiben würde, Anm.d.A.).

Luftgestützte Verkehrsüberwachung:

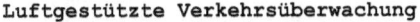

Über Autobahnen, Straßenkreuzungen, Verkehrsknotenpunkte usw. schweben und patrouillieren. Ein einsitziges, mit einem Panoramasichtfeld ausgestattetes Ionocraft kann den Verkehr kontrollieren und Verkehrsinformationen an eine Bodenstelle oder direkt an den Verkehrsfunk weiterleiten.

Ein Metallgitter ist schwer zu treffen:

<u>Militärische Luftaufklärung und Luftrettung</u>.
Ohne bewegliche Teile ist ein Ionocraft weniger verwundbar gegenüber kleinkalibrigem Feuer, wie z.B. ein Helikopter. Ein <u>offenes Metallgitter ist ein schwer zu treffendes Ziel</u>, da die meisten Kugeln durch das Gitter fliegen. Selbst bei Treffern im Gitter würde die elektrische Aufladung beibehalten werden, auch wenn einige Teile durch Beschädigung ausfielen. Ein schwer getroffener Hubschrauber mit angeschlagenen Rotorblättern würde abstürzen, das Ionocraft bliebe dagegen weiter einsatzfähig.

Wetterbeobachtung:

Wettersatelitten beobachten das Wetter vom Weltall aus. Das Ionocraft <u>könnte direkt in das Wettergeschehen hinein fliegen</u>, um wichtige Daten zu sammeln. Im Gegensatz zu Wetterballonen ist das Ionocraft immer steuerbar und kann auch <u>stationär</u> über bestimmten Gebieten die Umgebung beobachten, um damit lokale Vorhersagen zu erleichtern.

(Die NASA unternimmt momentan mit dem Solar-Höhenforschungsflugzeug „Pathfinder", das mit mehreren solarbetriebenen Elektromotoren plus Propeller angetrieben wird, Flüge bis auf 20km Höhe.

Auch hier zeigt sich das Motto, das für die gesamten hier vorgestellten Fluggeräte gilt: "Die schlechtmöglichste Technik für die Öffentlichkeit, die bestmöglichste Technik bleibt (militärisch) geheim."

Mit dem Ionocraft, oder ähnlichen Geräten, ließen sich Höhenflüge mit unbegrenzter Zeitdauer durchführen, unabhängig von der Sonneneinstrahlung und mit wesentlich größerer Zuladung, Anm.d.A.)

Luftgestützte Antenne:

Durch ein bodengestütztes Energieversorgungssystem kann das Ionocraft als fliegende Antenne an einem festen Punkt über der Erde verharren.

„Es wäre, als würde man das Luftverteidigungs-Radarsystem 100 km überhalb der Erde positionieren, um damit eine 15 bis 25 minütige frühere Vorwarnzeit zu erhalten", schwärmt de Seversky (siehe auch „Ufos", die für längere Zeit über einem Punkt in unterschiedlichen Höhen schweben, teilweise tagelang, Anm.d.A.).

Luftabwehr-Maschine:

Major de Seversky glaubt, daß durch die Flugeigenschaften (langes Schweben in großen Höhen über einem gewissen Punkt) auch eine Abwehr von Raketen vorgenommen werden kann.

Wenn ein einsatzfähiges Ionocraft gebaut wird, erwarten die Konstrukteure Zugang zu den verschiedenen Energieversorgungs-Systemen zu bekommen, die die NASA momentan in der Entwicklung hat. Darunter sind:

Gasturbinen-Generatoren:

Verschiedene Firmen, wie General-Electric, oder Allis-Chalmers bieten **kompakte, leichtgewichtige Kerosin-betriebene Turbinen** an, die sonst für Raumfahrzeuge vorgesehen sind. Diese Generatoren können zur **elektrischen Stromerzeugung** herangezogen werden (s. auch „APU". Alle hier erwähnten Geräte beziehen sich auf die 1950er bis 1960er Jahre, Anm.d.A.).

Treibstoffzellen:

Dies sind chemische Reaktoren, die elektrische Energie wie in Batterien erzeugen, aber sie entnehmen ihre Chemikalien aus Vorratstanks.

Die NASA testet im Moment (Anfang der 1960er Jahre, Anm.d.A.) Treibstoffzellen, die Wasserstoff und Sauerstoff in Elektrizität verwandeln, das Nebenprodukt ist Trinkwasser (s. auch div. Autos unterschiedlicher Autohersteller, die heute bereits - oder erst jetzt - mit Treibstoffzellen im Testbetrieb sind, Anm.d.A.).

Solarzellen:

Diese Zellen verwandeln das Sonnenlicht direkt in Elektrizität, die Hauptenergiequelle aller Satelliten. Sobald effizientere Solarzellen zur Verfügung stehen, kann das Ionocraft beliebig lange in der Luft bleiben, bis zu einer unendlichen Reichweite (entsprechende Solarzellen stehen heute, 2017, bereits ausreichend zur Verfügung, Anm.d.A.).

Energie aus siedendem Quecksilber:

„Sunflower" ist das Code-Wort für ein anderes Projekt, um elektrische Energie direkt aus der Sonnenenergie zu gewinnen. Ein Regenschirm-ähnlicher Reflektor fokussiert die Wärmestrahlung der Sonne, um Quecksilber zum Sieden zu bringen. Das kochende Quecksilber (s.a. die Beobachtung von H. Coanda in Dessau!) treibt eine Turbine, und damit einen elektrischen Generator an (ein zusätzlicher normaler Generator springt ein, wenn kein Sonnenlicht vorhanden ist, Anm.d.A.)

Mikrowellenstrahlung:

Gebündelte Strahlen von hochfrequenten Funkwellen übertragen Energie von einer Bodenstation zum Ionocraft, solange das Gerät als Schwebeplattform überhalb einer festen Positionen genutzt wird. **Raytheon** hat bereits damit

Vorversuche angestellt und 72% der abgestrahlten Energie konnte aufgefangen werden. Auch Hochleistungs-Laser können zur Energieübertragung verwendet werden (s. dazu auch das kanadische Mikrowellen-Projekt „SHARP", Anm.d.A.).

Versuchsanordnungen wurden deshalb schon für all die unterschiedlichen Energieübertragungen projektiert oder angefertigt.

„Es ist ein ziemlich verrücktes Projekt", gibt der technische Direktor Bruno zu, der seit 20 Jahren ein Experte im Raketengeschäft ist. *„Aber was hat man nicht alles vorher gesagt, als man mit der Entwicklung von Raketen begann."*

Major de Seversky, dessen eigene Laufbahn bis zu den Anfängen der Luftfahrt reicht, sieht seine Erfindung im historischen Zusammenhang:

„Wir erforschen ein gänzlich neues Prinzip des Fliegens. Wir sind erst an dem Punkt angelangt, an dem die Gebrüder Wright 1903 waren. Wir fangen erst allmählich an, alle Möglichkeiten zu erkennen".

Damit endet der Auszug aus dem amerikanischen *„Popular Mechanics"* Artikel von 1964. Nach der Patenterteilung sind mittlerweile mehr als 50 Jahre vergangen. Wo sind die fliegenden Radaranlagen, die in großen Höhen stationierten Vorwarnsysteme, der neuartige Personentransporter, die Relay Stationen für weltweites Internet usw.?

Der „PM-Artikel" ließt sich gut. Aber kann man den darin gemachten Ausführungen so wirklich glauben?

Nicht etwa weil die Idee nicht funktioniert, oder kein Interesse an der Anwendung des Ionocrafts bestanden hätte (das Militär würde sich sicherlich für die vielen militärischen Anwendungsgebiete des Ionocrafts brennend interessieren). Zumindest offiziell kann man solche „Drahtverhaue" in mehrfacher Fußballfeldergröße nirgendwo auf der Erde beobachten.

Warum nicht?

Immerhin flogen Anfang der 1960er Jahre bereits unterschiedliche elektrisch angetriebene scheibenförmige Fluggeräte weltweit. Dies müsste Major Alexander P. de Seversky wohlbekannt gewesen sein. Auch stellt sich die Frage, wann die Entwicklung des Ionocrafts, die er und sein Konstruktionsteam vornahmen, tatsächlich begonnen wurde. Vielleicht schon 10 bis 15 Jahre früher, oder gar bereits vor oder während des zweiten Weltkrieges? (siehe hier auch die elektrostatischen Entwicklungen, die in Deutschland vor und während des Krieges gemacht wurden)

Soll der „Popular Mechanics" Artikel suggerieren, dass man erst zu diesem Zeitpunkt (1964) in der Lage war, EHD-betriebene Flugzeuge zu bauen? Haben wir auch hier wieder den berüchtigten Zeitunterschied, den die Propaganda gerne nutzt, um weit fortgeschrittene Entwicklungen geheim zu halten. Eine Praxis die bis heute anzudauern scheint.

Und in der Tat! In dem U.S.-Patent, Nr. 3,120,363 der Electron Atom Corp., NY vom 11. September 1958 wird über „Flying Apparatus", wie z.B. über große „Doghnut" ähnliche elektrostatische Fluggeräte berichtet. Das heißt, dass schon vor 1958 scheibenförmige Flugkörper bei Elektron Corp in New York entwickelt und gebaut wurden und mit hoher Wahrscheinlichkeit auch irgendwo bei der Flugerprobung gesichtet wurden!

In den 1950er und Anfang der 1960er Jahre wurden bereits jene EHD-Flugzeuge in unterschiedlichen Versionen von vielen Flugzeugfirmen (nicht nur in den USA) gebaut und geflogen, von denen Major de Seversky in dem „PM-Artikel" nur (propagandamäßig) träumte.

Die „Fliegende Apparatur"

Dem Erfinder Glenn E. Hagen aus Fresh Meadows im U.S. Staate New York, der für die Electron Atom Corporation New, York, N.Y. tätig war, wurde am 4. Februar 1964 das U.S.-Patent-Nr. 3.120.363 über einen „Flying Apparatus" gewährt.

Eingereicht wurde die Erfindung am 11. September 1958.

Somit wird wohl die eigentliche Realisierung der Idee von elektrischen Flugzeugen um Jahre vor 1958 liegen und lange vor den Tests mit dem kleinen Modell aus Balsaholz, wie sie in dem „Popular Mechanics" Artikel von August 1964 beschrieben wurden!

Hier einige wichtige Auszüge aus o.g. Patent:

„Die Erfindung beinhaltet ein „schwerer-als-Luft" Fluggerät, das einen Reaktionsmotor besitzt, der nach dem Prinzip der Ionen-Entladung arbeitet.

Die Funktionsweise des Flugapparates gleicht in wesentlichen dem eines konventionellen Hubschraubers. Er besteht aus einer leichtgewichtigen Konstruktion, die aufgrund ihrer offen ausgeführten Bauweise zu gut wie gar nicht der jeweiligen vorherrschenden Windrichtung ausgesetzt ist und außerdem den Winden in der oberen Atmosphäre wenig Luftwiderstand entgegensetzt.

Der Energieaufwand für den Flug ist im Vergleich zu anderen Flugzeugen sehr gering. Die Energie wird durch den Zusammenprall einzelner molekularer Luftteilchen aufgrund einer Ionenentladung gewonnen. Dadurch wird eine große fließende Luftmasse durch elektrische Entladungen produziert.

Mit dieser Luftmasse wird außerdem der Auf- und Vortrieb kontrolliert.

Das Fluggerät besteht aus einem „Lifting Frame", einer Auftriebszelle aus sehr leichtem Konstruktionsmaterial, wie etwas Holz, Aluminium, Magnesium oder ähnlichen Baumaterialien.

Zwischen den Verstrebungen der Zelle sind kleine Metallgitter gespannt, die elektrisch miteinander verbunden sind. Sie dienen als „Collecting Grid".

Elektrostatisch angetriebene Luftfahrzeuge
U.S.-Patent 3.120.363 v. 4. Februar 1964, eingereicht 11. Sept. 1958
„Flying Apparatus"
Glenn E. Hagen, Electronatom Corp., N.Y:

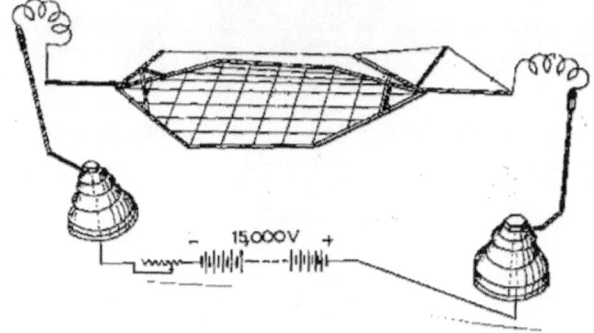

1. Modell-Versuchsanordnung

1. Kraftquelle: TV-Bildröhren Empfänger mit 15.000 Volt
2. Antenne
3. Reihen aus Draht
4. Rahmen aus Holz

Die Luftmassen die durch den elektrischen Wind in Bewegung versetzt wurden, flossen sehr langsam, unter 20km/h, aber erzielten einen hohen Grad an Auftrieb, höher als bei normalen Flugzeugen.

Es wurde festgestellt, daß bei niedrigen Fließgeschwindigkeiten die Elastizität der Ionenpartikel sowie der Luftmoleküle sehr hoch ist (vergleichbar mit Gummibällen), während die Elastizität bei hohen Geschwindigkeiten rapide abnimmt.

Bei früheren Experimenten der Ionisation der umgebenden Luft für einen Reaktionsantrieb zusammen mit hohen Fließgeschwindigkeiten mußten große Mengen an Energie zur Ionisation aufgewendet werden, um hohen Schub (für Auf- und Vortrieb) zu erzielen. Bei diesen alten Versuchen stellte sich heraus, daß die Kollision ionisierter Partikel mit Luftmolekülen destruktiv wirkte und die „Gummibälle" verhielten sich eher wie „rohe Eier", die Anstelle weiterer Luftmoleküle zum Fließen zu bringen, zerplatzten, chemische Reaktionen und eine unerwünschte zweite Ionisation hervorriefen. Diese wirkte sich negativ auf die Schubbildung aus.

Eine *„Secondary Ionization"* läßt negativ und positiv geladene Elektronen in beide Richtungen an den Polen wirken. Dies führt zu Energie- und Schubverlust.

„Die Auftriebszelle, die aus einzelnen Trägern und dem aus Draht bestehenden Sammelgitter zusammengesetzt ist, flog in einem früheren Modellversuch erfolgreich und demonstrierte die Machbarkeit des Konzeptes. Die Energiequelle dieses Modells bestand aus einem Zeilentrafo eines normalen Fernsehgerätes, der 15.000 Volt erzeugte.
... Es konnten sehr große Luftmassen mit sehr geringen Geschwindigkeiten bewegt werden, teilweise mit weniger als 35 km/h. Dabei war die Leistungsausbeute höher als bei heute bekannten Flugzeugen."

Wann fanden diese Modellversuche wirklich statt, vor während oder kurz nach dem zweiten Weltkrieg, oder noch viel früher (nach dem ersten Weltkrieg)?

Weiter heißt es in dem Patent von Mr. Hagen:

„Die Luftmoleküle und die Ionen sind in gewisser Weise elastisch, sie haben ähnliche Eigenschaften wie Gummibälle, verlieren aber ihre Elastizität nach dem Aufprall bei hohen Geschwindigkeiten.

Der Auf- und Vortrieb wird dadurch bestimmt, wie man diese elastischen Eigenschaften am besten nutzt. Bei früheren Versuchen wurde der Vorwärtsschub durch intensive elektrische Ionisierung erzeugt, um hohe Luftmassen-Geschwindigkeiten zu produzieren (s. Versuche von T.T. Brown, Anm.d.A.). Bei diesen älteren Erprobungen war die molekulare Kollision eher destruktiv und verhielt sich nicht wie die erwähnten Gummibälle, die ja die Luftbewegung erhöhen.

Vielmehr verhielten sich die Moleküle wie rohe Eier, die zerplatzten und gewisse chemische Verbindungen erzeugten. Der dadurch entstandene unvermeidbare sekundäre Ionisationseffekt war freilich noch harmlos in Bezug auf die schlechte Schubausbeute.

Moleküle die in einer zerstörerischen Art und Weise aufeinander prallen, lösen Elektronen heraus. Wenn ein Antriebssystem positive Ionen im Zusammenhang mit einem negativ geladenem Metallgitter verwendet, die in einer Richtung fließen (z.B. von oben nach unten, Anm.d.A.), entstehen negativ geladene Elektronen, die sich zugleich in die entgegen gesetzte Richtung (nach oben, Anm.d.A.) drehen.

Somit entstehen Kräfte, die in beide Richtungen wirken, was wiederum zu einem erheblichen Energieverlust und letztendlich zu geringem Schub führt.

Die hier vorgestellte Erfindung dagegen erzielt ihre effektivste Wirkungsweise dadurch, daß die Ionen-Kollision mit relativ niedrigen elektrischen Werten, verteilt über eine große Fläche durchgeführt wird, um große Luftmassen mit langsamen Geschwindigkeiten zu bewegen.

Durch den Vervielfältigungs-Effekt der elastischen Moleküle (Auf- und Abprall) und einer schwachen elektrischen Ladungen entsteht keinerlei nennenswerter Energieverlust durch sekundäre Ionisation."

Elektrostatisch angetriebene Luftfahrzeuge
U.S.-Patent 3.120.363 v. 4. Februar 1964, eingereicht 11. Sept. 1958
„Flying Apparatus"
Glenn E. Hagen, Electronatom Corp., N.Y:

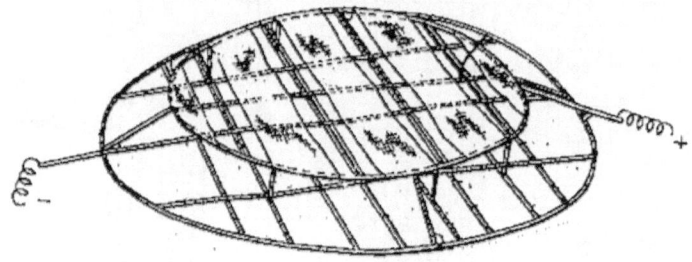

2. Modellversuch mit scheibenförmigen Modell

1. Rahmen aus Holz oder Aluminium
2. 4 Antennen-Drähte
3. eingelassen in Leinwandverspanung auf Oberseite

Ein hochgradig effektiver Antrieb durch Kollision mit Ionen und Luftmolekülen kann mit relativ niedrigen Stromstärken über große Flächen erzeugt werden. Dabei werden riesige Luftvolumina in Bewegung versetzt, bei relativ niedriger Fließgeschwindigkeit.

Obige Versuchsanordnung wurde bei 50 Milli-Ampere und 15kV zum Fliegen gebracht. Dabei wurde ein bläuliches Leuchten oder „Corona Discharge" beobachtet.

Glenn Hagen von Electronatom Corp. stellte fest, daß das „Elektrische Glühen", Corona Discharge dann auftritt, wenn eine Schubminderung durch Ionisationsverlust eintritt (was als Gegenreaktion zu einer Erhöhung der Ionisation führt, was dann wiederum das Glühen verstärkt). Dieser Leistungsverlust kann durch Veränderung der Form des Fluggerätes und der Muster der elektrischen Felder begegnet werden.

Die Scheibenform erbrachte einen erhöhten Auftrieb und obige Versuchsanordnung konnte mehr als das eigene Gewicht tragen.

Ionocraft
Alexander P. de Seversky
Electron Corp., N.Y.

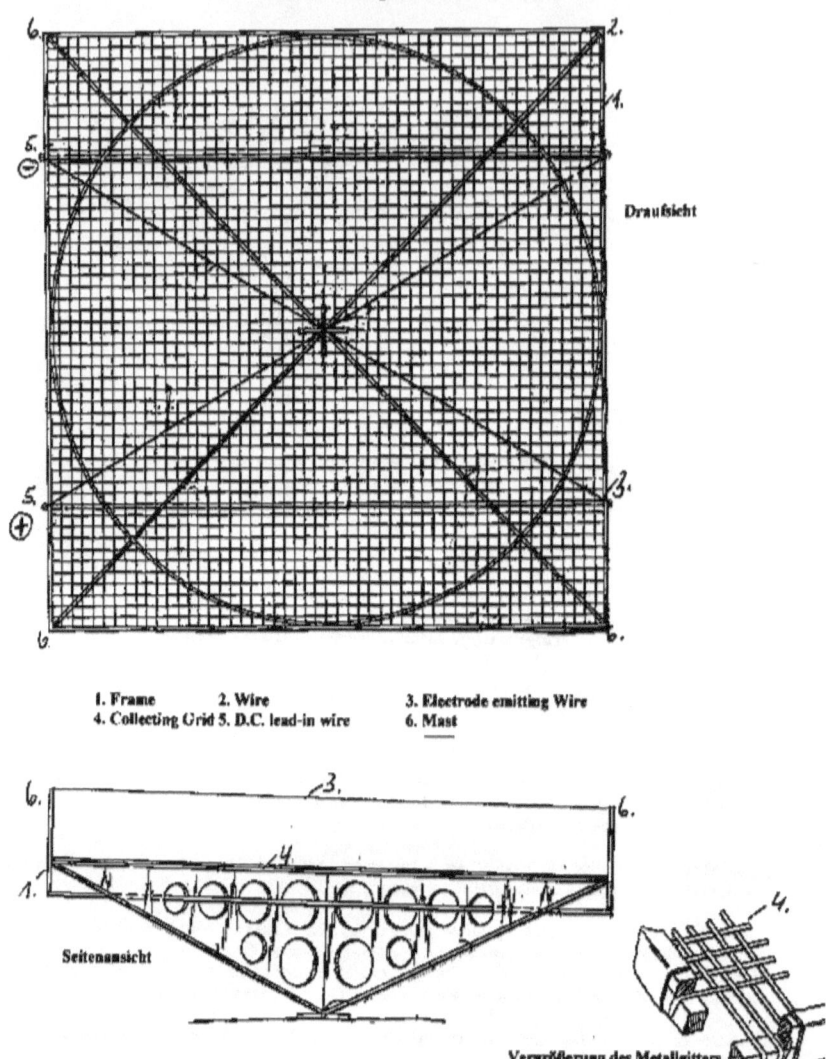

Draufsicht

1. Frame 2. Wire 3. Electrode emitting Wire
4. Collecting Grid 5. D.C. lead-in wire 6. Mast

Seitenansicht

Vergrößerung des Metallgitters

Wurden solche „Drahtverhaue" tatsächlich gebaut und im Geheimen eingesetzt? Wer kann Angaben dazu machen? Wann wurden diese Drahtgestelle wirklich entwickelt und geflogen, schon vor, oder erst nach dem Zweiten Weltkrieg?

Ionocraft
Alexander P. de Seversky
Electron Corp., N.Y.

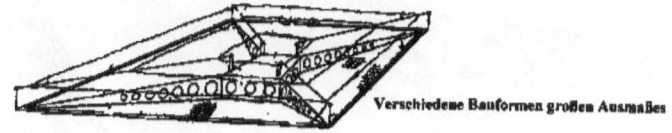

Verschiedene Bauformen großen Ausmaßes

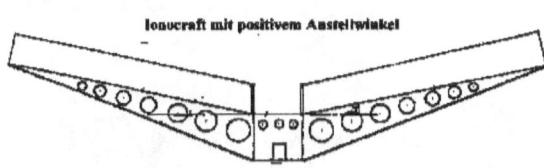

Ionocraft mit positivem Anstellwinkel

Ionocraft mit Auxilliary Grid für Rotation

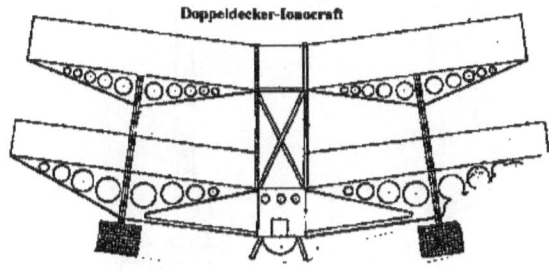

Doppeldecker-Ionocraft

Kann ein Ionocraft auch mit einer Tarnvorrichtung, das es unsichtbar macht, über militärischen und sonstigen Anlagen in großen oder mittleren Höhen schweben?

Ionocraft
Alexander P. de Seversky
Electron Corp., N.Y.

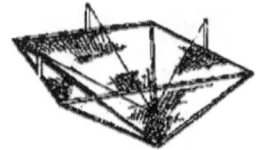

Ionocraft in Dreiecksform
Mit großem Anstellwinkel

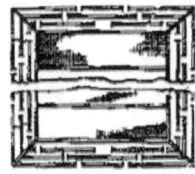

Rechteckige Bauweise

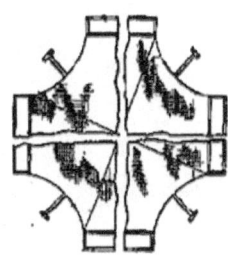

Steuerung per Knüppel
herkömmlicher Art, an-
geschlossen an Potentiometer

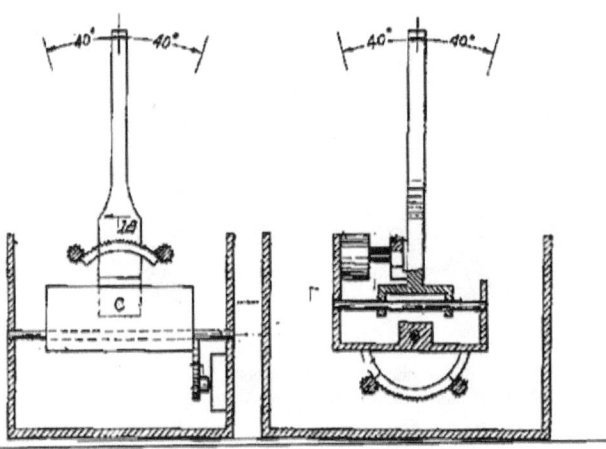

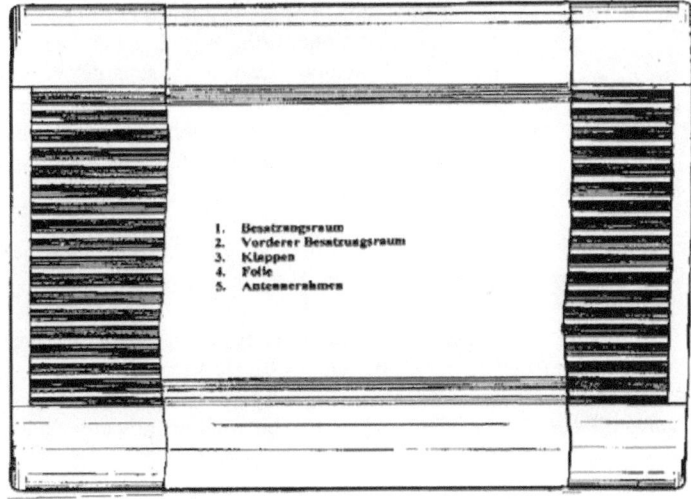

Abb.:

Aufgrund der Leichtbauweise können riesige Fluggeräte konstruiert werden, die wegen ihrer extrem großen Fläche ein sehr hohes Auftriebsverhalten entwickeln. Solche Maschinen können fast unbegrenzt in der Luft schweben, ob in mittleren oder außergewöhnlich großen Flughöhen.

Was ist eigentlich aus der New Yorker „Electron Atom Corp." von Maj. de Seversky geworden?

Fiel seine Firma der allgemeinen Geheimhaltung und Vertuschung zum Opfer?

Anmerkung:

Jedes positiv geladene Ion (elektrisch geladenes Luftmolekül) prallt mehrmals mit anderen Molekülen und Luftpartikeln zusammen. Die Ionen sind auf dem Weg von der Ionen erzeugenden Antenne an der Spitze des Fluggerätes nach unten zum „Lifting Grid". Bei diesem Auftriebsgitter stoßen die Ionen dann ihr Elektron ab, um elektrisch neutral zu werden. Je mehr nicht ionisierende Kollisionen auf dem Weg nach unten stattfinden, desto effektiver wird der Reaktionsantrieb.

Durch unkontrollierte Bewegungen der Moleküle und durch nicht elastische Zusammenstöße entsteht an den Antennendrähten u.a. ein blaues Leuchten – „Corona Discharge" genannt – was die Auftriebserzeugung mindert. Das Auftreten einer Corona Discharge, des elektrischen Glühens, ist meistens ein Hinweis darauf, dass nicht genügend Schub durch Ionisation erzeugt werden kann

(Siehe dazu einen weiteren Absatz über elektrostatische Fluggeräte, die ohne Corona Discharge auskommen, weiter unten in diesem Buch!).

Um den Effekt des „Corona Discharge" zu minimieren schlägt Glenn E. Hagen vor, kleine Stromstärken und eine Antenne mit großer Geometrie zu verwenden. Außerdem haben Ionen mit einer positiven Ladung eine 20 prozentige geringere Beweglichkeit in der Luft, als negative Sauerstoff oder Stickstoffmoleküle, die von einer negativ aufgeladenen Antenne ausströmen.

In dem 1958 vorgestellten U.S.-Patent werden neben den bereits bekannten Gitterkonstruktionen auch flache und scheibenförmige Bauweisen gezeigt. Ein solches Fluggerät besitzt die Form eines Reifens, wobei die Passagiere und die Ladung innerhalb des ringförmigen Aufbaues untergebracht sind. Aufgrund der groß dimensionierten Ringform wird der Auftrieb nicht nur durch den Reaktionsantrieb und dem daraus resultierenden Momentum erzeugt, sondern auf der Unterseite wird außerdem eine Welle aus Überdruck generiert, auf der das Fluggerät aufliegt. Siehe hier die ähnliche Wirkungsweise eines Fallschirms.

Hingewiesen sei hierzu auch auf das „Ringflugzeug" aus Peenemünde/Rübeland, ringförmige elektrostatischen Flugkörper, wie sie in Deutschland während des Krieges erprobt wurden, sowie die Sichtung eines ringförmigen „Ufos" über Australien im Jahre 1967. Wernher von Braun erkannte ebenso die außerordentlich gute Flugstabilität ringförmiger Flugzeuge, die in der Mitte eine runde Aussparung haben, wenn auch die Entwürfe der Peenemünder Zukunfts-Projektgruppe zumeist (am Anfang) Strahl- oder Raketenantriebe besaßen.

Alleine die beiden U.S.-Patente der Electronatom Corporation deuten daraufhin, dass schon seit mindestens den 1940-50er Jahren ernsthaft über Reaktionsantriebe elektrischer Natur nachgedacht wurde und mit Sicherheit die einen oder anderen Fluggeräte, das o.g. Patente besprechen, auch realisiert wurden.

Wer Angaben zum Ionocraft oder andere groß dimensionierte Fluggeräte in Leichtbauweise und mit Ionenantrieb machen kann oder gar Fotos von solchen Maschinen hat, wende sich bitte per E-Mail an den Autor!

Flying Apparatus
von G. E. Hagen
U.S.-Patent-Nr 3.120.363 v. 11. Sept. 1964

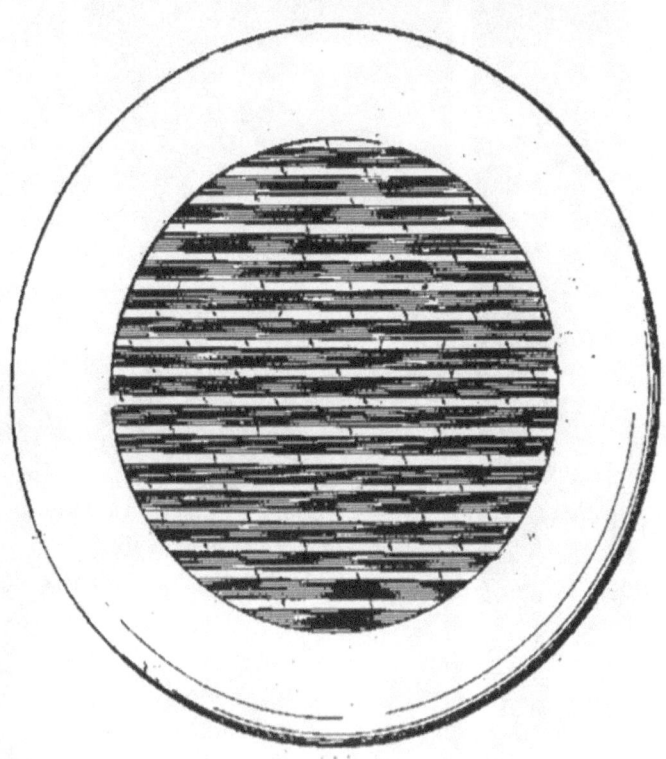

Bild:

Aus
Patentzeichnung:
Ringförmiger Rumpf für Passagiere und/oder Fracht
Bewegliche Steuerklappen
Leichtfolie mit aerodynamisch geformten Profilen, sowie mehrere übereinander angeordnete Antennen (Minus-Pol) und Auftriebsgitter (Plus-Pol) für „Corona-Discharge" bei niedrigen Stromstärken und hohen Voltzahlen.

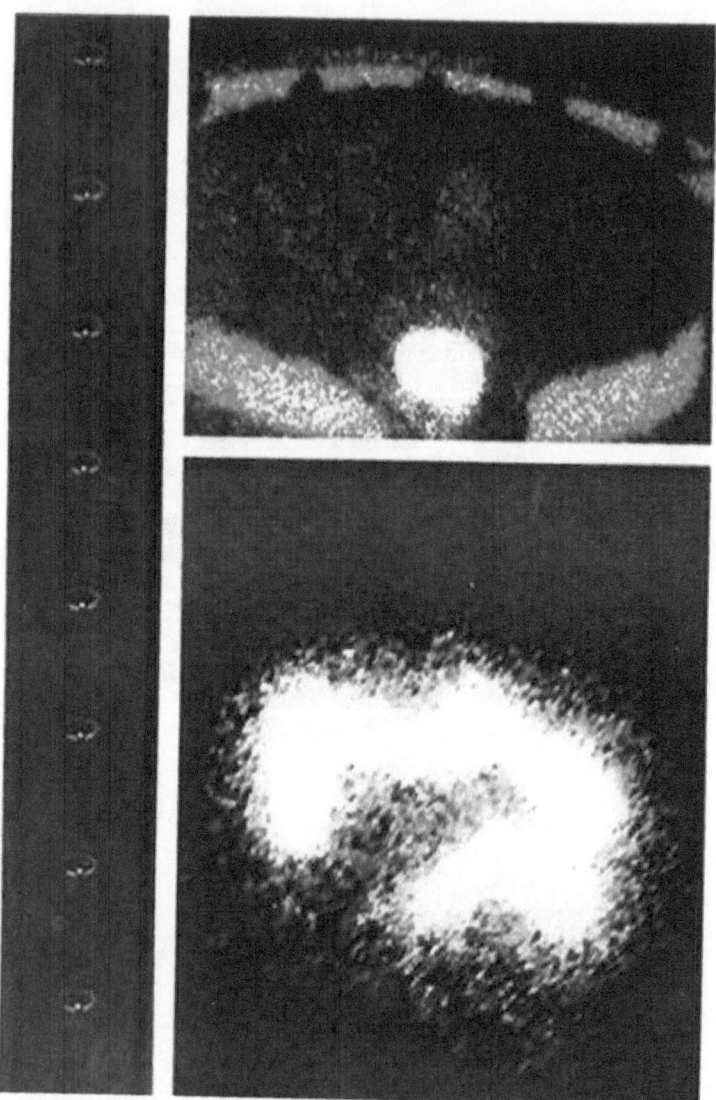

Bild:

Handelt es sich bei diesem ringförmigen UFO über Australien, das im Jahre 1967 aufgenommen wurde, um eine „Ionocraft"-Version? Ein ringförmiges Fluggerät in Leichtbauweise, das am äußeren Ring eine sphärenförmige Kabine für die Besatzung zu haben scheint. Beachte „Corona-Discharge", das elektrische Glühen in blau, gelb und rot.

„Therm-Ionic Propulsion"

Diese Maschine, höchstwahrscheinlich mit einem „Thermo-Ionischen"-Antrieb ausgestattet, wurde über Japan im Juni 1965 gesichtet. Sie begleitete eine Verkehrsmaschine. Das Fluggerät soll die doppelte Größe eines damaligen Bombers gehabt haben, in einem orangefarbigen Licht getaucht sein und stieß am Ende Flammen aus (Flame-Jet).

Mit solch einer „Thermionic Propulsion", wie von T.T-Brown im Patent angemeldet, war es zur damaligen Zeit (1947, beginn der UFO-Welle, und später) durchaus möglich, mehrfache Schallgeschwindigkeit zu erreichen und auch die Schwerkraft der Erde zu verlassen. Beachte die Elektroden entlang des torpedoförmigen Rumpfes, eingelassene, rechteckige Abstrahlflächen für eine Zyklotronstrahlung zur Steuerung und ein „Flame-Jet", den Flammenstrahl am Heck der Maschine.

Wahrscheinlich ist dieses Fluggerät, nach dessen Beschreibung diese sehr gute Zeichnung angefertigt wurde, die Sachkenntnis vermuten lässt, eine Weiterentwicklung von 1947 (oder früher).

Denn die hell strahlenden rechteckigen Luken ober- und unterhalb der Elektrodenreihen (die hier auf Auslegern auf Abstand zum Rumpf hin montiert sind), könnten ggfs. eine Zyklotronstrahlung (UV-Licht) aussenden, um die Flugmaschine in jede gewünschte Richtung zu steuern (Seitensteuerung, ähnlich wie Seitenleitwerk bei normalen Flugzeugen).

Ein weiteres System, wie man mit Hilfe ionisierter Luftpartikel Flugzeuge (auch unter Wasser) antreiben kann, zeigt folgendes U.S.-Patent:

Fluggeräte mit einem Elektroden-Erreger-System

Ein weiteres interessantes und <u>sehr wichtiges</u> U.S-Patent ist von Gilman A. Hill, United States Patent Office Nr. 3.095.163 v. 25 Juni 1963: **„Ionized Boundary Layer Fluid Pumping System"**. Gilman A. Hill, Englewood, Colorado, Assignor to <u>Petroleum Research Corporation</u>, Denver, Colorado, filed 13. Oct. 1959.

Siehe hier auch den Assignor, der zur Ölindustrie gehört. Die Ölindustrie, die seit Ende der 1940er Jahre, wenn nicht schon früher, weiß, dass die Abgase von Verbrennungsmotoren schädlich für die Umwelt und das Klima sind, wie tief ist diese Industrie in die „Wahre Raumfahrt" verstrickt? Dadurch, dass sie Rohstoffe auf anderen Welten abbaut und zur Kolonisierung des Weltalls beiträgt?

Hier einige Auszüge aus dem amerikanischen Patent:

„Diese Erfindung beschreibt Methoden und Anwendungen, wie man Luft, Wasser sowie andere Flüssigkeiten <u>in Bewegung versetzt</u>, und wie man Fahrzeuge und andere Körper in diesen Flüssigkeitsmedien <u>vorantreibt</u>, ohne dafür herkömmliche bewegliche Antriebsmechanismen zu benötigen.

Außerdem wird aufgezeigt, wie man die umgebende Luft, oder ein anderes Flüssigkeitsmedium benutzt, um Fahrzeuge oder Flugkörper anzutreiben, damit diese in den verschiedenen Flüssigkeiten Auf- und Vortrieb erzeugen.

Es wurden im Laufe der Zeit unterschiedliche Antriebssysteme konzipiert, um <u>Landfahrzeuge, Schiffe, U-Boote und Flugzeuge anzutreiben</u>.

Darunter sind Propeller für Schiffe und Flugzeuge sowie Strahl- und Raketenantriebe. Alle die genannten Systeme brauchen eine bestimmte Kraft, um z.B. den Luftwiderstand oder eine Verwirbelungen zu überwinden. Diese benötigte Kraft hat einen wesentlichen Nachteil, besonders beim Bau von Flugzeugen, denn ein großer Teil des Flugzeuges ist für den Einbau von Antriebsmotoren und den dazu benötigten Kraftstoff vorgesehen. Zudem benötigt man zur Steuerung eines herkömmlichen Flugzeuges, oder auch für U-Boote, mehrere Ruder, wie Höhen- und Seitenruder und andere Steuerelemente, die mit der Umgebungsluft oder Wasser reagieren müssen, um eine Richtungsänderung herbeizuführen.

In diesem Patent wird ein neuartiges System vorgestellt, wie man Fahrzeuge und andere Flugkörper, sowie auch U-Boote und Flugzeuge, durch ein Flüssigkeitsmedium vorwärts bewegen kann. Dafür sind <u>elektrische Felder</u> vorgesehen, die eine bestimmte Strömung in einem Flüssigkeitsmedium erzeugen. Außerdem werden Systeme und Methoden vorgestellt, wie man elektrische Felder nutzt, um Auf- und Vortrieb zu bewirken. Diese neue Antriebsart verspricht zudem einen <u>hohen Grad an Steuer- und Wendigkeit, der niemals zuvor je erreicht wurde.</u>

Dieses neuartige Antriebssystem für Fahrzeuge, Schiffe und U-Boote braucht keine beweglichen Steuerflächen mehr. Ein <u>kontinuierlicher Strömungsverlauf</u> von Partikeln erzeugt einen Antriebsschub, der zur Vorwärtsbewegung durch die Atmosphäre und dem luftleeren Raum befähigt, oder aber in einem Flüssigkeitsmedium zu schweben. Eine Richtungsänderung kann ohne Drehung, Abkippen oder Änderung der momentanen Lage durchgeführt werden.

In einem elektrischen Feld kann ein Ladungs- oder Spannungsunterschied erzeugt werden, so dass sich geladenen Partikel - die sich um das

Spannungsfeld herum befinden (wie z.B. Luft- oder Wassermoleküle) - entlang von Kraftfelder bewegen und dadurch eine Strömung erzeugen.

So kann ein Flüssigkeitsmedium z.B. laminar über eine Oberfläche geführt werden, um einen Druckunterschied aufzubauen, der dadurch wiederum genügend Auf- und Vortrieb erzeugt.

Im Luftfahrtbereich kann z.B. ein konventionelles Flugzeug, das ganz normal mit Tragflächen und Leitwerk ausgestattet ist, mit einem Antriebssystem versehen werden, bei dem geladene Elektroden eine Reihe von Ionen, oder andere Partikel beschleunigen und vorwärts treiben, um dadurch einen Vorwärtsschub zu erzeugen.

Durch den schnell strömenden Partikel/Luftstrom wird entlang der Tragflächenoberseite ein Unterdruck und auf der Unterseite ein Überdruck erzeugt (genauso wie bei herkömmlichen Antrieben - Propeller oder Strahltriebwerken - entsteht ein Sog und ein Überdruck auf und unter den Flügeln, das allgemein bekannte aerodynamische Prinzip des Auftriebs nach Bernoulli, Anm.d.A.).

Eine große Anzahl von Elektroden ist in parallelen Reihen entlang der Tragflächenober- und Unterseite über die gesamte Spannweite in die Tragflächen eingelassen. Die einzelnen Elektrodenreihen haben einen bestimmten Abstand zueinander und reichen von der Flügelvorderkante bis zur Hinterkante, folgen der Tragflächenwölbung und schließen bündig mit der Außenhaut ab. Ein elektrischer Generator innerhalb des Flugzeuges, der von einer beliebigen Kraftquelle angetrieben werden kann, erzeugt den benötigten Strom. Vorzugsweise wird Wechselstrom zur elektrischen Anregung der Elektroden genutzt, aber bei bestimmten Anforderungen kann auch Gleichstrom verwendet werden.

Bei beiden Stromvarianten wird ein elektrisches Feld erzeugt, durch das Ionen, oder andere geladene Partikel derart beschleunigt werden, daß sie mit einer sehr hohen Strömungsgeschwindigkeit über die Elektrodenreihen, z.B. von vorne nach hinten, über eine Tragfläche fließen.

Bei Wechselstrom wird eine vorbestimmte Phasenverschiebung zwischen den Elektrodenreihen eingerichtet, um die Masse der geladenen Partikel durch die Resonanzgeschwindigkeit nach vorne zu bewegt, damit der gewünschten Luftstrom erzeugt wird.

Bei Gleichstrom hat jede nachfolgende Elektrodenreihe zur vorderen innerhalb der Strömungsrichtung einen höheren Energieanteil, und deshalb besteht zwischen der ersten und der letzten Elektrodenreihe auf der Tragflächenober- und Unterseite ein ganz bestimmter Ladungsunterschied.

Welche Art von Strom auch immer gewählt wird, die Ionen oder geladenen Partikel bewegen sich beständig von einer Elektrodenreihe zur nächsten und erzeugen eine Aura oder einen **„elektrischen Wind"**, der Luftmoleküle entlang der Flügelflächen mit sich zieht.

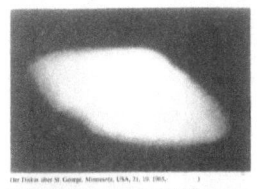

Abb.:

Charakteristisches elektrisches Glühen geladener elektrischer Partikel, die je nach Stromstärke und Beschleunigen von Rot, Gelb bis Weiß leuchten.

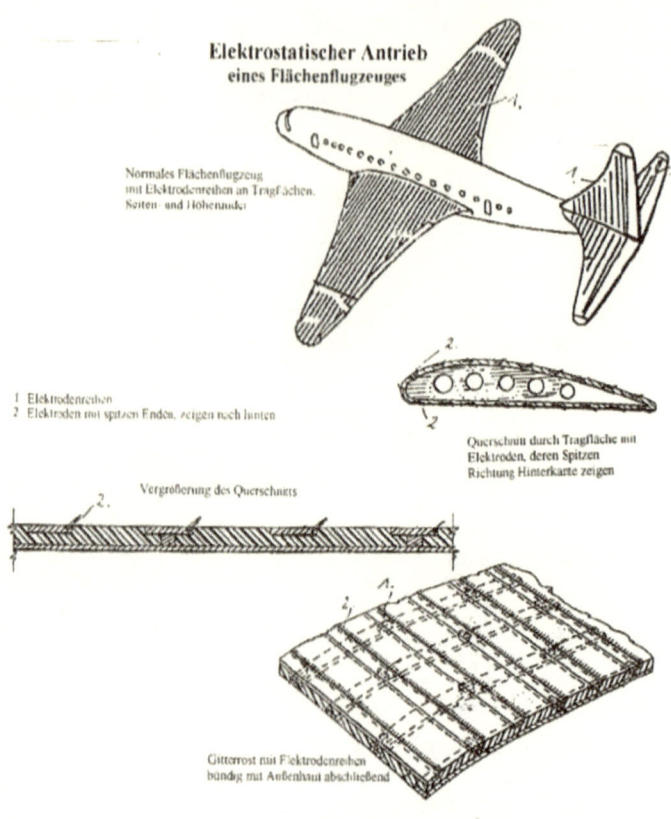

Wann flog das erste Flugzeug, bestückt mit Elektrodenreihen in den Tragflächen, zur Produktion von Ionen für einen „elektrischen Wind" und damit zur Erzeugung von Auf- und Vortrieb? Schon vor dem zweiten Weltkrieg, im Krieg oder erst danach? Wann gab es in Deutschland die ersten Versuche, eine Maschine mit elektrokinetischem Antrieb auszustatten?

Abb.:

Wer hat Aufnahmen dieser DC-4/C-54 EHD-Versuchsmaschine, die ohne Triebwerke und ohne Steuerklappen lautlos über einem Flugfeld schwebt. Bilder bitte per E-Mail an den Autor!

Wer baut ein kleines Versuchflugzeug, z.B. auf Basis des tschechischen „Blanik" Ganzmentall Segelflugzeugs nach, das kein Schleppflugzeug benötigt, senkrecht starten und landen kann, in der Luft schwebt und wendig wie ein Hubschrauber und gleichzeitig schnell wie ein Jet ist?

Durch eine hohe Stromstärke entsteht eine koronale Entladung (verschiedenfarbiges Leuchten um das Fluggerät, besonders in der Dunkelheit und nachts gut erkennbar, Anm.d.A.).

An den Spitzen der Elektroden wird eine Vielzahl von Ionen erzeugt, die Luftmoleküle über die Tragfläche mit sich ziehen. Dieser laminare Strömungsverlauf verhindert das Auftreten von Verwirbelungen und damit eines schädlichem Widerstand an der Außenhaut, so wie dies bei herkömmlichen Flugzeugen meist der Fall ist.

Der Vorwärtsschub des Flugzeuges entsteht durch den Rückstoß der Ionen an den Elektroden. Ein negativer Anstellwinkel erhöht noch den Vorwärtsschub.

Der Schwebezustand eines Flugzeuges kann durch das kontinuierliche Absenken der Flugzeugnase erzielt werden (Erhöhung des Auftriebes, insbesondere an den Tragflächenvorderkanten bei gleichzeitiger Verminderung der Druckverteilung an den Tragflächen).

Eine konvex geformte Flugzeugoberfläche minimiert das Einfangen und damit den Verlust von geladenen Partikeln an den Elektroden. Dadurch, daß die Partikel um eine runde Oberfläche herum fließen, entsteht eine Zentrifugalkraft, die die Partikel von der Oberfläche weg, nach außen strömen lassen.

Diese Zentrifugalkräfte wirken allgemein in dieselbe Richtung wie die Druckverteilung für den Auf- und Vortrieb (von oben nach unten; als Beispiel sei hier der Strömungsverlauf der Luft an einem Helikopter erwähnt. Die Rotoren lassen die Luft von oben nach unten fließen, es entsteht ein Sog auf der Oberseite, Anm.d.A.)

„In other embodiments of the invention the vehicle body may be in the **form of upper and lower cones** or may comprise **upper and lower flattened dome-like portions** and thus take the form of the popular conception of the „flying saucers"; and furthermore, the vehicle may be operated under water as well as in the sky."

Eine andere geeignete Form ist die der „Fliegenden Untertasse". Diese Form kann sich sowohl unter Wasser als auch in der Luft fortbewegen. Die Elektroden werden bei Fluggeräten in Scheibenform **spiralförmig** von oben nach unten angeordnet. Entweder laufen die Elektroden von innen nach außen oder umgekehrt. Dabei können die Elektroden die Form eines Kamms mit spitzen Enden haben, oder aber wie flache Metallplättchen aussehen.

Montiert werden die Elektroden entweder auf der Außenhaut, wobei sie bündig mit ihr abschließen, oder sie sind unterhalb der Beplankung befestigt.

Dabei werden die Elektroden voneinander durch eine Isolierung getrennt, so dass die Elektroden vor weiteren elektrischen Bordgeräten abgeschirmt sind.

Das elektrostatische Antriebsystem

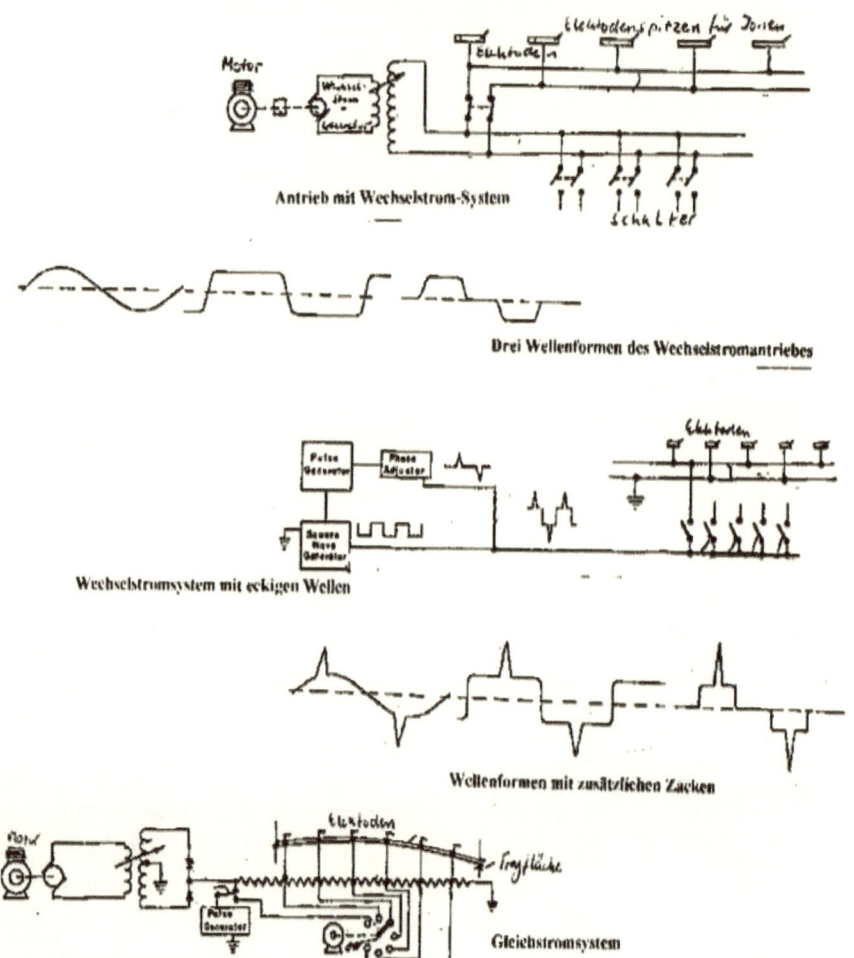

Abb.:

Die Wellenformen zur Erzeugung des elektrischen Windes hängen von der jeweiligen Einsatzart ab, ob für normale Flugzeuge, scheibenförmige Fluggeräte oder für Fahrzeuge, Schiffe und U-Boote. Oder ab sich das Objekt in der Atmosphäre, im All oder unter Wasser fortbewegt.

Cone and flattened Dome like Flight Vehicles

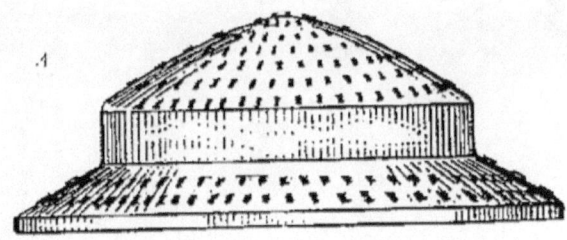

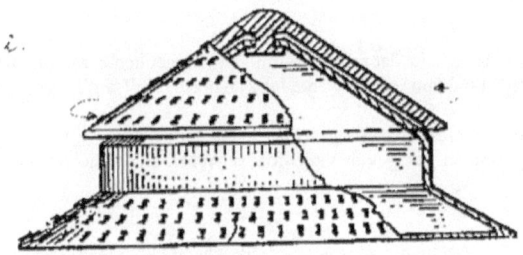

1. Zeichnung:

Elektrodenreihen laufen vom Zentrum spiralförmig nach unten. Im oberen, konischen Bereich werden die Ionen gegen den Uhrzeigersinn beschleunigt, im unteren ringförmigen Bereich dagegen im Uhrzeigersinn und sorgen für eine stabile Fluglage und heben den Torque auf. Dieses Flugzeug wurde von einem U.S. Air Force Piloten gesichtet. Die Maschine glühte in diesem Moment rot auf, was auf eine unmittelbare Startphase, oder einer Beschleunigung hindeuten könnte.

2. Zeichnung:

Gleiche Anordnung der Elektrodenreihen wie obiges Fluggerät. Der obere kegelförmige Aufbau aber ist <u>drehbar</u> gelagert und die Elektrodenreihen <u>versetzen den Aufbau in Rotation</u>. Der geringfügig wirkende Torque wird durch die Elektroden in den seitlich nach unten geneigten ringförmigen Aufbau durch selektives Ansteuern bestimmter Elektrodenreihen ausgeglichen. Die Rotation des oberen Bereiches kann so z.B. eine <u>künstliche Schwerkraft</u> für die Besatzung bei Flügen durch den erdnahen Weltraum erzeugen.

Abb.:

Der „platte" Boden, die Unterseite der scheibenförmigen Fluggeräte übernimmt die Stabilisierung der Maschinen und hat in etwa dieselbe Funktion wie die V-Stellung an normalen Tragflächen eines Flugzeuges.

Bei Flügen durch den luftleeren Raum sorgt der Rückstoß der geladen Partikel, der durch die Zentrifugalkraft an den eigentümlich gekrümmten und gerade verlaufenden Außenflächen noch verstärkt wird, für den nötigen Vortrieb.

Abb.:

Aufnahme zeigt Fluggerät, das in etwa der obigen Patentzeichnung entspricht. Wurde die Maschine während eines Probefluges fotografiert, in der Nähe eines Testgeländes oder eines Flugzeugwerkes?

Alte Bauart eines EM-Fluggerätes: abgeplatteter Boden, steile Seitenwände. Der Boden dient als Auflage während des Fluges durch die Atmosphäre. An geraden Seitenwänden können die Ionen leichter nach außen, weg vom Flugzeug geschleudert werden, was den Auf- und Vortrieb erhöht. Diese EM-Technik stammt aus den Anfängen der 1940er/1950er Jahre.

Abb.:

Dieser rötlich glühender, runde Versuchs-Flugkörper mit steilen Seitenwänden (die die Ionen besser nach außen, weg von der Flugmaschine schleudern) wurde von dem U.S. Air Force Piloten H. Williams aus seiner C-47 „Dakota" Transportmaschine in 4.000m Höhe im Juni 1966 aufgenommen. Der Sichtungsort lag 25 Meilen südwestlich von Provo im U.S. Staat Utah.

Evtl. kam diese (unbemannte) elektrokinetische Maschine aus Akron/Ohio, wo sich die U.S.-Firma „Goodyear Aerospace/Goodyear Atomic" befindet.

Vergleiche das Foto mit der Zeichnung im Patent.

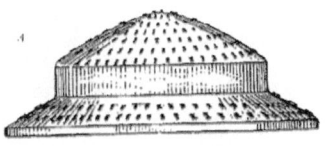

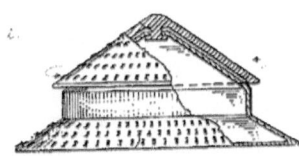

Bei der unteren Maschine ist jedoch die obere spitz zulaufende Kuppel drehbar auf Rollen gelagert. Das Rollenlager erlaubt es, dass der „elektrische Wind" diesen oberen Aufbau in Drehung versetzt, wobei die Umdrehungszahl minimal gehalten wird, gegebenenfalls. ca. 20-30 Umdrehungen in der Minute, um durch die Fliehkraft eine künstliche Gravitation von 1g zu erzeugen, siehe ähnliche Verfahrensweise beim B.I.S. „Spaceship" von 1939, dabei wird der Boden zur Wand und die Wand zum Boden.

Deshalb sind wohl bei diesem und auch bei weiteren gesichteten Fluggeräten die Seitenwände gerade, d.h. senkrecht nach unten verlaufend. Dieses elektrokinetische Antriebskonzept könnte ebenso ein effektives System darstellen, um Raumfahrzeuge in der oberen Atmosphäre oder im All anzutreiben (wobei ein geladener (Metall-) Partikelstrom bei scheibenförmigen - und anderen Raumfahrzeugen - den Rückstoß und gemäß Impulserhaltung den Vortrieb erzeugt.

„Die spitzen Elektroden werden hauptsächlich für die Erzeugung von Ionen und einer koronalen Entladung verwendet (die Erzeugung anderer geladener Partikel ist möglich). Eine dünne Isolierschicht schützt die Elektroden außerdem vor Korrosion und Abnutzung und minimiert gleichzeitig das Einfangen von Ionen, die ja ausschließlich zum Antrieb des Fluggerätes dienen sollen. <u>Runde Außenwände</u>, wie z.B. bei Flugscheiben, erzeugen bei den elektrischen Entladungen <u>eine Zentrifugalkraft</u>, die die Ionen von der <u>Außenwandung weg nach außen schleudern</u>. Dadurch wird der Vortrieb enorm verbessert.

Röhren, die im Heck eine Öffnung haben („Fliegende Zigarren", Raketen, Zylinder oder Torpedos, Anm.d.A.) können ebenfalls mit einem Elektrodensystem ausgestattet werden.

Dabei werden Elektrodenreihen außen an der Röhre und an der Innenwandung angebracht. Durch die Beschleunigung von geladenen Partikeln innerhalb und außerhalb einer Röhre wird ein Partikelschub erzeug, der das Fluggerät in großer Höhe und im luftleeren Raum vorwärts bewegt.

Gleichfalls kann eine <u>herkömmliche chemische Rakete</u> mit diesem System angetrieben werden. Dabei steigt die Rakete zuerst angetrieben von einem Partikelstrom in große Höhen und fliegt dann mit ihrem normalen chemischen Reaktionsantrieb weiter ins All hinauf.

Das hier besprochene elektrische Strömungssystem ist außerdem für Windtunnel-Anlagen vorgesehen.

Normales Flächenflugzeug mit elektrostatischem Antrieb

Anstelle eines Propellers oder eines Strahlantriebes ist es zudem möglich, <u>ein normales Flugzeug</u> mit einen *„Sustentation and Propulsion System"* anzutreiben. Dabei wird ein elektrischer Generator zur Erzeugung von elektrischen Kraftfeldern innerhalb des Flugzeugrumpfes mitgeführt.

Diese elektrischen Felder beschleunigen geladene Partikel entlang der Tragflächenwölbung von der Nasenvorder- bis zur Hinterkante. Der dadurch erzeugte <u>Luftstrom</u> ergibt auf der Oberseite der Tragfläche nach dem üblichen aerodynamischen Prinzip einen Unterdruck und auf der Unterseite einen Überdruck.

Das Elektroden-Erreger-System, installiert in die Tragflächen, sowie am Höhen- und Seitenruder bewirkt gleichzeitig, daß der <u>schädliche Luftwiderstand</u> und eine Wirbelbildungen an den Flügeln <u>sehr niedrig</u> gehalten werden kann. Aufgrund all dieser genannten Voraussetzungen ist es möglich, ein normales Flugzeug ohne die sonst üblichen Propeller oder Düsen anzutreiben und elektrisch ein Druckunterschied nach dem Prinzip von Bernoulli in einem Flüssigkeitsmedium (Luft, Wasser) zu erzeugen."

Hier kurz eine Erklärung zum Gesetz von Bernoulli:

1738 entdeckte der Wissenschaftler Daniel Bernoulli das später nach ihm benannte **Bernoulli-Gesetz**. Bernoulli stellte fest, daß der <u>Druck</u> einer Flüssigkeit oder eines Gases dort <u>vermindert</u> wird, wo die <u>Strömungsgeschwindigkeit</u> sich <u>erhöht</u>.

Innerhalb einer Flüssigkeit oder eines Gases - hier Luft - sind **hohe** Strömungsgeschwindigkeiten mit **niedrigem** Druck (Unterdruck) und **kleine** Strömungsgeschwindigkeiten mit **hohem** Druck (Überdruck) verbunden.

Dieses Gesetz wurde zuerst dazu genutzt, Druckdifferenzen in einer Flüssigkeit zu demonstrieren, die durch ein Rohr mit variierendem Querschnitt strömt. Im Bereich des größeren Querschnitts des immer enger werdenden Rohres strömt die Flüssigkeit mit relativ kleiner Geschwindigkeit, erzeugt aber einen hohen Druck (Überdruck).

Im engen Bereich des Rohres, das man in der Fliegerei auch **Venturi-Rohr** nennt, muss nun die gleiche Menge an Flüssigkeit hindurchströmen. Hier erhöht sich deshalb die Strömungsgeschwindigkeit und der Druck nimmt messbar ab. Es entsteht ein Unterdruck.

Dieses Prinzip wird bei der Konstruktion einer jeden normalen Tragfläche angewandt, um Auftrieb zu erzeugen. Alles was fliegt, ob Tiere, Insekten oder Maschinen, richten sich nach diesem Natur-Gesetz (zusammen mit einer unmittelbaren Luftverwirbelung zur weiteren Auftriebserhöhung).

Weiter im o.g. Patent:

„Gleichzeitig wird der Vortrieb durch die beschleunigten elektrischer Partikel erzeugt. Dieser verstärkt sich noch durch die Zentrifugalkraft an gekrümmten Oberflächen. Die elektrischen Partikel, wie z.B. Ionen werden durch eine große Anzahl von Elektrodenreihen (z.B. kleine aneinander gereihte Metallplättchen) erzeugt, die sich auf, in oder unterhalb der Tragflächenober- und Unterseite befinden, außerdem an dem Seiten, sowie dem Höhenrudern.

Die Elektrodenreihen erzeugen einen Partikelstrom, der Luftmoleküle mit sich reißt und den üblichen Auf- und Vortrieb gewährleistet. Dieser Auftrieb kann noch erhöht werden, wenn die Maschine eine „nose down" Position, einen negativen Anstellwinkel einnimmt (dadurch wird an der Nasenvorderkante ein größerer Unterdruck erzeugt, im weiteren Verlauf der Tragfläche erzeugen die Ionen einen starken Luftstrom für den Vortrieb. Denkbar wäre eine solche Stellung auch beim Start, etwa durch Aufbocken der Maschine am Heck, um senkrecht aufsteigen zu können, Anm.d.A.)

Gesteuert wird das elektrostatische Flugzeug entweder mit ganz normalen Seiten-, Höhen- und Querrudern, oder aber mit Hilfe elektrischer Spannungsunterschiede. So kann auf der Tragflächenunterseite die elektrische Spannung reduziert werden, was zu einem Sinkflug führt. Speziell (quer) angeordnete Elektrodenreihen an den Tragflächenenden können zusätzlich durch mehr oder weniger elektrische Spannung einen größeren oder geringeren Luftstrom produzieren, was dann die Einleitung einer Rechts- oder Linkskurve ermöglicht.

(Somit kann gänzlich auf die einzelnen Ruder verzichtet werden, die Spalte werden verschlossen und die Tragflächen, Höhen- und Seitenruder sind vollkommen „clean", was einen ungestörten, nicht verwirbelten, Luftstrom an den Flächen ergibt, Anm.d.A.)

Die Beschleunigung der Ionen erfolgt durch den bereits erwähnten Spannungsunterschied der einzelnen Elektrodenreihen. Eine periodische Phasenverschiebung mit Wechselstrom hat sich für das Ionisationssystem als das vorteilhafteste herausgestellt.

Große Massen von Ionen entstehen in unmittelbarer Nähe der Elektrodenspitzen und vermindern die sonst normalerweise bei herkömmlich angetriebenen Flugzeugen entstehende Luftreibung an der Tragflächenober- und Unterseite in ganz erheblichem Maße.

Das Ionisationssystem ist hauptsächlich für den Betrieb mit Wechselstrom ausgelegt. Ein interner Verbrennungsmotor, oder eine andere Energiequelle, treibt einen Stromgenerator an.

Die Frequenz des Wechselstromes kann durch Änderung von Motor und Generatorgeschwindigkeit beeinflusst werden. An den Stromgenerator ist ein Umformer angeschlossen, der über mehrere Stromkabel die einzelnen Elektrodenreihen versorgt.

Die geladenen Partikel, z.B. ein Ionenpuls, werden von den Elektroden mit gleicher Ladung abgestoßen und von den Elektroden mit entgegengesetzter Ladung angezogen. Bei Resonanz fließt jeder Ionenpuls über die einzelnen Elektrodenreihen. Die Ionen werden zuerst angezogen, wenn die Elektroden ihre Polarität verändern und gleichzeitig abgestoßen vom Ladungszustand der vorherigen Reihe. Die Masse der geladenen Partikel strömt somit immer in dieselbe Fließrichtung und dies mit stetig ansteigender Geschwindigkeit.

Wenn der nun zunehmende Spannungsgradient zwischen den Elektroden und der Frequenz richtig abgestimmt ist, fließen die Ionenströme von einer Elektrode zur nächsten sozusagen synchron, bzw. in Resonanz, d.h. im richtigen Verhältnis zu der wechselnden Ladung der einzelnen Elektrodenreihen. (Wie eine Reihe von Soldaten, die alle zusammen einen Schritt nach dem anderen nach vorne machen, Anm.d.A.)

Ist eine Resonanz erreicht, gehen nur sehr wenige Ionen verloren; d.h. geladene Partikel werden durch den entgegengesetzten Ladungsunterschied angezogen, verbleiben an der Elektrode und fließen nicht mehr weiter. Der Stromverlust wird durch die erreichte Resonanz minimiert und erhöht damit den Auf- und Vortrieb.

Dieser kann noch weiter gesteigert werden, wenn man den Abstand des Ionenpulses verringert, so dass mehr Ionen über die Elektrodenreihen fließen können. Durch einen kurzen Moment beim Wechsel der Polarität besteht nämlich kein elektrisches Feld zwischen den Elektrodenreihen, deshalb ist ein geringer Pulsabstand für den Wirkungsgrad von weiterem Vorteil.

Zusätzlich kann die Form der Wellen dazu beitragen, den Wirkungsgrad zu verbessern. So kann, z.B. eine Sinuswelle bei einem relativ großen Abstand zwischen den einzelnen Elektroden verwendet werden, aber auch bei einem Mehrphasensystem mit durchgehender Welle (**Travelling Wave System**).

Eine quadratische Wellenform hat den Vorteil, daß sie eine höhere Spannungsfrequenz über einen längeren Zeitraum beibehält und dadurch mehr Energie an die geladenen Partikel weitergegeben wird.

Ein kurzer Amplitudenimpuls über eine Wechselstrom-Welle gelegt, kann einen höheren Grad der Ionisierung in einer Flüssigkeit (wie z.B. Wasser oder Luft) in unmittelbarer Nähe der Elektroden erzielen.

Je nach Einsatzweck kann auch der Zeitpunkt der Ionisierung genau festgelegt werden, um die jeweils günstigste koronale Entladung (elektrisches Glühen) zu erzielen. Für manche Einsatzzwecke ist es dagegen vorteilhafter, mit Hilfe von Gleichstrom eine große Stromspannung zu erzeugen.

Das Prinzip, um Elektroden zur Produktion von geladenen Partikeln anzuregen, ist dem des Wechselstrom-Systems ähnlich. Des Weiteren werden für manche Einsätze statt Ionen andere Arten von Partikel benötigt.

Bei konventionellen Flächenflugzeugen ist deshalb an der vorderen Nasenkante der Tragfläche, die ebenfalls mit mehreren Reihen von Elektroden ausgestattet ist, eine Abschussvorrichtung, wie z.B. eine „Kanone", für elektrisch geladene Partikel montiert.

Eine Auslassöffnung für die geladenen Teilchen befindet sich unmittelbar vor der Nasenkante und verteilt entlang der gesamten Spannweite der Tragfläche einen feinen metallischen Staub oder ein Pulver (z.B. Eisenspäne). Nachdem das elektrisch geladene Pulver mit dem „elektrischen Wind" über die vielen Elektrodenreihen zur Tragflächenhinterkante transportiert wurde, wird es dort über einen weiteren Schlitz wieder eingesammelt. Eine Metallröhre neutralisiert die geladenen Partikel durch Kontakt mit Teilchen innerhalb der Röhre, die eine entgegengesetzte Ladung aufweisen.

Mittels einer Pumpe werden die nun neutralisierten Partikel durch ein Rückfluss-Röhrensystem wieder zur Partikelkanone geleitet. Bevor die Partikel die Kanone erreichen, werden sie wieder aufgeladen. Bis auf die Partikel, die in der Atmosphäre verloren gehen, können alle anderen durch das Rückführsystem wieder verwendet werden.

Statt spitze, nach hinten gerichtete Elektroden (die für die Produktion von Ionen geeignet sind), wird bei diesem System dünne, flache Elektrodenplättchen verwendet."

Anmerkung des Autors:

Siehe auch das deutsche, elektrische „Partikel-MG" mit Eisenspänen, das wohl auf ähnliche Weise funktionierte.
  Wann ist o.g. Partikelkanone an einem Flugzeug, ob in Deutschland, England, oder den USA für einen elektrischen Antrieb zum ersten Mal verwendet worden, 1920er Jahre aufwärts? Wer hat Informationen zu Waffen, die Partikel, wie Eisenspäne verschossen, um damit Feindflugzeuge während des Zweiten Weltkrieges abzuschießen? Gab es auch Kanonen, die Fahrzeuge am Boden mit Partikelwaffen angriffen, und sollten solche EM-Waffen in den einzelnen Festungen der Verschwörer installiert werden?

„Die Distanz zwischen den einzelnen Elektroden beträgt zwischen ca. 1cm bis zu mehreren Zentimetern und hängt teilweise von der Art der Anwendung und von dem jeweiligen Material der Elektroden ab. Die Höhe der **Stromspannung** variiert zwischen **2.000 Volt bis 20.000 V.**, bzw. zwischen **7.500 V bis 75.000 Volt**, je nach Einsatz.

Wenn bei dem Elektrodenerreger-System die richtige Einstellung hergestellt ist, wie zwischen der Stromspannung, dem Abstand der Elektroden und der Stromfrequenz zueinander, dann werden die geladenen Partikel mit der richtigen Geschwindigkeit über die Elektrodenreihen beschleunigt. Der exakte Wechsel der Polarität zwischen den einzelnen Elektrodereihen beim Beschleunigen der Partikel - wobei im richtigen Augenblick die Partikel von der vorderen zur dahinter liegenden Elektrodenreihe, von z.B. einer positiven Polung auf eine negative Polung überspringen - nennt man Resonanzschwingung. Die geladenen Partikel werden kontinuierlich entlang des Strömungsverlaufes beschleunigt und dieser Beschleunigungs-/Antriebseffekt wird **„Traveling Wave"** genannt.

Bei den meisten Anwendungen werden in der Regel mehr negative als positive Ionen produziert. Die erhöhte Konzentration von negativ geladenen Partikeln kann somit schneller beschleunigt werden als Massen von positiv geladenen Ionen. Deshalb wird das Elektroden-Erreger-System bei ungleichen Bedingungen (unterschiedlich große Massen von positiv und negativ geladenen Ionen) auf Resonanz mit dem Anteil eingestellt, der aus negativ geladenen Ionen besteht.

Alternativer elektrostatischer Antrieb

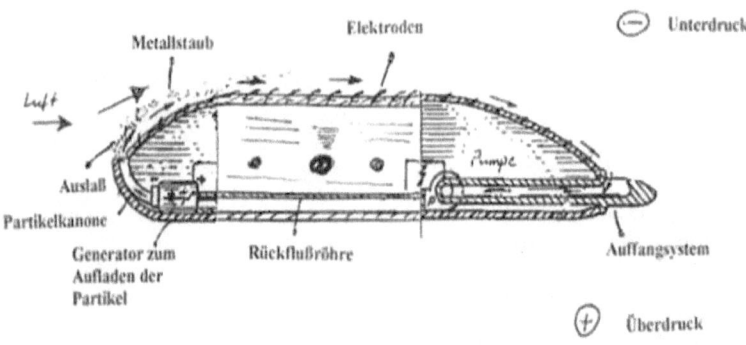

Schnitt durch eine Tragfläche für „Electrode Excitation System for Corona Discharge"

Wenn man statt eines Ionenflusses andere geladene Partikel erzeugen möchte – für eine spezielle Einsatzart des Flugzeuges, z.B. für Langsam- oder Schwebeflug – kann auch ein Metallstaub oder –pulver verwendet werden. Der Metallstaub wird mit Hilfe einer Partikelkanone von der Tragflächenvorderkante über die Elektrodenreihen geschossen und an der Tragflächenhinterkante wieder aufgefangen. Nachdem die Ladung der Metallteile neutralisiert wurde, sorgt eine Pumpe dafür, daß das Metallpulver wieder zur Partikelkanone gefördert wird.

Einiger Metallstaub geht dabei in die Atmosphäre verloren, sodaß irgendwann der Vorrat an Metallpulver aufgebraucht ist und „nachgetankt" werden muß.

Ein „einfaches" System aus den Anfangstagen elektrokinetischer Antriebe, das sicherlich heutzutage längst überholt sein wird.

Erprobte man ein Flugzeug mit diesem System bereits in den 1920er, 30er, 40er Jahren oder später in USA, Deutschland oder z.B. in England?

Verschiedene Arten von Wechselstromsysteme können installiert werden (Multiphasensysteme), abhängig vom Einsatzzweck, d.h. unter anderem: unterschiedliche Wellenformen, von Sinuswellen über Wellen mit zusätzlichen Zacken usw.; zugeschaltete Transformatoren; zusätzliche Windungen; Variierung der Voltzahlen; Elektroden mit spitzen Enden an jede Seite, um den Strom nach links oder rechts fließen zu lassen („**Reversing Flow-Arrangement**"); verschiedene Formen von Elektroden, wie Plättchen, gerundete Elektroden; in den Stromkreis eingefügte Schalter, um verschiedene Bereiche mit mehr oder weniger Strom zu versorgen (Steuerung und Regelung der Geschwindigkeit, usw.)."

Weitere Flugkörper

„Bei den hier besprochenen Flugkörpern wird, im Gegensatz zu herkömmlichen Flugzeugen, das Elektroden-Erreger-System und die dazugehörigen Geräte und Steuerelemente in mehrere Bereiche unterteilt, um zum einen unterschiedliche Fließgeschwindigkeiten innerhalb eines Flüssigkeitsmediums zu erzeugen, sowie, je nach Anwendung, durch die Installierung eines „Reverse-Flow-Systems" die Flüssigkeit entweder im Uhrzeiger- oder gegen den Uhrzeigersinn strömen zu lassen."

Anmerkung des Autors:

Als „Fliegender Kran" (siehe dazu auch die „Mantelpropeller-Flugscheibe") dient eine „hutförmige" Scheibenkonstruktion, die unterschiedliche Transportaufgaben durchführt und schweres Gerät anheben kann.

Der große Vorteil eines elektrokinetischen Flugapparates als Kran ist, der ohne äußere beweglichen Teile wie Rotoren oder Drehring auskommt, dass keinerlei Gefahr eines „Aneckens" an Häuser- oder Felswänden usw. besteht. Aus diesem Grund sind ja schon in der Vergangenheit einige Transporthubschrauber abgestürzt.

Gefahrloses Transportieren gilt ebenfalls für die bereits erwähnte deutsche Mantelpropellerflugscheibe aus dem zweiten Weltkrieg, beide Konstruktionen haben außerdem einen Geschwindigkeits- und Reichweitenvorteil gegenüber den bis heute eingesetzten konventionellen Transporthubschraubern.

Weiter heißt es im U.S. Patent von Mr. Hill:

„Für den Antrieb werden Elektrodenreihen **spiralförmig** von oben nach unten angeordnet, um im Uhrzeigersinn geladene Partikel auszustoßen, die Luft oder Wasser mit sich reißen können."

Um das Drehmoment der nach rechts fließenden Ionen auf der Oberseite des Fluggerätes auszugleichen, fließen die Partikel auf der Unterseite des Fluggerätes entgegen dem Uhrzeigersinn und heben somit den Torque auf (andere ältere und zumeist strahlgetriebene Flugscheibenkonstruktionen haben hier noch einen Gyroskopen zum Drehmomentausgleich, Anm.d.A.).

Das Elektroden-Erreger-System erzeugt rund um die spiralförmig angeordneten Elektrodenreihen eine starke Luftströmung und damit Auftrieb. Die Stromversorgung eines fliegenden Kranes (der auf anderen Planeten mit einer Lufthülle Bauarbeiten durchführt, Anm.d.A.) kann zum einen durch ein Kabel erfolgen, das zusammen mit einer sich am Boden befindenden Kabel-Fernsteuerung zum Kran führt, oder zum anderen durch eine drahtlose -

wireless - Fernsteuerung und elektrische Energieversorgung. Verschiedene Heißgeschirre für unterschiedliche Traglasten können unterhalb des fliegenden Krans montiert werden. Das hutförmige Fluggerät kann aber genauso gut zum Passagiertransport verwendet werden.

Da das „Sustentation and Propulsion System" für mehrere Arten von Flugzeugen, als auch Fahrzeuge, einsetzbar ist, kann auch ein Passagierflugzeug in Form eines Flügelquerschnittes mit diesem Antrieb ausgestattet werden.

Entlang der gekrümmten Oberseite befinden sich mehrere Elektrodenreihen für den Auftrieb, außerdem unterstützen seitlich angebrachte Elektrodenreihen den Vortrieb des Fluggerätes. Ebenfalls sind an den Seitenflossen Elektrodenreihen angebracht, die zusätzlich der Steuerung dienen, zusammen mit der unterschiedlichen Ansteuerung der seitlichen Elektrodenreihen am Flugzeugrumpf. An der „Nasenkante" befindet sich ein großes Sichtfenster für die Piloten und an den Seitenwänden sind normale Sichtfenster für die Passagiere eingelassen."

(Hier wäre es interessant zu wissen, ob dieses Flugzeug je realisiert wurde, wo es erprobt und wo es geflogen sein könnte (NACA/NASA)?

Auch die abgebildete DC-4 oder C-54 in der Patentzeichnung mit elektrokinetischem Antrieb könnte als Erprobungsträger gedient haben. Wo flog die Maschine, die „clean", d.h. ohne Triebwerke und Steuerklappen flog, gibt es Fotos und Berichte darüber? Wer hat solche Aufnahmen? Bitte unbedingt beim Autor melden!

Besonders interessant wären Bildpassagen des „Nose Down" - Flugzustandes für den Schwebeflug der großen - ehemals - viermotorigen Transport- und Passagiermaschine. Bis vor kurzem hätte man auch die stillgelegte „Concorde", bei der die Triebwerke abgehängt würden, mit einer Elektroden-Erreger-Anlage ausstatten können und lautlos mit mehrfacher Schallgeschwindigkeit wieder fliegen lassen können!, Anm.d.A.)

„*The propulsion and sustentation system of this invention is particularly suited to the powering of aircraft similar in shape to the popular conception of the* „**flying saucer**"*, and several forms of the flying saucer type are illustrated (here); all of these embodiments of the invention are capable of flying directly upwardly through the atmosphere or horizontally and of hovering.*

Bei der Konstruktionsweise nach Art einer „Fliegenden Untertasse" sind die Elektrodenreihen **in acht "kuchenförmige" Segmente aufgeteilt** und alle Elektroden haben die Form eines Kamms mit spitzen Enden, sind ringförmig angeordnet und laufen entweder spiralförmig von innen nach außen oder umgekehrt (je nach Anwendungsart).

Ein zentral auf der Oberseite angebrachter Konus dient als „Air Guide", als Lufthabweiser und leitet den oben auftreffenden Luftstrom entlang der gekrümmten Außenwänden über die, in Sektionen eingeteilte, Elektrodenreihen auf der oberen Hälfte des Fluggerätes.

In jeder Sektion zeigen die Elektroden nach unten, so dass der Flüssigkeitsstrom von der Mitte weg nach außen sowie nach unten zum Außenrand geleitet wird. Neben dem Bernoulli-Effekt der Druckverminderung und dem Auftrieb entsteht zusätzlich eine Reaktionskraft, die das Fluggerät nach oben zieht, aufgrund der nach unten weisenden Elektrodenspitzen (die den Luftstrom, wie bei einem Hubschrauber nach unten leiten, Anm.d.A.).

June 25, 1963   G. A. HILL   3,095,163
IONIZED BOUNDARY LAYER FLUID PUMPING SYSTEM
Filed Oct. 13, 1959

Elektroden-Erreger-Systeme

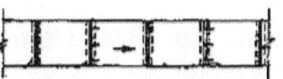

Elektroden mit runden Enden

Oberfläche, incl. Isolierung

Querschnitt

Elektrodenstreifen

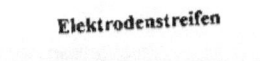

Reverse-Flow Electrodes

Reverse-Flow Electrodes mit spitzen Enden, ragen aus der Oberfläche, die aus Isolationsmaterial besteht, heraus. Strom kann mit, oder entgegengesetzt des Uhrzeigersinns fließen

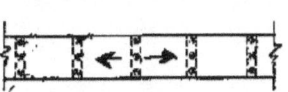

Verfeinertes Reverse-System mehrere Elektroden kreisförmig angeordnet

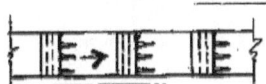

Elektroden, die überhalb der Außenhaut für Spezialanwendungen angebracht sind

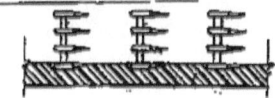

Abb.:

Die Elektroden sind übertrieben groß dargestellt, in Wirklichkeit sind sie erheblich kleiner und schließen bündig mit der Außenhaut ab.

Auf der Unterseite des scheibenförmigen Flugzeuges sind die Elektrodenreihen in ähnlicher Weise wie auf der Oberseite angebracht. Auch hier entsteht aufgrund des „elektrischen Windes" ein Luftstrom von der Mitte weg nach außen. Die Elektrodenreihen auf der Unterseite dienen zusätzlich zur Steuerung und für einen schnellen Abstieg aus großer Höhe, bzw. Abtauchen der „fliegenden Untertasse" unter Wasser."

Seit den 1960er Jahren wurden solche Flugkörper weltweit gesichtet. Auch wie sie aus den Meeren und Seen auftauchten, in den Himmel aufstiegen und blitzschnell verschwanden. Solche Fluggeräte könnten Vorbild für das Raumschiff" Orion", der ARD-Kultserie der 1960er Jahre gewesen sein, Anmerkung des Autors.

Boundary-Layer-Fluid-Pumping System Raumschiff Orion

Abb.:

Beachte Verwirbelung der Wasseroberfläche, durch spiralförmige Elektrodenreihen.

Beachte drei „Ionizer" - Stäbe auf der Oberseite in der 120, 240 und 360 Grad Anordnung, zur Vor-Ionisation der Atmosphäre in großen Höhen, wo die Luft dünner ist.

Beachte „Air-Guide" in der Mitte des scheibenförmigen Raumschiffes, für Flug durch die Atmosphäre – und auch Fahrt unter Wasser – zum aerodynamischen Ableiten der Luft oder des Wassers.

Das Modell des Raumschiffs „Orion" hat Merkmale, die man in dem U.S.-Patent von G. Hill aus dem Jahre 1962 wieder finden kann. Auch die Verwirbelung der Wasseroberfläche, nach dem Auftauchen solcher EM-Fluggeräte aus den Tiefen der Meere war zu dieser Zeit durch UFO-Sichtungen bereits hinlänglich bekannt.

Eventuell werden solche tauchfähigen Raumschiffe auch auf anderen Planeten mit großen Meeren, wie den „Kraken Mare" auf dem Saturmond „Titan", eingesetzt.

Wer kannte dieses U.S. Patent bei den Bavaria-Studios? Auch einige von denjenigen, die das Raumschiffmodell anfertigten? Joseph Andreas Epp soll als Berater beim Bau des Modells mitgeholfen haben.

"Die in <u>verschiedene Bereiche eingeteilten Elektrodenreihen</u> werden für die Steuerung des Gerätes <u>unterschiedlich mit Strom</u> versorgt. Bekommt z.B. die gegenüberliegende Sektion weniger Energie, dreht die „Untertasse" in die Richtung, wo der höhere Energieanteil vorherrscht.

Die sog. „Reversible Electrodes" (diejenigen Elektroden, die sowohl einen Luftstrom im und entgegen des Uhrzeigersinns produzieren) ermöglichen gemeinsam mit dem gesamten umzupolenden Elektroden-Erreger-System - <u>eingeteilt in acht Bereiche</u> - die unterschiedlichen Hochgeschwindigkeits-Manöver des Fluggerätes.

Durch unterschiedliche Energieversorgung der in acht Bereiche unterteilten Elektrodenreihen zwecks Steuerung kann das Fluggerät, <u>ohne die horizontale Lage während des Fluges zu verändern,</u> sich vorwärts, rückwärts, nach links oder rechts, nach oben oder unten bewegen.

Die Maschine braucht bei Kurvenflügen nicht, wie bei herkömmlichen Flugzeugen, seitlich abzukippen um Kurven o.ä. zu fliegen. Natürlich können auch nach herkömmlicher Art Kurven durchflogen werden.

Für das „Ground Handling" und zur Landung dient ein einziehbares Fahrwerk, bestehend aus drei Fahrwerksbeinen mit dazugehörigen Rädern.

Konstruiert man das Fluggerät wasserdicht, so kann es, außer in der Atmosphäre, <u>auch unter Wasser</u> betrieben werden.

Das elektrische Potenzial zur Produktion von Ionen und der Grad der Ionisation, um eine Strömungsverlauf im Wasser zu erreichen, unterscheidet sich gegenüber dem Flug in der Atmosphäre aufgrund der unterschiedlichen Eigenschaften der beiden Flüssigkeiten - Wasser und Luft. Trotzdem kann das allgemeine elektrische Betriebssystem und die Art der Steuerung bei einer bestimmten und abgeänderten Spannungseinstellung beibehalten werden.

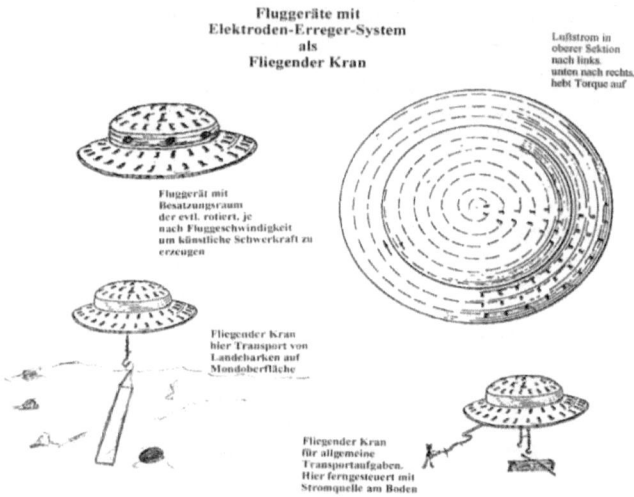

Bei dem „hutförmigen" „Fliegenden Kran" werden die in die Außenhaut eingelassenen Elektrodenreihen zur Steuerung des Gerätes in bestimmte Sektionen eingeteilt, um sie unterschiedlich anzusteuern. Dabei kann der Stromfluß umgekehrt werden, entweder von links nach rechts, oder umgekehrt. Auch die Strömungsgeschwindigkeit des Ionen-Windes kann variiert werden.

Mit den an den Kran angebrachte Haken oder Ösen sowie ein Heißgeschirr kann unterschiedliche Transportaufgaben erfüllt werden, wobei das elektrokinetische System eine hohe Wendigkeit erlaubt, um schwierige Tansportprobleme zu lösen.

Unterschiedliche Strömungsrichtungen im oberen und unteren Bereich verhindern eine Eigendrehung (Torque) des Fluggerätes. Für kleinere Transportaufgaben kann die Stromversorgung über ein erdgebundenes Kabel bewerkstelligt werden.

Natürlich kann die „Hutform" in ihren unterschiedlichen Variationen auch als normales Fluggerät genutzt werden, wie viele „UFO"-Fotos beweisen.

Abb.:

Originalaufnahme eines „UFOs" in Hutform. Vergleiche mit Patent-Zeichnung.

Siehe steile Außenwände und abgeplatteter Boden. Spiralförmige Elektrodenreihen erzeugen den nötigen „elektrischen Wind" für Auf- und Vortrieb, nämlich einen Sog, wie bei einem Hubschrauber. So werden diese Fluggeräte auch gesteuert, wie ein Helikopter.

Bei dem oben abgebildeten Fluggerät handelt es sich wohl eher um ein Passagierflugzeug als um einen Kran. Denn ein Kran könnte sicherheitshalber mit einer Kabelfernsteuerung vor Ort – z.B. in einer anderen Welt zum Aufbau von Bodenstationen - manuell vom Boden aus gesteuert worden sein.

  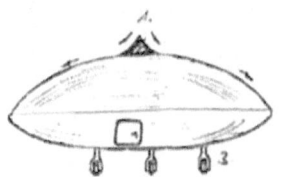

1. Mittig angebrachter
   Konus, verteilt
   Luftstrom nach unten

2. Elektrodenreihen
   in 8 Sektione eingeteilt
   Unterschiedliche Stromspannung
   Innerhalb jeder Sektion dient
   starke oder schwächere Stromspannung
   zur Steuerung des Fluggerätes

3. drei Landebeine mit Rädern, einziehbar
   Fahrwerk dient zum „Ground-Handling"

4. Elektrodenreihen sind wie Kämme geformt,
   mit spitzen Enden, die nach unten zeigen
   Elektroden sind zum Umpolen, sodaß die
   Ionen entweder nach links oder rechts fließen
   können, macht Fluggerät in alle Richtungen steuerbar.

Bild:

Elektrokinetisch angetriebener Flugkörper für Atmosphärenflug und Unterwasser-Fahrten.

 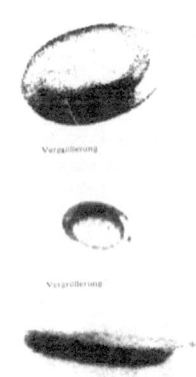

Abb.:

In Rumänien (Cluj, Klausenburg, Universität) wurden im August 1968 einige Aufnahmen eines hutförmigen Fluggerätes gemacht, das eine große Ähnlichkeit mit den Zeichnungen aus dem U.S-Patent „Ionized Boundary-Layer Fluid Control" aufweist.

Handelt es sich bei den Fotos um ein scheibenförmiges Flugzeug mit elektrostatischem Antrieb? Vergleiche die Aufnahmen aus Rumänien mit dem Foto links, das 1965 in Kalifornien, USA gemacht wurde. Dieselbe Version?

Auch in Jugoslawien wurde eine ähnliche, hutförmige Maschine im Jahre 1970 fotografiert. Spionageflüge hinter dem Eisernen Vorhang? Oder Demonstrationsflüge für Mitarbeiter in den dortigen Universitäten, die an geheimen Raumantrieben forschten?

Ionized Boundary-Layer
Fluid Control

Abb.:

Auch dieses EM - „Experimental-Aircraft" hat eine abgeplattete Unterseite für den stabilen Atmosphärenflug.

Das tief fliegende Fluggerät wurde im Orange County, Kalifornien gegen 11.30 Uhr im August 1965 gesichtet.

Von welchem amerikanischen Flugzeugwerk in der Nähe war die (ferngesteuerte, autonom computergesteuerte) Maschine gestartet?

Waren andere, normale Flugzeuge, Hubschrauber in der Luft, die den Testflug beobachteten und auswerteten? Fuhren auch Bodentrupps mit Vans und zivilen PKW, gar militärische Fahrzeuge mit Beobachtern on Bord in der Nähe entlang, die die Maschine im Auge behielten?

Ein hutförmiges
UFO über
Santa Ana
in Kalifornien
3.8.1965

Flog das „UFO" autonom mit einem entsprechenden Computerprogramm?

Ein anderes im Patent beschriebenes scheibenförmiges Fluggerät hat eine zentrale Öffnung, die durch den gesamten Flugkörper verläuft. Die Maschine sieht deshalb wie ein „Doughnut", d.h. wie ein Ring oder Reifen aus.

Der äußere Aufbau und die Anordnung der Elektrodenreihen ist aber praktisch genauso wie bei dem oben beschriebenen Geräten. Auch hier sind die spiralförmig angeordneten Elektrodenreihen in acht Segmente auf der Ober- und Unterseite zwecks Steuerung der Flugscheibe unterteilt. Bei diesem Fluggerät aber weisen die Elektrodenspitzen zur Mitte hin und nicht, wie bei dem zuerst besprochen Gerät nach außen. Die Flüssigkeit strömt von der Peripherie (dem äußeren Rand der Scheibe) zur Mitte der gekrümmten Oberfläche hin und dann hinunter, entlang der mittigen Öffnung. Der nach unten gerichtete Flüssigkeitsstrom, der durch die zentrale Öffnung fließt, erzeugt einen Schub, der zusätzlichen Auftrieb an der Oberfläche ergibt und den Schwebezustand in der Luft oder unter Wasser verstärkt.

(Ein solches Fluggerät, das zusätzlich Auftrieb erzeugt, kann für Spezialanwendungen herangezogen werden, z.B. für längere Schwebeflüge über einem bestimmten Ort für Beobachtungsflüge, als Relaisstation usw., Anm.d.A.)

Eine weitere Spezialversion wie oben beschrieben, kann zusätzlich noch bestimmte Bereiche der Scheibenoberseite ausfahren, um den Schwebeflug weiter zu verbessern. Ansonsten ist der Aufbau und die Anordnung der Elektroden (nach innen zur Mitte weisend) gleich. Eine rechteckige Platte mit Elektrodenreihen kann jedoch die zentrale Öffnung für einen Horizontalflug auf der Ober- und Unterseite verschließen.

Die darauf befindlichen Elektrodenreihen sind so angeordnet, das der Flüssigkeitsstrom immer von links nach rechts fließt, so dass dieses Fluggerät, gegenüber den vorhergehend beschriebenen Geräten, immer in eine Richtung fliegt und damit ein Bereich immer „vorne" und der andere immer „hinten" ist. Der Pilot sitzt folglich jederzeit in Flugrichtung, so wie bei einem herkömmlichen Flugzeug.

Abb.:

Kein „UFO", sondern eine ganz normale irdische Entwicklung eines EHD-Fluggeräts in Scheibenform, aufgenommen in den 1950er Jahren in einem Windtunnel. Siehe rechts angebrachte Wollfäden zur Strömungsbestimmung.

Die Elektrodenreihen, die sich entlang der vertikalen Achse befinden, werden für den Horizontalflug nicht unter Spannung versetzt.

Die Elektroden sind anderseits vom Typ „Reversible", so dass der Flüssigkeitsstrom auch von rechts nach links fließen kann. Für spezielle Flugmanöver sind die spiralförmig angeordneten Elektroden zusätzlich umkehrbar, um z.B. rechtwinklige Flugbewegungen durchzuführen. Aufgrund der acht Steuersegmente kann theoretisch in alle acht Richtungen gesteuert und manövriert werden. Dafür wird dann aber auf die zentrale Abdeckung auf der Ober- und Unterseite verzichtet.

Dieses scheibenförmige Fluggerät kann also sowohl für den normalen Geradeausflug ausgelegt werden, indem die zentrale, durchgehende Öffnung verschlossen wird, oder aber, wenn die Öffnung nicht abgedeckt ist, für spezielle, wendige Flugmanöver (oder fliegender Kran u.ä.) genutzt werden.

Ein weiteres kuppelförmiges Fluggerät hat gegenläufige Strömungsverläufe auf der oberen und unteren Hälfte der schräg nach außen verlaufenden Außenwände. Die Elektrodenreihen laufen auch hier spiralförmig von der Mitte nach außen zum Scheibenrand. Die Elektroden bestehen aus kurzen Streifen, aufgebaut wie ein Kamm, deren Spitzen nach außen zeigen. Der im und gegen den Uhrzeigersinn verlaufende obere und untere Luftstrom hebt sich auf und verhindert einen Torque, ein unerwünschtes Drehmoment.

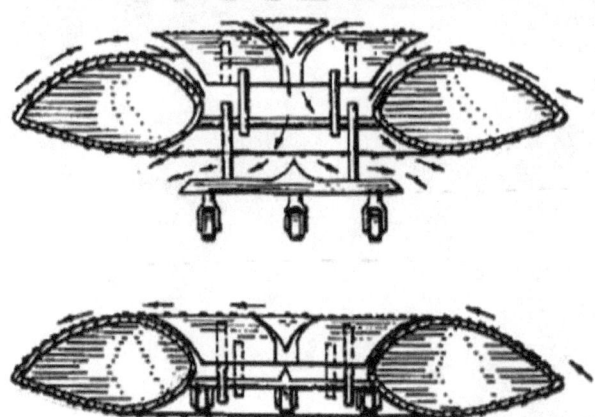

Scheibenförmiges Spezial-Fluggerät im Windtunnel

Bild:

Die in dem Patent aufgeführte Zeichnung über ein unbemanntes EHD Fluggerät wurde bereits Ende der 1950er Jahre realisiert, denn zu diesem Zeitpunkt wurde die Aufnahme, siehe weiter oben, aufgenommen. Eventuell steht sogar der Erfinder der Maschine, Mister Gillman H. Hill rechts neben dem Fluggerät, das fest verzurrt in einem Windkanal stehen könnte.

Beachte einziehbares Dreibein-Fahrwerk und Lufteinlässe links und rechts, die für Spezialeinsätze abgedeckt werden können.

In welchem Windkanal wurde das EHD-Fluggerät aufgenommen, wann flog es zum ersten Mal?

Für welchen Einsatzzweck wurde es entwickelt und hier auf der Erde testgeflogen?

Einen Einsatz auf dem bereits terrageformten Mars, der mittlerweile schon eine Atmosphäre besitzen könnte?

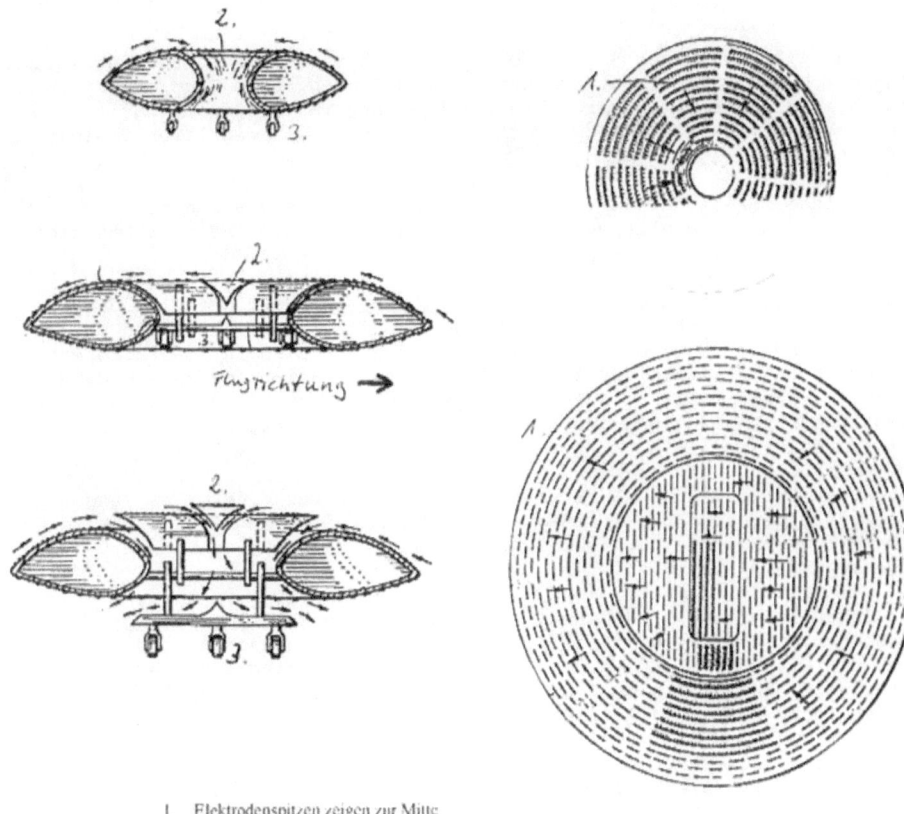

1. Elektrodenspitzen zeigen zur Mitte
2. Zentrale Öffnung, durchgehend, für mehr Schub
3. Fahrwerk, einziehbar
4. Ausgefahrener Zustand für Langsamflug
5. Abdeckplatte

Im Gegensatz zur Diskusform hat diese Flugscheibe eine Öffnung in der Mitte, die durchgehend von oben nach unten reich. Das Fluggerät hat deshalb die Form ähnlich eines „Doghnut". Die Elektrodereihen zur Produkion eines „elektrischen Glühens" wie bei der esten Version in acht Bereiche zwecks Steuerung des Gerätes unterteilt. Die Elekroden zeigen dagen in Richtung Flugzeugmitte, sodaß der Flüssigkeitsstrom- z.B. Luft – von der Peripherie entlang der gekrümmten Außenfläche hin zum Zentrum verläuft. Der Luftstrom durch die Öffnung in der Mitte erzeugt den nötigen Schub.

Eine andere Version dieses Fluggerätes hat eine rechteckige Platte, die die zentrale Öffnung verschließt und beidseitig zu polende Elektroden für spezielle Flugmanöver, wie 90 Grad Kurven.

Abb.:

Scheibenförmige Fluggeräte für spezielle Flugmanöver. Die Fachzeitschrift „Jane's All the World Aircraft" veröffentlichte die obige Aufnahme Ende der 1950er Jahre. Das Foto zeigt das von Gillman A. Hill konzipierte elektrokinetische Scheibenfluggerät mit einem Elektroden-Erreger-System. Diese Maschine ist mit einem einziehbaren Dreibein-Fahrgestell ausgestattet und Teile auf der Oberseite sind für besondere Flugmanöver ausfahrbar. In einem Artikel in einem U.S.-Magazin wurde über ein Testflug mit dieser Maschine berichtet.

EHD-Raketen

„So kann z.B. bei einer Rakete der normale chemische Treibstoff erst beim Flug durch den luftleeren Raum zum Einsatz kommen. Beim Flug durch die Schichten dichter Atmosphäre, bis zum Übergang ins All, wird das Elektroden-Erreger-System den Vortrieb erzeugen, was regulären Treibstoff für den Weiterflug ins All spart.

Eine solche Rakete hat den üblichen Aufbau, bestehend aus einer zylindrischen Außenhülle, einem spitz zulaufenden Bug und vier Leitflossen am Heck.

Die Oberfläche der Rakete ist in acht ringförmige Sektionen für die Steuerung beim Start und für den Atmosphärenflug aufgeteilt. Ein Motor betriebener Generator erzeugt wie üblich die Spannung für das Erreger-System. Nach Erreichen des luftleeren Raumes schaltet die Rakete dann für den Weiterflug im All auf den chemischen Antrieb um. Dafür sind die bereits bekannten Düsenöffnungen und Steuerdüsen an der Unterseite der Rakete vorgesehen.

Gegenüber herkömmlichen Raketenstarts hat man daher eine große Menge an Treibstoff gespart. Dieser zusätzliche Treibstoff ermöglicht der Rakete eine größere Reichweite, mehr Schub und letztendlich eine höhere Endgeschwindigkeit im All.

Als Abwandlung kann eine Rakete mit einem rechteckigen Raketenkörper ausgestattet werden, an denen Elektrodenreihen eingelassen sind. Auch hier sind die Elektroden in die üblichen acht Bereiche zwecks Steuerung unterteilt. Zusätzlich befinden sich aber Elektroden an den Leitflossen und an den Innenwänden der Antriebsröhren.

Vier solche große Antriebsröhren sind an den vier Enden der rechteckigen Rakete montiert. Die Röhren sind an beiden Seiten offen und reichen weit in den Raketenkörper hinein. Die Innenwände der Röhren sind mit ringförmigen Elektrodenreihen bestückt, die aus nadelförmigen Elektroden mit spitzen Enden (zur Produktion von Ionen) bestehen, die in Richtung Heck zeigen. Durch ein Rohrleitungssystem werden die vier großen Röhren an den vorderen Enden, die innerhalb der Rakete liegen, mit geladenen Partikeln versorgt. Durch ein Vorratsbehälter oder Tank können entweder geladene Partikel in Form von elektrisch geladenem Metallstaub, ionisiertes Gas oder andere elektrisch geladene Partikel in die Röhren gepumpt werden.

Wenn das Elektroden-Erreger-System unter Spannung gesetzt wird, werden diese geladenen Partikel mit hoher Geschwindigkeit nach hinten beschleunigt, bis sie am Ende der Röhren am Heck ins Freie ausgestoßen werden. Dabei werden die inneren Elektroden, die innerhalb der vier Röhren liegen, erst beim Flug durchs All eingesetzt, oder wenn ein zusätzlicher Energieschub erforderlich ist.

Beim Start arbeiten nur die Elektrodenreihen an der rechteckigen Außenseite der Rakete und beschleunigen die Ionen gemeinsam mit den Luftmolekülen. Zusätzlich zu den acht unterteilten Steuerbereichen an der Rakete selbst, dienen die Elektrodenreihen an den Flossen zur Fluglagekorrektur. Beim Flug durch den luftleeren Raum werden dann die äußeren Elektroden abgeschaltet, und nur das innen an den Röhren befindliche elektrische Erregersystem arbeitet und sorgt für den Antriebsschub, wobei z.B. ein elektrisch geladene Metallstaub, der am Ende der vier Röhren austritt, den Rückstoß und damit gemäß Impulserhaltung den Vortrieb erzeugt.

Die Anwendung des „Sustentation and Propulsion" Systems in Raketen, um
diese in die oberen Schichten der Erdatmosphäre zu befördern, hat den
Vorteil, daß Raketentreibstoff gespart werden kann, mehr Nutzlast befördert
wird und der gesamte konventionelle Treibstoff für den Flug durch das All
verwendet werden kann. Der elektrische Raketenantrieb dient somit sowohl
für den Start auf der Erde, den Flug durch das All und für eine
Fluglagekorrekturen während des Raumfluges. Beim Start mit elektrischem
Antrieb sind die verwendete Stromspannung, die Stromfrequenz, die
Wellenform, der elektrische Druck, die Temperatur, die Impedanz der
Energiezufuhr und der Abstand der Elektrodenreihen zueinander von
entscheidender Bedeutung.

Wenn z.B. die gesamten o.g. Parameter für eine niedrige Stromfrequenz sowie
für eine bestimmte Flughöhe eingestellt sind, das Fluggerät oder die Rakete
dann eine dünnere Luftschicht in größeren Höhen erreicht, so steigt der
Elektrodenausstoß in seiner Intensität an und es wird ein elektrisches
Glühen sichtbar. Unter anderen Bedingungen kann sogar ein lichtbogenartiger
Ausstoß auftreten. Durch Veränderung der Impedanz, sowie der Energiezufuhr
und weiterer Parameter kann der Energieausstoß allerdings jederzeit
verändert werden. Dies resultiert in verschieden hohe Konzentrationen des
Ionenflusses. Außerdem treten unterschiedlich sichtbare Arten des bereits
erwähnten koronalen Partikelausstoßes auf, wie z.b. eines elektrischen
Glühens, in Bogenform oder sogar in der Art eines Funkenausstoßes. Bei
allen Formen wird ein Flüssigkeitsmedium, wie Luft oder Wasser, in Bewegung
versetzt.

Der Partikelausstoß bei spitz zulaufenden Elektroden lässt ein Übergewicht
von Ionen gleicher Ladung entstehen. Aufgrund des sehr hohen
Ladungsgradienten in der Nähe der spitzen Enden werden alle geladenen
Partikel, deren Ladung entgegengesetzt der Polung der Elektroden sind, sehr
intensiv von den Elektroden angezogen, eingefangen und neutralisiert. Ionen
entgegengesetzter Ladung, die weiter entfernt von den spitzen Elektroden
auftreten, werden schnell von den entgegengesetzt gepolten Ionen
eingefangen und neutralisiert und stören den allgemeinen Partikelfluss und
die Luftströmung in keinster Weise.

Das hier besprochene Strömungssystem für Flüssigkeiten kann für
unterschiedlichste Zwecke eingesetzt werden, wobei es darauf ankommt, einen
laminaren Flüssigkeitsstrom entlang einer Oberfläche zu erzielen. Dies gilt
z.B. auch für den Betrieb eines Windtunnels.

Die Innenseiten eines solchen Windtunnels sind mit ringförmig angebrachten
Elektrodenreihen ausgestattet. Dabei nimmt der Abstand der einzelnen
Elektrodenreihen zueinander am Ausgang der Röhre ab. Mit einem solchen
Windkanal kann gegenüber herkömmlichen Anlagen sehr viel höhere
Windgeschwindigkeiten erreicht werden, bei gleichzeitiger Minimierung von
auftretenden Turbulenzen, die sonst den Betrieb und die Messungen
beeinträchtigen.

In diesem Patent verwendete Terminologie „geladenen Partikel" bezieht sich
auf verschiedene Arten von Partikeln, gleich welcher Größe, die von
unterschiedlichen elektrischen Ladungen angezogen oder abgestoßen werden
und die von einem elektrischen Feld beeinflusst und bewegt werden können.
Dabei werden mit bestimmten, unterschiedlichen Methoden Ionen in Gasen und
Flüssigkeiten produziert. Dies können geladene Partikel in fester oder
flüssiger Form sein, wie z.B. Staub oder Wassertropfen, kolodiale
Elektrolyten, polarisierte Partikel, viele nicht-symmetrische polar-
organische Moleküle bis hin zu den Partikeln, die alle die Voraussetzung
erfüllen, um in elektrisch betriebene Antrieben eine Anwendung zu finden.

Das Stichwort „Grenzschicht-Flüssigkeitsstrom" bezieht sich auf einen
Flüssigkeitsstrom in der Nähe, daran angrenzend, oder direkt an einer

Oberfläche eines Fahrzeuges oder Fluggerätes. Wobei durch diesen „Boundary-Layer" die Luftreibung sehr stark vermindert wird, was die Flugeigenschaften enorm verbessert.

„Koronale Entladung" steht in Bezug auf eine elektrische Entladung, die eine gewisse Voltzahl benötigt, um eine Ionisierung zu erzeugen oder beizubehalten. Diese Entladungen können koronale, glühende, Bogen- oder Funken-Entladungen sein."

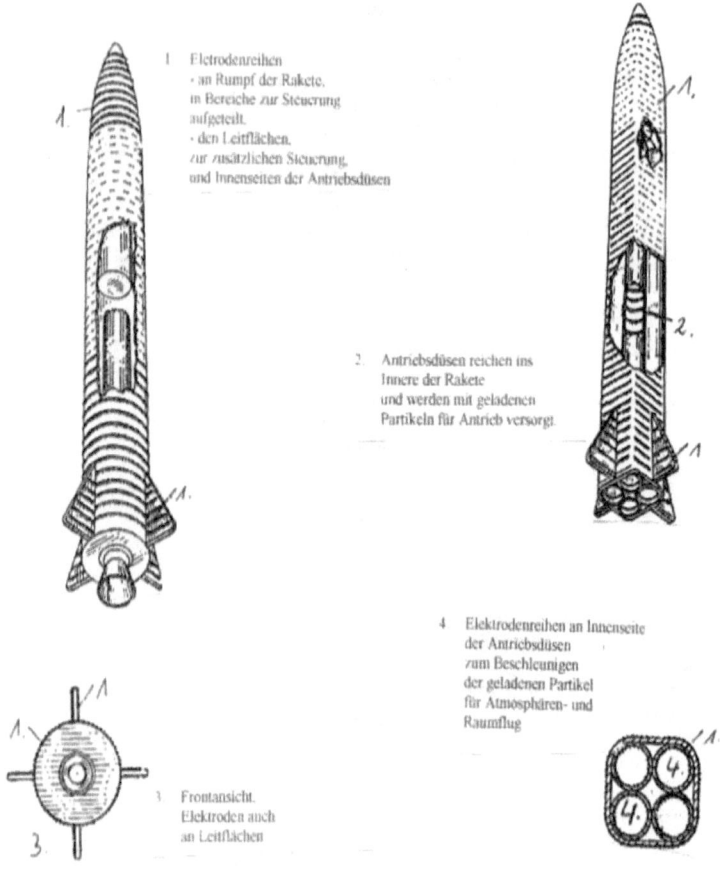

Ionized Boundary Layer Fluid Pumping System
für Raum-Raketen

1 Elctrodenreihen
- an Rumpf der Rakete, in Bereiche zur Steuerung aufgeteilt.
- den Leitflächen, zur zusätzlichen Steuerung, und Innenseiten der Antriebsdüsen

2 Antriebsdüsen reichen ins Innere der Rakete und werden mit geladenen Partikeln für Antrieb versorgt.

3 Frontansicht. Elektroden auch an Leitflächen

4 Elektrodenreihen an Innenseite der Antriebsdüsen zum Beschleunigen der geladenen Partikel für Atmosphären- und Raumflug

Abb.:

Für den Flug durch die Atmosphäre, bis zum Erreichen des luftleeren Raumes, bzw. des Weltalls, fliegt die Rakete zuerst mit einem elektrokinetischen Antrieb und schaltet dann auf einen chemischen Antrieb um. Diese Version hat den Vorteil, dass Treibstoff gespart wird und deshalb mehr Zuladung mitgeführt werden kann. Bei Atomantrieben wird beim Flug durch die Atmosphäre zusätzlich die Umwelt geschont.

Bei der zweiten Version fliegt die eckig gebaute Rakete auch im All mit Hilfe des Partikelrückstoßes.

Die vier Austrittsöffnungen sind an beiden Enden offen und werden im Inneren der Rakete mit elektrisch geladenem feinen Pulver, elektrisch geladenem Gas oder anderen geladenen Partikeln für den Antrieb versorgt.

Elektroden-Erreger-System
für Passagierflugzeug und Windtunnel

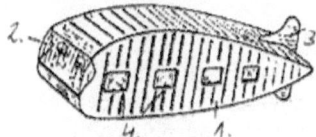

Rund um den Flugkörper angebrachte Elektrodenreihen mit spitzen, nach hinten zeigenden Elektroden zur Produktion eines Ionenwindes treiben dieses Fluggerät an, das die Form einer Tragfläche hat mit zusätzlichen Seitenrudern. Durch Spannungsunterschiede kann das Flugzeug über alle Achsen gesteuert werden, separate Ruder sind nicht notwendig.
(wurde solch ein Flugkörper im Laufe der Zeit als UFO irgendwo gesichtet?)

1. Elektrodenreihen
2. Cockpit
3. Fins
4. Passagierkabine

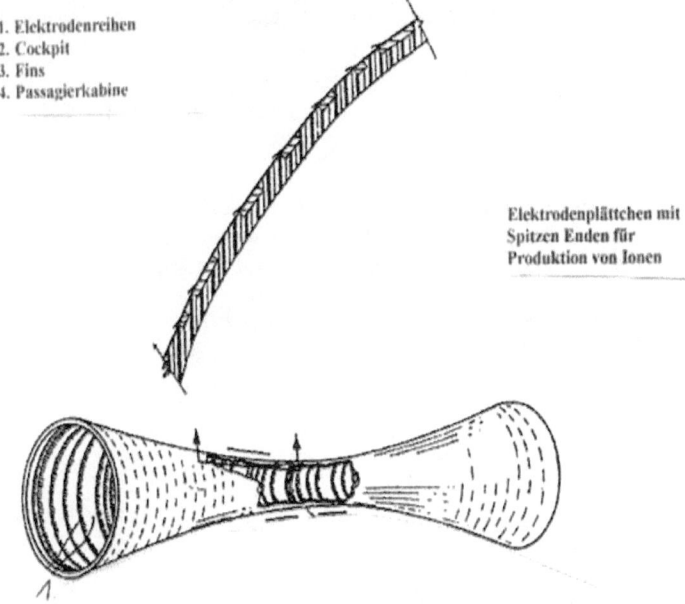

Elektrodenplättchen mit Spitzen Enden für Produktion von Ionen

Auch in eine herkömmliche Windkanalanlage kann eine Röhre, die innen mit Elektrodenreihen bestückt ist, eingebaut werden. Die Elektrodenreihen, die mit Hilfe eines Ionenwindes Luftmoleküle beschleunigen, werden zur Mitte hin breiter, was den Durchfluß des Windes beeinflußt. Der Aufbau erinnert an ein Venturi Rohr.

Das Elektroden-Erreger-System hat in der Tat eine breite Spanne von Anwendungsmöglichkeiten.

```
So z.B. für den Betrieb spezieller Systeme in gasförmigen und liquiden
Flüssigkeiten, oder für den Antrieb von vielerlei Fahrzeugen und anderer
Maschinen, so u.a. Flugzeuge und U-Boote. Dieses hier aufgeführte System
kann je nach Weiterentwicklung auch für viele andere unterschiedliche
Anwendungs- und Betriebsarten Verwendung finden."
```

Mit diesem Patent vom Januar 1959 kann man viele Sichtungen von fliegenden Untertassen der letzten 40-50 Jahre deuten. Außerdem gibt es eine Antwort auf die schnellen Unterwassergefährte, die immer wieder beobachtet wurden und nicht mit herkömmlichen U-Booten erklärt werden konnten.

Wenn man annimmt, dass zumindest kurz nach dem Krieg mit Hochdruck an der Umsetzung weiterentwickelter elektrokinetischer Antriebe (neben dem bereits funktionierenden Antrieb von T.Townsend Brown u.a.) gearbeitet wurde, müssen die ersten - wenn auch noch unvollkommenen - Prototypen bereits Ende der 1940/Anfang der 1950er Jahre geflogen sein. Später, Anfang der 1960er Jahre, könnten - wenn überhaupt - diese Fluggeräte dann ebenso in den „regulären", wenn auch für die Öffentlichkeit hochgeheimen Einsatzbetrieb von speziellen U.S.- und anderen Luftwaffeneinheiten für einen Dritten Weltkrieg Einzug gehalten haben.

Viele solcher Fluggeräte, die nach dem Prinzip der ionisierten Grenzschicht funktionieren, wurden im Laufe der Jahre weltweit als „UFOs" beobachtet und auch fotografiert.

Die Sichtung aus Cluj

Das Buch „Das Geheimnis der unbekannten Flugobjekte" v. Adolf Schneider und Hubert Malthaner, Hermann Bauer Verlag, Freiburg im Breisgau, 3. verb. Auflage 1977, zeigt einige schöne Beispiele von „hutähnlichen" Fluggeräten mit Ionen-Antrieb:

```
„Einige der besten dokumentierten und überprüften UFO-Aufnahmen stammen aus
Cluj oder Klausenburg, der zweitgrößten Stadt Rumäniens."
```

Bild:

Hutförmiges UFO über Jugoslawien, 1974

Ionized Boundary-Layer Fluid Control

Kamera: FED-2
Objektiv: Interstar
2.8/50 mm
Film:
ORWO 17 DIN
Aufnahmeort:
Eine Waldlichtung
in West-Südwest-
Richtung
von Cluj
Entfernung zur
Stadt in Luftlinie:
4,7 km

Bild:

Fluggerät wie im Hill-Patent beschrieben.

Beachte Ähnlichkeit mit Zeichnung aus Patent. Von woher kam das hutähnliche UFO? Wer war an der Universität Klausenburg tätig, der solche Fluggeräte kannte? War das EM-Fluggerät an jenem Sonntag im August erwartet worden? Später ging auch Nokia nach Cluij. War und ist dort eine High-Tech Schmiede?

Am Sonntag, den 18. August 1968 war der Augenzeuge, ein 45 jähriger Angestellter mit seiner 34 jährigen Freundin zu einem Wochenendausflug aufgebrochen.

„Emil Bornea lief in den Wald, um für das Lagerfeuer etwas Holz zu holen. Kaum war er ein Dutzend Schritte ins Gehölz vorgestoßen, da rief ihn seine Freundin aufgeregt zurück und zeigte auf eine bestimmte Stelle des Himmels. Bornea glaubte seinen Augen nicht zu trauen, als er genau über den Bäumen der Waldlichtung einen <u>gewaltigen metallischen Diskus</u> fliegen sah, der sich in den Sonnenstrahlen spiegelte."

Der Augenzeuge konnte insgesamt vier Aufnahmen von dem Flugobjekt knipsen, bevor es verschwand. Außer dem Pfeifen der Vögel war <u>kein anderer Ton</u> wahrzunehmen.

„Nach Aussagen des Fotografen soll das Objekt bei der zweiten Aufnahme **hell aufgeleuchtet** haben, um dann steil nach oben wegzufliegen."

Bei der Beschleunigung und Abdrehen dieser evtl. mit einem Ionenantrieb ausgestatteten Flugscheibe floss wahrscheinlich mehr „Saft", sprich Strom vom Stromgenerator und bewirkte, dass die Ionisation der Luftschicht am Fluggerät hellrot aufleuchtete. Gleichzeitig wurde der Luftstrom, der als Grenzschicht an der Flugscheibe anliegt, nach unten beschleunigt und durch den entstehenden Sog auf der Oberseite des Gerätes, die Maschine nach oben katapultiert.

Ob das Fluggerät bemannt war, oder ob es sich um eine unbemannte Drohne handelte, ist unklar. Auch unsicher ist, von wem die Maschine ferngesteuert worden sein könnte (falls das Gerät nicht autonom flog), da sie sich ja im Jahre 1968 in dem Luftraum hinter dem sog. „Eisernen Vorhang" befand. Da ähnliche oder dieselben Fluggeräte auch im Westen und hauptsächlich in Nord- und Südamerika gesichtet wurden, könnte das scheibenförmige Ionenflugzeug auch einen grenzüberschreitenden Erkundungs- oder Spionageflug in den „Ostblock" unternommen haben.

Vielleicht gab es aber auch baugleiche, oder nach dem gleichen aerodynamischen Prinzip arbeitende „Fliegende Untertassen", die in der Sowjetunion, oder in einem anderen ehemals sozialistischen Land entwickelt, gebaut und für die „Wahre Raumfahrt" Nationen übergreifend eingesetzt wurden.

Oder man arbeitete in Klausenburg an der dortigen Universität und evtl. anderen - geheimen - Forschungsstätten grenzüberschreitend an geheimen Luft- und Raumfahrtprojekten.

Das „Zip-Craft"

Einen weiteren Hinweis auf ein Ionenfluggerät findet sich in dem Buch „Alternative 3, Die Beweise" von Jim Keith, Edition Jonathan May, Peiting, 1. Aufl. 03/99:

„Eine andere Bestätigung für eine sehr frühe und geheime Untertassentechnologie erhielt der Forscher und Autor Thomas Adams (von einem nicht genannt werden wollten Informanten):

„Als ich Mitte der sechziger Jahre, drei Jahre lang für die **Goodyear Aerospace Corporation** (später Goodyear Atomic, heute zu Lockheed Martin gehörend, Anm.d.A.) in Akron, Ohio arbeitete, hatte ich einmal die Gelegenheit, ein echtes, sich damals gerade im Bau befindliche UFO aus nächster Nähe betrachten zu können.

Ich stand unter der sogenannten Sicherheitsstufe Blau, und die Person, die mir das UFO, das sich in einem Spezialhangar befand, zeigte, unter der Sicherheitsstufe Rot. Als Angestellter dieses Unternehmens hatte ich über alles, was ich sah, Stillschweigen zu bewahren. Es war uns auch seitens der U.S. Bundesregierung mit Geldbußen und Haftstrafen gedroht worden für den Fall, daß wir über geheime oder streng geheime Angelegenheiten redeten. Das gilt heute für mich längst nicht mehr.

Später erfuhr ich durch Mrs. C, daß ein UFO-Forscher sie wegen anderer ehemaliger Goodyear Aerospace-Mitarbeiter angerufen hatte, die das gleiche gesehen hatten wie ich... Das Ufo wird im Fachjargon als „Zip-Craft" - Hochgeschwindigkeits-Maschine - bezeichnet und bringt es auf über 16.000 km/h. Es finden gelegentliche Testflüge statt, in der Regel über Ohio, Indiana und Kentucky. Das Objekt, das ich gesehen hatte, war noch nicht fertig gestellt, schien aber, soweit ich erkennen konnte, aus einem Aluminium ähnlichen Material zu bestehen.

Es hatte eine glatte Oberfläche mit einer Kuppel in der Mitte und einer Antenne darauf, keine sichtbaren Bullaugen und einen Durchmesser von rund sechs Metern. Es war nur zu etwa 60% fertig gestellt und ich kann daher auch keine absolut vollständige Beschreibung abgeben..."

Bei Schneider/Malthaner heißt es:

„Während der letzten großen Welle im Herbst 1973 in Kentucky, Indiana, Tennesee, Ohio und anderen Südoststaaten der USA konnten auch zahlreiche Nacht- und Tagesaufnahmen von unidentifizierten Flugobjekten gemacht werden. Eine Serie solcher Fotos gelang einem Elektro-Techniker aus Louisville, Kentucky..."

Abb.:

Goodyear Aerospace hatte zudem die beiden großen Zeppeline „Akron" und „Macon" mit Hilfe deutscher Techniker und Ingenieure aus Friedrichshafen gebaut.

Im Jahre 1924 wurde eine „Joint Interest Company" mit der deutschen Luftschiffbau Zeppelin Ges. gegründet, bei der Goodyear 2/3 und Zeppelin 1/3 der Anteile hielten. Diese Goodyear/Zeppelin Corp konnte die deutschen Zeppelin-Patente nutzen. Einige deutsche Mitarbeiter von Zeppelin Friedrichshafen gingen zu Goodyear in die USA. Dort wurden in dem riesigen Goodyear Hangar Luftschiffe für die U.S. Navy gebaut, darunter auch die USS Akron (ZRS-4).

Wurde später, nach dem Krieg bei Goodyear auch ein konischer, elektrostatischer Flugkörper gebaut, den im Januar 1948 der ANG Pilot Captain Mantell verfolgte?

Einer der Luft- und Raumfahrtingenieure war Darrell C. Romick. Romick, der ein Freund von Wernher von Braun war, entwickelte in den 1950er Jahren ein Raketen- und Raumfahrtentwurf, das Goodyear Meteor Junior Konzept.

Baute Goodyear statt Raketen auch EM-Fluggeräte für die heimliche Raumfahrt?

„Das sphärische Fluggerät, das auf der Betonfläche kauerte, gab ein leichtes Summen von sich. Zuerst umgab ein <u>schemenhaftes Leuchten und Glühen die Außenhülle</u>. Dann stieg das merkwürdige Gerät auf und schwebte langsam für einen Moment in der Luft, um das Landegestell einzufahren. Anschließend stieg der Summton weiter an und plötzlich schoß die Maschine in östliche Richtung davon. Sie verschwand blitzschnell hinter dem Horizont, noch bevor die erstaunten Wissenschaftler und Beobachter den Knopf ihrer Stoppuhren drücken konnten."

Der obige Auszug aus dem amerikanischen Magazin „Mechanics Illustrated" v. 1957 beschreibt wahrscheinlich genau jenes oben abgebildete Fluggerät. Möglicherweise ist sogar die Person rechts von der Flugscheibe der Patentanmelder, Mr. Gilman Hill.

Für welches Luftfahrtunternehmen hatte Mister Hill gearbeitet: Boeing, General Dynamics, Lockheed, Northrop, Goodyear?

Wie auf dem Foto der rotglühenden Scheibe über Utah (ebenfalls von Mr. Hill zum Patent angemeldet) leuchtet auch diese unbemannte Maschine, sobald die Elektroden unter Hochspannung gesetzt werden und als „Travelling Wave" über die Oberfläche fließen, „Corona Discharge" (jetzt „Glow Discharge") genannt.

Berichtete das amerikanische Magazin „Mechanics Illustrated" über dieses unbemannte, ferngesteuerte EHD-Fluggerät, das im Jahre 1957 einen Test- und Demonstrationsflug auf irgendeinem Flugplatz oder Testgelände in den USA oder Kanada unternahm? Warum haben die Personen, die den Flug beobachteten, nie mehr darüber berichtet?

Lagen diese oben genannten U.S. Staaten Kentucky oder Ohio im Bereich einer geheimen Testflugstrecke? War die Wright Patterson AFB in Ohio und dortige geheime Stellen in die Entwicklung und Erprobung von EM-Fluggeräten verwickelt und überwachte innerhalb der Militärbasis diese geheimen Testflüge?

War Goodyear Aerospace einer von weltweit mehreren Entwicklern und Herstellern von „UFOs"? Es wurden aber nicht nur Testflüge in der Atmosphäre durchgeführt, sondern auch im, bzw. unter Wasser.

Insert

Testflüge

Folgende Auszüge aus der Schilderung, „Spaceships that Conquer Gravity" von Michael Gladych sind aus dem amerikanischen Magazin „Mechanics Illustrated" v. Juli 1957 entnommen. Dabei wird in dem Artikel auf das (joint) gemeinsame U.S./kanadische Forschungsprogramm „Magnet" eingegangen, wobei der Eindruck entstehen soll, dass alle Fluggeräte, incl. Raumschiffe die Schwerkraft aufheben könnten. Gemeint ist wohl eher die in diesem Buch beschriebenen Antriebsarten EHD, MHD usw., die von mehreren amerikanischen Forschungsinstituten, Universitäten und zumeist U.S. Flugzeugherstellern technisch mehr oder minder erfolgreich umgesetzt wurden.

„Das sphärische Fluggerät, das auf der Betonfläche kauerte, gab ein leichtes Summen von sich. Zuerst umgab ein schemenhaftes Leuchten und Glühen die Außenhülle. Dann stieg das merkwürdige Gerät auf und schwebte langsam für einen Moment in der Luft, um das Landegestell einzufahren.

Anschließend stieg der Summton weiter an und plötzlich schoß die Maschine in östliche Richtung davon. Sie verschwand blitzschnell hinter dem Horizont, noch bevor die erstaunten Wissenschaftler und Beobachter den Knopf ihrer Stoppuhren drücken konnten."

Handelte es sich bei dieser Flugdemonstration um das kleine und unbemannte scheibenförmige Fluggerät, das Gilman A. Hill entwickelte und das merkwürdigerweise und einmalig was „fliegende Untertassen" betrifft, im Jahre 1959 (oder schon 1957?) in der damaligen jährlich erscheinenden „Jane´s All the World Aircraft" Ausgabe abgebildet wurde?

Weiter führt der Artikel bekannte amerikanische Flugzeugfirmen wie Convair, Glenn L. Martin (ein Sub-Unternehmen war RIAS Inc., das in „UFOs" verwickelt war, Anm.d.A.), Bell Aircraft und Sperry Gyroscope an, die alle „fliegende Untertassen" entwickelten und bauten, mit Hilfe von u.a. 14 U.S. Universitäten und Forschungsinstituten.

Interessanterweise sind nach nunmehr 70 Jahren immer noch keine nennenswerten Details bekannt, was im Einzelnen für elektrostatische Fluggeräte und Raumschiffe die o.g. Firmen bauten, geschweige denn, von wem und wo sie eingesetzt wurden. Diese Entwicklungen sind aus dem öffentlichen Leben einfach „ausgeblendet" oder gar nicht existent.

Des Weiteren erwähnt Michael Gladych, dass ein kanadischer Wissenschaftler ein Entwicklungsteam anführt, das sich mit dem Wiedereintritt von Raumschiffen in die Erdatmosphäre beschäftigt und wie man die auftretende starke Luftreibung verhindern kann. Hier sei auf das entsprechende U.S.-Patent über ein elektromagnetisches Hitzeschild verwiesen, das in diesem Buch besprochen wird!

Antriebssysteme in Form von „Diamagnetic Repulsion", eine diamagnetische Abstoßung (s. „Meissner-Effekt", Anm.d.A.) werden im Rahmen von „Project Magnet" in Kanada verfolgt.

Interessant ist außerdem noch die Erwähnung eines speziellen Antriebes, der von der „Gravity Research Foundation of New Bosten, N.H." unter der Führung von Dr. George Rideout untersucht wurde.

Ein sog. „Gravity Motor" benötigt ein „Differential of Gravity Forces", ein „Schwerkraftgefälle", erzielt durch ein „Gravity Insulator" bzw. ein „Absorber". Die Wirkungsweise soll ähnlich sein derer zwei sich abstoßender gleich gepolter Magneten. Dazu heißt es:

„Die „Gewichtslosigkeit" eines „G-Ships" kann dadurch erreicht werden, dass ein Teil des Erd-Gravitationsfeldes auf das Innere des Raumschiffes wirkt (dies wurde durch ein „Gravity Absorber" oder Schild abgeschirmt, Anm.d.A.). Mehrere Klappen, die in einer bestimmten Art und Weise angeordnet sind und eine spezielle Beschichtung aufweisen, dienen als eine Art Abstoßungsfläche, um durch den Aufprall von Schwerkraftwellen einen Auf- und Vortrieb zu erzeugen."

Hier sei auf den Absatz über die „Hemmstrahlen" weiter unten in diesem Buch verwiesen, sowie auf ähnliche Forschungen vor, während und nach dem zweiten Weltkrieg in Russland!

Den Rest des o.g. Artikels kann man dagegen getrost in das Reich der Desinformation und Halbwahrheiten verweisen.

USOs - Unbekannte Objekte unter Wasser

In dem Buch „Besucher aus dem All", H. Bauer Verlag, Freiburg, 3. Auflage 1976, kann man folgendes erfahren:

„In den letzten Jahren wurden von Offizieren und Seeleuten zahlreiche Meldungen über Unterwasserobjekte erstattet, die plötzlich aus der Tiefe des Meeres auftauchten, eine beträchtliche Menge an Wasser wie ein Geisier mit sich rissen und hoch in den Himmel aufstiegen.

Am 3. Juni 1961 fuhren beispielsweise zwei Männer in einem Motorboot an der Küste von Savona in Italien entlang, als sie in einem Kilometer Entfernung die Meeresoberfläche anschwellen sahen. Schließlich erkannten sie **ein diskusförmiges Objekt mit einem *Kegel* auf der Oberseite**, das aus dem Wasser aufstieg und dann am Himmel verschwand.

Ein anderer Bericht stammt von einem brasilianischen Wissenschaftler, der bei der Aktion „Deep Freeze" der Marine der USA im antarktischen Eismeer mitarbeitete.

Dr. Rubens J. Villela befand sich auf einem Eisbrecher in der Admirality Bay, als eine Meile entfernt das über 11m dicke Eis plötzlich explodierte. Ein silbergraues Objekt war aus den Tiefen des Meeres aufgetaucht und hatte das Eis mit so ungeheurer Geschwindigkeit durchbrochen, daß das Eis förmlich explodierte und enorme Blöcke in die Luft flogen, welche dann mit lautem Getöse ins Meer stürzten. Die ganze Fläche brodelte von Schaum und Dampfwolken."

Gab es spezielle EM-Flugkörper, die als „Fliegendes U-Boot" unter Wasser fahren können und waren diese Flugkörper so gebaut und gepanzert, das sie sogar dicke Eispanzer durchbrechen konnten?

Das Objekt muss mit etwa 370 km/h von unten aus dem Wasser geschossen sein, um die Eisdecke durchbrechen zu können. Hierbei könnte es sich um eine Art „Fliegendes U-Boot" gehandelt haben, denn dünne Bleche, die sonst im Flugzeugbau verwendet werden, hätten den Zusammenprall mit dem Eis nicht standgehalten. Bei bestimmten Sichtungen wurde immer wieder darauf hingewiesen, dass die Abdrücke der Landebeine im Boden auf ein besonders schweres Fluggerät schließen lassen.

Weitere Fallbeispiele von Fluggeräten mit einem „Electrode Excitation System", die sich auch unter Wasser fortbewegen, stammen aus dem Buch „UFOs im Bermuda Dreieck, Die Atlantis Geheimbasis" von Jean Prachan, aus dem Französischen, deutsche Ausgabe Verlag Fritz Molden, Wien, 1978:

„... Es muß im Mai oder Juni 1972 gewesen sein. Sie sahen ein riesengroßes, von einem rötlichen Schimmer (Corona Discharge, Anm.d.A.) umgebenes Objekt ungefähr 1.500 Meter von der Küste Floridas entfernt aus dem Meer aufsteigen. Das Objekt sah rund aus, wie eine Untertasse.
...David schätzte ihren Durchmesser auf 50 Meter. Das Objekt schwebte über eine Minute lang einige Meter über dem Wasser und machte ein Geräusch wie Millionen von Insekten."

(Rührte das Summen vom Umschalten des Generators auf eine andere Stromfrequenz für einen Flug durch die Atmosphäre her und ließ man außerdem das restliche Wasser am Fluggerät verdampfen?, Anm.d.A.) .

„Dann schwoll ein schriller Ton an, und das Objekt entfernte sich zur offenen See hin, wo es nach einigen Augenblicken verschwand."

Zum Thema „Geheimbasen" schreibt der französische Autor:

„...Antonio Ribera schreibt dazu: „Meiner Ansicht nach könnte es an folgenden Stellen Untersee-Stützpunkte geben:

Im Roten Meer, vielleicht im Persischen Golf, irgendwo im Bermuda-Dreieck im Atlantik und wahrscheinlich in den Gewässern des Kap Race. In allen Zonen wurden unzählige ungewöhnliche Ereignisse beobachtet.

...Im Mai 1968 sahen die Mannschaften zweier Fischerboote vor den Küsten Floridas ein kreisförmiges Objekt, das in den Tiefen des Ozeans verschwand. Im Juli 1975 veröffentlichte die Zeitschrift „Flying Saucer Review" einen Bericht mit der Frage: gibt es einen unterseeischen Stützpunkt vor der Küste Venezuelas?

Davor war in „Case Histories" ein Beitrag von Salvador Freixedo mit dem Titel „UFO über den Karibischen Inseln" erschienen. Die Karibischen Inseln wurden in den frühen 1970er Jahren oft von UFOs besucht."

Nach Erkenntnissen des franz. Autors Jean Prachan sollen sich geheime Stützpunkte in der Karibik, im Südatlantik auf der Höhe Argentiniens, im Teufelsmeer vor Japan, im Pazifik und in anderen Meeren geben.

„Am 4. August 1967 war Dr. Sierra Yebez im Norden von Arecife in Venezuela bei Fischen, als er ein leichtes Beben spürte. Plötzlich schien der Ozean vor ihn auf eine Fläche von 6m Durchmesser zu brodeln. Da trat ein Objekt, das der Zeuge später als „eine Art grau-blaue Kugel" beschrieb, aus dem Wasser und verharrte einige Zentimeter über dem Meer, dann stieg es in einem Bogen an und verschwand im All.

Etwa zwanzig Tage später, in Catia La Mar in Venezuela. Ein gewisser Ruben Norato war gerade am Strand, als das Wasser zu sprudeln begann. Plötzlich tauchten drei Scheiben aus dem Ozean auf und flogen mit großer Geschwindigkeit gen Himmel. Anfang Mai 1968 sahen mehrere Augenzeugen fünf unidentifizierte Objekte, die vor der Küste Arecifes in Venezuela in die Fluten tauchten."

Das U.S.-Patent von Gilman A. Hill über das *„Ionized Boudary-Layer Fluid Pumping System"* wurde im Oktober 1959 eingereicht. In den 1960er und 70er Jahren sichtete man verstärkt Fluggeräte, die wohl eben ein solches Elektrodensystem zur Erzeugung von Ionen-Entladungen als Antrieb besitzen könnten. Sie flogen nicht nur mit unglaublicher Wendigkeit und mit hohen Geschwindigkeiten durch die Atmosphäre, nein, sie durchpflügten auch die Weltmeere unter Wasser mit hoher Geschwindigkeit und wurden ggfs. in der Nähe von unterseeischen Geheimbasen gesichtet.

In den 1960er Jahren wurde im deutschen Fernsehen die mittlerweile kultige Serie „Raumpatrouille", Raumschiff Orion ausgestrahlt. Das Weltraumschiff, mit Commander McClain, Sicherheitsoffizier Tamara Jagelovsk und und dem Rest der Crew, startete von einem großen Unterwasserkomplex und Raumhafen, in dem man außerdem wohnte und arbeitete. Als das Raumschiff an der Meeresoberfläche angekommen war, sah man einen riesigen Strudel, aus dem die Flugscheibe auftauchte, um dann schnell ins All aufzusteigen. Der Entwurf der „Orion" soll angeblich auf Joseph Andreas Epp zurückgehen. Ob er, oder die Macher der Bavaria-Film in München, die aus dem Wasser aufsteigende fliegende Untertassen als Vorbild nahmen? Es gab ja bereits genügend „USO"-Berichte seit Anfang der 1960er Jahre und auch das o.g. Patent muss schon bekannt gewesen sein.

In München und Umgebung ist die deutsche Luft- und Raumfahrtindustrie angesiedelt. Dort gibt es bestimmt den einen oder anderen, der schon einmal etwas über „Elektroden-Erreger-Systeme", geheime Unterwasserbasen usw. gehört haben könnte, oder sogar in die Entwicklung irgendwie mit eingebunden war, so z.B. als deutscher Wissenschaftler bei der NASA.

Ob mögliche Unterwasserstädte, wie z.B. im Bermuda-Dreieck, als eine Art Teststationen für Unterwasserbasen auf anderen Welten fungieren?

Magnetohydrodynamik, MHD

Magnetohydrodynamik heißt ein anders „Zauberwort" in Bezug auf Antriebe für „UFOs".

Das U.S.-Patent-Nr. 3.322.374, *„Magnetohydrodynamic Propulsion Apparatus"*, James F. King Jr., filed Sept. 30, 1964, patented May 30, 1967 gibt Aufschluss darüber:

„Dieses Patent bezieht sich im Allgemeinen auf Fahrzeuge, die durch magnetohydrodynamische Effekte und die daraus resultierenden Methoden des Antriebes und der Steuerung angetrieben werden. Dies betrifft im Besonderen Fluggeräte, die sich durch die Wechselwirkung von magnetischen Feldern fortbewegen können.

Diese Magnetfelder wirken auf elektrisch leitende Flüssigkeiten, wie z.B. ein, das Flugzeug umgebendes Plasma. Ein Plasma wird u.a. als eine **elektrisch neutrale Ionenwolke beschrieben**, die sich aus einer gleichen Anzahl positiver Ionen und negativer Elektronen zusammensetzt, oder aber einer Mischung aus andersgearteten geladenen Partikeln.

Das hier besprochene Plasma besteht aus einem Gas oder Elektrolyt, das sich in einem neutralen Ionisations-Zustand befindet und dadurch genügend Leitfähigkeit besitzt. Ist dies gegeben, kann es durch ein magnetisches Feld beeinflusst werden. Dieser Effekt wird dann **„Mutual Induction"**, gegenseitige Induktion/Wechselwirkung genannt.

Bei diesen neuartig angetriebenen Fluggeräten wird der Vorwärtsschub von einem Reaktionsantrieb durch die Wechselwirkung von magnetischen Feldern erzeugt, d.h. durch den elektrischen Stromfluss, der in Konduktoren/Leitern am Flugzeug entsteht, zusammen mit der elektrisch leitenden Umgebung (z.B. Luft oder Wasser).

Das Fluggerät erzeugt dabei ein ionisiertes Feld, oder ein Plasma, in der das Flugzeug umgebenden Luft.

Außerdem wird durch eine Mehrphasen-Elektroden-Erregung ein sich bewegendes Magnetfeld generiert, das in dem Plasma, oder in einem ionisierten Feld, einen Stromfluss erzeugt.

Dieses Feld baut einen mobilen Flüssigkeitsleiter (in Luft oder z.B. im Wasser als Medium) auf, und dieses leitende Medium wird durch die sich bewegenden Magnetfelder fortbewegt und produziert einen Reaktionsschub für den Antrieb des Flugzeuges.

(Luft oder Wasser wird durch induzierte Magnetfelder und fließenden Strom am Fluggerät nach hinten beschleunigt und erzeugt einen Vorwärtsschub, Anm.d.A.).

Der Antriebsapparat sorgt gleichzeitig für die Steuerung und die jeweilige Fluglage des Gerätes und gibt der Maschine die nötige Stabilität, wie z.B. bei herkömmlichen Flugzeugen die V-Stellung der Flügel, nämlich der Anstellwinkel, der dafür sorgt, dass die Maschine „wie ein Brett in der Luft liegt".

Am Fluggerät sind Elektroden oder Leiter in bestimmten Abständen voneinander angebracht, durch die Gleichstrom in hohen Konzentrationen geleitet wird.

Dabei werden Ionen oder geladene Partikel erzeugt, die in eine vorbestimmte Richtung elektrisch angezogen werden und durch das Zusammentreffen mit Luftmolekülen eine Antriebskraft entstehen lassen.

Als Vorbild dienten andere Patente dieser Art, wie u.a. von Thomas Townsend-Brown. Dessen Fluggeräte basieren auf das Erzeugen und Ausstoßen von Ionen durch hohe Gleichstromspannungen zwischen Elektroden. Diese sind in bestimmten Abständen zueinander angeordnet. Die dadurch entstehende Abstoßung, die in eine vorbestimmte Richtung wirkt, sowie durch die gleichzeitige Impulserhaltung, die in entgegengesetzter Flugrichtung gemäß Newtons Gesetz agiert, entsteht ein Vortrieb.

Magnetohydrodynamic Propulsion Apparatus

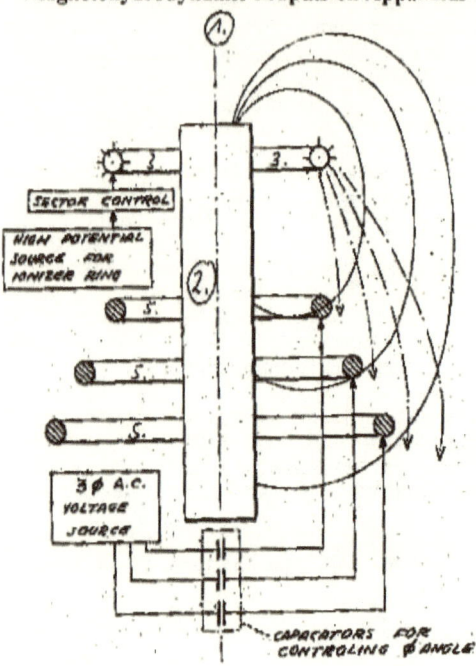

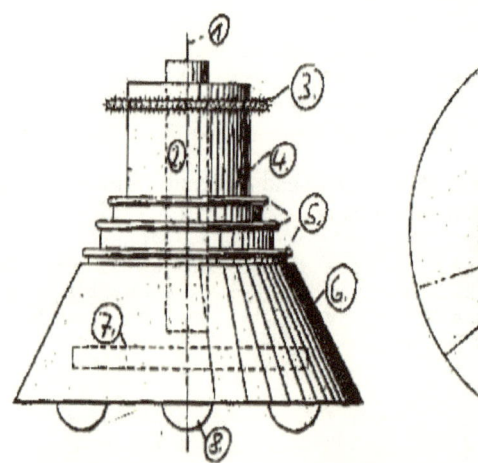
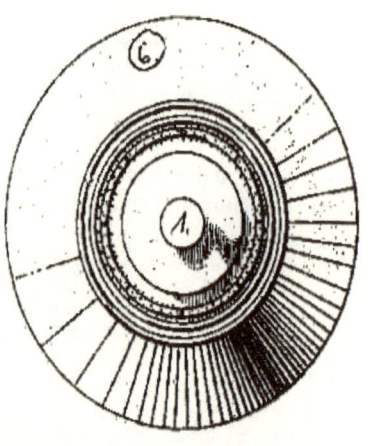

1. Mittelachse
2. Poröse Röhre, dient als Ferritkern
3. Ionisationsring oder Spule
4. Rumpf
5. Spulen, Wicklungen
6. Windabweiser
7. Kraftquelle
8. Kondensatoren

Im Gegensatz zu T.T. Browns Erfindungen, bei der das Magnetfeld stationär konzipiert wurde, wird bei dieser Erfindung ein Plasma oder ein elektrisch leitendes Feld **künstlich** produziert. Falls nicht bereits ein natürlich elektrisch leitendes Medium vorhanden ist (Luft oder Wasser), wird zusätzlich ein Plasma erzeugt (z.B. in oberen, dünneren Luftschichten).

Außerdem wird durch Wechselstrom-Elektrodenerregung ein sich bewegendes Hochspannungs-Mehrphasen Magnetfeld erzeugt. Dazu werden Wirbelströme in einem Plasma induziert, so dass sich das elektrische Feld zwischen zwei voneinander getrennten Punkten in die entgegengesetzte Richtung bewegt, in der das Fluggerät fliegen soll."

Siehe dazu auch das „Lenzsche Gesetz".

Heinrich Friedrich Emil Lenz, (1804-1865), Rektor der Universität in Sankt-Petersburg (1863-1865), erforschte elektromagnetische Erscheinungen. Er leitete als erster die Formel für die Errechnung der Umwindung des elektromagnetischen Generators ab, formulierte das Gesetzt über die Richtung des Induktionsstromes (die „Lenzregel"), bestimmte gleichzeitig mit J. Joule quantitative Charakteristika der Stromwärme (das „Joule-Lenz-Gesetz"). Lenz war seit 1853 korrespondierendes Mitglied der Berliner Akademie der Wissenschaften.

Weiter heißt es im o.g. Patent:

„Die Bewegung des Leiter-Mediums produziert eine Reaktionskraft, die das Fluggerät in die gewünschte Richtung fliegen lässt. Dies wird dadurch erreicht, daß eine Reihe von elektrisch leitende induktiver „Driving Rings" - Treibringe - oder Spulen entlang einer Referenz-Achse angebracht sind, an der sich das Gerät entlang bewegen soll. Diese Treibringe werden mit einer Multiphasen Wechselstrom-Hochspannung erregt. Die dafür benötigte Energiequelle zur Erzeugung dieser hohen Spannungen befindet sich innerhalb der Maschine. Der intensive Wechselstromfluss strömt durch eine Anzahl von Ringleitern.

Diese kennt man bereits von Linearmotor-Katapulten oder von elektrischen Kanonen her (s. a. die Elektokanone des Kanadiers Gerald Bull, die zum Abschuss von Satelliten in eine Erdumlaufbahn vorgesehen war, Anm.d.A.), oder z.B. bei elektrohydraulischen Pumpen.

Dabei wird ein sich fortbewegendes magnetisches Feld von variierender Intensität erzeugt. Der Punkt der maximalen Stromdichte steigt langsam von der Vorderseite her an, respektive er wandert von der Spitze zur Hinterkante, oder der ansteigende Stromstoß fließt vom Boden entlang einer relativen Referenzachse des Fluggerätes. Dann schaltet der Strom um und wandert wieder zur Vorder-, Oberseite oder Spitze und der gesamte Stromfluss wiederholt sich erneut.

Falls das umgebende natürliche Umfeld nicht ausreichend elektrisch leitfähig ist, kann ein **„Air Ionizer"**, der vorne oder oben am Fluggerät angebracht ist, die umgebende Luft zusätzlich ionisieren. Diese Vorrichtung zur künstlichen Ionisierung der Umgebung erzeugt um das Flugzeug ein elektrisches Feld oder eine Wolke, und zwar durch Induzierung von elektrischen Wirbelströmen in dem Magnetfeld, das durch die im Flugzeug befindlichen Treibringe erzeugt wird.

Solch ein wanderndes Feld, das als elektrischer Leiter mit dem elektrisch leidenden Umgebungsmedium (Luft oder Wasser) reagiert, generiert oder induziert einen Stromfluss zwischen Partikeln in der Atmosphäre und bringt den Konduktor (elektrischer Leiter) dazu, sich in Richtung des Stromflusses zu bewegen. Ein kräftiger Schub wird auf das Flugzeug in die gewünschte Flugrichtung ausgeübt, wenn nämlich der elektrische Leiter - z.B. ein ionisiertes Medium, oder ein Plasma - in die entgegengesetzte Richtung fließt."

(Das Magnetfeld bewegt sich in Flugrichtung und durch die Abstoßung eines elektrisch leitenden Flüssigkeitsmediums, wie z.B. Luftmoleküle, fließen diese in entgegengesetzter Flugrichtung und erzeugen den Auf- und Vortrieb, Anm.d.A.).

Der „Ionizer" erzeugt eine hohle, elektrisch leitende Röhre, die aus hochionisierter Luft (oder einem Plasma) besteht, die das gesamte Fluggerät umgibt. Das Flugzeug fliegt durch das ringförmige Plasma, und das nach hinten strömende primäre Magnetfeld generiert durch die Treibringe Wirbelströme in dieser ionisierten „Röhre".

Durch die Wirbelströme wird die „Röhre", bestehend aus einem elektrisch leitenden Medium (Luft, Wasser) in Richtung Flugzeugende gestoßen und treibt dadurch die Maschine entlang der „Röhre" vorwärts. Flugstabilität wird erreicht, indem man die magnetischen Treibringe mit ansteigendem Durchmesser von oben nach unten anordnet, und die Flugmaschine so gestaltet, daß die umgebende Luft und damit das ionisierte Feld, oder die ionisierte Zone nach außen und unten geleitet wird. Dieser Effekt entspricht in etwa dem Anstellwinkel eines normalen Flächenflugzeuges.

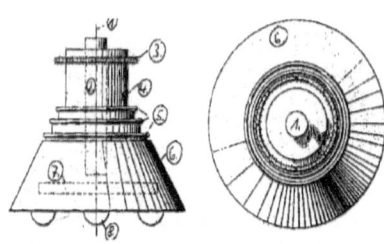

Das abgebildete Fluggerät besteht aus einem Rumpf, aufgeteilt in unterschiedliche Bereiche, sowie einem vorderen und hinteren Frachtabteil (incl. Passagierkabine). Zwischen Spitze und Boden (Bug und Heck) sind eine Anzahl Mehrphasenwindungen oder Spulen angeordnet, die entlang der Mittelachse des Flugzeuges von oben nach unten verlaufen. Am hinteren Bereich der Maschine ist der Durchmesser der Treibringe am größten. Um ein Magnetfeld mit ausreichender Stärke zu erzeugen, muss entweder ein sehr starker Strom durch einen einzigen Leiter laufen, oder ein moderater Stromfluss durch die Wicklungen einzelner Spulen.

Da eine einzige große Wicklung effektiver ist, wird ein Leiter pro Spule für eine Dreiphasen-Wechselstrom-Spannung bevorzugt, die von einer geeigneten Stromquelle (z.B. Atomreaktor, Anm.d.A.) gespeist wird.

Ein fließendes Magnetfeld schaltet bei maximaler Stromdichte, die sich von oben nach unten durch die Treibringe fortpflanzt, wieder zur Spitze bzw. dem Bug um, nachdem das Feld am unteren Ende des Fluggerätes angekommen ist, um danach wiederum nach unten zu strömen. Vorzugsweise läuft eine luftdurchlässige Röhre entlang der Mittelachse des Fluggerätes, die die Aufgabe hat, die Luft im Kern der Treibringe in ein Ferritkern-Spulensystem umzuwandeln, um die gesamte Fließintensität weiter zu erhöhen.

Die Verdrahtung und Verschaltung der Treibringe, bei denen eine Mehrphasen-Spannung angelegt wird, ist bereits durch andere Anwendungen, wie bei Katapulten mit Linearmotoren, elektrohydraulischen Pumpen für elektrisch leitende Flüssigkeiten usw. hinlänglich bekannt, und braucht hier nicht weiter besprochen zu werden.

Um ein größtmögliches magnetisches Feld mit Hilfe von Spulen zu erzeugen, die zudem ein geringst mögliches Gewicht haben, bestehen die Treibringe aus supraleitendem Material, das von einem Kühlsystem innerhalb des Fluggerätes in den entsprechenden Zustand heruntergekühlt wird. Dies mindert außerdem den elektrischen Widerstand (und die elektrische Aufheizung, Anm.d.A.) und ergibt somit eine fast hundertprozentige verlustfreie Induktionsspannung.

Um in der Umgebung des Fluggerätes ein elektrisch leitendes und fließendes Medium (z.B. in Luft oder Wasser) zu erzeugen, das als elektrischer Leiter fungiert, ist an dem vorderen Bereich oder Spitze des Flugzeuges ein Ionisationsring oder -Spule angebracht.

Damit werden <u>Wirbelströme in der Umgebung produziert</u>. Diese reagieren mit dem von den magnetischen Treibringen und dem, mit Hilfe gegenseitiger Induktion in Bewegung versetzten primären elektrischen Feld (siehe z.B. Stäbe, die an bestimmten MHD-Fluggeräten herausragen, Anm.d.A.).

Diese zusätzliche außen angebrachte Spule wird von einer geeigneten Hochspannungs-Kraftquelle gespeist und bewirkt, daß die umgebende Luft möglichst schnell ionisiert wird, bevor sie das magnetische Feld der Treibringe erreicht. <u>Hochgradig ionisierte Luft ist ein perfekter elektrischer Leiter und der „Ionizer" an der Spitze der Maschine ionisiert ununterbrochen die Umgebungsluft</u> und erzeugt damit einen Ring aus ionisierter Luft oder ein Plasma, in dem dann die Wirbelströme entstehen können. Durch die Treibringe und die Wirbelströme im Plasma entstehen geladene Partikel, die sich abstoßen und dem Antrieb dienen.

Gleichzeitig entsteht eine Abstoßung durch das selbst induzierte sekundäre Magnetfeld (hervorgerufen durch die Wirbelströme). Das dadurch entstehende ringförmige Plasma wird an den Rand der Magnetlinien und weg vom Fluggerät gedrückt, bevor es den Höhepunkt der Fließ-Intensität erreicht hat und dabei stetig zum hinteren Bereich des Flugzeuges wandert.

Der Fluss des sich fortbewegenden Magnetfeldes nach unten (entlang der Maschine) bewirkt, daß das ionisierte Medium - oder das Plasma - sich mit dem Magnetfeld (erzeugt durch die Treibringe) mitbewegt und somit nach unten (bzw. nach hinten) um das Fluggerät wandert.

Eine <u>konisch geformte Schürze</u> am hinteren Bereich der Maschine sorgt dafür, daß die ionisierte <u>Luft nach Außen abgeleitet</u> und damit die <u>Flugstabilität erhöht</u> bzw. verbessert wird.

Für die Umschaltung der Spannung wird zusätzliche Stromleistung benötigt. Dafür sind große Kondensatoren am Ende des Flugzeuges vorgesehen. Für drei Treibringe sind somit drei Kondensatoren vorhanden.

Die Seiten- und Höhensteuerung des Fluggerätes kann unterschiedlich erfolgen:

- entweder durch eine unterschiedliche <u>Einstellung der Stärke der Ionisation</u>, die in verschiedene Richtungen strahlenförmig verläuft oder in Abschnitten unterteilt wird,
- durch <u>Verzerren des Magnetfeldes</u>, das von den Treibringen erzeugt wird, oder durch andere Steuerungsarten (z.B. <u>Ruder, Klappen</u>, ect.).

(Möglich ist auch eine Zyklotronstrahlung (UV-Licht), das in das Magnetfeld zur Richtungsänderung geschossen wird, Anm.d.A.)

Der Ionisationsring ist in seiner einfachsten Form ein Ring, bestehend aus vielen in allen Richtung zeigende Speichen (Spikes). Zwischen den einzelnen Spikes besteht ein sehr großer Ladungsunterschied und somit ein hoher Grad an Ionisation. Dieser Speichenring kann nun in viele, einzelne und unabhängig voneinander unterteile <u>Bereiche aufgeteilt</u> werden, um ein genaues Ansteuern der Zonen vornehmen zu können.

Eine Sektor-Steuerung variiert die angelegte Spannung und bestimmt den Grad der Ionisierung in den einzelnen Quadranten. Durch diese Vorrichtung kann die Ionisation so verändert werden, daß entweder eine konstante vertikale

Kraftkomponente entsteht, ein Auftrieb oder eine Kurvenneigung. Die horizontale Kraftkomponente, wenn außer Kraft gesetzt, sorgt für die jeweils gewünschte Richtungsänderung.

Alle auf das Fluggerät einwirkende Kraft-Komponenten werden durch die Einspeisung der Hochspannung in die Magnetringe koordiniert (Gasgeben bei normalen Motoren), um die jeweilige Fluglage beizubehalten. Diese Steuerungs-Koordination entspricht in etwa dem kollektiven Pitch bei einem herkömmlichen Hubschrauber.

Die seitliche Richtungssteuerung wird dadurch vorgenommen, daß eine Reihe zusammengeschalteter Spulen in der Schürze – dem „Windabweiser" – im unteren Bereich der Maschine, unterhalb der primären Spulen, montiert werden.

Diese miteinander verbundenen Steuerspulen sind ringförmig im äußeren Bereich in einzelne Steuerbereiche des Windabweisers eingebaut (z.B. aufgeteilt in 8 Sektoren). Durch Öffnen oder Schließen des Stromkreislaufes werden die Spulen einzeln angesteuert. Reduziert oder erhöht man die Feldstärken in einem der Steuerbereiche, so kann ein in die jeweilige Richtung gewünschter Kurvenflug eingeleitet werden.

Steuerung
eines
magnetohydrodynamischen Fluggerätes

 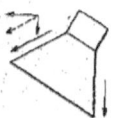

Abb.:

So genannte Steuerspulen, die in dem schräg nach außen verlaufenden Heck-Bereich ringförmig eingebaut sind, sorgen aufgrund unterschiedlich angelegter Stromspannungen für die jeweilige Richtungsänderung. Diese Spulen, zusammen mit verschiedenen elektrischen Feldkomponenten innerhalb der Maschine, wirken in derselben Weise, wie der kollektive Pitch bei einem Hubschrauber.

Beachte Ähnlichkeit der Patentzeichnung eines MHD-Fluggerätes mit der oben abgebildeten Beschreibung eines Augenzeugen, der in den 1960er Jahren ein solches Fluggerät über den USA gesehen haben will.

„Soll das Fluggerät die Möglichkeit besitzen, in einem Medium oder einer Region mit niedrigem Luftvorkommen oder gering ionisierbarer Materie (luftleerer Raum) zu operieren, dann muss eine <u>zusätzliche Ionenquelle</u> mitgeführt werden. Diese <u>reichert dann die Umgebung mit Ionen</u> für eine Plasmabildung zur Erzeugung von Wirbelströmen an.

Bei der Fahrt durch ein natürlich leitendes Medium, wie Seewasser oder einem anderen Elektrolyt, kann entweder auf die Ionenquelle gänzlich verzichtet werden, oder sie wird dazu genutzt, die elektrische Leitfähigkeit des jeweiligen Mediums für eine bessere und schnellere Fortbewegung weiter zu erhöhen.

Dieses Patent schließt weitere Verbesserungen an den hier gemachten Angaben nicht aus."

Soweit das sehr interessante U.S.-Patent von James F. King, der mit Sicherheit für eine amerikanische Flugzeugfirma dieses Patent auf seinen Namen eingereicht hat. Da Patente in der Regel erst nach erfolgreicher Erprobung und Durchführbarkeit angemeldet werden, ist es durchaus denkbar, dass bereits in den 1950er Jahren ein Prototyp, nach den im Patent gemachten Vorschlägen, gebaut und getestet wurde.

Jahre später jedoch könnte dieser mittlerweile überholte und museumsreife erste Prototyp noch eine besondere Rolle gespielt haben.

Der Absturz bei Kecksburg, USA

In dem Buch „*Die Anderen*" von Johannes Fiebag, Herbig, 1993 kann man folgendes zum Thema „Kecksburg-UFO" lesen:

„Kecksburg, Westmoreland County, Pennsylvania: Am Abend des 9. Dezember 1965 rauschte ein feuriger Körper über die Häuser der kleinen Stadt. Sekunden später hörten die Einwohner einen donnerten Knall und ein roter Blitz erhellte die Landschaft.

Schon kurze Zeit danach treffen die ersten Militärfahrzeuge in Kecksburg ein. Der Wald, in dem das Objekt heruntergekommen sein muß, wird hermetisch abgeriegelt. Ein riesiger Tieflader dröhnt durch die Straßen von Kecksburg und fährt unter Militärbewachung in das Sperrgebiet.

Einige Augenzeugen waren bei der Bergung zugegen und bestätigten, daß damals Mitglieder der U.S.-Armee, der Marine, der U.S. Air Force und der amerikanischen Raumfahrtbehörde NASA in Kecksburg tätig wurden. Mehrere dieser Zeugen sandten – unabhängig voneinander – auch Gedächtnis Skizzen mit (für einen Jahre später erstellten Bericht der MUFON-Abt. von Pennsylvania, Anm.d.A.), die sich alle in verblüffendem Maße ähnelten. Sie zeigen ein etwa <u>vier bis fünf Meter durchmessendes, bronzefarbenes Objekt von der Form einer Eichel</u>. Das Objekt lag am Ende einer Schneise, die es in dem Wald geschlagen hatte. Der Boden war rinnenförmig aufgefurscht, das Objekt fast bis zur Hälfte in der vor sich aufgetürmten erdenen „Bugwelle" eingegraben."

Auch auf Wright Patterson AFB gab es Zeugen, die das Flugobjekt in einem Hangar gesehen haben wollen. Zwei Zivilpersonen, die in der Nähe dieses Hangars einen Arbeitsauftrag erledigten, konnten in diese Halle schauen. Dabei wurden sie aber von den Wachen entdeckt und regelrecht fortgeschleift.

„Man drohte ihnen, man macht ihnen Vorhaltungen, beschimpft sie regelrecht: Sie sollen alles vergessen, was sie gesehen haben und niemals in ihrem Leben darüber sprechen.

„Wir bekamen erzählt, **in 20 Jahren würde das Objekt zum Alltagsgegenstand gehören.**"

**Magnetohydrodynamsiches Fluggerät
Auf Writght-Patterson AFB**

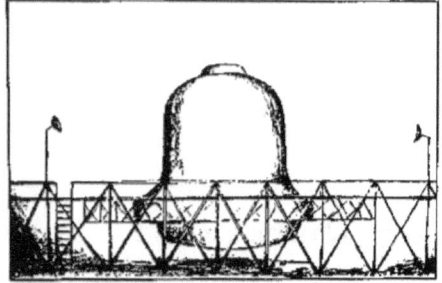

So soll nach Aussage von John Cummings das Kecksburg-Objekt im Hangar der Wright-Patterson-Luftwaffenbasis aufgestellt worden sein. Cummings gelang es am 12. Dezember 1965, einen kurzen Blick auf den Flugkörper zu werfen.

Nach dem Absturz in Kecksburg gelangte die MHD-Maschine auf den U.S.-Stützpunkt Wright Patterson.
An der Spitze ist die, durch die Mittelachsel laufende, poröse Röhre zu erkennen. Der Rumpf mit dem Ionisations- und den mag. Treibringen wurde aerodynamsich verkleidet, genauso die unterhalb der Windabweiser-Schürze gelegenen drei Kondensatoren.

Das Gerät könnte ca. 4-6m hoch und 2-3m breit gewesen sein. Ob für den Prototyp ein Besatzungsraum vorgesehen war, der evtl. sogar wegen künstlicher Schwerkraft um die Mittelachse rotierte, ist unklar. Bei dem Absturz nahe Kecksburg wurde die MHD-Maschine wahrscheinlich ferngesteuert.

Evtl. wurde das magnetohydrodynamische Fluggerät auf WP AFB repariert und in einem geheimen Museum ausgestellt.

Der Autor wartet heute noch darauf, dass diese und weitere unkonventionelle Fluggeräte zu den Alltagsgegenständen gehören!

Sie werden es nicht, weil die heutigen Menschen auf Erden bei der Besiedelung des Weltalls ausgeschlossen sind!

Der Kecksburg „UFO"-Absturz inszeniert?

Abb.:

So soll die Maschine in der Nähe von Kecksburg, Pennsilvania, USA, im Wald aufgefunden worden sein. Entweder war es ein Unfall mit einem neuartigen Flugkörper, der 1965 geschah, oder aber ein „Fake" für die weltweite „UFO"-Gemeinde.

Für ein Ablenkungsmanöver spricht, dass der MHD-Prototyp Mitte der 1960er Jahre bereits 5-10 Jahre alt gewesen sein muss und eigentlich in ein Museum gehörte.

Als Alternative könnte man den veralteten Prototyp aber auch für eine „PSY-Ops" Mission genutzt, bzw. missbraucht haben, und am Rumpf ein ringförmiges Schriftband mit „außerirdischen" sowie phantasievollen Schriftsymbolen aufgemalt haben. Da die Bergungsaktion mit großem öffentlichem Aufwand vorgenommen wurde, was evtl. Absicht war, hoffte man, dass (gekaufte) Augenzeugen auch die fremdartigen Symbole bemerkten und dies später zu Protokoll gaben.

Somit kann man bis in unsere Tage mit diesem evtl. inszenierten Crash, dessen Absturzstelle mit Bedacht im weichen Waldboden gewählt wurde (was wohl kaum Beschädigungen an der Maschine hervorrief) eine weitere „UFO"-Desinformationsgeschichte spinnen.

Das Flugobjekt schien ferngesteuert zu sein und geriet entweder außer Kontrolle oder wurde absichtlich in den weichen Waldboden geflogen. Entweder flog es zu tief und nach einem bestimmten Flugmanöver konnte es nicht mehr rechtzeitig abgefangen werden und durchpflügte den weichen Waldboden, oder es war Kalkül. Die Maschine hinterließ eine etwa hundert Meter lange Schneise im Wald. Der weiche Waldboden muss den Aufprall ziemlich abgefedert haben, denn das Objekt soll kaum ernsthaft beschädigt worden sein.

Die Außenhülle erschien bronzen oder kupferfarben, was auf die Leitfähigkeit der Konduktoren hindeutet, die die umgebende Außenluft ionisieren.

Bei Michael Hesemann, „*Geheimsache UFO*" heißt es u.a.:

„Exakt um 16.47 rief eine Mrs Jones aus dem Städtchen Kecksburg bei der Radiostation WHJB in Greensburg an und erklärte dem Reporter John Murphy: *„Eine riesige Feuerkugel ist in ein Waldgebiet gestürzt, vielleicht zwei Kilometer von uns entfernt".*

...Als er dort ankam, fand er bereits eine rege Aktivität vor. Zwei Polizeiwagen parkten am Waldrand, daneben die Feuerwehr... Was folgte, war eine groß angelegte Bergungsaktion. Was immer in dem Wäldern abgestürzt war, alle drei Waffengattungen marschierten auf, Armee und Polizei sperrten das Waldstück, positionierten bewaffnete Wachen an den Waldwegen und brachten technisches Gerät zur Absturzstelle... Wenig später wurden zwei große Transportfahrzeuge gesehen, eines davon mit militärischen Kennzeichen, die in den Wald fuhren.

Die *„Blue Baretts"* (spezielle U.S.-Air Force Gruppe) wie die Mitarbeiter der „Operation Blue Fly" auch genannt wurden, leiteten den Einsatz. Die Bergung selbst wurde von der 662ten Radar Squadron, die in Oaksdale bei Pittsburg stationiert war und wie „Moon Dust" dem „Aerospace Defense Command" unterstand, vorgenommen.

Zusammen mit anderen Einheiten, die aus dem ganzen Landkreis herbeigeordert wurden, machten sich die 3-4 Mann starken Teams, ausgerüstet mit Taschenlampen und Walkie-Talkies, daran, jeden Quadratmeter des Waldes zu durchkämmen... Als sie schließlich an der angegebenen Stelle ankamen, sahen auch sie das Objekt, das am Ende eines Grabens oder einer Schleifspur mit der Spitze in der Erde steckte. Offenbar war es in einem <u>Winkel von 20-30 Grad</u> eingeschlagen, hatte Äste und ganze Bäume in einer Schneise mit sich gerissen. Der Graben war vielleicht acht Meter lang, zwei Meter breit und an seiner tiefsten Stelle zwei Meter tief. <u>Nirgendwo brannte oder schwelte es</u>.

Das Objekt selbst hatte die Form einer riesigen „Eichel" aus glänzend-silbrigem Metall mit einem Schimmer von Gold, die mit der Spitze in der Erde steckte. Seine Unterseite war umgeben von einem metallischen Ring, auf dem seltsame Schriftzeichen standen.

„Sie ähnelten altägyptischen Hieroglyphen, aber ohne Tiersymbole. Es waren gebrochene und gerade Linien, Punkte, Rechtecke, Kreise." Was aber am meisten verwunderte, war der gute Zustand des Objektes: Es schien völlig intakt zu sein, war nur leicht verbeult."

Auffällig ist der große Aufwand, die vielen militärischen und zivilen Einheiten, außerdem die vielen Augenzeugen und so weiter. Etwas zu viel „Wind" für eine Bergung eines geheimen Fluggerätes.

Wenn man sich nun aber das „Undenkbare" vorstellt, nämlich dass der ganze Absturz und die anschließende Bergung eine „Psy Ops" Mission war, eine geplante Inszenierung, um den Anwohnern, der Presse und dem ganzen Land glauben zu machen, ein außerirdisches Raumschiff wäre abgestürzt, dann macht der große Aufwand vielleicht mehr Sinn.

War dieser Flugapparat, der evtl. einer der ersten Prototypen eines MHD-Fluggerätes war und vielleicht bereits in den 1950er Jahren gebaut und erprobt wurde, in den 1960er Jahren schon technisch überholt? Wurde das Gerät, das verschrottet oder in ein Museum kommen sollte, dafür auserkoren, in einem Stück, wie in einem „Schmierentheater" mitzuwirken?

Plante man den gezielten Absturz, die sanfte Landung in weichem Waldboden bei einem Ort, der gut von nahe gelegenen und bereitstehenden Militärtruppen erreichbar war? Malte man rund um den ringförmigen Luftabweiser einige phantasievolle Schriftzeichen auf, die den Eindruck außerdischen Ursprunges erwecken sollten, um Augenzeugen von der Fremdartigkeit der Maschine zu überzeugen? Restaurierte man anschließend die MHD-Maschine in Wright Patterson AFB und stellte sie zu den anderen Prototypen - wie den Avro-Flugdiskus - in ein geheimes unterirdisches Museum?

Wenn dies eine solche geplante Desinformations-Kampagne zur Verwirrung der Bevölkerung war, die nun weiter an außerirdische „kleine Graue" glauben sollte, dann war sie sicherlich erfolgreich. Bis heute!

Nun sind mehr als 50 Jahre (Stand 2017) nach diesem Absturz eines wahrscheinlich MHD-angetriebenen Fluggerätes vergangen. Und immer noch ist diese spezielle Luftfahrttechnologie in der breiten (und unwissenden) Öffentlichkeit so gut wie unbekannt. Dem Luft- und Raumfahrtspezialisten könnte diese Technologie dagegen durchaus bekannt sein.

Magnetohydrodynamisches Steuersystem

Weitere interessante Einzelheiten über MHD betriebene Fluggeräte findet man in dem U.S.-Patent 3.162.398, filed 26. January 1959, patented 22. December 1964, „Magnetohydrodynamic Control Systems", Milton U. Clauser, Rolling Hills, and Rudolf X Meyer, Pacific Palisades, Calif., Assignors to Space Technology Laboratories, Inc., El Segundo, a Corporation of Delaware:

„Diese Erfindung beinhaltet ein neues und verbessertes System <u>zur Steuerung</u> der relativen Bewegung zwischen einem Flüssigkeitsmedium (Luft, Wasser) und einem Fluggerät. In Übereinstimmung mit dem magnetohydrodynamischen Prinzip wird bei diesem System eine Antriebskraft zwischen einer sich in Bewegung befindlichen elektrisch leitenden Luftmasse und einem Flugzeug erzeugt.

Bewegt sich ein Flugkörper, oder eine Rakete mit relativ hoher Geschwindigkeit durch die Atmosphäre, entsteht ein <u>Wärmeaustausch</u> zwischen der Außenhaut eines Flugzeuges und der turbulenten Luft innerhalb einer Grenzschicht. <u>Die Oberflächentemperatur steigt dadurch erheblich an.</u> Unter extremen Bedingungen, wenn z.B. <u>ein Flugkörper vom Weltall wieder in die Erdatmosphäre eintaucht</u>, kann die hohe Reibungshitze die Außenhaut des Fluggerätes beschädigen, was im schlimmsten Falle zu schweren Beeinträchtigungen bis hin zum Absturz führt.

(Hier sei auf den Space-Shuttle Crash der Columbia-Raumfähre von Februar 2003 erinnert!, Anm.d.A.)

Es wurden große Anstrengungen unternommen, neue hitzebeständige Materialien für Hochgeschwindigkeitsflugzeuge zu entwickeln. Trotz neuartiger Werkstoffe gibt es aber immer noch Defizite und Einschränkungen bei Hochgeschwindigkeitsflügen, dies betrifft vor allen Dingen (heute immer noch!, Anm.d.A.) die Aufheizung der Flugzeugoberflächen.

Ein weiteres Problem ist die <u>Steuerbarkeit</u> von Flugkörper mit relativ hohen Fluggeschwindigkeiten. Herkömmliche Steuerflächen, wie Klappen und Ruder stoßen dabei an ihre anwendbaren Grenzen (auch hier trat dieses Problem bei dem „Columbia"-Absturz im Jahre 2003 auf!, Anm.d.A.).

Die hier vorgestellte Erfindung zeigt auf, daß man durch Änderung der Luftströmung, die ein Fluggerät umgibt, den Hitzetransfer bei Hochgeschwindigkeitsflügen <u>reduzieren</u> kann.

Außerdem wird die Flugrichtung durch bestimmte Reaktionskräfte zwischen dem Flugzeug und den Luftmassen so verändert, daß man auf herkömmliche Steuerflächen <u>nicht</u> mehr zurückzugreifen braucht.

<u>Anstelle der Klappen</u> wird ein weiterentwickeltes magnetohydrodynamisches System verwendet, um elektrische Ströme innerhalb einer sich bewegenden Luftmasse zu erzeugen.

Des Weiteren kann man mit diesem System die Position einer Druckwelle, relativ zum Fluggerät, kontrollieren.

<u>Die Methode eignet sich außerdem für die gesamte Steuerung eines Flugzeuges</u>.

Zudem kann die <u>Reibungshitze mit Hilfe von MHD erheblich reduziert werden.</u>

Ein Magnetfeld-Erzeuger wird innerhalb eines Fluggerätes eingebaut, um eine Druckwelle in Flugrichtung zu erzeugen. Diese Druckwelle produziert ein elektrisch leitendes Plasma, das die Flugzeughülle umschließt. Innerhalb des Plasmas werden dann Wirbelströme induziert, die mit dem Magnetfeld in Wechselwirkung treten. Damit kann man die Fließrichtung einer Luftmasse steuern und zugleich die Flugrichtung ändern.

Zur Verminderung der Aufheizung an Flugzeugoberflächen ist eine Spule, z.B. im Bug eines Flugzeuges, mittig in Flugrichtung ausgerichtet. Wenn das Fluggerät sich nun im Hochgeschwindigkeitsflug befindet und durch die Luftreibung ein elektrisch leitendes Plasma erzeugt, werden durch die Spule elektrische Ströme im Plasma induziert, die wiederum wechselseitig die Druckwelle beeinflusst. Steigert man jetzt die induzierten elektrischen Ströme, dann entfernt sich die Druckwelle weiter von der Flugzeugnase."

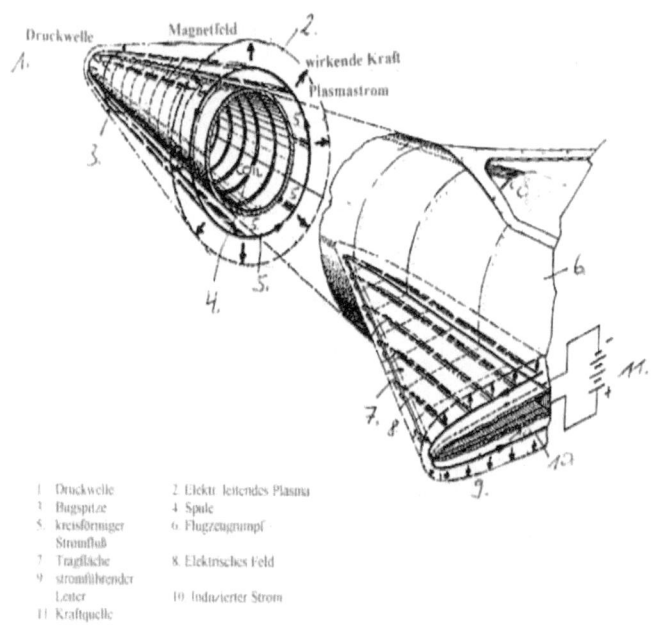

Magnetohydrodynamisches Steuersystem

Abb.:

Für die Re-Entry-Phase, den Wiedereintritt eines Raumfahrzeuges in die Erdatmosphäre, induziert eine elektromagnetische Spule, die sowohl in der Nasenspitze und in den Tragflächen installiert sein kann, in einem heißen und ionisierten Plasmagas, vor dem Fluggerät elektrische Ströme. Dadurch kann die Druckwelle vor dem Fluggerät in ihrer Lage verändert, bzw. seitlich oder oberhalb der Maschine gedrückt werden. Durch die sonst entstehende Reibungshitze entstehen große Überbeanspruchungen an der Flugzeugzelle, die zu Beschädigungen, oder zu einem Unfall führen können.

Dies zeigte sich ganz deutlich im Januar 2003, als die U.S. Raumfähre „Columbia" aufgrund eines beschädigten Hitzeschildes auseinanderbrach.

Warum wird ca. 40 Jahre nach dieser U.S.-Patenterteilung, im 21. Jahrhundert diese Vorrichtung immer noch nicht in zivile Raumfahrzeuge eingebaut? Für militärische Zwecke scheint dieses Verfahren dagegen genutzt zu werden, mit aller Wahrscheinlichkeit auch in der „Wahren Raumfahrt".

"Dadurch wird die Flussrichtung der auf den Bug auftreffenden Luftmasse so weit abgelenkt, daß eine Aufheizung des Flugzeuges merklich reduziert werden kann.

Für eine Richtungs- und Kursänderung sind magnetische Spulen nicht nur in Flugrichtung positioniert, sondern auch in anderen Bereichen des Flugzeuges – wie z.B. in den Tragflächen. Die induzierten Magnetströme rufen in einem Plasma gezielte Reaktionskräfte mit Hilfe von Magnetfeldern hervor, so dass die Maschine in jede gewünschte Flugrichtung dirigieren werden kann.

So wird zum Beispiel bei einem raketenbetriebenen Fluggerät mit spitz zulaufendem Bug beim Wiedereintritt in die Erdatmosphäre die im vorderen Bereich entstehende Druckwelle ionisiert, so dass ein elektrisch leitendes Plasma erzeugt wird.

Dafür wird eine Magnetfeld erzeugende Quelle installiert, z.B. eine Spule, deren Windungen innerhalb des konisch geformten Bugs verlaufen. Das Magnetfeld sollte über die Flugzeugnase hinaus reichen.

Während des Fluges wird die Spule nun unter Spannung gesetzt, um Magnetfelder zu erzeugen. Diese ergeben in einem elektrisch leitenden Plasma ringförmige Wirbelströme, die um die Außenhaut des Fluggerätes herum fließen. Zusätzlich induziert das Magnetfeld in der Spitze der Flugzeugnase elektrische Ströme im ionisierten Plasma, die die Druckwelle von der Nase weg nach außen drückt.

Dieser kombinierte Effekt, das Induzieren von Wirbelströmen und die Repositionierung der Druckwelle, tragen dazu bei, daß der Hitzetransfer zwischen umgebenden Luftmassen und dem Fluggerät erheblich eingeschränkt werden kann.

Durch den Einbau eines Schalters kann das magnetohydrodynamische System selektiv eingeschaltet werden. Wird das System für den Wiedereintritt aus dem luftleeren Raum in die Erdatmosphäre benötigt, kann der Schalter zur Aktivierung des Systems durch einen Temperaturfühler, der auf eine vorbestimmten Außentemperaturaufheizung der Flugzeugoberfläche reagiert, automatisch aktiviert werden.

Die Spule ist in der beigefügten Zeichnung als einlagiger Solenoid dargestellt. Besser ist jedoch ein mehrlagiger, oder aber ein Scheiben-Solenoid.

Magnetohydrodynamic Control System

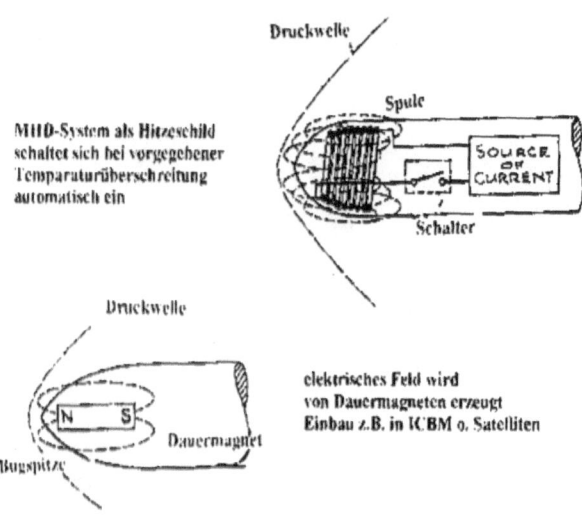

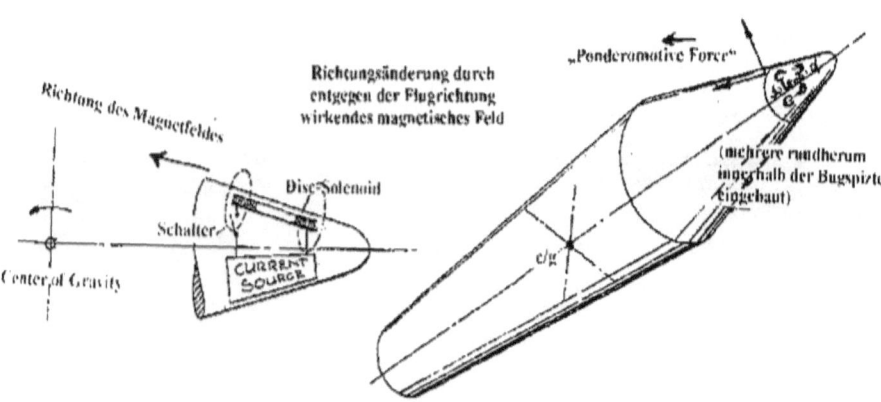

Bild:

Durch den Einbau mehrerer Scheiben-Solenoide in z.B. einer Bugspitze, kann durch das entgegen der Flugrichtung wirkende Magnetfeld, das Fluggerät über den Schwerpunkt –c.g. – Center of Gravity in eine neue Flugbahn gedreht werden.

Anstelle der hier schematisch dargestellten Interkontinental-Rakete – ICBM – ist dieses Steuerungssystem insbesondere für scheibenförmige Fluggeräte von großem Vorteil.

Hauptsächlich ist der Abstand zwischen der Druckwelle und dem vorderen Bereich eines Fluggerätes für die Übertragung der jeweiligen Höhe der Reibungshitze verantwortlich. Zur erhöhten Konzentration des elektromagnetischen Feldes vor dem Flugzeug wird deshalb auf ein Mehrphasen- oder Scheiben-Solenoid zurückgegriffen, der z.B. in der Flugzeugnase eingebaut ist.

Das magnetohydrodynamische System kann nicht nur in die Bugspitze eines Fluggerätes eingebaut werden, sondern z.B. auch in den Tragflächen. Das Prinzip ist dasselbe wie eingangs beschrieben, auch hier reduziert sich die entstehende Reibungshitze an den Tragflächen beim Wiedereintritt in die Erdatmosphäre in erträgliche Temperaturbereiche. Außerdem kann an diesem Ort ein Schalter, der auf Temperaturunterschiede reagiert, eingebaut werden, um bei einem vorbestimmten Temperaturanstieg den Stromgenerator in den Tragflächen in Betrieb zu nehmen.

Statt eines Disc-Solenoids kann außerdem ein Dauermagnet in die Nase eines Flugzeuges installiert werden. Die Magnetspule und das elektrische Magnetfeld sind praktisch identisch und ebenso wird hier das erzeugte Magnetfeld nach außen, in Richtung der Druckwelle gerichtet. Für spezielle Einsätze kann also statt eines stromführenden Elektromagneten ein Dauermagnet dieselbe Funktion der Reduzierung von Reibungshitze an der Außenhaut übernehmen.

Aber bei einem Dauermagneten wird kontinuierlich ein Magnetfeld erzeugt, was zu einem gewissen Widerstand führt. Denn aufgrund der elektromagnetischen Reaktionskräfte, die auf das Fluggerät über das äußere Magnetfeld (Plasma) einwirken, treten Wechselwirkung mit dem permanenten Magnetfeld des Dauermagneten auf und können so zu einer Art Bremswirkung führen. Je nach Verwendung sollte also unterschieden werden, ob man das MHD-Steuersystem permanent oder nur selektiv nutzt, je nach Einsatzzweck und -ziel.

Wenn das MHD-System für die Wiedereintrittsphase verwendet wird, können elektrochemische Batterien, wie eine Silber-Zink Batterie eingesetzt werden, die hohe Stromspannungen für eine kurze Zeitdauer erzeugen. Dies können ca. 100 Sekunden für den Widereintritt eines Raumfahrzeuges sein, oder ca. 25 Sekunden für ICBM, interkontinentale ballistische (Atom-) Raketen.

Bei ICBMs sollten die elektrischen Spulen in der Raketenspitze eine Feldstärke von ca. 80.000 Gauss erzeugen, für den Wiedereintritt eines erdnahen Satelliten kann die Feldstärke auf ca. 10.000 Gauss begrenzt bleiben. Bei den genannten Feldstärken wird somit die Reibungshitze, die auf ein Fluggerät einwirkt, um bis zu 75% vermindert.

Wenn ein Flugzeug mit so großen Geschwindigkeiten angetrieben wird, daß aufgrund der Lufttreibung ein elektrisch leitendes Plasma um die Maschine entsteht, kann das MHD-System zusätzlich auch zur Richtungsänderung des Fluggerätes eingesetzt werden.

So können z.B. in einer Bugspitze mehrere Scheiben-Elektromagnete (Solenoide) installiert werden, die Magnetfelder erzeugen. Diese erzeugen eine „Ponderomotive Force", eine Gegenkraft, die das Fluggerät um den c/g, den Schwerpunkt, dreht. Somit ist es möglich, eine Richtungsänderung in alle Himmelsrichtungen vorzunehmen.

(Dieses System mehrerer Disc-Solenoide, die unterschiedlich angeordnete Magnetfelder produzieren, ist insbesondere für scheibenförmige Fluggeräte interessant. So kann eine Flugscheibe z.B. in acht Bereiche auf der Ober- und Unterseite unterteilt werden, die alle einen Scheiben-Solenoid enthalten. Das MHD-angetriebene Fluggerät wird nun um den Mittelpunkt des

Scheibenkörpers gedreht und steuert somit je nach Wunsch in alle
Richtungen, Anm.d.A.)

Da sich bei hohen Stromspannungen die Wicklungen eines Solenoids sehr stark
aufheizen, muss dieser heruntergekühlt werden. Hierfür wäre z.B. eine
Verdampfungskühlung denkbar. Außerdem braucht ein Elektromagnet eine
Energie/Stromquelle zur Erzeugung der Hochspannung.

Die (Kryogene-) Kühlung, die Stromquelle, Supraleitungen usw. veranschlagen
ein bestimmtes Gewicht, das beim Einbau in Raketen, Satelliten oder andere
Flugkörper mit berücksichtigt werden muss. Hier ist, wie beim herkömmlichen
Flugzeugbau, eine gewichts- und Platz sparende Konstruktion
(Miniaturisierung) und rationelle Ausführung von herausragender Bedeutung
(evtl. hatte der Fund an der „Wakscha" in Russland sogar etwas mit
Kryogener Kühlung von Elektromagneten und MHD-Technologie zu tun, siehe
erstes Print-Buch von 2002, Anm.d.A.).

Die Wahl aus welchem Material der Elektromagnet besteht, hat z.B. Einfluss
auf den Siedepunkt der jeweiligen Kühlflüssigkeit. So kommen die
Kühlmittel: flüssiges Wasser, Flüssig-Stickstoff, Flüssig-Sauerstoff und
Flüssig-Wasserstoff in Frage.

Flüssiger Wasserstoff hat gute Kühleigenschaften, denn um so niedriger die
Temperatur fällt, desto höher ist die Leitfähigkeit bestimmter Materialien.
So steigt die Leitfähigkeit von Kupfer (evtl. waren Teile der Außenhaut des
MHD-Gerätes, das bei Kecksburg, USA abstürzte aus Kupfer, Anm.d.A) in
flüssigem Wasserstoff am besten. Nachteilig ist, dass Wasserstoff eine
geringere Dichte hat und große Tanks benötigt.

Tests haben ergeben, daß für eine Gewichtsoptimierung, Wasserstoff und
Stickstoff die besten Kühlmittel darstellen.

Als geeignetes Material für den Solenoid hat sich Kupfer und Lithium
herauskristallisiert. Kupfer hat die höchste Leitfähigkeit und Lithium die
geringste Dichte. Ein Lithium-Magnet braucht dagegen einen speziellen
Schutzmantel, um chemische Reaktionen mit dem Kühlmittel zu verhindern.

Berechungen haben z.B. gezeigt, daß Kupfer-Magneten für den
magnetohydrodynamische Hitzeschild von ICBMs am besten geeignet sind.
Lithium-Magneten mit geringerem Gewicht eignen sich besser für den Einbau
in Satelliten."

Soweit das U.S.-Patent, das 1959 dem U.S.-Patentamt eingereicht wurde.

Man kann mit Sicherheit davon ausgehen, dass diese MHD-Technologie in den letzten rund 55 Jahren komplett weiterentwickelt wurde. Dies betrifft z.B. das Hitzeschild, den Antrieb von Fluggeräte für einen Flug in der Atmosphäre und unter Wasser, die Tarnmöglichkeiten unter Zuhilfenahme eines, um das Fluggerät entstehendes Plasma, die Beeinflussung elektrischer Fremdsysteme zur Gefahrenabwehr und natürlich die Anwendung als Raumantrieb für Flüge im luftleeren Raum und im Weltall.

Siehe dazu auch das Patent von Lockheed Martin Corporation, Bethesda, MD 20817, USA, das 2005 eingereicht wurde. Ein Hochgeschwindigkeitsflugzeug wird mit magnetischen Wirbelströmen gesteuert.

Es werden in der heimlichen Welt diverse Flugzeuge, Drohnen und militärische Satelliten mit solch einer EM-Steuerung und Hitzeschutz ausgestattet sein!

Wäre der Absturz der U.S.- Raumfähre Columbia zu verhindern gewesen?

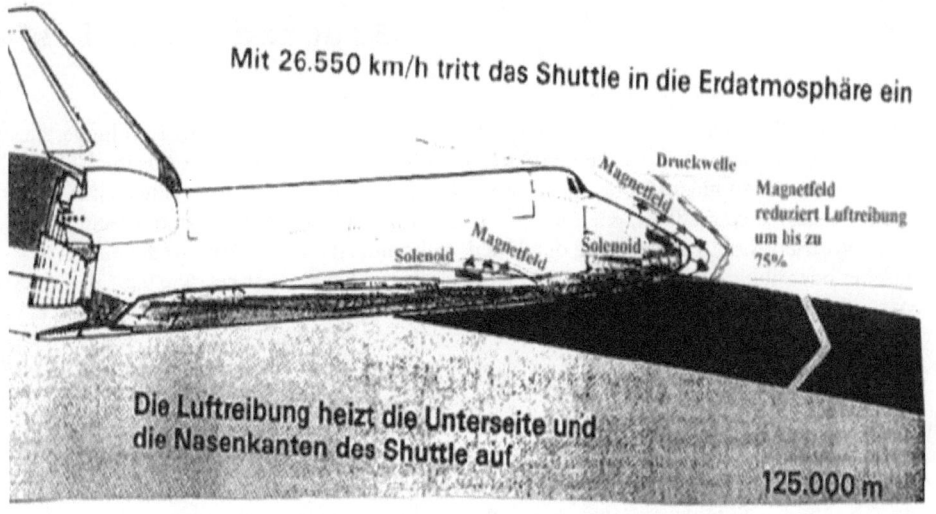

Electromagnetic Heat Shielding

Die Darstellung mit Magnet-Spulen repräsentiert den technischen Stand der 1950er Jahre, heutige Technik weiterentwickelt, ggfs. jetzt Polarisierung der Außenhaut)

Wäre bei der Columbia Raumfähre im Bug und an den Nasenkanten der Tragflächen mehrere Elektromagneten -Solenoide- eingebaut gewesen, hätten diese ein Magnetfeld erzeugt, das das ionisierte heiße Plasmagas von der Außenhaut des Space-Shuttles weggedrückt

Aber man verläßt sich seit mehr als zwei Jahrzehnten lieber auf Keramik-Kacheln als Hitzeschild. Die sind aber für Beschädigungen viel anfälliger.

Bereits in den 1950er Jahren besaßen wohl, zumindest militärische Raketen und Satelitten, entweder ein Solenoid oder Dauermagneten, um die Reibungshitze beim Wiedereintritt in die Erdatmosphäre zu reduzieren.

Warum bekommt die zivile, der Öffentlichkeit bekannten, Raumfahrt diese MHD-Vorrichtung nicht, und warum werden Menschenleben sinnlos geopfert?

Nur die „offizielle" Raumfahrt hat anscheinend von solchen Möglichkeiten, wie den MHD-Hitzeschild für den Wiedereintritt in die Erdatmosphäre, noch nichts gehört. Deshalb können auch im 21. Jahrhundert immer noch Raumfahrer - aufgrund des teilweise beschädigten Hitzeschildes (aus Keramik!) – beim Absturz einer Raumfähre ums Leben kommen.

„Electrogravitics"

„Electrogravitics" ist der allgemein übliche (wenn auch irreführender) Begriff für Fluggeräte, die einen elektrodynamischen Antrieb besitzen. Dies hat aber nichts mit dem Ausdruck „Elektogravitation" zu tun, denn bei diesen elektrischen Antrieben wird mit Hilfe elektrischer Ströme ein Flüssigkeitsmedium, wie Luft oder Wasser, in Bewegung versetzt, das dann für Auf- und Vortrieb sorgt. Für den Flug durch den Weltraum ist zusätzlich entweder ein chemischer oder nuklearer Antrieb notwendig, oder aber geladene Partikel, wie u.a. Eisenspäne, Metallstaub oder Ionen.

Inwiefern man heute schon in der Lage ist, die Schwerkraft aufzuheben, bleibt fraglich.

Elektrostatische Fluggeräte gibt es nun seit mehr als 100 Jahren, rechnet man die ersten Anfänge mit elektrostatisch betriebenen Luftschiffe mit ein. Die Entwicklung bzw. Weiterentwicklung von EHD-Fluggeräten wird bis heute geheim gehalten. Des Weiteren scheinen bestimmte Fluggeräte (oder vor der Ausmusterung stehende Prototypen) für „Spezialaufgaben", wie die Darstellung von „UFOs" aus anderen Welten innerhalb einer „Psy-Ops" Mission herhalten zu müssen.

Auf guten „UFO"-Aufnahmen kann man herauslesen, dass es Anfang der 1950er Jahre, oder gar schon mehr als 10 Jahre früher, mehrere unterschiedliche Prototypen mit elektrischen Antrieben gab.

Als Beispiel seien das „McMinnville-UFO" (von T.T. Brown?) genannt, das im Mai 1950 gesichtet wurde. Ein fast baugleiches Muster wurde 1954 über Rouen in Frankreich aufgenommen. In diese Zeit fällt wohl ebenfalls der Prototyp, den man in dem Hill-Patent als Zeichnung wieder erkennt. Interessanterweise taucht diese Maschine im Juni 1966 wieder auf, als sie über Utah/USA fotografiert wurde. Auch hier rotierte der Besatzungsraum. In diese Periode fällt zudem der „Kecksburg-Crash" eines weiteren, bereits veralteten Prototypen mit MHD-Technologie, der für eine „Außerirdischen-Ablenkungs-Operation" erhalten musste. Im November 1966 wurde eine Flugscheibe, die ähnlich aufgebaut ist, wie zuvor das „Utah-UFO", geknipst. Auch hier soll sich der obere Bereich gedreht haben.

Anfang der 1950er Jahre tauchte das „Scoutschiff" auf, fotografiert von George Adamski. Dieser „verkaufte" der unwissenden Öffentlichkeit seine Aufnahmen als außerirdische Raumschiffe. Wie später bei dem „Kecksburg-UFO" sollten außerirdische und andere undefinierbare Schriftzeichen, die auf einem Negativ von Adamski präsentiert wurden, die Herkunft des Fluggerätes von einem anderen Stern untermauern. Eine typische Ablenkungsgeschichte, eine „Psy-Ops"-Maßnahme, die auch heute noch nachwirkt.

In Wirklichkeit war der „Adamski-Typ" wohl auf Entwicklungsarbeiten von T.T. Brown für ein elektrokinetisches Fluggerät zurückzuführen. Außer über den USA wurde ein solches Fluggerät über England im Jahre 1954 gesichtet. Unterschiedliche Bauvarianten davon, mit kuppelförmigen Aussehen, flogen wohl in den 1960er bis Anfang der 1970er Jahre.

Wenn das Thomas Townsend-Brown „UFO" bereits in den 1950er Jahren für Ablenkungsmaßnahmen herhalten musste, wann war der Jungfernflug, evtl. schon in den 1920er oder 1930er Jahren?

Gleichzeitig aber werden in den 1950er und 1960er Jahren „UFO"-Aufnahmen gemacht, auf denen die Formen der „Untertassen" aerodynamisch günstiger erscheinen und somit mehr der klassischen Form einer gleichmäßig runden Flugscheibe entsprechen. Es könnten deshalb bereits weiterentwickelte, serienreife und einsatzfähige „Electrogravitics"-Fluggeräte anstelle von ersten Prototypen gewesen sein. Folglich könnte man nun schlussfolgern, dass ältere Prototypen - die früher erprobt wurden und eigentlich als überholt galten – gerne als außerirdische Raumschiffe in der (UFO)-Presse mit einer entsprechenden Phantasiegeschichte präsentiert wurden.

Schon in den 1930er und 1940 Jahren fliegen erste, unbemannte Prototypen mit EM-Antrieben. Diese brauchen aber noch große elektromagnetische Komponenten, wie große Abstrahlflächen für eine Zyklotronstrahlung. Im Laufe der Jahre wurden die Systeme verbessert, wurden leichter und kleiner. Wer weiß wie heute - Stand 2017- die EM-Technik vorangeschritten ist und welche fantastischen Dinge heute möglich sind (siehe „Warp-Antrieb").

Stieg die U.S. Luftwaffe - nach einer gewissen „Übergangszeit", jetzt auf diese neuen und bereits in der Praxis bewährten Fluggeräte um?

Hier ein Beispiel eines wohlmöglich elektrodynamisch betriebenen Raumschiffes, das ein Prototyp, oder ein bereits im Einsatz befindliches Fluggerät sein könnte:

Von White-Sands nach New York

Die hier gemachten Angaben stammen alle aus dem Buch: *„Besucher aus dem All"*, von Adolf Schneider, Dritte, durchgesehene Auflage, 1976:

„Besonderes Aufsehen erregte der Bericht des amerikanischen Forschers und Elektro-Ingenieurs (!) Dr. Daniel W. Fry. Er erwarb sich den Titel „Doktor der Philosophie" durch seine Dissertation „Stufen zu den Sternen" (!) am St. Andrews College in London. Er ist Autor mehrerer Bücher auf den Gebieten der Physik und Weltraumfahrt ... Dr. Fry war bei der Firma *„Aerojet General Corporation"* tätig, die ihn die Installation für die Leit- und Kontrollsysteme von Flugkörpern auf dem Versuchsgelände White Sands bei Las Cruces in New Mexico übertragen hatte. Er arbeitete zeitweise auch als Berater für das „CalTech".

Dr. Fry schildert in seinem Buch *„Das Erlebnis von White Sands"*:

„Am Abend des 4. Juni 1950 machte ich einen kleinen Spaziergang zum alten statischen V2-Teststand, der etwa 2,5 km vom Zentrum des Versuchsgeländes entfernt lag. ... Schließlich erkannte ich ein **ovales Objekt,** das im langsamen Gleitflug herunterkam und etwa 20 Meter von mir entfernt erschütterungsfrei aufsetzte, wobei außer dem Knacken des Gebüsches kein Laut zu vernehmen war. Die Höhe des

Sphäroids schätze ich auf knapp 8 m, seinen größten Durchmesser auf etwa 9 m.

... Ich ging näher und berührte vorsichtig die stark polierte, silbrige Metallhaut, die etwas violett irisierend schimmerte. Sie war nur wenig wärmer als die Luft und sehr glatt. Ich schlug dann mit der Handfläche auf das Metall und verspürte ein leichtes, aber **deutliches Kribbeln** in den Fingerspitzen und in der Handwurzel. Da ertönte, gewissermaßen aus dem Nichts, eine deutliche Stimme: „Fass die Hülle lieber nicht an, mein Freund, sie ist noch heiß."

... Weiter sagte die merkwürdige Stimme:" Ich habe den Eindruck, daß es dich ermüdet, da draußen im Sand stehend meinen Vortrag über Wissenschaft und Soziologie anzuhören. Möchtest Du nicht einsteigen und vielleicht eine kurze Reise mitmachen? Dieses Schiff ist zwar nur ein **ferngesteuerter Lastenträger**, aber es hat auch eine kleine Passagierkabine mit mehreren Sitzen. Ich selbst befinde mich in der Zentraleinheit, oder, wie ihr es nennt, im „Mutterschiff", etwa 1.450 km über der Erde."

Kurz darauf bewegte sich ein Stück der unteren Hüllenwand ein wenig nach innen und glitt dann zur Seite. Durch diese Tür gelangte Dr. Fry in eine etwa 2,70 m lange und 2,10 m breite Kabine.

„Was hälst Du davon, wenn wir dich nach New York und zurückbringen – innerhalb dreißig Minuten?"

... Sekunden später „fiel" die Erde mit unglaublicher Geschwindigkeit unter mir weg. Ich sagte, die Erde „fiel weg", weil ich keinerlei Beschleunigung verspürte und das Schiff sich unbeweglich wie ein Fels verhielt. Wenig später erschienen in der linken unteren Ecke der zum durchsichtigen „Bildschirm" gewordenen Tür die Lichter von Las Cruces... („elektrocromatisches Glas" als Sichtfenster?, Anm.d.A.)

Als wir nun über der City von New York auf 32.000 m Höhe heruntergingen, wurden die Lichter viel heller und teilten sich in individuelle Lichtpunkte auf... Leider währte der Aufenthalt über der Stadt viel zu kurz, und ich wurde bereits wieder zurückgebracht, diesmal mit einer Geschwindigkeit, die etwas größer war als beim Hinflug.

... Nach dem Ausstieg hatte sich die Tür bereits wieder geschlossen, und um die Mitte des Schiffes erschien ein orangefarbenes Lichtband. Dann schnellte es nach oben, als sei es von einem Katapult weggeschleudert worden, und die kräftig nachströmende Luft riss mich einen Schritt vorwärts, wodurch ich fast das Gleichgewicht verlor.

... Inzwischen war das Schiff schon auf einige tausend Meter gestiegen, und als das **Licht ins Violette** überging, entschwand es meinem Blick."

Soweit der Erlebnisbericht von Dr. Fry.

Insert

Aerojet-General Corporation

Die Firma wurde 1942 gegründet und produzierte tausende von „JATO", jet-assisted rockets, Starthilferaketen im zweiten Weltkrieg. Nach dem Krieg arbeiteten einige deutsche Wissenschaftler, die nach der Kapitulation in die USA kamen, bei Aerojet.

So arbeitete der deutsche Ingenieur Rudi Beichel an der „Redstone" Rakete, die den U.S. Astronauten Alan Shepard 1961 ins All brachte.

Unklar ist, inwieweit Aerojet auch in die „Wahre Raumfahrt" verwickelt war und EM-Fluggeräte, oder Komponenten für diese entwickelte und baute, und ob am Anfang auch deutsche Wissenschaftler und Ingenieure aus deutschen elektromagnetischen Forschungen darin verwickelt gewesen sein könnten.

Daniel Fry arbeitete von 1949 bis 1954 bei Aerojet und entwickelte, baute und installierte Transducers zur Steuerung, Messungen und Rückmeldung von Daten von Raketentest während des Fluges und während statische Tests am Boden.

Ob er bei Aerojet ggfs. auch an unkonventionellen Raumschiffen arbeitete, ist unklar.

Mr. Fry schien sich, aus welchen Gründen auch immer, für die Propaganda hergegeben zu haben und propagierte später, nach dem er sein berufliches Leben beendet hatte, obskure Theorien.

Wurden in White Sands, bzw. in New Mexico nicht nur Erprobungsflüge mit Raketen durchgeführt, die von der V-2 abstammten, sondern auch elektrokinetische und elektromagnetische Flugkörper getestet, an denen Fry ggfs. in seiner Eigenschaft als Elektroingenieur verwickelt war?

Auch könnte eine deutsche Düsenscheibe in White Sands nachgeflogen worden sein. Siehe hier das Taschenbuch „San Antonio Crash" von Klaus-Peter Rothkugel, worin der Absturz einer solchen erbeuteten Maschine im August 1945 geschildert wird.

Wenn auf dem weitläufigen Testgelände in der Mexikanischen Wüste, wo auch einige „UFOs" abgestürzten, solche Flugkörper und Raumschiffe mit neuen Antriebskonzepten entwickelt und getestet wurden, was könnte Wernher von Braun und seine Gruppe, die ebenfalls dort weilten, davon gewusst haben? Welche Erkenntnisse aus der Peenemünder Zeit flossen eventuell in diese Entwicklungen mit ein? Gab es in Deutschland während des Krieges bereits weitreichende Projekte, Flug- und Raumfahrzeuge elektrokinetisch/elektrostatisch anzutreiben? Wohl zumindest viele militärische Projekte und erste einsatzfähige Prototypen (Foo Fighters), wie u.a. das Raumschiffprojekt mit Atomantrieb von Wernher von Braun, dass die angelsächsischen Verschwörer um General Patton für ihren geplanten Angriffkrieg gegen die Sowjetunion hätten nutzen können.

Dass Dr. Fry mit einem elektrisch angetriebenen Diskus mitgeflogen sein könnte, darauf deutet die Aussage hin, dass ein orangefarbenes Leuchten und später ein violettes Licht zu erkennen war, sog. elektrostatische Sprühfunkenentladung oder „Corona Discharge".

Außerdem schien dieses scheibenförmige Raumschiff bereits, wie schon Ende der dreißiger Jahre das „Lunar Space-Vessel", eine rotierende Kabine besessen zu haben, die durch die Fliehkraft (ca. 20 Umdrehungen pro Minute) eine künstliche Schwerkraft erzeugte, die den Eindruck erzeugte, als würde „die Erde nach unten wegfallen". Außerdem wird die EM-Maschine ihre Lage nicht verändert haben, d.h. keine Kurveneigung oder steiler Anstellwinkel, wie beim Start oder der Landung. Die Kabine ist immer in einer waagrechten Position, sodass ein Insasse immer eine normal, aufrechte Sitzposition beibehält.

Die Vorteile elektrisch betriebener Zubringer-Raumschiffe, sog. Shuttle liegen auf der Hand: hohe Beschleunigung, große Geschwindigkeiten, um aus dem Erdbeschleunigungsfeld herauszukommen. Außerdem leiser Flug, kein „Raketengedonner", Start und Landung überall möglich, auch unter Wasser.

Beim Wiedereintritt verhindert ein elektromagnetischer Hitzeschild das übermäßige Aufheizen der Außenhaut, und die runde Form erleichtert das Eintauchen in die Erdatmosphäre. Außerdem können durch gezielte elektronische Tarnmaßnahmen diese Scheibenkörper für das Radar und das bloße Auge „unsichtbar" gemacht werden. Der sphärische Aufbau ermöglicht zudem das Rotieren des Besatzungsraumes für eine künstliche Schwerkraft beim Flug durch den luftleeren Raum.

Im Erdorbit warten wohl größere Raumschiffe in Sphären- oder Zylinderform oder ein „Dumb-Bell-Schiff" auf die „Shuttle-Disks" und ihre Besatzungen, um sie aufzunehmen und zu menschlichen Außenposten auf dem Mond, Mars oder anderswo hin zu transportieren.

Das solche Raumschiffe, bzw. scheibenförmige „Space Shuttle", ab ungefähr Anfang der 1950er Jahre in einer wie auch immer gearteten, wirklichen Raumfahrt bereits Standard waren (im Gegensatz zu der offiziell praktizierten „Raketen-Raumfahrt"), zeigt ein weiteres Zitat aus o.g. Buch:

```
„Einer der beeindruckendsten UFO-Berichte stammt aus Argentinien, wo im
Jahr 1964 ein fliegender Diskus in der Nähe des internationalen Flughafens
Pajas Blancas, Provinz Cordoba, gelandet sein soll.

Am 5. Juni fuhr ein bekannter Physiker aus Buenos Aires mit seiner Frau von
Rio Ceballos zurück, wo sie einige Verwandte besucht hatten.

Etwa 30 km vom Flughafen entfernt, sah der Wissenschaftler gegen 4 Uhr
morgens ein fliegendes Objekt, das mit hoher Geschwindigkeit auf ihn zukam.
... Das außerordentliche lange Objekt näherte sich bis auf einen Meter,
wobei es eine **violette Farbe** annahm.

Als sich längere Zeit nichts Besonderes ereignete, wurde die Frau des
Physikers immer aufgeregter, zumal sich das Auto nicht mehr starten ließ.
Plötzlich näherte sich ihrem Wagen ein menschliches Wesen.
...

Da hörte er eine angenehme Stimme zu ihm sagen: „Was ist los, mein
Freund?". Er antwortete, daß sein Wagen defekt sei. „Warum versuchst Du es
nicht noch einmal", antwortete der Fremde. Und tatsächlich, jetzt sprang
der Wagen wieder an.

Der Fremde, der immer noch in seiner Nähe stand, lächelte und sagte: „Hab´
keine Angst. **Ich bin ein _Irdischer_ und zu einer besonderen Mission auf die
Erde zurückgekehrt**. Erzähle ruhig Deinen Mitmenschen von diesem Treffen".
```

Dann lief er langsam zu zwei grau gekleideten Männern zurück, die ihn erwarteten.

...Der Wissenschaftler fuhr mit seiner Frau los und sah, wie die fremde Maschine sich in ein violettes Licht einhüllte und vom Boden abhob."

Interessant bei dieser „Begegnung der Dritten Art" ist, dass hier nicht von Wesen, die von fernen Gestirnen kommen, gesprochen wird, sondern von einem Menschen, der wieder (von einem menschlichen Außenposten in unserem Sonnesystem?) auf seinen Heimatplaneten zurückkehrte. Ein Hinweis auf die „Wahre Raumfahrt" und das 1964 eventuell schon seit mehr als 40 Jahren eine hochgeheime Raumfahrt möglich war.

Auch hier wurde wieder das elektrische Glühen, ein violettes Licht (wie z.B. bei einem Blitz) beobachtet.

Flogen also bereits seit den 1920 Jahren aufwärts, elektrostatische oder elektrodynamische scheibenförmige Flugzeuge landesweit über den USA? Wurden sie dort, in der Umgebung von Ohio (WP-AFB), Oregon, Kentucky, seit vielen Jahren zur Serienreife entwickelt. Außerdem schien über Wright Field, später Wright Patterson, geheime Hochtechnologie de Luft- und Raumfahrt gezielt an andere Stellen ins Ausland weitergeleitet worden zu sein. Entweder, dass freie Kapazitäten in anderen führenden Luftfahrtnationen an der Lösung bestimmter Probleme arbeiteten, oder zu militärischen Zwecken, um bestimmte Flugkörper nachzubauen und unter Kriegsbedingungen zu erproben.

Das elektrische Raumschiff von Ryan
oder
„Der Pinch-Effekt"

Der Ingenieur und Erfinder Vjekoslav Gradecak aus El Cajon, Kalifornien reichte für die amerikanische Flugzeugfirma Ryan Aeronautical Company am 26. September 1961 das U.S.-Patent-Nr. 3.177.654 ein, das am 13. April 1965 genehmigt wurde.

Hier einige wichtige Auszüge – aus dem Englischen:

„Für **Orbitalflüge** und kurze **Weltraumeinsätze** sind chemische Raumantriebe ausreichend. Für **ausgedehnte Raumflüge** braucht man dagegen einen Schubstrahl, der für längere Zeit zur Verfügung steht. Ist man erst einmal im luftleeren Raum, reicht ein geringes Schubpotential aus, um ein Raumschiff zu beschleunigen und zu steuern. Bekannte Schubantriebs-Systeme sind u.a. Sonnensegel, Photonen- und elektrische Antriebe. Dabei kann die elektrische Variante in drei Kategorien unterteilt werden:

- der **„Elektrothermal Jet"** - elektrothermischer Schubstrahl: Ein gasförmiger Treibstoff wird elektrisch aufgeheizt und thermodynamisch beschleunigt.

- die **„Ionen-Rakete"**: Ionen werden elektrostatisch beschleunigt

- das **„magnetohydrodynamische System"**: ein Plasma wird durch ein elektromagnetisches Feld beschleunigt.

Alle oben aufgeführten Systeme haben einen spezifischen Impuls der höher liegt als bei chemischen Antrieben. Aber der Schub ist begrenzt und nur für den Betrieb im All ausreichend.

Das ideale Antriebssystem sollte dagegen einen **hohen spezifischen Impuls** über einen **längeren Zeitraum** besitzen, gepaart mit einem **ausreichend starken Schub**, um ein Fluggerät von der Erde bis ins All kontinuierlich aufsteigen zu lassen.

Solch ein System müsste sowohl in der Atmosphäre, als auch im All funktionieren und sollte ein kontrolliertes Wiedereintreten in die Erdatmosphäre ermöglichen.

Dabei sollte es zu keiner aerodynamischen Aufheizung der Außenhaut durch ein sog. „**high-speed Re-entry**" -dem Wiedereintrittsverfahren - kommen, ebenso sollte eine eintretende Luftreibung, bedingt durch das Abbremsmanöver in den oberen Luftschichten, vermieden werden.

Die hier vorgestellte Erfindung beschreibt eben diesen idealen Antrieb für einen kontrollierten Flug durch die Erdatmosphäre, den Weiterflug ins Weltall und einem längeren Flug durch den luftleeren Raum. Dies ist durchführbar, ohne daß das Antriebssystem in seiner grundsätzlichen Arbeitsweise dafür verändert oder neu eingestellt werden müsste.

Hierfür erzeugt das elektrische Antriebssystem extrem hohe Voltzahlen, um ein Flüssigkeitsmedium (z.B. Luft) in einem koronalen Entladungsfeld zu ionisieren. Die ionisierte Flüssigkeit wird durch sehr starke magnetische Impulse beschleunigt und es entsteht ein „**Pinch-Effect**" (Druckeffekt) in der Antriebskammer. Diese ist an beiden Seiten offen, so dass beim Flug durch die Atmosphäre Luft in die Antriebskammer gelangen kann, um dort ionisiert und zu einem Plasma transformiert zu werden. Außerdem wird nicht-ionisierte Luft zusammen mit dem Plasmastrom mitgerissen, was den Luftmassenfluss vergrößert und dabei die gesamte Schubkraft erhöht.

Für den Flug durch den luftleeren Raum und im All wird das benötigte Plasma durch bestimmte Kolloide erzeugt (da keine Luftmoleküle zur Plasmaerzeugung vorhanden sind, Anm.d.A.). Zudem wird die Ionisation durch eine zusätzliche Strahlungsquelle verstärkt, die sich in der Nähe der koronalen/elektrischen Entladungen befindet.

Der elektrisch generierte Vortrieb kann mit einer einzelnen Antriebseinheit erzeugt werden oder aber mit mehreren Einheiten, wobei diese dann über das gesamte Raumschiff verteilt sind. Dabei werden die unterschiedlichen Polungen (Plus, Minus) ständig gewechselt, um eine übermäßige elektrostatische Aufladung um das Fluggerät herum zu verhindern. Außerdem werden die elektrischen Einheiten ständig von überschüssigen Elektronen befreit, die zwischen den einzelnen elektromagnetischen Antriebsimpulsen auftreten können.

Die Antriebseinheit besteht aus einem rechteckigen kastenähnlichen Aufbau. Die Kopf- und Seitenwände ergeben eine Kammer, die oben und unten offen ist. Die Wände sind entweder hohl oder von entsprechender Stärke, um eine jeweilige Verdrahtung, einen Reflektionsspiegel usw. aufnehmen zu können. Entlang dem oberen Abschnitt der Seitenwände verlaufen Elektrodenreihen, die einen bestimmten Abstand zueinander besitzen. Diese können z.B. aus metallischen Stangen bestehen, die durch Isolatoren voneinander getrennt und an einem Ende mit einem Hochspannungsleiter verbunden sind. Am unteren Ende der Kammer ist ein Schirm (Screen) oder ein Metallgitternetz montiert. In den Seitenwänden befinden sich elektromagnetische Spulen, die entweder komplett um die Antriebskammer verlaufen (bei Einzelantrieb) oder aber mit mehreren Antriebseinheiten verbunden sind und eine gemeinsame elektromagnetische Verknüpfung haben.

Das Geheimnis der Wahren Raumfahrt v. K.-P Rothkugel

Electric Aerospace Propulsion System
Ryan Aeronautical Company
U.S.-Patent-Nr 3.177.654 v. 13. April 1965

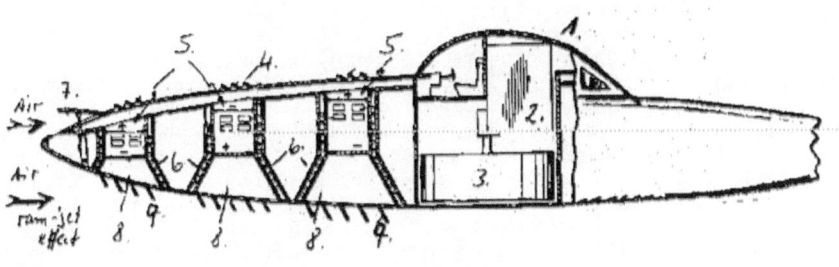

Staustrahl-Effekt   Seitenansicht

1. Kabine
2. Antriebsquelle (Strahltriebwerk o. Reaktor)
3. Stromgenerator
4. Verschließbare Klappen
5. Elektr. Antriebseinheiten
6. Spulen
7. Bewegliches Steuerruder
8. Düsen
9. Leitbleche

Abb:

Die auf der Außenhaut angebrachten Antriebseinheiten operieren mit einer jeweils entgegengesetzten Polung.

„An der Innenseite der Seitenwände befinden sich gegenüberliegend angeordnete Elektrodenreihen. An den beiden Stirnwänden findet man Öffnungen, in die eine Versorgungsleitung für das <u>Einspritzen der Kolloide</u> führt. Unterhalb der Einlaßöffnungen sind Strahlungsquellen angebracht, die die Flüssigkeit und die Kolloide anreichern.

Abb.: Ein Fluggerät mit einem „Pinch"-Antrieb?

Der Kastenaufbau für den Antrieb und die dazugehörigen An- und Aufbauten können je nach Größe des Fluggerätes und des Einsatzzweckes variieren.

Die Antriebseinheit funktioniert wie folgt:

Die Elektroden und das Metallgitter sind beide miteinander an einer Seite mit je einer Hochspannungsquelle verbunden, so dass die Spannung von oben nach unten verlaufen kann. Zur Spannungserzeugung für „Corona Discharge" durch Elektroden sind <u>1 Mio. Volt</u> oder mehr angedacht, um ein Gas oder die Umgebungsluft zu Ionisieren.

Für den Flug durch die <u>Erdatmosphäre ist folglich Luft als die benötigte Antriebsflüssigkeit vorgesehen</u>. Die obere Hälfte der Antriebskammer ist somit mit Luft und Ionen gefüllt. Die Ionen werden zu dem unterhalb angebrachten Metallgitter angezogen, das mit einer entgegengesetzten Ladung gepolt ist. Die um den Kasten gewickelten elektromagnetischen Spulen werden nun von einer adäquaten Kraftquelle unter Hochspannung versetzt. Dadurch baut sich ein magnetisches Feld auf, dessen Feldlinien axial verlaufen. Die Ionen strömen jetzt mit merklicher Beschleunigung nach unten. Dieses Phänomen wird allgemein der „Pinch-Effekt" genannt. Zu der hohen Voltspannung gehören außerdem extrem hohe elektromagnetische Impulse, die bei etwa mehreren tausend Ampere liegen.

Durch den „Druck-Effekt" wird das Plasma - geformt durch die Arbeitsflüssigkeit wie etwa Luft - und die Ionen nach unten durch das Metallgitter geleitet und produzieren den <u>nötigen Reaktionsantrieb, nämlich einen Schub</u>. In der Erdatmosphäre <u>wird durch den Plasmafluß auch die umgebende</u> Luft mit nach unten gerissen. Diese addiert sich zu dem Luft/Ionen-Massenfluß und <u>erhöht den Schub</u> noch zusätzlich.

Die nötige Energie liefern zum einen ein elektrostatischer Generator sowie ein oder mehrere Kondensatoren.

Der magnetische Impuls wird aber nicht immer ausreichen, um das Plasma, das die Antriebskammer voll ausfüllt, komplett durch das Metallgitter zu drücken. Angesammelte und überschüssige Elektronen, die sich noch in der Kammer befinden, können zum einem zu einer Störung des Plasmastromes, und zum anderen zu einem Kurzschluss zwischen den Elektroden und dem Metallgitter führen. Das würde den gesamten Plasmafluß unterbrechen und somit einen Schubverlust herbeiführen.

Um dies zu verhindern, wird eine elektrische Ladung zwischen mehreren Elektroden in Form von kleinen Plättchen aufgebaut. Diese elektrische Ladung verläuft entgegengesetzt zum elektromagnetischen Feld und bewirkt, daß die überschüssigen Elektronen zu einer der vielen Metallplättchen angezogen werden, und zwar je nach angelegter Polarisierung, ob nach Minus oder Plus.

Das Entfernen der unerwünschten Elektroden wird durch eine Kopplung mit einem speziellen Hochgeschwindigkeits-Schaltkreis, der in Verbindung mit den Spulen und den „plate electrodes" steht, durchgeführt.

Eine bestimmte vorgegebene Polung für den Betrieb der Antriebskammer ist nicht vorgesehen, um die Ionen zum Metallgitter anzuziehen. Es können sowohl negative wie positive Ionen erzeugt werden, die dann von dem jeweiligen gegenteiligen Pole angezogen werden."

Electric Aerospace Propulsion System
V. Gradecak, assignor to Ryan Aeronautical Company,
San Diego, Calif.
U.S.-Patent 3,177,654, Sept. 26, 1961

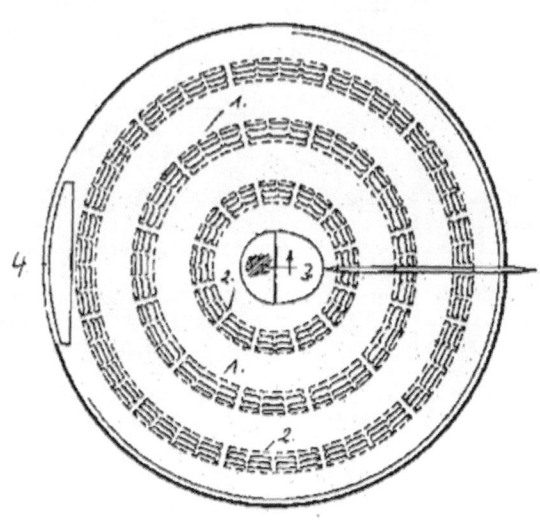

1. Antriebseinheiten
2. Verschließbare Klappen (Louvre)
3. Kabine
4. Steuerklappe

Draufsicht

Abb.:

Raumschiff mit kreisförmig angeordneten Antriebseinheiten.

„In sehr großen Flughöhen, wo die Luft sehr dünn wird, muss <u>Anstelle von Luft eine andere Arbeitsflüssigkeit</u> verwendet werden. So können Flüssigkeiten in Form von <u>Kolloiden,</u> wie <u>metallischer Staub</u>, <u>hydroskopische (Wasser anziehende) Salze oder Gase</u> in die Antriebskammer durch spezielle Öffnungen eingespritzt werden. Elektronen werden von den Kolloid-Molekülen angezogen und formen elektrisch geladene Partikel von niedriger Ionisation und Mobilität. Diese Partikel sind aber wesentlich größer als ionisierte Luftpartikel und ergeben dadurch eine große ausgedehnte Masse an Plasma, das augenblicklich mit dem elektromagnetischen Feld in Reaktion tritt.

(**Kolloid**: Griechisch: „kolla": Leim; „lidos": Aussehen, Gestalt. Ein Stoff, der sich wegen der Größe seiner Teilchen nicht wirklich auflöst, kolloidal: feinzerteilt und feinverteilt .Anm.d.A.)

Um die Ionisation der kolloiden Partikel weiter zu steigern, wird eine Strahlung erzeugt, die die Kolloide instabil und das Einfangen von Elektroden leichter macht. Dabei kann eine ultra-violette respektive eine

Gamma-Strahlung die Quelle sein, oder aber eine Funkwellen-Erregung o.ä., die elektrische Auflading fördern. Die Strahlungsquelle befindet sich direkt unterhalb der Einspritzöffnungen, um die entstehenden Partikel sofort elektrisch zu erregen.

Die Strahlungsquelle verbessert auch ohne die Einspritzung der Kolloide die Ionisation der Luft, was die Effektivität erhöht. Außerdem können Kolloide schon während des Atmosphärenfluges beigefügt werden, um zusätzlich Schub zu erzeugen, wenn er benötigt werden sollte.

Das oben beschriebene elektrische Antriebssystem kann an verschiedenen Fluggeräten Anwendung finden, um durch die Atmosphäre oder durch das Weltall zu fliegen. Es ist u.a. für Flugzeuge, Satelliten im Erdorbit oder **interplanetare Raumschiffe** vorgesehen.

Die beigefügte Abbildung zeigt ein scheibenförmiges Fluggerät bzw. Raumschiff mit diesem elektrischen Antrieb. Mehrere der oben geschilderten kastenförmigen Antriebseinheiten sind regelmäßig in konzentrischen Kreisen bündig in der Außenhaut eingelassen. Die Einheiten sind mit Klappen („Louvers") bestückt, um Luft einströmen zu lassen. Sie sind beweglich gelagert und können unterschiedlich eingestellt oder gar vollkommen geschlossen werden.

Alle Antriebseinheiten haben eigene Auslassdüsen, die nach unten zeigen und zusätzlich je eine Verschlussklappe haben, die einzeln in verschiedene Einstellwinkel verstellt oder gänzlich geschlossen werden können.

Die elektromagnetische Spule kann entweder als große Ringspule um alle Antriebseinheiten verlaufen oder einzeln um die jeweiligen Einheiten gewickelt sein. Dies hängt vom Grad der gewünschten Steuerung ab.

Die Spulen sind nach unten bis zu den Auslassdüsen verlängert, um die Plasma-Beschleunigung so lange wie möglich aufrecht zu erhalten, was die Schubkraft erhöht.

In der Mitte des Fluggerätes befindet sich der Besatzungsraum und alle dazu notwendigen Instrumente und Steuereinrichtungen. Außerdem sitzt im Zentrum die Kraftquelle, wie z.B. eine Hochgeschwindigkeits-Gasturbine oder ein ähnliche gearteter Motor, der den elektrischen Generator antreibt.

Dieser wiederum liefert dann die benötigte Energie für die einzelnen elektrischen Antriebseinheiten. Ein Atomantrieb wäre für einen längeren Flug durch das Weltall denkbar, obwohl eine Gasturbine den großen Vorteil hat, daß deren Abgase wiederum als Arbeitsflüssigkeit zur Plasmaproduktion mit herangezogen werden können.

Der Stauraum zwischen den einzelnen Antriebskammern wird dazu genutzt, um elektrische Apparate, Kondensatoren, Steuereinheiten, Vorrat an Kolloiden, Treibstoff, aber auch Sauerstoff und Wasser für die Besatzung unterzubringen.

Alle Antriebseinheiten haben die gleiche Polung und erzeugen elektrische Partikel gleicher Ladung. Der gemeinsam nach unten gerichtete Plasmastrom führt zu einer hochenergetischen flächenmäßigen Entladung, die dafür sorgt, dass der unkontrollierte Ausstoß weiterer geladener Partikel verhindert und der Schub damit nicht unterbrochen wird.

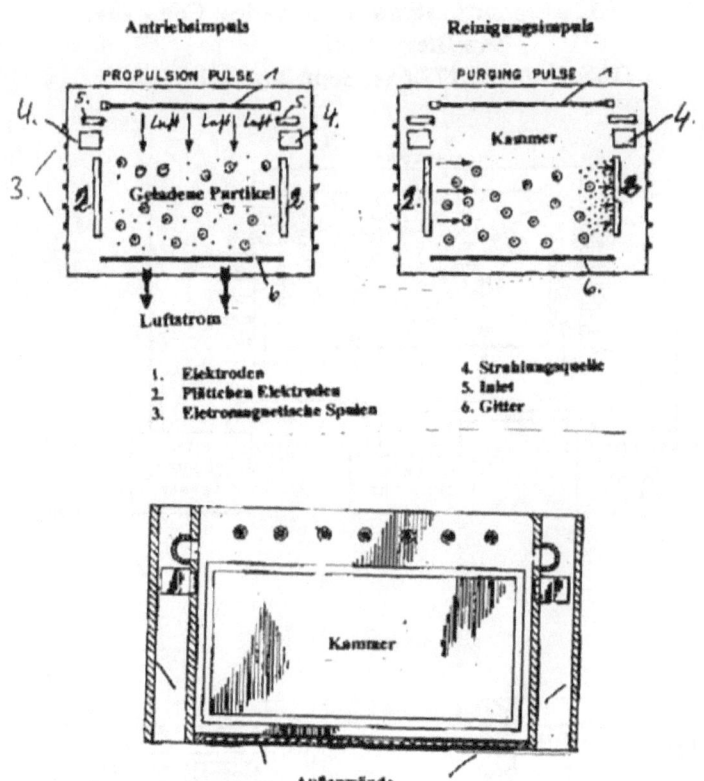

Abb.:

Durch Reinigungsimpulse werden die Antriebseinheiten von überschüssigen Elektronen befreit.

Durch das „Inlet" wird die „Arbeitsflüssigkeit", wie Metallstaub, Kolloide oder hygroskopische Salze oder Gase als Treibstoff während des Fluges durch den luftleeren Raum oder das Weltall zugeführt.

Electric Aerospace Propulsion System
V. Gradecak, assignor to Ryan Aeronautical Company, San Diego, Calif.
U.S.-Patent 3,177,654, Sept. 26, 1961

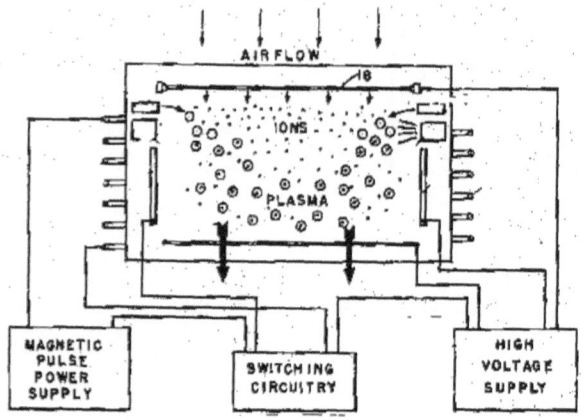

Antriebseinheit

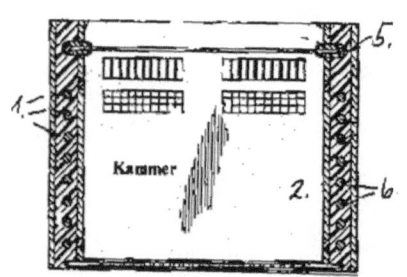
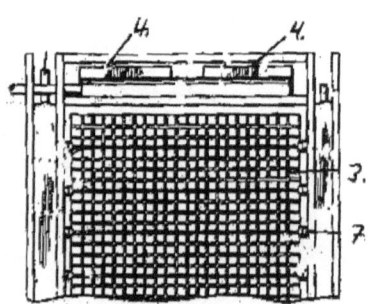

Abb.:

1. Spulen
2. Elektroden
3. Gitter
4. Strahlungsquelle
5. Hochspannungsleiter
6. vertikale elektromagnetische Spulen
7. Isolatoren

Nagora-Foto Nr. 9
Im nicht gezeigten Bild Nr. 8 befand sich das UFO noch in der markanten Wolke, über welcher es nun frei in der Sonne schwebt.
(Vgl. S. 125)

Ausschnittvergrößerung von obigem Bild

Abb.:

Aus dem Buch „Das Geheimnis der unbekannten Flugobjekte" v. Adolf Schneider und Hubert Malthaner, 1977

Beachte Aufbau auf der Oberseite, der 1971 fotografierten Flugscheibe!
Eine ähnlich lang gezogene Kuppel wie bei dem U.S.-Patent-Nr. 3.177.654 v. 1961 von V. Gradecak.

„Um während des Fluges durch die Erdatmosphäre genügend Luft zu erhalten, ist oben an der Vorderkante der Maschine eine Lufteinlassklappe beweglich angeordnet.

Ist die Klappe geöffnet, strömt nach dem „Ram-Jet"-Prinzip Luft hinein und diese wird zu den einzelnen Antriebskammern verteilt. Die unten angebrachten Steuerklappen sind so verstellbar, daß wenn der Plasmafluß nach hinten strömt sich ein Vorwärtsflug einstellt, bei umgekehrter Strömung tritt ein Bremseffekt ein.

Stehen die Klappen vertikal, schwebt, steigt oder fällt die Maschine, je nach „Power Settings", d.h. wie viel Schub gegeben wird. Die unteren verstellbaren Steuerklappen können vom Piloten mit den sonst üblichen Steuereinheiten (Steuerknüppel, Pedale) mechanisch, elektrisch oder hydraulisch angesteuert werden.

Sind die einzelnen Schubeinheiten unabhängig voneinander steuerbar und einige nahe der Außenkante des Fluggerätes angeordnet, so kann die gewünschte Flugrichtung durch unterschiedliche Schubsteuerung bestimmt werden.

In geringen Höhen und dichter Atmosphäre arbeitet das gepulste Magnetfeld in niedrigen Frequenzbereichen, während in beinahe luftleerer Atmosphäre und im Weltall hohe gepulste Frequenzen von dem Magnetfeld ausgehen.

Das Pulsieren verhindert den unkontrollierten Aufbau sich gegenseitig kurzschließender Strompfade sowie Lichtbogen-Effekte, besonders beim Übergang ins Vakuum, wo der elektrische Widerstand sehr gering ist. Die hier angedachten immensen Stromspannungen und hohe magnetische Impulse ergeben eine Vorwärtsschub, der sehr viel größer ist als bei anderen, bereits im Einsatz befindlichen ähnlichen elektrischen Antriebssystemen. Denn die mehrfach vorhandenen Antriebseinheiten erzeugen einen nahezu unbegrenzten Schub, verteilt über eine sehr große Fläche.

Zusammenfassung:

Da die Antriebseinheiten mit einem großen Spektrum an Antriebsflüssigkeiten arbeiten können, ist ein Fluggerät, ausgerüstet mit diesem System, in der Lage z.B. in der Erdatmosphäre jede nur erdenkliche Flughöhe zu erreichen.

Der Übergang von der Erdatmosphäre in das Weltall wird ohne Änderung oder Umschaltung des vorhandenen Antriebssystems durchgeführt und ohne das außen angebrachte Hilfsaggregate und -triebwerke wie Feststoffraketen nötig sind.

Wenn eine Gasturbine als Hauptantrieb fungiert, dienen die Abgase beim Flug durch das Weltall als Arbeitsflüssigkeit. Dabei können Kolloide zusätzlich eingespritzt werden. Die größte zu entwickelnde Schubkraft wird nur in der Atmosphäre benötigt, sowie für die Überwindung der Erdanziehung. Im Erdorbit und im All ist der Bedarf an Schubkraft geringer, um die schon erreichte Geschwindigkeit beizubehalten (keine Luftreibung mehr im Vakuum, Anm.d.A.).

Das hier beschriebene Antriebssystem ist besonders interessant für große und leichte Fluggeräte, in denen eine große Anzahl an elektrischen Antriebseinheiten, über eine große Fläche verteilt, untergebracht werden können.

Riesige Satelliten können bereits komplett zusammengebaut und vollkommen auf- und ausgerüstet sofort in den Orbit gebracht werden (ohne zusätzliches Trägersystem, Anm.d.A.) und **Raumschiffe starten mit diesem elektrischen Antrieb zu interplanetaren Missionen.**

Die Landung auf anderen Welten kann mit der dort vorgefundenen Atmosphäre als weitere Arbeitsflüssigkeit zum Antrieb der Motoren durchgeführt werden. Nach dem Wiedereintrittsverfahren auf der Erde wird dann wieder auf die Erdatmosphäre und die Luft als die nötige Flüssigkeit zurückgegriffen."

Soweit einige Auszüge aus o.g. U.S.-Patent.

Wurden einige kleinere und größere Prototypen von der Ryan Aeronautical Company für Flüge auf der Erde und im Weltall gebaut und erprobt (und als UFO gesichtet)? War die NASA eine der zuständigen Organisationen, die für die Tests (auf der Erde und im All) zuständig waren?

Welche große Satelliten wurden zu welchen Planeten, ob hier in unserem Sonnensystem (Mars) oder auf andere Welten mit einer Atmosphäre, die in einem nächsten Sonnensystem liegen, transportiert?

Seit wann fliegen welche Siedler mit solchen Raumschiffen mit dem „Pinch-Effect" in die Weiten des Alls und leben bereits auf erdähnlichen Welten?

Auch in England (und den Commonwealth-Staaten) machte man sich Gedanken über ein elektrisch betriebenes Raumschiff:

Space Vehicle

Der Erfinder Charles Osmond Frederick meldete am 10. März 1972 sein „Space Vehicle" im Auftrage des „British Railways Board" unter der Patent-Nr. 1310.990 an, das am 21. März 1973 veröffentlicht wurde.

„Wir, British Railways... veröffentlichen hiermit die Erfindung, von der wir hoffen, ein Patent zu erhalten, ...das im Einzelnen wie folgt beschrieben wird:

Die hier vorgestellte Erfindung beschreibt ein **Raumfahrzeug**. Genauer gesagt bezieht sich die Erfindung auf eine Kraftquelle, die einen permanenten Schub liefert und nur sehr kleine Mengen an Treibstoff verbraucht.

Eine solche Kraftquelle ermöglicht eine sehr hohe Fluggeschwindigkeit für das Raumfahrzeug. Die andauernde Beschleunigung des Gefährtes könnte außerdem für eine künstliche Erzeugung der nötigen Schwerkraft von 1g Verwendung finden.

Das Raumfahrzeug besteht aus einer Plattform, auf deren Unterseite eine thermonukleare Fusionszone vorhanden ist, sowie die dazugehörenden Versorgungseinrichtungen und ein oder mehrere Laser, die für die Zündung des Fusionsvorganges bestimmt sind. Außerdem befinden sich an der Plattform Elektromagnete, die die elektrisch geladenen Partikel aus der Kernfusion ablenken, obendrein eine größere Anzahl von Elektroden, die die geladenen Partikel wieder einfangen und dadurch elektrische Ströme erzeugen.

Das Raumschiff hat die Form eines Scheibenkörpers mit einer flachen oder leicht konvexen Unterseite. Die kontrollierte Kernfusion wird von den, am Rand angeordneten, Lasern eingeleitet, deren Brennpunkt auf die zentrale Reaktionszone gerichtet ist.

Die thermonukleare Fusion besteht aus einer <u>Serie von Impulsen</u>. Jeder Puls wird durch die Laser-Energie und/oder von den, vom vorhergehenden Puls reflektierten, energetisch geladenen Partikeln ausgelöst. Nach jedem einzelnen Impuls des Fusionsprozesses wird das System aus Sicherheits- und Stabilitätsgründen heruntergefahren. Die Impuls-Frequenz ist höher als 1.000 Hz, um strukturelle Vibrationen innerhalb des Fluggerätes zu vermeiden.

Die Verschmelzungszone wird mit <u>Flüssigtreibstoff</u>, der mit hohem Druck durch eine Düse gepumpt wird, versorgt. <u>Supraleitende Elektromagnete</u> innerhalb des Schiffes strahlen ihre Feldlinien unterhalb des Plattformbodens nach außen ab.

Diese Magnetfelder leiten geladene elektrische Partikel, die von dem thermonuklearen Reaktor produziert wurden, entweder direkt nach unten, oder aber zur Seite ab. Die geladenen Partikel, abgelenkt zur Unterseite, werden von speziell isolierten Elektroden wieder eingefangen und ergeben einen elektrischen Strom. Die zur Seite geleiteten Partikel dagegen erzeugen den benötigten Schub, d.h. in einem Flüssigkeitsmedium wie Luft den nötigen Auf- und Vortrieb. (siehe dazu auch z.B. die Beschreibung bei dem U.S.-Patent von G. Hill, Anm.d.A.)

Die Elektrodenreihen sind <u>kreisförmig in Sektionen unterteilt</u>, jede Sektion ist durch ein Isolierstreifen voneinander getrennt. Aufgrund dieser Anordnung kann die Stromspannung in den einzelnen Sektionen stufenlos variiert werden.

Der Ladungszustand, der im Reaktionspunkt erzeugten geladenen Partikel, kann durch Anreicherung, oder Zuführung anderer geeigneter Materialien (z.B. Kolloide, Anm.d.A.), verbessert werden. Damit erhöht sich die Zünd- bzw. Reaktionsfähigkeit des Treibstoffes, der durch den Laserstrahl aufgeheizt wird und macht dadurch den Zündvorgang effektiver.

Der obere Teil des Scheibenkörpers wird durch ein entsprechendes Material - Bleimantel (oder z.B. Zirkonium, Anm.d.A.) - von der tödlichen Kernstrahlung abgeschirmt.

Zusätzlich absorbieren Kühlschlangen überschüssige Wärme-Energie, die bei dem Energieprozess entsteht und befördern diese zu Wärme-Austauschflächen an der Oberseite der Scheibe.

Die Initialzündung für den Betrieb der Laser kann durch einen **homopolaren Stromgenerator** erzeugt werden. Die Energie erzeugt entweder eine große, sich <u>drehende Scheibe</u>, oder zwei <u>gegenläufige Schwungscheiben</u> (s. hierzu auch die Beobachtung bei den Luftschiffen über den USA im Jahre 1897!, Anm.d.A.).Der Scheiben-Generator kann unmittelbar und oberhalb der Reaktionszone positioniert werden, um als weiteres Schutzschild gegen die radioaktive Strahlung zu dienen.

Nach der Initialzündung kann der homopolare Generator durchaus weiter rotieren und arbeitet dann als <u>Schwungrad</u> und trägt zur <u>Stabilisierung des Fluggerätes</u> bei. Außerdem verändert der Generator die elektrostatische Spannung innerhalb der einzelnen Elektrodenbereiche so, daß Stromschwankungen, und daraus resultierende ungleiche Beschleunigungskräfte, ausgeglichen werden können.

Das unterhalb des Fluggerätes befindliche magnetische Feld schützt bestimmte Bereiche der Unterseite vor unerwünschten Wechselwirkungen mit anderen geladenen Partikeln. In diesen, von elektrischen Entladungen abgeschirmten Zonen, können Laser oder Laser-Reflektoren eingebaut werden.

Durch die Steuerung der Voltzahlen an den einzelnen Elektrodensegmenten, sowie der Variierung des Magnetfeldes der einzelnen Elektromagnete durch einen Servomechanismus, wird der Schub verändert und so ausgerichtet, daß die Fluglage und Flugrichtung der Maschine je nach Wunsch verändert werden kann.

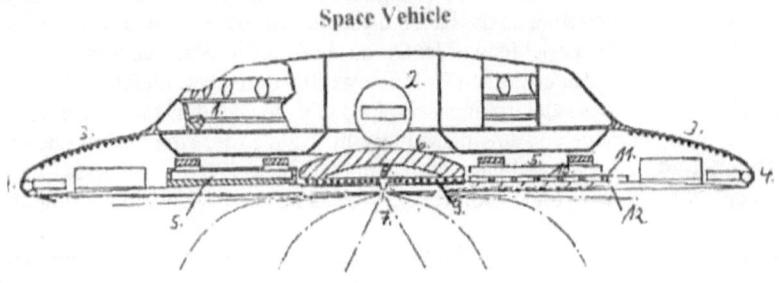

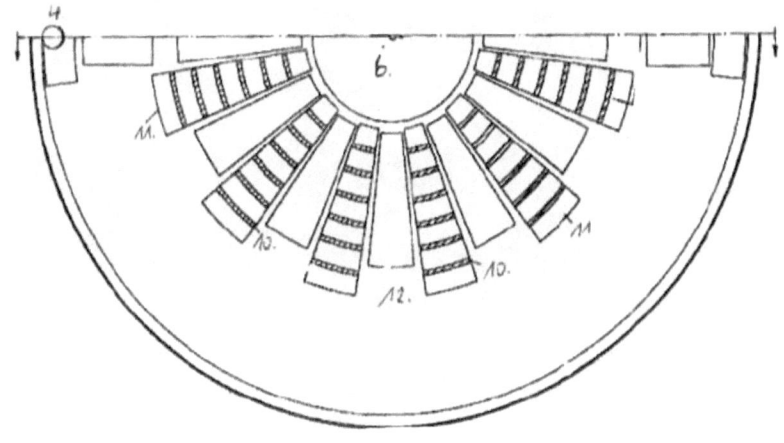

1. Passagierabteil
2. Homo-polarer Generator
3. abstrahlende Oberfläche
4. Laser
5. Elektromagnete
6. Blei-Schutzschild
7. Zentrale Antriebszone
8. Austrittsdüse
9. Kühlschlangen
10. Isolierstreifen zwischen den Elektrodenreihen
11. Elektroden
12. Einzelne Segmente der Elektrodenreihen dienen der Steuerung

Abb.:

Im März 1973 veröffentlichte Charles Osmond Frederick sein Patent eines Space Vehicles.

Interessanterweise wurde sein britisches Patent über den „British Rail Board", den der englischen Eisenbahn angemeldet. Wollte man einer vorzeitigen Endeckung, dieses evtl. realisierten Raumschiffprojektes, entgehen. Wollte man außerdem keine regulären Flugzeugfirmen kompromittieren?

In dem oberen Bereich der Scheibe befindet sich zentral gelegen, eine Passagierkabine für die Crew, Passagiere und Fracht."

Soweit das „British Railway Board" Patent von 1973.

Wie immer könnte die Entwicklung, die zu obigem Patent führte, wohl schon einige Jahre früher durchgeführt worden sein, so dass auch diese nuklear betriebene „Elektro-Scheibe" schon irgendwo als „UFO" gesichtet wurde. Ob nur in England, Kanada, Süd-Afrika oder Australien, also innerhalb des britischen Commonwealth-Bereiches, bleibt unklar. Genauso unklar wird bleiben, ob diese elektrokinetische Flugscheibe auch für Raumflüge, als „Shuttle-Gerät" für Verbindungsflüge von einem „Mutterschiff" zur Erde, Mond, Mars oder eines anderen Himmelskörpers (Mars-Monde Phobos und Daimos) innerhalb unseres Sonnensystems Verwendung finden sollte, oder bereits hinaus ins Universum flog.

Ein anderes U.S.-Patent zeigt eine weitere Möglichkeit mit Hilfe elektromagnetischer Kräfte Flugzeuge und auch Raumschiffe anzutreiben. Einzelne technische Komponenten in dem unten aufgeführten Patent finden sich interessanterweise bei bestimmten „UFO"-Sichtungen wieder, wie im darauf folgenden Absatz erkennbar.

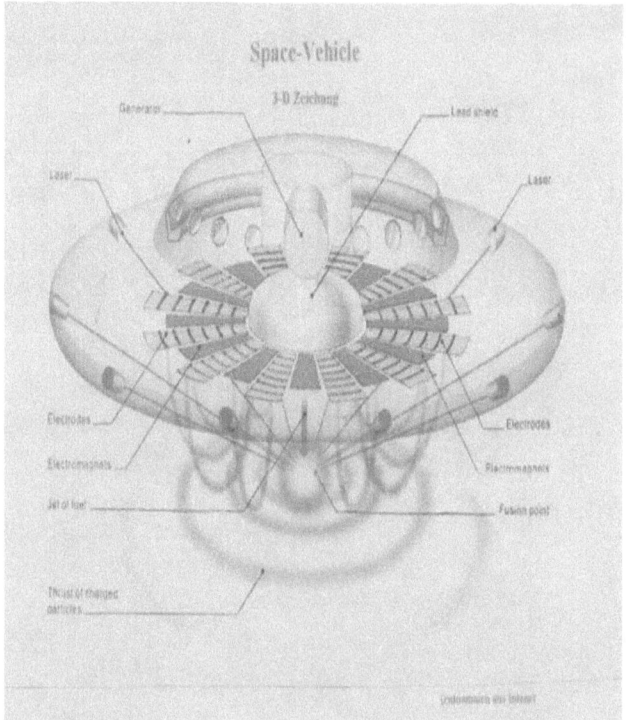

Abb.:

Flog das „Space Ship", dessen britisches Patent im März 1972 angemeldet wurde, evtl. schon einige Jahre früher und wurde als „UFO" irgendwo auf der Welt gesichtet? Könnte die Erprobung auf Commonwealth-Gebiet stattgefunden haben, also entweder in England, Kanada oder Australien?

Warum lief das Patent über „British Rail" und nicht über eine Flugzeugfirma oder über irgendein Forschungsinstitut?

Dipolares Kraftfeld-Antriebssystem

Ein weiteres, sehr wichtiges Patent hat der Erfinder James E. Cox aus Los Angels, Kalifornien angemeldet, am 26. Juli 1982, U.S.-Patent-Nr. 4,663,932 „Dipolar Force Field Propulsion System", das am 12. Mai 1987 genehmigt wurde.

In diesem – technisch sehr interessanten und für das Verständnis für elektrostatische Antriebsarten äußerst wichtigen – Patent, das sehr umfangreich ist und damit zeigt, dass viele Personen, Institute usw., über längere Zeit an der Entwicklung solcher Fluggeräte gearbeitet hatten, heißt es u.a.:

„Das dipolare Kraftfeld-Antriebssystem erzeugt zum einen ständig sich umpolende elektrische Ströme, die sich in eine bestimmte Richtung ausdehnen. Diese elektrischen Ströme haben eine vorgewählte Feldstärke und schwingen in einer vorbestimmten Frequenzhöhe.

Zum anderen generiert das System alternierende Magnetfelder, die sich in eine andere Richtung verbreiten, und zwar entlang eines vorbestimmten Winkels zu den elektrischen Strömen. Die Magnetfelder kreuzen dann in einem genau festgelegten Bereich diese elektrischen Ströme. In dem nun entstandenen Kraftfeldbereich ist die Frequenz der Elektroströme und der Magnetfelder gleich groß.

Bestimmte, sich neutral verhaltende Materieteilchen haben genau festgelegte elektrische Eigenschaften, sowie eine bekannte Obergrenze des Ionisationsgrades, der wiederum größer sein soll als die Höhe des elektrischen Feldes.

In und durch dieses stark elektrische Feld können die Dipole dieser Materiepartikel bei einer bestimmten Frequenz in eine kreisläufige, zyklische Rotation versetzt werden, um danach eine Reaktionskraft – einen Schub zu erzeugen. So können bei einem Flug durch den Weltraum Materiepartikel bei einer bestimmten Temperatur verdampft und durch ein Transportsystem in die sich kreuzenden elektrischen und magnetischen Feldlinien gebracht werden. Ausgestoßen und in Rotation versetzt, liefern sie die nötige Schubkraft für zu Vorwärtsflug im All.

In dieser Erfindung werden also Systeme und Methoden beschrieben, wie man eine Reaktionskraft (Schub) für ein Raumschiff durch besondere **dipolare Materiepartikel** (die in Rotation versetzt wurden), die in einem mit bestimmten Eigenschaften ausgestattenden, sich kreuzenden elektrischen und magnetischen Feld befinden."

Anmerkung des Autors:

Wie bereits zuvor besprochen, ist für den Flug von der Erde ins Weltall eine Schub- bzw. Reaktionskraft (z.B. durch chemische Antriebe bei Raketen) nötig, die es einem Raumschiff ermöglicht, das Schwerkraftfeld der Erde zu überwinden. Der Schub sollte dabei größer sein, als das Gewicht des Schiffes. Im All dagegen wird nur noch ein minimaler Schubausstoß für die Fortbewegung benötigt, da im Vakuum keine wie auch immer geartete Reibung vorhanden ist.

Und weiter im Patent:

„Befindet sich das Raumschiff erst einmal im All, ist es wünschenswert, daß der Schub im Verhältnis zum Treibstoffverbrauch so groß wie möglich ist. Das wird allgemein **„Specific Impulse"** - der spezifische Impuls genannt. Dieser Impuls wird benötigt, um z.B. den Orbit oder die orbitale Position verändern zu können.

Es gibt eine Reihe von Antrieben die den „spezifischen Impuls" - den Schub zur Lageveränderung im Orbit erzeugen können.

Dazu gehören auch die elektrostatischen Antriebssysteme. Der Schub entsteht durch elektrostatische Beschleunigung von Ionen, wobei die Ionen durch eine Elektronen-Quelle in einem elektrischen Feld erzeugt werden.

Elektrostatische Antriebe haben einen sehr großen spezifischen Impuls aber nur begrenzte Schubkräfte. Wenn eine große Schubkraft erzeugt werden soll, sind die Größe und das Gewicht elektrostatischer Antriebssysteme ebenfalls sehr groß und somit ineffizient.

Ein anderer elektrischer Raumantrieb wird allgemein als **„Electric Arc-Engine"** - als Lichtbogen-Motor bezeichnet. Ein Lichtbogen erhitzt ein für den Antrieb geeignetes Gas, das dann wie üblich durch eine Düsenöffnung - „Nozzle" - am Ende des Raumschiffes strömt und Schub erzeugt. Die „Electric-Arc" Motoren produzieren genügend Schub und der „Specific Impulse" ist größer als bei chemischen Antrieben. Aber leider ist er geringer als bei elektrostatischen Motoren.

Wiederum andere bekannte Raumantriebe werden allgemein als elektromagnetische Antriebssysteme bezeichnet und beinhalten u.a. **MHD** (magnetohydrodynamische) oder **MPD** (magnetoplasmadynamische) „Thruster" (thrust = Schub, Anm.d.A.).

Die **MHD und MPD Thruster** erzeugen beides, eine große Schubdichte und einen hohen spezifischen Impuls. Beide Systeme benötigen ein Gas als Antriebshilfe. Dieses wird ionisiert, um ein Plasma zu formen. Das Plasma wird durch magnetische und elektrische Felder beschleunigt und tritt am Heck des Raumschiffes durch eine Expansionsdüse nach außen, um Vorwärtsschub zu erzeugen.

Das Plasma bei den MHD und MPD Thrustern besteht aus einem Gaskörper, der eine große Anzahl von freien Elektronen und Ionen enthält, aber insgesamt eine neutrale elektrische Ladung besitzt. Dies macht das Plasma elektrisch leitfähig. Die bekannten MHD und MPD Thruster verwenden die entstehende Wechselwirkung zwischen magnetischer Felder, erzeugt durch elektrische Ströme und elektrische Leiter, die am Raumschiff angebracht sind (s.a. „Wall Converter", Anm.d.A.) und einer elektrisch leitfähigen Umgebung (in der Erdatmosphäre Luft oder Wasser, Anm.d.A.), um den nötigen Reaktionsantrieb zu erzeugen.

Als alternative Antriebsmethode wird außerdem der bekannte **Strahlantrieb** mit einem **magnetoplasmadynamischen Generator** kombiniert, um einen **Hybridantrieb** zu erzeugen (s.a. „Ajax", Anm.d.A.). Des Weiteren kann ein ionisiertes Gasplasma durch eine kontrollierte Fusion als Raumantrieb dienen oder spezielle Magnetfelder steuern die spezifischen Impulseigenschaften eines **Plasmaantriebes**.

Bei dem hier besprochen System eines elektromagnetischen Antriebes ohne Ionisation wird dagegen eine **Lorenzkraft** erzeugt, die eine dielektrische Flüssigkeit bewegt, und zwar ohne die sonst übliche Ionisierung. Ein damit verbundenen Energieverlust, der normalerweise durch den Ionisationsprozess entsteht, wird somit ausgeschlossen. Der so erzeugte Schub verhält sich proportional zur Polarisation, der Frequenz der rotierenden Dipole und der magnetischen Feldstärke (d.h., die Höhe des gewünschten Schubes hängt von diesen drei Parametern ab, Anm.d.A.).

Lorenzkraft

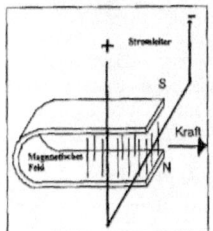

Bei allen elektrodynamischen Fluggeräten kommt die sog. „Lorenzkraft" zur Anwendung.

Magnetfelder, die sich relativ zu einem Feld bewegen, üben auf einen Ladungsträger eine bestimmte Kraft aus. Dabei ist es egal, ob sich die magnetischen Felder frei in der Umgebung bewegen, oder als elektrischer Strom durch eine Stromleiter fließen. Die entstehende Kraftwirkung ist immer rechtwinklig zur Bewegung und zum Magnetfeld. Diese Kraft wird Lorenz-Kraft genannt.

Dabei hängt die Verwendung des benötigten Treibstoffes, der als polarisiertes Material verwendet werden soll, davon ab, wie sich bestimmte molekulare Dipole mit hoher Eigenbewegung zur ihrer Masse verhalten (bestimmte Materiepartikel, die einerseits ein geringes Gewicht besitzen und andererseits die Fähigkeit haben, große Rotationskräfte zu erfahren, Anm.d.A.), um durch eine Lorenzkraft beschleunigt zu werden, damit annehmbare Endgeschwindigkeiten erzielt werden können. Ein damit angetriebenes Raumschiff wird gemäß Newtons Drittes Gesetz beschleunigt, d.h. der Vortrieb wird nach dem üblichen Reaktionsprinzip erzeugt.

Bei den üblichen (aber trotzdem in der Öffentlichkeit kaum bekannten, Anm.d.A.) MHD und MPD Antriebssystemen benötigt man eine ausreichend hohe Energie, um einen Treibstoff zu ionisieren. Die aufgewendete Energie, um ein leicht ionisierbares Gas elektrisch aufzuladen, reduziert bedauerlicherweise die Effektivität des Antriebes.

Außerdem braucht man zusätzlich ein Kühlsystem zur einwandfreien Funktion des Systems, damit ein störungsfreier Ablauf und eine ausreichende Lebensdauer der Motoren gewährleistet werden kann (die zusätzlichen und störanfälligen Sekundärsysteme reduzieren außerdem den Grad der Zuladung eines Fluggerätes, Anm.d.A.).

Die bekannten (und wohl schon seit einigen Jahrzehnten im Einsatz befindlichen, Anm.d.A.) MHD Antriebe benötigen die Zuführung von Treibstoffen (z.B. Kolloide, Anm.d.A.), die in die heißen Plasmagase eingespritzt werden. Dieses eingespritzte Material hat allgemein einen niedrigen Ioninsationsgrad, wie z.B. Pottasche oder Cäsium.

Die hier vorgestellte Erfindung kommt dagegen ohne den o.g. Aufwand aus. Probleme, die bei bisherigen elektrischen Raumantrieben aufgetreten sind, können hier ausgeschlossen werden.

Folgende Vorteile dieses neuartigen Antriebes sind u.a.:

- daß der Treibstoff aus einem bestimmten verdampfbaren Material besteht und nicht ionisiert werden muss.

- daß der Grad der elektrischen Erregung vor oder nach der Verdampfung erfolgen kann, was die Effektivität des Antriebes weiter verbessert.

- daß der so erzeugte Reaktionsantrieb es erlaubt, daß ein Raumschiff ohne Probleme von der Erdoberfläche in den Orbit und weiter ins Weltall fliegen kann. Der Anfangsschub und später der spezifische Impuls sind bei diesem System entweder gleich hoch oder sogar größer als bei herkömmlichen MHD-Antrieben.

- daß der Reaktionsschub mit einem Treibstoff erzeugt wird, der aus neutralen Materiepartikeln besteht und bestimmte **Dipol- und „Breakdown"- Eigenschaften** besitzt. (Wird ein induziertes elektrisches Feld zu stark, bricht es zusammen und ein Ionisationseffekt tritt ein.) Diese Werte sind in der Regel größer, als die Höhe des angelegten elektrischen Feldes.

- daß der Winkel der Phasenverschiebung des alternierenden elektrischen und magnetischen Feldes variiert werden kann, um somit die Höhe des Reaktionsschubes, der durch die rotierenden Dipole entsteht, zu verändern ist.

- daß ein Raumschiff mit einem „X-Wing" - mit einer kreuzförmigen Tragflächenkonfiguration, das eine Vorrichtung zur elektrischen Erregung von polarisierbaren oder dipolaren Materialen besitzt, sowohl Schub als auch einen gleich großen spezifischen Impuls erzeugen kann.

- daß die Effektivität des induktiven dipolaren Kraftfeld-Antriebes mit dem Massenverhältnis der verdampften Materiepartikel steigt und akzeptable Einsatzwerte erzielt.

- daß die Energie zur elektrischen Anregung auch von <u>Mikrowellen bestimmter Frequenzhöhe erzeugt werden kann</u>. Die benötigte Energiequelle liegt dabei entweder innerhalb oder außerhalb des Raumschiffes. Bei bestimmten idealen Bedingungen kann die Strahlungsfrequenz so genau bestimmt werden, daß die Rotationsfrequenz oder die Absorbtionseigenschaften des dipolaren Materials praktisch die gesamte Mikrowellenstrahlung, die z.B. von außerhalb zum Raumschiff abgestrahlt wird, rückstandslos aufnimmt und absorbiert (z.B. könnte man ein geostationären Satellit oder eine Raumstation mit Energie versorgen, ohne daß es zu einer schädlichen Streustrahlung von Mikrowellen kommt, Anm.d.A.)

- daß ein <u>herkömmlicher MHD-Generator</u> zur Erzeugung der benötigen Leistung für das hier beschriebene Antriebssystem Verwendung finden kann.

- daß eine kryogene Kühlung von supraleitenden Magneten ein extrem hohes und dichtes Magnetfeld von einem (1) Tesla oder mehr erzeugen kann. Durch die breite Steuerung dieses Feldes sowie die jeweilige Umschaltrate oder Variierung der Frequenz des Magnetfeldes kann sowohl die Effektivität des dipolare Antriebssystems als auch die Höhe des Schubes bestimmt werden.

- daß ein <u>Shuttle-Fluggerät mit einem Hybrid-Antriebssystem</u> konstruiert werden kann, bei dem in optimaler Weise und je nach Bedarf der Auf- und Vortrieb durch ein <u>kombiniertes aerodynamisches oder elektromagnetisches System erzeugt wird</u>. Oder aber der Antrieb wirkt zusammen mit einem chemischen Raketensystem (ob Flug durch die Atmosphäre, Wiedereintrittsverfahren, oder Flug durchs All, Anm.d.A.).

- daß dieser Raumantrieb sowohl <u>Partikel der Erdatmosphäre</u> als auch <u>Materie im All</u> als Treibstoff für den Antrieb verwenden kann.

- daß neutrale Materiepartikel <u>ohne</u> eine Ionisierung oder <u>ohne</u> die Hilfe eines Plasmas beschleunigt werden können.

- daß das „Dipolar Force Field Propulsion System" mit <u>niedrigen</u> Fließgeschwindigkeiten beim Strahlausstoß aber mit <u>großvolumigen Massenflussraten</u> operiert. Dadurch wird der <u>Lärmpegel</u> des Antriebes deutlich <u>reduziert</u> (leiser bzw. lautloser Start und Flug, Anm.d.A.). Das Antriebsfeld ragt beträchtlich über das Fluggerät hinaus und setzt damit <u>große Luftmassen</u> in Bewegung, was einen Flug in extrem großen Höhen erlaubt, wo nur noch eine sehr geringe Luftdichte vorhanden ist.

- daß der konstruktive Aufbau des Fluggerätes es erlaubt, daß eine elektronische Veränderung der Schubrichtung nur mit einem kurzen „Klick" eines Umschalters bewerkstelligt werden kann. Diese elektronische Schaltung und Steuerung ermöglicht eine <u>sehr große Wendigkeit</u> und äußerst schnelle Steuerbefehle. Die elektrische Energie kann durch extrem leitfähige

Radiowellen oder durch den MHD-Prozess bereitgestellt werden, sowie durch Übertragung von Energiewellen als „Up-link" von einer Boden- oder durch eine Orbitalstation. Die das Fluggerät umgebende elektrisch leitende Gaswolke kann außerdem dafür genutzt werden, feindliche Mikrowellenstrahlen abzuwehren und auf dem Radarschirm unsichtbar zu erscheinen."

Soweit einige erste grundlegende Informationen aus o.g. U.S.-Patent von James Cox.

Diese Antriebsart ist gegenüber anderen vergleichbaren elektromagnetischen Antrieben weitaus effektiver (sowie ganz zu schweigen von den bekannten Strahl- und Raketenantrieben), da das System weit mehr Schub und damit mehr Leistung liefern kann. Dabei werden die Atome eines gasförmigen Materials in einen hochgradigen Zustand der elektrischen Erregung versetzt, *ohne* jedoch ionisiert zu werden, was das elektrische Glühen reduziert bzw. gänzlich ausschließt.

Solche spezielle Atome werden auch „Rydberg Atome" genannt.

So kann man z.B. den Energielevel eines Wasserstoffatoms dadurch erhöhen, dass eine Laserquelle (oder andere Energiequellen) den „Excitation Level" in ein „Quantum Level" anheben. Einen Rydberg-Zustand erzielt man, in dem das Gas heruntergekühlt wird, um atomare sowie molekulare Kollisionen und elektrische Neutralisierung, sowie auch eine Ionisierung, zu verringern. Geeignet ist außerdem Helium als kryogenes Gas wegen der niedrigen „Boil-off" – Verdampfungs-Eigenschaften.

Die Methode der elektrischen Erregung kann mit Hilfe einer ultravioletten Strahlung durch eine Lampe (rotes Leuchten, Anm.d.A.) oder ein Photonenlaser erfolgen, sowie durch Kollision eines Ions oder Elektrons.

Photonen haben den Vorteil einer begrenzten Energiestreuung sowie der „Resonant Excitation". Bei einer „Electron-Impact-Excitation", einer Erregung mittels Elektronenaufprall können weitaus intensivere Elektronenstrahlen oder Elektronenentladungen erzielt werden. Ob die elektrische Erregung per Elektronenaufprall oder Photonenstrahlung vorgenommen wird, hängt von der jeweiligen Einsatzart ab.

Ein wichtiger Bestandteil dieser Antriebsart ist, dass die dipolaren Atome bzw. Moleküle innerhalb eines „Boundary-Layer" – einer Grenzschicht rotieren. So können z.B. Wasserdampf-Moleküle beim Atmosphärenflug den Schub erzeugen. Außerdem gibt es verschiedene Wege, wie man die Lebensdauer elektrisch angeregter Partikel so lange wie möglich aufrechterhält, bevor sie ihre Ladung abgeben. Eine länger anhaltende elektrische Erregung erhöht die Effektivität des Antriebssystems.

Folgende Materiepartikel sind für das „Dipolar Force Field Propulsion System" geeignet: Helium, Wasser, Natrium, Ammoniak, Lithium, Fluride, Stickstoff, Sauerstoff, Wasserstoff, Chlore, Salz und Xenon. Somit wäre auch ein Antrieb auf oder unter Wasser denkbar, siehe auch die andere Variante des „Hill-Patentes".

Bei dem zuvor besprochenen Hill-Patent wird die Luft durch hohe Voltstärken sehr stark ionisiert, so dass durch die hohe Feldionisation es zu der bekannten „Corona Discharge", einer Funkenentladung, kommt. Man könnte diese Vorgehensweise, die ja bereits in den 1950 Jahren (oder viel früher) zur Anwendung kam, auch als die „Holzhammer-Methode" bezeichnen. Im Gegensatz dazu ist das hier beschriebene System wesentlich raffinierter und wirksamer.

Dipole (grch. für doppelt) sind die Anordnung von zwei gleich großen, einander entgegen gesetzten elektrischen oder magnetischen Ladungen.

„Die Erzeugung von Schub bei dem elektromagnetischen Antriebssystem erfordert das Aufnehmen von Energie durch Dipole. Diese Energieaufnahme kann in fünf Kategorien unterteilt werden:

- durch elektrische Erregung (**Excitation**): Eine bestimmte Anzahl von Photonen oder ein Elektronenaufprall erzeugt eine elektrische Erregung.

- durch „gerichtete Energie" (**Orientational Energy**): Eine thermale molekulare Kollision bringt die Dipole aus dem Gleichgewicht und dadurch in Bewegung. Ein ausgleichend wirkender Torque muss eingesetzt werden.

- durch polarisierbare Energie (**Polarizability Energy**): Sobald das Atom erregt ist, muss die elektronische Wolke verzerrt werden, um induzierte Dipole zu erzeugen.

- durch Rotationsenergie (**Rotational Energy**): Die Dipole werden durch ein wechselndes elektrisches Feld in Rotation versetzt.

- durch „Übertragende Energie" (**Translational Energy**): Die kinetische Energie eines Partikels erzeugt den Auf- und Vortrieb.

Die meisten dieser elektrischen Energien sind sehr klein im Verhältnis zur Energiehöhe, die aufgewendet werden muss, um überhaupt einen Schub zu erzeugen. So kann es zu unterschiedlichen Verlustraten bei der Energieerzeugung kommen, wie z.B.:

- Verlust durch Streustrahlung: ein elektrisch erregtes Feld kann eine Photonenstrahlung emmitieren, die von benachbarten Atomen absorbiert und damit nutzlos für den Antrieb wird, oder sie geht gänzlich in der Umgebung verloren. Idealerweise sollte die bereits aufgewendete Energie weitere Atome in einen erregbaren Zustand versetzen, was in einer Art Kettenreaktion („**Rebounding**") die Leistung des Antriebes erhöht.

- Wärmeverlust: Eine elektrische Spule erzeugt einen Widerstand, der wiederum Wärme produziert. Durch Kühlung wird eine Überhitzung vermieden. Kryogene Kühlung oder **Supraleiter** schafft Abhilfe.

So können Spulen mit einem großen Durchmesser, aber minimaler Länge gebaut und weit herunter gekühlt werden, um den elektrischen Widerstand zu reduzieren. Bei einem raketenbetriebenen MHD Generator kann z.B. der flüssige Wasserstoff, der in Kühlschlangen um die Spule zirkuliert, zur Kühlung herangezogen werden.

Wie bereits erwähnt gibt es zwei grundlegende Arten der elektrischen Erregung, **Elektronenaufprall** und **Strahlungs- oder Photonen-Interaktion**.

Methoden des Elektronenaufpralles sind u.a:

- Elektronenstrahl-Erregung (**Electron Beam Excitation**): Eine Kathode emittiert Elektronen, die fokussiert und in ein Gas gelenkt werden.

- Hochspannungs- Gleich- oder Wechselstrom Entladungen (**High Voltage AC or DC Electric Discharge**): diese Methode ist am leichtesten auszuführen, hat nur ein geringes Konstruktionsgewicht und gute Antriebseigenschaften. Eine Teslaspule kann beim Anlegen von Wechselstrom sofort hohe Spannungen erzeugen. Die sich regelmäßig aufbauende und wieder zusammenfallende Hochspannung erzeugt „Corona Discharge", eine Ionisierung des umgebenden Flüssigkeitsmediums.

(Fand oder findet Anwendung bei einigen „UFOs" und normalen Flächenflugzeugen mit besonderen „Stealth"-Eigenschaften, Anm.d.A.).

- Funkwellen oder Mikrowellen-Entladungen (**Radio Frequency or Microwave Discharge**): eine starke Mikrowellenstrahlung wirkt auf ein Gas, das erhitzt wird und zu einer thermalen Ionisation und elektrischen Erregung führt. Sobald einige Ionen erzeugt wurden, werden diese durch das Kraftfeld weiter beschleunigt und ergeben eine zusätzliche Ionisierung und Erregung anderer Partikel. Diese Methode ist nicht unbedingt die effektivste, da nur eine mehr oder minder zufällige elektrische Erregung stattfindet. Eine größere Leistungsausbeute entsteht, wenn eine großvolumige Erregung über eine große und breite Fläche vonstatten geht.

Methoden der Strahlung und Photonen-Wechselwirkung („**Radioactive or Photon Interaction**") sind:

- Flashtube oder Blitzlicht-Erregung (**Flashtube or Flashlampe Excitation**): Eine Xenon-Blitzlichtlampe feuert Hochspannungs-Impulse, die ein gewisses Spektrum des Lichtes unterschiedlicher Frequenzen ausstrahlt. Die Leistung ist gering, außerdem existieren viele Frequenzen, die ungeeignet sind um Atome oder Moleküle elektrisch Anzuregen. Aber die Strahlung kann gerichtet und in optischen Einbuchtungen (Reflektoren) zur Spiegelung geleitet werden. Außerdem kann diese Strahlung ein Gas über weite Strecken hinweg durchdringen.

- Laserstrahl Anregung (**Laser Beam Excitation**): Diese Technik bietet den Vorteil eines einzigen monochromatischen (einfarbigen) Laserstrahls von intensiver kohärenter (zusammenhängender) elektromagnetischer Strahlung. Eine große Anzahl verschiedener Lasertypen ist verfügbar: Wasserdampflaser oder z.B. Stickstoff-Laser-Excimer, die im ultravioletten Bereich von z.B. 1.300 A Wellenlänge abstrahlen. Die aus der Strahlung entstehenden Photonen werden in eine Reaktionskammer oder Kanal durch Fenster aus entweder Lithiumflurid-Safire oder Kalziumflurid geleitet. Die elektrisch angeregten Wellenlängen entstehen durch Gase wie Xenon (1.295 A bei 9,6 Elektronenvolt) oder Argon (1.48 A bei 11,8 eV). Wenn die Photonenenergie geringer ist als das Ionisationspotential, wirkt das Antriebssystem ohne die übliche Ionisation des Umgebungsmediums (z.B. Luft). Die Effektivität dieser Laser weißt nur einen geringen Prozentsatz auf. Chemische Laser erreichten eine Leistung von bis zu 10%.

- Synchroton Strahlungsquellen (**Synchrotron Radiation Sources**): Hierbei werden relativistische Elektronenstrahlen beschleunigt. Bei sog. „Free Electron Lasers", FELs interagieren Elektronenstrahlen mit „Wiggler" Magnetfeldern und erzeugen eine kohärente Strahlung, die eine Effektivität bis zu 50% erreichen.

Synchrotron: Vorrichtung zur Beschleunigung von geladenen Teilchen auf sehr große Geschwindigkeiten; Anm.d.A.

Abb.:

Wurde noch in den 1970er Jahren eine solche Maschine, die ggfs. bereits in den 1940er Jahren konzipiert wurde, in Süd-Amerika gesehen?

Oder ist das Foto viel älter und es handelt sich wieder um die übliche Desinfo, bei der man die Jahreszahlen verschiebt? Vergleiche Foto mit unten aufgeführter Patentzeichnung.

Dipolar Force Field Propulsion System
Dipolarer Kraftfeld-Antrieb
U.S.-Patent-Nr 4.663.932 v. 12. Mai 1987

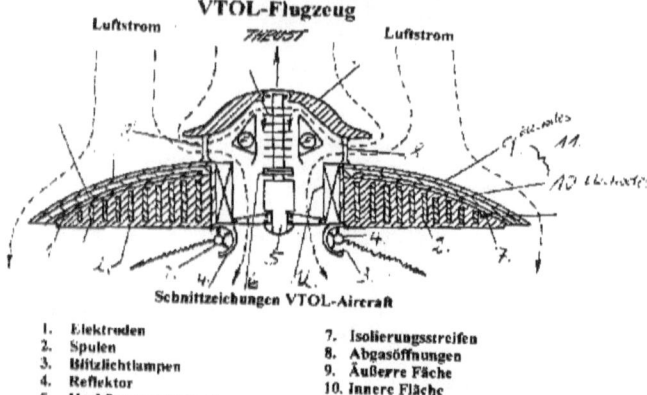

VTOL-Flugzeug

Schnittzeichnungen VTOL-Aircraft

1. Elektroden
2. Spulen
3. Blitzlichtlampen
4. Reflektor
5. Hochfrequenzgenerator
6. Gas-Turbine
7. Isolierungsstreifen
8. Abgasöffnungen
9. Äußere Fläche
10. Innere Fläche
11. Elektrisch geladener Bereich
12. Erregerspule

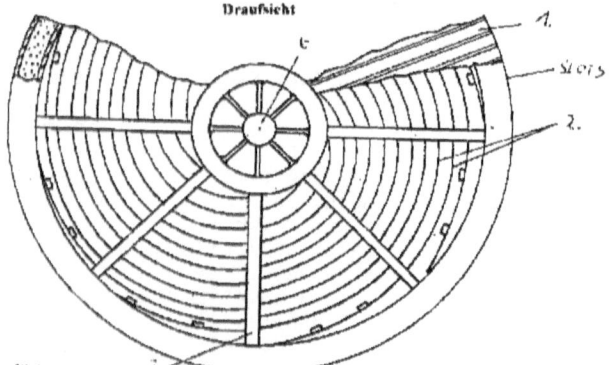

Draufsicht

1. Elektroden
2. Spiralförmige Spulenwicklungen, wie z.B. flache leitfähige Plättchen aus einer Aluminium-l
3. Schlitze
4. Isolierung

Abb.:

Dieses senkrecht startende und landende Scheiben-Flugzeug lädt mit Hilfe elektrisch geladener Felder die Umgebungsluft auf.

Die Steuerung erfolgt mit unterhalb angebrachten Blitzlichtlampen, die UV-Lichtblitze in die elektrisch aufgeladene Umgebung abstrahlen. Die linke Lampe erzeugt eine Richtungsänderung nach rechts und umgekehrt. Eine Gasturbine liefert den nötigen elektrischen Strom zum Betrieb der einzelnen Spulen.

Dipolar Force Field Propulsion System
Dipolarer Kraftfeld-Antrieb
U.S.-Patent-Nr 4.663.932 v. 12. Mai 1987

Flugzeug mit runder Tragfläche

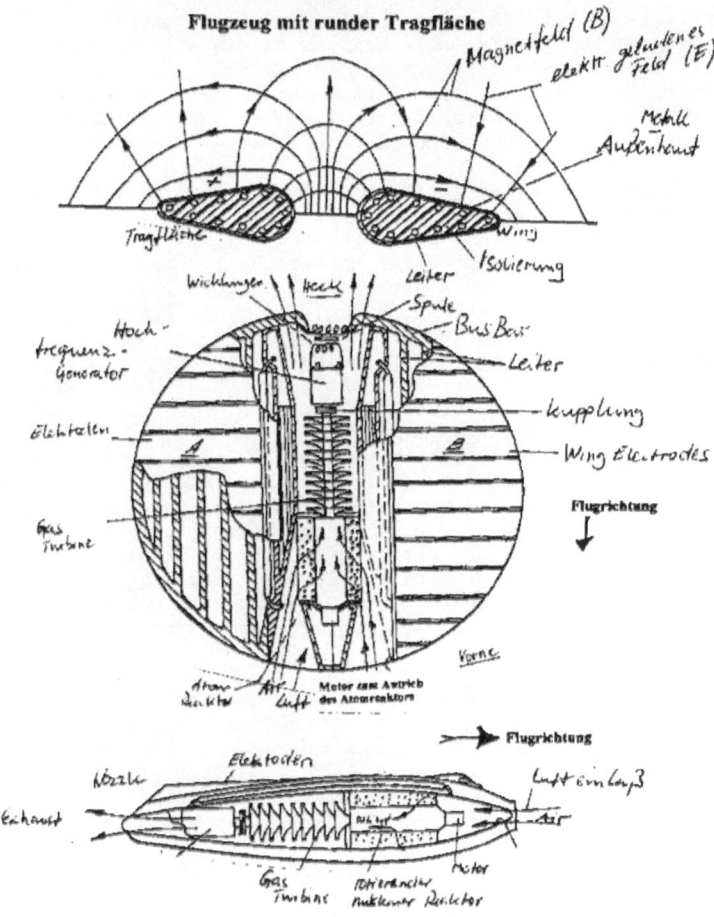

Abb.:

Möglicherweise wurde dieser Entwurf in der einen oder anderen Weise realisiert. Wer hat entsprechende UFO-Fotos davon?

Der Aufbau von Fluggeräten, die das hier besprochene Antriebssystem verwenden, entspricht in etwa dem bereits beschriebenen System, dass das „Hill-Patent" (s. weiter oben) aufzeigt. So verlaufen die Elektroden bei einer kreisförmigen Tragfläche ebenfalls spiralförmig von innen nach außen, außerdem ist die Tragfläche in mehrere Sektoren zur Steuerung aufgeteilt.

„Eine andere Version eines scheibenförmigen Fluggerätes hat eine normale, aber runde Tragfläche. Die Maschine besitzt einerseits VTOL-Eigenschaften, kann aber andererseits wie ein normales Flugzeug horizontal starten und landen. Die „Wing Electrodes", die Elektroden in der Tragfläche sind so angeordnet, daß sie den aerodynamischen Auf- und Vortrieb erzeugen. Eine elektrohydrodynamische Energieerzeugung ist ebenfalls möglich.

Die Maschine wird durch einen rotierenden Atomreaktor angetrieben, der 1 Gigawatt Energieleistung erzeugt. Dabei wird die Luft, die vorne durch den Lufteinlass angesaugt wird, durch den Reaktor auf ca. 1.500 Grad Celsius erhitzt. Eine Gasturbine treibt einen Hochfrequenzgenerator an, und die so erzeugte Hochspannung wird durch einen induktiv gekoppelten Transformator zu einer Spule in die Tragfläche geleitet. Die Spule fungiert dabei gleichzeitig als aerodynamisch geformte innere Verstrebung für den Tragflächenaufbau. Diese Konstruktionsweise reduziert das Baugewicht und gleichzeitig kann die Spule das elektrische Kraftfeld gleichmäßig über den gesamten Bereich des Flügels verteilen.

Mehrere Blitzlichtröhren - **„Flashtubes"**, die in Reflektoren eingebettet sind, laufen ober- und unterhalb der Tragfläche entlang des Rumpfes. Ein im Rumpf befindlicher Kondensator steuert die Höhe des vertikalen Schubes. Wie oben beschrieben, feuern die Blitzlichtröhren Lichtstrahlen einer bestimmten Frequenz in Richtung der Tragflächen ab, um die durch die Spule erzeugten Elektronen elektrisch anzuregen, damit der gewünschte Vortrieb entsteht. Andere Arten der elektrischen Erregung sind möglich, aber die Blitzlichtröhren sind die einfachste Methode, wenn auch nicht unbedingt die effektivste.

Chemisch angetriebenen Raketen erreichen schrittweise ihre Spitzenantriebswerte, wenn die erzielte Fluggeschwindigkeit sich der Ausstoßgeschwindigkeit (des nach hinten austretenden Feuerstrahls) nähert. Danach verringert sich die Leistung wieder allmählich. Im Vergleich dazu steigt die Leistung bei Strahl- oder Staustrahltriebwerken langsam und gleichmäßig an.

Wenn aber das Raumschiff große Flughöhen erreicht, wo die Atmosphäre immer dünner wird, kommt es unweigerlich zu einem Brennschluss der Strahltriebwerke mangels benötigten Sauerstoffs. Der Ausfall luftatmender Triebwerke tritt bei etwa 33.000 m Höhe ein.

Bei einem kombinierten elektrischen Kraftfeldantrieb mit einem luftatmenten Motor dagegen (welches bei niedrigen Deltageschwindigkeiten und großvolumigen Luftmassenfluss arbeitet), bleibt die Schubleistung gleich bleibend bei ungefähr 90% und mehr, auch wenn sich die Fluggeschwindigkeit noch weiter erhöht. **Solche Antriebe funktionieren in der doppelten Flughöhe von 65 - 70.000 m noch störungsfrei** (s. hier das Hyperschall-Aufklärungsflugzeug „Ajax", Anm.d.A.).

Der Erfinder James Cox beschreibt weiterhin ein Raumschiff, das „X-Wing" genannt wird. Die Tragflächen befinden sich hierbei ober- und unterhalb des Rumpfes, ähnlich wie bei einem Doppeldecker. Der Anstellwinkel der Flügel kann je nach Einsatzzweck verstellt werden. Außerdem besitzt die Maschine normale Höhen- und Seitenleitwerke.

Ein ähnliches Konzept des Antriebes zwischen zwei Flächen ist das „Fliegende Bügeleisen".

Dipolar Force Field Propulsion System
Dipolarer Kraftfeld-Antrieb
U.S.-Patent-Nr 4.663.932 v. 12. Mai 1987

Single Wing Disc-Shaped Vehicle

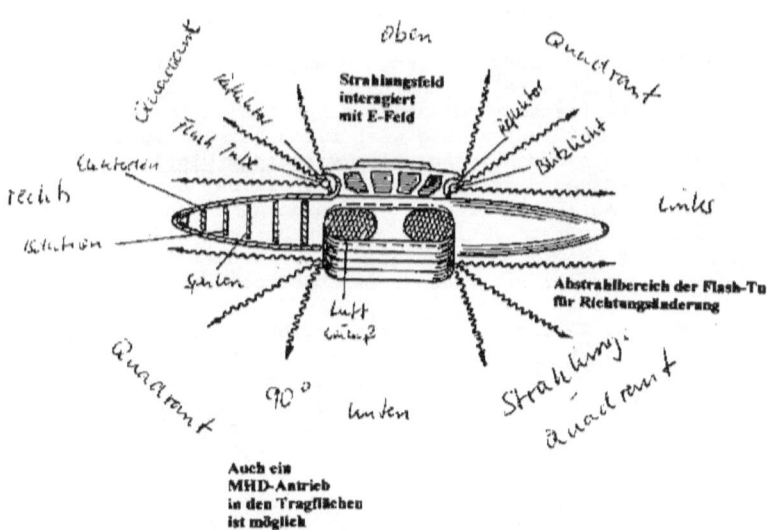

Dieses Fluggerät mit einem rotierenden („rotating bed") Atomreaktor als Hauptantrieb kann sowohl herkömmlich auf einer Start- und Landebahn starten oder aber senkrecht (VTOL). Die „Wing-Elektroden" produzieren den aerodynamischen Auftrieb und die Gasturbine als Luftatmer entwickelt (neben den Elektroden, die einen Luftstrom über den Tragflächen erzeugen) einen zusätzlichen Schub für den Vorwärtsflug.

Der „Rotating bed Nuclear Reactor" erzeugt 1 Gigawatt Leistung bei einem Eigengewicht von nur ca. 1 to. Die eingesaugte Luft wird dabei auf ca. 1.500 Grad C aufgeheizt.

Die „Flash Tubes" erzeugen den „vertikalen Schub" und dienen der Richtungsänderung.

Eine elektromagnetische Strahlungsquelle in Form einer verlängerten Blitzlichtröhre verläuft entlang der unteren Tragfläche und dirigiert die EM-Strahlung auf die Unterseite des oberen Flügels. Die obere Tragfläche besitzt auf der Unterseite Prisma-Reflektoren, die die UV-Strahlung zickzack-förmig zwischen den Flügeln hin und her strahlen lässt. Am Ende des Flügels wird die Strahlung wieder zurück Richtung Rumpf reflektiert. An den Tragflächenenden befinden sich außerdem unter Druck stehende Tanks für Flüssig-Wasserstoff (als Treibstoff für Flug ins All).

Je nach Verwendung können zusätzlich auch luftatmende Triebwerke installiert werden, sowie die dafür nötigen Lufteinlässe an den Rumpfseiten.

Die <u>Spulen in den Tragflächen sind gleichzeitig die Flügelrippen</u>, und die Flügelbeplankung besteht aus einem <u>leitfähigen Material</u>. Als Generator zur Erzeugen des Wechselstromes dient z.B. ein <u>rotierender Atomreaktor</u>. Durch eine Kupplung ist der Reaktor mit einem Hochfrequenzgenerator gekoppelt. Einige Flügelrippen bzw. Spulen direkt an den Tragflächenwurzeln fungieren dabei als zusätzliche Windung für einen Transformator, der mit dem Stromgenerator verbunden ist.

Die Erregerquelle erzeugt nun eine <u>elektromagnetische Elektronenstrahlung</u>, die von der <u>optischen Oberfläche der Tragfläche reflektiert wird</u>. Dabei werden Stickstoffatome der Umgebungsluft in eine höheren „Quantumlevel" gebracht (hochenergetische Aufladung). Diese Gase sind zwischen der oberen und unteren Tragfläche gebunden, wo sich das elektromagnetische Feld (**E-Field**) mit den sich bewegenden Feldlinen befindet.

Aus Richtung des Rumpfes durchdringen nun magnetische Kraftfeldlinien (**B-Field**) das elektrische Feld. Innerhalb dieses sich <u>kreuzenden Kraftfeldes</u> aus elektrischen und magnetischen Linien sowie den darin sich befindenden, durch die UV-Strahlung elektrisch angeregten Stickstoff-Partikel, entsteht nun durch **in Rotation versetzte Dipole** (von eben diesen energetisch aufgeladenen Stickstoffgas-Partikel) der gewünschte Reaktionsschub für Auf- und Vortrieb (dasselbe geschieht auch bei scheibenförmigen Fluggeräten, hier: um so größer die Fläche ist - „UFOs" mit 20, 30 und mehr Metern Durchmesser - desto größer ist die Auftriebsleistung und der entstehende Reaktionsschub).

Die Tragflächen des „**X-Wing**" sind so konstruiert, daß die obere <u>Fläche leitfähig</u> und die <u>untere isoliert</u> ist. Die Flügelrippen (bzw. die elektrischen Spulen) haben eine Kühlleitung, in der flüssiger Wasserstoff als „Coolant" zirkuliert. Außer der Nutzung als Treibstoff kühlt der flüssige Wasserstoff zusätzlich die supraleitenden Magneten zur Erzeugung des „B-Feldes".

Ein weiters, konisch geformtes Fluggerät mit einer spiralförmigen Spule arbeitet nach dem Prinzip des induzierten elektrischen Feldes.

Induktion: die Verknüpfung zeitlich veränderter elektrischer und magnetischer Felder, die durch Bewegung eines elektrischen Leiters in einem Magnetfeld entstehen.

Ein Magnetfeld wird innerhalb einer konisch und spiralförmig geformten Spule erzeugt. Die Spule ist aus Leichtmetall erstellt (wie z.B. Aluminium) und wird kryogen gekühlt.

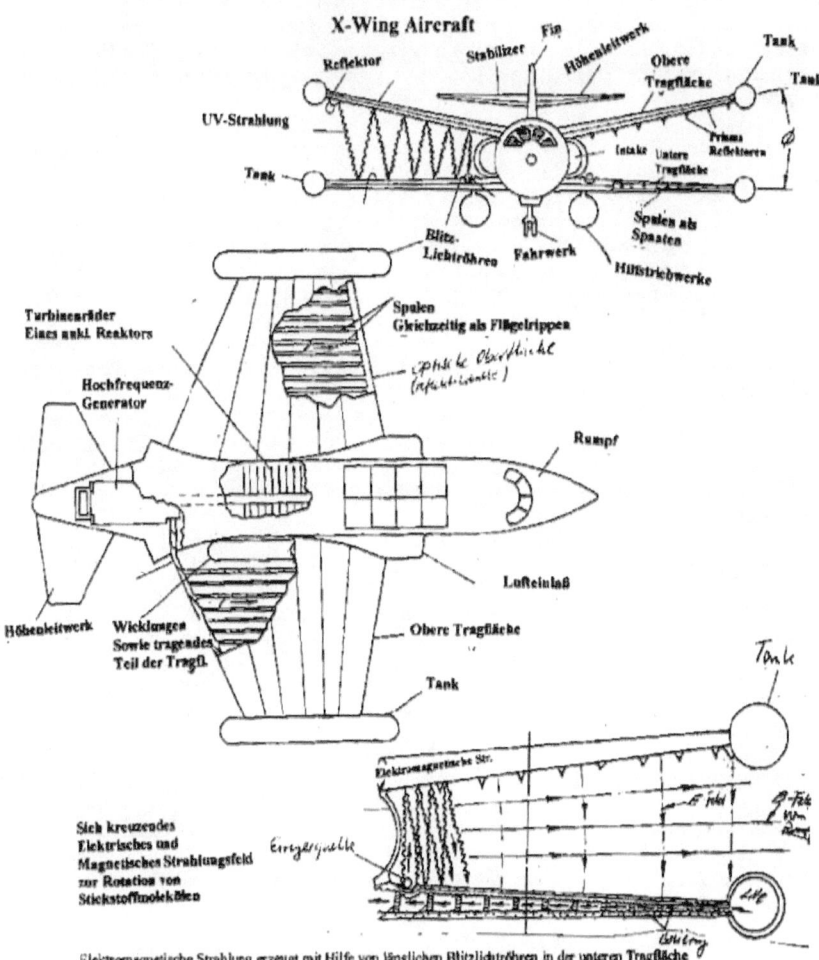

Wenn das Kühlmittel Wasser ist (Wasser ist ein Dipol), kann es zur Schuberhöhung in den Bereich der Beschleunigung eingespritzt werden und gleichzeitig reduziert das Wasser den Grad der elektrischen Erregung. Die einzelnen Teile der Spule bestehen aus flachen Streifen, durch deren Abstände Luft strömen kann.

Die dipolare Antriebseinheit hat eine Öffnung oder Lufteinlass, in der die Arbeitsflüssigkeit, wie z.B. Luft eintritt und zur **„Lorenz Propulsion Chamber Cavity"** (etwa: Lorenz Antriebskammerhöhlung, bzw. -Vertiefung) weitergeleitet wird. Die UV-Strahlung eines Excimer Lasers wird nun in die reflektierenden Ausbuchtungen auf der Oberfläche gestrahlt, so dass eine hundertfache Reflektion zwischen den Spiegelflächen entsteht. Diese Strahlung wird nun von einem Gas aufgenommen und verwandelt „ground state", neutrale Atome und Moleküle in einen höchstgradig elektrischen erregten Rydberg-Zustand. Anstelle eines Lasers kann auch eine Teslaspule verwendet werden, die anstatt der Strahlung den bereits erwähnten Elektronenaufprall erzeugt.

Der Antrieb der Maschine entsteht also dadurch, daß auf der Oberseite Luft eintritt, durch Luftkanäle zwischen den elektrisch leitfähigen Metallstreifen strömt und diese gleichzeitig mit einer Hochfrequenz-Polarisation elektrisch erregt wird, damit elektrische Ströme in dem Gas induziert werden. Das Gas, nämlich die Luft wird nun beschleunigt und es entsteht eine moderate Austrittsgeschwindigkeit bei einer gleichzeitigen großvolumigen Luftmassen-Strömungsrate. Die Luft fließt zwar langsam, aber große Luftmassen - die somit viel Auftrieb erzeugen - werden in Bewegung versetzt. Als alternative Antriebsmethode kann eine angelegte Hochspannung die Luft ionisieren und durch Elektronenaufprall Luftmassen in Bewegung versetzt werden.

Ein anderes scheibenförmiges VTOL-Flugzeug verwendet ein Funkwellen induziertes Magnetfeld als Antrieb. Das Magnetfeld erzeugt ein kreisförmiges elektrisches Feld, dass wiederum eine vertikale Kraft generiert.

Der Kondensator, der die Energie für die Spule liefert, ist Bestandteil der Konstruktion und erstreckt sich über den gesamten Durchmesser des Fluggerätes. Die dort gespeicherte elektrische Energie wird in magnetische Feldenergie umgewandelt. Die Spule besteht aus acht spiralförmigen Wicklungen, die von innen nach außen verlaufen. Die innere und äußere Beplankung stellt die Kondensatoroberfläche dar, die voneinander isoliert und jeweils mit einem Ende der Spulenwicklung verbunden ist. Durch eine im Zentrum angeordnete Erregerspule, die von einem Hochfrequenzgenerator angetrieben wird, erhält die spiralförmige Spule ihre Hochspannung. Eine Gasturbine treibt den Stromgenerator über eine Kupplung an. Dieser supraleitende Generator erzeugt 10 Kilowatt per Kilogramm Generatorgewicht. Solch ein *„Superconductor Generator"*, der diese Energieleistung erzeugen kann, wird momentan (Anfang der 1980er Jahre oder früher?, Anm.d.A.) von General Electric angeboten. Die entstehenden Abgase der Turbine werden durch Öffnungen auf der Oberseite des Fluggerätes ins Freie ausgestoßen.

Der Generator versorgt gleichzeitig mehrere **Blitzlichtlampen** mit Strom. Diese Lampen sind unterhalb der Maschine eingebaut und von reflektierenden Flächen umrahmt.

Die **Flashlights** erzeugen eine kontrollierte ultraviolette Strahlung (*„Vacuum ultraviolet Radiation"*), die ein Gas (z.B. Luft, Anm.d.A.) in vorbestimmten Abschnitten der Flugscheibe unterhalb des von der Spule erzeugten Magnetfeldes elektrisch aufladen.

Die spiralförmige Spule besteht aus flachen Metallstreifen und ist so leicht wie möglich - vornehmlich aus einer Aluminiumlegierung - konstruiert. Der Scheibenflügel, der sich aus den zwei oberen und unteren Hälften des Kondensators zusammensetzt, ist regelmäßig mit Schlitzen versehen, um die Entstehung von schädlichen Verwirbelungen zu verhindern, die aufgrund des sich ständig wechselnden Magnetfeldes entstehen können. Der Luftstrom zur Erzeugung des Auf- und Vortriebes, fließt durch den Mittelteil und entlang des äußeren Scheibenrandes sowie durch die Schlitze und dient somit außerdem zur Kühlung der sich erhitzenden Spule.

Die **Richtungsänderung** der elektrischen Flugscheibe wird mit Hilfe verstellbarer Reflektoren erreicht. Solange die emittierte Strahlung symmetrisch unterhalb und um die vertikale Achse verteilt ist, wirkt der Schub senkrecht im Verhältnis zum c/g, dem „Center of Gravity" nach unten. Wird dagegen das Strahlungsfeld auf nur eine Seite gerichtet, entsteht eine erhöhte elektrische Erregung oder ein asymmetrisches angeregtes Magnetfeld, so dass die Maschine nach links abkippt. Infolgedessen entsteht ein horizontaler Schub, der die Scheibe nach rechts fliegen lässt. Der Reflektor kann bis zu 360 Grad parallel zum Scheibenkörper geschwenkt werden, so dass jede gewünschte Flugrichtung angestrebt werden kann."

Anmerkung des Autors:

Diese Art der Steuerung und Anbringung der außen frei aufgehängten UV-Strahler, die vermutlich noch nicht hinter Spezialglas platziert sind, repräsentiert wohl einen technischen Stand vor ca. 70 oder 80 Jahren (siehe auch Sichtung in Kalifornien, USA im Jahre 1943. Eventuell ein EM-Fluggerät von Lockheed). Dies zeigt nun wieder deutlich, wie lange es dauert, bis Patente an die interessierte Öffentlichkeit gelangen.

Wobei oben erwähntes Patent eine Zusammenfassung von Entwicklungsarbeiten über mehrere Jahrzehnte darstellt!

Möglicherweise sind Teile des hier beschriebenen dipolaren Kraftfeld-Antriebes schon wieder technisch überholt. So könnten andere Antriebsarten, die u.a. ohne eine Antriebsquelle für einen Stromgenerator auskommen, schon im praktischen Einsatz stehen.

Weiter im Patent:

„Dauer- oder supraleitende Gleichstrommagnete generieren ein ständig die Richtung wechselndes magnetisches Feld (um Dipole in Rotation zu versetzen, Anm.d.A.). Die Magnetspulen oder Dauermagnete sind kreisförmig und jeweils entgegengesetzt angeordnet (N und S). Darüber **rotiert** eine geschlitzte (zwecks Kühlung, Anm.d.A.) **Ferritscheibe**, bzw. **Rotor** mit großer Geschwindigkeit und verschiebt das Magnetfeld so, daß es in eine Richtung wirkt.

Der sich sehr schnell drehende **Ferritrotor** wird strukturell verstärkt, so z.B. durch „Glass Fialments". In dieser Weise kann der ca. ein Meter durchmessende Ferritrotor mit 500 Umdrehungen in der Sekunde über z.B. 100 Spulenpaare rotieren, die auf einem nicht mitdrehenden Rahmen montiert sind und dabei ein sehr intensives sich andauernd umpolendes Magnetfeld mit einer Frequenz von ca. 50 Kilohertz erzeugen.

Bei einem vollkommen elektrisch aufgeladenen Gas - wie z.B. Luft in Seehöhe - ist der Schub bzw. der Auftrieb nun ausreichend groß genug, um die Maschine abheben zu lassen. Die nötige Schubentwicklung für Auf- und Vortrieb, die durch einen Ferritrotor und der elektrisch aufgeladener Umgebungsluft erfolgt, kann auch mit Seltenerd-Magneten stattfinden. Die dafür benötigte Umdrehungsgeschwindigkeit des Rotors von 500 U/sek. oder 30.000 U/min erzeugt z.B. eine normale Gasturbine.

Dipolar Force Field Propulsion System
Dipolarer Kraftfeld-Antrieb
U.S.-Patent-Nr 4.663.932 v. 12. Mai 1987

Alternating Magnetic Field

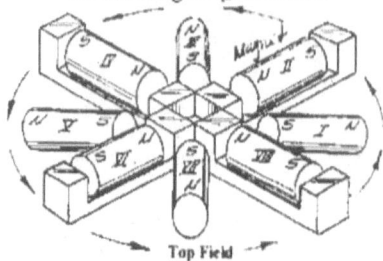

Top Field

Die kreisförmig aneinandergereihten Magnete mit jeweils entgegengesetzter Polarität erzeugen auf der Oberseite ein „Top-Field", daß durch das Fluggerät zu an der Außenseite gelegenden, z.B. kreisförmig um die Flugscheibe angeordnete Fenster bzw. Abstrahlflächen geleitet wird. Der entstandene relativistische Elektronenstrahl erzeugt eine UV-Strahlung, wird nun diese Abstrahlbereiche (Fenster oder Reflektoren) in das B- und E-Feld geleitet, um dort das Gas (z.B. Luft) elektrisch anzuregen. Die UV-Strahlung - abgestrahlt nach unten und jeweils zur Seite - erzeugt nun den An- und Vortrieb sowie die Richtungsänderung des elektrokinetischen Fluggerätes.

Ferrit Rotor

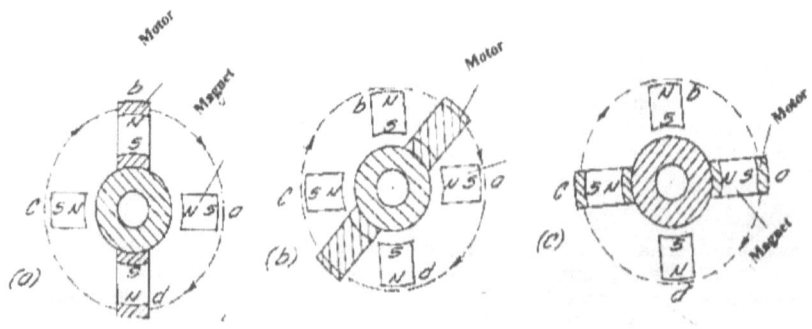

Mit Gleichstrom betriebene supraleitende Magnete oder aber Dauermagnete sind kreisförmig angeordnet, sodaß immer die entgegengesetzte Polung gegenüberliegt. Eine mit Schlitzen (Kühlung) versehende Ferrit-Scheibe bzw. Rotor mit z.B. 1m Durchmesser rotiert mit 500 U/min (angetrieben durch eine Gasturbine) oberhalb dieser kreisförmig angeordneten Magneten. Dadurch wird – gemeinsam mit z.B. 100 Spulen, die auf dem nicht rotierenden Teil des Scheibenkörpers montiert sind – die elektrisch aufgeladenen Stickstoff-Dipole der Luft in Rotation versetzt und der Flugkörper erhält deshalb genügend Auftrieb um abzuheben.

Zur Steuerung und für den Vorwärtsschub wird die oben beschriebene Synchrotronstrahlung im UV-Bereich verwendet.

Anmerkung des Autors:

Um den Rotor zu Kühlen ist eine bestimmte **Luftzirkulation** nötig, damit sich die Magnete nicht aufheizen und keinen schädlichen elektrischen Widerstand erzeugen können.

Wahrscheinlich sind solche elektrischen Antriebsarten erst dann zur praktischen Anwendung gekommen, seitdem adäquate Energiequellen in Form z.B. von leisen, leichten und leistungsfähigen Turbinen zur Verfügung standen, wie etwa ab Mitte der 1940er Jahre aufwärts.

Weiter:

„Bei einer anderen VTOL-Version dreht sich der Ferritrotor horizontal unterhalb der Magnetspulen, die kreisförmig am Außenrand angeordnet sind.

Eine Reihe von Ferritplatten ist oberhalb der Spulen platziert, um das Magnetfeld oberhalb des Fluggerätes zu dirigieren. Dadurch wird eine nach unten gerichtete Kraft produziert. Das Strahlungsfeld zur Erzeugung eines elektrisch erregten Gases kommt von einem FEL - „Free Energy Laser", der dieselben Spulen nutzt, die auch das Magnetfeld generieren.

Elektronenkanonen sind nahe dem Außenrand installiert und lenken ihre Elektronenstrahlen auf einem kreisförmigen Weg, wobei das Magnetfeld diesen Strahl biegt und beschleunigt. Die Beschleunigungswerte produzieren eine **Synchrotronstrahlung** weitab im ultravioletten Bereich. Die Strahlung wird auf Reflektoren gerichtet, die die Strahlung unterhalb des Fluggerätes reflektieren, um die Luft elektrisch aufzuladen. Die aufgeladene Luft reagiert dann mit dem elektrischen Feld (das durch das sich umpolende Magnetfeld erzeugt wird) und wird nach unten abgestoßen, worauf sich ein Strömungsmuster um die Maschine bildet, das den vertikalen Schub ergibt.

Ein weiters Raumfahrzeug verwendet den dipolaren Kraftfeldantrieb in Verbindung mit einer „Rotating Shunt Plate" und supraleitenden Magneten. Die Strahlung zur elektrischen Aufladung von Partikeln wird mit Hilfe von Reflektoren unterhalb des Fluggerätes geleitet."

Anmerkung des Autors:

Während des Atmosphärenfluges strömt von oben die Luft entlang des konisch geformten Rumpfes nach unten ab und erzeugt, wie bei einem Hubschrauber, den Auftrieb. Durch unterschiedlich starke Strahlung und damit unterschiedlich hohen Schub auf der einen oder anderen Seite wird die Maschine gesteuert (Differenzialschub). Anstelle von Luftmolekülen dient im Weltall ein entsprechendes gasförmiges dipolares Material für den Antrieb.

Und weiter:

„Bei Flugmanövern in der oberen Atmosphäre kann die künstliche Erregerquelle deaktiviert werden und die natürliche ultraviolette Strahlung der Sonne wird für die elektrische Erregung der Luft verwendet. Die natürliche Auflading der Luftteilchen wird „Airglow", „Dayglow", „Nightglow", „Aurora Borealis" „Nordlicht" oder „Elmsfeuer" genannt.

Aus Gewichtsgründen kann ein dipolares Gas für den Antrieb auch von einer **externen Erregerquelle** elektrisch aufgeladen werden, entweder von einer Bodenstation oder einem entsprechendem Satelliten im All. Dabei sind die benötigten Übertragungsfrequenzen begrenzt, da sie durch die Atmosphäre ins All reichen müssen.

Infrarotstrahlen sind ungeeignet, deshalb führt das Fluggerät seine eigene UV- Strahlungsquelle mit sich.

Eine Mikrowellenstrahlung, von einer Bodenstation abgestrahlt, kann dagegen in sehr großen Höhen, wo die Luft sehr dünn und damit die Gastemperatur und -druck erheblich vermindert ist, den Polarisierungseffekt bei einem hoch fliegenden EM-Flugzeug merklich verbessern.

Außer der Schubverbesserung in großen Höhen können andere Vibrations- oder Rotationszustände innerhalb des Gases erzielt werden, was die Aufnahme bestimmter Wellenlängen (Radarstrahlen) verhindert und somit eine Entdeckung unerwünschter oder feindlicher Beobachter erschwert.

Die Absorbierung bestimmter Wellenlängen kann automatisch durch Scannen des Wellenspektrums erfolgen, wobei die Energie des Elektronenstrahls jeweils neu justiert und angepasst wird.

Ändert sich die Radarstrahlung, wird auch die Synchrotronstrahlung neu angepasst und die Maschine bleibt unentdeckt."

Soweit einige wichtige Auszüge des Cox-Patentes.

- Wann flogen die ersten Prototypen mit einem solchen EM-Antrieb (1930/40er Jahre)?

- Wo fand diese Entwicklung statt – evtl. auch in Deutschland vor und während des Krieges nach amerikanischen Vorgaben – und wo wurden diese Maschinen gebaut, wer waren die ersten Astronauten im All, welche Raumschiffe stachen ins All und waren wie lange zu welchen Sonnensystemen unterwegs?

- Warum werden solche Fluggeräte bis heute geheim gehalten und warum „verkauft" die Propaganda diese Flugzeuge als außerirdische Raumschiffe?

Weil solche Fluggeräte auch hoch interessant für einen Kriegsfall sind, oder waren und weil die „Wahre Raumfahrt" die überragenden Flugeigenschaften in der Atmosphäre und im Weltall nutzt?

Dipolar Force Field Propulsion System
Dipolarer Kraftfeld-Antrieb
U.S.-Patent-Nr 4.663.932 v. 12. Mai 1987

VTOL Version

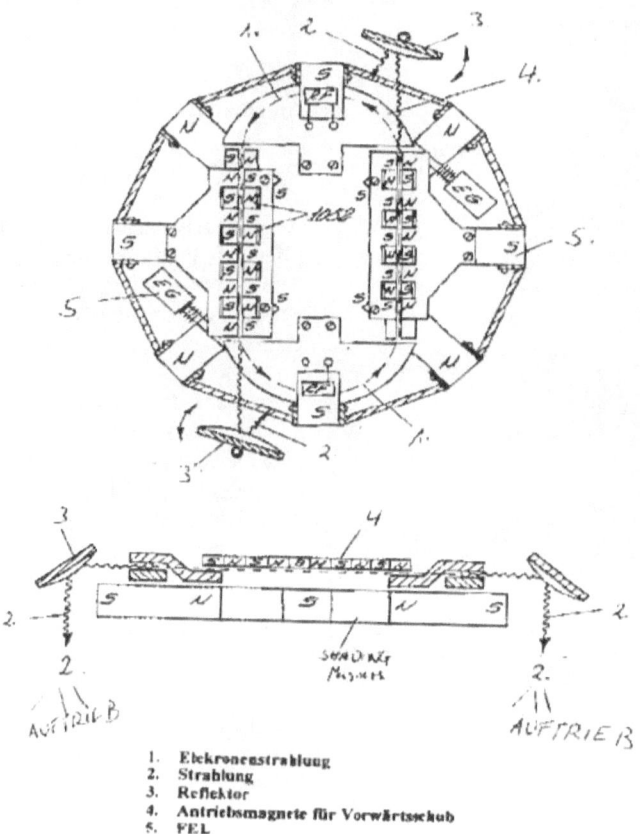

1. Elektronenstrahlung
2. Strahlung
3. Reflektor
4. Antriebsmagnete für Vorwärtsschub
5. FEL

Ein Ferrit-Rotor rotiert unterhalb der Magnete auf der Unterseite der Flugplatform. Ein „FEL", „Free Energy Laser" übernimmt die elektr. Erregung des Gases, so z.b. Luft innerhalb der Erdatmosphäre. Elektronen-Kanonen sind entlang des äußeren Randes positioniert und dirigieren ihren Strahl in eine kreisförmige Bahn um das Fluggerät. Reflektoren richten eine Synchrotron-Strahlung im ultravioletten Bereich unterhalb des VTOL-Flugzeuges und produzieren somit den Auftrieb.

Hier nun einige Beispiele von „UFO"-Sichtungen aus den 1950er Jahren, die zeigen, daß die oben besprochene elektromagnetische Antriebsweise schon längst zur praktischen Anwendung kam.

Haiti UFO Video, dated 8-11-7

"What are we seeing here? Is it skilfully produced CGI effects over video, or the real deal? And would we ever really know the difference apart from someone stepping up to the plate and demonstrating just how the hoax video was produced? These videos are becoming remarkably well done and prolific, and with the sophisticated CGI programs available to just about anyone, should we be surprised? Either way, they cannot be ignored. "
(courtesy: Rense.com)

Anmerkung des Autors:

Die Bilder sind gefälscht, ein Fake!

Aber sie zeigen sehr deutlich, wie eine Fliegende Plattform (siehe oben), wie sie in dem Cox-Patent behandelt wurde, aussehen würde, flöge sie für alle sichtbar durch die Gegend.

Interessant, dass sich die Propaganda immer wieder in den Patenten bedient, um außergewöhnliche Flugzeuge zu kreieren, die in der Öffentlichkeit so gut wie unbekannt sind!

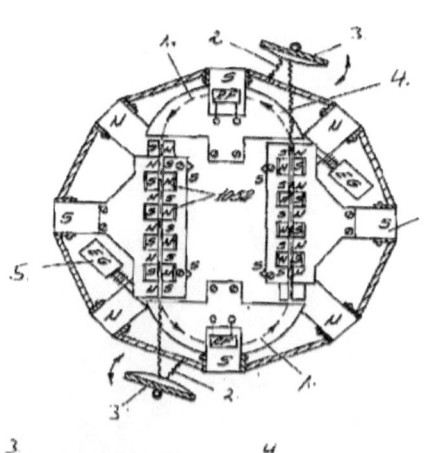

Nebenstehend die Abbildung aus dem U.S.-Patent, die für den Fake benutzt und filmisch animiert wurde.

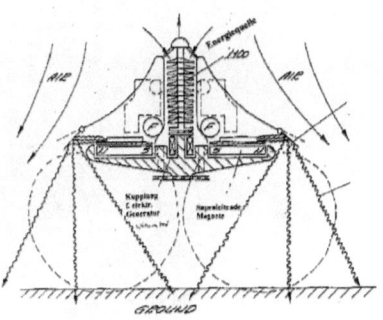 

Abb.:

Dies ist ein Luft- und Raumfahrzeug (Fliegende Untertasse) mit einem „Dipolar Force Field"-Antrieb in Kombination mit einer „Rotating Shunt Plate" (Synchrotronstrahlung) und supraleitenden Magneten (alternierendes Magnetfeld zur Rotation von Dipolen, hier Stickstoff als Bestandteil der Luft).

Eine entsprechende Antriebsquelle, wie z.B. ein nuklearer Reaktor, treibt das Fluggerät an (non-air-breather). Die Strahlung zur elektrischen Erregung der Partikel (z.B. Luft in der Atmosphäre, oder aber Kolloide im All) wird mit Hilfe von Reflektoren unterhalb des Raumschiffes an die entsprechenden Stellen geleitet.

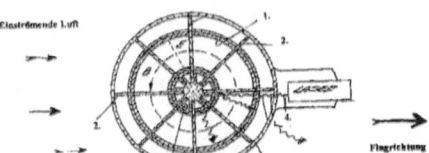

Alle elektrostatisch, elektromagnetisch und elektrodynamisch angetriebenen Fluggeräte bauen auf gewisse Grundprinzipien auf, die schon am Anfang des 20. Jahrhunderts erforscht wurden (wenn nicht gar schon Ende des 19. Jahrhunderts).

Die rotierenden Dipole, Stickstoff, erzeugen eine Luftverwirbelung und bei ca. 30.000 U/min durch Coanda-Effekt, rotierender Unterdruck, hebt die Maschine ab.

(Zeichnungen aus dem Buch „Rätselhafte Flugobjekte, UFOs", o.D.)

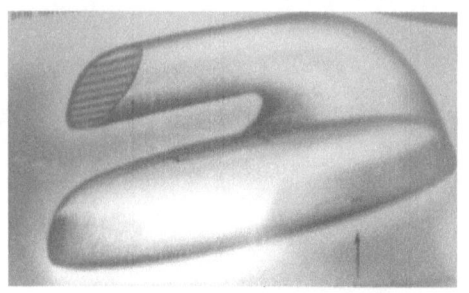 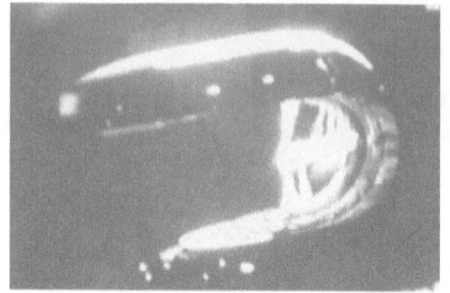

Abb.:

Links: Zeichneriche Darstellung nach Augenzeugen eines „Bügeleisen-UFO", gesichtet 1971 über Schottland.

Rechts: Realistischere Darstellung o.g. „Bügeleisens". Beachte platter Boden als aerodynamische Auflage während des Fluges durch die Atmosphäre und die elektromagnetische Strahlung, die mit Hilfe von Blitzlichtröhren erzeugt wird und sich zwischen der Krümmung des Flugkörpers entladen. Dadurch werden die Stickstoffatome der Luft in dem Zwischenraum festgehalten und mit Hilfe eines E- und B-Feldes in Rotation versetzt. Somit wird Auf- und Vortrieb innerhalb der Atmosphäre generiert. Siehe auch „X-Wing" im Cox-Patent!

Beachte helle Öffnungen im „Rumpf" der Maschine zum Emittieren z.B. einer *„Flashtube or Flashlampe Excitation"* für die Richtungsänderung und den Horizontalflug.

Welche Vorteile diese exotische Auslegung eines EM-Fluggerätes gegenüber z.B. dem „X-Wing Aircraft", wie in dem U.S.-Patent von James E. Cox aus Los Angeles, Kalifornien, dargestellt ist (und als Prototyp realisiert worden sein könnte), ist unklar.

Wurden diese Fluggeräte in demselben kalifornischen Flugzeugwerk gebaut, wie die „hutförmigen" EM-Maschinen?

Beispiele, wie mit Hilfe einer Zyklotronstrahlung ein EM-Fluggerät horizontal fliegt und Richtungsänderungen herbeiführen kann:

UFO-Sichtung über Würzburg

Würzburg, Germany, March 8, 2009

"Last Sunday I had a rather strange encounter with a disturbing object in the sky above Würzburg, Germany. I was walking along the railroad lines along the river Main to scout new fishing locations. It was already pretty late, it was getting dark, I started to freeze and I wanted to move back towards the city, when I noticed the silence.

There was no car, nothing. I stopped and looked around me. Although it was a pretty bad day to be out, nature had a strange beauty in the fading daylight. Suddenly I got a strange feeling in my chest, like when I was standing on a vibrating platform, but only very faint. Suddenly I felt weak and then I noticed an object in the sky.

It was hovering just at the base of the deep hanging clouds disappeared and every once in a while into the moving clouds maintaining its altitude.

There was no sound except some light wind, only the humming strange feeling inside my body, maybe like pulsating electricity, I have no idea, I have not felt like that before.

At first, while it was still pretty close, I did not move at all. I was like in a shock. But while it slowly moved away I realized that what I was seeing, might be quite unique and took out my cell phone.

I wanted to take a picture but the display was not working right. The images had stripes and pressing the trigger did not do anything. Only when the object was already pretty far it worked, I shot the attached picture and then, seconds later, the disk was covered in clouds once more and I never saw it again. Here are a few facts:

Size: can not tell, but I would guess it was pretty big, maybe like 50 meters?

The clouds, although deep this day, are still a few hundred meters above ground, so the thing should be bigger than just 10 meters.

Shape: flat grey disk with lights at the bottom

Height: just below the clouds / in the clouds
Time: around 6 PM, dawn, 18 Uhr
Speed: slowly moving across the sky
Lights: three white/bluish and one red, no blinking etc.
Duration: very hard to tell, it felt much longer than it probably was, maybe 15 seconds for the whole encounter

As I work for the local city administration I can not give you my real name, nobody would take me serious anymore here in Würzburg. I never believed in aliens or UFOs, but this thing got me thinking and I actually have no explanation for it satisfy. Maybe you guys know more about this thing, especially because it does not look like the typical UFO that I have seen on the many silly photos on TV.
Regards, Martin"

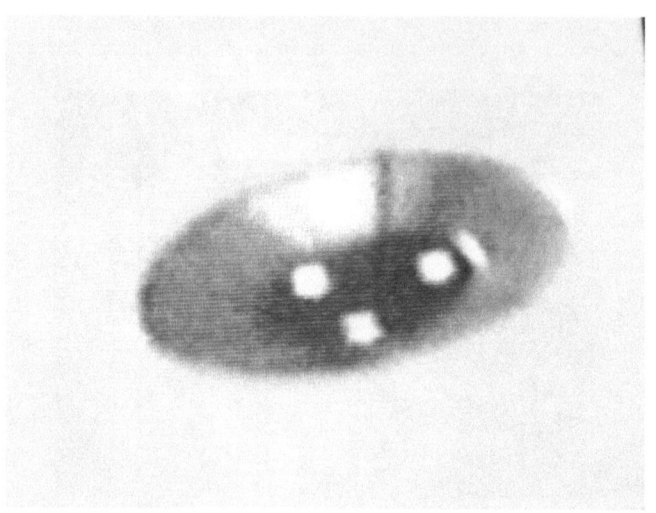

Abb.:

Beachte dieselben drei Antriebseinheiten in 120, 240 und 360 Grad Anordnung. Ein elektromagnetisches Fluggerät gleicher Bauart, wie das, dass in Würzburg gesichtet wurde?

Eine „fliegende Untertasse", gefilmt über Austin, Texas, USA. Beachte auch hier wieder die, in der üblichen Art und Weise angeordneten Antriebseinheiten und Grad-Einteilung zur Steuerung auf der Unterseite der Scheibe.

Der Zeuge spürte gewisse elektromagnetische Effekte, ggfs. von den unteren Antriebseinheiten, die eventuell eine Zyklotron- (UV-Licht) oder eine Mikrowellenstrahlung in ein sich kreuzendes E- und B-Field (gemäß Lorenzkraft) aussandten. Das Handy des Augenzeugen war gestört und funktionierte erst wieder richtig, als das UFO sich entfernte.

Auch hier emittieren diese EM-Fluggeräte eine gewisse Streustrahlung um den Flugkörper hinaus, damit Auf- und Vortrieb durch einen Luftmassenfluss generiert werden kann.

Glow Discharge auf Unterseite von EM-Fluggerät

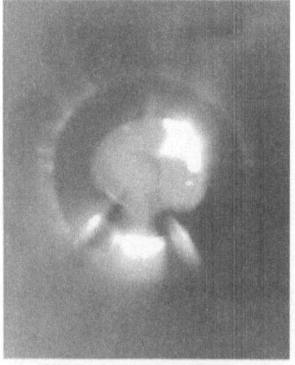

Abb.:

Grangemouth „UFO".

Man beachte das orangefarbige Glühen. „Glow-Discharge". Ein spezielles EHD/MHD Scheibenflugzeug? Beachte die übliche 120, 240 und 360 Grad Anordnung der Antriebseinheiten!

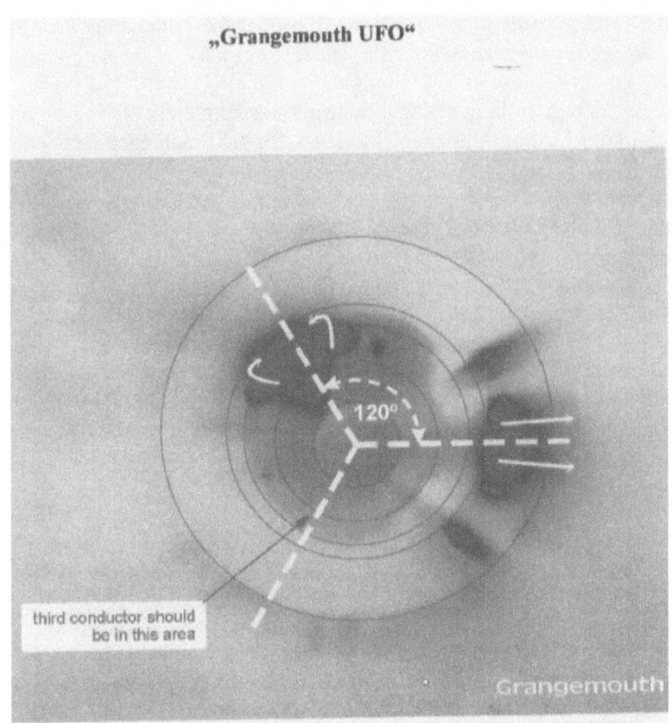

Am 12. November 1991 gegen 21.30 sahen zwei Augenzeugen, die zufällig einige Aufnahmen in einer Gegend der schottischen Stadt Grangemouth machten, dieses „UFO", das keinerlei Geräusche zu machen schien. Als die Aufnahme geknippst wurde, war das Objekt ca. 50-100m über dem Photographen. Beide hörten ein leichtes pulsierendes Summen.

Bei diesem EHD-Antrieb sind drei halbkugelförmige Konduktoren zu erkennen, von denen einer aufgrund eines Steuermanövers ausgeschaltet sein könnte.

Rothkugel 8/2003

RB 47 Aufklärer entdeckt elektromagnetisches „UFO"

Am 17. Juli 1957 startete eine RB-47 Maschine der USAF von der Forbes AFB (Topeka, Kansas, USA) zu einer Routinemission über dem Golf von Texas. Das Flugzeug war mit einer ECM (Electronic Counter Measure) Ausrüstung ausgestattet und konnte Signale zwischen 1.000 und 7.500 Megaherz aufspüren.

Folgende Meldung erging nach dem Einsatz:

„Wing Intelligence Officer, COM STRAT RECON WG 33, Forbes Air Force Base:

„ECM reconnaissence operator #2 of Lacy 17, RB-47H fing ungefähr bei Meridian Missisippi ein Signal mit den folgenden Eigenschaften auf:

Frequency 2.995 Megacycle to 3.000 mc, pulse width of 2.0 microseconds; pulse repetition frequency of 600 cps; sweep rate of 4 rpm; vertical polarity.

Signal wanderte schnell entlang des D/F Schirmes, es zeigte ein sich rasch bewegendes Signal von einer sich in der Luft befindlichen Quelle an. Signal brach nach Beobachtung ab"

(Aus dem Artikel: "Air Force Observations of an Unidentified Object over South-Central U.S., 17. Juli 1957", zusammengestellt von James McDonald, veröffentlicht in „Astronautics & Aeronautics, Juli 1971, Quelle Internet)

Eine Mikrowellenstrahlung schwing zwischen 2.995 bis 3.000 MHz, dazu kommt noch eine Pulsfrequenz von 660 Hz. Handelt es sich hier um einen dipolaren Kraftfeldantrieb?

Im selben Jahr 1957 landete ein Fluggerät, das evtl. ebenfalls ein wie von der Aufklärerbesatzung wahrgenommenen „Dipolar Force Field Propulsion System" besaß, in Brasilien.

Der Fall Antonio Villas Boas

Der Landwirt Antonio Villas Boas, der zum Zeitpunkt des Geschehnisses 23 Jahre alt war, pflügte gerade mit einem Traktor sein Feld, als er eine „Begegnung der Dritten Art" hatte (wobei vorausgesetzt wird, dass es sich tatsächlich um einen Bauern handelte und nicht etwa um eine andere Person, die als Schauspieler in einem evtl. inszenierten Fall mitspielt):

„... Am nächsten Tag, am **15. Oktober 1957** pflügte ich allein mit dem Traktor auf demselben Feld. Es war eine kalte Nacht und der klare Himmel war mit Sternen übersät. Genau um 1 Uhr sah ich plötzlich einen roten Stern... In wenigen Augenblicken wurde er zu einem leuchtenden, eiförmigen Ding, das mit rasender Geschwindigkeit auf mich zugeflogen kam. Das Scheinwerferlicht meines Traktors wurde von dem gleißenden **hellroten** (UV-Licht, Anm.d.A.) Schein vollständig verschluckt.

... bewegte sich das Ding schon wieder und hielt 10 bis 15 Meter vor dem Traktor. Es kam näher und näher, bis ich erkennen konnte, daß es sich um eine ungewöhnliche, beinahe runde Maschine mit **kleinen roten Lichtern** (UV-Strahlung der Laserlichtquellen?, Anm.A.) ringsum handelte.

Mir gegenüber strahlte ein **riesiger roter Scheinwerfer**... Jetzt sah ich die Form der Maschine ganz genau.

Sie glich einem lang gestreckten Ei mit **drei Stacheln** (Ionizer?, Anm.d.A.) vorn – einer davon in der Mitte und je einer an den Seiten (je in 120 Grad Abständen?, Anm.d.A.).

... In dem Moment, als die Maschine langsamer wurde, um zu landen, änderte sich das Licht im Verhältnis zur verringerten Umdrehung des rotierenden Teils... - ins grünliche. Der **rotierende Aufsatz** wirkte in diesem Augenblick wie ein Teller oder eine flache Kuppel...

Dieser rotierende Teil stand nicht eine Sekunde still, auch nicht, nachdem das Flugobjekt gelandet war."

Der Motor von Villas Boas Traktor setzte nach ein Paar Metern seiner panikartigen Flucht nun gänzlich aus. Fremdartige Wesen zerrten Boas über eine metallene Einziehleiter in das Innere des elektrodynamisch betriebenen Fluggerätes. Fünf Personen befanden sich – nach Boas' Einschätzung – in einem Navigationsraum.

Dort standen ein metallener Tisch, der fest mit dem Boden verbunden war und mehrere verschiebbare Drehstühle.

Boas wurde entkleidet und mit einem weichen Schwamm, der eine dickflüssige Flüssigkeit enthielt, eingerieben. Danach wurde im Blut abgenommen. Eventuell wurde Boas desinfiziert und medizinisch untersucht. Alle Personen die, bis auf einen, genauso groß wie Villas Boas waren, trugen eine Art Raumanzug mit geschlossenem Helm und Handschuhen.

Nach einem unfreiwilligen Geschlechtsakt mit einer blond gefärbten Rothaarigen, wurde Boas die Flugmaschine von Außen gezeigt. Durch eine Außentüre gelangten sie auf eine Art Plattform, die zwar sehr schmal war, aber man konnte um die ganze Maschine herumlaufen.

„Wir gingen zuerst nach vorne, und ich sah einen viereckigen, metallenen Vorsprung, der aus der Maschine herausragte – auf der gegenüberliegenden Seite befand sich genau das gleiche Ding. Aus der Form schloß ich, daß es vielleicht Start und Landung der Maschine kontrollierte.

...Vorn deutete der Mann auf die von mir bereits erwähnten Metallspitzen – besser gesagt **Metallsporne**. Alle drei waren fest mit der Maschine verbunden, der mittlere davon direkt mit dem Vorderteil.

Sie hatten alle drei die gleiche Form, die sich von einem breiten Ansatz zu einer feinen Spitze verjüngten, und standen waagrecht heraus. Sie leuchteten zwar wie glühendes Metall, strahlten aber keine Hitze aus."

Dann erkannte Boas noch einen **großen Frontscheinwerfer**, rundum **zahllose viereckige Lampen**, die in den Rumpf der Maschine eingelassen waren. Die Plattform endete vorne mit einer dicken Glasscheibe, die tief in das Metall eingebettet war.

„Meiner Ansicht nach mußten die Sporne an der Vorderfront etwas mit der Antriebsenergie zu tun haben, da ihr Leuchten beim Start der Maschine ganz intensiv wurde...

Nach Besichtigung des vorderen Teiles der Maschine gingen wir wieder nach hinten (dieser Teil war stärker gewölbt als der vordere), aber vorher blieben wir noch stehen, denn der Mann deutete nach oben, wo die riesige, **tellerartige Kuppel rotierte**. Während sie sich langsam drehte, war sie ständig in grünliches Licht getaucht...

Verbunden damit war eine Art Pfeifen, das wie das Geräusch eines Staubsaugers klang oder so, als ob durch viele kleine **Öffnungen Luft angesaugt wurde** (Kühlluft?, Anm.A.) .

Als die Maschine später vom Boden abhob, wurde die **Umdrehung der Kuppel schneller und schneller**... bis nur noch ein hellroter Lichtschein übrig blieb."

Nach dem Start neigte sich die Maschine leicht zur Seite, ein klopfendes rhythmisches Geräusch wurde hörbar, und nach wenigen Sekunden war das Fluggerät außer Sichtweite. Für den lateinamerikanischen Landwirt dauerte die ganze Entführung 4 Stunden und 15 Minuten.

Soweit einige Auszüge aus dem Bericht, denn Boas nach seiner Begegnung anfertigte.

Die Informationen sind aus dem Buch „*Das UFO Phänomen*" v. Johannes von Buttlar, C. Bertelsmann Verlag, 1978 entnommen.

Interessant ist die gute Beobachtungsgabe und das technische Verständnis, vielleicht etwas ungewöhnlich für einen armen Bauern im ländlichen Brasilien.

Die Beschreibung deutet auf ein Fluggerät hin, wie es James Cox in seinem Patent erwähnt: rotierender Ferritrotor, Abstrahlfenster, für UV- oder Laserlicht, sowie Ionizer für zusätzliche Aufladung der Außenluft in großen Höhen.

Dass in den 1950er Jahren mehrere dieser elektrodynamischen sowie scheibenförmigen Flugzeuge unterwegs waren, zeigen folgende Beispiele:

Photon Interaction oder Electron Impact? Blinkende EM-Fluggeräte im Einsatz

Hier einige kurze Beschreibungen von „UFO"-Sichtungen, die Hinweise auf bestimmte elektromagnetische Antriebsweisen geben könnten:

So schreibt Frank Edwards in „Fliegende Untertassen – eine Realität":

„Die ursprünglichen „Fliegenden Untertassen", wie sie genannt wurden, waren offensichtlich scheibenförmige Flugzeuge, die **keine** Blinklichter hatten (Strahl-, Raketen, Staustrahlantriebe?, Anm.d.A.).

Aber seit 1950 gab es viele Berichte über blaue oder grüne Blinklichter über den Kuppeln dieser Apparate, und in einigen Fällen wurden solche Blinklichter sowohl über als unter dem Objekt gemeldet".

Und weiter :

„... In vielen Fällen, wo Personen „UFOs" auf dem Boden entdeckten, flogen diese schleunigst davon, als ob sie einen Kontakt oder Beinahekontakt vermeiden wollten.

Dies ist so oft berichtet worden, daß man versucht ist zu glauben, die Besatzungen der Flugapparate wüßten von

den elektromagnetischen Gefahren für die Personen und bemühten sich wahrscheinlich deshalb, diese unnötig hervorzurufen."

Dies gilt wohl hauptsächlich für Maschinen der ersten Generation, die noch ein Strahlungsfeld sowie eine Energiequelle besaßen, die der Umwelt besonders schadete.

Weitere Fallbeispiele aus o.g. Buch:

Die Arktis als Basis für Untertassen. Einem Augenzeugen fiel auf, dass die Scheibe nach der Landung sehr schnell um ihre eigene Achse **rotierte**.

Ein gleißender Lichtstrahl, dessen Intensität sich je nach Geschwindigkeit beim Landen und Starten verändert, verhinderte jede Sicht der Dinge...

Im Oktober 1952 sah ein Augenzeuge am Flughafen Marinagne bei Marseille, Frankreich zwischen zwei im Dunkeln liegenden Flugzeughallen ein glänzendes Objekt heraus gleiten. Es verjüngte sich an beiden Enden, war etwa fünfzehn Meter lang und in der Mitte einen Meter dick, mit einem halben Dutzend kleiner **viereckiger Fenster**, aus denen sanftes gelbes Licht hervorquoll. Beim plötzlichen Start sandte es einen **Funkenregen** aus und stieg hoch.

Im Mai 1965 beobachtete man in Australien ein merkwürdiges Ding. Es hatte eine Reihe „**Scheinwerfer**", vielleicht zwanzig oder dreißig, unter einer runden Plattform. Es war aus festem Material, das aussah wie Metall und hatte etwa zehn Meter Durchmesser.

Bereits im März 1965 wurde in Florida ein Objekt gesehen, das etwa fünfundzwanzig bis fünfunddreißig Meter Durchmesser hatte, wobei der untere Teil aus vier Reihen kleiner **erleuchteter Fenster** zu bestehen schien.

Im Sommer 1965 sichtete man in New Hampshire, USA ein merkwürdiges Objekt, das als es näher kam, vier oder fünf außerordentlich **hell leuchtende rote Lichter** in einer Linie von vorn nach hinten am Boden der Maschine besaß. Diese Lichter **blinkten** in einem bestimmten Rhythmus nacheinander immer wieder auf.

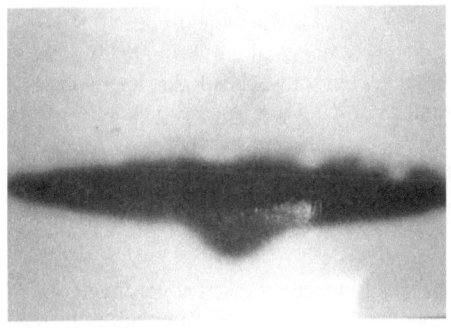

Der Augenzeuge Herbert Schirmer aus Ashland, Nebraska, USA sah im Dezember 1967 ein Flugobjekt, das aus einer Art poliertem Aluminium zu bestehen schien. Das Zentrum war von einer Reihe **runder Luken** umgeben, jede vielleicht 60cm hoch, aus denen **rotes Licht blinkte**. Beim Start ertönte ein schrilles Geräusch und eine **orangerote Flamme** schoss aus der Unterseite heraus (Gasturbine für Antrieb von Stromgenerator?, Anm.d.A.).
(**Hesemann: Geheimsache U.F.O.**)

Im März 1982 sichteten Augenzeugen in der Nähe von Darmstadt, Hessen ein unheimliches Objekt mit mehr als zwanzig Metern Durchmesser, das laut summte. Die metallische Scheibe hatte eine Kuppel auf ihrem flachen Unterbau, an der Seite leuchteten drei **rote Lichter** oder **Öffnungen wie Scheinwerfer**. Die Ränder der Scheibe waren leicht glühend, der ganze Rumpf schien in helles, flackerndes, weißes Licht getaucht zu sein. (**Hesemann**)

In Argentinien sah an Zeuge im Jahre 1972 ein Flugobjekt, das seltsam zischte, wie ein zorniger Bieneschwarm, jedoch viel stärker. Er sah ein Licht und inmitten der Strahlung erschien eine enorme Maschine von 20 bis 25 im Durchmesser. Es sandte **Funken** durch **einige Röhren** auf der Unterseite aus, und um den Außenrand drehte sich permanent ein gigantischer leuchtender Ring. Das „UFO" hatte eine Farbe zwischen orange und dunkelrot.

Innerhalb der kuppelförmigen Kabine sah er neben mindestens zwei Personen eine Kokarde in blau und gold mit einem Seepferdchen darauf, das eine Krone trug. (**A. Schneider, H. Malthaner, „Das Geheimnis der unbekannten Flugobjekte"**) Blau soll die Farbe von Atlantis gewesen sein (Nato oder USA?).

Immer wieder wurden Luken, Fenster oder große Öffnungen gesehen, aus denen es blinkte bzw. blitze.

Eine UV-Blitzlichtlampe oder Röhre hinter Spezialglas? Flogen in den 1950 Jahren und später bereits elektromagnetische Fluggeräte die nach Art und Weise angetrieben wurden, wie dies weiter oben in dem Cox-Patent beschrieben wurden?

Sein Patent wurde 1982 angemeldet, wann wurde es aber erstellt? Schon in den 1940er oder 1950er Jahren. Höchstwahrscheinlich umfasst dieses Patent mehrere Jahrzehnte an Entwicklungsarbeit, die nun konzentriert in der Patentschrift zusammengefasst wurde.

War diese Art des elektrodynamischen Reaktionsantriebes zu dem Zeitpunkt der Patent-Anmeldung bereits ein „alter Hut" und technisch nicht nur ausgereift sondern auch schon teilweise wieder überholt?

Hier noch zwei kleine Beispiele, die dafür sprechen, dass ein bestimmter Verbrennungs- oder Gasturbinen-Motor ein Stromgenerator antreiben könnte (beide aus dem Buch „Unbekannte Flugobjekte" von A. Schneider):

Im Mai 1971 wurden über Skandinavien unbekannte Flugobjekte beobachtet. Ein schwedischer Augenzeuge beobachtete ein „UFO", eine metallisch wirkende Diskusscheibe.

An der Außenkante der Maschine lief ein grünes Band herum. Als das Objekt vom horizontalen Flug in den Schwebezustand übergegangen war, entstand um das Fahrzeug ein strahlenkranzartiger Ring. Die Farbe des Ringes war zuerst ein schwaches Rosa, aber sobald sich das Fluggerät wieder in Bewegung setzte, löste sich der Ring in grauen Rauch auf.

Die Abgase eines Benzinmotors oder Strahltriebwerkes, die elektrisch aufgeladen wurden? Der Zeuge hörte in Abständen von 10 bis 15 Sekunden jeweils ein zischendes oder sausendes Geräusch.

In Minnesota, USA sah ein Beobachter ein merkwürdiges Flugzeug, dessen abgerundete metallische Spitze hellorange im Schein der untergehenden Sonne glänzte. Rundherum waren vier kleine Öffnungen zu sehen, aus denen ein intensives gelbes Licht strahlte. Direkt unterhalb dieser fensterartigen Zone wurde ein bläuliches Glühen wahrgenommen, welches irgendwelche Auspuffgase gewesen sein könnten.

Die fensterähnlichen Öffnungen könnten Abstrahlbereiche einer Strahlungsquelle zur Ionisierung von z.B. Stickstoffdipole sein, während die bläulichen Flammen Verbrennungsgase eines Motors gewesen sein könnten, der die Energie für einen

Stromgenerator und die Bordelektrik lieferte, sowie ggfs. Kolloide (Ruß des verbrannten Treibstoffs).

Leider sind solche Fluggeräte bis heute für die Öffentlichkeit unbekannt. Warum?

- Wann wurde in Luftfahrtkreisen darüber nachgedacht, dass es neben den bereits bekannten aerodynamischen Methoden der Erzeugung von Auf- und Vortrieb, noch einen anderen Weg gibt, nämlich auf elektrischem Wege Flugzeuge zum fliegen zu bringen und Auf- und Vortrieb durch Bewegen von Luftmassen zu erzeugen? Gegen Ende des ersten Weltkrieges, Anfang der 1920er Jahre waren die Grundlagen der Fliegerei komplett verstanden. Siehe hier die Luftschiffwelle Ende des 19., Anfang des 20. Jahrhunderts in den USA und die Erfindungen von Nikola Tesla. Ab diesem Zeitpunkt muss es eine intensive Forschung zum elektrischen Antrieb von Luft- und Raumfahrzeugen gekommen sein, der merkwürdigerweise bereits am Anfang vertuscht wurde und bis jetzt – Stand 2017 – in der breiten Öffentlichkeit unbekannt ist.

- Wo wurden die ersten praktischen Versuche durchgeführt? In denselben Instituten und Forschungseinrichtungen, die sich mit „normaler" Aerodynamik befassten?

- Wo in Deutschland könnte man sich mit Elektro-Aerodynamik befasst haben (Peenemünde, AEG, Siemens)?

- Warum flossen diese Forschungen und Ergebnisse nicht in die übliche Luftfahrtliteratur (für Jedermann) mit ein?

Die bis jetzt in diesem Buch besprochenen Fluggeräte - ob strahl-, raketenbetrieben oder aber elektrodynamisch - alle haben zumeist ein rundes, „untertassenförmiges" Aussehen und sind in der „offiziellen" Welt durchweg unbekannt.

Die so genannten „Suction-Aircraft" können zum einen auf solche Fluggeräte wie die von Henry Coanda oder aber auf „Impeller" Flugzeuge zutreffen. Jedoch auch elektrohydrodynamische Flugmaschinen, wie evtl. z.B. die neun von Kenneth Arnold gesichteten Untertassen über dem Mount Rainier in Kanada, flogen in größerer Anzahl bereits kurz nach dem zweiten Weltkrieg.

So heißt es in einem „Fate" Artikel „The Mystery of the Flying Disks", dass man Flugzeuge mit großen „Portholes" – Bullaugen – sah, die gleichmäßig am Außenrand eines „Doughnut" geformten Fluggerätes entlang verliefen. Diese Öffnungen waren fünf bis sechs feet groß (1,5 bis 2m!). Wahrscheinlich waren es Abstrahlflächen für UV-Licht, Bestandteil, evtl. eines dipolaren Kraftfeldantriebes. Diese elektrischen Flugzeuge der ersten Generation hatten wohl im Vergleich zu späteren Entwicklungen einen noch ineffektiveren elektrischen Wirkungsgrad, was vermutlich zu einem flächenmäßig sehr groß dimensionierten Abstrahlbereich führte, der ja der Fluglagesteuerung der Maschine diente.

Auch bei den EHD Flugzeugen, insbesondere den scheibenförmigen, fließt ja die Luft ähnlich einem Hubschrauber, von oben nach unten. Außerdem wird sie teilweise durch den (kuppelförmigen) Aufbau geleitet, betreffend Kühlung, Antrieb einer Gasturbine und für das allgemeine Auftriebsverhalten.

Nun gibt es aber durchaus auch einige in der Öffentlichkeit teilweise und zögerlich zugegebene Fluggeräte – meistens herkömmliche Flächenflugzeuge, die zu ihren üblichen

Strahltriebwerken einen elektrostatischen Zusatzantrieb besitzen, um die allgemeinen Flugleistungen zu verbessern oder „Stealth" Eigenschaften zu erlangen:

Plasma Magic

Dazu hier eine kurze Zusammenfassung aus dem englischen Artikel *„Will Plasma Revolutionize Aircraft Design?*, by Justin Mullins, „New Scientist", Ausgabe vom 28. October 2.000:

„London - Mann kann den Luftwiderstand reduzieren, Überschall-Druckwellen zur Seite schieben und Jagdflugzeuge auf dem Radarschirm unsichtbar machen.

Ein Generator sendet Mikrowellenstrahlen in den Mach 6 schnellen Luftstrom, so dass vor der Maschine die Luft zerteilt wird. So kann ein Flugzeug durch ein Plasma (ein heißer Mix aus positiv geladenen Ionen und Elektronen) fliegen ohne den sonst üblichen Überschallknall beim Durchbruch der Schallmauer zu erzeugen.

Im NASA Forschungszentrum in Hampton Virginia, USA wird diese neue Idee weiterentwickelt, die von russischen Forschern während des Kalten Krieges entworfen wurde.

Diese entdeckten, daß, wenn man einige Ionen in den Luftstrom um das Flugzeug herum einfließen lässt, sich der Luftwiderstand dramatisch verringert.

Mit weniger Luftwiderstand werden supersonische Airliner wirtschaftlicher, während Überschallraketen und -flugzeuge, die mehr als Mach 5 erreichen, mit einer Tankfüllung wesentlich weiter fliegen können. Zukünftige Generationen von Space Shuttles könnten ebenso von diesem Plasmasystem profitieren, insbesondere beim Wiedereintritt in die Erdatmosphäre (leider bis heute nicht, Stand 2017, s.a. „Drama" um Shuttle-Flug in 2005, Anm.d.A.).

Und es gibt noch andere, geheimere Anwendungen. Plasma hat eine bestimmte Wechselwirkung mit Funkwellen, die auf ein Flugzeug treffen, so dass dies eine Militärmaschine für Radarwellen unsichtbar machen könnte. Winzige Plasmageneratoren könnten die Steuerflächen eines Flugzeuges ersetzen, wie Höhen- und Seitenruder. Flugzeuge der Zukunft könnten überhaupt keine Steuerflächen mehr benötigen.

Die Plasmastory beginnt in den späten 1970 Jahren, als der russische Wissenschaftler Anatoly Klimov einige Experimente am „Moskauer Technologischen Institut für Funkwellen" durchführte, einem der geheimsten Labore in der ehemaligen UdSSR. Sein Ziel war die Eigenschaften von Druckwellen in einem ionisierten Gas zu untersuchen, eines der Hauptthemen der Plasmaphysik.

Im russischen „Ioffe Institute" in St. Petersburg entdeckte man bei einem Laborexperiment, daß Plasma in der Lage war, eine Druckwelle in doppelter Entfernung zur Oberfläche einer Sphäre fernzuhalten, wie dies in normaler Umgebungsluft der Fall wäre.

Außerdem berichteten die russischen Wissenschaftler, daß der Luftwiderstand auch bei Unterschallflugzeugen reduziert werden kann. Mit weniger Widerstand können in gleicher Weise ansonsten langsame Verkehrsflugzeuge schneller fliegen.

Klimov und seine Kollegen fanden heraus, wie man den Bau von Hyperschallflugzeugen revolutioniert, was einen unschätzbaren Vorteil für die ehemalige Sowjetunion gewesen wäre. Nach dem Untergang der UdSSR und nachdem kein Geld mehr zur Verfügung stand, forschte man zuerst für BAe und später für die Amerikaner."

Ließt man den Artikel, könnte man Eindruck erlangen, dass es die zuvor in diesem Buch besprochenen elektrodynamischen Erfindung nie gegeben hätte, und dass man erst seit einigen Jahren damit anfängt, die Plasma Technik für die Luftfahrt wirklich nutzbar zu machen.

Absolut unverständlich ist die Vorstellung, dass Russland einfach mir nichts, dir nichts die Plasmaforschung wegen Geldmangels aufgibt und alle beteiligten Wissenschaftler schlicht und einfach anstandslos in den Westen wechseln.

Wäre die Plasmatechnik für Raumgleiter, Hyperschall-Aufklärungsflugzeuge, Raketen usw. doch ein unschätzbarer strategischer Vorteil für das heutige Russland.

Unter normalen Umstände. Diese scheinen wir eben aber auf unserer Welt nicht zu haben!

Wahrscheinlich entwickelt jedoch Russland im Geheimen weiter an „offiziellen" Plasmawaffen oder EHD-Fluggeräten (nicht berücksichtigt, was schon seit mehr als 50 bis 100 Jahren inoffiziell und für die „Wahre Raumfahrt" möglich war).

Der russische TV6 Kanal aus Moskau berichtete am 22. Januar 1999, dass Wissenschaftler eine neue Technologie entwickelt haben, die effizienter und billiger als die herkömmliche „Stealth"-Technik ist.

Unentdeckt vom gegnerischen Radar überflogen Suchoi Su 24 MR Jagdmaschinen am 7. Oktober zweimal den amerikanischen Flugzeugträger „Kitty Hawk", so schrieb die russische „Pravda" am 15. Nov. 2.000. Die zwei Rotten überflogen den Träger in sehr niedriger Höhe und konnten sogar Aufnahmen vom Trägerdeck machen. *„Das Panik auf dem Flugzeugträger herrschte, konnte man sogar auf den Fotos erkennen",* schrieb dazu Interfax.

Wahrscheinlich hatten die vier Maschinen längst einen der neu entwickelten 100 kg schweren Plasma Generatoren an Bord, um für das Radar des U.S.-Flugzeugträgers unsichtbar zu sein.

Zum Thema russische Plasmaforschungen findet man auf einer französischen Website von J.P Petit u.a. folgende (zusammengefasste) Informationen:

„Ajax"

„Ab einer Geschwindigkeit von Mach 3 aufwärts kommt es zu einer problematischen Aufheizung der Außenhaut. So genannte **Ram-Jets"** oder **„Scram-Jets"** (Hyperschallantriebe) sind dagegen in der Lage, mit Hilfe ihrer Treibstoffe (Wasserstoff und Flüssigsauerstoff) die Außenhaut eines Flugzeuges (z.B. Leading Edge) herunterzukühlen.

Aber es gibt noch eine weitaus bessere Lösung supersonische Flugzeuge zu bauen. Die geheime Maschine mit der Bezeichnung „Aurora", oder vormals „Ajax" - das russische Pendant, konstruiert u.a. von V.L. Fraistadt - kann wie eine konventionelle Düsenmaschine starten und landen. Vier herkömmliche Strahltriebwerke ohne Nachbrenner sind unterhalb einer gewölbten Tragfläche, die oben flach ist und in ein „Duck Tail" Heck ausläuft, aufgehängt.

Aurora oder vormals Ajax kann mit diesen normalen Strahltriebwerken höchstens Mach 3 erreichen. Für den Flug mit höheren Machzahlen wird die Luftzufuhr der Turbotriebwerke für den Hyperschallflug geändert. Die unteren Lufteinlässe werden verschlossen und eine Lufthutze auf der Oberseite öffnet sich.

Das Flugzeug fliegt nun in einem Unterdruckbereich, was die Luft leichter ionisierbar macht. Dafür befinden sich vor dem oberen Lufteinlass mehrere Reihen parallel zueinander verlaufender Elektroden eines **„MHD Wall Generators"**.

Wall Converter

Gemäß eines französischen Wissenschaftlers wurden „Wall Converter" in mehreren Forschungseinrichtungen Ende der 1960er, Anfang der 1970er Jahre entwickelt (was ist aber mit der Entwicklung der „Elektrode Excitation Systems" aus den 1940er und 1950er Jahren geschehen, die ja bereits bei scheibenförmigen Fluggeräten zur praktischen Anwendung kam?).

Diese als elektrischer „Außenwand Umformer" zu bezeichnende Vorrichtung hat zwei Eigenschaften:

Die Elektroden vor dem Lufteinlass arbeiten als Generator.

Sie bremsen den auftreffenden Luftstrom (in großen Höhen ist die Luftdichte geringer und die Leitfähigkeit größer), der bei sehr hohen Hyperschallgeschwindigkeiten ab Mach 3 aufwärts entsteht, herunter.

Das Geheimnis der Wahren Raumfahrt v. K-P Rothkugel

„Ajax" und „Aurora"

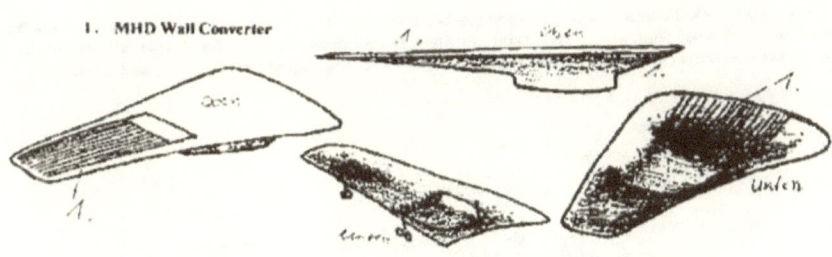

Ajax

Hyperschallflugzeug

Wall Converter dient als
Generator (Abbremsen) und
Motor zur Beschleunigung

Oberseite
Unterseite
Herkömmliche Strahltriebwerke

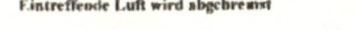

1. MHD Wall Converter

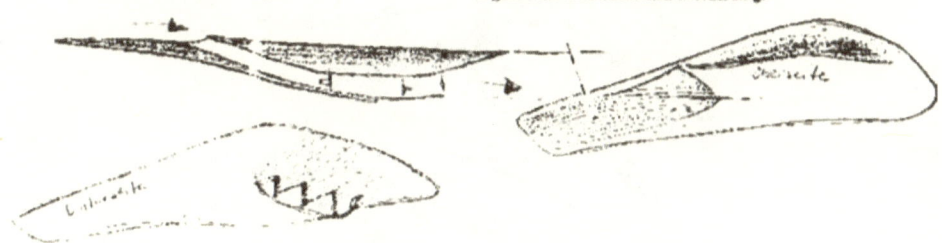

Eintreffende Luft wird abgebremst   Abgasstrom wird zusätzlich beschleunigt

Nachdem russische Wissenschaftler, die an dem Hyperschall-Projektes „Ajax" arbeiteten, komplett in den Westen wechselten, wurde das Projekt in den USA unter dem Tarnnamen „Aurora" weitergeführt.

Das interessante ist, daß ein Flugzeug mit herkömmlichen Strahltriebwerken, die bis zu Fluggeschwindigkeiten von ca. Mach 3 reibungslos funktionieren, durch sog. „Wall-Converter" auch Hyperschallgeschwindigkeiten erreichen kann. Sonst sind nur Ram- oder Scramjet Triebwerke für solch hohe Machzahlen ausgelegt.

Klaus-Peter Rothkugel, „Das Geheimnis der Wahren Raumfahrt"

MHD-Wall Converter

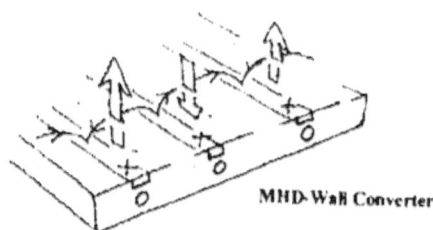
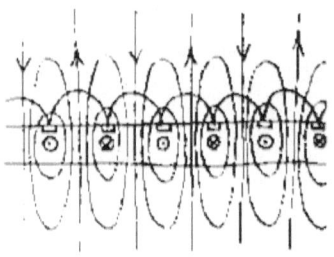

Elektrodenreihen, die unter Hochspannung gesetzt, Ionen erzeugen. Diese, angezogen durch eine ständig wechselnde Polung, hüpfen von einer Reihe zur anderen und reißen dabei Luftmoleküle mit sich (Motor). Umgekehrt erzeugt ein auftreffender Luftstrom, der gleichzeitig abgebremst wird, Strom (Generator).

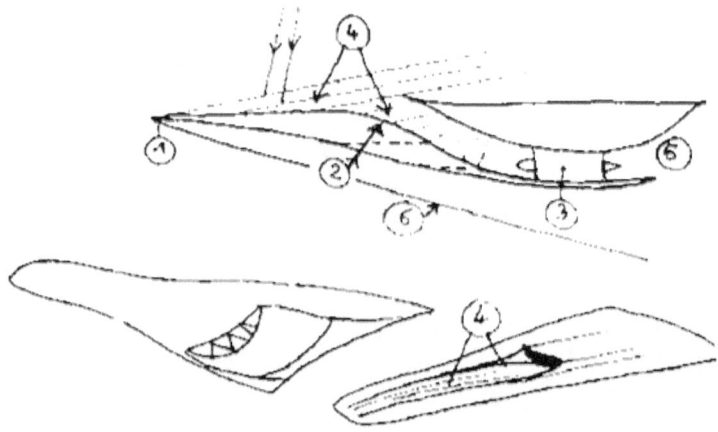

1. Plasma-Generator in Bugspitze
2. Lufteinlaß
3. Strahltriebwerk
4. vordere Elektrodenreihen dienen als Generator
5. hintere Elektrodenreihen dienen als Motor
6. Außenhaut

Das seit Jahrzehnte bekannte Verfahren mit Hilfe des „Elektrischen Windes" Luftmoleküle zu Beschleunigen, wurde bei dem geheimen Hyperschallflugzeug „Aurora" dazu benutzt, um vor dem Lufteinlaß die Luft so weit abzubremsen, daß eine normale Strahlturbine (die bis ca. Mach 3 ausgelegt ist) auch bei Machzahlen über 10 noch funktionstüchtig ist. Am hinteren Düsenauslaß wird der Abgasstrahl wieder so weit beschleunigt, daß er sich dem äußeren Luftstrom anpassen kann.

Die vorderen Elektrodenreihen, die als Generator dienen, liefern zudem Energie für das Bordnetz, einen Plasmagenerator sowie Strom für den hinteren, als Motor arbeitenden MHD-Wall Converter.

Bei der kontinuierlichen Verlangsamung des Luftstromes entsteht keine Druckwelle und es kommt zu keiner größeren Aufheizung der Außenhaut. Deshalb kann das so konditionierte Gas (Luft) ganz normal den Strahltriebwerken (die nur bis höchstens Mach 3 ausgelegt sind) zugeführt werden, selbst wenn die Maschine Mach 6 oder schneller fliegt.

Mit Hilfe supraleitender Systeme entstehen sehr hohe Stromspannungen (Hall-Effekt, die auftretende „Velikhov-Instabilität" wird durch magnetische Abschirmung vermieden), die zur Erzeugung eines Plasmakissens am Bug und an der Tragflächenvorderkante genutzt wird. Durch diesen Plasmaschutzschild wird die Luftreibung und -aufheizung auf ein erträgliches Maß verringert.

Die am Heck, gleich hinter den Düsenausläßen befindlichen Elekrodenreihen dienen als Motor und beschleunigen den Luftstrom wieder auf hohe Mach-Geschwindigkeiten („**Wall-Accelerator**"). Dabei wird die elektrische Energie, erzeugt vom „Wall Generator", dafür verwendet, den spezifischen Impuls durch die am Düsenaustritt angebrachten Elektrodenreihen zu erhöhen.

Das System, das vorne die Luft abbremst, damit konventionelle Triebwerke auch bei supersonischen Fluggeschwindigkeiten arbeiten können, und am Heck wieder den Luftstrom mit Hilfe eines „Elektrischen Windes" (Ionen) auf Mach 6 und mehr zu beschleunigen, heißt **„MHD By-Pass System"**.

Ein elektrodynamisches Antriebssystem als Generator und Motor zu nutzen, schlug schon Thomas Townsend-Brown bei seinen Patenten vor, die wohl teilweise bereits aus den 1920 und 1930er Jahren stammen. Damit wäre die Anwendung des MHD By-Pass-Systems nicht grundlegend neu, sondern scheint erst in jüngster Zeit in sog. „Black-Projects" Programme einzufließen. Und dass, obwohl die Methode in der ein oder anderen Form evtl. schon in den 1950er Jahren praktisch umgesetzt wurde. Warum scheint man diverse (hoch geheime) Erfindungen und Anwendungen doppelt auszuführen (einerseits für die geheime Raumfahrt und andererseits für das Militär)?

„Ein Flugzeug, das mit diesem System ausgestattet und komplett von einer Plasmawolke eingehüllt ist, kann so gut wie gar nicht mehr von Radar erfasst werden und wirkt damit absolut „stealthy".

Ein solches Überschallflugzeug, auch „Wave-Raider" genannt, dient u.a. als Aufklärungsflugzeug und als Startplattform für Satelliten und ist damit erheblich billiger, als das seit Jahren veraltete und störanfällige „Space Shuttle".

Das in der Öffentlichkeit im Jahre 2004 vorgeführte kleine Überschall-Modell X-43 (gestartet von einer B-52) mit einem - herkömmlichen - Staustrahltriebwerk dient nur der Vertuschung.

In Wirklichkeit fliegen (lt. Petit) MHD-by-pass Flugzeuge schon seit längerem. Dazu gehören auch unbemannte Drohnen (UAVs), die ähnlich „Aurora" entweder oberhalb oder unterhalb des Tragwerkes einen Lufteinlass haben.

Absturz eines unbekannten Flugobjektes bei Spionageflug

Vor den Augen mehrer Zeugen, darunter Einwohner aus Königsberg (russische Enklave im Baltikum) sowie Militärangehörige der russischen Baltischen Flotte, stürzte am Freitag, den

18. April 2003 ein Nurflügel ähnliches „UFO" um 18.17 Uhr in das Hafenbecken von Königsberg.

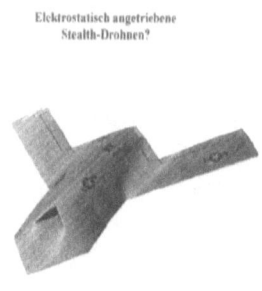

Elektrostatisch angetriebene Stealth-Drohnen?

Das Ereignis wurde sogar vom lokalen russischen Fernsehsender RTR zufällig gefilmt.

Das unbekannte Objekt wurde als Nurflügler beschrieben, soll zwei verlängerte kuppelartige Verkleidungen auf der Oberseite und ähnlich Aufbauten auf der Unterseite gehabt haben. Die Maschine flog direkt über die Baltische Flotte, die im Hafen von Königsberg/Kaliningrad vor Anker lag. Gemäß eines ungenannt bleibenden Kommandeurs der Flotte, geriet das unbekannte Flugzeug in den Radar-Suchstrahl eines der Schiffe, und stürzte ab.

Abb.:

Hyperschall MHD By-Pass Flugzeuge haben den Lufteinlauf auf der Oberseite. So genannte „Wall Convertes", eingelassen vor dem Einlass, bremsen den auftreffenden Luftstrom so ab Elektroden fungieren als „Generator"), dass er problemlos von einem normalen Strahltriebwerk verarbeitet werden kann. Am Heck der Maschine befinden sich wieder Elektrodenreihen, die diesmal den Abgasstrahl beschleunigen (Elektroden fungieren als Motor), sodass Fluggeschwindigkeiten oberhalb Mach 10 erreicht werden können, und das mit herkömmlichen Düsentriebwerken.

„Die Maschine flog mit großer Geschwindigkeit", sagte der russische Marineoffizier zu einem der RTR Reporter. „Sie war sehr tief, nicht höher als 1.500 m über dem Meeresspiegel. Nachdem unser Radarstrahl sie erfasste, kippe die Maschine ab und krachte ins Wasser, entweder wegen Schub- oder Kontrollverlust."

Augenzeugen schätzten die Fluggeschwindigkeit auf mehr als Mach 2. Das Flugzeug flog lautlos dahin, machte aber einen Höllenlärm, als sie ins Wasser fiel. Der Aufprall erzeugte eine Gischt aus Wasser und Dampf. Zahllose Bruchstücke schossen bis zu 500 m in die Höhe.

„Es sah aus, als würde derjenige, der die Maschine (fern-) steuerte, versucht haben, daß sie nicht auf eines der Schiffe oder die Hafenanlagen stürzte. Ein Zerstörer wurde durch umher fliegende Trümmer leicht beschädigt, aber es gab keine Verletzten."

Die Untersuchung der metallenen Überreste ergab, dass die Beplankung aus einer unbekannten Legierung bestand, innere Teile bestanden aus extrem reinem Aluminium. **(Quelle:Internet)**

Handelte es sich bei dem Absturz in Königsberg um eine unbemannte Aufklärungsdrohne, die evtl. mit einem MHD-Antriebssystem ausgestattet war, denn es wurde ja kein Überschallknall wahrgenommen?

Kam die Maschine ggfs. aus dem Westen (USA, England?) und sollte - evtl. in Bezug auf den damaligen Irak-Krieg - Aktivitäten im Zusammenhang mit russischen Flottenbewegungen, bzw. Nachschublieferungen aufklären? Interessanterweise wurden ebenfalls unbekannte Flugzeuge über bestimmten Regionen des Iran gegen Ende 2004, Anfang 2005 gesichtet, wobei man mit Hilfe von Russland Klarheit über diese Luftraumverletzung erlangen wollte.

Gibt es außer den offiziell bekannten UAVs noch andere, geheimere Drohnen, die den Vorteil besitzen, dass man sie weder hört, noch auf dem Radar sieht, und die ohne Überschallknall in niedrigen Höhen mit mehrfacher Schallgeschwindigkeit fliegen können? Kann man mit solchen elektrodynamischen Fluggeräten u.a. auch große Gebiete mit „Welsbach-Materialien" (Chemtrails) besprühen?

MHD-Torpedos

Auf der französischen Internetseite von M. Petit wird außerdem berichtet, dass es wesentlich schneller laufende Torpedos gibt, als allgemein bekannt. So tritt beim englischen „Spearfish" Torpedo Dampf aus dem Bug aus und verdampft das, den Torpedo umgebende Wasser. Somit bewegt sich der Torpedo in einer Art Wolke bestehend aus Wasserdampf, was den „Aal" bis zu 200 bis 250 Knoten schnell macht.

(Siehe auch den Hinweis von Wilhelm Landig über deutsche „Walter-U-Boote", die Kartuschen mit einem speziellen Treibmittel an Bord hatten, damit das Wasser um das Boot und die Schrauben aufgeschäumt werden konnte. Dies machte das U-Boot bis zu 75 Seemeilen schnell, siehe Teil II von Klaus-Peter Rothkugel.)

Eine aus dem Bug herausragende Messstange dient der Richtungskontrolle. Die Steuerung erfolgt durch einzelne Austrittsöffnungen, die rund um die Hauptdüse am Heck angeordnet sind. Diese werden durch den vorne angebrachten Gasgenerator gespeist.

Aber diese schnelle Art der Unterwasserfortbewegung (auch für U-Boote, Anm.d.A.) ist schon wieder veraltet, obwohl die „Grand Nation" Frankreich noch heute nicht diesen Wasserdampf betriebenen Torpedo in ihren Marinearsenalen besitzt.

MHD-Torpedo

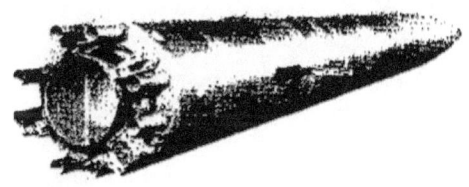

Amerika und Russland sollen dagegen MHD-Torpedos besitzen, die ähnlich den Flugzeugen einen „Wall Converter" besitzen.

Ein Feststoff-Raketenmotor liefert die nötige Hochspannung für die an der Außenwand angebrachten Elektrodenreihen. Dieses Antriebssystem saugt praktisch im starken Maße das Wasser an, so dass der normalerweise durch die Viskosität entstehende Reibungswiderstand, sowie die Wasserverdrängung unter Wasser praktisch nicht vorhanden sind. Wie bei Flugzeugen, die „wie ein Stück Seife durch die nassen Finger flutschen", so können solche MHD-Torpedos innerhalb von Sekunden bei Geschwindigkeiten von 1.600 bis 1.900 Knoten durchs Wasser sausen und ihr Ziel anvisieren.

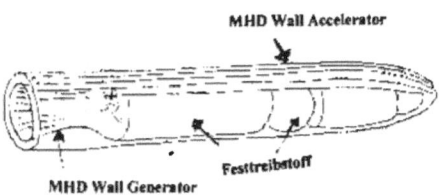
MHD Wall Accelerator
MHD Wall Generator
Festtreibstoff

Die Chinesen sollen solche elektrodynamisch betriebenen Torpedos nicht besitzen, wollen sie aber haben. Im Jahre 1996 soll es in russischen Gewässern zu einer Demonstration dieser Torpedos gekommen sein, bei dem ein hochrangiger chinesischer General teilnahm. Angeblich sollen amerikanische Spezialeinheiten das russische U-Boot „Kursk" geentert und versenkt haben, um die Vorführung zu unterbinden. Die Russen sollen daraufhin vom Begleitschiff, dem Kreuzer „Peter den Großen", angeordnet haben, alle Luken der Kursk zu schließen, um die feindliche Aktion zu vertuschen. Der Rest ist bekannt.

Insert

MHD U-Boote

Neben den vielen EHD- und MHD-Fluggeräten können auch Wasserfahrzeuge elektromagnetisch angetrieben werden.

So gibt das u.a. das U.S.-Patent-Nr. 5.353.139 „Method and Apparatus for the Propulsion of Water Vehicles" vom 4. Oktober 1994, Aufschluss über eine mögliche Art eines elektrischen U-Boot-Antriebes:

„In einer Röhre, die Teil einer Antriebseinheit ist, werden sowohl elektrische, wie auch magnetische Feldlinien erzeugt, die senkrecht zueinander verlaufen. Durch die Röhre fließt Wasser aus der Umgebung (wie z.B. im Meer). Durch die EM-Felder wird eine Kraft auf die im Salzwasser enthaltenden elektrischen Ladungsträger (Ionen) ausgeübt, die sich in Vortrieb umwandeln lassen.

Entlang der gesamten Länge der Antriebsröhre verläuft eine Solenoidspule. Eine der Elektroden ist längs der Röhre angebracht und eine Spannungsquelle wird zwischen die Röhre und der Elektrode geschaltet. Diese Quelle agiert gleichzeitig als zweite Elektrode. Eine Archimedes-Schraube als Antrieb liegt zwischen der Elektrode und der umgebenden Röhre und schaufelt das Wasser in axialer Richtung von vorne nach hinten. Aber die Schraube kann auch fest mit einem elektrischen Leiter verbunden sein, der senkrecht zu den Magnetfeldlinien rotiert.

Eine oder mehrere dieser Antriebseinheiten (oder Tandem-Einheiten) können entweder direkt an einem Schiffskörper (normales Überwasserschiff oder U-Boot) montiert sein, oder aber abgestrebt unterhalb des Bootsrumpfes herausragen.

Die rotierende Bewegung der Schraube (ob fest montiert oder freilaufend) ergibt sich aus der entstehenden Lorenz-Kraft. Dann nämlich wenn sich elektrische und magnetische Feldlinien kreuzen und es zu einer Rückstoßkraft kommt. Durch die Lorenzkraft werden die im Salzwasser enthaltenen Ionen elektromagnetisch aufgeladen und bewirken durch ihre Fließkraft, dass eine Rotation der Antriebsschraube entstehen kann.

Es können auch zwei oder mehrere Antriebseinheiten parallel und hintereinander geschaltet werden, die z.B. gemeinsam ein magnetisches Feld nutzen."

Dieser Entwurf eines U-Boot Antriebes, der leise und schnell ist, wurde in Deutschland, wohl in den 1970er bzw. 1980er Jahren entwickelt und ggfs. auch an einem 1:1 Modell getestet.

Aber auch hier könnte sich zeigen, dass U-Boote mit elektrodynamischen - bzw. MHD - Antriebsverfahren bereits während oder kurz nach dem zweiten Weltkrieg entwickelt und gebaut wurden und teilweise als „USOS" weltweit gesichtet wurden.

Leider fällt auch diese interessante Antriebsweise unter die weltweite Vertuschung von EM-Antrieben und bleibt bis heute für die interessierte Öffentlichkeit geheim, bzw. nähere Informationen werden nur ungern der Allgemeinheit zugänglich gemacht.

Elektrodynamischer U-Boot-Antrieb
U.S.-Patent 5,352,139 v. 4. Oktober 1994

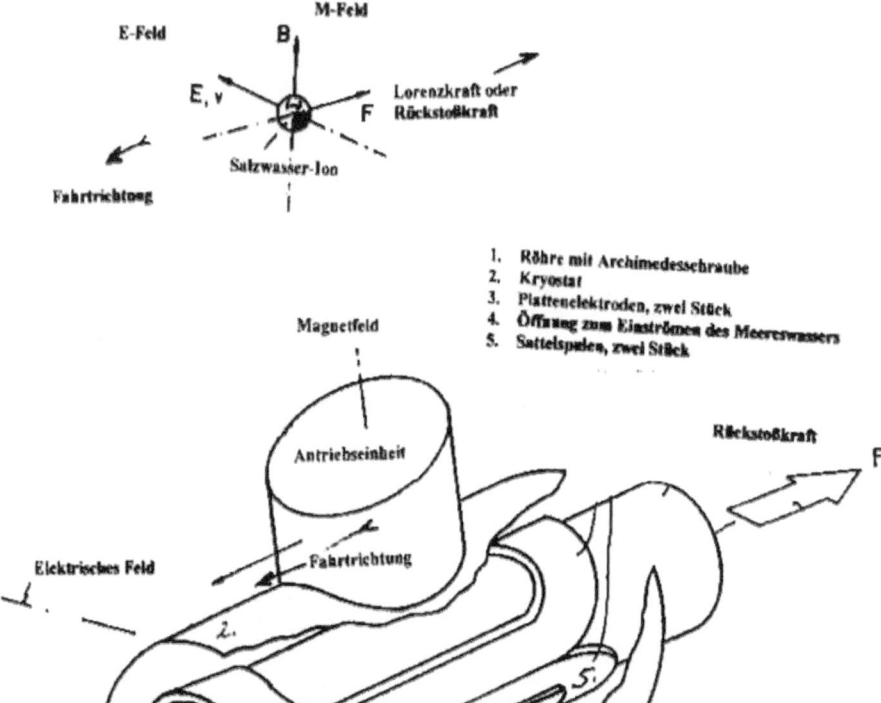

1. Röhre mit Archimedesschraube
2. Kryostat
3. Plattenelektroden, zwei Stück
4. Öffnung zum Einströmen des Meerwassers
5. Sattelspulen, zwei Stück

Wurde in Deutschland oder anderswo nach dem o.g. Patent ein Prototyp gebaut und getestet? Fanden die Versuche in Europa (Norwegen, Schweden?) oder in Übersee statt?

Warum fahren nicht offiziell U-Boote und Überwasserschiffe mit solchen EM-Antriebseinheiten? Funktionieren sie nicht, sind sie zu schwach oder warum werden sie geheimgehalten?

Elektrodynamischer U-Boot-Antrieb

U.S.-Patent 5,352,139 v. 4. Oktober 1994

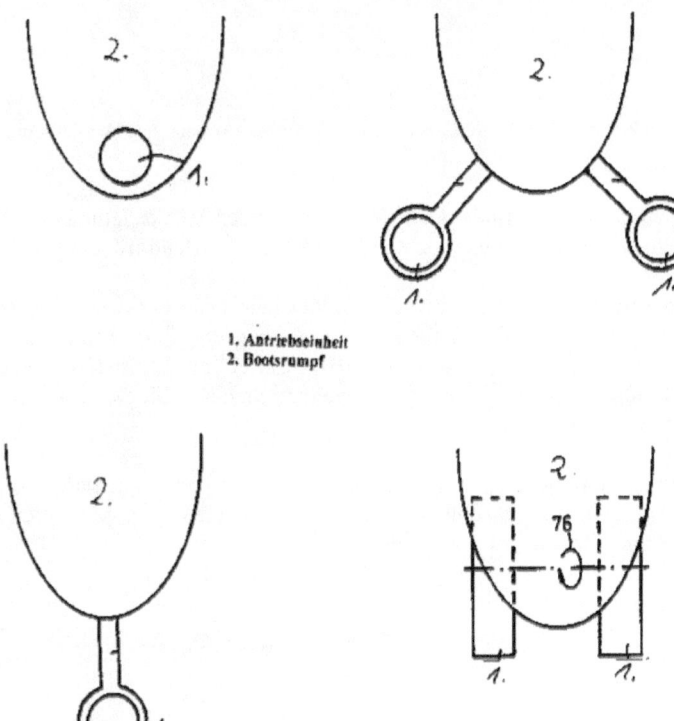

1. Antriebseinheit
2. Bootsrumpf

Abb.:

Die elektrodynamischen Antriebseinheiten können auf verschiedenen Wegen am, im oder unterhalb des Bootskörpers montiert werden, auch schwenkbar. Das gilt auch für Überwasserschiffe.

Neben den vielen „UFO"-Sichtungen wurden auch immer wieder unbekannte Unterwasserobjekte gesichtet. Eine Antriebsvariante stellt dieser Entwurf dar, der auch in den USA zum Patent angemeldet wurde.

Fast gleichzeitig mit den „UFO"-Sichtungen, die ab 1947 im großen Stile begannen, wurden auch immer wieder – neben den „USOs" – Unterwasserfahrzeuge gesichtet, die schneller fuhren, als alles, was bis heute an U-Boot Typen offiziell bekannt ist. Könnte es sein, dass neben den bereits besprochenen elektrodynamischen Fluggeräten, parallel auch Unterwasserfahrzeuge mit EHD bzw. MHD-Antrieben entwickelt und gebaut wurden?

Bild:

Unbekannter Prototyp eines Flugzeuges mit zusätzlichem elektrostatischen oder EM-Antrieb.

Warum wurde aber seit Ende der 1960er, bzw. ab den 1970er Jahren die MHD-Technologie nochmals „neu erfunden" und nicht auf den Erkenntnisstand früherer Jahre zurückgegriffen?

Interessant ist außerdem der Hinweis von Monsieur Petit, dass die USA seit einigen Jahren Antimaterie-Bomben und Antimaterie-Antriebe für Fluggeräte und Raumschiffe besitzen sollen. Solche Raumschiffe, die einen MHD-Antrieb mit Antimaterie kombinieren und Silikon-Dampf als Kolloide verwenden, sollen schon seit einiger Zeit unser Sonnensystem komplett erforscht haben.

Da die Antimateriebomben eine ungeheure Zerstörungskraft innehaben, sollen sie lt. Petit, getarnt als Meteoriteneinschläge in die Sonne, bzw. auf Jupiter oder deren Monde innerhalb unseres Sonnensystem erprobt worden sein.

Weitere geheime MHD Flugzeuge

Allgemein bekannt sind die „Fliegenden Dreiecke" – Flying Triangles – die hauptsächlich in England und den USA gesichtet werden. Auch diese Flugmaschinen funktionieren wohl zumeist nach den Gesetzen der Elektro-Aerodynamik.

Augenzeugen konnten immer wieder eine statisch aufgeladene Atmosphäre wahrnehmen, als sie solche Flugzeuge sichteten. Der Geschwindigkeitsbereich reicht – wie bei den „Ufos" – vom Schwebezustand bis zu mehreren Machzahlen. Zudem werden diese Fliegenden Dreiecke, „FTs", zumeist ohne äußere Kennzeichen und Markierungen geflogen, obwohl sie bestimmt irgendwo registriert, sowie ein Lufttüchtigkeitszeugnis ausgestellt bekamen und in einem Budget vermerkt (und bezahlt) sind.

Interessanterweise wurde von British Aerospace vor noch nicht all zu langer Zeit ein flugfähiges Modell eines „Fliegenden Dreiecks" in Wharton, Lancashire, UK getestet, obwohl zu diesem Zeitpunkt schon seit längerem solche Maschinen in „full-scale" beobachtet wurden. Testflüge fanden in den 1980er Jahren zumeist in der Gegend von Wales, England statt. In Hawarden, North East Walse befindet sich ein Standort von Raytheon (diese U.S. Firma hat auch ein Forschungszentrum in Dänemark) Ob es sich dabei nur um, in Groß-Britannien gebaute FTs handelte, oder aber auch um Tests mit amerikanischen Maschinen, ist unklar.

Die orange und gelblich leuchtenden Lichter weisen auf eine Plasmaerzeugung hin, außerdem soll es einen „Burst-Mode" geben, der die Maschinen vom Stand aus auf mehrfache Schallgeschwindigkeit beschleunigt (ohne Überschallknall versteht sich). Der Energiestrahl eines Lasers zerteilt die elektrisch aufgeladene Luft, so dass das FT in die, sich vor der Maschine aufbauende, Plasma-Röhre direkt „hineinsaugt" wird (Höhenwechsel wie mit einem Fahrstuhl).

Ähnlich könnte das Abbremsen geschehen, nur dass diesmal hinter der Maschine ein „Burst" entsteht, der die Maschine praktisch nach hinten zieht (wie ein Bremsfallschirm) und somit die hohe Vorwärtsgeschwindigkeit sehr stark abbaut. Entsprechende Lichtblitze wurden sowohl bei abfliegenden, als auch bei ankommenden FTs wahrgenommen.

Diese, sowie andere Methoden der elektrischen Energieerzeugung, der Energie-(Fern-) Übertragung, die Stealth-Eigenschaften usw. sind praktisch nichts neues, da es zumindest die entsprechenden Patente dafür schon seit längerem gibt (s. div. Besprechungen weiter oben in diesem Buch!) und wohl auch bei scheibenförmigen Fluggeräten in der einen oder anderen Art und Weise bereits zur Anwendung kamen. Teilweise findet die Plasmatechnik ja jetzt sogar Verwendung in normalen Strahljägern neuester Generation (so z.B. MiG 1,44).

Im Gegensatz zu fliegenden Untertassen sind bestimmte FTs auch eine neue Generation von Luftschiffen - LTAs, „Lighter than Air", die Helium als Auftriebshilfe und zur Fluglagesteuerung (Umpumpen als Ballast in div. Tanks) verwenden.

Hier hat die Dreiecksform wohl auch den Vorteil, dass man an jeder Seitenfläche einen entsprechendes Plasma (in Verbindung mit z.B. einem Mikrowellenlaser) aufbauen kann, ob nun zum schnellen Steigen oder Fallen, oder zum starken Beschleunigen und Abbremsen.

Wobei beim Wechseln der Flughöhen die Maschine nicht unbedingt wie gewohnt, die Nase nach oben oder unten richten muss. Das FT rauscht durch die Plasmaröhre mit der gesamten Flugzeugfläche in horizontaler Lage, entweder nach oben oder unten, ohne dabei abkippen zu müssen. Damit sind solche Maschinen, trotz ihrer groß dimensionierten Flächen wendiger als herkömmliche (und auch kleinere) Flugzeuge!

Neben dem ungefährlichen Helium scheint wohl ebenso Wasserstoff in entsprechenden Auftriebszellen mitgeführt zu werden (wohlmöglich als Brennstoff für einen Flug durch den luftleeren Raum und ins Weltall). Helium ist außerdem teuer, während Wasserstoff überall (auch im All) zur Verfügung steht und zumal leichter hergestellt werden kann.

Gegebenenfalls ist ein FT sogar in der Lage selbst Wasserstoff herzustellen und seine Zellen neu aufzufüllen. Nachteilig ist, dass Wasserstoff leicht entzündbar ist und bei einem Fehler es schnell zu einer Explosion kommen kann. So evtl. geschehen vor der Isle of Lewis, als eine mysteriöse Explosion in der Luft stattfand, die nie aufgeklärt werden konnte, oder sollte.

TR-3B „Astra"

Folgende – zusammengefasste – weitere Informationen aus dem „Netz" sind noch von Interesse:

Im Zuge des „Aurora"-Forschungsprogrammes (wohl eine Art Überbegriff für div. „Black-Projects" Programme. Gehört zu den geheimsten Luftfahrtprogrammen überhaupt) wurde auch das taktische Aufklärungsflugzeug TR-3B „Astra" entwickelt, das seit etwa Anfang der 1990er Jahre im Einsatz steht.

Im Jahre 1994 sollen bereits drei Maschinen einsatzklar gewesen sein. Beteiligt bei der Finanzierung des „Astra"-Projektes waren die NSA, das „National Reconnaissance Office" und die CIA.

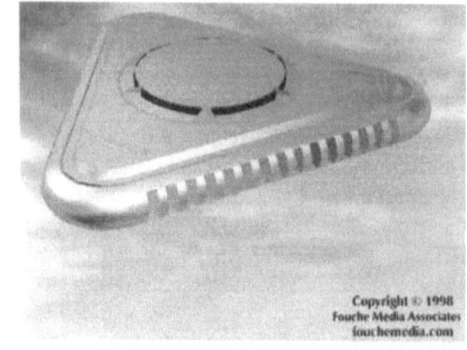

Die Außenhaut der TR-3B soll aus einem polymeren Material bestehen. Die äußere Beschichtung kann flexibel auf eine Radar-Stimulierung reagieren, so dass die Radar-Reflektion (Radarsignatur, „Radar Cross Section", RCS) verändert und angepasst werden kann. Ebenso werden Radarstrahlen absorbiert, sogar soll die äußere Farbgebung gewechselt werden können.

Hier handelt es sich wohl um ein weiterentwickeltes „Cloaking System" auf LCD Basis. Diese „Adaptive Camouflage" projiziert auf flache Paneele jeweils das Bild von der gegenüberliegenden Seite, so dass ein so geschütztes Objekt nahezu durchsichtig erscheint.

Neben der „anpassungsfähigen Tarnung" soll TR-3B auch einen Plasmagenerator eingebaut haben, der die Maschine außer visuell, zudem auf dem Radarschirm unsichtbar erscheinen lässt. Gegebenenfalls hat die Maschine ein Projektionssystem zur Erzeugung bestimmter Hologramme zur zusätzlichen Tarnung.

Ein „Active Noise Supression System" für die Triebwerke erzeugt ein Gegengeräusch (Prinzip wie: Wellental hebt Wellenberg auf) und unterdrückt, bzw. verringert den Lärmpegel fast vollständig. Damit ist TB-3B praktisch kaum hörbar.

Zur Linderung entstehender g-Kräfte umschließt ein ringförmiger, mit Plasma gefüllter „Accelerator Ring", „Magnetic Field Disrupter" (MFD) genannt, den drehbaren Besatzungsraum. Siehe dazu auch das U.S.-Patent „Protective enclosure Apparatus for Magnetic Propulsion Space Vehicle" weiter unten in diesem Buch!

Mit dieser Vorrichtung ist es der Besatzung möglich, alle die Flugmanöver durchzuführen, die gerne als unmöglich und von Menschen nicht ertragbar beschrieben werden. Die Sandia und Livermore Laboratories entwickelten für das Astra FT die entsprechende Technologie. Das auf Basis von Quecksilber (Mercury) hergestellte Plasma wird mit 250.000 Atmosphären und einer Temperatur von 150 Grad Kelvin zusammengepresst und auf 50.000 U/min beschleunigt, um ein supraleitendes Plasma zu erzeugen. Der MFD generiert ein magnetisches Vortex-Feld, das die g-Kräfte bis zu 89% neutralisiert. Wohlgemerkt, dies ist keine Antigravitation.

Der MFD löst sozusagen das Gravitationsfeld der Erde, das auf eine beliebige Masse einwirkt, innerhalb des kreisförmigen Beschleunigers regelrecht auf, bzw. „zerstückelt" es. Somit wird die Masse des „Circular Accelerators", in der sich die Besatzungskabine, die Avionic, die MFD Steuersysteme, der Kraftstoff, die Lebenserhaltungssysteme sowie der nukleare Reaktor befinden, um 89% reduziert. Abrupte Steuermanöver und extreme Beschleunigung schlagen nicht mehr bis zum Cockpit durch. Die Piloten spüren die außerordentlichen Flugbewegungen nur noch sehr eingeschränkt, da ja auch die hohen G-Kräfte um diesen Betrag verringert werden. Außerdem wird das Gesamtgewicht des Fluggerätes erheblich reduziert, was die Wendigkeit weiter erhöht.

Die TR-3B wird u.a. als eine Aufklärungsplattform für sehr große Höhen, bei unbegrenzter Flugdauer und gleichzeitigen Stealth-Eigenschaften, verwendet. Die Maschine ist unsichtbar, kann nicht gehört werden und könnte gerade im Luftraum irgendwo auf der Welt operieren, ohne dass es irgendjemand mitbekommt.

Drei sog. „Multimode Thrusters" (kombinierter MHD/Raketenantrieb plus interner zentral gelegener nuklearer Reaktor), sind an jeder Ecke des FTs montiert und beschleunigen die Maschine innerhalb der Erdatmosphäre auf Mach 9.

Die drei Raketenmotoren verwenden Wasserstoff oder Methan sowie Sauerstoff als Treibstoff und machen TR-3B weltraumtauglich. Die Antriebe sollen von Rockwell gebaut worden sein.

Manchmal wird ein Spinnennetz-ähnliches weißes Material aufgefunden, was auf einen unregelmäßigen Verbrennungsvorgang von Methan oder Wasserstoff in den Triebwerken hindeuten kann. Die Masse verflüchtigt sich, wenn man sie anfasst. (s. Ähnlichkeiten zum „Angel Hair", Anm.d.A.)

Dadurch, dass unterschiedliche Bezeichnungen im Umlauf sind (TR-3A und B, Teir 2,3 und 4 usw.), soll eine gewisse Verwirrung gestiftet werden. Dabei handelt es sich aber teilweise um gänzlich unterschiedliche Maschinen, bemannt oder unbemannt mit verschiedenen Antrieben und vielerlei Einsatzkonzepten.
(Informationen aus div. Internet-Artikeln)

Im Grunde sind die Möglichkeiten, die TR-3B zur aktiven Tarnung vorweisen kann, schon hinlänglich von „UFO"-Sichtungen her bekannt. Wurden sie „doppelt" erfunden und jetzt nochmals bei mehr „konventionellen" - sprich nicht scheibenförmigen – Flugzeugen angewandt? Oder waren den Entwicklern die vormals gemachten Erfindungen nicht bekannt?

Neben der MHD-Technologie werden zudem div. Arten der Magnetkraft als weitere Möglichkeit der Flugzeug- und Raumschiffantriebe genutzt.

Der „Meissner-Effekt"

Eine der Eigenschaften von supraleitenden Magneten ist, das sie sehr stark diamagnetisch sind. Sie können somit einen anderen Magneten abstoßen.

Im Jahre 1933 entdeckten die deutschen Physiker Walter Meissner und Robert Ochsenfeld diese diamagnetische Wirkung (seitdem als „Meissner-Effekt" bekannt).

Nimmt man, z.B. statt eines typischen Supraleiters aus Keramik, gleich mehrere solcher Keramikscheiben und stapelt diese übereinander, so addieren sich die Abstoßungskräfte und ein darüber gelegter Magnet nimmt einen immer höheren Schwebezustand an. Außerdem rutscht der levitierende Magnet nicht seitlich weg, wie dies bei einer magnetischen Abstoßung mit zwei normalen Magneten der Fall wäre. Diese stabile Lage wird „**Flux Pinning**" genannt.

Magnetlinien des schwebenden Magneten durchströmen den Supraleiter in Form von magnetischen „Flux Tubes", röhrenförmigen Strömen. Diese magnetischen Feldlinien setzen sich in der weit verzweigten kristallinen Struktur des Keramik-Supraleiters fest und halten den schwebenden Magneten so gut fest, dass er nicht mehr seitlich abrutschen kann.

Das Magnetfeld wird sozusagen gezwungen, auch in den nicht supraleitenden kristallinen Bereichen zu wirken, da es durch die porösen Risse und Furchen der Keramikscheibe regelrecht hindurchgedrückt wird.

Setzt man nun den schwebenden Magneten in Rotation, so dreht sich dieser für eine sehr, sehr lange Zeit, es entsteht eine „**Frictionless Magnetic Bearing**", eine reibungslose magnetische Aufhängung. Ein zylindrischer Magnet rotiert aufgrund seines stromlinienförmigen Äußeren dabei am längsten. Es wurde bereits eine Drehbewegung von 1 Million Umdrehungen mit einer solchen supraleitenden Aufhängung ohne Reibungsverlust erzielt.

Der Superkonduktor kann entweder auf der Basis von Yttrium oder Wismut aufgebaut sein. Wobei Wismut, bzw. Bismut (internationale Bezeichnung) eine höhere kritische Temperatur für eine Supraleitung hat als Yttrium.

(Siehe dazu auch den Absatz weiter unten über einen - angeblichen - Fund von Wrackteilen von einem (von mehreren) „UFO"-Abstürzen bei Roswell, N.M., der aus einer Lage Bismut und Magnesium bestanden haben soll.

Diamagnetische Feldabstoßung

Ein diamagnetisches Material hat eine magnetische Durchlässigkeit, die geringer ist als ein Vakuum. Solches Material wird schwach von einem Magneten und stark von einem elektromagnetischen Feld abgestoßen. Diamagnetisches Materialien können z.B. Atome sein, die zwei gegenüberliegende Elektronen in einem orbitalen Energielevel besitzen. Aluminium, Bor sind diamagnetisch und starke Abstoßungs- oder Anziehungskräfte können mittels elektromagnetischer Felder auf dieses Material wirken.

Schließt man zum Beispiel einen Kupferdraht, der um einen Stahlstift gewickelt ist, an eine Wechselstromquelle an, so fängt eine Aluminiumscheibe, die darüber platziert ist, an zu schweben.

Diese Abstoßungs- oder Anziehungskräfte werden z.B. als „Magnetic Levitation", „Maglev" bei einer Magnetschwebebahn praktisch umgesetzt und finden auch bei speziellen Luft- und Raumfahrzeugen - wenn auch im Geheimen - ihre Anwendung.

Elektromagnetische Antriebsenergie

Der Erfinder James R. Taylor meldete im März 1992 sein U.S.-Patent-Nr. 5,197,279 „Electromagnetic Energy Propulsion Engine" an, das am 30. März 1993 genehmigt wurde.

Darin heißt es u.a.:

„Innerhalb dieser Verkleidung, die hinten durch- und vorne undurchlässig für die elektromagnetischen Strahlen ist, arbeiten zwei sich gegenüberliegende Generatoren zur Erzeugung der EM-Impulse, die pro Millisekunde (1.000 Impulse pro Sekunde) die Rückwand nach außen verlassen.

„Ein Ziel dieser Erfindung ist es, eine Maschine herzustellen, die elektromagnetische Energie erzeugt, die dann dazu genutzt werden kann, um ein Fahrzeug anzutreiben.

Dieser Motor verleiht einem Fluggerät ein Antriebsmomentum (Schub). Dabei werden große Mengen an elektromagnetischer Feldenergie erzeugt, die in eine vorbestimmte Richtung und in aufeinander folgenden Pulsen ausgesandt wird.

Dies geschieht nach dem sog. „Schleuder-Prinzip", wobei starke sich abstoßende Kräfte zuerst zwischen zwei gleich gepolten und sich gegenseitig abstoßenden elektromagnetischen Feldern erzeugt werden.

Ein vorwärts gerichteter Generator erzeugt ein rückwärts gerichtetes Feld, und ein rückwärtiger Generator produziert ein vorwärts gerichtetes EM-Feld.

Das rückwärts gerichtete Feld wirkt sowohl auf das Fluggerät und stößt gleichzeitig das nach vorne gerichtete elektromagnetische Feld von dem Fahrzeug weg, nämlich dann, wenn der hintere Feldgenerator aufhört supraleitenden Strom zu erzeugen. Dieser Vorgang resultiert in einer Reaktion, die auf den Motor und das gesamte Fluggerät wirkt. Infolgedessen ergibt die Aussendung von sehr schnell gepulster elektromagnetischer Feldenergie in der Größenordnung von mehreren Kilogramm Masse, zusammen mit einer sehr hohen Beschleunigung, den Antriebsschub für das Flugzeug.

Die elektromagnetischen Feldgeneratoren sind in zwei gegenüberliegenden Kammern untergebracht und montiert. Die einzelnen Kammern befinden sich in einer mehr oder minder zylindrischen Ummantelung unterschiedlichen Durchmessers (je nach Größe und Form des Fluggerätes, Anm.d.A.).

Der Frontgenerator ist am vorderen Ende der Ummantelung befestigt. Der hintere Magnetfeldgenerator hat mit dem vorderen eine gemeinsame Verbindung (über die Drahtwicklungen).

Die Wicklungen des Generators besitzen eine gute Durchlässigkeit für magnetische Strahlung sowie eine beachtliche mechanische Zugfestigkeit. Die beiden Generatoren sind in ihrer Form mehr oder minder zylindrisch bzw. rund und liegen auf der Mittelachse der sie umgebenden Ummantelung. Diese Ummantelung besteht im vorderen Bereich aus einem Stoff, der die magnetischen Strahlen abschirmt, während dessen der hintere Bereich aus hochdurchlässigem Material besteht, um die Magnetfeldlinien ungehindert passieren lassen zu können.

Die gesamte Konstruktion der Ummantelung ist so beschaffen, daß diese unter Druck gesetzt werden kann, daß Steuersignale hineingelangen und daß ein tiefgekühltes Flüssiggas und magnetische Kühlanlagen darin untergebracht werden können.

Bei älteren Versuchen bestand die ausgesandte Strahlung aus elektromagnetischen Feldimpulsen im hohen Wechselstrom -Frequenzbereich (japanische und französische Experimente, wer hat Informationen darüber?, Anm.d.A.).

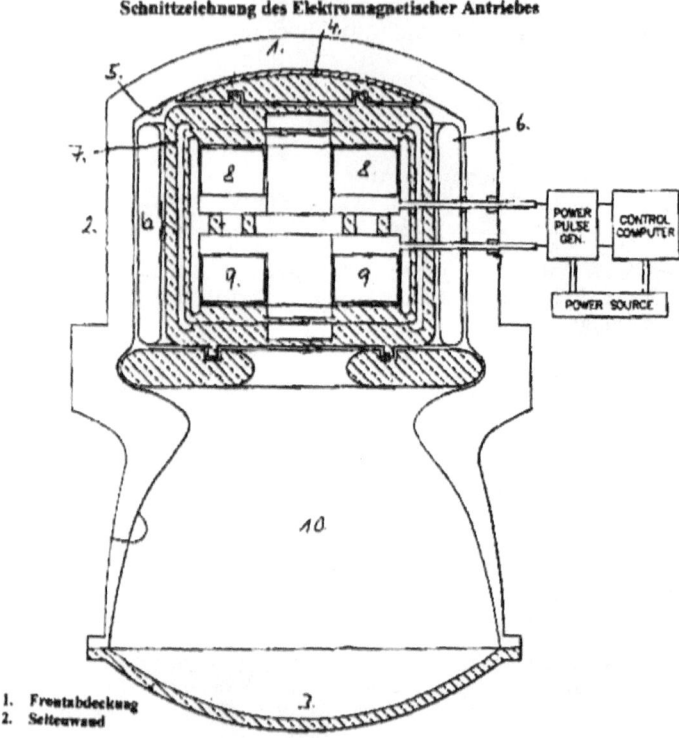

Bild:

3. aus einem Stück gefertigte Rückwand
4. Ambos für Anschlag des EM-Schubes
5. innere Beschichtung
6. magnetische Kühlkammer
7. Flüssiggasgefäß
8. Vordere Spulen
9. Hintere Spulen
10. Unterstützungsaufbau aus Aluminium-Porzellan. Raum ist mit Hexaflurid-Sulfurgas gefüllt, um Funkenbildung zu verhindern.

Innerhalb dieser Verkleidung, die hinten durch- und vorne undurchlässig für elektromagnetische Strahlen ist, arbeiten zwei sich gegenüberliegende Generatoren zur Erzeugung der EM-Impulse, die pro Millisekunde (1.000 Impulse pro Minute) die Rückwand nach außen verlassen.

Diese verhält sich ähnlich, wie die seit mehreren Jahrzehnten verwendeten rückwärts gerichteten Radarstrahlen konventioneller Flugzeuge (z.B. FF-Radar, Anm.d.A.).

Der Betrieb des hier vorgestellten EM-Motors verwendet dagegen einen zeitabhängigen Fluss aus Gleichstrom, um die massiven Pulse aus elektromagnetischer Feldenergie zu erzeugen, die in den umliegenden Raum ausgestoßen werden (um damit den Vorwärtsschub zu produzieren, Anm.d.A.).

Das ganze Antriebssystem baut auf Einzelteile und Baugruppen auf, die supraleitende Eigenschaften aufweisen. So werden für den EM-Motor Materialien verwendet, die spezielle supraleitender Eigenschaften aufweisen müssen, um einerseits die massiven Ausstöße elektromagnetischer Feldenergie zu erzeugen, die für den Schub nötig sind und andererseits, um den gegenüberliegenden Feldgenerator rechtzeitig abzuschalten.

Dadurch kann der *„Active forward position Field Generator"* - der vordere Feldgenerator die große Menge an gepulster Energie, die zuvor der *„Rear Field Generator"* - der rückwärtig gelegene Generator erzeugte (und nach dem Prinzip der Schleuder zuerst nach vorne abstößt, Anm.d.A.), nach hinten und außen abstrahlen.

Das elektromagnetische Feld wird so erzeugt, daß die Polarität dieses Feldes das bereits existierende Feld des benachbarten Generators abstößt. Dieses wird nun nach innen, entlang der Mittelachse des Motors zusammengedrückt, vergleichbar dem Ablauf in einem Verbrennungsmotor, wo der Kolbenhub das Gasgemisch zusammenpresst.

Der Druck der Abstoßung erreicht die Stärke einiger Millionen Kilopond. Der hintere Generator schaltet nun ab und das gesamte elektromagnetische Feld fließt wieder entlang der Achse des Motors rückwärtig durch das elektromagnetisch durchlässige Abstrahlfenster nach draußen. Das dadurch entstandene Momentum (Schub) wirkt auf den Motoraufbau (und das gesamte Fluggerät) und erzeugt einen Schubimpuls in entgegengesetzter Richtung (nach dem bekannten Reaktionsantrieb, Anm.d.A.)."

Vereinfacht ausgedrückt, erzeugen beide Generatoren starke EM-Energie Pulse, die zuerst vom hinteren Generator ausgehend, nach vorne emittiert werden, um dann mit der zusammengepressten EM-Energie des vorderen Generators gleichzeitig nach außen abgestrahlt zu werden. Um das zu erreichen, muss rechtzeitig der hintere Generator für einen kurzen Moment abgeschaltet werden, damit die gesamte elektromagnetische Feldenergie (erzeugt und „verdichtet" von beiden Generatoren) ungehindert nach hinten austreten kann.

Dieser komplette Vorgang spielt sich im Millisekundenbereich, also 1000-mal in der Sekunde ab und erzeugt einen sehr hohen kontinuierlichen Austrittschub, der geradezu riesige Fluggeräte anzutreiben vermag, Anmerkung des Autors.

Weiter im Patent

„Ein „Power Pulse Generator" versorgt die supraleitenden Wicklungen der einzelnen Spulen. Dabei kann dies ein einzelner Generator vornehmen, der mehrere Stromanschlüsse aufweist, oder mehrere einzelne Generatoren, die alle von einem Computer angesteuert werden.

Die Generatoren haben einen niedrigen Impedanz-Ausgang und liefern niedrige Stromstärken bei gleichzeitig hohen Voltzahlen gepulster Energie (Prinzip wie bei allen elektrischen „UFOs"!, Anm.d.A.).

**Electromagnetic Energy
Propulsion Engine**
Elektromagnetischer Antrieb
U.S.-Patent-Nr 5,197,279 v. 30. März 1993

Elektromagnetischer Antrieb

„Engine Enclosure"
Triebwerksverkleidung

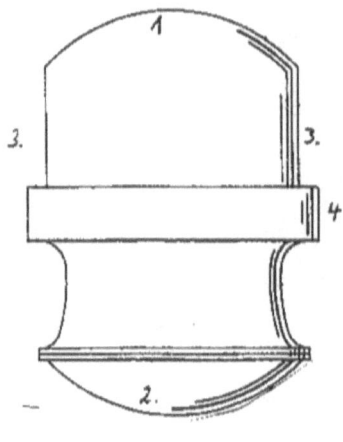
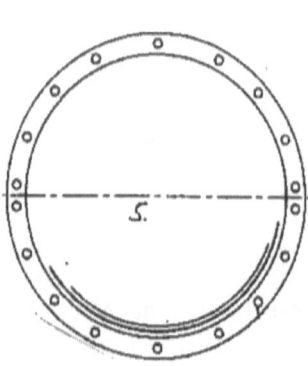

1. Frontabdeckung
2. hintere EM-transparente Wand, aus einem Stück
3. Seitenwände
4. Montagering mit Bolzen
5. Montagelinie der zwei Hälften

Die Fluggeräte, die durch einen solchen EM-Motor angetrieben werden, können u.a. eine aerodynamische („*airfoil*") Konfiguration besitzen. Sie haben ein breites Einsatzspektrum und werden unter vielen Bedingungen und in unterschiedlichen Umgebungen (z.B. unter Wasser, Anm.d.A.) eingesetzt. So operieren die Flugzeuge sowohl in der Erdatmosphäre als auch im Weltall sowie in den unterschiedlichsten Umweltbedingungen.

Innerhalb derartiger Fluggeräte befinden sich alle benötigten Anlagen zur Erzeugung elektrischer Energie im Megawatt-Bereich; die gesamte dazu benötigte Elektrik; Vorrichtungen zur Erzeugung der starken Pulsfrequenz mit Hilfe von Gleichstrom; Computeranlagen zur Steuerung des EM-Motors, des Austrittschubes sowie der Fluglagesteuerung; Anlagen zur Kühlung mit flüssigem Helium sowie die Unterbringung der Besatzung, Passagiere und Fracht.

Alle elektrischen Ströme innerhalb der Leitungen des elektromagnetischen Antriebssystems bestehen aus Gleichstrom und ergeben die regelmäßig aufeinander folgenden nach hinten und unten ausgestoßenen magnetischen Feldenergie-Impulse für den Auf- und Vortrieb des Flugzeuges. Für Funk und Hochfrequenzübertragungen wird dagegen Wechselstrom verwendet.

Da das Antriebssystem thermale Energie, also viel Wärme erzeugt, ist das „Magnetic Refrigeration System", ein magnetisches Kühlsystem ein weiter wichtiger Bestandteil des Motors. Neben dem Antriebsteil sind externe Anlagen notwendig, wie eine elektrische Kraftquelle, ein Pulsgenerator und elektronische Steueranlagen, die die vorprogrammierten Steuerimpulse umsetzen - also die Steuerung des Stromflusses bzw. der Stromunterbrechung in den kreisförmigen Wicklungen der Feldgeneratoren.

So setzen sich alle diese Antriebsteile, wie z.B. die zylindrische Ummantelung, aus hochfestem ferromagnetischem Material zusammen. Die kreisförmigen „Fenster" an deren Enden bestehend aus spezieller „Alumina Keramik", ein besonders durchlässiger Stoff für elektromagnetische Felder.

Zum Antriebsmotor gehören Hilfsaggregate wie eine Stromquelle, Kraftwandler, Pulsgenerator, Steuercomputer mit Schalteinheit sowie Schalt-Verbindung und sonstige Kabelstränge.

Als Hauptantriebsquelle für den elektrischen Antriebsmotor, für das Lebenserhaltungssystem, die Bordelektrik usw., ist ein Atomreaktor vorgesehen. Dieser Reaktor erzeugt Dampfenergie im Kilo- bis Megawattbereich. Dabei wird der Dampf mit Hilfe eines **„Rankine Cycle System"**, einem speziellen Kreislaufsystem in Energie umgewandelt. Vorzugsweise wird ein Kernspaltungsreaktor heterogenen Typs verwendet, deren Moderatoren im niedrigen Temperaturbereich arbeiten.

Im Gegensatz zu anderen herkömmlichen Antriebsmethoden, die gewissen Nachteile wie Lärmentwicklung, lange Start- und Landestrecken sowie begrenzte Geschwindigkeiten und unzureichende Reichweiten haben, ist dieser EM-Antrieb allen anderen haushoch überlegen.

Der magnetische Antriebsmotor sendet gepulste magnetische Felder am rückwärtigen Teil der Maschine aus und erreicht somit Fluggeschwindigkeiten, **die nahe der Lichtgeschwindigkeit liegen**. So werden hauptsächlich Raumschiffe damit angetrieben, sowie eine Vielzahl von unterschiedlichen Spezial-Fluggeräten, konzipiert je nach Einsatzzweck.

Electromagnetic Energy Propulsion Engine
Elektromagnetischer Antrieb
U.S.-Patent-Nr 5,197,279 v. 30. März 1993

Scheibenförmiges EM-Fluggerät

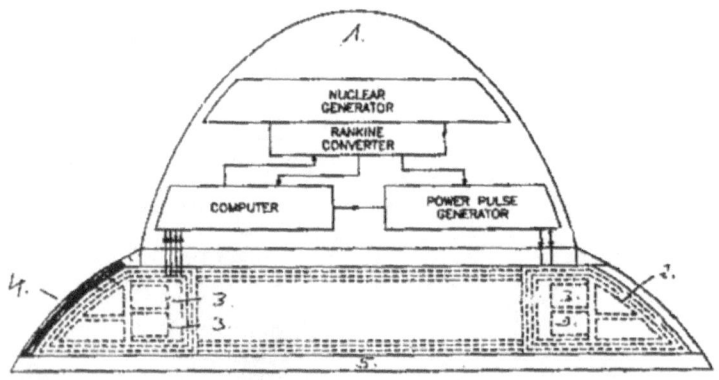

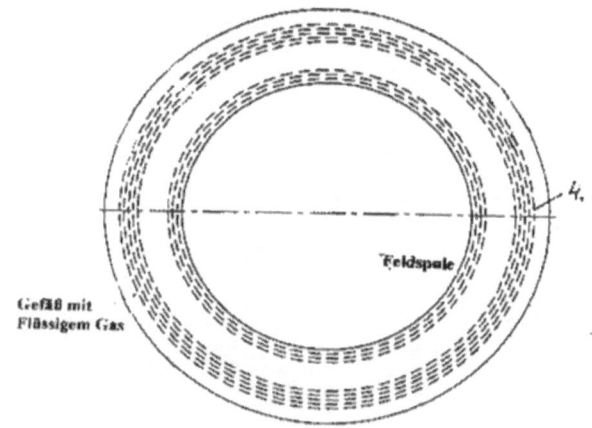

1. Bugspitze aus abschirmenden Material gegen Magnetstrahlung
2. Magnetische Kühlung
3. Spulen
4. Vakuumkammer
5. Rückwand aus für Magnetstrahlung durchlässigem Material

Hauptvorteile des Antriebes ist eine erhebliche Lärmverminderung, der Verzicht auf fossile (und irgendwann zu Neige gehende) Brennstoffe - was zudem keinerlei Emission von Kohlendioxyd in die Atmosphäre nach sich zieht - und u.a. kein Bedarf großer Flughäfen mit langen Rollbahnen nach sich zieht."

Wahrscheinlich seit den 1970er Jahren fliegen Flugzeuge mit diesem elektromagnetischen Antrieb, in Kombination mit einem Atomreaktor. Dieses abgebildete Fluggerät könnte unbemannt sein und autonom agieren, nach einem vorprogrammierten Kurs fliegen.

Abb.:

Atomangetriebenes Fluggerät mit gepulstem Magnetenergie-Antrieb?

„Durch senkrechtes Starten und Landen innerhalb der Erdatmosphäre, einem „Long Distance" Hochgeschwindigkeitsflug oberhalb der Atmosphäre, der tangential durch den erdnahen Weltraum führt, kann die Reisezeit erheblich verkürzt werden."

(Alles Vorteile, die heutige Flugzeuge wie Airbus A-380 oder Boing „Dreamliner" immer noch vermissen lassen. Auch die Hyperschall-Flugzeuge mit Staustrahlantrieb reichen kaum an die Leistungsfähigkeit solcher - und älterer - EM-Antriebe heran!, Anm.d.A.)

Durch den nuklearen Reaktor als Hauptenergiequelle ist das Mitführen von Treibstoffen jedweder Art an Bord unnötig, da die erzeugte elektromagnetische Energie selbst als „Treibstoff" fungiert.

„Der eigenständig produzierte Treibstoff in Form von gepulster Magnetfeldenergie existiert ja bereits im Inneren des EM-Antriebes als unabhängige Energieform innerhalb der Raumzeitkrümmung unseres Raum-Zeit-Kontinuums, bevor die EM-Energie zur Schuberzeugung ausgestoßen wird."

Insert

Electromagnetic Energy Propulsion System

Courtesy from the web-page "Burlingtonnews.net":

"Someone gave them (Photos) to me, a long time ago, and told me to go public with them, after <u>his death</u>. If I died first, he had an alternate. I am certainly not doing this for money, or fame! All I can tell you at this time, the person that gave me these photos was a very honourable man which is hard to find in this Day and Age. He knew my passion for UFOs, being that I have studied them since I was 12 years old. The first book out of the library was by Major Kehoe U.S.M.C.

Mary Sutherland asked if the person that gave him the photos was still alive. B. replied:

"No... he passed over a year ago. Until his passing and up until now I have kept these photos locked safely away in a deposit box."

Although we will not give out B's name we can show you "some" of his credentials. Was in the Service and was in charge of the security of classified material <u>for a major company</u> for 25 years.

Thanks to Larry Cekander, Museum of the Unexplained we have these photos he enhanced."

-End of quotation-

Der Autor dieses Buches hält die Aufnahme des unten abgebildeten Fluggerätes für echt!

Vergleiche hier die Patentzeichnungen aus dem U.S.-Patent „Electromagnetic Energy Propulsion Engine" mit der Form auf dem Foto.

Die Fluggeräte, wie im obigen Patent beschrieben, nutzen einen nuklearen Reaktor als Antriebsquelle, ein „Rankine Converter" sowie ein supraleitendes elektrisches Bordsystem.

Das unten abgebildete Foto aus dem Internet zeigt drei Männer in weißen Schutzanzügen, die Gasmasken tragen. Einer der Männer scheint einen Geigerzähler (oder anderes, vergleichbares Messgerät) in Händen zu halten. Einer der Leute hält eine Messvorrichtung in Richtung der oberen Kuppel des Fluggerätes, wo sich ggfs. das Antriebssystem der Maschine befinden könnte. So könnte z.B. der Grad der nuklearen Strahlung festgestellt worden sein.

Der Dampf, der aus der unteren Seite des Objektes strömt, könnte ggfs. etwas mit dem Kühlsystem oder dem „Rakine Cylce" zu tun haben. Eventuell wird dieses System gerade entleert (entlüftet, erneuert, wieder aufgefüllt, gereinigt).

Der metallene Ring um die Kuppel mit den regelmäßigen Bolzen (zum Spannen um die Kuppel) könnte vielleicht mit dem Transport, der Aufhängung zur Bergung des Flugobjektes zusammenhängen, das in einen Spezialhangar gebracht wurde, um nach einem erfolgten Probeflug untersucht zu werden.

Die äußere helle Hülle des Fluggerätes scheint äußerst glatt zu sein, ohne sichtbare äußere Anbauten, wie Halteösen o.ä.

Unterhalb des EM-Fluggerätes erkennt man eine metallene, ringförmige Platte, die eine ähnliche Funktion wie der im Patent beschriebene „Amboss" haben könnte, nämlich die Abstoßungsfläche der Magnetfeldenergie.

Die Flugmaschine, das Raumschiff scheint glänzend weiß über alles zu sein. Normalerweise sind elektromagnetische Fluggeräte unbemalt, da die metallene, polierte Außenhaut zur elektromagnetischen Aufladung, zur Erzeugung eines elektrischen Windes dient und frei von störender Farbe zu sein hat.

Somit könnte die oben abgebildete Maschine tatsächlich mit einem „Electromagnetic Energy Propulsion Engine" versehen gewesen sein

Das Foto soll in den 1970er Jahren geschossen worden sein.

Rankine Cycle Schematic

Abb.:

Alle Fluggeräte, Raumschiffe mit EM-Antrieb und einem nuklearen Reaktor als Energiequelle nutzen den „Rankine"-Kreislauf zur Dampferzeugung für den Antrieb, wie bei nuklearen U-Booten.

Die durch einen Stromgenerator erzeugten Impulse intensiver elektromagnetischer Feldenergie ergeben gemäß dem „**Schleuderschuss-Prinzip**" den nötigen Antriebsschub, wobei die gewonnene Energie nicht aus Photonen besteht. Die aufeinander folgende gepulste Energie von einander unabhängiger Felder wird in den umliegenden Raum ausgestoßen und der daraus resultierender Schub, der nicht nur auf den Motor wirkt, sondern auf das gesamte (daran befestigte) Fluggerät ergibt den Antrieb.

Bereits früher wurde eine gepulste bzw. ein regelmäßig unterbrochener elektromagnetischer Ausstoß von Feldenergie als Antrieb verwendet."

Anmerkung:

Wann und von welchem Entwickler, Flugzeugwerk ect?

„Das hier vorgestellte Prinzip aber basiert eben darauf, daß wie bei einer Schleuder (Zwille) den EM-Feldern, die hauptsächlich aus Nicht-Photonen Energie bestehen, ein hohes Antriebsmomentum verliehen wird.

Andere EM-Antriebe nutzten z.B. große Mengen an Photonen aus konventioneller Strahlung, die als elektrisch beschleunigte Ladungen den Antrieb erzeugten. Sie gaben aber nur einen minimalen Betrag an Momentum an die Photonen ab (wieder andere EM-Antriebe funktionieren nach dem Abstoßungseffekt zwischen dem Erdmagnetfeld und dem eigenen Magnetfeld an Bord, wobei diese Antriebseinheiten entsprechend groß dimensioniert, bzw. sehr leistungsfähig sowie leicht sein müssen, um effektiv arbeiten zu können, Anm.d.A).

Die zuvor erwähnten französischen und japanischen Experimente und daraus resultierenden Patente repräsentieren keinerlei Antriebsmethoden, die effektiv, d.h. leistungsfähig genug sind. Bei diesen Methoden wurde der supraleitende Antrieb dazu verwendet, das Fließniveau freier Elektronen zu erhöhen, um aus großen Mengen Photonenenergie elektromagnetische Felder zu gewinnen.

Gleichwohl wird seit vielen Jahrzehnten mit Hilfe supraleitender Methoden der Stromfluss in Stromleitern (Kabel, Wicklungen, Spulen, Anm.d.A.) verbessert, um stärkere und wirksamere EM-Felder zu erzeugen (wo sind die vielen Fluggeräte, warum werden sie bis jetzt vertuscht?, Anm.d.A.). Außerdem wird seit vielen Jahren das leicht für EM-Energie durchlässige Material „Ferroxcube" verwendet, wie in dem franz. Patent FR-A-2.036.646

erwähnt (wie viele „UFO"-Sichtungen in Europa basieren auf die in diesem franz. Patent besprochene EM-Antriebsmethode? Anm.d.A.)."

Interessant ist, dass man in Fachkreisen die anderen Raumantriebe und deren Wirkungsweisen (aus Experimenten und aus der Praxis) kennt, und auch auf die Erfahrung mit Materialien und Zubehör, wie Supraleiter, die bereits in andere Projekte zur Anwendung kamen, aufbaut!

In der manipulierten Öffentlichkeit bekommt man dagegen nur die schlechtmöglichste Technik für Luft- und Raumfahrt präsentiert, wo es aber genügend Personen geben muss, die daran arbeiten, ohne evtl. zu wissen, was ihre Kollegen - teilweise in den gleichen Forschungs- und Entwicklungsstätten, sowie Flugzeugfirmen – bereits für fantastische Möglichkeiten entwickelt und realisiert haben.

Hier noch einige kurze Auszüge und Details aus o.g. U.S.-Patent von James Taylor, die den Aufbau und die Funktionsweise dieser wohl interessantesten und effektivsten Art beschreiben, wie man auf elektromagnetischer Art und Weise Luft- und Raumfahrzeuge anzutreiben vermag. Wobei bei den „Fliegenden Zigarren", LCV (s. unten) geradezu gigantische Raumschiffe, bereits seit vielen Jahren im Einsatz zu sein scheinen:

„Der Antriebsmotor bzw. die Antriebskammer setzt sich aus mehreren Schichten zusammen, währenddessen die innere Lage aus einem Material besteht, das Magnet-Kraftfeldlinien entlang einer Oberfläche zu leiten vermag. Die äußere Beschichtung ist dagegen aus sehr starkem und widerstandsfähigem Material gefertigt, daß mechanische Zug- und Druckbelastungen widersteht, die bei den hohen Abstoßungseffekten, hervorgerufen durch die zwei Generatoren, entstehen.

Außerdem halten diese besonders stabilen Stahlsorten den Austritt von EM-Energie an den drei übrigen Wänden der Antriebskammer ab (die hintere Wand aus für Magnetfeldlinien transparentem Material ist sozusagen die „Austrittsdüse" für den Schub, Anm.d.A.). Die rückwärtige Wand des Antriebes setzt sich aus elektrisch nicht leitendem Material wie Aluminium beschichtetem Porzellan zusammen, da sie ja die von dem vorderen Generator erzeugten Magnetwellen nach rückwärts abstrahlen muss.

Eine zylindrische magnetische Kühlkammer ist zwischen der Antriebskammer und einer Flüssiggaskammer positioniert. Das Flüssiggas kühlt u.a. die supraleitenden Spulen. Metallurgisch sind die supraleitenden Anlagen aus Legierungen wie Niobium-Titan gefertigt. Flüssiges Helium und paramagnetische Salze dienen als magnetische Kühlung für das Magnettriebwerk. Außerdem ist ein „spark quenching gas", ein Gas, das Funkenbildung verhindert, innerhalb des Triebwerkes aufgefüllt, damit kein Funkenflug mit anschließendem Kurzschluss auftritt.

Ein „hutförmiges" (unbemannt und ferngesteuert?, Anm.d.A.) bzw. „geschoßförmiges" Fluggerät (welches eine Ähnlichkeit mit einer Mond-Landefähre aufweist, siehe Beschreibung weiter unten, Anm.d.A.) hat den elektromagnetischen Antrieb im rückwärtigen bzw. unteren Teil, umgeben von Abschirmungswänden, eingebaut. Als Hauptantrieb dienen ein nuklearer Reaktor und ein „Rankine Cycle Energy Converter". Dieser Konverter besteht aus einem Boiler, einer Turbine, einem elektrischen Generator, der über eine Antriebswelle mit dem Generator verbunden ist, sowie einem Kondensationskühler mit allen seinen dazugehörigen Aggregaten (Pumpen, Röhren, Kühlrippen usw.).

Ein Computersystem zur Steuerung, inkl. einem „Manual Override", einem manuellen Eingriff zur Selbststeuerung sowie ein Powerpuls-Generator kontrollieren und treiben den Magnetfeldgenerator an.

In dem zylinderförmigen Mittelteil können sich die Besatzungs- und Passagierräume befinden, wobei bei einsetzender Rotation die Außenwand zum Boden wird und umgekehrt. Die Rotation dient einerseits der Kreiselstabilisierung des gesamten Fluggerätes, sowie andererseits der Erzeugung einer künstlichen Schwerkraft für die Besatzung (siehe auch U.S.-Patent über Funktionsweise der schwenkbaren Sitz- bzw. Schlafgelegenheit der Besatzung, sowie der Beschreibung des „B.I.S. Lunar-Space-Ships" v. 1939!, Anm.d.A.).

Die Fluglagesteuerung ist außerdem innerhalb des Besatzungsbereiches untergebracht, überdies die elektrische Stromversorgung. Andere Abteile dienen als Lager für Helium- und Sauerstofftanks einschließlich einer Helium-Verflüssigungsanlage.

Electromagnetic Energy Propulsion Engine
Elektromagnetischer Antrieb
U.S.-Patent-Nr 5,197,279 v. 30. März 1993

„Geschoßähnliches Luft- und Raumfahrzeug"

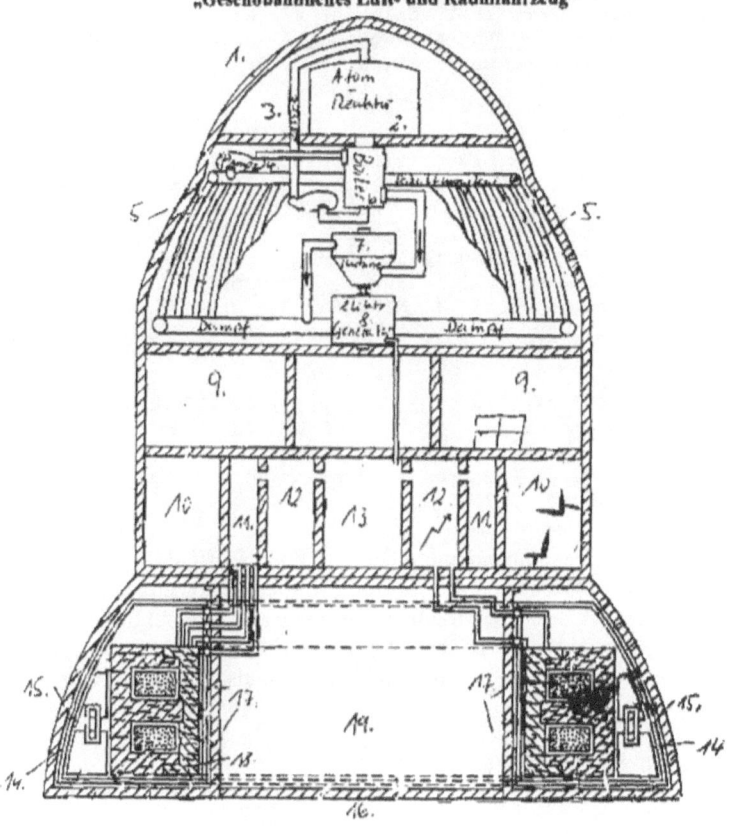

1. Bugspitze
2. Atomreaktor
3. Röhren
4. Pumpe
5. Kühlrippen
6. Dülse
7. Turbine
8. elektr. Generator
9. Frachtraum
10. Besatzungs- und Passagierabt.
11. Computer
12. Generator
13. elektr. Energieversorgung
14. Helium gegen Funkenflug
15. Schutzwand
16. hintere Wand
17. Spulen
18. Umformer
19. Druckkammer mit Gas gefüllt

Abb.:

Wie sehen heute, rund 30 Jahre nach Einführung diese speziellen EM-Fluggeräte aus? Haben sie eine mehr scheibenförmige Konstruktion? Ein solches geschoßartiges Testflugzeug wurde z.B. Ende der 1970er Jahre in Süd Afrika gesichtet.

Das gesamte Fluggerät <u>rotiert</u> normalerweise (oder z.B. gesondert nur das „Crew-" incl. „Storage-Compartment" im Mittelteil?, Anm.d.A.) um die Mittelachse mit ungefähr <u>11 Umdrehungen in der Minute</u>. Dies ist eine ausreichende Rollrate zur Eigenstabilisierung, und um eine künstliche Schwerkraft für die Besatzung und Passagiere herzustellen, damit bei Flügen innerhalb der Erdatmosphäre die Erdanziehung (bei hohen g-Belastungen, Anm.d.A.) ausgeglichen werden kann.

Die in den Fluggeräten verwendeten zwei Feldgeneratoren haben Wicklungen in beinahe quadratischem Querschnitt, wobei der Durchmesser der Wicklungen bei 305 Zentimetern liegt. Die Antriebskammer hat einen äußeren Durchmesser von 366 cm, größere Durchmesser betragen bis zu 18,30 m. Die innere, magnetisch gekühlte Kammer hat eine Temperatur von unter 4,2 Grad Kelvin. Meistens haben die Fluggeräte eine aerodynamisch günstige Auslegung, andere haben einen verlängerten voluminösen Rumpf (Zigarrenform, Anm.d.A.), wobei der nukleare Antrieb an einem Ende und die Passagierräume am anderen Ende liegen.

Die von dem vorderen Generator produzierte kritische Feldintensität liegt bei 18 bis 18,5 Tesla und die des hinteren bei ca. 10 Tesla, ansonsten liegt der normale Wert bei 9,5 bis 9,8 Tesla. Die Windungen der Generatoren bestehen aus 8.640 Drahtwicklungen „Coppreous-Nickel" (kupfernes Nickel) beschichtetem Draht, jeder Draht enthält 14.701 supraleitende Elemente. Ein Impuls für den Schub wird jede Millisekunde (1.000 pro Min) erzeugt. Bei der enormen Schubentwicklung muss das Material der Antriebskammer - „Aluminia Ceramic" - Belastungen von bis zu ca. 10 to pro Quadratzentimeter aushalten.

Mit einer Höchstgeschwindigkeit von 29.900 km/s (ca. **100 Mio. km/h**!) macht der „Non-Air Breathing" Motor es möglich, daß ein „Shuttle"- Zubringer-/Verbindungsflugzeug ohne zusätzlichen Raketenschub das Schwerkraftfeld der Erde, sowie auch das anderer Planeten verlassen kann, um ins All bzw. in das Sonnensystem vordringen zu können.

(Hierbei handelt es sich also nicht um ein interplanetares Raumschiff, da es nur 10 Prozent der Lichtgeschwindigkeit erreichen kann. Bei ca. 100 Millionen Kilometer wäre der **Mars** in einer Stunde reiner Flugzeit zu erreichen. Realistischerweise sind incl. Abflug, Beschleunigungs- und Bremsphase sowie Landung auf dem Mars wohl mit 6-8 Stunden zu rechnen. Wohlmöglich lässt aber der Antrieb noch höhere Impulsausstöße für beinahe Lichtgeschwindigkeit zu, Anm.d.A.)

Der Start und das Hochfahren des elektromagnetischen Antriebes erfolgt, indem zuerst das flüssige Helium zur Kühlung in die vorbereiteten Kühlkammern eingelassen wird. Danach erfolgt eine Evakuierung der Antriebskammern, so dass ein Vakuum entsteht. Letzte Gasatome (wie z.B. Luft) werden „Freeze Evacuated", d.h. ein Einfrieren und Absaugen der verbliebenen Gasrückstände. Wird der Antrieb nicht genutzt (z.B. nach der Landung, Anm.d.A.) stehen „paramagnetische Salze" bereit, die durch Polarisierung eines Magnetfeldes aktiviert werden.

Die elektromagnetische Kühlung erfolgt nach der „Spin-lattice Relaxation"-Methode. Dieser Modus findet immer dann statt, wenn sich die Magnetfeldstärke reduziert. Durch diese Reduzierung (oder Entspannung der Feldstärke) wird das Salz gekühlt, das daraufhin die aufgenommene Wärme an das flüssige Helium weitergibt. Beim Start wird zuerst die Hauptenergieversorgung eingeschaltet, so dass die Energie den Computer, die Generatoren und die div. Schaltkreise aktiviert.

Der Computer überprüft dann durch Signalgebung sowohl den Umformer als auch den Unterbrecherschaltkreis, um sicherzustellen, daß der Antrieb funktionstüchtig ist. Danach wird der supraleitende Stromkreis hochgefahren, so dass ein kontinuierlicher elektrischer und magnetischer Stromfluss gewährleistet wird. Während der gesamten Dauer des eingeschalteten Antriebes bleiben die sich gegenüberliegenden und sich ständig gegenseitig abstoßenden Magnetfelder aktiviert. Vor Flugantritt sendet der Computer außerdem neutralisierende Stromimpulse durch die verschiedenen Stromkreise, um störende Kriechströme in den Generatoren zu eliminieren.

Entweder erhält der Steuercomputer nun seine Steuerbefehle durch einen Piloten oder er agiert autonom und wird durch externe Signalgeber wie Anti-Kollision Signale gesteuert.

(Autonom agierende Fluggeräte werden in jüngster Zeit für bestimmte kleine und größere Aufklärungsdrohnen (UAVs) entwickelt. Bei den immer wieder in den letzten Jahren beobachteten „UFOs" könnten solche sich autonom - selbstständig- verhaltene Fluggeräte seit längerem im Einsatz sein, Anm.d.A.)

Ein so genanntes „**Multi-Engine Large Capacity Vehicle**" hat fünf Antriebe, einen für den Vorwärtsflug, für seitliche (links, rechts) Manöver und sowohl einen nach oben und rückwärts gerichteten Antrieb.

Als Hauptversorgungsquelle dient wieder ein atomarer Reaktor. Wie z.B. bei einem großen Flugzeugträger besitzt das „LCV" einen „Control Room" oder „Brücke", mehrere Kontrolleinrichtungen, eine Werkstatt, Aufzüge, große Tunnel und Röhren für Versorgungsleitungen und Verbindungsgänge, Besatzungs- und Passagierräume sowie Frachtabteile.

Magnetisch durchlässige Komponenten, wie die Rückwand oder große „Abstrahl-Fenster", die seitlich als auch oben angebracht sind, dienen dem Antrieb und der Fluglagekontrolle."

Das „LMCV"

Das in dem oben genanten U.S.-Patent aufgezeigte „Multi-Engine Large Capacity Vehicle" oder kurz „LMCV", wurde mit hoher Wahrscheinlichkeit in mehreren unterschiedlichen Versionen realisiert.

In Kirgisien, an der Grenze zu China stürzte Anfang der 1990er Jahre ein riesiges zigarrenförmiges Raumschiff ab, das ca. 600m lang und 110m breit war. Die Beschreibung einer russischen Expeditionsgruppe trifft ziemlich genau auf ein solches „LMCV" zu!

Multi-Engine Large Capacity Vehicle
Abgestürzt im Jahre 1991 in den Bergen von Kirgisisan, nahe der Grenze zu China

Abb.:

Stürzte in Kirgisien ein riesiges LCV ab? Woher kam es? Vom Mars, vom Mond? Was sollte es auf die Erde wohin transportieren. War das Flugziel z.B. die Wüste Gobi in China, wo sich evtl. ein großer - unterirdischer - Raumhafen befindet?

Wie viele Passagiere und Fracht mag das gigantische zylinderförmige Raumschiff (in den im o.g. U.S.-Patent sind 11 Decks aufgeführt!) fassen können: 10.000 Personen und mehrere 100to Zuladung?

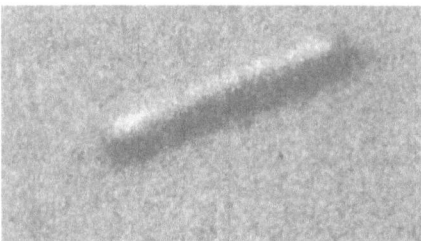

Bild:

„UFO"-Foto eines LMCV?

Wie viele solcher Raumschiffe in der Größenordnung riesiger Flugzeugträger (wohlmöglich ist die interne Auslegung des Raumschiffes ähnlich aufgebaut: Kantinen, Frisör, Shops, Werkstätten, Recreation Centers usw.) sind gebaut worden und wie hoch ist der Anschaffungspreis (hunderte oder heute in die Milliarden gehende von Millionen Dollar)? Es muss wohl großen Ärger gegeben haben, als solch ein Raumschiff im „Teufels Tal" – auf dem Bergrücken von Sheitan Mazar im fernen Osten abstürzte.

In der Öffentlichkeit sind als Payload tragende Raumschiffe hauptsächlich das ehemalige und mittlerweile außer Dienst gestellte amerikanische „Space Shuttle" oder die europäischen „Ariane"-Raketen sowie russische „Progress"-Transporter bekannt. Deren Transportmöglichkeiten sind im Vergleich zu dem LCV geradezu lächerlich gering!

Gigantische Raumschiffe die tausende von Passagiere befördern können, für welchen Zweck wurden sie gebaut?

Erinnert sei hier an die englischen Doku-Sendung und das Buch „Alternative Three", eine Operation zur Besiedelung von Mond und dem terrageformten Mars. Über „A-3" wurde in den 1970er Jahren im englischen Fernsehen berichtet. In dieser Zeit wurden wahrscheinlich auch die Magnetenergie-Antriebe im größeren Umfang in der Praxis eingeführt.

Schaut man sich den Mars an, wie er von den amerikanischen Marssonden gezeigt wird, ist dieser unwirtlich und trägt keinerlei Leben oder Vegetation. Zeigen die Marsbilder den momentanen und tatsächlichen Zustand? Möglich. Vielleicht sind es aber auch gefälschte Aufnahmen oder Bilder aus längst vergangenen Tagen, lange vor dem „Terrafroming"!

Für was braucht man aber dann ein oder mehrere LMCV, wenn nicht für größere Transportflüge in unser Sonnensystem? Wie viele Siedler von der Erde haben solche gigantischen Raumtransporter mittlerweile zum Mond und zum Mars und darüber hinaus in die Tiefen des Alls gebracht? In einer Stunde ist man von einem Raumbahnhof, der z.B auf dem Transitposten auf dem Mond steht, auf dem Mars gelandet.

Wie viele Flüge erfolgten wann in Bereiche außerhalb unseres Sonnensystems und wie viele neue Welten wurden bereits erkundet und besiedelt?

Wie wird die Zeitdilatation bei Flügen mit Lichtgeschwindigkeit ausgeglichen?

Können heutige Raumschiffe bereits mehr als Lichtgeschwindigkeit fliegen? Siehe Beschreibung des Volfson-U.S.-Patents in diesem Buch.

Wer hat für den Autor eine Passage zu dem, im terraforming Prozess stehenden Mars, oder zu einem menschlichen Außenposten irgendwo in unserer Milchstraße? Bitte unbedingt unter der bekannten E-Mail: Adresse melden!

Interessanterweise wurden „Fliegende Zigarren" nicht nur im 20. und 21. Jahrhundert am Himmel und sogar im Weltall beobachtet, sondern auch die Jahrhunderte zuvor. Diese zylinderförmigen Raumschiffe haben unterschiedliche Formen, teils mit zugespitzten Enden, was auf unterschiedliche elektrodynamische Antriebsweisen hindeuten könnte, sowie unterschiedliche Hersteller und Einsatzkonzepte.

So wurden auf dem Mond in den 1980er Jahren riesige Flugkörper gesehen, die 200-500 Meter groß gewesen sein sollen. Im April 1991 machte ein japanischer Amateurastronom die Aufnahme einer riesigen Raumstation oberhalb der Sonnenscheibe, einer Raumplattform, an der offenbar fünf zigarrenförmige Objekte angedockt hatten (Heesemann).

Waren unter den vielen beobachteten zylinderförmigen Fluggeräten auch Magnetenergie betriebene Raumschiffe, wie sie Robert Taylor in seinem Patent vom März 1992 vorstellte?

In dem Buch „50 Jahre UFOs", Heyne 1997 steht folgende Geschichte, die ein bestimmtes Fluggerät betrifft, dessen Beschreibung genau auf o.g. Patent von James Taylor zutreffen könnte:

```
„Einem ... Objekt begegnete (man) in Mindalore, Johannesburg, Südafrika am
3. Januar 1979. In beiden Beschreibungen ist von einem aufrechten,
kugelgeschoßähnlichen Objekt mit einer Ein- und Ausstiegsluke die Rede, das
auf in gleichmäßigen Abständen an der Basis angebrachten Beinen stand -
sehr ähnlich den frühen Abbildungen des Lunaren Landemoduls... Es erinnert
etwa an das Konzept der B.I.S., von einem Mond-Raumschiff aus dem Jahre
1947."
```

Handelt es sich um ein mit Magnetenergie betriebenes Fluggerät in „Geschoßform" (siehe Patentzeichnung!)?

Beachte Jo-burg, Süd Afrika, wo in den 1950er Jahren der Flugkreisel nochmals als Erprobungsträger hervor geholt wurde. Diese Stadt, bzw. die Umgebung muss einer von vielen „Hot-Spots" für UFOs sein, wo Personen für geheime (Militär-) Technik und für die Wahre Raumfahrt arbeiten. Johannesburg hat auch eine CIA-Niederlassung in der Stadt.

Wann wurden zum ersten Mal solche oder auch die hutähnlichen und zigarrenförmigen elektromagnetischen Flugzeuge und Shuttle-Fluggeräte weltweit eingesetzt? Wer betreibt sie und welchen Einsatzzweck haben?

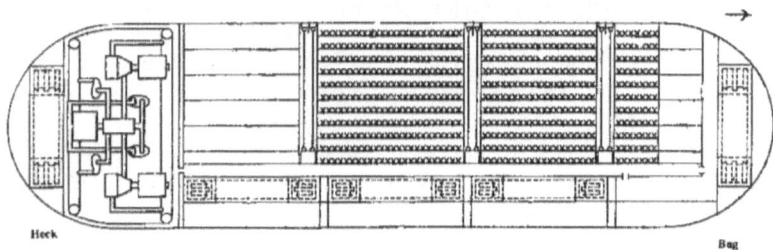

Multi-Engine Large Capacity Vehicle

1. Nuklearer Antrieb
2. Vorderer Magnetantrieb
3. Hinterer Magnetantrieb
4. Seitlicher und unterer Magnetantrieb
5. Durchsichtige Fenster für Abstrahlbereich der Magnetenergie
6. Frachtabteile
7. Passagierabteile
8. Aufzug
9. Besatzungsquatiere
10. Werkstätten und Klimaanlage (Druckausgleich für Raumflüge)
11. Durchgangs- und Versorgungstunnel
12. Spez. Gas zur Verhinderung von Funkenbildung

Höchstwahrscheinlich rotiert der komplette Passagier- und Cargo-Raum innerhalb der Innenseite des zylinderförmigen Rumpfes zur Erzeugung einer künstlichen Schwerkraft und zur Stabilisierung des gesamten Flugkörpers.

Bild:

In rund einem Tag kann man mehrere hundert oder tausend Passagiere zum Mars transportieren.

Multi-Engine Large Capacity Vehicle

Abgestürzt im Jahre 1991 in den Bergen von Kirgisistan, nahe der Grenze zu China

In den Bergen von Kirgisistan nahe der Grenze zu China soll ein 60Cm langes „UFO", nachdem es am 28. August. 1991 von MiG-Jägern abgefangen wurde, in einer Bergschlucht abgestürzt sein. Eine Expedition bestehend aus Bergsteigern und Hobbyforschern machte sich auf den Weg zur Absturzstelle. Man erkannte, daß das Flugobjekt beim Aufschlag auf den Boden noch 1.780 m weiter schlitterte. Danach muß es explodiert sein und in etwa zwei gleich große Hälften auseinandergefallen sein. Im Zentrum der Explosion bogen sich die Verstrebungen nach außen und durch das Explosionsloch konnte man die Decks und weitere innere Strukturen erkennen. Psychotronische Sicherungsmaßnahmen verhinderten, daß das Objekt fotographiert und untersucht werden konnte.

Im Jahre 1977 beobachtete ein Einwohner aus Hagen, NRW, am Rande des Ruhrgebietes ein riesiges zigarrenförmiges Objekt am Himmel. Auch im Juni 1980 konnte der Augenzeuge ein zylindrisches, metallisches Objekt am azurblauen Sommerhimmel kreisen sehen. Die „Fliegende Zigarre" (v. der Form her ein „LMCV", wie im o.g. Patent beschrieben) setzte bei der Beobachtung des Augenzeugen außerdem drei kleine kugelförmige Objekte (Sonden?) aus, die gefilmt werden konnten. (Quelle: Hesemann, „Geheimsache U.F.O.")

Welche Experimente und Flugmanöver mit elektrostatischen und elektrokinetischen Luft- und Raumfahrzeugen mögen damals im deutschen Luftraum durchgeführt worden sein? Wer wusste darüber Bescheid, wer duldete die Flugaktivitäten und welche deutsche Stellen waren an den Manövern beteiligt (Luftaufsicht, Forschungszentren, DVL usw.)?

So sollen Abbaugebiete von Kohle in NRW bestrahlt worden sein. Auch Kohlekraftwerke können „Welsbach-Material" emittieren, die zur Manipulation der Atmosphäre, wie die „Chemtrails" dienen.

Wurden in Deutschland solche Versuche vorgenommen?

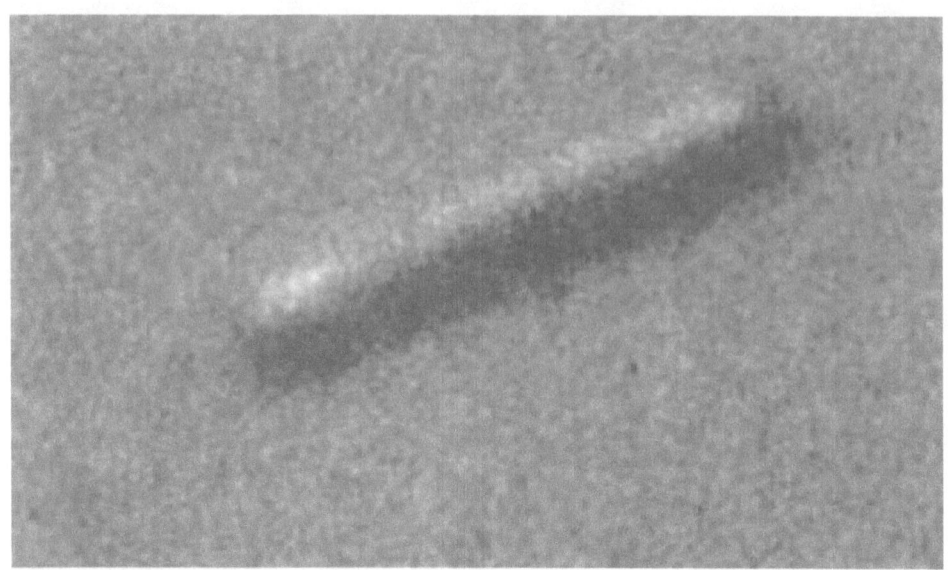

Bild:

Zylindrisches „UFO", am 4. Juni 1980 gegen 14.00 Uhr am Rande des Ruhrgebietes, bei Hagen, gefilmt.

Beachte runder Bug und Heck der EM-Maschine, die in einigen 1.000 Metern Höhe (z.B. 10.000 m) schwebte.

Wie groß mag die Maschine, die noch einige „Beiboote" absetzte, gewesen sein? 100m lang oder länger?

Kann man heute noch feststellen, welche Stellen in NRW an jenem Mittwoch, den 4. Juni 1980 besonders aktiv waren und geheim gehaltene Versuche unternahmen? So z.B. die Deutsche Versuchsanstalt für Luft- und Raumfahrt, Privatlabore, Universitäten, Institute oder Ämter, die mit Luftaufklärung, Bodenproben ect. beschäftigt waren? Hatte das Militär, die Bundeswehr, U.S.-amerikanische Stellen, die Luftwaffe, erhöhte Aktivität an jenem Tag?

So gab es Hinweise, dass im Kohlenbergbau es ggfs. zu bestimmten Strahlenexperimenten gekommen sein könnte, in dem die Kohle durch Strahlung gewisse Eigenschaften (ähnlich „Welsbach"?) erhalten haben könnte.

Magnetfeld-Energie Antriebe

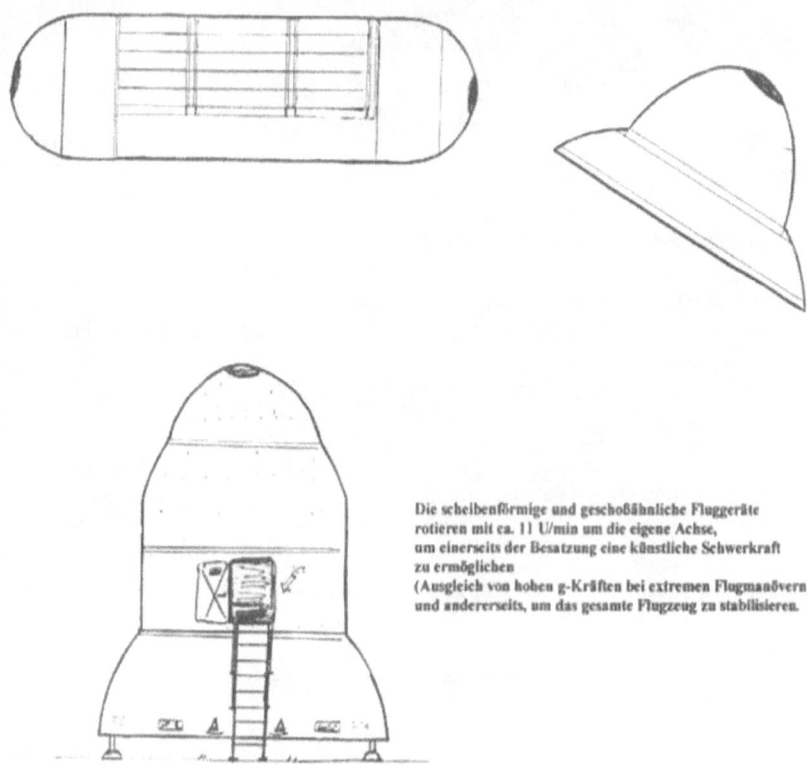

Die scheibenförmige und geschoßähnliche Fluggeräte rotieren mit ca. 11 U/min um die eigene Achse, um einerseits der Besatzung eine künstliche Schwerkraft zu ermöglichen
(Ausgleich von hohen g-Kräften bei extremen Flugmanövern) und andererseits, um das gesamte Flugzeug zu stabilisieren.

Im Januar 1979 sahen Augenzeugen in Johannesburg, Süd-Afrika ein „kugelgeschoßähnliches" Objekt mit einer Ein- und Ausstiegsluke, das auf in gleichmäßigen Abständen an der Basis angebrachten Beinen stand. Das Objekt soll rund 4 m hoch gewesen sein und man vermutete, es sei ein spezielles Versuchsgerät. (Quelle: „50 Jahre UFOs", John und Anne Spencer, Wilhelm Heyne Verlag, 1997)

Handelt es sich um ein mit Magnetenergie angetriebenes Fluggerät, wie es James Taylor in seinem U.S-Patent beschrieb?

War die „Sheitan Mazar Fliegende Zigarre" ebenfalls ein mit magnetischer Energie angetriebenes Raumschiff?

Ein U.S.-Patent, das einen „moderneren", umweltschonenderen Antrieb aufweist, ist der:

Primary Force Ring

Ein durchaus wichtiges Dokument beschreibt eine modernere Variante eines MHD-Antriebes:

U.S.-Patent 5,291,734, dd March 8, 1994:

"Primary Force Ring for Magnetohydrodynamic Propulsion System"

Inventor Michel J. Sohnly, Renton, Washington, USA.

Möglicherweise ist der U.S. Bundesstaat Washington an Anzeichen dafür, dass vielleicht die Flugzeugfirma Boeing, bzw. eines ihrer „Shadow-Works" hinter dieser Erfindung steht.

Hier einige wichtige Auszüge aus o.g. U.S. Patent:

„Dieses Fluggerät bezieht sich im Allgemeinen auf ein magnetohydrodynamisches Antriebssystem und speziell auf einen Antrieb für **Flugzeuge oder Raumschiffe**, der entweder für Flüge von Punkt zu Punkt, Intra- oder Interkontinentalreisen, so z.B. zwischen einem Abflugs- und Ankunftsort auf ein und demselben Kontinent (z.B. West- zu Ostküste der USA, Anm.d.A.) oder auf unterschiedlichen Kontinenten auf der Erde, oder **für interplanetare oder „Deep Space" Missionen** geeignet ist.

Aerospace Vehicle

Seitenansicht

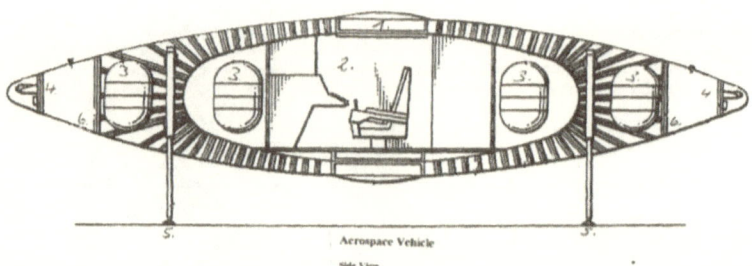

Aerospace Vehicle
Side View

1. Dome/Window
2. Cockpit
3. Fuel Tanks for liquid Oxygen and Hydrogen
4. Closed Circuit TV-Camera
5. Retractable Landing Pad
6. Primary Force Ring

... die Erfindung bezieht sich auf Methoden und Techniken, die einen magnetohydrodynamischen Antrieb beschreibt, der hochgradig Effizient ist, was Treibstoffersparnis und Umweltverträglichkeit betrifft.

„.... ein effizientes System zur Erzeugung von Ionen, das außerdem in der Lage ist, eine große Bandbreite an Treibstoffen zu verwenden, aber ... vorteilhafterweise **Wasserstoff-/Sauerstofftreibstoffe** nutzt, die wirtschaftlicher und überall im Überfluss vorhanden sind, da diese sofort aus, z.B. Seewasser und dergleichen(Ressourcen auf anderen Planeten, Anm.d.A.), hergestellt werden können.

So kann Wasser durch Elektrolyse in Wasserstoff und Sauerstoff aufgespaltet werden und in separate Sammeltanks gelagert werden, die innerhalb des Raumschiffes untergebracht sind.

Im Einsatz wird Wasserstoff und Sauerstoff in einen Plasmagenerator in Form eines konventionellen Wasserstoff/Sauerstoff - Raketenmotor eingespritzt, der eine Verbrennungskammer besitzt, wo die Treibstoffe gezündet werden und ein Plasma generieren, das aus positiv geladenen Wassermolekülen (**H_2O+**) und Elektronen (**e^-**) besteht.

Aufgrund der **Lorenzkraft** werden diese Moleküle getrennt und entlang entgegengesetzter Richtungen geleitet. So z.B. fließen die Elektronen (e^-) im Uhrzeigersinn, während die positiv geladenen Wassermoleküle (H_2O+) entgegen dem Uhrzeigersinn wandern.

Zusammengefasst heißt das, die Elektronen (e^-), die eine sehr geringe Masse besitzen, werden zur Austrittsdüse des Wasserstoff-/Sauerstoff - Raketenmotors hin angezogen und sammeln sich dort, wo sie durch das Flug-/Tragwerk (Rumpf) des Fluggerätes zu einem geeigneten Punkt fließen, um danach wieder mit den positiv geladenen Wassermolekülen (H_2O+) zusammengeführt zu werden. Nachdem die positiv geladenen Wasserteilchen mit hoher Geschwindigkeit durch ein elektromagnetisches Feld beschleunigt wurden, um die nötigen Schubkräfte (Reaktionskräfte) erzeugen, die das Fluggerät antreiben.

Ein zweiter, wichtiger Aspekt der Erfindung beinhaltet den so genannten "**Primary Force Ring**", der ein unterteiltes, rundes Magnetfeld generiert."

Dieser Primary Force Ring, „Hauptantriebstring" ist eine Endlosschleife, in diesem Beispiel ringförmig. Die Ringform ist geradezu ideal für scheibenförmige Raumschiffe, aber genauso gut sind andere Schleifenformen, wie elliptisch, geradlinig, länglich oder polygonal möglich, aber alle diese Formen müssen als Endlosschleife ausgebildet sein.

In diesem Fall zeigen die Patentunterlagen einen "theoretischen Prototyp" (hier bleibt man vage und weißt nicht daraufhin, dass solche Fluggeräte bereits gebaut und erprobt sein könnten. Nur, wie sollen alle die Erkenntnisse, die in dem Patent aufgeführt sind, gewonnen worden sein, wenn man keine praktischen Versuche, z.B. schon vor 1994 angestellt hat?, Anm.d.A.)

Die Endlosschleife ist in 120 Segmente unterteilt.

... Außer dem „Ausfransen", „Fringing" am Rande des Ringes, bleibt das Magnetfeld innerhalb des Hauptantriebringes und strahlt mittig durch den Ring.

Ein elektrisches Feld, das durch je positiv und negativ geladene Paare elektrische Feldplatten generiert wird, durchkreuzt das magnetische Feld mit 90 Grad. Siehe hier die Beschreibung des „E"- und „B-Feldes", sowie der „Lorenzkraft" in diesem Buch.

Anmerkung des Autors:

Da das Magnetfeld innerhalb der Grenzen des Fluggerätes gehalten wird, ergibt sich der Vorteil, dass die Umwelt nicht beeinträchtigt wird und dass keine metallischen oder eisenhaltigen Objekte aus der Umgebung angezogen werden. Dies verhindert, dass die äußere Hülle des Fluggerätes weder durch Einschläge, Beschädigungen oder Korrosion in Mitleidenschaft gezogen wird, ein Problem, mit dem ältere MHD Fluggeräte öfters zu kämpfen hatten.

...

„Die positiven geladenen Wassermoleküle laden nun das System zur Ionenerzeugung oder den Raketenmotor auf. Sie werden dann in ein „B-Feld" (magnetisches Feld) geleitet, indem sie zwischen jedem Paar der elektrischen Feldplatten (Nord- und Südpol) hin und herwandern.

Die Moleküle, durch die Lorenzkraft unterstützt, werden durch das B-Feld beschleunigt, laden den „Primary Force Ring" unterhalb des Raumschiffes auf und die Wassermoleküle vereinen sich danach mit den negativ geladenen Elektronen. Schlussendlich werden beide geladenen Teilchen in die umgebende Umwelt (auf der Erde in die Atmosphäre oder draußen ins Weltall) als harmlose elektrisch neutrale Wassertropfen (Wasserdampf) entladen und ausgestoßen.

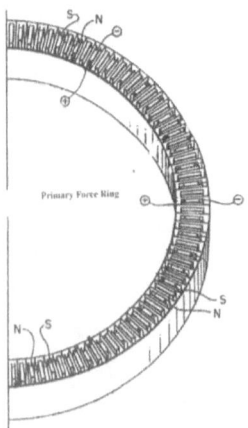

Abb.:

Ein halbes Segment des "Primary Force Rings" mit "Field Plates (N+S) and Field Coils"

Die Endlosschleife kann vielfältige Formen besitzen, abhängig von der Größe und Form des Fluggerätes oder Raumschiffes.

Durch die Lorenzkraft, die auf die positiv geladenen Wassermoleküle wirkt, wird eine entgegengesetzte Reaktionskraft (Schub) zum Magnetfeld generiert, die das Fluggerät durch die Luft oder das Weltall treibt."

...

Das ist im Grunde dasselbe Prinzip, wie eine chemische Rakete durchs All fliegt, indem sie heiße Abgase nach hinten ausstößt und somit eine Reaktionskraft erzeugt, Anm.d.A.

...

„Der spezifische Impuls eines solchen MHD Wasserstoff-/Sauerstoffantriebes liegt bei **36.000**, (das hundertfache, Anm.d.A.)verglichen mit 360 bis 400 bei einem normalen chemischen Raketenmotor!

Durch eine differenzielle Steuerung der Reaktionskraft kann eine Lageänderung des Fluggerätes vorgenommen werden.

Aber auch ein „Yaw-Controller" mit z.B. 60 verstellbaren Steuerklappen, auf die die Wassertropfen auftreffen, kann die Steuerung des Flugzeuges übernehmen.

(Auch die Düsenscheibe aus dem Fleissner-Patent hatte ein Ruder, oder siehe die acht Ruder des Flugkreisels, die innerhalb eines Luftstromes angebracht sind.)

Die vielen Steuerklappen werden gleichzeitig durch mehrere Solenoide mit Energie versorgt, um alle in dieselbe Richtung auszuschlagen. Die „Yaw-Controller" Solenoide können durch ein Computerprogramm angesteuert werden, oder manuell durch einen Piloten.

Die Wendigkeit in jede nur erdenkliche seitliche Richtung ist abhängig vom Anstellwinkel der Steuerklappen, der Anzahl und der Position der entsprechenden Sätze von Steuerklappen, die bewegt werden sollen, dem Volumen und der Masse der Tropfen und der Geschwindigkeit der ausgestoßenen Wassertröpfchen.

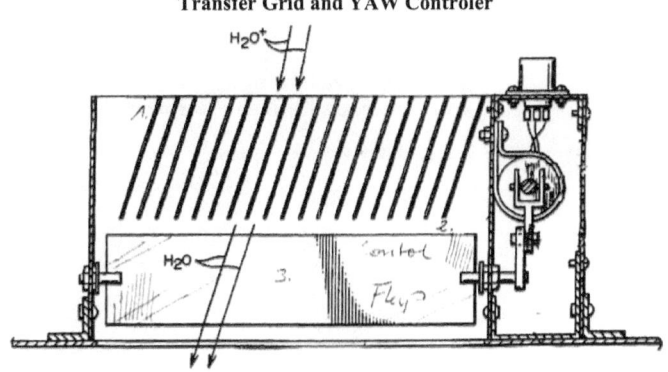

Transfer Grid and YAW Controler

YAW Control Assembly

1. Electron Grid
2. Conductive Grid Plates
3. Control Flap

Um das nötige Plasma zu generieren, sind mehrere Plasmageneratoren nötig. Diese Generatoren bestehen aus konventionellen Kleinst-Raketen-Motoren.

In diesem Beispiel sind <u>60 identische Plasma Generatoren</u> innerhalb jeder Segment-Öffnung des „Primary Force Rings" installiert.

Die Raketen-Motoren verbrennen Wasserstoff/Sauerstoff als Treibstoff, um ein <u>Hochtemperatur-Plasma</u> von ungefähr 2.300 Grad C entstehen zu lassen. Aber nicht nur die bereits erwähnten Treibstoffe können verwendet werden. Ein großer Bereich Kohlenstoff basierter Treibstoffe steht zur Anwendung, wie Propan, Butan, exotische Treibstoffe, ob direkt, als Mischung oder in Verbindung mit herkömmlichen Treibstoffen.

Der Erfinder dieses Patentes bevorzugt Wasserstoff und Sauerstoff als Treibstoff, weil diese jederzeit überall zu vernünftigen Kosten zur Verfügung stehen; da diese bei Missionen ins All z.B. für die Produktion von Wasser für die Raumschiff-Besatzung verwendet werden können; weil diese Treibstoffe im allgemeinen harmlos sind; keine volatilen und gefährlichen Reaktionen hervorrufen, im Gegensatz zu anderen, auf dem Markt verfügbaren Treibstoffen und die <u>positiv geladenen Wassermoleküle sind mono-molekulare Ionen</u> und haben somit den Vorteil, das Antriebssystem einfach konstruierbar zu halten.

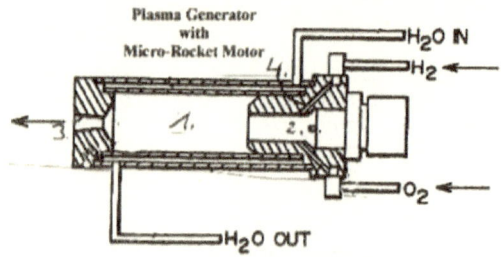

**Plasma Generator
mit Mikroskopischen Raketen Motoren**

Abb.:

1. Combustion Chamber
2. Jet Igniter
3. Nozzle
4. Cooling Chamber

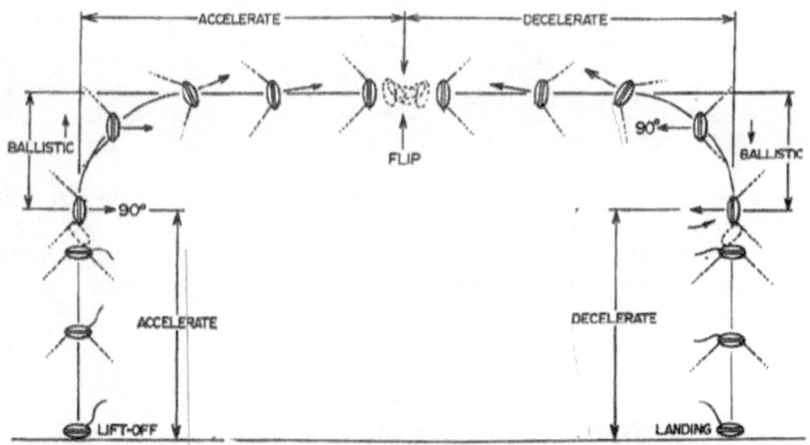

Flugprofil

Abb.:

Siehe auch Flugerlebnis von Dr. Fry in White Sands im Jahre 1950.

Die obere Illustration zeigt ein typisches Flugprofil eines magnetohydrodynamisch angetriebenen Raumschiffes, das von Planet A (z.B. der Erde) nach Planet B (z.B. Mars) fliegt.

Das MHD - Raumschiff startet senkrecht, wobei das YAW-Controller System in der Stellung "Neutral" oder "OFF" - Position bleibt.

Die Beschleunigung des Raumschiffes bleibt konstant und der <u>Flugweg ist senkrecht</u> durch die Erd-Atmosphäre und weiter in die Stratosphäre.

Sobald der Erdorbit erreicht ist, wird eine Kurskorrektur eingeleitet. Mit einem Neigungswinkel von 90 Grad und einer Rolle im Uhrzeigersinn wird ein neuer Kurs, bei gleichzeitiger Zunahme der Beschleunigung, gesetzt. Diese Rolle nach rechts im Uhrzeigersinn wird durch den Zufluss von Treibstoff zu den Plasmageneratoren erreicht.

Das immer noch vorhandene Aufstiegs - Momentum ermöglicht weiterhin ein kontinuierliches Aufsteigen (Climb) des Raumschiffes unter ballistischen Bedingungen.

Am Ende des ballistischen Fluges wird der Anstellbereich, die Fluglage des Raumschiffes überprüft, um sicherzustellen, dass die richtige Bahn im Orbit, der einprogrammierte oder vom Piloten gewünschte interplanetare Kurs, tatsächlich anliegt.

Wenn das Raumschiff den „Midpoint" (die mittlere Distanz zwischen zwei Planeten) erreicht hat, wird erneut die Treibstoffzufuhr für die Plasmageneratoren zum Steuern aktiviert, dieses Mal gegen den Uhrzeigersinn, in einem Winkel von 180 Grad.

Es beginnt nun die <u>Abbremsphase</u> und das Raumschiff befindet sich im Abstieg (Fall), bis das Reiseziel erreicht ist.

Michel J. Sohnly sagt weiterhin:

„. . . in den Fällen, wo die Start- und Landepunkte relative nahe beieinander sind und wo keine Reise durchs All nötig ist, so z.B. Flüge zwischen der Ost- und Westküste der Vereinigten Staaten oder interkontinentale Flüge - da kann das YAW-Controller System so eingerichtet werden, dass der Flug in horizontaler Richtung zwischen den Punkten des Abfluges und der Ankunft erfolgt, wobei das Fluggerät ebenfalls in horizontaler Lage ausgerichtet ist."

Das heißt, dass das Fluggerät nicht wie üblich bei normalen Flugzeugen, sich entweder nach oben, unten oder seitlich mit Hilfe der sonst üblichen Ruderklappen neigt. Das untertassenförmige Fluggerät behält während des gesamten Fluges seine horizontale Lage bei, sodass auch die Passagiere immer in einer normalen, aufrechten Sitzposition bleiben. Es treten keine seitlichen g-Kräfte auf, wie bei Mr. Frey im Juni 1950.

Raumschiff, ungefähr 8m im Durchmesser, entweder mit zweier Crew oder ferngesteuert

Draufsicht

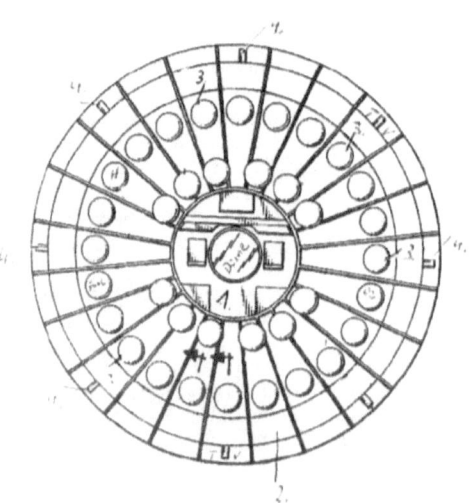

Abb.:

1. Cockpit
2. Primary Force Ring, Closed Loop
3. Fuel Tanks with liquid Hydrogen or Oxygen
4. TV-Cameras

Der in dem U.S.-Patent beschriebene Prototyp . . .

„. . . hat einen Durchmesser von ungefähr 8 m und besitzt 24 Sauerstoff „Collector - Tanks". Die Treibstoffkapazität ist somit ausreichend für einen mehrere tausend Kilometer langen Flug, von z.B. Seattle (Boing?) nach Hawaii.

Wenn man dagegen das System vergrößert, um ein Fluggerät von ungefähr 20m Durchmesser und einer Höhe von 28m zu erstellen, das genügend Treibstoff beinhaltet, um von der Erde zum Mars zu fliegen, brauch man circa 65 Stunden oder **2 Tage und 17** Stunden für einen Flug zum Mars.

In **5,4 Tagen** könnte man somit einen **Rundflug** Erde-Mars und zurück durchführen, bei 2 Tagen Schwerelosigkeit in jede Richtung, im Vergleich zu 9 oder 10 Monaten mit heutigen Raumschiffen (Raketen) in Schwerelosigkeit für die Besatzung."

Anmerkung:

Wobei hier nicht eine rotierende Besatzungskabine berücksichtigt ist, die durchaus in ein größeres Raumschiff eingebaut werden könnte. Damit würde die Crew auf der sechstägigen Rundreise Erde-Mars und zurück noch nicht einmal eine Schwerelosigkeit verspüren.

Aber offiziell gibt es diese Raumschiffe nicht, die entweder in rund 3 Tagen zum Mars fliegen (bei dem Magnet-Energieantrieb würde die Reise nur Stunden dauern!) und Otto Normalbürger hier auf Erden wird nie in den Genuss kommen, zu fremden Planeten zu reisen.

Wie bereits der amerikanische Raketentechniker Dr. Fry am eigenen Leib spüren konnte, merkte er eben nichts von der starken Beschleunigung des Shuttle-Schiffes, das ihn kurz mal nach New York City und wieder zurück brachte. Es gibt also durchaus Methoden die hohen g-Kräfte zu mildern und für die Besatzung erträglich zu machen. Eine solche Verfahrensweise zeigt dieses amerikanische Patent:

UFO mit Wasser Abgasstrahl?

Abb.:

Ein MHD-Fluggerät, mit einem elektrischen Wasserstoff und Sauerstoff Antrieb?

Unklar ist, ob die Fotos, die am 11. September 2001 vor den brennenden Twin Towers in New York aus einem kreisenden Hubschrauber eines TV-Senders gemacht wurden, echt sind.

Aber die Aufnahmen demonstrieren in anschaulicher Weise, wie ein Atmosphären-Fluggerät mit einem Antrieb, wie in o.g. Patent über den „Primary-Force-Ring" aussehen würde, wenn die Maschine beschleunigt und davon fliegt.

Eine aus Wasserdampf bestehende Abgaswolke würde nach hinten ausgestoßen und als harmlose, weiße Dampfwolke sichtbar.

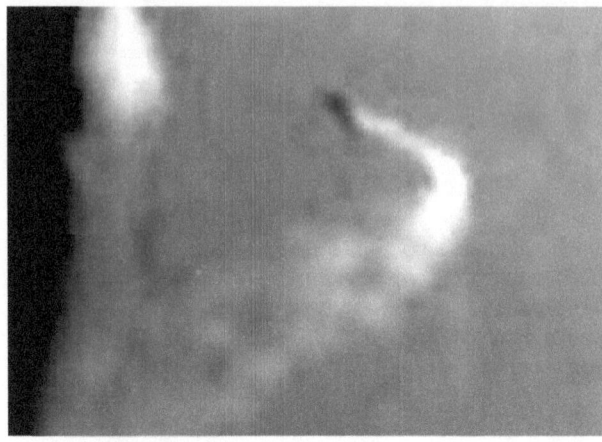

Abb.:

Sichtbar ist der lange, weiße Abgasstrahl einer Fliegenden Untertasse.

Die helle, weiße Abgasfahne könnte auf harmlosen Wasserdampf hindeuten.

Kommt also Wasserdampf aus der Flugscheibe, weil diese ein Wasserstoff/Sauerstoff MHD-Antrieb besitzt?

Die Tröpfchen des Wasserdampfes werden zudem zur Steuerung des Fluggerätes genutzt, wenn diese auf Strahlruder am Abgassystem auftreffen.

Es ist also gut möglich, dass eine Flugscheibe wie sie in dem Patent, das eventuell von Boeing realisiert wurde, im September 2001 über New York City einen geheimen Aufklärungseinsatz flog.

Besatzungs-Schutzvorrichtung für EM-Raumschiffe

Am 14. Dezember 1993 wurde das U.S.-Patent 5,269,482 „Protective Enclosure Apparatus for Magnetic Propulsion Space Vehicle" von Ernest J. Shearing aus Kalifornien erteilt.

Darin heißt es u.a.:

„Die Schutzummantelung für Raumschiffe mit magnetischen Antrieben besteht aus einem isolierten **„Dewar Gefäß"**, das aus supraleitendem Material geformt und mit Hilfe von supraleitenden Magneten aufgehängt ist.

Die supraleitenden Wände des Dewar-Behälters schirmt das Innere der Ummantelung gegen magnetische und elektrische Felder ab und wirkt dämpfend auf die darin befindliche Besatzung und Ausrüstung, die hohen Beschleunigungen und Gravitationskräften ausgesetzt sein können.

Ein oder mehrere „Accelerometer" (Beschleunigungsmesser) registrieren die g-Kräfte an allen drei orthogonalen (rechtwinkligen oder senkrechten) Achsen der Ummantelung, außerdem überwacht eine Steuereinheit die supraleitenden Magnete, die auf die Ausgangs-Signale der Beschleunigungsmesser reagieren."

In einem **„Dewar-Vessel"** wird z.B. flüssige Luft aufbewahrt. Das Gefäß wird auch Kryostat genannt. Ein solch hoch entwickeltes Kühlaggregat ist nach dem Prinzip eines Dewar-Gefäßes aufgebaut, das nach seinem Erfinder, dem englischen Chemiker und Physiker James Dewar benannt ist. Der Behälter besitzt eine Doppelwand aus Glas, deren Zwischenraum evakuiert (d.h., der Luft entzogen) ist.

Weiter heißt es in o.g. U.S.-Patent:

„Diese Erfindung bezieht sich im Allgemeinen auf Raumfahrzeuge mit einem magnetischen Antriebssystem, um diese z.B. in einen Orbit zu positionieren, oder von der Erdoberfläche ins All starten zu lassen.

Solche Raumschiffe verwenden stromführende elektrische Spulen oder Drähte, die magnetische Felder induzieren. Diese interagieren mit dem Erdmagnetfeld und erzeugen infolgedessen den Antrieb für das Fluggerät. Ein kryogenes Kühlsystem sorgt für die supraleitenden Bedingungen, denn wenn erst einmal der Stromfluss in den supraleitenden Spulen oder Schleifen aufgebaut ist, benötigt man keinerlei weitere zusätzliche Energiezufuhr.

Flüssiges Helium als Kühlflüssigkeit zirkuliert um das supraleitende Material, damit die Supraleitung permanent aufrechterhalten wird. Der Generator zur Erzeugung der starken Magnetfelder kann von unterschiedlichen Energiequellen angetrieben werden (z.B. Gasturbinen, Anm.d.A.) oder durch einen nuklearen Reaktor, der Dampf erzeugt.

Ein weitars Antriebssystem für Raumschiffe nutzt elektromechanische Energie, die in Wechselwirkung mit dem Magnetfeld der Erde tritt, um elektrische Energie für das Raumschiff zu erzeugen und kinetische Energie zu sparen.

Die Magnetfelder können für den Start und die Landung sowie für das Schweben in einer bestimmten Flughöhe verwendet werden. Konventionelle Verwendung von Treibstoffen, wie etwa Fest- oder Flüssig-Treibstoffe für „Boosters" als zusätzlicher Antrieb, oder zur Feinsteuerung und Korrektur der Fluglage, ist eine nützliche Alternative.

Ein anderes Mittel zur extra Schubgewinnung innerhalb der Erdatmosphäre ist der Einsatz von sehr hohen elektrostatischen Entladungen an der Außenhaut des Fluggerätes in der Größenordnung von 25.000 bis 1.000.000 (1 Mio.) Volt.

Ein elektrostatischer Generator erzeugt die benötigte Energie (siehe auch die ersten Luftschiffe von 1896-7, die die Außenhülle der Ballonhaut elektrostatisch aufgeladen haben könnten, aber sehr langsam flogen, Anm.d.A.), obgleich solche elektrostatischen Entladungen viel zu schwach und unzureichend sind, um größere Raumschiffe damit anzutreiben (zu wenig Schub), aber andererseits ausreichend für kleinere Flugobjekte erscheinen. (siehe hierzu die vielen „UFO"-Sichtungen kleinerer zumeist sphärenförmiger Fluggeräte, die alle aufgrund der immens starken elektrostatischen Entladungen sehr hell leuchten, „Orbs", Anm.d.A.)

Auf alle Fälle - ob herkömmliche, elektromechanische, elektrostatische Antriebe, in Verbindung mit supraleitenden Magneten - bei allen diesen Hochleistungsantrieben können Besatzung und Passagiere solcher Fluggeräte hohen Beschleunigungswerten aussetzt sein. Außerdem produzieren supraleitende oder normale Generatoren, die eine Reihe von supraleitenden Kondensatoren versorgen, hohe elektromagnetische Feldstärken. Magnetische Antriebssysteme, die supraleitende Kabel verwenden, erzeugen Magnetfelder in der Stärke von 10 bis 20 - oder mehr - Teslas.

Für begrenzte Einsätze mit limitierter Dauer sind elektrostatische Ladungen aber durchaus auch für Raumschiffe verwendbar, wie etwa bei der Richtungskontrolle, für gesonderte Schubkraft zur Rotation von Satelliten oder Kommunikationseinrichtungen. Ein rotierendes Raumfahrzeug emittiert sichtbare Strahlung, so dass wegen Interferenzen mit den Standardfunkwellen unterschiedliche Lichtfrequenzen zur Kommunikationsübertragung von Vorteil sind.

„Dewar-Vessel"
als Schutz für die Besatzung von Raumfahrzeugen und Fluggeräten mit hohen Beschleunigungswerten

Aufbau im Inneren eines Dewar-Gefäßes

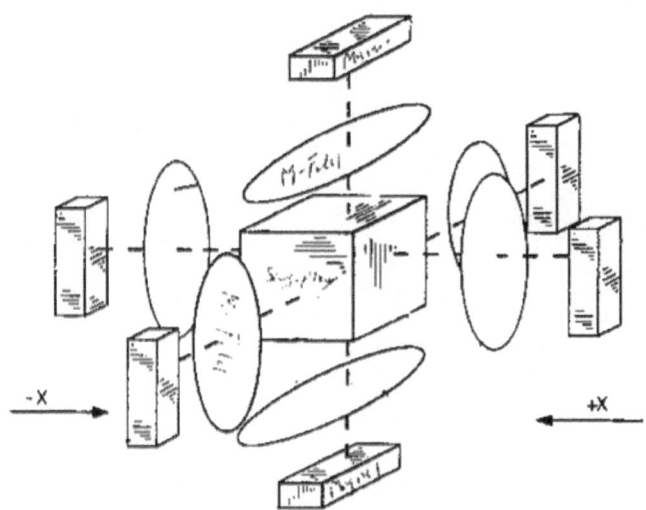

Abb.:

Magnete an allen Seiten eines Kubus, **Sarkophag** genannt (Raum für Besatzung, Ausrüstungsgegenstände usw.) erzeugen ein **magnetisches Schutzschild** und halten den Sarkophag immer in der gleichen Position, egal welche Beschleunigungswerte (g-Kräfte) auf das jeweilige Fluggerät einwirken.

Somit ist die Besatzung weitestgehend vor hoher g-Belastung geschützt und es können extreme Flugmanöver und hohe Beschleunigungen ausgeführt werden.

Somit muss die Besatzung solcher Luft- und Raumfahrzeuge gegen diese elektrischen und magnetischen Felder, die gesundheitsschädigend wirken können, abgeschirmt werden. Außerdem ist es wünschenswert die Crew gegen hohe Beschleunigungswerte zu schützen, die diese Fluggeräte nun einmal entwickeln.

Das bereits erwähnte „Dewar-Gefäß" erfüllt diese Aufgabe.

Es gibt drei repräsentative Formen elektrokinetischer Fluggeräte: ein Raumschiff in Sphärenform, (Kugelraumschiff, siehe „Space Ship" von Dr. Warnett Kennedy, Anm.d.A.), ein längliches -„Oblong" - Raumfahrzeug („Zigarrenform", Anm.d.A.) sowie die Scheibenform.

Ein sphärenförmiges Raumschiff kann aus zwei Hüllen bestehen, wobei die innere und äußere Hülle aus Stahl oder Titan besteht, die innen und außen mit Silikon als Schutzschild beschichtet ist. Zudem kann das Dewar-Gefäß, geformt aus Quarzglas, mit einer dicken Silikonschicht versehen sein. Das Gefäß enthält neben der Besatzung und der Ausrüstung auch die supraleitenden Kabelverbindungen und -wicklungen.

Die Antriebsmagnete können z.B. aus supraleitendem Material bestehen, das bei Zimmertemperatur funktioniert, oder aus gewöhnlichem Nb_3Sn supraleitendem Material oder aus hochbelastbaren Metall-Legierungen, die supraleitende Eigenschaften aufweisen. Der zentrale Magnet sollte vorzugsweise innen hohl sein, um das Gesamtgewicht des Raumschiffes zu verringern und die Form eines geschlossenen Ellipsoids besitzen.

Er kann aber auch die Form eines offenen Zylinders oder Röhre haben, so dass ein Stromfluss auf beiden Seiten sowie an den Außenseiten erzeugt werden kann. Ein supraleitender Kolben ist innerhalb des Solenoiden montiert, der „Flux Compression" herstellt (Erklärung s. Abschnitt weiter oben im Buch, Anm.d.A.) und damit die Feldstärke des Magneten erhöht.

Das kugelförmige Raumschiff (gilt auch für das scheiben- und zigarrenförmige Raumschiff) ist eingeteilt in einen Besatzungsraum, inklusive Wohnräume, Computerabteile, eine Sektion für den Kryostaten und das Pumpsystem zur Kühlung und Aufrechterhaltung der Supraleitung in den vielen Kabeln und elektrischen Leitungen.

Ein weiterer Abschnitt des Kugelschiffes ist für Tanks vorgesehen, die Chemikalien enthalten, um Dampf (für die Steuerung im All) zu erzeugen. Ein weiteres Abteil enthält eine Turbine, einen Generator, der die elektrischen Anlagen, das Bordsystem und den supraleitenden Antriebsmagneten mit Strom versorgt. Weitere Sektionen des sphärenförmigen Schiffes enthalten die Klimaanlage, Umluftsysteme zum Absaugen von CO_2 und Zuführen von Sauerstoff für die Besatzung.

Der supraleitende Magnet für das magnetische Antriebssystem ist innerhalb eines zylindrischen Dewar-Kolben fest eingebaut und versiegelt. Zusätzlich ist ein Behälter für flüssiges Helium oder Stickstoff vorhanden, der zum Kühlen und Aufrechterhalten der Supraleitung beiträgt. Falls die Supraleitung ausgesetzt werden soll, ist ein Heizsystem vorhanden, das den supraleitenden Magneten zeitweise still legt.

Dieser zentrale Magnet ist für Feldstärken von 10 bis zu 20 Teslas oder darüber ausgelegt. Die äußerst starken Magnetfelder können so justiert werden (negative oder positive Polarität, siehe nächsten Abschnitt weiter unten, Anm.d.A.), so dass das Magnetfeld des Schiffes von der Erde abgestoßen oder angezogen wird. Dies trifft auch auf andere magnetische Himmelskörper wie Sterne, Planeten oder Sonnen zu.

Der Zentralmagnet besitzt einen Nord und Südpol, ähnlich einem Stabmagneten, so dass er von dem Erdmagnetfeld abgestoßen oder angezogen werden kann. Der Start eines magnetbetriebenen Raumschiffes kann vom magnetischen **Nord oder Südpol der Erde** aus vorgenommen werden (s. dazu auch viele „UFO"-Sichtungen an den beiden Polen der Erde, sowie die „Verschwörer", die die Pole der Erde für ihre Kriegspläne nutzen wollten, Anm.d.A.).

Beim Widereintritt in die Erdatmosphäre können die supraleitenden Wicklungen im Übrigen auf normale Leitfähigkeit zurückgenommen werden, so dass die abstoßenden Kräfte das Raumschiff abbremsen.

Andererseits kann Strom vom Magneten abgezogen werden, bei gleichzeitiger Beibehaltung der Supraleitung, was Wirbelströme im Magneten hervorruft.

Damit kann die Position des Fluggerätes über einer magnetisch instabilen Zone („Löcher" im Erdmagnetfeld, Anm.d.A.) beibehalten werden, das Schiff verharrt in diesem Modus im Schwebezustand, oder geht beständig und langsam nach unten in den Sinkflug. Um auf der Stelle zu schweben, kann andererseits in der Spule um den Antriebsmagneten ein oszillierender Strom fließen, um Wechselstrom im Magneten zu erzeugen.

Dieser Wechselstromfluss (im Gegensatz zum üblichen Gleichstrom) ist zudem nützlich bei Himmelskörpern und Planeten, die kein ausreichendes starkes Magnetfeld besitzen. Denn wenn man auf solchen schwach magnetischen Planeten eine sehr große supraleitende Metallplatte am Boden platziert, die mindestens die Größe eines Fußballfeldes haben sollte und Wechselströme im Antriebsmagneten induziert, stoßen gleichzeitig die induzierten Wirbelströme in der großen Metallplatte das Raumschiff ab.

Raumreisen zu Planeten ohne Magnetfelder kann zudem mit normalen flüssigen oder festen Booster-Raketen durchgeführt werden, die zudem zum Abbremsen und zum Start verwendet werden.

Auf der Oberfläche des magnetischen Raumfahrzeuges werden elektrostatische Entladungen erzeugt, die zur Steuerung (z.B. für Geschwindigkeit und Höhensteuerung) dienen. Bei Beschleunigung oder Rotation des Fluggerätes wird dabei an der Außenhaut eine elektromagnetische Strahlung ausgesandt. Ist diese Strahlung hoch genug (wie sie bei hoher Beschleunigungsphase des Schiffes entsteht), kann man diese wahrnehmbare Strahlung z.B. als weißes, grelles Licht erkennen.

Die supraleitende Dewar-Umantelung des Besatzungsraumes, schützt eben vor diesen elektromagnetischen Strahlungen (sowie gegen hohe g-Kräfte) und besitzt sechs paarweise angeordnete supraleitende Magnete.

Die elektromagnetisch und im gleichen Abstand zur Außenwand (des Gefäßes) aufgehängte Schutzummantelung („**Sarkophag**" genannt) innerhalb des „Dewar-Vessels" ist vorzugsweise würfelförmig und besteht aus mehreren rechtwinkligen und senkrechten sowie aufeinander folgend ineinander verschachtelten Metallplatten oder Wände.

Die innersten Wände sind so ausgelegt, daß sie bereits bei Zimmertemperatur supraleitend werden (wobei auch gewöhnliches supraleitendes Material verwendet werden kann). Gravitations- und Beschleunigungswerte werden nun durch induzierte elektrische Wirbelströme in den einzelnen Platten begegnet."

Anmerkung des Ators:

Wurde solch ein „Dewar-Vessel" - **Sarkophag** -im Inneren eines „Space Ships" von Warnett Kennedy als Besatzungsraum verwendet und wurde das kugelförmige Raumschiff mit magnetischer Abstoßung ausgestattet, um auf einer magnetisierten Stahlplatte auf einem anderen Planeten, schwebend „geparkt" zu werden?

Wie viele solcher Sphärenraumschiffe sind in die Weiten des All bereits, seit den 1940er Jahren, ausgeschwärmt und haben wie viele Siedler auf andere Planeten zur Kolonisierung gebracht? Zehntausende, Hunderttausende oder gar schon Millionen an Kolonisten?

Protective Enclousure Apparatus
for Magnetic Propulsion Space Vehicle
U.S.-Patent-Nr 5,269,482 v. 14. Dezember 1993

„Dewar-Vessel"

für sphärenförmige, längliche und scheibenförmige Raumschiffe

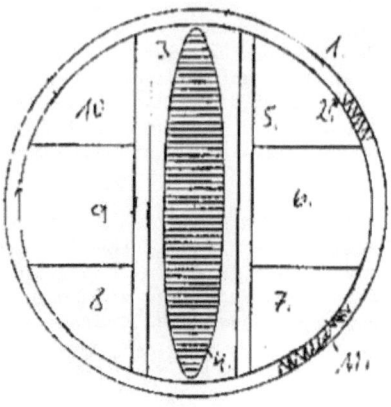

sphärenförmiges
magnet. Raumschiff

1. äußere Hülle
2. innere Wand mit Silikonfüllung
3. Dewar-Gefäß
4. Supraleitender Magnet
5. Sektion für Klimaanlage
6. Besatzungsraum
7. Sektion für Kryostat
8. Abteil für Tanks
9. Abteilung für Turbinen, Generator usw.
10. Lagerraum
11. Silikonschild

Scheibenförmiges Raumschiff

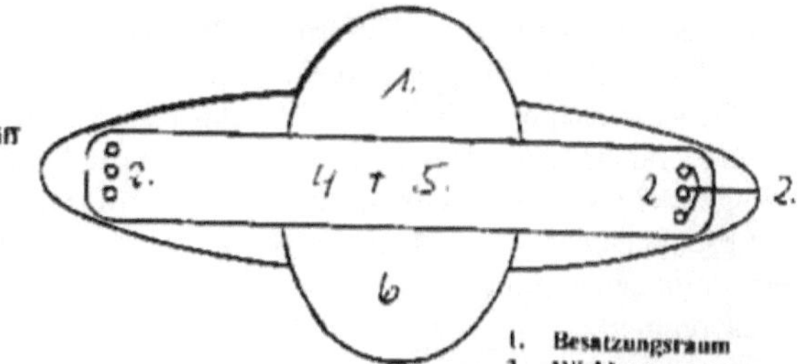

1. Besatzungsraum
2. Wicklungen
3. Supraleitender Generator
4. Supraleitender Magnet oder
5. Flux Compression Magnet

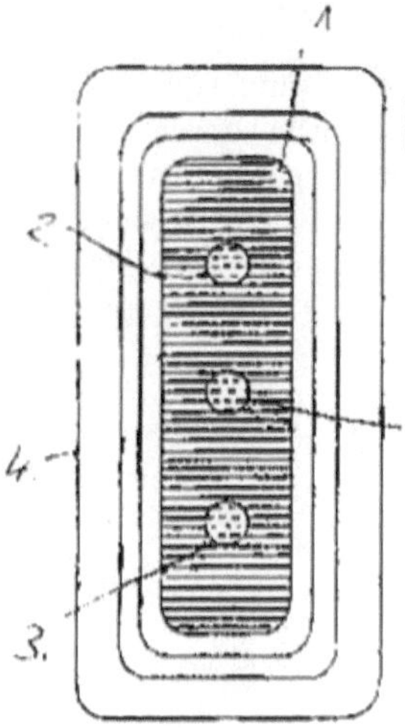

Zylindrisches
Raumschiff

1. Dewar Vessel
2. Supraleitender Magnet
3. Aushölung zur Gewichtsreduzierung
4. Äußere Hülle aus Stahl oder Titan

„Diese Wirbelströme wiederum werden von mehreren supraleitenden Magneten, die um die Platten angeordnet sind und von der Hauptstromquelle versorgt werden, abgestoßen und reduzieren damit die einwirkenden Kräfte.

Verbindungsleitungen (für z.B. Luft und Wasser, Strom, Heizung, ect.) laufen durch den Dewar-Behälter zu der innersten würfelförmigen Ummantelung des Besatzungsraumes. Dieser ist an den Innenwänden mit Schaumgummi ausgekleidet und kann in mehrere Unterabteilungen (für Crew, Klimaanlage, Bordelektrik eckt.) unterteilt sein. Entsprechende Kontrolleinrichtungen erlauben der Besatzung die einzelnen Zuleitungen zu überwachen oder abzuschalten.

Im Falle von z.B. einer Beschleunigung werden in Richtung der Beschleunigung die Magnete abgeschaltet und auf der entgegengesetzten Seite eingeschaltet. Durch die induzierten Wirbelströme wird das Magnetfeld auf der Seite der auftretenden Beschleunigung **stärker** und verhindert, daß die magnetisch aufgehängte Ummantelung an der Außenwand des „Dewar-Gefäßes" anstößt.

Dieses System kann nicht den Anziehungskräften nahe einem Schwarzem Loch oder einem Neutronenstern entgegenwirken, aber es kann eine entgegengesetze und dämpfende Kraft auf den Sarkophag generieren, so dass die Besatzung und die Passagiere nur eine leichte (Lage-) Veränderung erfahren, wenn die Kraft der elektrischen Wirbelströme den Beschleunigungs- oder g-Kräften – unter normalen Umständen – entgegenwirkt."

Anmerkung des Autors:

Vereinfacht ausgedrückt wird der würfelförmige Besatzungsraum von allen Seiten (oben, unten, vorne und hinten) von Magneten in einer ruhenden und schwebenden Position innerhalb des Dewar-Behälters gehalten. Erfährt das Raumschiff, oder ein elektromagnetisch betriebenes Fluggerät eine hohe Beschleunigung, halten die Magnete durch Verstärkung des jeweiligen Magnetfeldes auf der Seite, wo die g-Kräfte auftreten, den Besatzungsraum immer im gleichen Abstand zu der Dewar- Ummantelung. Wahrscheinlich kann es zu minimalen Positionsveränderungen kommen, die aber so gering sind, dass die Besatzung nichts oder kaum etwas davon merkt.

Wohlmöglich war am Anfang der Entwicklung (1940-50er Jahre aufwärts?) die Mess- und Regeltechnik, was Reaktionszeit und Zuverlässigkeit betrifft, noch nicht so weit fortgeschritten wie heute, so dass evtl. hohe Beschleunigungswerte schon einmal „durchgeschlagen" sind und die Crew kräftig durchgeschüttelt haben. Ganz zu schweigen, wenn es zu einem Systemausfall kam (z.B. Ausfall des Stromsystems) und die Magnete nicht mehr supraleitend waren.

Weiter im Patent:

„Die Schubkräfte, die ein magnetisches Raumschiff entwickelt, wenn es z.B. vom magnetischen Nord- oder Südpol aus startet, kann unter optimalen Bedingungen bis zu ca. 1000 km/sec betragen. In der Praxis sind die Werte allerdings geringer, bis es möglich sein wird, einestages magnetisch betriebene Raumschiffe zu bauen, die weniger als 100to wiegen und größere Spulen oder Mehrfachwicklungen besitzen, um stärkere Stromflüsse zu generieren."

Anmerkung:

Ob diese Aussage noch heute gilt, ist unklar. Unklar ist zudem, auf welche Daten das im Dezember 1993 veröffentlichte Patent beruht.

Wenn diese zum Zeitpunkt der Offenlegung schon mehrere Jahre oder gar Jahrzehnte alt waren, wäre es möglich, dass man heute bereits leistungsfähigere magnetische Antriebe bauen kann, die die Voraussetzungen erfüllen, um auch größere Raumschiffe mit Hilfe der magnetischen Abstoßung von der Erde aus ins All starten zu lassen.

Eine weitere Art, ein Fahrzeug anzutreiben, ist die Abschirmung der Gravitationsstrahlung.

Der finnische Wissenschaftler Eugene Podkletnov baute 1992 eine Vorrichtung, die die Gravitation abschirmte. Eine supraleitende Keramikscheibe rotierte sehr schnell innerhalb eines Magnetfeldes. Objekte oberhalb dieser Scheibe verloren messbar an Gewicht (s. auch „Flux-Pinning" und den „MFD").

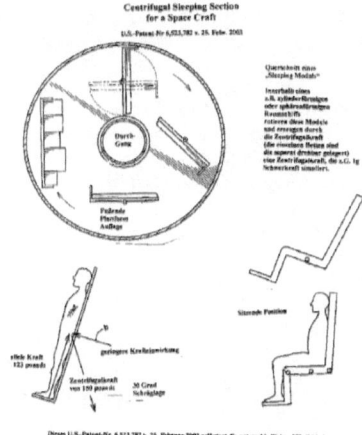

Abb.:

Dieses Patent „Centrifugal Sleeping Section for a Space Craft", U.S.-Patent.Nr. 6,523,782 v. 25. Februar 2003, stellt eine Möglichkeit dar, der Besatzung 1g Erdschwere bei Raumflügen zur Verfügung stellen.

Wurde eine solche, oder ähnliche Technik, schon des Öfteren in der „Wahren Raumfahrt" eingesetzt?

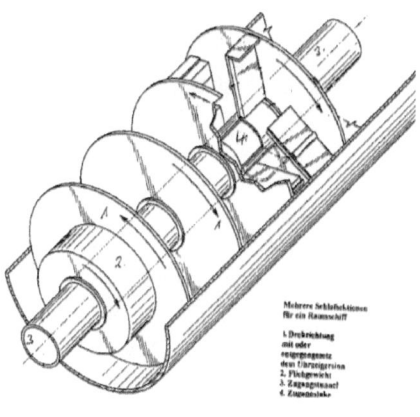

Hemmstrahlen

Die Frankfurter Illustrierte veröffentlichte am 14. und am 21. Nov. 1953 in ihren Ausgaben Nr. 46 und 47 den zweiteiligen Artikel *„Man sprach so viel von Fliegenden Untertassen"*. Hier einige der wichtigsten und interessanten Auszüge daraus:

„Im Rahmen eines Austauschprogrammes zwischen der deutschen Reichsregierung und der sowjetischen Roten Armee ging im Jahre 1928 eine Gruppe deutscher Offiziere in die UdSSR. Man schickte auch den **Hochfrequenzfachmann Horst Pinkell** mit auf die Reise.

Ein Jahr später, im Juli 1929, kehrten alle Offiziere nach Berlin zurück. Einer fehlte: Horst Pinkell. 1945 wurde er mit dem Professorentitel und 1948 mit der Verbannung auf die Todesinsel Tohnaj (im Obschen Meerbusen) ausgezeichnet. ... Sein Kopf barg die wissenschaftliche Idee seines früheren Freundes **Dr. Ing. Walter Lewetzow**. Eine Idee, von der sechs Jahre zuvor niemand in Deutschland etwas hatte wissen wollen.

... Lewetzows Theorie widersprach nämlich der herkömmlichen Auffassung von der Schwerkraft. Die Physiker nennen es Massenanziehung. Bei Lewetzow fällt der Ziegelstein aus anderen Gründen zur Erde:

Das gesamte Weltall ist erfüllt von einer noch unbekannten Strahlenart, deren Wellen oder Teilchen, aus allen möglichen Richtungen kommend, in alle möglichen Richtungen gehend, einen Zustand des Gleichgewichtes (Equilibrium) erzeugen, weil die Einzelwirkung sich gegenseitig aufhebt.

... Der einzelne Strahl – so sagt Lewetzow – übt auf jeden Körper eine Art **Druck** aus. Da die Strahlen von allen Seiten kommen, ist im freien Weltall jeder Körper praktisch schwerelos. Das Gleichgewicht wird gestört, sobald zwei Körper sich gegenüberstehen, denn die Strahlen die einen Körper bereits durchlaufen haben, sind <u>geschwächt</u>.

Folglich wird der eine Körper zum anderen „hingedrückt", weil er von der einen Seite von schwächeren Strahlen getroffen wird als von der anderen Seite. Jeder Körper erzeugt also um sich einen Strahlenschatten.

... Gelingt es nun, diese Strahlen **künstlich zu schwächen**, dann ist eine gewaltige, praktisch unerschöpfliche Energiequelle in die Hand der Menschheit gegeben. Konstruiert man einen solchen Apparat, den man an der einen Seite eines Wagens befestigt, so müsste dieser Wagen praktisch dauernd fahren, da ja die Druckstrahlen auf der einen Seite aufgehoben werden. Das gleiche gilt für ein Luftfahrzeug, wenn man mit einem Apparat die aus dem Weltall kommenden Druckstrahlen aufheben kann.

... Ein großes Klinkerhaus am Stadtrand von Kaluga- das spätere Ziolkowskij-Institut der VAIM - wurde 1930 Pinkells Arbeitsstätte. ... Bald darauf, sehr wahrscheinlich schon 1936, spätestens 1938, war es soweit: das Vorhandensein der Lewetzow-Strahlung war durch Experiment und Beobachtung einwandfrei festgestellt.

... Aus Pinkells Bericht vom September 1943:

„Die neuen Strahlen gehören einer Art an, deren Einzelstrahlen innerhalb einer jeweils äußerst kurzen Zeitspanne vom reinen Wellencharakter zum reinen Korpuskelcharakter wechseln, wobei der Wechselrytmus der Schwingungsfrequenz parallel verläuft. ... Ganz sicher haben nun die Geheimnisse des konstanten Austauschprozesses im Atomkern - so genannte **„Mesonenfluktuation"** - ihre einwandfreie physikalische Deutung gefunden."

... Man baute eine Maschine, die ohne Zuführung erdgebundener Energie ständig Arbeit leistete. Die Energie die sie betrieb, kam von außerhalb der Erde. ... Mehrere Agentenberichte sprechen davon, daß seit dem 13. Januar 1944 ein mit Hemmstrahlen (das sind die Lewetzow-Strahlen) betriebener Wagen läuft.

... Ein Kristall, der die sehr kurzwelligen Hemmstrahlen völlig abstoppt, gibt es nicht. Die Sowjets – Pinkell war nicht daran beteiligt – fanden eine Metall-Legierung, die nach besonderer Vorbehandlung die erforderlichen Eigenschaften besitzt. ... Außerdem ist bekannt, daß diese Legierung rund zwei Jahre als Polarisator für Hemmstrahlen benützt werden kann, ehe die Metalle ermüden.

... 1944 wurde damit begonnen, hemmstrahlenbetriebene Luftfahrzeuge zu bauen. Luftmarschall Konstantin Werschinin verfügte bereits über fünf Luftfahrzeuge mit Geschwindigkeiten von einer bis dato unvorstellbaren Höhe und mit einem Aktionsradius, der theoretisch gleich dem Halbmesser des Weltalls ist.

Im Februar 1952 gab das Ziolkowskij-Institut in Kaluga offiziell bekannt:

„Wir arbeiten an der Konstruktion einer **Weltrauminsel**, die einen **Zwischenlandeplatz** für die von der Erde kommenden, zu anderen Welten fliegenden Raumschiffen bieten soll...

Diese Insel wird eine wesentliche Vergrößerung einer Art von Flugkörpern sein, die bereits über das experimentelle Stadium hinaus gediehen sind und die von einer neu entdeckten Naturkraft außerirdischen Ursprungs fortbewegt werden; sie **befindet sich seit längerer Zeit in der technischen Produktion** (!!)."

In der Februar-Ausgabe der „SUK" von 1952 - das offizielle Bulletin der *Sowjetischen Akademie der technischen Wissenschaften* – wird unter Beifügung genauer Zeichnungen (Wer hat eine Kopie obiger Ausgabe oder kann eine beschaffen?, Anm.d.A.) und Illustrationen gezeigt, wie man sich eine „Weltrauminsel" vorstellt. Vielleicht war die Ende 1952 über **Uddevalla in Südschweden** beobachtete Erscheinung bereits eine **solche Insel** mit drei um sich herum manövrierenden Flugprojektilen. Vier Schweden sahen dort, unabhängig voneinander, am **27. September 1952** eine Erscheinung...:

... dort wurde eine glühende, große Scheibe mit drei kleineren Scheiben 25 Minuten lang beobachtet. Die große Scheibe stieg mehrmals am Himmel empor und sank wieder herab, schoss danach eine große Rakete ab und erhielt von den drei kleinen Scheiben Lichtsignale. Schließlich entfernten sich die vier Objekte in geordnetem Geschwaderflug."

... die idealste Form jedoch ist und bleibt der Diskus, die Scheibe. Eigentlich ist es gar keine Scheibe, sondern ein Gebilde, das sich um sein Zentrum in **rasender Rotation** befindet, und deshalb als volle Scheibe erscheint. Das Hauptbauteil ist eine **haubenartige Kuppel** aus Metallstreben, deren Zwischenräume wie Fenster mit einem durchsichtigen Stoff „verglast" sind. An diesem Kuppelzentrum sitzen, etwa wie bei einem Ventilator, **sechs Flügel** mit flachem Anstellwinkel. Im ersten Drittel trägt jeder Flügel an der Ober- und Unterseite je einen verkleideten **Höckeraufbau**, in dem die Apparaturen für die Umwandlung und Ableitung der frei werdenden Energien untergebracht sind.

In die Außenhaut der Flügel sind die **Polarisationsbleche** eingelassen, die ja nach ihrer Stellung zueinander der Fortbewegung, dem schwerelosen Schweben, das heißt der Steuerung dienen. Diese Vorrichtung ist ebenfalls durch Hemmstrahlenausnutzung in **rasender Umdrehung**, während der im Inneren der Kugel aufgehängte Mannschaftsraum in relativer Ruhe (*Gyroskop?, Anm.d.A.*) gehalten wird.

Selbstverständlich empfindet die Besatzung einer Fliegenden Untertasse das Moment der Beschleunigung nicht, da sie ja wie der ganze Flugkörper unter dem Einfluss der Hemmstrahlen steht, bzw. von diesen abgeschirmt wird.

...der bekannte Raketenfachmann, Mathematiker und Physiker Prof. Hermann Oberth, erklärte in einem Interview: „Es gibt einen Stoff ..., der alles, was mit ihm belegt ist, praktisch den Wirkungen der Schwerkraft entzieht..."

Holte Prof. Oberth seine Kenntnisse aus offiziellen amerikanischen Quellen? Denn er arbeitet in den USA an der Erforschung ähnlicher Dinge mit (siehe „Mechanics Illustrated" Artikel, Anm.d.A.). Dann würden die Amerikaner bereits eine Untertasse bauen und das etwa bestehende sowjetische Monopol durchbrechen können."

Soweit der Frankfurter Illustrierte-Bericht.

Zu dem Forscher Ziolkowski heißt es u.a.:

Konstantin Eduardowitsch Ziolkowski, geb. 5. Juli, 17 September 1857 greg., in Ischewskoje; gest. 19. September 1935 in Kaluga, gilt als einer der ersten Wegbereiter der Raumfahrt. Ab etwa 1885 stellte Ziolkowski eine Vielzahl von Überlegungen zur Realisierung von Raumflügen an, wandte sein Augenmerk aber auch Ganzmetall Luftschiffen zu.

Ziolkowski veröffentlichte 1892 ein Buch über den „Aerostat Metallitscheski", die Theorie eines Ganzmetall-Luftschiffes. Die U.S. Navy hat Ziolkowskis theoretische Ideen in dem Metall-Luftschiff ZMC-2 umgesetzt.

Die Pläne für ZMC-2 wurden von dem amerikanischen Ingenieur Ralph Hazlett Upson, der im Dienst von Goodyear auch das erste B-Klasse-Prallluftschiff fuhr, ab etwa 1922 entwickelt. Er gründete für seine Entwicklung eine eigene Firma, die „Aircraft Development Corp.". Im Jahre 1926 bestellte die US-Marine ein Versuchsmuster.

Anmerkung des Autors:

Hier sei an die „Luftschiffwelle" in den USA Ende des 19., Anfang des 20. Jahrhunderts erinnert, wo zumindest Luftschiffe mit einer, mit Metallfarbe bestrichenen Außenhaut elektrostatisch aufgeladen und angetrieben wurden.

Auch sei an die Firma „Goodyear" erinnert, die möglicherweise auch EM-Flugkörper und Raumschiffe baute.

Wurde auch ein Luftschiff aus Metall für einen elektrostatischen Antrieb bei Goodyear und von Mr. Upson entwickelt und heimlich getestet?

Was wusste Ziolkiwski von elektrischen Antrieben für die Raumfahrt, welche Forschungen machten die Russen diesbezüglich und forschte man in Kaluga an EM-Raumantrieben und -schiffen in den 1940er Jahren, und davor? Ist Kaluga auch eine der „Wiegen der Wahren Raumfahrt"?

Gipfelpunkt von Ziolkowski´s Arbeit war die Raketengrundgleichung, die er 1903 in der russischen Zeitschrift „Wissenschaftliche Rundschau" unter dem Titel „Erforschung des Weltraums mittels Reaktionsapparaten" veröffentlichte.

Neben Arbeiten zu Flüssigkeitsraketen-Triebwerken, der Kühlung der Brennkammern und der Steuerung der Rakete mittels Strahlruder und Kreiselsteuerung, stellte er mit der Raketengrundgleichung auch das Prinzip der Mehrstufenrakete auf eine wissenschaftliche Basis. Er befasste sich auch mit Fragen des Betriebs von Raumstationen, der industriellen Nutzung des Weltraums und der Nutzung seiner Ressourcen.

Zusammen mit Hermann Oberth und Robert Goddard gilt Ziolkowski als Vordenker und Pionier der Raumfahrt. Seine beiden letzten Veröffentlichungen sind das „Album der kosmischen Reisen" von 1932 und „Die höchste Geschwindigkeit bei Raketen" von 1935.

Kaluga (Калуга) ist eine russische Stadt an der Oka, rund 190 km südwestlich von Moskau. Im Zweiten Weltkrieg wurde Kaluga während der Schlacht um Moskau im Oktober 1941 von der deutschen Wehrmacht besetzt, jedoch schon im Dezember 1941 von der Roten Armee wieder zurückerobert. In der Folgezeit bestand in der Stadt das Kriegsgefangenenlager 107 für deutsche Kriegsgefangene des Zweiten Weltkriegs.

Die Stadt Kaluga wird heute als „Die Wiege der Raumfahrt", zumindest der russischen Raumfahrt bezeichnet. Konstantin Ziolkowski lebte in der Stadt und formulierte dort seine Raumfahrttheorien.

Es gibt in Kaluga ein Museum für Raumfahrt, das im Juni 1961 von Juri Gagarin gegründet wurde, der gerade einmal vor zwei Monaten die Erde umrundet hatte.

Falls es in der Stadt Kaluga eine Forschung für überlichtschnelle Raumantriebe gab, dann wird dies von den Russen bis heute geheim gehalten und genauso, wie anderen Ortes in der Welt, vertuscht, wo die „Wahre Raumfahrt" stattfindet.

Gibt es eine Möglichkeit eine solche Strahlung (Zero-Point Energy) als Antrieb zu nutzen und fliegen seit Jahrzehnten Flugzeuge oder gar Raumschiffe mit solchen Antrieben?

Welche Vor- und Nachteile haben solche mit „Hemmstrahlen" angetriebene Luftfahrzeuge? Nachteile, wie z.B. durch das Bombardement der permanenten Strahlung zerfallende molekulare Struktur der Metall-Legierung (siehe Strahlenversuche in Tiflis mit der tödlichen kosmischen Strahlung)? Muss der Besatzungsraum besonders abgeschirmt werden, gibt es Nachteile für die Umwelt innerhalb eines Planeten usw.?

Dieser Auszug aus o.g. Artikel sei noch erwähnenswert:

```
„Die Bekanntmachung vom Chef des „U.S.-Verteidigungsstabes D" in
Tokio trägt das Datum vom 9. Mai 1953:
```

```
„In den letzten Wochen wurden von unseren pazifischen Raum
operierenden Schiffen und Flugzeugen mehrfach Flugkörper unbekannter
Herkunft - allgemein als „Fliegende Untertassen" gesichtet. Die
Flugrouten wurden genau ermittelt und lassen Schlüsse auf die Start-
und Landebasen zu. Bei der Insel Tinian wurde eines dieser
Projektile von einem Spezialflugzeug gerammt und versank im Meer."
```

- Um welches Spezialflugzeug handelt es sich hier, wer weiß näheres?

Anstelle von „Hemmstrahlen" wurde 1966 der Begriff „Tachyonen" von Gerald Feinberg geprägt.

Tachyonen sind hypothetische Teilchen, denn sie wurden bisher weder direkt beobachtet noch gibt es eindeutige Hinweise auf ihre Existenz. Sie sollen in einem formlosen Zustand, der „Nullpunkt-Energie" oder der „Freien Energie" existieren. Tachyonen sollen zudem Teilchen sein, die sich schneller als Lichtgeschwindigkeit fortbewegen (und deswegen nur in Überlichtgeschwindigkeit Bestand haben), außerdem sollen sie die Eigenschaft besitzen, dass sie in die **Vergangenheit fliegen können**.

Insert

Boris Volfson`s Space Vehicle

Dazu heißt es im Internet:

"About the patent of Boris Volfson there was some worry, like that the U.S. patent office approved an invention that defies the laws of physics. The examiners were being duped by false science, because the invention relates to a perpetual-motion machine and there were many other disapproval and complaints.

It seems that all the critics might be in a certain way on the right track, because some particular electromagnetic applications may not work in true nature. So Volfson´s patent could have the same fate **of not working in reality, only theoretically.**

"Space Vehicle propelled by the Pressure of Inflationary Vacuum State", U.S. Patent-No. 6,960,975, date of patent: Nov. 1, 2005, by Boris Volfson, Huntington, IN:

```
"The existence of magnetic-like gravitational field has been well
established by physicists for general relativity… The consequences of the
effect … could be substantial and have many practical applications,
particularly in aviation and space exploration.

There a methods known for converting electromagnetism into a propulsive
force that potentially generates a large propulsive thrust…. … (the) thrust
is produced by rotating, reciprocating masses in following ways:
centrifugal thrust, momentum thrust and impulse thrust ….

However, the electromagnetic propulsion in ambient space, or space that is
not artificially modified, is not practical for interstellar travel,
because of the great distances involved.

No interstellar travel is feasible without some sort of distortion of
space.
…
In general relativity, any form of energy affects the gravitational field,
so the vacuum energy density becomes a potentially crucial ingredient.
Traditionally, the vacuum is assumed to be the same everywhere in the
Universe, so that the vacuum energy density is a universal number.
…, if a levitating, rotating superconductive disk subjected to high
frequency magnetic fields affects the cosmological constant within a
locality, it would also affect the vacuum energy density.
… Thus, the change in the gravitational attraction of the vacuum's
subatomic particles would cause a local anomaly in the curvature or the
Einsteinian Spacetime.
```

Time is the fourth dimension. ... **Time is also a force field only detected at speeds above light speed**.
...
By creating a spacetime curvature anomaly associated with lowered pressure of inflationary vacuum state around a space vehicle, with the **lowest** vacuum pressure density located directly in front of the vehicle, a condition could be created where gravity associated with lowered vacuum pressure **pulls** the vehicle forward in modified spacetime."

There is also the other way round:

"...an anomaly with elevated pressure ... around the space vehicle, with the point of **highest** vacuum pressure density located directly behind the vehicle, a condition could be created where a repulsion force ... **pushes the space vehicle forward** in modified spacetime.
...
Only a self-sufficient craft, equipped with an internal gravity generator and the internal energy source powering this generator, would have the flexibility needed to explore new frontiers of space.

The modification of the spacetime curvature all around the spacecraft would allow the spacecraft to approach the light-speed characteristic for the modified locale, this light-speed, when observed from a location in the ambient space, being potentially many times higher than the ambient light-speed.

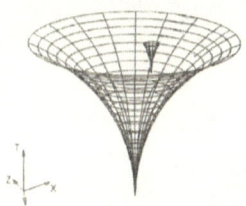

Then, under sufficient local energies, that is, energies available on the spacecraft, very large intergalactic distances could be reduced to conventional planetary distances."

The question is, how such sufficient energies can be produced onboard a space-ship to modify the space-time. But this problem of enough available energy, we have with all other EM-powered vehicles too.

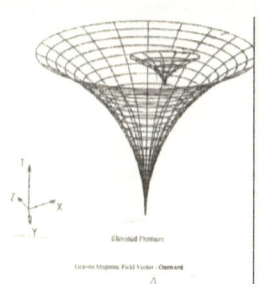

Boris Volfson´s space vehicle has an outside shell formed by a hollow disk or a sphere out of superconductor material that is a hollow superconductive shield.
An inner shield is disposed inside the hollow shield which is protecting the crew with all the life-supporting equipment inside.

Devices (i.e. 124 solenoid coils) for generating an electromagnetic field above and below the shield are mounted between the inner and outer shield.

A flux modulation controller (which may be a computer or a microprocessor) inside the inner shield is accessible for the crew (**out of 2-3 astronauts in the life-container of about 5 meters in diameter**). Also inside the inner shield the power source (i.e. a nuclear generator) is located for converting electrical energy into an electromagnetic field above and below the outer shield.

Electric motors inside the shield providing mechanical energy <u>for rotating the hollow superconductive shield</u>, whereby the upper and lower means <u>rotate against each other</u>.

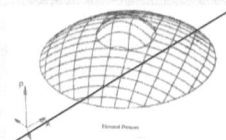

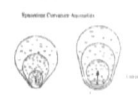

The generated electromagnetic field is <u>converted into a gravitomagnetic field</u> and is propagating outward, orthogonally to the outer surface of the hollow shield and is forming a <u>pressure anomaly of inflationary vacuum state.</u>

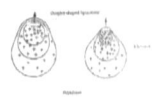

One vacuum state of low pressure **in front of** the space vehicle (where the craft is pulled into) and another of higher vacuum pressure density **behind**, which is pushing the vehicle forward.

(The principle of low and high pressure is basically the same as on normal aircraft or electromagnetic powered saucers: the low pressure above is "sucking" the vehicle into the air and the high pressure below is pushing the craft also above, so providing buoyancy and forward motion, Author.)

The difference on the vacuum pressure density propels the space vehicle forward.

From the web-site of Boris Volfson:

REPELLING GRAVITY

"In "The First Men in the Moon" (1903), H.G. Wells anticipates the gravitational propulsion methods when he describes <u>gravity repelling "cavorite."</u> Discovered by Professor Cavor, the material acts as a **"gravity shield"** allowing Cavor's vehicle to reach the Moon. Prof. Cavor built a large spherical gondola surrounded on all sides by <u>cavorite shutters</u> that could be closed or opened. **When Prof. Cavor closed all the shutters facing the ground and opened the shutters facing the moon, the gondola took off for the Moon.**

Until today, no cavorite has been discovered. However, recent research in the area of superconductivity, nanomaterials and quantum state of vacuum, including that of Li, Torr, Podkletnov, Modanese, Tajmar, de Matis and myself has resulted in important new information about the interaction between a gravitational field and special states of matter at a quantum level.

I believe that the gravitomagnetic field affects the difference in rate at which non-barionic particles transform into antiparticles as compared to the rate at which antiparticles transform into particles. The change in gravity, caused by the superfluous particles of the same polarity, is also accompanied by a change in negative pressure of inflationary vacuum state and modification of the spacetime curvature.

This new research opens the possibility of using new electromagnetically-energized superconductive materials to control local gravitational fields and to create new gravitational fields associated with spacetime anomalies."

Anmerkung des Autors:

Über das Gravitations abweisende Material "Cavorite", siehe auch den Bericht über Horst Pinkell und seine "*Hemmstrahlen*" weiter oben in diesem Buch!

Ob es Zufall war, oder ob H.G. Wells etwas über gewisse elektromagnetische und Gravitationsforschungen wusste, ist unklar aber möglich.

"<u>Gravity</u> is the same thing as <u>bent space</u> … . Creation of spacetime curvature anomalies adjacent to, or around, the space vehicle, these anomalies characterized by the local gravity and light-speed change, has been the main object of this invention.
…
By creating alternative anomalies and modulating their parameters, the space vehicle's crew would **dilate and contract time and space on** demand. The space vehicle, emitting a vacuum pressure modifying, controllably-modulated gravitomagnetic field in all directions, would rapidly move in the uneven spacetime anomaly it created, **pulled forward** by gravity or **pushed by repulsion force**. …

Speed, rate of time and direction in space could by <u>shifted on demand</u> and in a rapid manner. The modulated light-speed could make the space vehicle <u>suitable for interstellar travel</u>. Because of the time rate control in the newly created isospace, the <u>acceleration</u> would be <u>gradual</u> and the angle of deviation would be relatively smooth. The gravity shielding would further <u>protect pilots</u> from the ill-effects of gravity during rapid acceleration, directional changes and sudden stops."

Könnte die Erfindung von Boris Volfson eine Möglichkeit sein, die riesigen Distanzen des Weltalls zu überbrücken und Interstellaren Raumflug möglich zu machen?

Mit normalen Raketenmotoren, wie sie bis heute in der offiziellen Raumfahrt auf unserer Welt praktiziert wird, sind „Deep Space Missions" unmöglich, geschweige denn, neue Welten in anderen Sonnensystemen zu erkunden.

War dies alles mit den hier im Buch besprochenen EM-Raumschiffen aber bereits möglich?

Konnte man ab den 1940er Jahren auch mit den „Hemmstrahlen" bereits tief hinaus ins Weltall reisen?

Wie verhält es sich mit den Tachionenteilchen, und den Gesetzmäßigkeiten im Überlichschnellen Bereich?

Sind dort die Naturgesetze umgekehrt? Fließt dort die zeit rückwärts?

Würde dies erklären, warum Raumschiffe auf unserer Welt im Altertum gesichtet wurden. Tausende Jahre vor der zeitrechnung. Verlegte man in diese Vergangenheit auch die, in unserer Zeit aufgeschobene „Operation Unthinkable". Denn man findet Technologie, auch die geheim gehaltene, wie sie in den Büchern des Autors besprochen wurde, in Beschreibungen über die so genannten „Ancient Astronauts" im Altertum wieder.

Was stürzte in Roswell ab?

In Roswell, New Mexico führte Robert Goddard schon in den 1920er Jahren geheime Raketenversuche durch. Mehr als zwanzig Jahre später stürzten wahrscheinlich gleich mehrere „UFOs" in der Gegend um Roswell ab. Wie viele davon nur „Propaganda-Enten" waren, ist schwer nachvollziehbar.

So schreibt Colonel Philip J. Corso in seinem Buch „The Day after Roswell", 1997, u.a. über einen der „UFO-Crashs":

„Das Fluggerät konnte magnetische Wellen aussenden, in dem es die Magnetpole (Magnetic Repulsion?, Anm.d.A.) wechselte, die um das Schiff angebracht waren, um damit die Flugrichtung zu verändern (siehe hier die einzelnen Patentbeschreibungen über EM-Antriebe in diesem Buch!, Anm.d.A.).

Die U.S. Air Force, die das Wrack untersuchte, stellte fest, daß das Gerät ein einziger Kondensator war und daß die Maschine das Erdschwerefeld verlassen sowie Geschwindigkeiten von bis zu 15.000 km/h erreichen konnte.

Materialien wie Kupfer und Silber wurden an den Wrackteilen entdeckt, die sehr leitfähig waren. Die Flugmaschine konnte aus dem Schwebezustand heraus mehrere tausend Stundenkilometer in wenigen Sekunden erreichen.

An den Insassen wurden spezielle Fluganzüge entdeckt. Diese Kleidung war in der Lage, den Träger vor elektromagnetischer Strahlung und hohen Stromspannungen zu schützen.

„Scientists who had gone to the Air Material Command at Wright Field to see the debris were speculating that the electronic potential of the Roswell craft reminded them of the German and British antigravity (wohl elektrostatische und elektromagnetische Versuche, s. „Dudley-Patent", Anm.d.A.) experiments of the 1920s and 1930s. ...the technological theory for antigravity flight existed before World War II."

Zumindest in der Theorie sind diese Techniken wohl damals (auch in Deutschland) schon bekannt gewesen. Die Grundzüge der Aero-Elektrodynamik waren wohl genauso wie die der Aerodynamik im Prinzip bereits vollständig verstanden.

Einige dieser Aussagen des Oberst Corso zeigen zumindest, dass die Elektroaerodynamik in den späten 1940er Jahren wohl schon beträchtliche Fortschritte gemacht hatte, so dass man annehmen kann, daß nicht jede „Fliegende Untertasse" nur auf herkömmliche Antriebe wie Strahl- oder Raketenmotore zurückzuführen ist.

Im Roswell UFO-Museum sind einige Wrackstücke aufbewahrt, die als Baugruppe das Element Wismut beinhalten.

Wismut ist ein Metall und gehört in die fünfte Hauptgruppe des Periodensystems der chemischen Elemente, wie z.B. auch Stickstoff, Phosphor, Arsen, Antimon und Wismut. Wismut oder international Bismut besteht nur aus einem einzigen Isotop und ist radioaktiv.

Folgende theoretische Überlegung über die Bruchstücke findet man im Internet (Zusammenfassung einiger relevanter Punkte eines amerikanischen Reports, der über die Wrack-Teile spekuliert mit Überlegungen vom Autor):

„Wismut oder Bismut, das ungerade Element 83 ist von allen diamagnetischen Elementen das stärkste. Es hat die größte Anziehungskraft zwischen den Atomen und den höchsten Kernspin. Damit ist Bismut besonders geeignet für elektrische Abstoßungs-Experimente. Andere diamagnetische Elemente wären zum Beispiel Kupfer oder besondere supraleitende Materialien (die aber mit Hilfe von z.B. Stickstoff heruntergekühlt werden müssen).

Um die Bismut-Atome in Rotation zu versetzen, ist eine Hochspannung von Nöten. Unerwünschte Nebeneffekte (entgegengesetzte Rotation der Atomkerne) kann durch eine Verringerung der Dicke des Bismutmaterials, oder durch eine spezielle „Sandwich"-Bauweise ausgeschlossen werden.

Vorteilhaft für diese Schichtbauweise ist u.a. Magnesium als guter elektrischer Leiter, außerdem ist dieses Metall sehr leicht. Solche elektrisch leitende Bismut-Magnesium Lagen können entweder auf die Außenhaut von Fluggeräten unterschiedlicher Form (wie Scheiben- oder Zigarrenform) aufgebracht werden. Oder man baut eine in Zentrum liegende Antriebsvorrichtung, die aus einem zentralen Kern besteht, und um den Kern ist ein längerer Bismutstreifen gewickelt. Legt man jetzt eine hohe Stromspannungen an, werden elektrische Wellen („Distorted Waves") ausgesandt."

Diese „Distorted Waves" haben die Eigenschaft, daß die Wellen spiralförmig emittiert werden. Deshalb können – wie z.B. bei dem dipolaren Antriebssystem – Luftmoleküle und dadurch Luftmassen in Bewegung versetzt werden, was letztendlich zu einem Auftrieb führt.

Ob es durch die Spiralbewegung der elektrischen Wellen ebenfalls zu flächenmäßig groß verteilten Luftverwirbelungen kommt (förderlich für das gesamte Auftriebsverhalten) ist nicht bekannt. Aber es wäre durchaus denkbar, daß diese Art des Antriebes gegenüber dem bereits besprochenen „Dipolar Force Field-Propulsion"-System weit weniger effizient war und deshalb nicht weiter verfolgt wurde.

Unbekannt ist zudem, wie die Steuerung erfolgte, ob durch eine zusätzliche Strahlung (UV-Licht o.ä.) die Richtungsänderung herbeigeführt wurde, oder ob die elektrische Strahlung auf einer bestimmten Seite erhöht wurde (was ggfs. gegenüber dem dipolaren System ungünstiger wäre).

Diese evtl. Nachteile könnten den Absturz eines solchen Flugzeuges, das mit Bismutleitern ausgestattet war, in New Mexico herbeigeführt haben.

In Roswell und weiten Teilen des U.S. Bundesstaates New Mexico schien man ggfs. schon seit einiger Zeit geheime Versuche mit wohl verschiedenen Versionen elektrodynamischer Antriebsarten getestet zu haben. Nicht alle waren wohl unbedingt erfolgreich gewesen, deuten doch die diversen Abstürze in New Mexiko darauf hin. Inwieweit die U.S.-Versuche mit elektrischen Antrieben auch unter deutscher Beteiligung durchgeführt wurden, müsste geklärt werden, wäre aber durchaus denkbar (zumindest kurz nach dem Krieg, um 1946-47).

Immerhin hielten sich in der Umgebung von Roswell, oder in White Sands nach dem Krieg die Elite der Peenemünder Ingenieure, Konstrukteure und Wissenschaftler auf (evtl. auch Personen, die bis heute nicht namentlich bekannt wurden). Ein Beteiligter in Sachen „Fliegender Untertassen" erwähnte einmal, daß Wernher von Braun bei der Analyse abgestürzter „UFOs" mit hinzugezogen wurde.

Testgelände New Mexico

Auszüge aus dem Buch: „The Day after Roswell" von Col. Philip J. Corso und Wiliam J. Birnes.

CHAPTER 12, „The Integrated Circuit Chip: From the Roswell Crash Site to Silicon Valley":

„ . . . Aber die Forschungen in „Solid State Components", Halbleiter, die die Deutschen während des Krieges machten und die ersten Arbeiten der U.S.

Firma „Bell Laboratories" war nichts im Vergleich gegenüber dem, was Gen. Twining Wernher von Braun und den anderen Raketentechnikern in New Mexico zeigte. Unter dem Vergrößerungsglas konnte die Gruppe nicht nur ein einzigen Halbleiter erkennen, <u>sondern gleich ein ganzes System von integrierten Schaltkreisen</u>. Sie waren sich nicht sicher, denn sie hatten so etwas noch nie zuvor gesehen."

Aus Wikipedia:

„Ein Transistor ist ein elektronisches Halbleiter-Bauelement zum Steuern meistens niedriger elektrischer Spannungen und Ströme. Der Transistor ist der weitaus wichtigste Bestandteil elektronischer Schaltungen, der z.B. in der Nachrichtentechnik, der Leitungselektronik und in Computersystemen eingesetzt wird.

Besondere Bedeutung haben Transistoren – zumeist als Ein/Aus-Schalter – in integrierten Schaltkreisen, was die weit verbreitete Mikroelektronik ermöglicht. Der Begriff „Transistor" ist eine Kurzform des englischen „Transfer Resistor", was in der Funktion einem durch eine angelegte elektrische Spannung oder einen elektrischen Strom steuerbaren elektrischen Widerstand entspricht. Die Wirkungsweise ähnelt der einer entsprechenden Elektronenröhre, nämlich der Triode.

Die ersten Patente zum Prinzip des Transistors wurden von Julius Edgar Lilienfeld im Jahr 1925 angemeldet.

Im Jahr 1934 konstruierte und patentierte der deutsche Physiker Oskar Heil den ersten Feldeffekttransistor, bei dem es sich um einen Halbleiter-FET mit isoliertem Gate handelt. Ab 1942 experimentierte Herbert Mataré bei Telefunken mit der von ihm so genannten Duodiode (Doppelspitzendiode) im Rahmen der Entwicklung eines Detektors für Doppler-Funkmess-Systeme (Radar). Der erste funktionierende Bipolartransistor wurde in Form eines Spitzentransistors bei den Bell Laboratories entwickelt und am 23. Dezember 1947 bei einer internen Demonstration erstmals präsentiert. Zur gleichen Zeit entwickelten die deutschen Forscher Mataré und Welker den ersten funktionsfähigen „französischen Transistor" in der kleinen, nicht mit Westinghouse Electric verbundenen Firma Compagnie des Freins & Signaux Westinghouse in Aulnay-sous-Bois bei Paris und reichten dafür am 13. August 1948 eine Patentanmeldung ein. Am 18. Mai 1949 wurde diese europäische Erfindung als „Transistron" der Öffentlichkeit präsentiert.

Flogen die ferngesteuerten und programmierbaren elektrostatischen und elektromagnetischen Flugkörper (und ggfs. auch die ersten bemannten Fluggeräte) mit der neuesten Technologie, die damals zur Verfügung stand: u.a. integrierte Schaltkreise in der Elektronik zur Steuerung der einzelnen Maschinen, entweder zum Fernsteuern oder für einen vorprogrammierten Flug?

Aus: „Der Roswell-Zwischenfall", von c. Berlitz und W.L. Moore, Zsolnay, 5. Aufl. 1991:

„27. Juni 1947: Major B Wilcox aus Warren, Arizona, meldete die Beobachtung <u>einer Reihe von acht oder neun in absolut regelmäßigem Abstand und mit wellenförmigen Bewegungen sehr rasch fliegende Scheiben</u>. Er berichtete, daß diese Scheiben in Intervallen von drei Sekunden in östlicher Richtung sein Haus überflogen. Die Flughöhe schätzte er auf etwa dreihundert Meter über den Bergspitzen."

Wurde hier, wie in den Rocky Mountains bei der Kenneth Arnold Sichtung, der „Master and Slave" Formationsflug getestet? Eine Maschine fliegt vorneweg, die anderen folgen automatisch hinterdrein. Tests für spätere Versorgungsflüge in den Orbit der Erde und auf anderen Planeten?

Kam es bei der Erprobung dieser neuen Technologien eben auch zu Unfällen, zu Abstürzen, die dann aufwändig vertuscht werden mussten? Hätten diese Abstürze unbeteiligten Beobachtern doch gezeigt, dass in der Luft- und Raumfahrt weitaus mehr machbar war, als offiziell bekannt.

Bekam auch hier wieder die „Wahre Raumfahrt", das Neueste und Beste zuerst, bevor die Technik in die allgemeine Öffentlichkeit floss? Gab es eine Nationen übergreifende Zusammenarbeit gewisser Forschungsgruppen weltweit, auch in Deutschland während des Krieges (Sonderprojektgruppe Breslau und Sonderbüro 13)?

Hatte das Sonderbüro 13 unter anderem die Aufgabe, Augenzeugen, Soldaten oder Piloten, die etwas Ungewöhnliches und Neuartiges sichteten, vorzugaukeln, dass diese Technologie nicht aus Deutschland stammte?

Genauso taten es die Alliierten. Wenn also beide Seiten nicht wussten, was am Himmel beobachtet wurde, dann muss es eben nicht von dieser Welt sein!

In Wirklichkeit gab - und gibt - -es weltweit in bestimmten Forscherkreisen einen technologischen Vorsprung, der nicht sofort für die Allgemeinheit (wenn überhaupt) zur Verfügung stand und steht. Dieser Vorsprung floss damals wie heute in Geheimprojekte ein, unter anderem in die „Wahre Raumfahrt", oder in z.B. die Spionagetechnologie (siehe NSA und Hochleistungscomputer, Mind Control und Mind Reading).

Sah also jemand in Peenemünde oder in Kummersdorf, ein Pilot irgendwo am Himmel über Deutschland unkonventionelle Fluggeräte, dann kamen diese nicht etwas aus deutscher Kriegsproduktion, sondern es waren Geheimprojekte, die nicht oder nie für die Öffentlichkeit gedacht waren.

Das Sonderbüro 13 hatte die Aufgabe, den Augenzeugen vorzumachen, dass man nicht wüsste, was sich im Luftraum über Deutschland befand. Eine Praxis, die bis heute gerne von der Propaganda wahrgenommen wird.

Auch Hans Göbel schilderte ja, dass den heranrückenden amerikanischen Verbänden und leichtgläubigen G.I.s erklärt wurde, die Technologie stamme von den Göttern.

Wenn solche geheime Technik Zeit verzögert in die offizielle Welt einfließen sollte, war eine Erklärung, die außerirdische Technologie wäre „reverse-engineered".

Man enthält der Menschheit hier auf Erden eine gewisse technologische Entwicklung vor. Bestimmte Raumfahrttechnik, die es ermöglicht, in die weiten des Universums zu fliegen, findet überhaupt keinen Einzug in die offizielle Luft- und Raumfahrttechnik.

Man schließt den Normalbürger auf Erden von einer Eroberung des Weltalls aus!

Diesen Konsens gewisser Kreise muss es schon seit vielen Jahrzehnten, wenn nicht gar seit mehr als 100 Jahren geben.

Das wir hier auf der Erde nicht von dem Segen neuester Technologie und dem Schub einer Aufbruchstimmung „hinaus ins All" profitieren, zeigt die Situation auf der Welt (Stand 2017), wie „GWoT", IS-Terror, Verschwörung, NWO, die Macht bestimmter Kreise (Banken, Kartelle, Großkonzerne usw.).

Ist die „alte" Menschheit dem Untergang geweiht?

Fazit

Elektrische und elektrostatische Antriebe wie Thermoionische Antriebe, Elektrostatische Antriebe, dipolarer Kraftfeld- oder Magnetenergieantrieb sowie EHD- und MHD-Antriebe, um nur einige der wichtigsten Systeme zu nennen, alle diese Antriebe werden in der offiziellen Literatur stiefmütterlich bis gar nicht behandelt.

Aber die Entwicklung von EHD- und MHD-Antrieben muss zumindest parallel zur „normalen" Aerodynamik verlaufen sein. So wie sich Wissenschaftler über Flügelprofile, Antriebe mit Propellern, Kolbenmotoren und Reaktionsantrieben in Form von Strahl- und Raketenantrieben Gedanken gemacht hatten, so muss evtl. sogar in denselben Forschungseinrichtungen, Laboren, Universitäten und Instituten - ob dabei staatlich, privat oder bei Flugzeugfirmen - es Forscher gegeben haben, die andere Wege beschritten, einem Flugzeug den nötigen Auf- und Vortrieb zu verschaffen.

Wo aber sind diese Personen, diese Entwicklungseinrichtungen? Für die interessierte Öffentlichkeit sind sie weitestgehend unbekannt. Außerdem nicht bekannt ist, wann die Entwicklung von EHD Fluggeräten tatsächlich begann, sie könnte bereits nach dem ersten Weltkrieg bzw. Anfang der 1920er Jahren im vollem Umfang gestartet sein, wie gleichfalls die herkömmliche aerodynamische Forschung ihren Siegeszug begann.

Vorversuche elektrischer Phänomene fanden bereits im 18. und 19. Jahrhundert statt.

Welche Länder beschäftigten sich mit elektrischen Antrieben? Wohl dieselben führenden Luftfahrtnationen, die auch im herkömmlichen Flugzeugbau „die Nase vorn" hatten. Was geschah in Deutschland ab den 1920er Jahren aufwärts, was unternahm man vor und während des zweiten Weltkrieges?

Der Romanbuch-Autor und Geheimdienstmann W. Landig beschrieb ein Maschinengewehr, das elektrisch beschleunigte Eisenspäne verschoss. Diese Idee mit Hilfe von Metallstaub einen Antrieb für Flugzeuge zu entwickeln taucht später, nach dem Krieg in einem U.S.-Patent wieder auf. Gab es vor dem Krieg erste Versuche, normale Flugzeuge nach einem entsprechenden Umbau mit einem solchen Metallstaub-Antrieb zum Fliegen zu bringen?

Gemäß „Lt. Corso" waren Deutschland und England führend in diesem Forschungszweig. Nach dem Krieg rissen wohl die Amerikaner und im Osten die Russen die gesamte Entwicklung ein für alle mal an sich. Aber merkwürdigerweise blieben die unterschiedlichen Anstrengungen, elektrische Antriebe serienreif zu machen, absolut geheim.

Obwohl diese Entwicklungen doch wohl auch einer großen und breiten Forschungsaufwand bedürfen, was z.B. spezielle leitfähige Materialien, bestimmte Verhaltensweisen spezieller elektrisch erregbarer Atome usw. betrifft, ob ein Material nun magnetisch leitend ist oder eine Magnetstrahlung nicht hindurch lassen soll. Wo wurden die ersten Modellversuche unternommen, die ersten Prototypen gebaut und erprobt?

Wo wurden all diese Forschungen (Dynabarischer Antrieb, dynamisch: Kraft, bar: Luftdruck) für die Luftfahrt durchgeführt? In Göttingen bei der AFA, in Peenemünde, bei Siemens, AEG usw.? Welche Flugzeugfirmen waren daran beteiligt? Ein Hinweis könnte das Wüstengebiet von New Mexico in den USA sein, wo in der Umgebung von Roswell eine oder mehrere EHD-Flugzeugprototypen abstürzten (schon vor, während oder alle erst nach dem zweiten Weltkrieg?). Die Äußerung von Hans Göbel zeigt, dass wohl schon seit längerem eine stille Vereinbahrung oder ein ungeschriebenes Gesetz bestand, unkonventionelle Flugzeuge sowie elektrodynamische Versuche zu verneinen, bzw. sie allesamt den sog. „Außerirdischen" zuzuschreiben.

Wieso sind bestimmte Techniken auf dieser Welt, die mit Elektromagnetismus im weiteren Sinne zu tun haben (Flugzeuge, Raumschiffe, Waffen, medizinische Geräte usw.) für die Öffentlichkeit tabu? Außerdem ist merkwürdig, dass einige Erfindungen erst sehr spät als frei zugängliche Patente zur Verfügung stehen. Das könnte daraufhin deuten, daß manche Erfindungen erst absichtlich verspätet und zeitverzögert der interessierten Öffentlichkeit zugänglich gemacht wurden, da sie dann zum Zeitpunkt der Veröffentlichung bereits als technisch überholt galten.

Besiedelt eine Menschheit, also nicht einzelne Nationen, bereits das Universum? Flogen Fernraumschiffe in die Weiten des Alls, um nach neuen Sonnensystemen Ausschau zu halten?

Warnett Kennedy und sein atombetriebenes „Spaceship"

Außer dem Modell eines „Space Ships", das auf der „Design '46" in der „Royal Victoria and Albert Hall" in London ausgestellt wurde und über das mehrere in- und ausländische Zeitungen berichteten, gibt es noch einige weitere Zeichnungen und Fotos. Diese sind teilweise heute in England archiviert und frei zugänglich, andere stammen aus einem Firmenarchiv.

Leider konnte man dem Autor aber nicht mehr das „Supplement", die Beilage zum „Design 46" Katalog zur Verfügung stellen (worin das „Spaceship" abgebildet war), da diese Sonderbeilage interessanterweise wohl im Laufe der Zeit „abhanden gekommen" ist.

- Wer trotzdem noch ein Supplement zum Design 46 Katalog hat, bitte beim Autor melden!

„Zeitungsmeldung vom 24. November 1946, Quelle: Renato Vesco:

„Das Modell eines interplanetaren Raumschiffs wurde von Mr. Warnett Kennedy projektiert. Es hat die Form einer Kugel, besitzt eine metallene Oberfläche, die aus einer wabenartigen Struktur besteht und ist an den Polen mit zwei Öffnungen für die Abgase der Düsenmotoren versehen.

Dieses Schiff, das einen stabilisierenden Drehring besitzt, ist mit einer Druckkammer versehen und besteht aus zwei separaten Hüllen mit einem luftleeren Zwischenraum, um vor den extremen Temperaturunterschieden zu schützen (-100; +100 Grad C.), die bei der Rundreise möglich sind.

Wie der Erfinder behauptet, hat das Schiff die Möglichkeit sich in alle Richtungen zu bewegen und es besitzt eine zentrale Kommandokabine, aus der man während der Reise die Erde, den Mond und die anderen Planeten beobachten kann."

Sogar in der Tagespresse von Rom veröffentlichte für den interessierten Leser im Jahre 1946 folgenden hochinteressanten Artikel, betreffend eines geplanten Fluges zum Mond:

"... aus London kommt die Nachricht, daß in einer Ausstellung des C.I.D, Dr. Warnett Kennedy aus Glasgow das Modell eines Fluggerätes, das "Raumschiff" -"*Space Ship*" genannt, vorgestellt hat.

Es handelt sich um ein kugelförmiges Schiff, das sich in alle Richtungen mit einem Rückstoßantrieb vorwärts bewegen kann. Es ist aus einer runden, doppelwandigen Hülle konstruiert, in deren Inneren sich, ausgestattet mit einer Druckkabine, der Platz für einen Piloten und die Passagiere befindet.

Die Abgase werden durch eine Röhre ausgestoßen, die die Sphäre von Pol zu Pol durchquert.

Betrachtet man das durchsichtige Plastikmodell, erkennt man, daß die Form durch den Planeten Saturn inspiriert wurde.

Mit diesem Fluggerät können die rund 400.000 Kilometer, die uns vom Mond trennen, in fünf Tagen überwunden werden.

Die Sphäre ist dafür vorgesehen, häufige Reisen zwischen der Erde und seinem Trabanten zu ermöglichen.

Dank der Kontrolle der Atomenergie kann nun die Möglichkeit in Betracht gezogen werden, regelmäßige interplanetare Reisen durchzuführen.

Mr. Warnett Kennedy hat sein Weltraumschiff in Sphärenform projektiert. Die Kabine und die dazugehörige Ausrüstung sind in einer zweiten, kugelförmigen Hülle untergebracht. Fernrohre in der Oberfläche und Übermittlung der Bilder durch eine Lochkamera (ohne Linse) projizieren das äußere Bild auf einen Bildschirm innerhalb des Weltraumschiffes."

Außerdem wurde diese - wenn auch nicht allzu ernste - Werbeanzeige passend zu oben genannten Artikel in einer englischen Zeitung abgedruckt:

"Neues Projekt - 400.000 Kilometer Reise zum Mond mit einem interplanetaren Raumschiff.

Der Erfinder hat alles in Betracht gezogen, trotzdem sollte man zuvor seine Erbschafts-Angelegenheiten regeln, bevor man die Abenteuerreise von der Erde zum Mond antritt!"

So sollen sich bei dem englischen Nachrichtenblatt tatsächlich Leute gemeldet haben, die ein Flugticket zum Mond kaufen wollten. Sie warten wohl noch heute darauf!

Im Jahre 1946 wollten unter anderem Privatleute zum Mond reisen. Im Jahre 1969 betrat, gemäß offizieller Geschichtsschreibung, „der erste Mensch" den Mond. Es war ein Amerikaner und nicht ein Repräsentant der Menschheit!

Was hat man eigentlich die 23 Jahre zwischen 1946 und 1969 gemacht, außer ein bisschen „Schmierentheater", bzgl. Raumfahrt für die Öffentlichkeit?

Wann betrat der erste Mensch tatsächlich den Mond? Kam er mit einer Rakete auf den Erdtrabanten, wie sie die B.I.S. in einem Artikel im „Journal of the British Interplanetary Society" aus dem Jahre 1939 besprochen hatte? Etwa bereits nach dem Ersten Weltkrieg, irgendwann Anfang der 1920er Jahre? Wie sieht es heute auf dem Mond tatsächlich aus?

Sollte auch der Mond von den „Verschwörern" erobert werden, um dort eine neue Weltordnung zu installieren. Gab es Kämpfe, nicht nur am Südpol der Erde, sondern auch auf dem Mond?

Welches Militär ist heute auf dem Mond und in unserem Sonnensystem?

Zwei der noch verfügbaren Aufnahmen aus dem Firmenarchiv der englischen Firma „Dufay Chromex Ltd" zeigen den britischen Architekten Dr. Warnett Kennedy mit einem kleineren Modell des Space Ships und einer dazugehörigen Zeichnung, wahrscheinlich 1946 in seinem Architektur-Büro – *W.K. & Associates, Consultants in Industrial Design, Exibition and Display* - in der Bendix Street in London aufgenommen.

Warnett Kennedy und seine Partner schienen also mindestens zwei Modelle des Space Ships angefertigt zu haben: ein großes für die Ausstellung in London, das beleuchtet und weit sichtbar auf einer hohen Säule über dem Ausstellungsstand thronte, und ein kleines Modell für weitere Demonstrationen (gibt es die Modelle heute noch?).

Bevor große sphärenförmige Raumschiffe für den Flug ins All gebauten wurden, gab es höchstwahrscheinlich, wie zuvor in Peenemünde bei den „Düsenscheiben", kleinere Prototypen für verschiedene Testreihen. So hatte man wohl zuerst Ausführungen in geringerer Größe gebaut und erprobt, bevor man sich an die riesigen sphärenförmigen (Generationen-) Raumschiffe heranwagte. Auf einem großen Blatt Papier, das auf einem Tisch in W. Kennedys Büro ausgerollt ist, sieht man Dr. Kennedy auf sein Space Ship zeigen, wie es gerade im Anflug auf den Mond ist. Betrachtet man das große Zeichenblatt genauer, erkennt man darauf aber noch etwas anderes.

Das sphärenförmige Raumschiff rast bei seinem Flug durchs Weltall nicht nur auf den Mond zu, sondern es überdeckt noch eine andere Zeichnung auf dem Blatt. Schaut man auf das andere Ende des großen Papierbogens, erkennt man ein Steingebäude mit vier Säulen im griechischen Baustiel. Oberhalb des Gebäudes befindet sich ein steinernes Geländer, evtl. ein Balkon oder eine Terrasse. Handelt es sich um ein Gebäude in der City of London, ein Ministerium, ein Regierungsgebäude oder ein Privathaus, wo man von geheim gehaltener Raumfahrt im Britischen Empire wusste?

Abb.:
Warnett Kennedy in seinem Büro in London mit einem kleinen Modell des Spaceships.

Abb.:

Warnett Kennedy, stehend, B.I.S. Mitglied und „Frontmann", als Erfinder für ein sphärenförmiges Raumschiff, das auch mehrmals als „UFO" gesichtet wurde. Beachte großen Papierbogen auf dem Schreibtisch mit einer symbolischen Zeichnung.

In der Mitte und im Bild rechts auf dem geschwärzten Teil, sieht man das kugelförmige Spaceship, das Weltall und mehrere kleine und große Galaxien, aus der Sicht durch ein Fernrohr eines Observatoriums.

Das sphärenförmige Raumschiff, wo man die Öffnung der Röhre im Mittelteil erkennen kann, worauf Dr. Kennedy mit einem Stift deutet, überdeckt ein Steingebäude, eventuell ein Observatorium in London. Ein links sitzender Mitarbeiter, der das kleine Modell festhält, das aus dem wabenförmigen Dufaylit besteht, lehnt auf dem großen Papierbogen, wo unterhalb der abgerundeten Zeichnung des Weltalls mit dem Gebäude noch etwas anderes eingezeichnet ist. Es könnten angedeutete, circa 12 Papierbögen sein, wo eventuell in einzelnen Schritten der Ablauf eines Starts des Sphärenraumschiffes dargestellt ist.

Abb.:
Handelt es sich bei dem eingezeichneten Gebäude etwa um das „National Maritime Museum and Royal Observatory", Romney Road, Greenwich, London, UK?

Dazu heiß es im Internet:

„**The National Maritime Museum** tells the story of Britain´s adventures at sea with features on voyages of exploration, liners, historic events and environmental issues. A golden royal barge, good children's gallery, lots of ship models, globes, charts and a bridge simulator to fascinate visitors .. "

Kann das britische Marine Museum mittlerweile auch die „Adventures", die Abenteuer im Universum, die „Voyages", der Vorstoß der Menschen ins Weltall mit all den Gefahren, Risiken und Chancen einer Kolonisierung fremder Welten erzählen? Liegen dort heute noch die Modelle und Unterlagen zu Mr. Kennedys Raumschiff? Oder ist auch hier alles der allgemeinen Vertuschung und Geheimhaltung zum Opfer gefallen?

Was wurde ggfs. dort in dem Gebäude in London - konspirativ- noch unternommen, was bis heute einer vehementen Geheimhaltung unterliegt? Hatte die „British Interplanetary Society" dort einen geheimen Treffpunkt? Wurde von dort die „Wahre Raumfahrt" zu den „Planetenräumen" koordiniert und dirigiert?

Läuft oder lief die „Wahre Raumfahrt" in den angelsächsischen Ländern über die jeweilige Navy, die sich nicht nur mit der See-Schifffahrt, sondern auch mit der Raum-Schifffahrt beschäftigt? Der Konstrukteur des „Aero Marine Vehicle", Thomas Townsend Brown war in der Navy und der Flugkreisel wurde in Süd-Afrika auf einer Marinebasis testgeflogen.

Warnett Kennedy war Architekt sowie Mitglied der B.I.S. und aus dem Internet geht hervor, dass er später als Vorsitzender des Stadtrates von Vancouver, B.C., u.a. im Transportausschuss als *„Planning Consultant"* saß. Er soll einmal, anstelle von einer zu errichtenden Brücke in Vancouver, als bessere Lösung, den Bau eines Tunnels vorgeschlagen haben. Hinweise über seine Tätigkeit als Planer eines Weltraumschiffes sind nirgendwo im Internet zu finden. Man könnte den Eindruck gewinnen, Dr. Kennedy wäre nie etwas anderes gewesen, als Architekt und Städteplaner, zuerst in Groß Britannien und später im Commonwealth Land Kanada.

Dazu heißt es:

„Warnett Kennedy was born on March 23, 1911, in Glasgow, Scotland. He received his career education at the Glasgow School of Architecture, and settled in Canada in 1952. In Vancouver, he ran an architectural and town planning consulting firm. He was appointed to the National Capital Commission in 1966, and was an active member of the Architectural Institute of British Columbia. Kennedy worked as a Non-Partisan Association (N.P.A.) alderman from 1974 to 1984, when he left to do design work for Expo '86. During his tenure as alderman, Kennedy was most active as a member of the Standing Committees on Transportation and Planning and Development."

Anmerkung:

Das Mr. Kennedy Mitglied der B.I.S. war, bleibt unerwähnt, ebenso wie sein Ausstellungsstück des Space Ships auf der BCMI in London im Jahre 1946. Als hätte es dies alles nie gegeben! Ist dies nicht ein schönes Beispiel einer doppelten Identität? Wie viele gibt es davon, nur betreffend der „Wahren Raumfahrt", in unserer Welt?

Eine weitere Detailzeichnung, nämlich das Innere des Space Ships, zeigt die schiere Größe des Raumschiffes. Denn man kann mehrere Raumfahrer auf einer runden Plattform und auf Treppen um die Mittelachse erkennen, wo am oberen Ende der Sphäre ein riesiger Projektionsbildschirm die Außenansicht des Weltalls wiedergibt.

Vergleicht man die Größe des Space Ships auf der Zeichnung mit den Amateuraufnahmen des Hobbyastronomen Bettencourts, so scheinen die Modellfotos und Zeichnungen die riesigen Dimensionen des Kugelraumschiffes zu bestätigen.

Wie viele Personen, Tonnen an Ausrüstung usw. kann man mit einer Reihe von groß dimensionierten sphärenförmigen Atom- und elektromagnetisch betriebenen Raumschiffen auf den Mond oder auf andere Welten im Universum schaffen (vergleiche hier die geradezu „Winzigkeit" der Apollo-Raumkapsel und der Mondlandefähre)?

Wo wurden diese großen und auch kleineren Versionen sphärenförmiger Raumschiffe gebaut? In England, Kanada, Australien oder in Lateinamerika?

Kümmerte sich Warnett Kennedy, geboren 1911 in Glasgow, verstorben am 2. Juli 1999 in Vancouver - der (ehemaligen?) Stadt mit dem „Tor zum Weltraum" - als Mitglied des „National Industrial Design Council of Canada" auch um den Transport und die Logistik von geheimen Lieferungen an Mensch und Material zu einem möglichen Weltraumbahnhof, in den nördlich von Vancouver gelegenen „Coast Mountains" oder dem „German Encampment"?

Zumindest offiziell schien Dr. W. Kennedy, der „Fellow Member" der „British Interplanetary Society" war, nicht an der weiteren Planung und Bau „seines" Space Ships verwickelt gewesen zu sein.

Es ist bemerkenswert, dass 1946 überhaupt über solch ein atombetriebenes sphärenförmiges Raumschiff in aller Öffentlichkeit diskutiert wurde. Denn bis heute sind solche Fluggeräte ja angeblich außerirdischen Ursprungs.

Schaut man sich das Buch „Zurück zu den Sternen" eines Schweizer Autors an, findet man das Kapitel V: „Die Kugel – Idealform für Kosmische Fahrzeuge". Darin heißt es u.a.:

„... Von Strahlen umgebene Kugeln, Eier, und Flügelkugeln existieren nicht nur an Höhlen- und Felswänden, auf antiken Steinreliefs oder Rollsiegeln. Plastisch, aus festem Gestein liegen sie an den verschiedensten Orten der Welt - meist wahllos verstreut und in unwirtlichem Gelände. In den USA beispielsweise fand man Kugeln in Tennesee, Arizona, Kalifornien und Ohio."

Sind die Kugelraumschiffe aus dem Altertum mit dem „Space Ship" von Dr. Warnett Kennedy identisch?

Wie kamen dann diese Sphärenraumschiffe aus den 1940er Jahren (und später) aber zurück in die Vergangenheit?

Aus dem Überlichtschnellen Raum, wo die Zeit rückwärts läuft?

Warnett Kennedy, das „Space Ship" und „Britain can make it" - Ausstellung in Kensington, London, 1947.

British Plastics

FRONT COVER

The picture on the front cover is a vision of the future, namely, a space ship, designed by Mr. Warnett Kennedy and executed by Messrs. Dufay-Chromex Ltd., of London, in conjunction with Messrs. Triplex Ltd., of St. Helens, Lancs, and described in our September issue (p. 400).

The original colour photograph made to illustrate this modern "Jules Verne" conception was taken on Dufaycolor film using only ultra-violet light to fluoresce the materials used, namely, Dufaylite and Perspex. No visible light was used at all and the photographic work was carried out by Messrs. Dufay-Chromex Ltd.

The honeycomb material used as the core for this space ship is the new Dufaylite low density interlayer which has been developed for stabilizing stress skins and is at present being used largely in the aircraft industry for doors, floors and internal partitioning.

The material is manufactured in various grades with densities ranging from 15 oz to 5 lb per cu ft and compression strengths from 42 lb to 464 lb. In its various grades this material has innumerable applications: aircraft, building materials, furniture manufacture, travel goods, caravans, railway rolling stock, passenger vehicles of all descriptions.

In Dufaylite we are seeing the birth of a new constructional material.

The 44-in diameter globe is made in Perspex, an acrylic resin material manufactured by Imperial Chemical Industries Ltd.

Model of a Space Ship
Designed by Warnett Kennedy, 1946

Auf der „BCMI" – Ausstellung im Jahre 1946 wurde zum ersten und einzigen Male ein interplanetares Raumschiff der „B.I.S." als Modell ausgestellt, das möglicherweise wirklich gebaut und zum Zeitpunkt der Ausstellung bereits eingesetzt worden und bereits in die Weiten des All hinaus geflogen sein könnte.

Abb.:

„Front Cover" des „BCMI" Kataloges von 1946. Als „Supplement", Anhang, war eine mehrseitige Broschüre dem Katalog beigelegt, die Modellaufnahmen und eine Beschreibung des „Space Ships" von Warnett Kennedy zeigten. Die Beilage ist interessanterweise auf Anfrage, ob in England oder beim „Guggenheim Museum" in New York, nicht zu erhalten, sie ist verschwunden.

Interessant auch, dass dieses Ausstellungsstück - Raumschiff - nicht im regulären Katalog aufgeführt war, sondern als Extraseiten beilegt wurden (damit sie heute nicht mehr verfügbar sind?). Denn sonst hätte man erkennen können, dass wegen Zensur einige Seiten aus dem gebundenen Katalog entfernt, herausgerissen worden sein könnten.

Ob Architekten und andere interessierte Personen, die den Ausstellungs-Katalog anforderten, den kompletten Katalog der BCMI erhielten, oder ob auch hier das lose beigefügte „Supplement" über das Space Ship fehlte, können nur die Leute beantworten, die heute noch einen solchen Katalog von 1946 zuhause, im Büro oder in einem Museum/Archiv liegen haben.

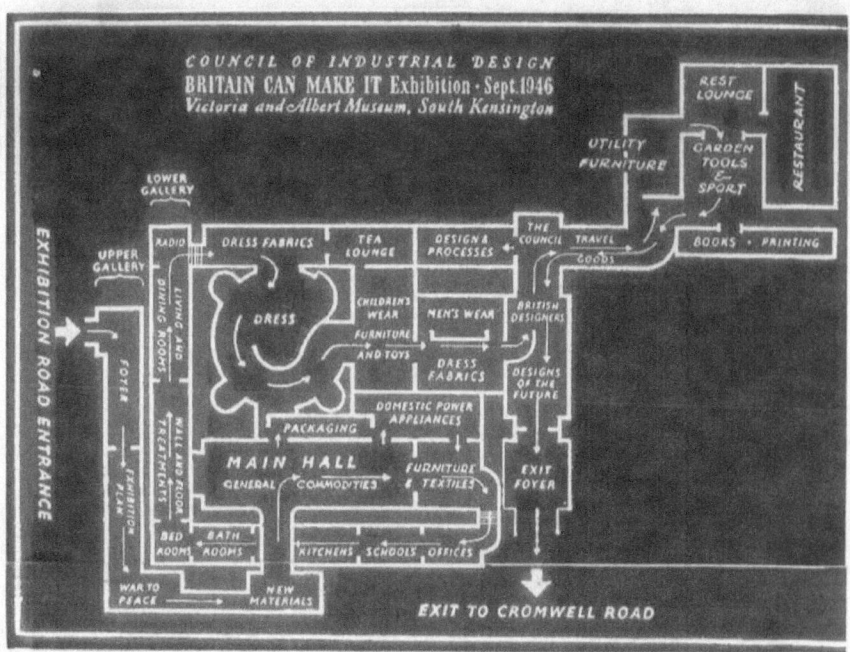

Abb.:

Lageplan der „Britain can Make it" Ausstellung von 1946 in der „Royal Albert and Victoria Hall", Kensington, London, UK. Hier wurde das „Spaceship" des B.I.S. Mitgliedes Warnett Kennedy ausgestellt. Wohlmöglich in der Abteilung „Designs of the Future".

Mehrere europäische Zeitungen berichteten 1946 über dieses sphärenförmige Raumschiff. Wer hat noch einen Zeitungsbericht von W. Kennedys „Space Ship", ob aus England, Italien oder einem anderen europäischen Land?

In der „Ufologie" wurden solche Raumschiffe bereits gesichtet.

Wann wurde solch ein Kugelraumschiff zum ersten Mal gebaut und geflogen?

Britain Can Make It exhibition 1946

Just three months after the end of the war and less than a year since its own formation, the Council of Industrial Design (COID) was called upon by the Board of Trade to stage the first major exhibition of consumer goods since the war. Sir Stafford Cripps, its main sponsor, viewed the exhibition as a question of national pride.

Not only would the British public be uplifted by a taste of what they could expect in the new future, but the export trade, which was vital to pay for reconstruction, would get a massive boost in orders from overseas buyers for many of the best products Britain could produce.

On 10 August 1945, following their initial meeting, Cripps sent the director of COID a telling note: 'There is one thing I forgot to say about the Exhibition. No 'precious stuff'. All manufactured goods - not hand made.'

Images with the text:
Britain Can Make It exhibition logo.
Title page of 'Britain Can Make It' supplement to the *Board of Trade* journal for 28 September 1946, with foreword by Sir Stafford Cripps.
Floor plan of the 'Britain Can Make It' exhibition held at the V&A Museum, 1946.

The exhibition

'Britain Can Make It' (BCMI) opened at the Victoria & Albert Museum in September 1946. It flaunted the best of British industrial production of consumer goods for the home and garden, as well as jewellery, fashion, personal accessories, dress fabrics, toys, interior decoration, packaging, home entertainment, office and sports equipment, furniture and items for nursery schools.

To force home the design message, Misha Black of the Design Research Unit (DRU) built a special section explaining the work and influence of the industrial designer. It was called 'What Industrial Design Means'.

Images with the text:
Pottery Selection Committee at work for BCMI.
Laurence Scarfe at work on a mural in the Printing display section of BCMI, September 1946.

Who went?

Stafford Cripps had publicly stated in November 1945 that the exhibition was a 'well calculated act of national policy of first class importance to the Export Trade and to the home consumer alike.' Exactly 1,432,546 people visited it over the three-month period, including an estimated 43,000 trade visitors and 7,000 trade buyers from 67 countries, generating orders worth between £25 million and £50 million.

By emphasising that good design and good business go together, the exhibition served as a vehicle for the political programme of the COID.

COID commissioned Mass Observation, an independent social research organisation, to evaluate the exhibition. They found that 65% of visitors lived in London, or within 25 miles of the city; 15% more women visited than men, and about three-quarters of all visitors were married.

Of those visitors who were single, one in seven was engaged. Out of all the people who visited the Exhibition, 80% enjoyed it, and only 2% felt it was bad. The most popular categories were the furnished rooms, women's dress, furnishings and fabrics, and Future Design. Very few people were impressed by or even noticed Misha Black's design section, which included 'What Industrial Design Means'.

Images with the text:
'2.5 hour journey - and yet another hour to go'. People queuing 3.5 hours to enter the BCMI exhibition on 29 September 1946. At the end of the day loudspeakers were used to turn away 5000 would-be visitors.
What Industrial Design Means' display at BCMI, by Misha Black, Bronek Katz and Reginald Vaughan of the Design Research Unit.

Showcase

A selection of some of the lifestyle products displayed at BCMI. Many visitors could not afford them then, but it was a taster of better times to come in the 1950s and 1960s.

Each item in the exhibition was carefully chosen by specialist selection committees to maintain the high standards of good design and quality workmanship.

Images with the text:
Sumlock cumptometer (electro-mechanical calculator).
Shell motor oil can by Metal Box Co. Ltd.
Nursery ware, three mugs and dish by Eric Ravilious for Josiah Wedgwood & Sons Ltd.
'De Luxe' electric cooker DC 113 by General Electric Co. Ltd.
Zip fastened pigskin document case by Sinclair Owen & Co. Ltd.
Birch and aluminium cabinet designed by Clive Latimer and made by Heal & Son Ltd.
Electric fire.
HMV 'Bentinck' electric kettle.

Impact

'Britain Can Make It' was a colourful magnet for the ordinary public, despite the fact, picked up by the press, that none of the products to be seen were available in the shops. They would remain that way for several years, too. Some manufacturers criticised the exhibition, feeling that their products had been 'lost' in its over-elaborate infrastructure. Nonetheless, the Board of Trade's main economic aim of boosting Britain's export trade was achieved.

Images with the text:
Entrance to BCMI on 29 September 1946. The doors had to be opened half an hour ahead of schedule. Within two hours 5000 people had thrust through the turnstile.

Originalaufnahmen von Warnett Kennedy

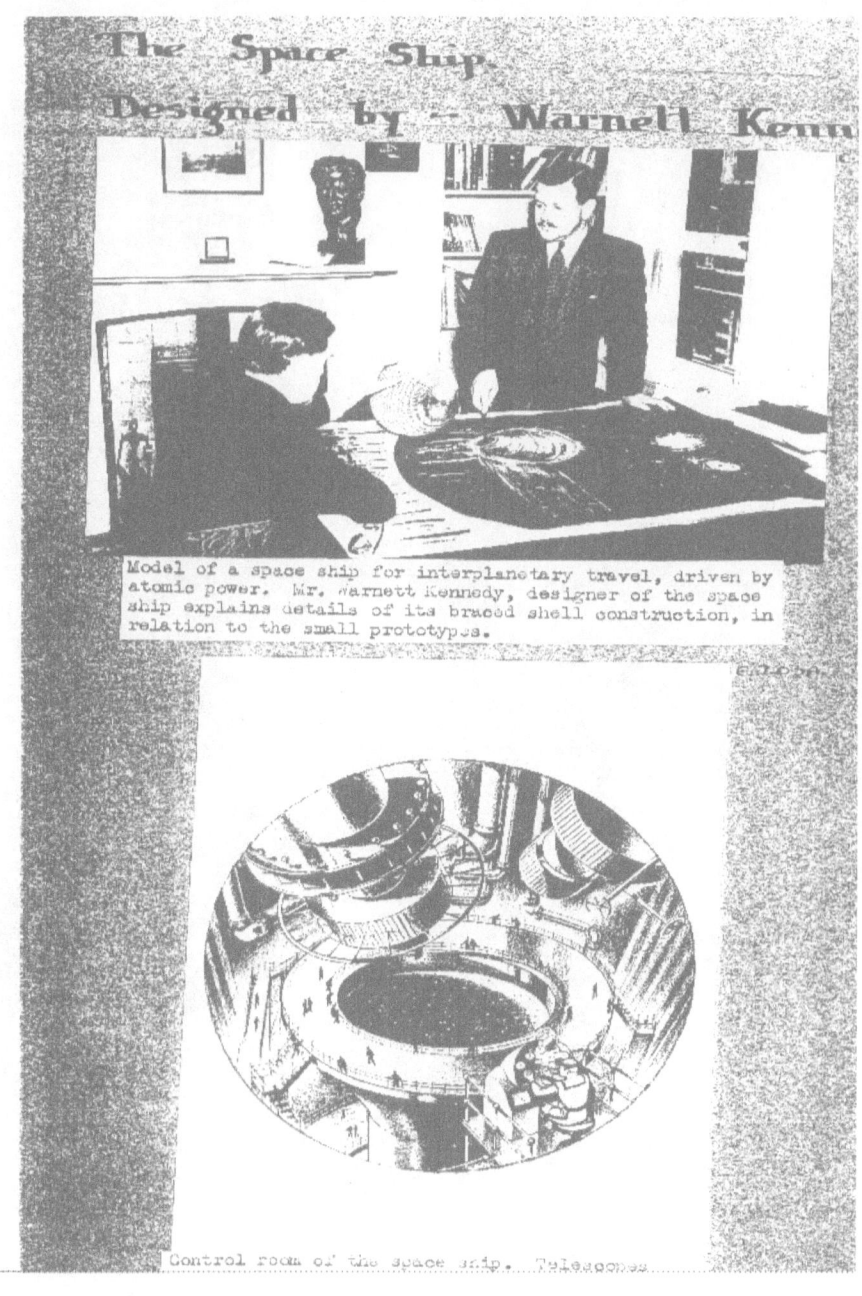

Courtesy: Dufay Cromex Ltd, UK

Wann und wo wurden die richtig fliegenden „Small Prototyps" gebaut? In England, Australien, Süd-Afrika, Kanada oder in Latein-Amerika?

Courtesy: Dufay Cromex Ltd, UK

„Hovering near the Surface of the Moon" ist ein Irrtum. Der Ausschnitt auf der Zeichnung zeigt die Weiten des Universums mit mehreren kleinen und größeren Galaxien, und nicht den Mond!

Ein Hinweis, dass das Space Ship ein Fernraumschiff werden sollte?

Originalaufnahmen und Beschriftung aus dem Firmenarchiv von Dufay Cromex, England.

Das Innere des Space Ships.

Das Space Ship hatte wahrscheinlich einen, oder mehrere Coelostate, die ein originales, unverfälschtes Abbild des Weltalls zeigten.

Möglicherweise wurden deren Bilder auf eine große Leinwand innerhalb des Schiffes projiziert, damit alle Mitreisenden die Aufnahmen aus dem Universum bewundern konnten.

Die in einer anderen Zeichnung dargestellten Düsen stellen wahrscheinlich eine Art von Dampf betriebenen „Venier-Düsen" für die Feinsteuerung zum Manövrieren im Langsamflug oder im Orbit dar. Der Hauptantrieb, ein Atomreaktor, der beispielsweise ein Thermoionischer Antrieb in Kombination mit einem rotierenden Reaktor sein könnte, der mit Hilfe von Dampf die elektrischen Generatoren antreibt, ist nicht im Bild aufgeführt.

Nicht nur damals, nein auch heute wird ein sphärenförmiges Raumschiff als nicht praktikabel bezeichnet. Dies behauptete aller ernstes ein bekannter deutscher Astronaut, der immer wieder in den Medien auftaucht, einmal im Fernsehen (wer aber Aufträge und Geld in der L-Presse erhalten will, muss sich wohl der Propaganda beugen und nicht immer die Wahrheit sagen).

Dabei ist die Kugel *der* ideale Druckkörper!

Oberhalb von Vancouver, B.C., Kanada soll sich ein großer Raumhafen in den Coast Mountains befunden haben. Zog das B.I.S. – Mitglied W. Kennedy deshalb nach British Columbia?

Diese Zeichnung zeigt das Innere eines riesigen Space Ships. Auf einer großen Projektionsfläche wird ein Ausschnitt des Weltraums projiziert, aufgenommen von einer Kamera am oberen Ende des durchgehenden, röhrenförmigen Mittelteils des Raumschiffes.

Interessanterweise sind die Raumfahrer nicht schwerelos dargestellt. Sollten sie Magnetschuhe tragen, war eine innere Sphäre am Rotieren und erzeugte 1g Schwerkraft, oder wusste Dr. Kennedy schlicht und ergreifend nicht, wie die Schwerelosigkeit auf die Raumfahrer wirkte?

Vergleicht man die Größe des Schiffes mit den Amateuraufnahmen eines Hobby-Astronomen, fallen auch hier die riesigen Dimensionen des Space Ships auf.

Wie viele Insassen könnte dieses atomgetriebene, sphärenförmige Raumschiff gehabt haben, als es zum Mond oder hinaus ins Universum flog und wie viel „Payload" war an Bord?

Siehe auch die zwei Arten des Atomantriebes, besprochen in diesem Buch. Welche Version könnte das Space Ship gehabt haben und wurde nuklearer Staub mit Hilfe eines mitgeführten Gases, wie Helium oder Wasserstoff als Kolloide elektromagnetisch beschleunigt als Zusatz- oder Hauptantrieb genutzt?

**Space-Ships
im Anflug
zum Mond
Operation Full-Moon**

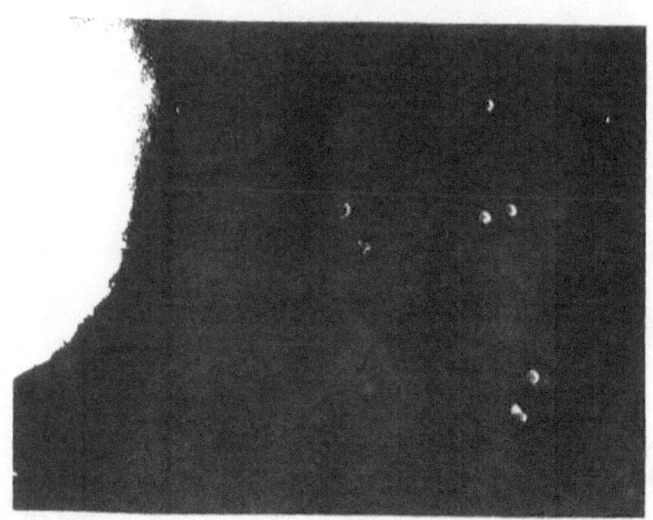

Abb.:

Wann war der erste Mensch wirklich auf dem Mond? In den 1920er Jahren, zuerst mit konventionellen chemischen Raketen, später mit EM-Raumschiffen?

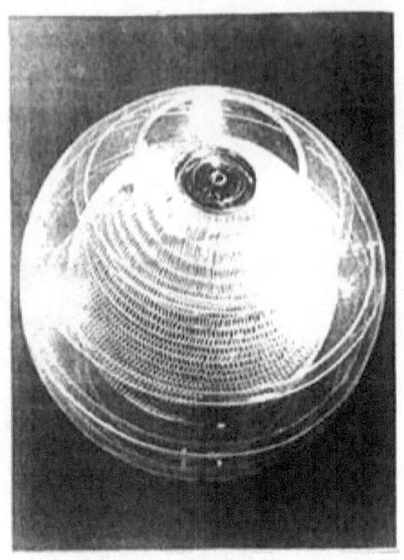

Modell des „Space Ship", ausgestellt auf der „Design `46" - BCMI - in der
„Royal Victoria and Albert Hall" in London 1946

Agenommen, das von Dr. Warnett Kennedy (und anderen), auf der „Design 46" ausgestellte „Space Ship" wäre in den 1940er Jahren mit einer größeren Mannschaft zu einer „Deep Space Mission" aufgebrochen, die viele Lichtjahre in die Weiten des Weltalls geführt hätte, und man wäre mit circa 96 Prozent der Lichtgeschwindigkeit mit Hilfe eines elektromagnetischen oder Photonenantriebes hinausgeflogen, dann hätte jenes Raumschiff und die Besatzung die so genannte „Zeitdilatation", die „Dehnung der Zeit" erfahren.

Gemäß den Berechnungen von Albert Einstein verläuft nämlich die Zeit bei Flügen nahe der Lichtgeschwindigkeit für die Besatzung langsamer, als für die, auf der Erde daheim gebliebenen.

Während mehrere Jahre oder Jahrzehnte beim beinahe lichtschnellen Flug durchs All verstreichen, würden dagegen Jahrhunderte auf der Erde vergehen.

Zurückkehrende Raumfahrer aus den Weiten des All kämen nicht mehr im 20. Jahrhundert an, sonder viele Jahrhunderte in der Zukunft!

Wenn sich also freiwillige, z.B. aus der britischen Navy in den 1940er Jahren zu einer „Deep-Space Mission" gemeldet hätten, würden sie die Welt, die sie einstmals kannten, niemals wieder sehen. Vorausgesetzt, sie kämen unbeschadet zurück oder sollten überhaupt zurückkehren!

Denn sie hätten auch einen Außenposten in einem anderen Sonnensystem aufbauen können, um dort weiter zu leben.

Die Pioniere der Raumfahrt hätten warten können, bis der technische Fortschritt eines Tages, also z.B. in unserem 21. Jahrhundert, soweit vorangeschritten ist, das überlichtschnelle

Raumschiffe sie wieder einholen hätten können, um sie wieder zurück auf die Erde zu bringen.

Siehe hier das Patent von Boris Volfson über einen „Warp-Antrieb" in diesem Buch.

Aber wieso kommen sphärenförmige Raumschiffe im Altertum auf unsere Erde?

Wieso findet man Militärtechnik der Amerikaner, Russen und die geheim gehaltenen „Wunderwaffen", die in den drei Bänden des Autos besprochen werden, Jahrtausende früher auf dieser Welt wieder? Wieso kämpfte man im Altertum, in einer fast unberührten Welt einen Dritten Weltkrieg?

Wieso wurde „Operation Unthinkable" oder eine ähnliche Militärmission im Altertum geführt, also Jahrhunderte und Jahrtausende vor unserer Zeitrechnung?

Hat sich Albert Einstein geirrt oder wieso und durch was kann die Zeit rückwärts laufen?

Siehe dazu den Bericht über die Hemmstrahlen. Erkannte man, dass man diese Strahlung auch für überlichtschnelle Raumflüge nutzen kann und fand man daraufhin heraus, dass die Gesetzmäßigkeiten bei Überlicht anders sind, als die bekannten Naturgesetze und die Theorien von Albert Einstein?

Hinweis

Projekt

Elektrodynamisch betriebener Motorsegler
ohne bewegliche Teile wie Propeller oder Ruderklappen

**Mit einem elektrokinetischen Antrieb ausgestattetem Motorsegler
nie gekannte Flugmanöver vollführen?
Schweben und wendig wie ein Hubschrauber, gleichzeitig schnell wie ein Jet?
Ein „Elektroden-Erreger-System" in den Tragflächen, Höhen- und Seitenrudern
macht es möglich!**

Abb. „Blanik" Ganzmetallsegler

Geplant ist, ein Segelflugzeug mit einer „Elektroden-Erreger-Anlage" auszustatten. Siehe dazu das System, wie es in diesem Buch (s. Hill-U.S.Patent) beschrieben wurde.

Als geeignete Maschine wird ein tschechisches „Blanik"-Ganzmetallsegelflugzeug vorgeschlagen, das in den Tragflächen, den Höhen- und Seitenruder und Teilen des Rumpfes jeweils mehrere Elektrodenreihen mit spitzen Enden –zur Erzeugung von Ionen und eines elektrischen Windes- installiert bekommt.

Dazu kommt ein entsprechender Stromgenerator, der die nötige Stromspannung von ca. 30-50.000 Volt erzeugt. Außerdem soll später auf alle äußeren beweglichen Ruderklappen, wie Seiten-, Höhen und Querruder verzichtet werden.

Mit der glatten und polierten Metallaußenhaut können somit nie gekannte Flugmanöver und Fluggeschwindigkeiten erflogen werden! Ein Luft- und Reibungswiderstand kann praktisch ausgeschlossen werden (s. „Teil produziertes Vakuum")!

Mit diesem so umgebauten Metallsegler sollte zum einen eine Wendigkeit wie bei einem Hubschrauber möglich sein, incl. Schwebeflug in „Nose-down" Position. Zum anderen sollten mit diesem elektrohydrodynamischen Antrieb Fluggeschwindigkeiten, wie bei einem Jet (ca. 400-500 km/h) erzielt werden können.

Die EHD-Antriebe sind seit vielen Jahrzehnten ausgereift und werden in der – heimlichen – Luft- und Raumfahrt tagtäglich angewandt.

Wer Interesse an einem völlig neuen Fluggefühl hat, sollte sich die Chance, mit einem elektrisch angetriebenen Segelflugzeug mit ungeahntem Leistungspotential zu fliegen, nicht entgehen lassen!!

Elektrodynamische Antriebe in der Luftfahrt, ein vollkommen neues Fluggefühl!

EUROPEAN PATENT APPLICATION
Date of publication: 08.02.2006 Bulletin 2006/06
Date of filing: 27.07.2005
Applicant: Lockheed Martin Corporation, Bethesda, MD 20817 (US)

System and method to control flow field vortices with micro-jet arrays

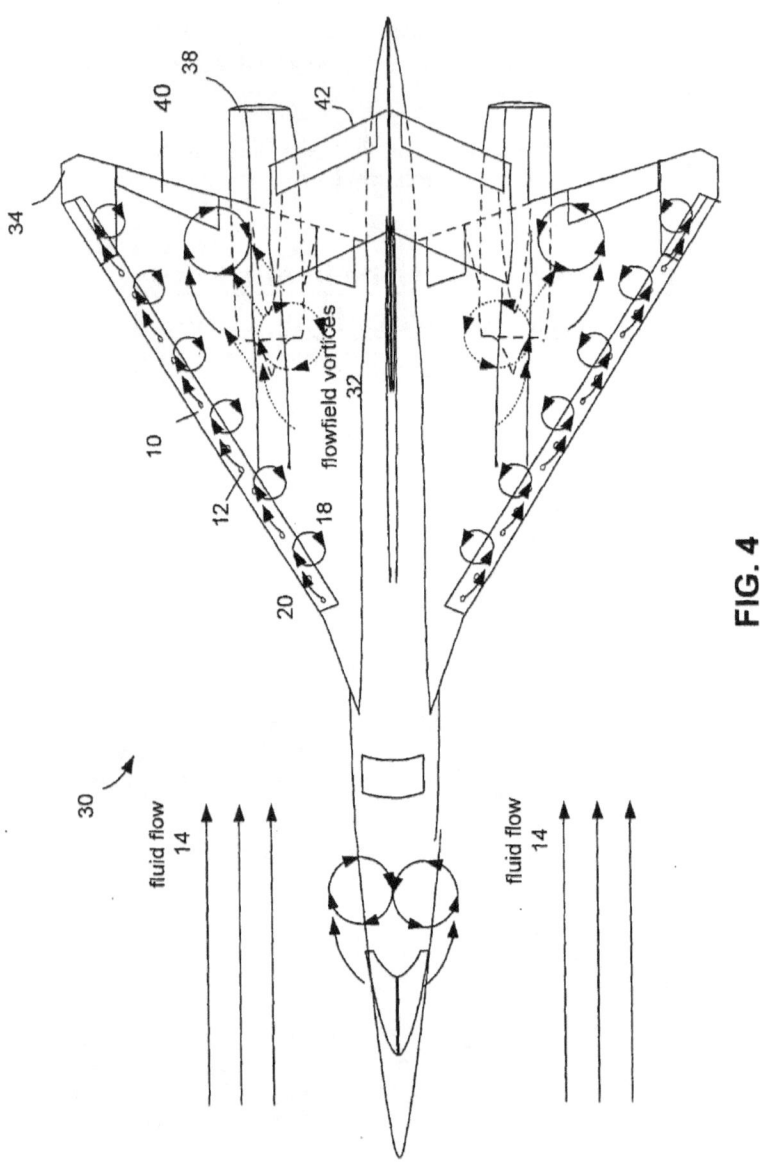

FIG. 4

First Trials for a later Space Station
Sighting over Moigne Downs, Dorset England

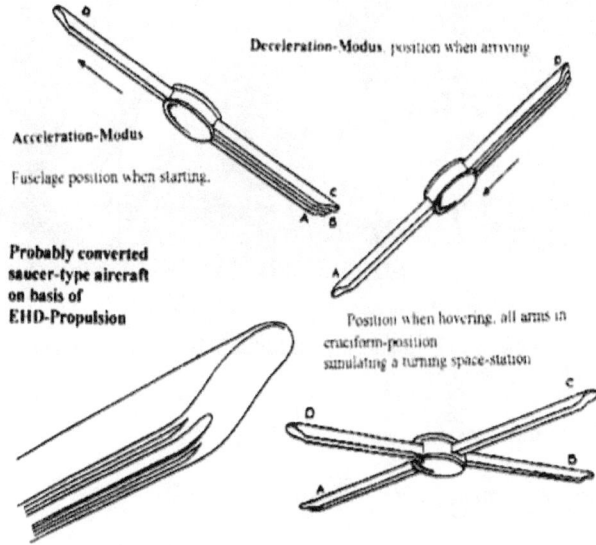

The following description was made by Angus Brown, who saw in the morning of 26 October 1967 an unknown flying object over the valley of Moigne Downs in Dorset, UK:

"In flight the object looked like a "flying saucer" but with one "arm" protruding in front and three aerodynamically swept back. When it hovered, the arms were positioned in such way that the craft looked like a crucify with the saucer part in the center. Windows or bull-eyes were not visible."

During the observation by Angus the object turned clock-wise but without changing its position in the valley, despite a strong wind. "It could be possible that the object had flown over Ringstead Bay, where a former U.S. radar-station was located", Angus remembered. The vehicle looked like it was transparent or brightly illuminated. The size of the object was as big as a D.H. "Comet" airliner. Angus Brown watched the craft for nearly twenty minutes, soaring in the sky without moving, than it transformed back to the former flight modus and dashed away with high speed in the direction of Winfrith.

Angus Brown könnte über Süd England im Jahre 1967 einen Vorversuch für die später gebaute und errichtete "**Gatland Space Station**" gesehen haben. Dieser Versuch könnte mit einem umgebauten EM-Scheibenflugzeug vorgenommen worden sein, siehe „Gow-Discharge Effekte, die Angus Brown sah.

The Gatland Space Station

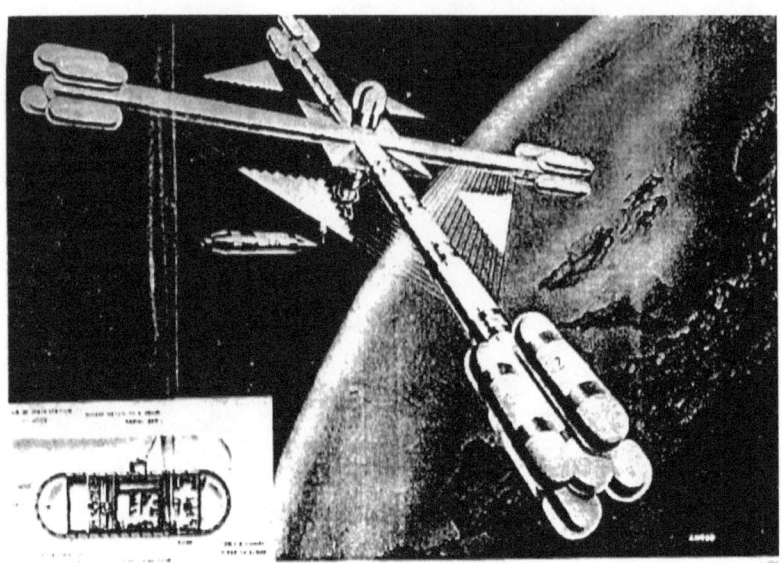

Gatland Space Station, ca 1969/1970

Wurden 1969 Vorversuche in England unternommen, bevor die kreuzförmige Raumstation letztendlich zum Einsatz kam?

Wo könnte sich diese Raumstation heute befinden?

Irgendwo in unserem Sonnensystem?

Oder wurde sie bei dem großen Krieg im Altertum bei Kämpfen vernichtet?

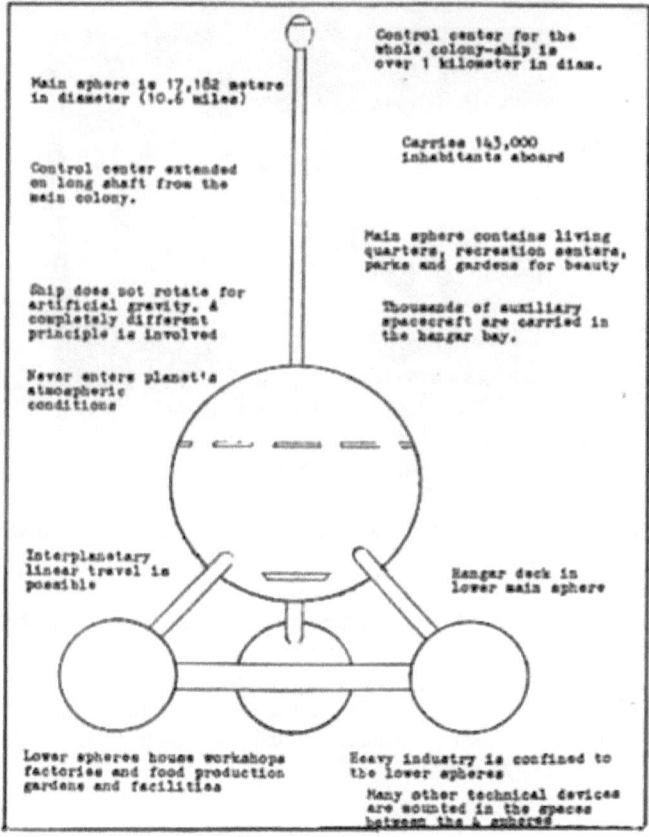

„Billy" Meier, vielleicht selbst ein Opfer gewisser Desinfo-Machenschaften, oder er arbeitete als „Agent Provocateur" freiwillig für die Propaganda, beschrieb diese Raumstation, die er bei einem Rauflug durch das Sonnensystem gesehen haben will.

Interessant sind die unterschiedlich großen Sphären, die auch an das „Dumb-Bell" Raumschiff von A.C. Clark erinnern.

Hier könnten innerhalb der Sphären eine weitere Sphäre rotieren, auf der die Besatzung an der Innenseite der Sphäre lebt und arbeitet, um bei einer gewissen Umdrehungszahl 1 g Erdschwere zu erreichen.

Wo könnte sich heute diese Station im All befinden?

Rendezvous Sojus-Apollo

Dieses Foto soll Billy Meier am 17. Juli 1975 während einer Reise ins All gemacht haben.

Es zeigt das Rendezvous zwischen der russischen „Sojus" und der amerikanischen Apollo Kapsel.

Das Foto soll von einem Bildschirm innerhalb eines Raumschiffes abfotografiert worden sein, in dem Meier mitfliegen durfte.

Das Rendezvous könnte entweder von einem Coelostaten oder einer hoch auflösenden, HD, Kamera aufgenommen worden sein, um dann innerhalb des Raumschiffs auf einem Panoramaschirm dargestellt zu werden.

-Ende-

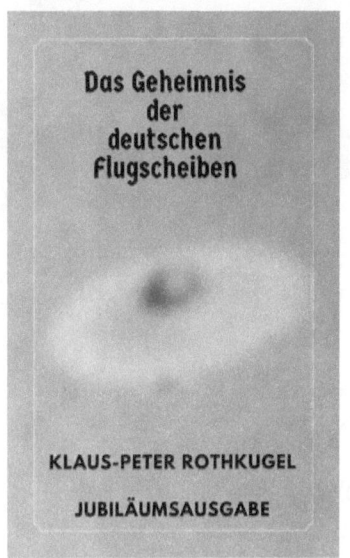

Taschenbücher zum Thema „Deutsche Sonderfluggeräte"
von Klaus-Peter Rothkugel

Wollte man bestimmte, geheim gehaltene deutsche „Wunderwaffen" für einen Dritten Weltkrieg einsetzen? Sollte General George Patton einen Krieg mit Abtrünnigen aus dem U.S. Militär, zusammen mit willigen deutschen Soldaten gegen die Sowjetunion anzetteln?
Führte man „Operation Unthinkable u.a. auch an den Polen der Erde, am Nord- und Südpol durch? Die Pläne der „Verschwörer" wurden durchkreuzt und es kam zu keinem letzten Krieg auf Erden mehr.

Lesen Sie mehr in den o.g. Taschenbüchern
von Klaus-Peter Rothkugel!

www.ingramcontent.com/pod-product-compliance
Lightning Source LLC
Chambersburg PA
CBHW020624220526
45464CB00001B/15